Quantenphysik

von
Dr. Stephen Gasiorowicz

5., verbesserte Auflage

Mit 95 Abbildungen
3 Tabellen und 231 Aufgaben

R. Oldenbourg Verlag München Wien 1989

Autorisierte Übersetzung der englischsprachigen Originalausgabe, die unter dem Titel „*Quantum Physics*" bei John Wiley & Sons, Inc. erschienen ist.

Übersetzt von Professor Dr. Karl Luchner

CIP-Titelaufnahme der Deutschen Bibliothek

Gasiorowicz, Stephen:
Quantenphysik / von Stephen Gasiorowicz. [Übers. von Karl Luchner]. – 5., verb. Aufl. – München ; Wien : Oldenbourg, 1989
Einheitssacht.: Quantum physics ⟨dt.⟩
ISBN 3-486-21469-1

Gesamtherstellung: R. Oldenbourg Graphische Betriebe GmbH, München

ISBN 3-486-21469-1

Inhalt

Spezielle Themen

Anhang

Vorwort

Dieses Buch soll eine Einführung in die Quantentheorie sein. Bei seiner Abfassung habe ich mich an einige Leitlinien gehalten:

1. Zur Entwicklung eines Einsehens in ein neues Gebiet hilft es, zunächst eine Grundlage aus detailliertem Wissen über einfache Systeme zu schaffen. Deshalb habe ich eine Reihe von Problemen sehr detailliert ausgearbeitet, so daß die daraus gewonnene Einsicht auch auf verwickelte Probleme übertragen werden kann.

2. Jeder Aspekt der Quantenmechanik hat zum Verständnis eines physikalischen Phänomens beigetragen. Ich habe deshalb in jeder Phase der thematischen Entwicklung großen Wert auf Anwendungen gelegt. Obwohl ich kein Gebiet der Quantenmechanik vollständig entwickelt habe, so war es doch meine Absicht, die Kluft zwischen einem Kurs über moderne Physik und der rein formalen Entwicklung der Quantenmechanik zu überbrücken. Deshalb habe ich viele Anwendungen diskutiert, und gesteigerten Wert auf größenordnungsmäßige Abschätzungen und Zahlenwerte gelegt.

3. Der mathematische Apparat wurde so einfach wie möglich gehalten, um damit das vorgenommene Niveau nicht zu überschreiten. Neue Begriffe, wie z.B. Operatoren, und neues mathematisches Handwerkszeug treten aber notwendigerweise in Erscheinung. Mit den neuen Begriffen habe ich mehr aus Analogiebetrachtungen heraus, als über präzise Definition gearbeitet, und das neue Handwerkszeug möglichst selten angewendet.

Als Einstieg in die Quantentheorie habe ich die Wellenmechanik und die Schrödinger-Gleichung gewählt. Obwohl der Einstieg über den Zustandsvektor viel schneller zur inneren Struktur der Quantenmechanik führt, so zeigte doch die Erfahrung, daß die Theorie bei Verwendung von vertrautem Handwerkszeug, wie z.B. Differentialgleichungen, leichter zugänglich wird, und daß die Korrespondenz zur klassischen Physik klarer wird.

Dieses Buch enthält wahrscheinlich ein wenig mehr Stoff, als in einem Jahr bequem durchgenommen werden kann. Der grundlegende Stoff kann in einem Semester bewältigt werden. Dieser besteht aus dem ersten bis sechsten, dem achten und dem neunten Kapitel, in welchen die Motivation für eine Quantentheorie, die Schrödinger-Gleichung, und das allgemeine Gerüst der Wellenmechanik vorkommen. Eine Reihe von einfachen Rechenbeispielen wird im 5. Kapitel gelöst und der Zusammenhang zu physikalischen Phänomenen diskutiert. Schließlich wird die Verallgemeinerung auf viele Teilchen und auf drei Dimensionen entwickelt. Der Stoff für das nächste Semester betrifft direkte Probleme aus der Atomphysik, und hierbei wird auch spezielleres mathematisches Handwerkszeug verwendet. Dabei diskutieren wir Operatormethoden (7. Kapitel), den Drehimpuls (11. Kapitel), das Wasserstoffatom (12. Kapitel), Operatoren, Matrizen und Spin (14. Kapitel), die Zusammensetzung von Drehimpulsen (15. Kapitel), die zeitabhängige Störungstheorie (16. Kapitel) und das reale Wasserstoffatom (17. Kapitel). Damit ist der Student darauf vorbereitet, sich mit einer großen Vielfalt von Problemen zu befassen, wie sie dann im abschließenden dritten Teil (Semester) diskutiert werden. Zu diesen Problemen gehört die Wechselwirkung geladener Teilchen mit einem Magnetfeld (13. Kapitel), das Heliumatom (18. Kapitel), Probleme zur Strahlung von Atomen und Verwandtes dazu (22. und 23. Kapitel), Stoßtheorie (24. Kapitel), und die Absorption von Strahlung in Materie (25. Kapitel). Dieser Stoff wird durch eine mehr qualitative Diskussion der Atom- und Molekülstruktur ergänzt (19. bis 21. Kapitel). Das letzte Kapitel über Elementarteilchen und ihre Symmetrien verfolgt zwei Ziele: Es beschreibt einige der neuesten Fortschritte dieser vordersten Front der Wissenschaft, und es zeigt, wie die grundlegenden Ideen der Quantenmechanik ihre Anwendbarkeit auch im Bereich der sehr kleinen Entfernungen gefunden haben.

Natürlich ergeben sich beim Durchschreiten des Stoffes einige Aspekte, deren Behandlung als abschweifend empfunden werden könnte. Diese habe ich in ein Zusatzkapitel "Spezielle Themen" eingebracht, um ohnehin schon lange Kapitel nicht noch weiter in die Länge zu ziehen. Dabei werden relativistische Kinematik, das Äquivalenzprinzip, die WKB-Näherung, eine detaillierte Bearbeitung von Lebensdauern, Linienbreiten und Resonanzstreuung, sowie die Yukawasche Theorie der Kernkräfte besprochen. Aus dem gleichen Grund habe ich eine kurze Einführung zum Fourierintegral, zur Diracschen Deltafunktion und einiges formale Material zu Operatoren in einen mathematischen Anhang am Ende des Buches zusammengefaßt.

Zu Dank verpflichtet für viele Diskussionen über die Quantenmechanik bin ich meinen Kollegen an der University of Minnesota, besonders Benjamin Bayman und Donald Geffen. Besonders danke ich Eugen Merzbacher, der das Manuskript gelesen und viele nützliche Verbesserungsvorschläge gemacht hat. Mein Dank gilt auch den Studenten aus meinem Einführungskurs in die Quantenmechanik, den ich mehrere Jahre lang immer wieder gehalten habe; ihr offenkundiges Interesse am Thema veranlaßte mich, zunächst ein ergänzendes Skriptum zu verfassen, das sich später zu diesem Buch ausgewachsen hat.

Stephen Gasiorowicz

1. Die Grenzen der klassischen Physik

Am Ende des neunzehnten und zu Beginn des zwanzigsten Jahrhunderts befand sich die Physik in einer Krise: Es lag eine Reihe experimenteller Ergebnisse vor, die es erforderlich machten, neue Begriffe zu bilden, Begriffe, die im Geiste der klassischen Physik völlig unvorstellbar waren. In einem faszinierenden Wechselspiel zwischen grundlegend neuen Vermutungen und geistreichen Experimenten wurden diese Begriffe entwickelt und führten schließlich zur *Quantentheorie*[1]). In diesem Kapitel wollen wir uns zunächst eine deutliche Vorstellung von dieser Krise verschaffen, um dann vor diesem Hintergrund die neuen Begriffe klar herauszustellen; dieser Weg entspricht zwar nicht der historischen Entwicklung, aber er läßt uns den Übergang zur Quantentheorie vielleicht weniger geheimnisvoll erscheinen. Die neuen Begriffe, *die Teilchennatur der Strahlung*, *die Welleneigenschaften der Materie* und *die Quantisierung physikalischer Größen* gehen aus der Diskussion der im folgenden beschriebenen Effekte hervor.

A. Die Strahlung des schwarzen Körpers

Wird ein Körper erhitzt, so kann man feststellen, daß er Strahlung emittiert. Im Strahlungsgleichgewicht erstreckt sich das emittierte Licht über das ganze Frequenzspektrum, wobei die spektrale Intensitätsverteilung von der Frequenz ν, oder gleichbedeutend der Lichtwellenlänge λ, und von der Temperatur T abhängt. Wir definieren die Strahlungsleistungsdichte $E(\lambda, T)$ des Körpers als die bei λ und T emittierte Energie pro Flächeneinheit und Zeiteinheit; unter dem Absorptionsvermögen A verstehen wir den vom Körper absorbierten Bruchteil der bei λ einfallenden Strahlung. Kirchhoff begann 1859 mit theoretischen Untersuchungen auf dem Gebiet der Wärmestrahlung: Er zeigte, daß bei gegebenem λ das Verhältnis zwischen Strahlungsleistungsdichte E und Absorptionsvermögen A für alle Körper gleich ist. Hierzu betrachtete Kirchhoff zwei zueinander parallelstehende ebene Platten, von denen jede emittiert und absorbiert, und er zeigte für den Fall des Strahlungsgleichgewichts (der von der einfallenden Strahlung absorbierte Anteil wird auch wieder emittiert, und zwar für jedes λ), daß E/A für beide Platten gleich sein muß. Bald darauf beobachtete er, daß für

[1]) Ein interessanter Bericht über die Entwicklung der Quantentheorie ist zu finden bei M. Jammer, *The Conceptual Development of Quantum Mechanics*, McGraw-Hill, New York, 1966.

einen *Schwarzen Körper* (er ist definiert als eine Oberfläche, welche die einfallende Energie völlig absorbiert, d.h. $A = 1$) die Funktion $E(\lambda, T)$ Allgemeingültigkeit besitzt.

Will man nun diese Funktion studieren, so braucht man einen möglichst gut darstellbaren Schwarzen Strahler. Praktisch ist es, hierfür ein kleines Loch in einem Hohlraum der Temperatur T zu benützen: Bedenkt man die vielen Möglichkeiten zur Strahlungsabsorption im Hohlraum-Inneren, so wird klar, daß die von außen auf das Loch fallende Strahlung diesen nahezu sicher nicht wieder verlassen kann. Die Lochfläche ist also ein nahezu idealer Absorber, und folglich ist die aus dem Hohlraum durch das Loch herauskommende Strahlung als "Schwarze Strahlung" zu bezeichnen. Wenn das Loch genügend klein ist, dann wird die herauskommende Strahlung genauso beschaffen sein wie die, die im Inneren des Hohlraums auf dessen Wände fällt. Es ist deshalb nötig, die im Hohlraum mit der Wandtemperatur T sich einstellende Strahlungsverteilung zu verstehen.

Kirchhoff zeigte, der zweite Hauptsatz der Thermodynamik erfordert, daß die Strahlung im Hohlraum isotrop ist, d.h. daß der Strahlungsfluß unabhängig von der Richtung ist und weiterhin, daß die Strahlung homogen ist, d.h. daß sie an allen Stellen gleich ist, und schließlich, daß die Strahlung in allen Hohlräumen mit gleicher Wandtemperatur gleich ist; all dies gilt für jede Wellenlänge [2]. Die Strahlungsleistungsdichte kann durch eine einfache geometrische Betrachtung in die Energiedichte $u(\lambda, T)$ innerhalb des Hohlraums umgerechnet werden:

$$u(\lambda, T) = \frac{4E(\lambda, T)}{c}\,. \tag{1-1}$$

Die Energiedichte ist die theoretisch interessierende Größe; weitere Fortschritte hierzu ergaben sich 1894 aus der Arbeit Wiens, der wiederum in sehr allgemeiner Weise [3] zeigte, daß die Energiedichte in folgender Form ausgedrückt werden kann:

$$u(\lambda, T) = \lambda^{-5} f(\lambda T) \tag{1-2}$$

Hierbei ist f eine noch unbekannte Funktion einer einzigen Variablen. Wenn wir die Energiedichte noch umformulieren als Funktion der Frequenz, $u(\nu, T)$, so folgt mit

$$u(\nu, T) = u(\lambda, T)\left|\frac{d\lambda}{d\nu}\right| = \frac{c}{\nu^2}\, u(\lambda, T) \tag{1-3}$$

[2] Diese Punkte werden in vielen Lehrbüchern über moderne Physik und statistische Physik diskutiert. Angaben hierzu am Ende dieses Kapitels.

[3] Wien betrachtete eine völlig reflektierende Hohlkugel, die sich adiabatisch zusammenzieht. Die Neuverteilung der Energie als Funktion von λ muß durch den Doppler-Effekt bei Reflexion bewirkt werden. Siehe Kapitel V in F. K. Richtmyer, E. H. Kennard, und J. N. Cooper, *Introduction to Modern Physics*, McGraw-Hill, New York, 1969.

eine günstige Schreibweise des Wienschen Gesetzes:

(1-4) $$u(\nu, T) = \nu^3 g\left(\frac{\nu}{T}\right).$$

Dieses Gesetz wurde experimentell bestätigt (Bild 1.1); wir entnehmen daraus zwei Folgerungen:

1. Ist die spektrale Verteilung einer Schwarzen Strahlung bei einer Temperatur gegeben, so kann die spektrale Verteilung bei jeder anderen Temperatur aus den oben stehenden Ausdrücken entnommen werden;

2. Wenn die Funktion $f(x)$ - oder gleichbedeutend die Funktion $g(x)$ - ein Maximum für irgendeinen Wert $x > 0$ aufweist, so gilt für diejenige Wellenlänge λ_{max}, bei der Energiedichte und somit auch Strahlungsleistungsdichte ihr Maximum erreichen

(1-5) $$\lambda_{max} = \frac{b}{T},$$

wobei b eine universelle Konstante ist.

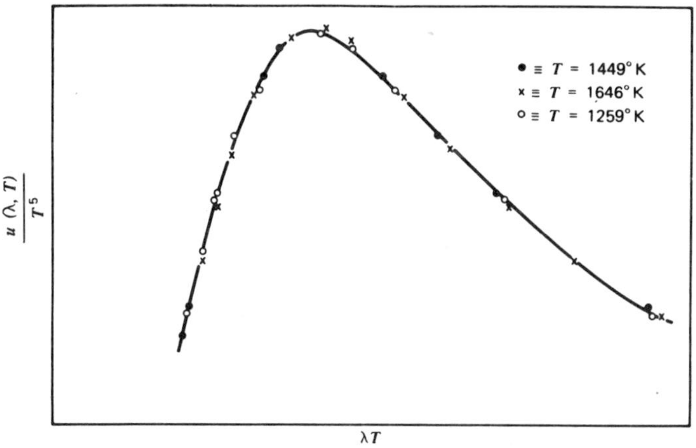

Bild 1–1 Experimentelle Bestätigung von Gl. 1–2 in der Form $u(\lambda,T)/T^5$ = universelle Funktion von λT.

Wien benützte ein Modell (nur von historischem Interesse), um die Form von $g(\nu/T)$ vorherzusagen. Er erhielt

(1-6) $$g(\nu/T) = Ce^{-\beta\nu/T}.$$

In bemerkenswerter Weise paßt diese Formel mit ihren zwei freien Parametern sehr gut zum hochfrequenten Bereich (geringe Wellenlängen) der Meßergebnisse. Sie steht aber nicht in Einklang mit einigen sehr allgemeinen Vorstellungen der klassischen Physik. Rayleigh leitete 1900 folgende Beziehung ab

$$u(\nu, T) = \frac{8\pi\nu^2}{c^3} kT . \tag{1-7}$$

Hierin ist k die Boltzmann-Konstante, $k = 1{,}38 \times 10^{-16}$ erg/Grad und c die Lichtgeschwindigkeit, $c = 3{,}00 \times 10^{10}$ cm/s. Zur Ableitung dieser Formel wurde verwendet 1. der klassische Gleichverteilungssatz der Energie, nach dem im Gleichgewicht die mittlere Energie pro Freiheitsgrad in unserem Fall [4]) kT ist, und 2. die Berechnung der Anzahl von Schwingungsmoden (d. h. Anzahl der Freiheitsgrade) der elektromagnetischen Strahlung im Hohlraum im Frequenzintervall von ν bis $\nu + d\nu$. [5])

Das Rayleigh-Jeans-Gesetz (1-7) (Jeans lieferte einen kleineren Beitrag zu dessen Herleitung) stimmt mit den Meßergebnissen bei tiefen Frequenzen überein (Bild 1.2), aber es stimmt nicht bei hohen Frequenzen, also gerade

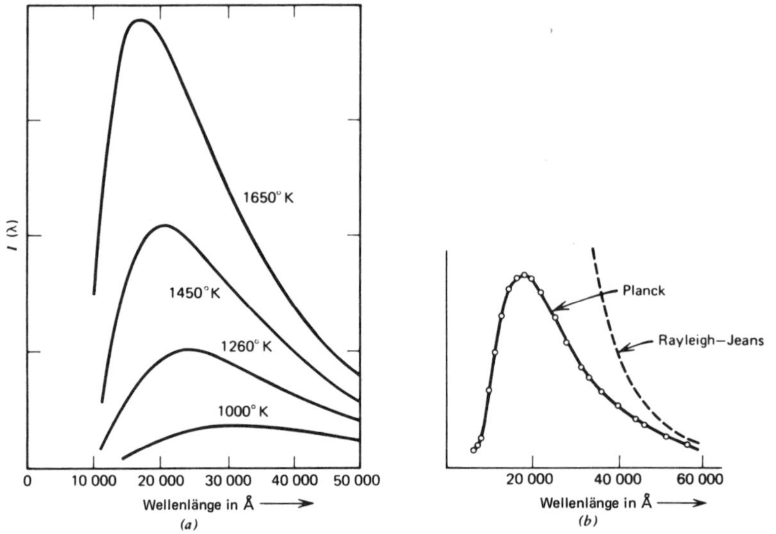

Bild 1–2 a) Spektrale Verteilung der Strahlungsleistung eines Schwarzen Körpers bei verschiedenen Temperaturen
b) Vergleich von Meßergebnissen bei 1600°K mit der Planckschen Strahlungsformel und der Rayleigh-Jeans-Formel.

[4]) Der Gleichverteilungssatz gibt als Energie pro Freiheitsgrad $kT/2$. Für einen Oszillator – und die Moden des elektromagnetischen Feldes sind harmonische Oszillatoren – ergeben der Beitrag der kinetischen Energie, $kT/2$, und ein ebensolcher von der potentiellen Energie zusammen den Wert kT.

[5]) Wir werden dieses Ergebnis wieder benötigen und es im 23. Kapitel herleiten. Die Anzahl der Moden ist $4\pi\nu^2/c^3$, dies ist aber noch mit 2 zu multiplizieren, da die transversalen elektromagnetischen Wellen zweidimensionalen harmonischen Oszillatoren entsprechen.

dort, wo die Wiensche Formel paßt. Das Rayleigh-Jeans-Gesetz kann aus einem allgemeinen Grund nicht richtig sein, denn die gesamte Energiedichte (Integration über alle Frequenzen) wäre danach unendlich!

Im Jahre 1900 fand Max Planck durch geniale Interpolation zwischen der Hochfrequenzseite der Wien-Formel und der Niederfrequenzseite des Rayleigh-Jeans-Gesetzes folgende Formel:

$$u(\nu, T) = \frac{8\pi h}{c^3} \frac{\nu^3}{e^{h\nu/kT} - 1} . \tag{1-8}$$

Hierbei ist h die *Plancksche Konstante**), deren Wert durch Anpassung an das experimentelle Ergebnis zu $h = 6{,}63 \times 10^{-27}$ erg $\times$ s gefunden wurde. Diese Plancksche Strahlungsformel nähert sich der Rayleigh-Jeans-Formel (1-7) für $\nu \to 0$, und sie vereinfacht sich für hohe Frequenzen (d.h. $h\nu \gg kT$) zu

$$\begin{aligned} u(\nu, T) &= \frac{8\pi h}{c^3} \nu^3 e^{-h\nu/kT} (1 - e^{-h\nu/kT})^{-1} \\ &\cong \frac{8\pi h}{c^3} \nu^3 e^{-h\nu/kT} . \end{aligned} \tag{1-9}$$

Schreiben wir die Plancksche Formel um als ein Produkt aus der Anzahl der Schwingungsmoden (wir erhalten diese aus (1-7), indem wir die Energiedichte durch kT dividieren) und einem anderen Faktor, der als die mittlere Energie pro Freiheitsgrad gedeutet werden kann,

$$u(\nu, T) = \frac{8\pi\nu^2}{c^3} \frac{h\nu}{e^{h\nu/kT} - 1} = \frac{8\pi\nu^2}{c^3} kT \frac{h\nu/kT}{e^{h\nu/kT} - 1} , \tag{1-10}$$

so erkennen wir eine Änderung im klassischen Gleichverteilungssatz, sobald die Frequenz nicht klein ist gegenüber kT/h. Diese Veränderung des Gleichverteilungssatzes zeigt, daß die mittlere Energie der Schwingungsmoden von deren Frequenz abhängt, und daß die hochfrequenten Moden sehr kleine mittlere Energie haben. Letzteres bedeutet praktisch ein Abschneiden der Energiebeiträge bei hohen Frequenzen und beseitigt die Schwierigkeiten mit der Rayleigh-Formel. Die Gesamtenergie im Hohlraum (Einheitsvolumen) ist somit nicht mehr unendlich. Wir erhalten hierfür

$$\begin{aligned} U(T) &= \frac{8\pi h}{c^3} \int_0^\infty d\nu \frac{\nu^3}{e^{h\nu/kT} - 1} \\ &= \frac{8\pi h}{c^3} \left(\frac{kT}{h}\right)^4 \int_0^\infty \frac{(h\nu/kT)^3\, d(h\nu/kT)}{e^{h\nu/kT} - 1} \\ &= \frac{8\pi k^4}{h^3 c^3} T^4 \int_0^\infty dx \frac{x^3}{e^x - 1} . \end{aligned} \tag{1-11}$$

*) Anm. d. Üb.: Im Deutschen ist auch die Bezeichnung "*Plancksches Wirkungsquantum*" üblich.

Das Integral kann ausgerechnet werden [6]), und das Ergebnis ist der Stefan-Boltzmannsche Ausdruck für die gesamte Strahlungsenergie pro Volumeneinheit

(1-12) $$U(T) = aT^4$$

mit $a = 7{,}56 \times 10^{-15}$ erg/cm^3 Grad^4. Diese Beziehung wurde auch schon früher aus thermodynamischen Überlegungen abgeleitet, aber ohne den Zahlenwert der Konstante zu erhalten. Die Abweichung von der Energiegleichverteilung kam nicht völlig unerwartet: Eine Folge des Gleichverteilungssatzes war das Dulong-Petit Gesetz zu den spezifischen Wärmen, wonach das Produkt aus Atom- (bzw. Molekular-)gewicht und der spezifischen Wärme eine Konstante für alle Festkörper sein soll; Abweichungen von dieser Dulong-Petitschen Vorhersage wurden jedoch schon sehr früh, 1872, beobachtet [7]): Die spezifische Wärme nimmt bei tieferen Temperaturen ab [8]).

Der uneingeschränkte Erfolg seiner Formel veranlaßte Planck nach dessen Grund zu forschen, und innerhalb von zwei Monaten fand er eine Herleitung seiner Formel unter folgender Annahme: Die in jeder Schwingungsmode des elektromagnetischen Feldes steckende Energie (mit kT als Mittelwert) ist nicht kontinuierlich variierbar, sondern sie ist ein ganzzahliges Vielfaches eines kleinsten Energiequantums ε. Verwendet man die Boltzmannsche Wahrscheinlichkeitsverteilung in einem System der Gleichgewichtstemperatur T,

(1-13) $$P(E) = \frac{e^{-E/kT}}{\sum_E e^{-E/kT}},$$

so erhält man mit der oben beschriebenen Annahme die mittlere Energie für jede Schwingungsmode

(1-14) $$\bar{E} = \sum_E EP(E)$$

6) $$\int_0^\infty dx\, x^3 (e^x - 1)^{-1} = \int_0^\infty dx\, x^3 e^{-x} \sum_{n=0}^\infty e^{-nx} = \sum_{n=0}^\infty \frac{1}{(n+1)^4} \int_0^\infty dy\, y^3 e^{-y} = 6 \sum_{n=1}^\infty \frac{1}{n^4} = \frac{\pi^4}{15}$$

7) Nach dem Gleichverteilungssatz hat ein Gebilde aus N Oszillatoren (z.B. ein Gitter mit elastischen Kräften zwischen dessen Bausteinen) die Energie $3NkT$, wobei der Faktor 3 davon herkommt, daß die Oszillatoren im Festkörper dreidimensional sind, und nicht zweidimensional wie beim Strahlungsfeld im Hohlraum. Die spezifische Molwärme erhält man durch Differentiation nach T mit $N = N_0$ (Avogadro-Zahl, Loschmidt-Zahl), so daß $C_v = 3N_0k = 3R$, wobei $R = 8{,}28 \times 10^7$ erg/Grad.

8) Spezifische Wärmen werden sehr kurz im 20. Kapitel diskutiert.

$$= \frac{\sum_{n=0}^{\infty} n\mathcal{E}\, e^{-n\varepsilon/kT}}{\sum_{n=0}^{\infty} e^{-n\varepsilon/kT}}$$

$$= -\mathcal{E} \left. \frac{\frac{d}{dx}\sum_{n=0}^{\infty} e^{-nx}}{\sum_{n=0}^{\infty} e^{-nx}} \right|_{x=\varepsilon/kT}$$

$$= \mathcal{E} \left. \frac{e^{-x}}{1 - e^{-x}} \right|_{x=\varepsilon/kT}$$

$$= \frac{\mathcal{E}}{e^{\varepsilon/kT} - 1} \, .$$

Dies stimmt mit (1-10) überein, wenn wir die Anzahl der Moden unverändert lassen und setzen

(1-15) $\mathcal{E} = h\nu$.

Planck schloß daraus, daß aus einem unbekannten Grund die Atome in der Hohlraumwand Strahlung in "Quanten" der Energie $nh\nu$ ($n = 1,2,3\ldots$) emittieren; der folgerichtige Schluß aber war, wie es Einstein einige Jahre später aussprach, *daß elektromagnetische Strahlung sich verhält, als bestünde sie aus einer Ansammlung von Energiequanten der Energie* $h\nu$ [9]).

Die Energie eines Quants ist extrem klein. Für Licht im sichtbaren Bereich mit z.B. $\lambda = 6000$ Å ergibt sich

$$h\nu = h\,\frac{c}{\lambda} = \frac{6{,}63 \times 10^{-27} \times 3{,}00 \times 10^{10}}{6 \times 10^{-5}} \simeq 3{,}3 \times 10^{-12}\,\text{erg},$$

d.h., daß eine Lichtquelle, die z.B. 100 Watt bei dieser Wellenlänge emittiert,

$$N = \frac{100 \times 10^{7}}{3{,}3 \times 10^{-12}} \cong 3 \times 10^{20}\ \text{Quanten/s}$$

abstrahlt. In Anbetracht einer so hohen Zahl überrascht es wohl nicht, daß wir die Teilchennatur des Lichts nicht unmittelbar erfahren; makroskopisch sind also keine Abweichungen von der klassischen Optik zu erwarten. Trotzdem, der Gehalt der Planckschen Formel verändert unsere Vorstellungen über das Strahlungsfeld grundlegend.

---

9) Es kann also irgendeine ganzzahlige Anzahl von Quanten vorliegen, und somit die Energie bei gegebener Frequenz ν nur die Werte $nh\nu$ annehmen, wobei $n = 0, 1, 2, 3, \ldots$

B. Der lichtelektrische Effekt

So erfolgreich die Plancksche Strahlungsformel auch war, so ist doch die Schlußfolgerung über die Quantennatur der Strahlung kaum zwingend. Allgemein anerkannt wurde sie nach einer Arbeit von Albert Einstein, der 1905 den Begriff der Quantennatur des Lichtes benützte, um einige merkwürdige Eigenschaften von mit sichtbarem oder ultraviolettem Licht bestrahlten Metallen zu erklären.

Hertz entdeckte 1887 im Rahmen seiner berühmten Experimente mit elektromagnetischen Wellen den lichtelektrischen Effekt. Die von einem schwingenden Primärkreis mit Funkenstrecke erzeugten elektromagnetischen Wellen wurden in einem Sekundärkreis mit Funkenstrecke nachgewiesen. Hierbei zeigte sich, daß der Funken im Sekundärkreis nur eine kürzere Strecke zu überbrücken vermochte, sobald dessen Elektroden vom ultravioletten Licht aus dem Primärfunken abgeschirmt waren. Diese Beobachtung erregte viel Interesse, und durch weitere Experimente wurde folgendes festgestellt:

1. Wenn man polierte Metallplatten bestrahlt, so könnten sie u.U. Elektronen emittieren;[10] positive Ionen werden nicht emittiert.

2. Es hängt von der Frequenz des eingestrahlten Lichtes ab, ob überhaupt Elektronen emittiert werden. Allgemein gibt es eine von Metall zu Metall verschiedene Schwelle: Nur Licht mit einer Frequenz oberhalb dieser Schwelle bewirkt Elektronenemission und damit einen lichtelektrischen Strom.

3. Wird diese Frequenzschwelle überschritten, so ist die Stromstärke proportional zur Intensität der Lichtquelle.

4. Die (maximale) Energie der emittierten Elektronen ("Photoelektronen") hängt nicht von der Intensität der Lichtquelle ab, zeigt aber einen linearen Zusammenhang mit der Frequenz des Lichtes.

Zwar war das Auftreten des lichtelektrischen Effektes im Rahmen der klassischen Theorie zu verstehen, denn man wußte von den Elektronen im Metall und konnte sich so vorstellen, daß diese durch Absorption von Strahlung beschleunigt werden, aber trotzdem war die Frequenzabhängigkeit innerhalb dieses klassischen Rahmens unbegreiflich: Die durch eine elektromagnetische Welle übertragene Energie ist proportional zur Intensität der Quelle, aber die Frequenz hat damit nichts zu tun. Weiterhin würde ein klassischer Erklärungsversuch dazu führen, daß man die Ansammlung von Energie auf jedes einzelne Photoelektron betrachten müßte, was eine Zeitverzögerung zwischen Ankunft der Strahlung und Auslösung des Elektrons zur Folge hätte; diese Zeitverzögerung müßte mit abnehmender Intensität

[10]) Dies wurde durch eine e/m-Messung festgestellt.

wachsen. Tatsächlich aber wurde nie eine solche Zeitverzögerung beobachtet, zumindest nicht über 10^{-9} s, auch nicht mit extrem geringer Lichtintensität.

Einstein betrachtete die Strahlung als aus einer Ansammlung von Quanten der Energie $h\nu$ bestehend, wobei ν die Frequenz des Lichtes ist. Die Absorption eines einzelnen Quants durch ein Elektron - dieser Prozeß kann weniger Zeit benötigen als die oben genannte Grenze - erhöht dessen Energie um $h\nu$. Ein Teil dieser Energie wird verbraucht, um das Elektron vom Metall abzulösen. Diese Energie W (man nennt sie die ***Ablösearbeit***) kann man sich für verschiedene Metalle verschieden vorstellen, sie sollte aber nicht von der Elektronenenergie abhängen. Die verbleibende Energie kann

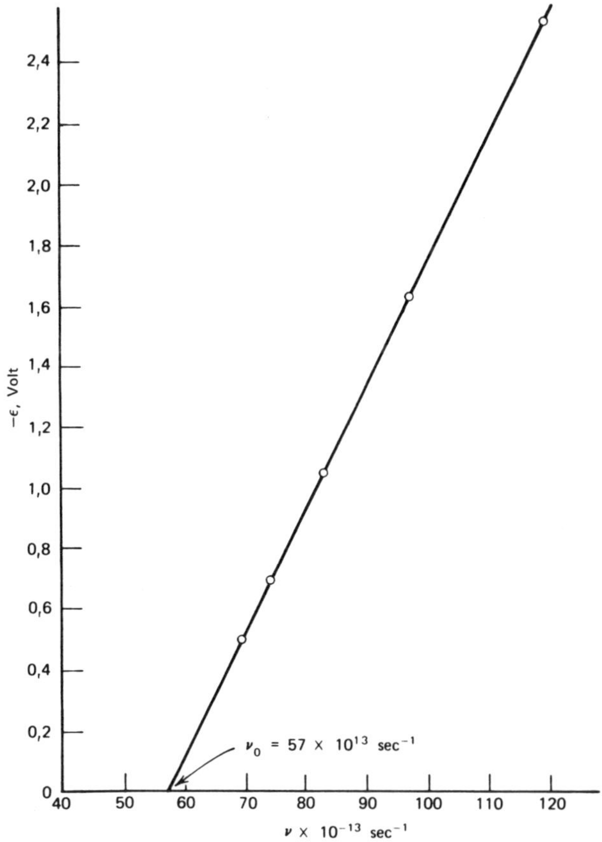

Bild 1–3 Meßergebnisse zum lichtelektrischen Effekt. Aufgetragen ist das Bremspotential, das nötig ist, um alle aus einem Metall (Lithium) austretenden Elektronen abzubremsen (dies ist gleichbedeutend der maximalen kinetischen Energie dieser Elektronen), als Funktion der Frequenz des eingestrahlten Lichtes. Die Neigung der Geraden ist h/e.

(maximal) als kinetische Energie des Elektrons auftreten. Mit dieser Vorstellung erwartet man folgenden Zusammenhang zwischen der (maximalen) Elektronengeschwindigkeit v und der Frequenz ν des Lichts:

(1-16) $$\tfrac{1}{2}mv^2 = h\nu - W$$

In dieser Formel steckt nun sowohl die oben genannte Frequenzschwelle wie der lineare Zusammenhang zwischen der kinetischen Energie und der Frequenz! Auch die Proportionalität zwischen Photostrom und Lichtintensität ist mit dieser Vorstellung von Lichtquanten, den *Photonen,* zu verstehen: Mehr Lichtintensität bedeutet mehr Photonen, und diese wiederum können mehr Elektronen auslösen.

Millikan führte ausgedehnte Messungen durch (Bild 1.3) und bestätigte so die Einsteinsche Beziehung (1-16). Diese und die früheren Experimente haben bewiesen, daß sich das Licht manchmal wie eine Ansammlung von Teilchen verhält, und daß diese "Teilchen" einzeln in Erscheinung treten können, d.h. man darf sich wirklich die Existenz einzelner Photonen vorstellen und nach deren Eigenschaften fragen. Ein Nebenprodukt dieser Experimente war eine neue Information über Metalle: Die Austrittsarbeit W hat die Größenordnung einiger Elektronenvolt ($1\ \text{eV} = 1{,}6 \times 10^{-12}$ erg), und sie tritt auch bei anderen Metalleigenschaften in Erscheinung.

C. Der Compton-Effekt

Im Compton-Effekt haben wir einen direkten, unmittelbaren Beweis für die Teilchennatur der Strahlung. Compton entdeckte, daß Röntgenstrahlung beim Durchgang durch eine Metallfolie in einer Weise gestreut wird, die nicht mit der klassischen Strahlungstheorie in Einklang war. Nach der klassischen Theorie liegt der Mechanismus der Streuung darin, daß Elektronen durch die einfallende Strahlung in erzwungene Schwingungen versetzt werden, und damit wieder Strahlung emittieren; damit müßte sich die in Richtung θ aus der Einfallsrichtung gestreute Intensität mit $(1 + \cos^2\theta)$ ändern, und dürfte außerdem nicht von der Wellenlänge der einfallenden Strahlen abhängen. Compton fand aber, daß die um einen bestimmten Winkel gestreute Strahlung aus zwei spektralen Komponenten besteht: Die eine hat die gleiche Wellenlänge wie die einfallende Strahlung, die andere ist in ihrer Wellenlänge verschoben (Bild 1.4), und zwar um einen Betrag, der vom Streuwinkel abhängt. Compton konnte diese verschobene Komponente dadurch erklären, daß er die einfallenden elektromagnetischen Wellen als einen Strahl von Photonen der Energie $h\nu$ betrachtete, und elastische Stöße von einzelnen Photonen mit einzelnen Elektronen annahm. Im elastischen Stoß gelten Impulserhaltung und Energieerhaltung; wir müssen also zunächst dem Photon einen Impuls zuschreiben. In Analogie mit der Kinematik relativistischer Teilchen schließen wir für den Photonenimpuls

(1-17) $$p = h\nu/c.$$

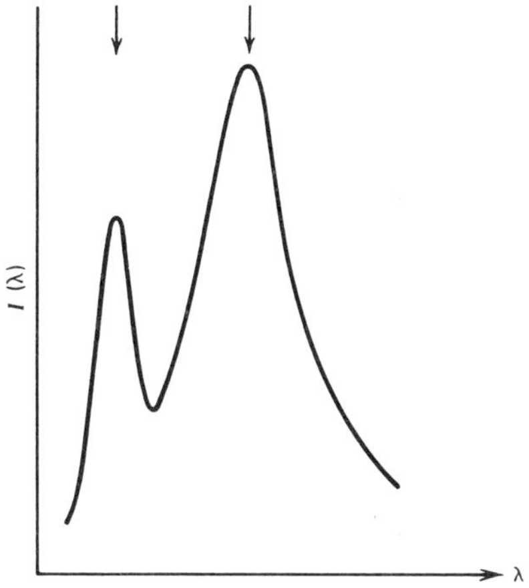

Bild 1–4 Spektrum der von Kohlenstoff gestreuten Strahlung, wobei die unverschobene Linie (0,7078 Å) links, die verschobene Linie (0,7314 Å) rechts zu sehen ist; erstere ist die Wellenlänge der primären Einstrahlung.

Hierzu gehen wir aus vom relativistischen Zusammenhang zwischen Energie und Impuls

(1-18) $$E = [(m_0c^2)^2 + (pc)^2]^{1/2},$$

wobei m_0 die Teilchenruhemasse ist. Die beim Impuls p vorliegende Teilchengeschwindigkeit v ist dann

(1-19) $$v = \frac{dE}{dp} = \frac{pc^2}{E} = \frac{pc^2}{(m_0^2c^4 + p^2c^2)^{1/2}} \, .$$

Für ein Photon ist die Teilchengeschwindigkeit immer c, und damit muß die *Photonenruhemasse* null sein. Somit wird aus (1-18)

(1-20) $$E = pc,$$

woraus (1-17) folgt, wenn wir $E = h\nu$ einsetzen. Man kann (1-20) auch aus Energie und Impuls einer elektromagnetischen Welle herleiten, doch ist obiger Analogieschluß einfacher.

Betrachten wir also nun ein Photon vom Impuls $\mathbf{p}$, welches auf ein ruhendes Elektron einfällt. Den Photonenimpuls nach dem Stoß bezeichnen wir mit $\mathbf{p}'$, den des gestoßenen Elektrons mit $\mathbf{P}$. Impulserhaltungssatz (Bild 1.5):

(1-21) $$\mathbf{p} = \mathbf{p}' + \mathbf{P}.$$

Hieraus folgt

(1-22) $$\mathbf{P}^2 = (\mathbf{p} - \mathbf{p}')^2 = \mathbf{p}^2 + \mathbf{p}'^2 - 2\mathbf{p}\cdot\mathbf{p}'.$$

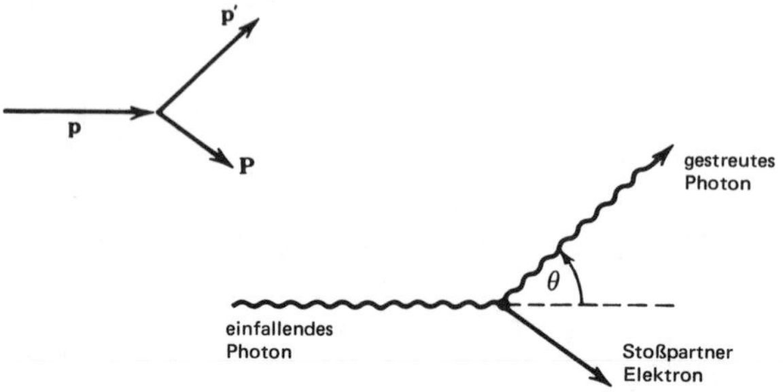

Bild 1–5 Kinematik des Compton-Effekts.

Energieerhaltung:

(1-23) $$h\nu + mc^2 = h\nu' + (m^2c^4 + P^2c^2)^{1/2},$$

wobei m die Elektronenruhemasse ist. Eine Umrechnung liefert

$$m^2c^4 + P^2c^2 = (h\nu - h\nu' + mc^2)^2 = (h\nu - h\nu')^2 + 2mc^2(h\nu - h\nu') + m^2c^4.$$

Auch (1-22) kann umgeschrieben werden zu

$$P^2 = \left(\frac{h\nu}{c}\right)^2 + \left(\frac{h\nu'}{c}\right)^2 - 2\,\frac{h\nu}{c}\cdot\frac{h\nu'}{c}\cos\theta$$

und somit

(1-24) $$P^2c^2 = (h\nu - h\nu')^2 + 2(h\nu)\,(h\nu')\,(1 - \cos\theta),$$

wobei θ der Winkel ist, um den das Photon gestreut wurde. Mit der Energieerhaltung wird hieraus

$$h\nu\nu'(1 - \cos\theta) = mc^2\,(\nu - \nu')$$

oder gleichbedeutend

(1-25) $$\lambda' - \lambda = \frac{h}{mc}\,(1 - \cos\theta).$$

Die Meßergebnisse über die verschobene Komponente stimmen sehr gut mit dieser Vorhersage überein. Von der unverschobenen Komponente kann man annehmen, daß sie von der Streuung am ganzen Atom herrührt: Diese liefert eine sehr kleine Wellenlängenverschiebung, da die Atommasse erheblich größer ist als die Elektronenmasse. Die Größe h/mc hat die Dimension einer Länge; sie heißt die Compton-Wellenlänge des Elektrons und ist

(1-26) $$\frac{h}{mc} \cong 2{,}4 \times 10^{-10}\ \text{cm}.$$

Messungen am Stoßpartner Elektron wurden ebenfalls durchgeführt, und auch diese Ergebnisse stimmen gut mit den theoretischen Vorhersagen überein. Ferner wurde durch Koinzidenzexperimente mit guter Zeitauflösung festgestellt, daß das gestreute Photon und das gestoßene Elektron gleichzeitig auftreten. Es besteht also kein Zweifel, daß es richtig ist, diesen Stoßprozeß wie einen Stoß zwischen zwei Billardkugeln auszulegen, und damit dem Photon Teilchennatur zuzuschreiben. Da aber Strahlung ebenso Wellencharakter hat, denn sie zeigt Interferenz und Beugung, so können wir einige begriffliche Schwierigkeiten erwarten. Diese bestehen tatsächlich, und wir werden sie am Ende dieses Kapitels diskutieren.

D. Elektronenbeugung

Aus der Analogie zwischen dem Fermat-Prinzip der Optik und dem Prinzip der kleinsten Wirkung der Mechanik gelangte De Broglie 1923 zu folgendem Vorschlag: Der Dualismus, der im Welle-Teilchen-Verhalten von Strahlung steckt, sollte sein Gegenstück haben in einem Teilchen-Welle-Verhalten von Materie. Teilchen sollten unter bestimmten Bedingungen also Welleneigenschaften zeigen. De Broglie schlug einen Ausdruck vor, der den Teilchen eine Wellenlänge zuordnet [11]), nämlich

$$\lambda = \frac{h}{p}, \tag{1-27}$$

wobei h die Plancksche Konstante ist, und p der Impuls des Teilchens. De Broglie erregte damit großes Aufsehen, und vielfach wurde vorgeschlagen, daß seine Ideen durch die Beobachtung von Elektronenbeugung bestätigt werden könnten [12]). Diese experimentelle Beobachtung der Elektronenbeugung geschah durch Davisson und Germer: Bei der Streuung von Elektronen an einer Kristalloberfläche ergaben sich bestimmte Vorzugsrichtungen.*)

Bild 1.6 gibt eine vereinfachte Darstellung des Geschehens. Bei der Streuung von Wellen an einer periodischen Struktur entsteht zwischen den von aufeinanderfolgenden Netzebenen kommenden Wellen die Phasendifferenz $(2\pi/\lambda)\ 2a \sin\theta$. Wenn diese Phasendifferenz $2\pi n$ ist (n ganze Zahl), so entsteht konstruktive Interferenz, also für

$$\lambda = \frac{2a \sin\theta}{n}. \tag{1-28}$$

[11]) Das 2. Kapitel enthält eine Diskussion über Wellenpakete, aus der die De Broglie-Beziehung als sehr plausibles Ergebnis hervorgeht.

[12]) Die geschichtliche Entwicklung der Bestätigung von De Broglies Vermutung ist zu finden in Jammer, *The Conceptual Development of Quantum Mechanics*.

*) Anm. d. Üb.: Siehe auch: G. Möllenstedt, Z. Phys. **145**, p. 377 (1956), wo die Beugung von Elektronenstrahlen am Doppelspalt beschrieben wird.

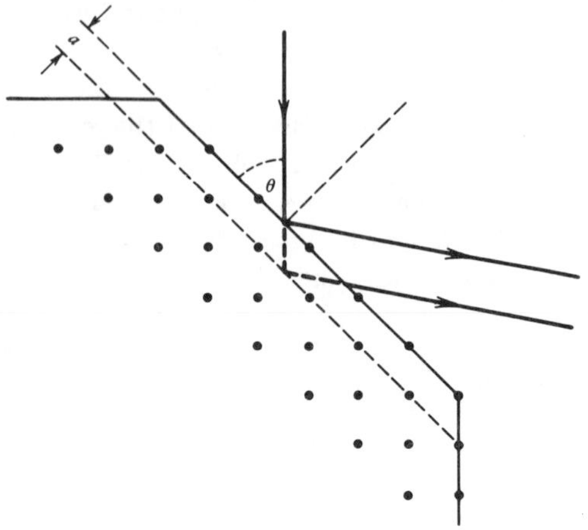

Bild 1–6 Schematische Darstellung der Geometrie zur Elektronenbeugung.

Das von Davisson und Germer bei der Elektronenstreuung beobachtete Interferenzmuster war mit dieser Formel in Übereinstimmung zu bringen, und zwar unter Voraussetzung der De Broglie-Beziehung (1-27). Die Bestätigung dieser Beziehung war für die Entwicklung der Wellenmechanik ein großer Schritt vorwärts.

Seitdem wurden viele Beugungsexperimente an Teilchenstrahlen aus Wasserstoff, Helium und langsamen Neutronen durchgeführt. Neutronenbeugung eignet sich besonders gut zum Studium von Kristallstrukturen. Um eine grobe Vorstellung von den für Beugungsexperimente benötigten Teilchenenergien zu erhalten, bedenken wir, daß die Netzebenenabstände in der Größenordnung von wenigen Angström liegen, z. B. beim Davisson-Germer Experiment mit Nickel war $a = 2{,}15$ Å. Damit muß λ von der Größenordnung 10^{-8} cm, und der Impuls $p = h/\lambda \cong 6{,}6 \times 10^{-19}\,\mathrm{g} \times \mathrm{cm/s}$ sein. Somit ist die kinetische Energie der Elektronen $p^2/2m_e = (6{,}6 \times 10^{-19})^2/(2 \times 0{,}9 \times 10^{-27}) \cong 2{,}5 \times 10^{-10}$ erg, und der Neutronen $p^2/2m_n = (m_e/m_n) \times$ (Elektronenenergie) $\cong (1/1840) \times 2{,}5 \times 10^{-10}$ erg $\cong 1{,}3 \times 10^{-13}$ erg. Bequemer ist die Angabe der Energie in Elektronenvolt (eV); sie beträgt etwa 160 eV für die Elektronen und 0,08 eV für die Neutronen.

Die Wellennatur von Teilchen einer makroskopischen Größenordnung ist sicher nicht zu beobachten. So hätte ein Wassertröpfchen von 0,1 mm Durchmesser bei der Geschwindigkeit 10 cm/s eine *De Broglie Wellenlänge* von $\lambda = 6{,}6 \times 10^{-27}/4 \times 10^{-5} \cong 1{,}6 \times 10^{-22}$ cm. Da ein Proton eine räumliche Ausdehnung von etwa 10^{-14} cm hat, gibt es wohl keine Möglichkeit, die Welleneigenschaften eines Objekts, das kleiner als etwa 10^{-4} cm ist, zu beobachten. Wie bei der Teilchennatur der Strahlung ist es auch hier die Kleinheit von h, die das klassische Verhalten bestimmt; die zum klassischen

Verhalten dualen Aspekte werden erst dann sichtbar, wenn das Produkt aus Impuls und Längendimension von der Größenordnung h wird. Wir werden sehen, daß der Formalismus der Quantenmechanik diese Situation sehr gut beschreibt.

E. Das Bohrsche Atommodell

Messungen von Geiger und Marsden 1908 zur Streuung von α-Teilchen an dünnen Folien zeigten einen bedeutenden Streuanteil bei großen Winkeln, völlig entgegen den Erwartungen aus dem Thomsonschen Atommodell, wonach Elektronen in eine kontinuierliche Verteilung positiver Ladung eingebettet sein sollten. Rutherford schlug zur Erklärung der großen Streuwinkel ein neues Modell vor: Die gesamte positive Ladung und im wesentlichen auch die gesamte Masse des Atoms sollten auf einem verglichen zum gesamten Atom sehr kleinen Raum, dem *Kern* des Atoms, konzentriert sein. Die Elektronen, vom Kern mit einer $1/r^2$-Kraft angezogen, sollten in Planetenbahnen um ihn herum kreisen. Obwohl dieses Modell die Streuung der α-Teilchen quantitativ erklären konnte, sah es sich doch vor zwei unüberwindliche Schwierigkeiten gestellt: Da es eine periodische Bewegung der Elektronen beinhaltet, konnte es nicht die von den Atomen emittierten Spektren der Struktur

$$(1\text{-}29) \qquad \frac{1}{\lambda} = \text{const.}\left(\frac{1}{n_1^2} - \frac{1}{n_2^2}\right)$$

erklären, wobei n_1 und n_2 ganze Zahlen sind. Weiterhin fehlt dem Modell ein Mechanismus zur Stabilisierung des Atoms: Ein Elektron auf einer Kreis- oder Ellipsenbahn unterliegt dauernder Beschleunigung, und müßte deshalb dauernd strahlen. Diese dauernde Energieabstrahlung würde innerhalb sehr kurzer Zeit (Größenordnung 10^{-10} s) zum Zusammenbruch der Atomstruktur führen, wobei die Elektronen in den Kern stürzen.

Nur zwei Jahre nach Rutherfords Vorschlag brachte Niels Bohr eine Reihe von Postulaten, welche einerseits in scharfem Gegensatz zur klassischen Theorie standen, die aber andererseits die spektrale Struktur erklärten und eine Umgehung des Stabilitätsproblems ermöglichten. Diese Postulate waren:

1. Als Elektronenbahnen sind nur solche möglich, auf denen der Drehimpuls ein ganzzahliges Vielfaches von $h/2\pi$ ist; für Kreisbahnen vom Radius r ist also die Bahngeschwindigkeit v der Elektronen festgelegt durch

$$(1\text{-}30) \qquad mvr = \frac{nh}{2\pi}.$$

Auf diesen speziellen Bahnen sollen die Elektronen trotz ihrer Beschleunigung keine Strahlung emittieren; damit sind ihnen stationäre Bahnen zugeschrieben.

2. Elektronen können von einer erlaubten Bahn auf eine andere springen, wobei die energetische Differenz zwischen beiden Zuständen, $E - E'$, als Strahlung der Frequenz

(1-31) $$\nu = \frac{E - E'}{h}$$

erscheint. Es kann auch Strahlung absorbiert werden, indem Elektronen Übergänge zu energetisch höheren Bahnen ausführen.

Für Einelektronenatome wie Wasserstoff, einfach ionisiertes Helium usw. sind die Folgerungen aus diesen Postulaten sehr einfach herzuleiten, wenn wir nur Kreisbahnen behandeln [13]. Die Ladung des Kerns bezeichnen wir mit Ze, die des Elektrons mit $-e$, den Bahnradius mit r, und die Kernmasse betrachten wir als unendlich. Das Gleichgewicht zwischen Coulombkraft und Zentrifugalkraft liefert

(1-32) $$\frac{Ze^2}{r^2} = \frac{mv^2}{r} .$$

Zusammen mit (1-30) führt dies zu

(1-33) $$v = \frac{2\pi e^2 Z}{hn}$$

und

(1-34) $$r = \frac{1}{4\pi^2} \frac{n^2 h^2}{Ze^2 m} .$$

Die Energie des Elektrons ist

(1-35) $$E = \tfrac{1}{2} mv^2 - \frac{Ze^2}{r} = - \frac{2\pi^2 e^4 Z^2 m}{h^2 n^2} .$$

Zusammen mit Postulat 2 führt dies unmittelbar zur allgemeinen Struktur des Spektrums (1-29), s. Bild 1.7.

Bevor wir eine quantitative Auswertung dieser Größen vornehmen, wollen wir erst einige sehr nützliche Bezeichnungen einführen. Zunächst kommt in den Formeln der Quantenmechanik öfter $h/2\pi$ vor, und nicht h. Deshalb definieren wir

(1-36) $$\hbar = \frac{h}{2\pi} = 1{,}0545 \times 10^{-27} \text{ erg} \times \text{s} .$$

Um die Ausdrücke für die Energie einfach zu gestalten, arbeiten wir besser mit der Kreisfrequenz ω statt mit der Frequenz ν

(1-37) $$\omega = 2\pi\nu .$$

---

[13]) Läßt man auch elliptische Bahnen zu, so ergibt sich eine viel reichhaltigere Struktur; dies wird im 12. Kapitel diskutiert.

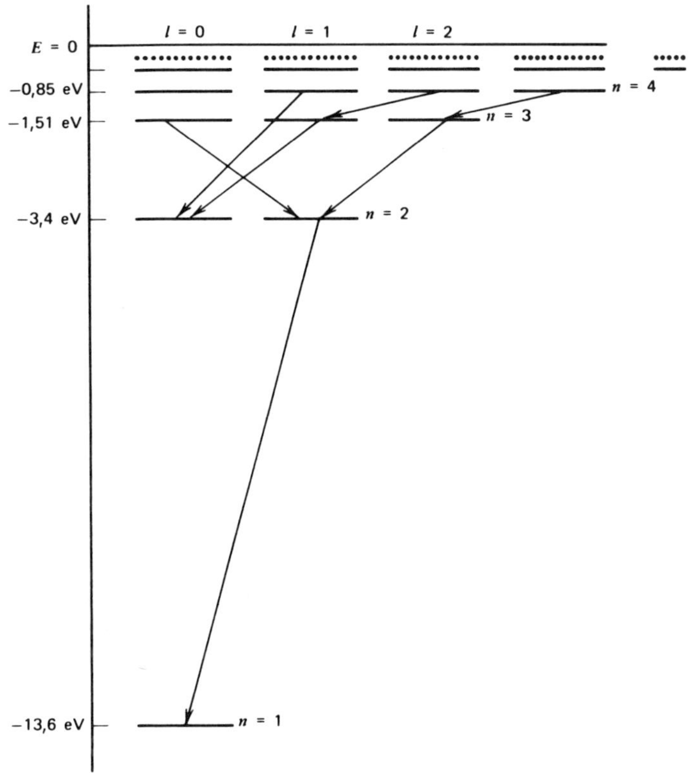

Bild 1–7 Termschema des Wasserstoffatoms, wie es aus dem Bohrschen Modell abzuleiten ist. Die Quanzenzahlen l erscheinen mit der Einführung elliptischer Bahnen. Die Linien zwischen den Energieniveaus bezeichnen die vorherrschenden Übergänge.

Damit wird (1-31) zu

(1-38) $$\omega = \frac{E - E'}{\hbar}.$$

Für die Photonenenergie erhalten wir

(1-39) $$E = \hbar\omega.$$

Es ist weiterhin günstig, die "reduzierte Wellenlänge" einzuführen

(1-40) $$\lambda\!\!\!^{-} = \frac{\lambda}{2\pi} = \frac{c}{\omega},$$

womit die De Broglie-Beziehung wird

(1-41) $$p = \frac{\hbar}{\lambda\!\!\!^{-}}$$

Die Bohrsche Quantisierungsbedingung für den Drehimpuls wird

(1-42) $$mvr = n\hbar \; (n = 1, 2, 3, \ldots).$$

Schließlich erweist es sich als sehr praktisch, die dimensionslose "Feinstrukturkonstante" einzuführen

(1-43) $$\alpha = \frac{e^2}{\hbar c} = \frac{1}{137{,}035987},$$

wofür wir näherungsweise 1/137 verwenden. Mit diesen Größen erhalten wir die viel einfacheren Ausdrücke

(1-44) $$\frac{v}{c} = \frac{Z\alpha}{n} \qquad r = \frac{n^2}{Z\alpha}\frac{\hbar}{mc}$$

und

(1-45) $$E = -\tfrac{1}{2}\,mc^2\,\frac{(Z\alpha)^2}{n^2}.$$

Man beachte, daß der Bahnradius mit seiner Dimension Länge ausgedrückt ist durch $\hbar/mc$, der reduzierten Compton-Wellenlänge des Elektrons, und die Energie durch mc^2. In allen Berechnungen der Atomphysik werden wir unsere Ergebnisse für Energie, Länge, Zeit und Impuls ausdrücken durch mc^2, $\hbar/mc$, $\hbar/mc^2$ und mc; Drehimpulse werden immer Vielfache von $\hbar$ sein.

Wir wollen nun einige Größen aus der Bohrschen Theorie berechnen. Mit

(1-46) $$\begin{aligned} mc^2 &\cong 0{,}51 \times 10^6\ \text{eV} \\ &\cong 0{,}51\ \text{MeV} \\ \frac{\hbar}{mc} &\cong 3{,}9 \times 10^{-11}\ \text{cm} \\ \frac{\hbar}{mc^2} &\cong 1{,}3 \times 10^{-21}\ \text{s} \end{aligned}$$

erhalten wir

a) den Radius der tiefsten Bohrschen Bahn ($n = 1$)

(1-47) $$a_0 = \frac{137}{Z}\frac{\hbar}{mc} = \frac{0{,}53}{Z}\ \text{Å},$$

b) die Bindungsenergie des Elektrons auf dieser ($n = 1$) Bahn, d.h. die Energie, welche nötig ist um das Elektron in den Endzustand $E = 0$ (d.h. $n = \infty$) zu bringen

(1-48) $$E = \tfrac{1}{2}mc^2\,(Z\alpha)^2 = 13{,}6\ Z^2\ \text{eV}.$$

Somit entspricht z.B. dem Übergang vom Zustand $n = 1$ nach $n = 2$ im Wasserstoffatom ($Z = 1$) eine Energiezunahme von $13.6\,(1 - \tfrac{1}{4})$ eV $= 10.2$ eV. Für die Frequenz der dabei absorbierten Strahlung erhalten wir

$$\omega = \frac{mc^2\alpha^2(1-\frac{1}{4})}{2\hbar} = \frac{3\alpha^2}{8}\,\frac{1}{1{,}3\times 10^{-21}}\,\text{rad/s}$$

$$\cong 1{,}5 \times 10^{16}\,\text{rad/s}$$

und für die Wellenlänge

$$\lambda = 2\pi\,\frac{c}{\omega} = \frac{16\pi}{3\alpha^2}\,\frac{\hbar}{mc}$$

$$\cong 1200\,\text{Å}.$$

Dies ist ultraviolette Strahlung.

Der Erfolg, den die Bohrsche Theorie für wasserstoffähnliche Atome hatte, regte die weitere Forschung zum Bohr-Modell an, denn trotz der außergewöhnlichen Leistungen durch Bohr[14]) und andere zeigte sich, daß diese Theorie ein Provisorium war. Sie sagte z.B. nichts aus über den Zeitpunkt des Elektronensprungs, und die Quantisierungsregel war beschränkt auf Kreisbewegung. Auch ein allgemeinerer Ausdruck von Sommerfeld und Wilson

(1-49) $$\int_{\substack{\text{geschlossene}\\ \text{Kurve}}} p\,dq = nh\,,$$

wobei p der zur Koordinate q gehörige Impuls ist, änderte, bis auf eine Verfeinerung bei den Wasserstoffniveaus, die allgemeine Situation nicht. Was die Bohrsche Theorie aber noch zur Folge hatte, war folgendes:

1. *Das Korrespondenzprinzip*, welches im wesentlichen aussagt, daß die Ergebnisse der klassischen Physik als Grenzfall der Quantenmechanik zu erhalten sein sollen. Der Grenzfall liegt vor, wenn die "Quantenzahlen" groß sind, z.B. bei großen n im Bohrschen Modell. Zwar enthält eine die Quantenphänomene konsistent beschreibende Theorie von selbst die klassische Physik als Grenzfall, aber als Hilfe für theoretische Vermutungen war das Korrespondenzprinzip doch sehr wertvoll: So führte es Heisenberg an die Stelle, von der aus er seinen großartigen Schritt zur Begründung der Quantenmechanik tun konnte. Um zu zeigen, wie das Korrespondenzprinzip durch das Bohrsche Modell erfüllt wird, betrachten wir die von einem Atom emittierte Frequenz, wenn ein Elektron von der Quantenzahl $n+1$ auf die Bahn der Quantenzahl n springt, wobei n sehr groß sein soll. Dies ist ein Bereich, in dem die Frage nach dem klassischen Grenzfall sinnvoll ist, denn der Drehimpuls $n\hbar$ ist tatsächlich wesentlich größer als $\hbar$. Klassisch gesehen würden wir von einem Elektron der Geschwindigkeit v auf einer Kreisbahn erwarten, daß es Strahlung der Frequenz dieser Bewegung emittiert:

[14]) Siehe S. Rozental (Hrsgb.), *Niels Bohr*, North Holland Publishing, Amsterdam, 1967.

(1-50) $$\nu_{\text{klass}} = \frac{v}{2\pi r} = \frac{Z\alpha c}{n}\frac{Z\alpha mc}{2\pi n^2 \hbar} = \frac{(Z\alpha)^2 mc^2}{2\pi\hbar}\frac{1}{n^3}.$$

Nach (1-31) sollte die Frequenz der beim Übergang $n+1 \longrightarrow n$ aber sein

(1-51) $$\nu = \frac{\omega}{2\pi} = \frac{1}{2\pi\hbar}\frac{mc^2}{2}(Z\alpha)^2\left[\frac{1}{n^2} - \frac{1}{(n+1)^2}\right].$$

Für $n \gg 1$ nähert sich dieser Wert dem klassischen ν_{klass}. Dies ist ein bemerkenswert klares Ergebnis, da nur diese mit dem Übergang $n+1 \rightarrow n$ verbundene Frequenz der klassischen Frequenz entspricht! Die Strahlung aus dem Übergang $n+2 \rightarrow n$ hat kein klassisches Gegenstück im Grenzfall $n \gg 1$! In Kapitel 22 werden wir sehen, daß es Übergänge $n+2 \rightarrow n$ für "Kreisbahnen" in der Quantenmechanik nicht gibt.[15)]

2. Die Quantisierung des Drehimpulses bewährte sich auch in anderen Situationen; ihre Anwendung auf elliptische Bahnen gab ein vervollständigtes Bild im Spektrum wasserstoffähnlicher Atome. Direkt wurde diese Quantisierung in den Experimenten von Stern und Gerlach[16)] 1922 beobachtet.

F. Das Welle-Teilchen-Problem

Die Tatsache, daß Strahlung sowohl Wellen- als auch Teilchen-Verhalten zeigt, konfrontiert uns mit einer grundlegenden begrifflichen Schwierigkeit, welche in folgendem aufgezeigt wird:

1. Unsere Diskussion über den lichtelektrischen Effekt, insbesondere der Zusammenhang zwischen der Anzahl emittierter Elektronen und der Strahlungsintensität, legt den Gedanken nahe, daß die Intensität der Strahlung proportional ist zur Anzahl der von der Strahlungsquelle emittierten Photonen. Wir wollen nun in einem *Gedankenexperiment* [17)] die Beugung der Strahlung am Doppelspalt betrachten, und dabei die Intensität der Quelle soweit vermindern, bis im Mittel nur ein einziges Photon pro Stunde am Beobachtungsschirm eintrifft. (Beachten Sie, daß wir es mit *ganzen* Photonen zu tun haben, denn wie sowohl der Compton-Effekt als auch der lichtelektrische Effekt zeigen ist es unmöglich, ein Photon in Teile zu zerlegen, die

15) Solche Übergänge können nach dem Korrespondenzprinzip für elliptische Bahnen vorkommen; diese werden aber nicht weiter betrachtet.

16) Wird diskutiert in jedem Lehrbuch der modernen Physik (siehe Angaben hierzu am Ende des Kapitels).

17) Ein *Gedankenexperiment* ist etwas, was man sich zwar vorstellen kann, weil es mit den bekannten physikalischen Gesetzen konsistent ist, obwohl es vielleicht technisch nicht ausführbar ist. Z.B. die Gravitationsbeschleunigung auf der Sonnenoberfläche zu messen ist ein Gedankenexperiment; Unsinn und kein Gedankenexperiment dagegen wäre es, die Dopplerverschiebung des Sonnenlichts in einer Rakete mit doppelter Lichtgeschwindigkeit messen zu wollen. Im 2. Kapitel werden wir sehen, wie sorgfältig man auf folgerichtige Anwendung physikalischer Gesetze achten muß, wenn man ein Gedankenexperiment anlegt.

bei der Frequenz ω eine Energie kleiner als $\hbar\omega$ haben.) Diese Intensitätsabnahme im Gedankenexperiment sollte sich in der Intensitäts*verteilung* im Beugungsbild nicht auswirken, denn wir tun dabei doch nichts anderes, als den Zeitraum zu dehnen, welcher für die Übertragung einer großen Anzahl von Photonen von der Quelle zur Photoplatte (Beobachtungsschirm) zur Verfügung steht. Es ist klar, daß Photonen, die im Stundenabstand auf die Photoplatte treffen, nicht in einen Zusammenhang gebracht werden können, und so dürfen wir uns den Photonenfluß zwischen Quelle und Photoplatte wirklich als aus isolierten Photonen bestehend vorstellen. Ein Photon, als Teilchen, wird durch den einen oder den anderen Spalt hindurchgehen. Wenn wir in unser Gedankenexperiment ein kleines Kontrollgerät einbauen (einen "Monitor"), mit dem festgestellt werden kann, ob das Photon durch Spalt "1" oder Spalt "2" hindurchgegangen ist, so können wir die Photonen einteilen in zwei Klassen, welche den beiden Einzelspalten zugeordnet sind. Für die Photonen der Klasse 1 hätte Spalt 2 geschlossen sein dürfen, da diese Photonen ja den Spalt 2 nicht benützt haben. Umgekehrt, für die Photonen der Klasse 2 hätte Spalt 1 geschlossen sein können. Wir dürften also erwarten, daß das Beugungsbild des Doppelspalts auf der Photoplatte das gleiche ist wie bei einem weiteren Experiment, bei dem für die Hälfte der Zeit nur Spalt 1, für die andere Hälfte nur Spalt 2 geöffnet ist. Dies kann jedoch nicht richtig sein, da dieses weitere Experiment (Abdeckung jeweils eines Spalts) *kein* Doppelspalt-Interferenzbild ergibt! Offenbar besteht irgendwo eine Inkonsequenz. Sie ist dort zu finden, wo wir stillschweigend angenommen haben, daß der zur Identifizierung des vom Photon benützten Spalts eingebaute Monitor das Experiment nicht stört. Wenn wir das *Heisenbergsche Unbestimmtheitsprinzip* diskutieren, werden wir sehen, daß durch den Einfluß des Monitors das Interferenzbild zerstört wird, daß also dann keine Inkonsequenz mehr besteht. Vorläufig genügt es klarzustellen, daß ohne Monitor ein Interferenzbild erscheint, jedes Photon sich also als Welle darstellt, wobei es aber dann keinen Sinn hat, nach dem benützten Spalt zu fragen. Wir vermuten aber, daß wir immer noch von einer *mittleren* Strahlungsintensität an jedem der Spalte sprechen können: Dies muß bedeuten, daß wir bei einzelnen Photonen nur Aussagen über die *Wahrscheinlichkeit* machen können, mit der ein Photon durch den einen oder anderen Spalt hindurchgeht.

2. Der Begriff Wahrscheinlichkeit muß auch wieder zum Verständnis des Durchgangs polarisierter Strahlung durch einen Analysator verwendet werden. Bekanntlich wird Strahlung der Intensität I_0 abgeschwächt auf $I_0 \cos^2 \alpha$, wobei α der Winkel zwischen der Polarisator- und der Analysatorachse ist. Eine solche Abschwächung ist im Bild der einzelnen, *unteilbaren* Photonen nur dann verständlich, wenn wir sagen, daß ein Photon den Analysator entweder passiert oder nicht passiert, und zwar mit einer Wahrscheinlichkeit, die durch den Apparat, hier also durch α, festgelegt wird.

3. Betrachten wir weiterhin die Strahlung eines fernen Sternes. Der Stern wirkt als Quelle einer Kugelwelle elektromagnetischer Felderregung, wel-

che sich mit der Geschwindigkeit c ausbreitet. Im Bild der einzelnen Photonen ist es nicht vernünftig, sich das Photon so vorzustellen, als ob es sich über die Kugel vom Radius ct verdünnt (t sei die Zeit seit der Emission des Photons), denn wie sollte sich das Photon noch nach einer solchen Ausdehnung auf ein einziges Körnchen in der Photoplatte konzentrieren können? Vernünftig erscheint es jedoch, die sphärische Ausbreitung als die Wahrscheinlichkeit dafür zu deuten, das Photon in einem bestimmten Raumwinkel zu finden.

4. Manchmal ist es möglich, ein Experiment zugleich im Teilchen- und im Wellenbild zu interpretieren, dabei schleicht sich aber dann an anderer Stelle ein "nicht-klassischer" Gesichtspunkt ein, wie z. B. im Gedankenexperiment von Dicke und Wittke [18] (Bild 1.8): Man betrachte einen zylindrischen Käfig. Die Gitterstäbe haben den regelmäßigen Abstand

$$a = 2\pi \frac{R}{N},$$

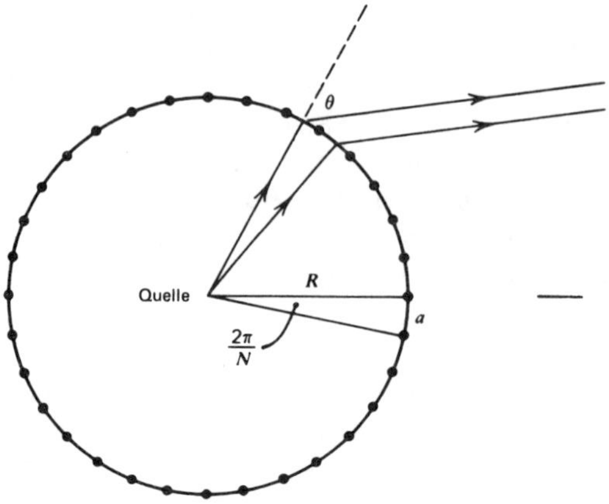

Bild 1–8 Achsialer Einblick in den Dicke-Wittke-Käfig, mit äquidistanten Stäben und seinen geometrischen Daten.

wobei R der Zylinderradius und N die Anzahl der Gitterstäbe ist; eine Strahlungsquelle soll sich auf der Zylinderachse befinden. Die Stäbe wirken als Beugungsgitter. Maximale Intensität haben wir für die Beugungsrichtung θ, wenn gilt

$$a \sin\theta = n\lambda \qquad (n = 1, 2, 3, \ldots),$$

also für

$$\lambda = \frac{2\pi R \sin\theta}{Nn}. \tag{1-52}$$

[18]) R. H. Dicke und J. P. Wittke, *Introduction to Quantum Mechanics*, Addison-Wesley, Reading, Mass., 1960.

Wir könnten die Intensitätsmaxima auch im Teilchenbild deuten, und zwar durch die Streuung der Teilchen um den Winkel θ an den Gitterstäben. Der dabei auf den Käfig übertragene Impuls ist $p \sin \theta$, der übertragene Drehimpuls also

(1-53) $$L = pR \sin \theta.$$

Verwenden wir nun den De Broglie-Zusammenhang $p = 2\pi\hbar/\lambda$, so erhalten wir

(1-54) $$L = \frac{2\pi\hbar N n}{2\pi R \sin \theta} \cdot R \sin \theta = N n \hbar,$$

d.h. der Drehimpuls ist gequantelt! Wie später klar wird, hängt der Faktor N damit zusammen, daß die ganze Anordnung nach einer Drehung des Käfigs um den Winkel $2\pi/N$ unverändert aussieht.

Im Jahre 1925 begann mit den Arbeiten von Heisenberg, Born, Jordan, Schrödinger und Dirac die Entwicklung der modernen quantenmechanischen Theorie. Sie zeigt uns einen Weg, allen begrifflichen Widerstreit beizulegen, und zwar unter Preisgabe eines gewissen Ausmaßes klassischer Denkweise. Es ist eine der Freuden im Dasein eines Physikstudenten, diese wunderschöne Theorie zu durchschauen und die damit möglichen riesigen Fortschritte im Verständnis der Eigenschaften der Materie schätzen zu lernen.

Aufgaben

1. Beweisen Sie den Zusammenhang (1-1) zwischen der Energiedichte in einem Hohlraum und der Strahlungsleistungsdichte. Hinweis: Betrachten Sie hierzu das Bild. Das dort gezeichnete Volumelement hat die Größe

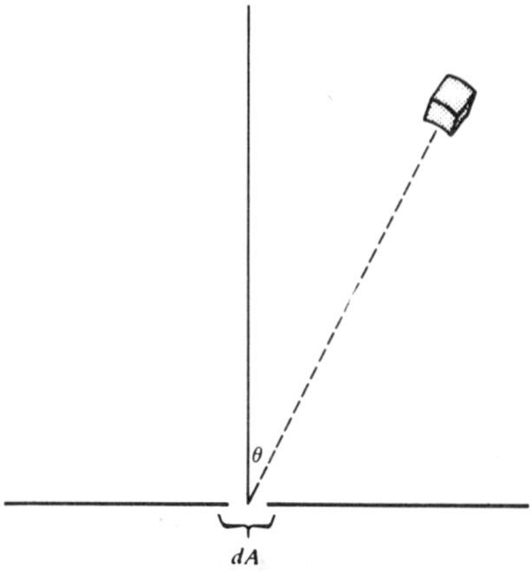

$r^2\, dr \sin \theta\, d\theta\, d\phi$, wobei r der Abstand zum Koordinatenursprung ist (dort befindet sich die Öffnung der Fläche dA), θ der mit der Vertikalen eingeschlossene Winkel, ϕ der Azimuthwinkel um die auf der Öffnung senkrecht

stehende Achse. Die im Volumen dV enthaltene Energie wird multipliziert mit der Energiedichte. Die Strahlung ist isotrop, so daß die aus der Öffnung herausströmende Energie durch Multiplikation mit dem Raumwinkel $dA \cos \theta / 4\pi r^2$ gegeben ist. Nun muß über die Winkel ϕ und θ integriert werden, und, um die Strahlung innerhalb Δt zu erhalten, auch noch über dr von 0 bis $c\Delta t$, da $c\Delta t$ die Strecke ist, aus der heraus Strahlung im Intervall Δt die Öffnung verläßt.

2. Benützen Sie (1-1) und (1-12), um eine Formel für die gesamte Strahlungsleistung pro Einheitsfläche eines schwarzen Körpers zu erhalten. Man nehme an, daß die Sonne als schwarzer Körper strahlt. Sonnenradius $R_\odot = 7 \times 10^{10}$ cm, mittlerer Abstand Sonne-Erde $d_\odot = 1{,}5 \times 10^{13}$ cm, Solarkonstante (d. i. Strahlungsleistungsdichte auf der Erdoberfläche bei senkrechtem Einfall) $1{,}4 \times 10^6$ erg/cm^2 s. Mit diesen Angaben schätze man die Oberflächentemperatur der Sonne ab.

3. Berechnen Sie aus (1-9) die Energiedichte im Wellenlängenintervall $\Delta\lambda$, und daraus den Wert von $\lambda = \lambda_{max}$, für den die Energiedichte maximal wird. Man zeige, daß λ_{max} von der Form b/T ist, berechne b, und benütze die Abschätzung der Sonnentemperatur, um λ_{max} für die Sonnenstrahlung zu berechnen. (Hinweis: Um b zu berechnen, benötigt man die Lösung der Gleichung $5 - x = 5e^{-x}$. Man löse diese graphisch oder durch schrittweise Näherung, indem mit $x = 5 - \epsilon$, $\epsilon \ll 1$ begonnen wird.

4. Welcher Anteil der Sonneneinstrahlung liegt im Wellenlängenbereich 4000 Å bis 7000 Å? Man benütze die aus Aufgabe 1 abgeschätzte Oberflächentemperatur, und trage die Energiedichte graphisch auf, um daraus das numerische Ergebnis zu entnehmen.

5. Es gibt experimentelle Hinweise darauf, daß das Weltall Schwarzkörperstrahlung enthält, die einer Gleichgewichtstemperatur von 3° K entspricht. Berechnen Sie die Energie eines Photons für die Wellenlänge λ_{max} bei dieser Temperatur.

6. Ultraviolettes Licht der Wellenlänge 3500 Å fällt auf eine Kalium-Oberfläche. Die maximale Energie der Photoelektronen ist 1,6 eV. Wie groß ist die Austrittsarbeit von Kalium?

7. Die maximale Energie von Photoelektronen aus Aluminium ist 2,3 eV bei Bestrahlung mit 2000 Å, und sie ist 0,90 eV bei 3130 Å. Man berechne hieraus die Plancksche Konstante und die Austrittsarbeit von Aluminium.

8. Ein 100 MeV-Photon stößt mit einem ruhenden Proton. Wie groß ist der für das Photon maximal mögliche Energieverlust?

9. Ein 100 keV-Photon stößt mit einem ruhenden Elektron und wird dabei um 90° gestreut. Wie groß ist seine Energie nach dem Stoß? Wie groß ist die kinetische Energie des Elektrons in eV, und in welcher Richtung fliegt es?

10. Ein Elektron der Energie 100 MeV stößt mit einem Photon der Wellenlänge 3×10^7 Å (entspricht der schwarzen Weltraumstrahlung). Welchen maximalen Energieverlust erleidet das Elektron?

11. Ein Röntgenstrahlbündel wird durch ruhende Elektronen gestreut. Wie groß ist die Energie der einfallenden Photonen, wenn die Wellenlänge der um 60° gestreuten Röntgenstrahlen 0,035 Å beträgt?

12. Ein Stickstoffkern (Masse = 14 Protonenmassen) emittiert aus der Ruhelage ein Photon der Energie 6,2 MeV. Wie groß ist die Rückstoßenergie des Kerns in eV?

13. Wie groß ist die De Broglie-Wellenlänge von (a) einem 1 eV-Elektron, (b) einem 10 MeV-Proton, (c) einem 100 MeV-Elektron (Vorsicht! Man benütze die Formel für relativistische Energie), (d) einem thermischen Neutron (definiert als Neutron der kinetischen Energie $3kT/2$ mit $T = 300°K$).

14. Man betrachte einen Kristall mit dem Netzebenenabstand 3,2 Å. Welche energetische Größenordnung würde man benötigen für (a) Elektronen, (b) Heliumkerne (Masse = 4 Protonenmassen), um bis zu drei Interferenzmaxima beobachten zu können?

15. Die kleinste durch ein Mikroskop auflösbare Strecke ist von der Größenordnung der verwendeten Wellenlänge. Welche Energie müßten Elektronen haben, um damit in einem Elektronenmikroskop die Strecke (a) 150 Å, (b) 5 Å auflösen zu können?

16. Es soll der Netzebenenabstand in einem Kristall gemessen werden. Für Röntgenstrahlen der Wellenlänge 5 Å erhält man ein Intensitätsmaximum beim Einfallswinkel $\theta = 5°$ (s. Bild 1.6). Wie groß ist der Netzebenenabstand? Bei welchem Winkel tritt das zweite Maximum auf?

17. Wenn man annimmt, daß in einem stationären Zustand des Wasserstoffatoms dem Elektron gerade eine solche Wellenlänge zuzuordnen ist, daß diese ganzzahlig auf eine Kreisbahn paßt, so kann man daraus die Ergebnisse des Bohrschen Modells erhalten. Versuchen Sie dies!

18. Man benütze die Bohrsche Quantisierungsbedingung, um die Energieniveaus eines harmonischen Oszillators zu berechnen, wobei die Energie $p^2/2m + m\omega^2 r^2/2$, die Kraft also $m\omega^2 r$ ist. Man beschränke sich auf Kreisbahnen. Wo liegt die Analogie zur Rydberg-Formel? Zeigen Sie, daß das Korrespondenzprinzip für alle Quantenzahlen n (Quantisierung des Drehimpulses) erfüllt ist.

19. Verwenden Sie die Bohrsche Quantisierung um die Energiezustände in einem Potential der Form

$$V(r) = V_0 \left(\frac{r}{a}\right)^k$$

zu berechnen, wobei k sehr groß sei. Skizzieren Sie den Potentialverlauf, und zeigen Sie, daß die Energiewerte sich dem Ausdruck $E_n \simeq Cn^2$ nähern.

20. Die von einer beschleunigten Ladung abgestrahlte Leistung ist klassisch gegeben durch

$$P = \frac{2}{3}\frac{e^2}{c^3} a^2 \text{ erg/s},$$

wobei a die Beschleunigung ist. Auf einer Kreisbahn ist $a = v^2/r$. Berechnen Sie damit die von einem Elektron auf einer durch n charakterisierten Bohrschen Bahn abgestrahlte Leistung. Für großes n sollte dies nach dem Korrespondenzprinzip mit einem entsprechenden quantenmechanischen Ergebnis übereinstimmen.

21. Die reziproke Lebensdauer (= Zerfallsrate) eines Elektrons auf einer Bahn kann definiert werden als die abgestrahlte Leistung P, dividiert durch die im Zerfall des Zustands abgestrahlte gesamte Energie. Verwenden Sie den aus der Bohrschen Theorie hervorgehenden Ausdruck für die abgestrahlte Energie, und den Ausdruck für P aus Aufgabe 20, um den korrespondenzmäßigen Wert der Zerfallsrate für einen Übergang des Elektrons von n nach $n - 1$ zu berechnen. Was erhält man für $n = 2$? (Dieses Ergebnis stimmt nicht mit dem korrekten quantenmechanischen Ergebnis überein, da das Korrespondenzprinzip für so kleine Quantenzahlen nicht funktioniert). Wie groß ist die Zerfallsrate für den Übergang von n nach $n - m$?

22. Der klassische Ausdruck für einen ebenen Rotator ist

$$E = L^2/2I,$$

wobei L der Drehimpuls und I das Trägheitsmoment ist. Verwenden Sie die Bohrsche Quantisierung um die Energieniveaus des Rotators zu erhalten. Zeigen Sie unter Voraussetzung der Bohrschen Frequenzbedingung für Übergänge von n_1 nach n_2, daß das Korrespondenzprinzip gilt, und daß dieses beinhaltet, daß nur Übergänge mit $\Delta n = \pm 1$ vorkommen sollten.

23. Moleküle verhalten sich oft als Rotatoren. Rotationsspektren haben charakteristisch Wellenlängen der Größenordnung 10^7 Å. Welche Größenordnung für den interatomaren Abstand, z.B. in Å, erhält man hieraus?

Literatur

F.K. Richtmyer, E.H. Kennard, and J.N. Cooper "Introduction to Modern Physics" McGraw-Hill, New York, 1969

Robert Martin Eisberg "Fundamentals of Modern Physics" Wiley, New York, 1961

Arthur Beiser "Perspectives of Modern Physics" McGraw-Hill, New York, 1969

John D. McGervey "Introduction to Modern Physics" Academic Press, New York, 1971

Robert B. Leighton "Principles of Modern Physics" McGraw-Hill, New York, 1959

Martin Karplus and Richard N. Porter "Atoms and Molecules" W.A. Benjamin, New York, 1970

Eyvind H. Wichmann "Quantum Physics" McGraw-Hill, New York, 1969

Richard P. Feynman, Robert B. Leighton und Matthew Sands "Feynman Vorlesungen über Physik" Addison-Wesley, Reading, R. Oldenbourg München Wien, 1973-1975

Die ersten fünf Bücher dieser Liste bringen die wichtigsten Kapitel einer normalen Physikvorlesung über moderne Physik, wobei Unterschiede in Schwierigkeitsgrad und Schwerpunktsetzung vorliegen; sie können alle verwendet werden, wenn eine nicht zu sehr theoretisch orientierte Behandlung dieses Stoffes gewünscht wird. Wichmanns Buch gibt eine ungewöhnliche Einführung in die Quantentheorie. Es betont alle wichtigen Punkte, überstreicht ein weites Gebiet qualitativer Anwendungen und gibt dem schon ein wenig fortgeschrittenen Leser einen neuen Ausblick. Die *Feynman-Vorlesungen* können nicht in einfacher Weise charakterisiert werden. Sie sind brillant und sollten von jedem Studenten gelesen werden, vom Anfänger und vom Fortgeschrittenen. Auch Dozenten lesen sie ausgiebig!

2. Wellenpakete und die Unschärfebeziehungen

Die Quantenmechanik ermöglicht uns eine Deutung aller im 1. Kapitel diskutierten Phänomene. Sie ist unerläßlich zum Verständnis der Atome, Moleküle, Kerne und daraus aufgebauter Systeme. Wir wollen uns dem Studium der Quantenmechanik über die Schrödinger-Gleichung und einer geeigneten Deutung ihrer Lösungen nähern[1]). Die Schrödinger-Gleichung liegt außerhalb des Zuständigkeitsbereiches der klassischen Physik, und deshalb kann man sie auch nicht aus ihr ableiten; sie kann nur erraten werden. Auch Schrödinger fand sie so, und zwar zufolge der früheren Einsichten von De Broglie. Wir wollen die Aufstellung der Schrödinger-Gleichung ein wenig anders motivieren, nämlich durch den Versuch, die Wellen- und Teilcheneigenschaften in einem gemeinsamen Bild zu beschreiben.

Es ist schwierig, sich ein Teilchenbild vorzustellen, welches irgendwie ein Wellenverhalten aufweist; gerade deswegen führten ja die Beugungsexperimente von Fresnel und Young zur einhelligen Annahme der Wellenhypothese des Lichts. Andererseits aber kann man sich Wellenbilder stark lokalisiert vorstellen (z.B. in einem Donnerschlag überlagern sich Wellen derart, daß sich ein zeitlich eng begrenzter Effekt ergibt). Solche begrenzten, lokalisierten "Wellenpakete" erreicht man, wenn man Wellen verschiedener Frequenzen überlagert, und zwar so, daß sie außerhalb eines eng begrenzten Gebietes fast völlig destruktiv interferieren. Als Handwerkszeug hierfür benötigt man Fourier-Integrale. Anhang A gibt hierzu einen Überblick für Leser, denen Fourier-Reihen bekannt sind, aber keinen gesteigerten Wert auf mathematische Strenge legen. Betrachten wir als Beispiel die Funktion

(2-1) $$f(x) = \int_{-\infty}^{\infty} dk\, g(k)\, e^{ikx}.$$

Ihr Realteil ist $\int_{-\infty}^{\infty} dk\, g(k) \cos kx$, und dies ist eine lineare Superposition von Wellen der Wellenlängen $\lambda = 2\pi/k$ mit den Amplituden $g(k)$ (Begriff der Wellenlänge: Bei gegebenem k wiederholt sich das Wellenbild, wenn wir x nach $x + 2\pi/k$ verändern). $f(x)$ ist die Fouriertransformierte von $g(k)$. Für $g(k)$ wählen wir z.B.

---

[1]) Ein anderer Weg ist zu finden in Richard P. Feynman, Robert B. Leighton und Matthew Sands. *"Feynman Vorlesungen über Physik"* Addison-Wesley, Reading, R. Oldenbourg München Wien, 1973 - 1975.

(2-2) $$g(k) = e^{-\alpha(k-k_0)^2}.$$

Das Integral kann ausgeführt werden: Mit $k' = k - k_0$ haben wir

$$\begin{aligned} f(x) &= \int_{-\infty}^{\infty} dk\, g(k)\, e^{i(k-k_0)x}\, e^{ik_0x} \\ &= e^{ik_0x} \int_{-\infty}^{\infty} dk'\, e^{ik'x}\, e^{-\alpha k'^2} \\ &= e^{ik_0x} \int_{-\infty}^{\infty} dk'\, e^{-\alpha[k'-(ix/2\alpha)]^2}\, e^{-(x^2/4\alpha)}, \end{aligned}$$

wobei wir im letzten Schritt eine vollständige Quadratklammer im Exponenten gebildet haben. Man darf $k' - (ix/2\alpha) = q$ setzen, und dabei das Integral immer noch auf der reellen Achse ausführen [2]). Mit

(2-3) $$\int_{-\infty}^{\infty} dk\, e^{-\alpha k^2} = \sqrt{\frac{\pi}{\alpha}}$$

erhalten wir

(2-4) $$f(x) = \sqrt{\frac{\pi}{\alpha}}\, e^{ik_0x}\, e^{-(x^2/4\alpha)}.$$

Der Faktor e^{ik_0x} ist bekanntlich ein "Phasenfaktor", da $|e^{ik_0x}|^2 = 1$. Somit wird das Betragsquadrat von $f(x)$ zu

(2-5) $$|f(x)|^2 = \frac{\pi}{\alpha}\, e^{-x^2/2\alpha}.$$

Diese Funktion ist lokalisiert um die Stelle $x = 0$, und sie hat eine Breite der Größenordnung $2\sqrt{2\alpha}$, denn für $x = \pm\sqrt{2\alpha}$ nimmt sie auf $1/e$ ihres Maximalwerts ab. Die Lokalisierung um den Nullpunkt kann also sehr ausgeprägt sein, wenn α klein gewählt wird. Die Breite im x-Raum hängt zusammen mit der Breite im k-Raum, denn das Quadrat von $g(k)$ mit dem Maximum bei k_0 hat die Breite $2/\sqrt{2\alpha}$. Hier besteht offenbar eine Reziprozität zwischen den Funktionen $g(k)$ und $f(x)$: Eine im x-Raum stark lokalisierte Funktion wird breit bei Transformation in den k-Raum, und umgekehrt. Das Produkt der beiden "Breiten" ist

(2-6) $$\Delta k\, \Delta x \sim \frac{2}{\sqrt{2\alpha}} \cdot 2\sqrt{2\alpha} = 4.$$

Der numerische Zahlenwert ist hierbei nicht wichtig, es kommt nur darauf an, daß er unabhängig von α ist. Dies ist eine allgemeine Eigenschaft von Funktionen, die über Fourier-Transformationen zusammenhängen (Bild 2.1). Wir drücken sie aus durch die Formel

(2-7) $$\Delta x\, \Delta k \gtrsim O(1),$$

2) Der mit komplexen Funktionen vertraute Leser wird sich davon ohne Schwierigkeiten überzeugen können.

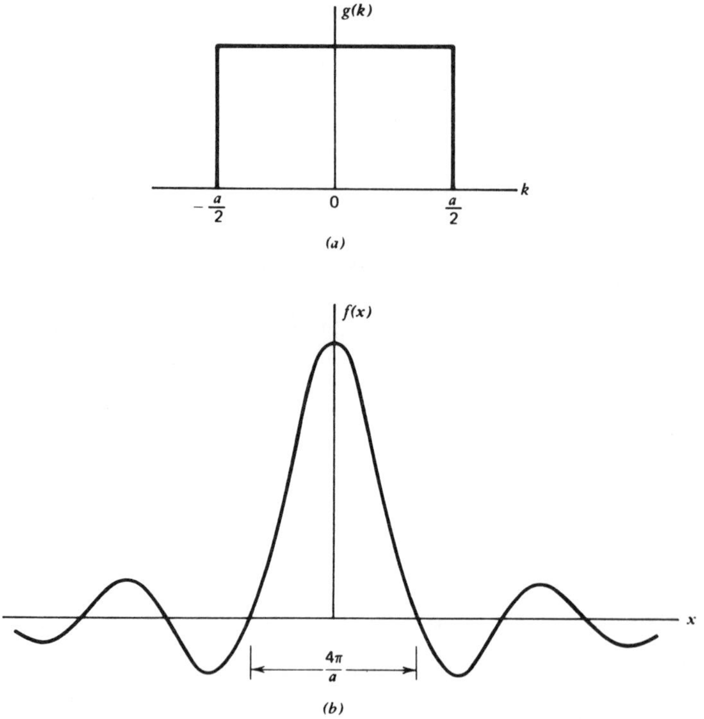

Bild 2–1 Zusammenhang zwischen einem rechteckigem Wellenpaket und seiner Fourier-Transformation.

wobei Δx und Δk die "Breiten" der beiden Verteilungen sind; mit O(1) soll ausgedrückt sein, daß dies eine Zahl ist, die zwar von den speziell betrachteten Funktionen abhängen kann, aber nicht wesentlich kleiner als 1 ist. *Es ist unmöglich, zugleich sowohl* Δx *als auch* Δk *klein zu machen*. Dies ist eine allgemeine Eigenschaft von Wellenpaketen, und wir werden bald sehen, daß dadurch einige sehr tiefgehende Folgerungen für die Quantenmechanik entstehen.

In Gl. (2-1) haben wir eine Funktion $f(x)$ betrachtet, welche aus einer Superposition von einfachen Wellen e^{ikx} mit kontinuierlicher Amplitudenverteilung konstruiert ist. Wie wird sich ein solches Wellenpaket zeitlich ausbreiten? Die Antwort darauf hängt davon ab, wie sich die einzelnen Teilwellen ausbreiten. Allgemein schreiben wir für die einfache ebene Welle (sie variiert nur in einer einzigen räumlichen Koordinate x, aber nicht in y oder z)

(2-8) $$e^{ikx-i\omega t}.$$

Hier ist $\omega = 2\pi\nu$ die Kreisfrequenz. Die Größe k hängt mit der Wellenlänge über $k = 2\pi/\lambda$ zusammen, so daß wir auch folgende Form verwenden können:

$$e^{2\pi i[(x/\lambda)-\nu t]}. \tag{2-9}$$

Betrachten wir zunächst die Ausbreitung einer Lichtwelle im Vakuum, so besteht eine einfache Beziehung zwischen ν und $1/\lambda$, nämlich $\nu = c/\lambda$, d.h. die ebene Welle wird

$$e^{2\pi i(x-ct)/\lambda} = e^{ik(x-ct)}.$$

Überlagern wir nun solche Wellen mit verschiedenen k, wobei deren Amplitude $g(k)$ sei, so erhalten wir zur Zeit t

$$f(x, t) = \int_{-\infty}^{\infty} dk\, g(k)\, e^{ik(x-ct)} = f(x - ct). \tag{2-10}$$

Die Welle hat also die gleiche Form wie früher, aber nicht mehr bezüglich der Koordinate $x = 0$, sondern bezüglich $x - ct = 0$. Ein Wellenpaket aus Lichtwellen breitet sich somit mit der Lichtgeschwindigkeit c aus, *ohne verzerrt zu werden*.

Wir wollen uns jedoch mit solchen Wellen befassen, von denen wir erwarten, daß sie Teilchen beschreiben sollen, und deshalb können wir nicht einfach den Zusammenhang $\omega = kc$ fordern. Im allgemeinen wird ω eine Funktion von k sein, so daß

$$f(x,t) = \int dk\, g(k)\, e^{ikx-i\omega(k)t}. \tag{2-11}$$

Vorläufig wissen wir noch nicht, welche Form $\omega(k)$ hat, aber wir werden versuchen, diese zu bestimmen, indem wir fordern, daß $f(x,t)$ einem sich frei bewegenden klassischen Teilchen ähneln soll.

Wir wollen hierzu ein Wellenpaket betrachten, das im k-Raum stark lokalisiert ist, und zwar um k_0. Dies würde der Wahl einer Funktion wie z.B. (2-2) entsprechen, mit großem α. Natürlich haben wir damit kein scharf im x-Raum lokalisiertes $f(x)$, aber wir sind ja immer noch dabei, vernünftige Vermutungen auszuprobieren; außerdem ergibt sich mit (2-2) eine leichte Rechnung. Da im Integral (2-11) nur starke Beiträge in Umgebung der Stelle $k = k_0$ vorkommen, entwickeln wir $\omega(k)$ um k_0 und nehmen dabei an, daß sich $\omega(k)$ nicht stark mit k ändert. Die Entwicklung ist

$$\omega(k) \approx \omega(k_0) + (k - k_0)\left(\frac{d\omega}{dk}\right)_{k_0} + \frac{1}{2}(k - k_0)^2\left(\frac{d^2\omega}{dk^2}\right)_{k_0}. \tag{2-12}$$

Wir verwenden (2-2) weiterhin, setzen $k - k_0 = k'$ und erhalten

$$f(x,t) = e^{ik_0x}\, e^{-i\omega(k_0)t} \int dk'\, e^{-\alpha k'^2}\, e^{-i(k'^2/2)[(d^2\omega/dk^2)]_0 t}\, e^{ik'\{x-[(d\omega/dk)]_0 t\}}. \tag{2-13}$$

Abgesehen vom ganz vorne stehenden Phasenfaktor erscheinen x und t in einer Form, die klar ausdrückt, daß die Ausbreitungsgeschwindigkeit des Wellenpakets, die Gruppengeschwindigkeit, gegeben ist durch [3])

$$v_g = \left(\frac{d\omega}{dk}\right)_{k_0}. \tag{2-14}$$

Definieren wir

$$\frac{1}{2}\left(\frac{d^2\omega}{dk^2}\right)_{k_0} = \beta, \tag{2-15}$$

so haben wir

$$f(x,t) = e^{i[k_0x-\omega(k_0)t]} \int dk' \, e^{ik'(x-v_gt)} \, e^{-(\alpha+i\beta t)k'^2}. \tag{2-16}$$

Dies ist gerade das Integral *), welches zu (2-4) geführt hat; ersetzen wir dort x durch $x - v_gt$ und α durch $\alpha + i\beta t$, so erhalten wir

$$f(x,t) = e^{i[k_0x-\omega(k_0)t]} \left(\frac{\pi}{\alpha + i\beta t}\right)^{1/2} e^{-[(x-v_gt)^2/4(\alpha+i\beta t)]}$$

und als Betragsquadrat

$$|f(x,t)|^2 = \left(\frac{\pi^2}{\alpha^2 + \beta^2t^2}\right)^{1/2} e^{-[\alpha(x-v_gt)^2/2(\alpha^2+\beta^2t^2)]}. \tag{2-17}$$

Dies stellt ein Wellenpaket dar, dessen Maximum sich mit der Geschwindigkeit v_g ausbreitet, aber es hat keine gleichbleibende, feste Breite: Die Breite (welche früher bei $t = 0$ durch α gegeben war) wird $\alpha + (\beta^2t^2/\alpha)$, d. h. ***das Wellenpaket fließt auseinander.*** Die Breite ist proportional zu

$$\left(\alpha + \frac{\beta^2t^2}{\alpha}\right)^{1/2} = \sqrt{\alpha}\left(1 + \frac{\beta^2t^2}{\alpha^2}\right)^{1/2}.$$

Die Geschwindigkeit, mit der das Paket auseinanderfließt, ist gering, wenn α groß ist, d. h. wenn das Wellenpaket von Anfang an breit ist.

Wichtig ist folgendes Ergebnis: Wenn (2-11) ein Teilchen mit dem Impuls p und der kinetischen Energie $p^2/2m$ darstellen soll, so müssen wir fordern, daß

$$v_g = \frac{d\omega}{dk} = \frac{p}{m}; \tag{2-18}$$

nehmen wir in Anlehnung an die Quantisierungsbedingung für Strahlung an, daß

[3]) Dies stimmt natürlich überein mit unserem Ergebnis für den Spezialfall der Lichtausbreitung, wobei $\omega = kc$. Allgemeiner: Das Maximum eines Wellenpakets tendiert dort zu liegen, wo die Phase $kx - \omega t$ ein Minimum als Funktion von k hat, also dort, wo $x - \left(\frac{d\omega}{dk}\right) t = 0$.

*) Anm. d. Üb.: Siehe zweite Formelzeile unterhalb (2–2).

(2-19) $$E = \hbar\omega\,,$$

so daß

(2-20) $$\omega = \frac{p^2}{2m\hbar}\,,$$

so muß aus Gründen der Konsistenz *) sein

(2-21) $$k = \frac{2\pi}{\lambda} = \frac{p}{\hbar}.$$

Dies wurde von De Broglie hergeleitet, aber in einer etwas anderen Form.

Hiermit kann (2-11) nach Einführen von p umgeschrieben werden

(2-22) $$\psi(x,t) = \frac{1}{\sqrt{2\pi\hbar}} \int dp\, \phi(p)\, e^{i(px-Et)/\hbar}.$$

Das Wellenpaket $\psi\,(x,t)$ ist eine allgemeine Lösung folgender partiellen Differentialgleichung

$$i\hbar \frac{\partial\psi(x,t)}{\partial t} = \frac{1}{\sqrt{2\pi\hbar}} \int dp\, \phi(p)\, E\, e^{i(px-Et)/\hbar}$$

(2-23) $$= \frac{1}{\sqrt{2\pi\hbar}} \int dp\, \phi(p)\, \frac{p^2}{2m}\, e^{i(px-Et)/\hbar}$$

$$= -\frac{\hbar^2}{2m} \frac{\partial^2\psi(x,t)}{\partial x^2}.$$

Hierbei ist vorausgesetzt, daß die Bewegung des "Teilchens" in einem potentialfreien Gebiet stattfindet, also dort, wo $E = p^2/2m$. Diese Gleichung (2-23), und ihre Verallgemeinerung für das Vorhandensein eines Potentials ist die Quintessenz aus den vorhergehenden Erörterungen. Es sei betont, daß diese Gleichung aus einer Annahme entstanden ist, denn auf der Basis der klassischen Physik gibt es keine Berechtigung, ω durch $E/\hbar$ zu ersetzen, und damit auch keine für (2-21).

Wir stehen immer noch vor der Schwierigkeit, daß die Wellenpakete auseinanderlaufen. Betrachten wir das *Gaußsche Wellenpaket* (2-17), so erkennen wir, daß es immer eine Zeit gibt, zu der das Auseinanderlaufen merklich sein wird, ganz gleich, wie groß α auch ist. Dies steht aber in Widerspruch zur bekannten Erfahrung, wonach z. B. Atomkerne, die ja sehr klein sind, innerhalb von 3×10^9 Jahren (10^{20} s) sich nicht verändert haben. Wir werden im 3. Kapitel sehen, daß der im 1. Kapitel schon angedeutete Be-

*) Anm. d. Üb.: Aus 2-20 folgt:

$$\frac{d\omega}{dp} = \frac{p}{m\hbar}\,;\; \frac{d\omega}{dk} = \frac{d\omega}{dp}\frac{dp}{dk} = \frac{p}{m\hbar}\frac{dp}{dk}\,;$$

hierin Gl. 2-18 eingesetzt liefert $dk = dp/h$. Mit der plausiblen Integrationskonstante null erhält man 2-21.

griff der Wahrscheinlichkeit hier eine Rolle spielt, und daß das Auseinanderlaufen des Wellenpakets in Wirklichkeit bedeutet, das Teilchen mit wachsender Wahrscheinlichkeit entfernt von der ursprünglichen ($t = 0$)-Stelle zu finden.

Eine der wichtigsten qualitativen Feststellungen aus unserer Diskussion des Wellenpakets ist die Reziprozitätsbeziehung zwischen den Breiten im x- und im k-Raum

(2-24) $\Delta k \, \Delta x \gtrsim 1.$

Multiplizieren wir dies mit $\hbar$, und verwenden $\hbar k = p$, so erhalten wir die Heisenbergsche Unschärfe-Beziehung

(2-25) $\Delta p \, \Delta x \gtrsim \hbar.$

Da mit Δx (bzw. Δp) ein Bereich im x-Raum (bzw. im Impulsraum) gemeint ist, in dem das Teilchen mit hoher Wahrscheinlichkeit anzutreffen ist, bedeutet (2-25) folgendes: Wenn man ein Wellenpaket mit scharfer Lokalisierung im x-Raum konstruiert, so kann man unmöglich zugleich einen scharf definierten Impuls damit verbinden; im Gegensatz dazu wird in der klassischen Physik die scharfe Angabe von Ort und Impuls zugleich als selbstverständlich akzeptiert. Umgekehrt, ein Wellenpaket, das einen scharf definierten Impuls beschreibt, muß räumlich sehr breit sein. Im Sinn der klassischen Physik, welche sowohl Lage als auch Impuls eines Körpers angeben will, bedeutet dies eine Einschränkung. In der Quantenphysik sind Ort und Impuls komplementäre Eigenschaften eines Systems, ebenso wie das Teilchen- und Wellenverhalten. Die Theorie sieht keine Möglichkeit für ein Experiment, mit dem Ort und Impuls zugleich genau festzustellen wären. Die Kleinheit von $\hbar$ sorgt aber dafür, daß die klassischen Vorstellungen nur in mikroskopischen Bereichen zusammenbrechen. Zum Beispiel ein Staubteilchen der Masse 10^{-4} g mit einer Geschwindigkeit von 10^4 cm/s hat bei $\Delta p \sim 10^{-6}$ g cm/s eine örtliche Unschärfe von $\Delta x \sim 10^{-21}$ cm, was 10^{-7} vom Protonenradius ist! Dagegen ergibt sich für ein Elektron auf einer Bohrschen Bahn ein anderes Bild: Setzen wir $\Delta p \sim p \sim mc\alpha/n$, so folgt $\Delta x \sim \hbar n/mc\alpha$; dies ist die Größenordnung der Bahnradien!

Im Folgenden werden wir eine Reihe von Gedankenexperimenten diskutieren und dabei zeigen, wie der Welle-Teilchen-Dualismus gleichsam eine Verschwörung bildet, welche in jedem Fall die Aufrechterhaltung der Unschärfebeziehung (2-25) garantiert.

a) *Ortsbestimmung eines Elektrons.* Man betrachte das in Bild 2.2 skizzierte Experiment, womit wir die Position eines Elektrons feststellen wollen. Die Elektronen kommen in einem Elektronenstrahl in der positiven x-Richtung mit wohldefiniertem Impuls p_x an. Das Mikroskop (bestehend aus Linse und Beobachtungsschirm) soll zur Beobachtung des von einem Elektron gestreuten Lichts und damit des Elektronenorts benützt werden. Das Licht fällt in

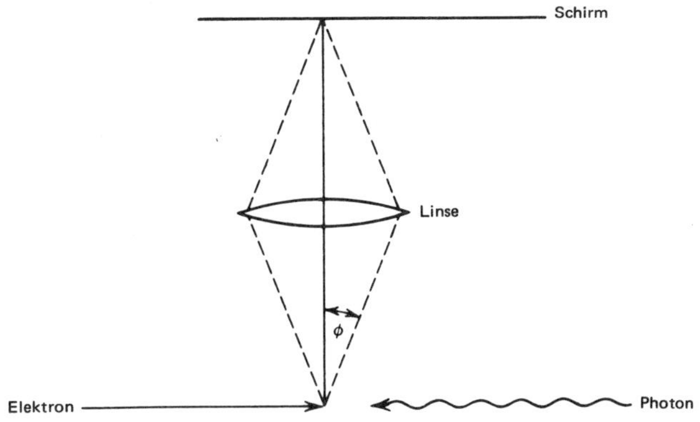

Bild 2–2 Schematische Darstellung eines Mikroskops zur Beobachtung des Elektronenorts.

Richtung der negativen x-Achse ein; ein bestimmtes Elektron wird ein bestimmtes Photon in das Mikroskop hineinstreuen. Aus der Optik ist das Auflösungsvermögen des Mikroskops bekannt, und damit kennen wir auch die Unschärfe, die bei der Lokalisierung des Elektrons in Kauf genommen werden muß. Sie ist

(2-26) $$\Delta x \sim \frac{\lambda}{\sin \phi},$$

wobei λ die Wellenlänge des Lichtes ist. Man sieht, durch genügend kleines λ und großes $\sin \phi$ kann Δx beliebig klein gemacht werden. Wie wir gleich sehen werden, kann dies aber nur geschehen unter Preisgabe von Information über die x-Komponente des Elektronenimpulses! Wir wissen, daß auf dem Beobachtungsschirm wirklich einzelne, *ganze* Photonen eintreffen; jedes dorthin gelangte Photon ist von einem Elektron gestreut worden. Die Streurichtung des einzelnen Photons liegt innerhalb des Aperturwinkels ϕ; innerhalb dieses Bereiches ist sie also unbestimmt. Damit ist aber die Größe des im Streuprozeß auf das Elektron übertragenen Impulses unbestimmt, und zwar innerhalb des Bereiches

(2-27) $$\Delta p_x \sim 2 \frac{h\nu}{c} \sin \phi .$$

Somit

(2-28) $$\Delta p_x \, \Delta x \sim 2 \frac{h\nu}{c} \sin \phi \frac{\lambda}{\sin \phi} \sim 4\pi\hbar .$$

Vielleicht können wir einen Ausweg hieraus finden? Schließlich hängt ja die Richtung des gestreuten Photons mit dessen Impuls zusammen, und wenn wir irgendwie den auf den Beobachtungsschirm übertragenen Impuls messen könnten, dann könnten wir auch genauere Aussagen über den Photonenimpuls und damit auch über den Elektronenimpuls machen! Dies ist zwar richtig, aber sobald wir das Mikroskop als einen Teil des zu beobachtenden Vorgangs ansehen, müssen wir auch dessen Ortskoordinaten messen, um danach die erwünschte Aussage über dessen Impuls machen zu können. Das Mikroskop selbst unterliegt aber auch der Unschärfebeziehung, und wenn wir dessen Impuls spezifizieren wollen, dann wird auch dessen Ort *) wieder unschärfer werden. Jeder "klassische" Beobachtungsapparat wird schließlich immer mit der Unschärfebeziehung konfrontiert sein.

b) *Das Doppelspalt-Experiment.* Im 1. Kapitel, Abschnitt F wurde erklärt, daß am Doppelspalt die Beobachtung eines Interferenzmusters mit Elektronen [4]) logisch unvereinbar ist mit einer im Prinzip möglichen Kenntnis des vom einzelnen Elektron benützten Spalts. Diese Kenntnis des benützten Spaltes würde ja bedeuten, daß das Interferenzbild nur aus einer Addition von Elektronen aus dem einen oder dem anderen Spalt entstünde. Eine solche Addition aber kann kein Interferenzbild ergeben. Wir können nun die Unschärfebeziehung verwenden, um zu zeigen, daß das Interferenzbild zerstört wird, sobald ein Teilchenmonitor den Durchgang des Elektrons durch den einen oder den anderen Spalt feststellt. Die Spalte sollen den Abstand a haben, und deren Abstand zum Beobachtungsschirm sei d. Die Bedingung für konstruktive Interferenz ist

(2-29) $$\sin\theta = n\frac{\lambda}{a},$$

der Abstand zwischen zwei nebeneinanderliegenden Maxima auf dem Beobachtungsschirm ist damit $d \sin\theta_{n+1} - d\sin\theta_n = d\lambda/a$. Nun soll ein Teilchenmonitor den Ort eines Elektrons unmittelbar nach Durchfliegen des Spaltes feststellen, und zwar höchstens mit der Unschärfe $\Delta y < a/2$, um den vom Elektron benützten Spalt auch wirklich identifizieren zu können (Bild 2.3). Hierbei muß auf das Elektron ein Impuls der y-Richtung übertragen worden sein **), dessen Größe aber wieder nicht genau festgelegt ist:

(2-30) $$\Delta p_y > \frac{2h}{a}.$$

Somit

(2-31) $$\frac{\Delta p_y}{p} > \frac{2}{a}\frac{h}{p} = \frac{2\lambda}{a}.$$

Eine solche Impulsverschmierung des Elektrons in der Spaltebene hat eine Ortsverschmierung in der Beobachtungsebene um $2\lambda d/a$ zur Folge. Diese ist aber größer als der Abstand der Intensitätsmaxima. Wir schließen also,

*) Anm. d. Üb.: und damit auch der primär zu messende Elektronenort.

[4]) Wir diskutieren dort zwar Photonen, aber die Schwierigkeit besteht genauso für Elektronen, welche ja auch der Beugung unterliegen.

**) Anm. d. Üb.: Ein Photon aus der Lampe wird vom Elektron gestreut, und gelangt in den Monitor. Damit ist der Ort der Streuung, d.h. der benützte Spalt mit den Einzelheiten aus a) identifiziert.

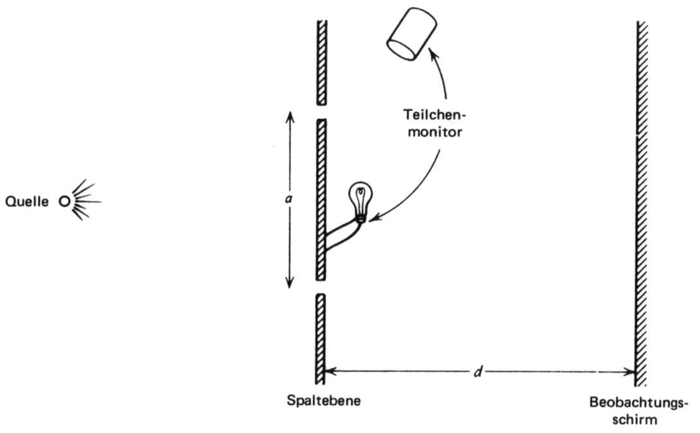

Bild 2–3 Doppelspaltexperiment mit Teilchenmonitor.

daß der Teilchenmonitor durch seine Beobachtung das Interferenzmuster verschmiert; somit besteht auch kein logischer Widerspruch. Umgekehrt kann man auch sagen, daß die Forderung nach Freiheit von Widersprüchen den Zusammenhang

$$\Delta p_y \, \Delta y > h \tag{2-32}$$

fordert.

c) *Die 'Realität' der Bahnen im Bohrschen Atommodell.* Wie im 1. Kapitel festgestellt, hat man im Bohrschen Modell Bahnen der Radien $R_n = \hbar n^2/\alpha mc$. Ein Experiment zur Feststellung einer bestimmten Bahn müßte also Ortsbestimmungen des Elektrons mit der Genauigkeit

$$\Delta x \ll R_n - R_{n-1} \cong \frac{2\hbar n}{\alpha mc} \tag{2-33}$$

ermöglichen. Mit der Unschärfebeziehung bedeutet dies aber einen Impulsübertrag, der innerhalb des Bereiches $\Delta p \gg mc\alpha/2n$ unkontrollierbar ist. Dies wiederum aber bedeutet eine Energieunschärfe der Größenordnung

$$\Delta E \simeq \frac{p\Delta p}{m} \gg \frac{mc\alpha}{n} \cdot \frac{\alpha c}{2n} = \frac{1}{2}\frac{mc^2\alpha^2}{n^2}, \tag{2-34}$$

also viel mehr als die Bindungsenergie auf dieser Bahn. Eine solche Ortsfeststellung würde das Elektron also so entscheidend stören, daß ein Abtasten seiner Bahn unmöglich wäre.

d) *Die Energie-Zeit-Unschärfebeziehung.* Verwenden wir die Beziehung (2-25), und formulieren wir sie folgendermaßen

$$\frac{p\Delta p}{m} \cdot \frac{\Delta x m}{p} \gtrsim \hbar,$$

so können wir den ersten Faktor als ein Maß für die Energieunschärfe eines Systems interpretieren, und den zweiten Faktor, $\Delta x/v$, als ein Maß für die Unschärfe Δt in seiner Zeitfestlegung, also

(2-35) $\Delta E\,\Delta t \gtrsim \hbar$.

Eine solche Beziehung könnte auch aus der Form des Wellenpakets (2-22) hergeleitet werden, da E und t in der gleichen Reziprozität wie p und x erscheinen; sie wird auch durch die Relativitätstheorie nahegelegt, da Raum und Zeit wie Impuls und Energie eng miteinander verknüpft sind[5]. In der nichtrelativistischen Quantenmechanik spielen Raum und Zeit eine etwas verschiedene Rolle; so kann man (2-25) aus dem Formalismus der Quantenmechanik ableiten, nicht aber (2-35). Trotzdem ist die Energie-Zeit-Unschärfebeziehung genauso Teil der qualitativen Struktur der Quantenmechanik wie (2-25).

Obwohl Einstein grundlegende Beiträge zur Entwicklung der Quantenmechanik geliefert hatte, waren ihm ihre Folgerungen doch unangenehm, und so schlug er auf dem Solvay-Kongreß 1930 ein Gedankenexperiment vor[6], welches anscheinend die durch (2-35) beschriebenen Einschränkungen vermied. Dies war sein Vorschlag: Einen Kasten, der Strahlung enthält, mit einem Loch und einem dazugehörigen Verschluß zu versehen, und diesen durch eine Uhr innerhalb des Kastens zu schalten; der Verschlußmechanismus sollte derart eingerichtet sein, daß das Loch nur für eine beliebig kurze Zeit Δt geöffnet wird. Die Energie des Photons könnte dann sehr genau bestimmt werden durch Wägung des Kastens vor und nach dem Öffnen des Verschlusses.

Die Widerlegung dieser Beweisführung durch Bohr illustriert in eindrucksvoller Weise die Forderung, daß sich ein Gedankenexperiment unbedingt an die Gesetze der Physik zu halten hat. Bohr stellte bezüglich des zum Gedankenexperiment gehörenden Apparats (Bild 2.4) folgende Punkte klar:

1. Eine Wägung beinhaltet das Ablesen eines Zeigerausschlages mit der Genauigkeit Δx. Dies bedeutet eine Unschärfe $\Delta p \gtrsim \hbar/\Delta x$ für den Impuls des Kastens.

2. Wenn eine Massenänderung um Δm nachgewiesen werden soll, so muß die Wägung eine genügend große Zeit T beanspruchen, damit der aus der Masseänderung folgende Kraftstoß $g\,\Delta m T$ (g = Erdbeschleunigung) viel größer ist als Δp, d.h.:

(2-36) $gT\,\Delta m \gg \hbar/\Delta x$.

---

[5] Sowohl $(ct,\ \mathbf{r})$, als auch $(E/c,\ \mathbf{p})$ sind Vierervektoren, die unter Lorentz-Transformation ineinander übergehen.

[6] Siehe den Aufsatz von Niels Bohr, "Discussion with Einstein on Epistemological Problems in Atomic Physics" aus *Atomic Physics and Human Knowledge*, John Wiley & Sons (1958).

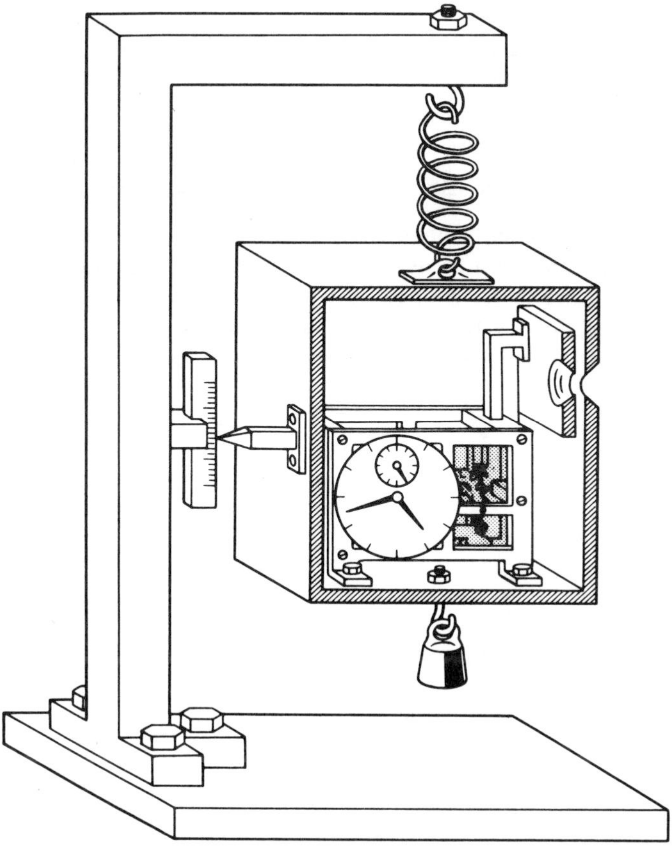

Bild 2–4 Quasirealistische Darstellung des Einsteinschen Experiments zur Verletzung der Beziehung $\Delta E \, \Delta t > \hbar$. Entnommen aus: Niels Bohr, *Atomic Physics and Human Knowledge*, John Wiley (1958), mit Genehmigung der North Holland Publishing Company, Amsterdam.

3. Das bekannte *Äquivalenzprinzip* [7]) führt dazu, daß eine Positionsänderung um Δx in vertikaler Richtung im Gravitationsfeld eine Änderung im Gang der Uhr bewirkt:

$$\frac{\Delta T}{T} = \frac{g \, \Delta x}{c^2}. \tag{2-37}$$

Mit (2-36) wird hieraus

[7]) Das Äquivalenzprinzip ist am Ende dieses Buches unter "Spezielle Probleme", Abschnitt 2, diskutiert. In diesem Zusammenhang ist es amüsant, daß gerade Einstein selbst das Äquivalenzprinzip aufgestellt hat!

$$\frac{\Delta T}{T} \gg \frac{g}{c^2} \frac{\hbar}{gT\,\Delta m}$$

und somit

(2-38) $$\Delta mc^2\,\Delta T = \Delta E\,\Delta T \gg \hbar.$$

Man sieht, daß die Energie-Zeit-Unschärfebeziehung bestehen bleibt!

Die Unschärfebeziehungen können verwendet werden, um zu groben numerischen Schätzungen in der mikroskopischen Physik zu gelangen. Dies sei an einigen Beispielen erklärt, zuerst am Wasserstoff-Atom. Gehen wir davon aus, daß die Position des Elektrons im Atominneren unbekannt sei, so haben wir mit r als radiale Koordinate

(2-39) $$pr \sim \hbar.$$

Nun können wir die Energie durch r ausdrücken

(2-40) $$\begin{aligned} E &= \frac{p^2}{2m} - \frac{e^2}{r} \\ &= \frac{\hbar^2}{2mr^2} - \frac{e^2}{r}. \end{aligned}$$

Das Energieminimum erhalten wir aus

$$\frac{\partial E}{\partial r} = -\frac{\hbar^2}{mr^3} + \frac{e^2}{r^2} = 0\,,$$

also

(2-41) $$r = \frac{\hbar^2}{me^2} = \frac{\hbar}{mc\alpha}\,,$$

und der dazugehörige Wert der Energie ist

(2-42) $$E = -\frac{1}{2}\,mc^2\alpha^2.$$

Wenn wir hier den richtigen Wert der Energie erhalten, so beruht dies natürlich auf einem kleinen Schwindel. Wir hätten anstatt (2-39) ebenso gut auch $pr \sim h$ schreiben können, und hätten ein anderes Ergebnis für die Energie erhalten. Dieses hätte sich aber vom richtigen nur um einen Zahlenfaktor unterschieden, die ungefähre Größenordnung würde aber die gleiche sein. Entscheidend ist jedenfalls, daß die Gesamtenergie aufgrund der Unschärfebeziehung einen bestimmten Wert nicht unterschreiten kann, ganz im Gegensatz zu klassischen Vorstellungen: Eine Zunahme der negativen potentiellen Energie durch Verkleinerung von r, also durch Heranrücken des Elektrons an den Kern, würde zwangsläufig eine Erhöhung des Impulses und damit der kinetischen Energie zur Folge haben!

Als weiteres Beispiel betrachten wir Kernkräfte. Ihre Reichweite ist von der Größenordnung 1 Fermi, d.h. 10^{-13} cm. Dies bedeutet $p \sim \hbar/r \sim 10^{-14}$ g cm/s.

Die aus diesem Impuls hervorgehende kinetische Energie ist

$$\frac{p^2}{2M} \sim \frac{10^{-28}}{3{,}2 \times 10^{-24}} \sim 3 \times 10^{-5}\,\text{erg}, \tag{2-43}$$

wobei M die Nukleonenmasse (Proton oder Neutron) ist, $M \approx 1{,}6 \times 10^{-24}$ g. Da das Potential der Kernkräfte diese kinetische Energie überkompensieren muß, fordern wir

$$|V| \sim 3 \times 10^{-5}\,\text{erg} \sim 20\,\text{MeV}. \tag{2-44}$$

Dies ist wiederum nur eine ungefähre Größenordnung, aber sie zeigt wirklich, daß die potentielle Energie in Kernen in der Größenordnung MeV liegt, im Gegensatz zur Größenordnung eV in der Atomhülle.

Ein weiteres Beispiel kommt aus der Yukawaschen Mesonentheorie der Kernkräfte: Yukawa schlug 1935 vor, daß die Kernbindung dadurch entsteht, daß eines der Nukleonen ein neues Teilchen, das π-Meson (auch Pion genannt) emittiert, und ein anderes Nukleon im gleichen Kern dieses wieder absorbiert [8]). Die Emission des Pions erzeugt einen Energiedefekt $\Delta E \sim \mu c^2$ (hierbei sei μ die Masse des Mesons); dieser kann aber nur für die Zeitspanne $\Delta t \sim \hbar/E \sim \hbar/\mu c^2$ vorliegen. Der Flugweg eines Teilchens in dieser Zeitspanne ist von der Größenordnung $c\Delta T \sim \hbar/\mu c$. Setzen wir für diesen Flugweg $r_0 = 1{,}4 \times 10^{-13}$ cm, so finden wir

$$\begin{aligned} \mu c^2 \cong \frac{\hbar c}{r_0} &= \frac{10^{-27} \times 3 \times 10^{10}}{1{,}4 \times 10^{-13}}\,\text{erg} \\ &\simeq 130\,\text{MeV}. \end{aligned} \tag{2-45}$$

Als das Pion schließlich entdeckt wurde, fand man, daß diese Abschätzung bemerkenswert gut war: $\mu c^2 \simeq 140$ MeV.

Zusammenfassend kann man sagen: Unser Versuch, die Wellen- und Teilcheneigenschaften in einfachster und zum Experiment konsistenter Weise zu verbinden, hat uns im klassischen Sinn eine Unschärfe in der Beschreibung atomarer Phänomene eingebracht. Diese Unschärfe ist notwendig zu einer konsequenten Beschreibung von Gedankenexperimenten und realen Experimenten.

Aufgaben

1. Betrachten Sie ein durch (2-1) definiertes Wellenpaket, wobei $g(k)$ gegeben ist durch

$$\begin{aligned} g(k) &= 0 & k &< -K \\ &= N & -K < k &< K \\ &= 0 & K &< k. \end{aligned}$$

[8]) Dies ist kurz diskutiert unter "Spezielle Probleme", Abschnitt 5.

a) Berechnen Sie $f(x)$.
b) Berechnen Sie N so, daß

$$\int_{-\infty}^{\infty} dx\,|f(x)|^2 = 1.$$

c) Wie hängt das Ergebnis aus b) zusammen mit demjenigen N, welches liefert

$$\int_{-\infty}^{\infty} dk\,|g(k)|^2 = \frac{1}{2\pi}\ ?$$

d) Zeigen Sie, daß eine vernünftige Definition von Δx zur Antwort a) folgendes liefert

$$\Delta k\,\Delta x > 1,$$

und zwar unabhängig von K.

2. Gegeben sei

$$g(k) = \frac{N}{k^2 + \alpha^2}.$$

Berechnen Sie $f(x)$; skizzieren Sie beide Funktionen graphisch und zeigen Sie, daß

$$\Delta k\,\Delta x > 1$$

und zwar unabhängig von α.

3. Man betrachte ein sich ausbreitendes Gaußsches Wellenpaket für ein freies Teilchen, wobei gilt

$$\omega = \frac{\hbar k^2}{2m}.$$

Benützen Sie Gl. (2-17), um die relative Änderung pro Sekunde in der Breite des Wellenpakets zu berechnen, wobei

a) das Wellenpaket ein Elektron darstellen soll und die Breite 10^{-4} cm (bzw. 10^{-8} cm) habe,
b) das Wellenpaket ein Objekt der Masse 1 g darstellen soll und die Ausdehnung 1 cm habe. Es ist günstig, die Breite in Einheiten von $\hbar/mc$ anzugeben, wobei m die Masse des durch das Wellenpaket dargestellten Teilchens ist.

4. Ein Elektronenstrahl soll eine Entfernung von 10^4 km durchlaufen. Das Elektronenpaket soll am Anfang eine Breite 1 mm haben. Wie groß ist die Breite des Pakets am Ende der 10^4 km, wenn die kinetische Energie der Elektronen (a) 13,6 eV, (b) 100 MeV beträgt? (Vorsicht: Die Beziehung zwischen kinetischer Energie und Impuls ist nicht immer $E_{\text{kin}} = p^2/2m$!)

5. Die Beziehung zwischen Wellenlänge und Frequenz in einem Hohlleiter ist

$$\lambda = \frac{c}{\sqrt{\nu^2 - \nu_0^2}}\,.$$

Wie groß ist die Gruppengeschwindigkeit der Wellen?

6. Für oberflächenspannungsbestimmte Wellen in seichtem Wasser ist die Beziehung zwischen Frequenz und Wellenlänge

$$\nu = \left(\frac{2\pi T}{\rho\lambda^3}\right)^{1/2},$$

wobei T die Oberflächenspannung und ρ die Dichte sei. Wie groß ist die Gruppengeschwindigkeit dieser Wellen, und welche Beziehung besteht zwischen ihr und der Phasengeschwindigkeit $v = \lambda\nu$? Für Schwerewellen in tiefem Wasser ist

$$\nu = \left(\frac{g}{2\pi\lambda}\right)^{1/2}.$$

Wie groß sind hier Gruppen- und Phasengeschwindigkeit?

7. Verwenden Sie die Unschärfebeziehung, um die Grundzustandsenergie eines harmonischen Oszillators abzuschätzen. Dessen Gesamtenergie ist

$$E = \frac{p^2}{2m} + \frac{1}{2}\,m\omega^2x^2.$$

8. Verwenden Sie den Wert für die "Lebensdauer" eines Elektrons in der Bohrschen Bahn $n = 2$, (berechnet in Aufgabe 21, 1. Kapitel), um die Energieunschärfe in diesem Zustand abzuschätzen. In welchem Verhältnis steht sie zur Energie dieses Zustands?

9. Atomkerne (typische Ausdehnung 10^{-12} cm) können Elektronen emittieren (deren Energie liegt in der Größenordnung 1–10 MeV). Benützen Sie die Unschärfebeziehung, um zu zeigen, daß Elektronen der Energie 1 MeV vor dem Zerfall nicht im Bereich des Atomkerns lokalisiert sein können.

10. Die unten skizzierte Apparatur scheint eine Verletzung der Unschärfebeziehung zuzulassen. Die örtliche Lokalisierung (Koordinate senkrecht

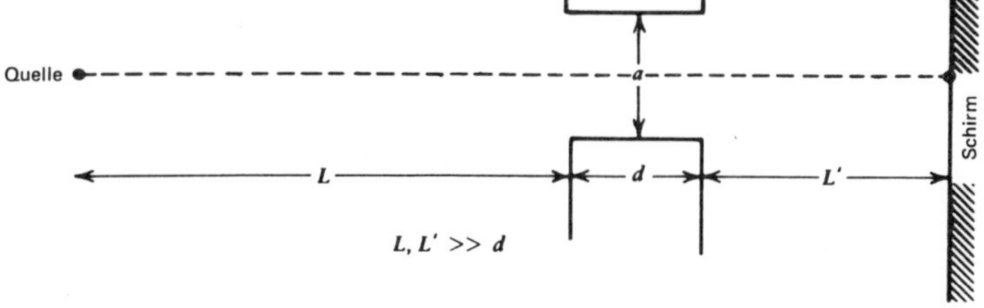

zur Strahlrichtung) geschieht mit $\Delta y \sim a$, die Impulskomponente (senkrecht zur Strahlrichtung) kann beliebig klein gemacht werden durch entsprechend großes L. Man studiere den Vorgang genau, weise auf oben gemachte verborgene Annahmen hin, und zeige, daß die Unschärfebeziehung nicht verletzt ist!

Literatur

Wellenpakete werden in vielen Lehrbüchern diskutiert. Auf diesem Niveau sind sehr nützlich:

S. Borowitz "Fundamentals of Wave Mechanics" W.A. Benjamin, Inc., New York, 1967

J.L. Powell and B. Crasemann "Quantum Mechanics" Addison-Wesley, Reading, Mass., 1961

D. Bohm "Quantum Theory" Prentice-Hall, Englewood Cliffs, N.J., 1951

Alle Lehrbücher zur Quantenmechanik behandeln die Unschärferelation, notwendigerweise. Sehr eingehende Diskussionen sind zu finden im oben zitierten Buch von Bohm, und bei W. Heisenberg: *Die physikalischen Prinzipien der Quantentheorie* (Bibliographisches Institut Mannheim). Weiterhin kann eine Diskussion der Unschärfebeziehungen in jedem der anspruchsvolleren Bücher aus der Liste am Ende dieses Buches gefunden werden.

3. Die Wellengleichung von Schrödinger

Im 2. Kapitel erhielten wir eine partielle Differentialgleichung, und als eine ihrer Lösungen kennen wir das Wellenpaket. Dieses beschrieb unter bestimmten Näherungen ein sich frei bewegendes "Teilchen". Wir übernehmen diese Differentialgleichung

$$(3\text{-}1) \qquad i\hbar \frac{\partial\psi(x,t)}{\partial t} = -\frac{\hbar^2}{2m}\frac{\partial^2\psi(x,t)}{\partial x^2}$$

als den korrekten Ausdruck zur Beschreibung eines freien Teilchens. Kehren wir die zu (2-23) führenden Gedankengänge um, so erhalten wir ihre Lösung in der allgemeinsten Form

$$(3\text{-}2) \qquad \psi(x,t) = \frac{1}{\sqrt{2\pi\hbar}}\int dp\, \phi(p)\, e^{i[px-(p^2/2m)t]/\hbar}.$$

Die Begründung für den Normierungsfaktor vor dem Integral wird in Zusammenhang mit (3-26) klar werden. Bevor wir uns mit dem entscheidenden Punkt, nämlich der physikalischen Interpretation der Lösung $\psi(x,t)$ befassen, sei darauf hingewiesen, daß die Differentialgleichung von erster Ordnung bezüglich der Zeit ist. Dies hat zur Folge, daß der Wert von ψ in jedem Zeitpunkt zu finden ist, sobald nur z.B. der Anfangswert, $\psi(x,0)$, gegeben ist. Dies ist evident aus der für einen Digitalcomputer [1]) geschriebenen Gleichung

$$(3\text{-}3) \qquad \psi(x,t+\Delta t) = \psi(x,t) + \frac{i\hbar}{2m}\frac{\partial^2\psi(x,t)}{\partial x^2}\Delta t$$

oder auch aus der allgemeinen Lösungsformel. Ist $\psi(x,0)$ gegeben, so ist $\phi(p)$ aus (3-2) mit $t = 0$ zu finden:

$$(3\text{-}4) \qquad \psi(x,0) = \frac{1}{\sqrt{2\pi\hbar}}\int dp\, \phi(p)\, e^{ipx/\hbar}$$

Dies kann transformiert werden; falls $\phi(p)$ bekannt ist, kennen wir auch ψ für jeden Wert von t. Man beachte, daß es keine "Unschärfe" in der Differentialgleichung gibt: Wenn der Anfangszustand des Wellenpakets spezifiziert ist - und bis jetzt kennen wir noch keine Einschränkungen dafür - dann ist es auch der Zustand zu jeder späteren Zeit.

[1]) Für endliche Rechenschritte muß $\partial\psi(x,t)/\partial t$ ersetzt werden durch $[\psi(x,t+\Delta t) - \psi(x,t)]/\Delta t$, wobei Δt zwar klein ist, aber nicht verschwindet.

Wenn wir nach einer Interpretation von $\psi(x, t)$ suchen, so müssen wir uns vor Augen halten, daß 1. im allgemeinen $\psi(x, t)$ eine komplexe Funktion ist (siehe 2-16), und 2., daß $|\psi(x, t)|$ groß ist in dem Bereich, wo sich das Teilchen bevorzugt aufhalten soll, und klein außerhalb dieses Bereichs. Der Vorschlag von Max Born war, daß

$$P(x, t)\, dx = |\psi(x, t)|^2\, dx \tag{3-5}$$

die *Wahrscheinlichkeit dafür definieren soll, daß das durch* $\psi(x, t)$ *beschriebene Teilchen zur Zeit* t *im Bereich zwischen* x *und* $x + dx$ *gefunden wird*. Dies hat sich als die korrekte Interpretation der Wellenfunktion $\psi(x, t)$ herausgestellt. Die Wahrscheinlichkeitsdichte $P(x, t)$ ist eine reelle Zahl, sie ist dort groß, wo das Teilchen bevorzugt gefunden wird, und deren Auseinanderfließen (siehe 2. Kapitel) bedeutet nicht, daß ein bestimmtes Teilchen auseinanderfließt; alles zusammen bewirkt, daß das Teilchen mit wachsender Zeit immer weniger wahrscheinlich dort gefunden wird, wo es zur Zeit $t = 0$ war.

Damit diese Interpretation stimmt, muß gefordert werden, daß

$$\int_{-\infty}^{\infty} P(x, t)\, dx = 1\,, \tag{3-6}$$

denn das Teilchen muß ja im gesamten Integrationsraum vorhanden sein. In einer linearen Gleichung wie (3-1) darf eine Lösung $\psi(x, t)$ mit einer Konstante multipliziert werden, und sie bleibt immer noch eine Lösung. Die möglichen Lösungen werden durch (3-6) eingeschränkt auf die Klasse *quadratintegrierbarer* Funktionen. Wir sehen unten, daß es genügt zu fordern, daß

$$\int_{-\infty}^{\infty} dx\, |\psi(x, 0)|^2 < \infty\,, \tag{3-7}$$

daß also die Wellenfunktion des Anfangszustandes quadratintegrierbar sei. Dies bedeutet, daß bei einem bis ins Unendliche ausgedehnten Integrationsbereich $\psi(x, 0)$ im Unendlichen mindestens wie $x^{-1/2-\epsilon}$ nach null gehen muß, wobei ϵ beliebig klein sein kann, aber positiv sein muß. Wir fordern auch, daß die Wellenfunktionen $\psi(x, t)$ *stetig* in x sind.

Da $|\psi(x, t)|^2$ die physikalisch relevante Größe ist, könnte man meinen, daß die Phase von $\psi(x, t)$ irgendwie unwichtig sei. Dies wäre jedoch falsch! Da (3-1) linear ist, und wenn $\psi_1(x, t)$ und $\psi_2(x, t)$ Lösungen sind, so ist es auch

$$\psi(x, t) = \alpha_1 \psi_1(x, t) + \alpha_2 \psi_2(x, t)\,, \tag{3-8}$$

wobei α_1 und α_2 beliebige komplexe Zahlen sein können. Es ist klar, daß das Absolutquadrat $\psi(x, t)$ aus (3-8) ganz entscheidend von den *relativen* Phasenlagen der beiden Summanden abhängt. Mehr physikalisch kann man in Anschluß an die klassische Wellenoptik argumentieren: Das Interferenzmuster beim Doppelspaltexperiment hängt ebenfalls von der gegenseitigen Phasenbeziehung der einzelnen Wellen aus jedem der Spalte ab. Ein *insge-*

samt wirkender Phasenfaktor dagegen hat natürlich keinen Einfluß auf $|\psi(x, t)|^2$.

Wir zeigen nun, daß die Normierungsbedingung (3-6) für jede Zeit gilt, wenn sie nur für $t = 0$ erfüllt ist. Wir benötigen (3-1) und die dazu konjugiert komplexe Gleichung

$$-i\hbar \frac{\partial\psi^*(x,t)}{\partial t} = -\frac{\hbar^2}{2m}\frac{\partial^2\psi^*(x,t)}{\partial x^2}. \tag{3-9}$$

Nun ist

$$\frac{\partial}{\partial t} P(x, t) = \frac{\partial\psi^*}{\partial t}\psi + \psi^*\frac{\partial\psi}{\partial t}$$

$$= \frac{1}{i\hbar}\left(\frac{\hbar^2}{2m}\frac{\partial^2\psi^*}{\partial x^2}\psi - \frac{\hbar^2}{2m}\psi^*\frac{\partial^2\psi}{\partial x^2}\right)$$

$$= -\frac{\partial}{\partial x}\left[\frac{\hbar}{2im}\left(\psi^*\frac{\partial\psi}{\partial x} - \frac{\partial\psi^*}{\partial x}\psi\right)\right].$$

Definieren wir die Stromdichte (d.i. Teilchenstromdichte) durch

$$j(x, t) = \frac{\hbar}{2im}\left(\psi^*\frac{\partial\psi}{\partial x} - \frac{\partial\psi^*}{\partial x}\psi\right), \tag{3-10}$$

so sehen wir

$$\frac{\partial}{\partial t} P(x, t) + \frac{\partial}{\partial x} j(x, t) = 0. \tag{3-11}$$

Integration liefert

$$\frac{\partial}{\partial t}\int_{-\infty}^{\infty} dx\, P(x, t) = -\int_{-\infty}^{\infty} dx \frac{\partial}{\partial x} j(x, t) = 0, \tag{3-12}$$

da bei quadratintegrierbaren Funktionen auch $j(x, t)$ im Unendlichen verschwindet. Damit ist obige Behauptung bewiesen. Nebenbei sei bemerkt, daß Unstetigkeiten in $\psi(x)$ zu Singularitäten in Form von Delta-Funktionen[2]) in der Stromdichte und damit auch in der Wahrscheinlichkeitsdichte geführt hätten, was aber für physikalisch beobachtbare Größen nicht sein darf.

Gleichung (3-11) ist ein Erhaltungssatz. Er drückt aus, daß eine Änderung der Wahrscheinlichkeitsdichte in einem x-Bereich einen Netto-Teilchenstrom in diesem Bereich zur Folge hat.

$$\begin{aligned} \frac{\partial}{\partial t}\int_a^b dx\, P(x, t) &= -\int_a^b dx \frac{\partial}{\partial x} j(x, t) \\ &= j(a, t) - j(b, t). \end{aligned} \tag{3-13}$$

Die Definition von $P(x, t)$, $j(x, t)$ und der Erhaltungssatz bleiben bestehen, wenn wir Gleichung (3-1) ausweiten zu:

[2]) Zur Diskussion der Delta-Funktionen siehe Anhang A.

(3-14) $$i\hbar \frac{\partial \psi(x,t)}{\partial t} = -\frac{\hbar^2}{2m}\frac{\partial^2 \psi(x,t)}{\partial x^2} + V(x)\,\psi(x,t).$$

Voraussetzung hierbei ist, daß $V(x)$ reell ist. Dies ist wichtig, denn später werden wir (3-14) als die Schrödinger-Gleichung für ein Teilchen im Potential $V(x)$ verwenden. Die Verallgemeinerung auf drei Raumdimensionen macht keine Schwierigkeiten: (3-14) wird zu

$$i\hbar \frac{\partial \psi(x,y,z,t)}{\partial t} = -\frac{\hbar^2}{2m}\left(\frac{\partial^2}{\partial x^2} + \frac{\partial^2}{\partial y^2} + \frac{\partial^2}{\partial z^2}\right)\psi(x,y,z,t) + V(x,y,z)\,\psi(x,y,z,t),$$

somit

(3-15) $$i\hbar \frac{\partial \psi(\mathbf{r},t)}{\partial t} = -\frac{\hbar^2}{2m}\nabla^2\psi(\mathbf{r},t) + V(\mathbf{r})\,\psi(\mathbf{r},t)$$

und die Verallgemeinerung von (3-11) wird

(3-16) $$\frac{\partial}{\partial t}P(\mathbf{r},t) + \nabla\cdot\mathbf{j}(\mathbf{r},t) = 0$$

bei

(3-17) $$P(\mathbf{r},t) = |\psi(\mathbf{r},t)|^2$$

und

(3-18) $$\mathbf{j}(\mathbf{r},t) = \frac{\hbar}{2im}[\psi^*(\mathbf{r},t)\nabla\psi(\mathbf{r},t) - \nabla\psi^*(\mathbf{r},t)\,\psi(\mathbf{r},t)].$$

Sei nun die Wahrscheinlichkeitsdichte $P(x, t)$ gegeben, so können Erwartungswerte von Funktionen von x berechnet werden. Allgemein [3]) gilt

(3-19) $$\langle f(x)\rangle = \int dx\, f(x)\,P(x,t) = \int dx\,\psi^*(x,t)\,f(x)\,\psi(x,t),$$

was aber nur sinnvoll ist, wenn das Integral konvergiert. Dieser Ausdruck hilft uns nicht, wenn wir den Erwartungswert des Impulses berechnen wollen, denn wir wissen nicht, wie wir den Impuls durch x ausdrücken sollen. Wir versuchen folgendes: Da klassisch

(3-20) $$p = mv = m\frac{dx}{dt},$$

schreiben wir

(3-21) $$\langle p\rangle = m\frac{d}{dt}\langle x\rangle = m\frac{d}{dt}\int dx\,\psi^*(x,t)\,x\psi(x,t).$$

Dies liefert

$$\langle p\rangle = m\int_{-\infty}^{\infty} dx\left(\frac{\partial \psi^*}{\partial t}x\psi + \psi^* x\frac{\partial \psi}{\partial t}\right).$$

[3]) Der Mittelwert einer Variablen ist $\langle f\rangle = \Sigma f_i p_i$, wenn die Mittelung über einen endlichen Beobachtungsraum stattfindet, in dem die Wahrscheinlichkeiten p_i vorkommen, und wenn $\Sigma p_i = 1$.

Man beachte, daß unter dem Integral kein dx/dt vorkommt. Die einzige mit der Zeit veränderliche Größe ist $\psi(x, t)$, und diese Veränderung verursacht die zeitliche Änderung der x-Koordinate. Verwenden wir (3-1) und die dazu konjugiert komplexe Gleichung, so haben wir

$$\langle p \rangle = \frac{\hbar}{2i} \int_{-\infty}^{\infty} dx \left(\frac{\partial^2 \psi^*}{\partial x^2} x\psi - \psi^* x \frac{\partial^2 \psi}{\partial x^2} \right).$$

Nebenrechnung:

$$\frac{\partial^2 \psi^*}{\partial x^2} x\psi = \frac{\partial}{\partial x}\left(\frac{\partial \psi^*}{\partial x} x\psi\right) - \frac{\partial \psi^*}{\partial x}\psi - \frac{\partial \psi^*}{\partial x} x \frac{\partial \psi}{\partial x}$$

$$= \frac{\partial}{\partial x}\left(\frac{\partial \psi^*}{\partial x} x\psi\right) - \frac{\partial}{\partial x}(\psi^*\psi) + \psi^* \frac{\partial \psi}{\partial x}$$

$$- \frac{\partial}{\partial x}\left(\psi^* x \frac{\partial \psi}{\partial x}\right) + \psi^* \frac{\partial \psi}{\partial x} + \psi^* x \frac{\partial^2 \psi}{\partial x^2}.$$

Der Integrand lautet also

$$\frac{\partial}{\partial x}\left(\frac{\partial \psi^*}{\partial x} x\psi - \psi^* x \frac{\partial \psi}{\partial x} - \psi^*\psi\right) + 2\psi^* \frac{\partial \psi}{\partial x},$$

und da das Integral über den vorderen Ausdruck für quadratintegrierbare Funktionen verschwindet*), so bleibt übrig:

(3-22) $$\langle p \rangle = \int dx\, \psi^*(x, t) \frac{\hbar}{i} \frac{\partial}{\partial x} \psi(x, t).$$

Durch diesen Ausdruck wird nahegelegt, daß der Impuls durch den *Operator*

(3-23) $$p = \frac{\hbar}{i} \frac{\partial}{\partial x}$$

darzustellen ist (also durch eine Rechenvorschrift), und noch allgemeiner, daß

(3-24) $$\langle f(p) \rangle = \int dx\, \psi^*(x, t)\, f\left(\frac{\hbar}{i} \frac{\partial}{\partial x}\right) \psi(x, t).$$

Wir sind nun gerüstet zur Diskussion der physikalischen Bedeutung der Funktion $\phi(p)$, welche zuerst in (3-2) erschienen ist. Zunächst sehen wir, daß es genügt, diese Gleichung bei $t = 0$ zu betrachten, da $\phi(p)$ die Zeit nicht enthält. Aus

$$\psi(x) = \frac{1}{\sqrt{2\pi\hbar}} \int dp\, \phi(p)\, e^{ipx/\hbar} = \sqrt{\frac{\hbar}{2\pi}} \int dk\, \phi(\hbar k)\, e^{ikx}$$

finden wir mit der Fourier-Inversion

*) Anm. d. Üb.: Denn das Integral über den differenzierten Klammerausdruck gibt den Klammerausdruck selbst, und beim Einsetzen der Grenzen verschwinden dessen einzelne Summanden.

$$\phi(\hbar k) = \frac{1}{\sqrt{2\pi\hbar}} \int dx\, \psi(x)\, e^{-ikx},$$

d. h.

(3-25) $$\phi(p) = \frac{1}{\sqrt{2\pi\hbar}} \int dx\, \psi(x)\, e^{-ipx/\hbar}.$$

Damit erhält man

(3-26) $$\begin{aligned} \int dp\, \phi^*(p)\, \phi(p) &= \int dp\, \phi^*(p) \frac{1}{\sqrt{2\pi\hbar}} \int dx\, \psi(x)\, e^{-ipx/\hbar} \\ &= \int dx\, \psi(x) \frac{1}{\sqrt{2\pi\hbar}} \int dp\, \phi^*(p)\, e^{-ipx/\hbar} \\ &= \int dx\, \psi(x)\, \psi^*(x) = 1. \end{aligned}$$

In der mathematischen Literatur ist dieses Ergebnis als das *Parsevalsche Theorem* bekannt. Es sagt aus, daß eine normierte Funktion bei Fourier-Transformation normiert bleibt.

Weiterhin betrachten wir

(3-27) $$\begin{aligned} \langle p \rangle &= \int dx\, \psi^*(x) \frac{\hbar}{i} \frac{d\psi(x)}{dx} \\ &= \int dx\, \psi^*(x) \frac{\hbar}{i} \frac{d}{dx} \frac{1}{\sqrt{2\pi\hbar}} \int dp\, \phi(p)\, e^{ipx/\hbar} \\ &= \int dp\, \phi(p)\, p \frac{1}{\sqrt{2\pi\hbar}} \int dx\, \psi^*(x)\, e^{ipx/\hbar} \\ &= \int dp\, \phi(p)\, p\phi^*(p). \end{aligned}$$

Durch dieses Ergebnis - zusammen mit (3-26) - wird uns eindringlich nahegelegt, daß $\phi(p)$ als die Wellenfunktion im Impulsraum betrachtet werden soll, wobei $|\phi(p)|^2$ die Wahrscheinlichkeitsdichte dafür ist, daß das Teilchen den Impuls p hat. Ist $\psi(x, t)$ eine Lösung von (3-14), so können wir $\phi(p, t)$ definieren durch

(3-28) $$\psi(x, t) = \frac{1}{\sqrt{2\pi\hbar}} \int dp\, \phi(p, t)\, e^{ipx/\hbar}.$$

Die Tatsache, daß hier $\phi(p, t)$ eine Zeitabhängigkeit beinhaltet, ändert nichts an (3-26), (3-27), oder deren Deutung. Der Leser soll nicht glauben, daß man zwar Symmetrie zwischen x-Raum und p-Raum hat, und dabei ein Operator für p, aber keiner für x existiert: auch x ist ein Operator! Dieser hat im x-Raum nur eine sehr einfache Form; wenn wir aber $\langle f(x) \rangle$ im Impulsraum berechnen wollen, so erhält man analog zur obigen Rechnung

(3-29) $$\langle f(x)\rangle = \int dp\, \phi^*(p,t)\, f\left(i\hbar \frac{\partial}{\partial p}\right) \phi(p,t).$$

Anders ausgedrückt, im Impulsraum erscheint der Operator x als

(3-30) $$x = i\hbar \frac{\partial}{\partial p}.$$

Wir werden feststellen, daß Operatoren eine zentrale Rolle in der Quantenmechanik spielen, und wir werden allmählich viel über sie erfahren. Hier sei nur auf folgende Punkte hingewiesen:

1. Nicht immer - im Gegensatz zu gewöhnlichen Zahlen - sind Operatoren vertauschbar*). Definieren wir die Schreibweise

(3-31) $$[A, B] = AB - BA$$

(mit A und B sind allgemein Operatoren gemeint), so wird

(3-32) $$\begin{aligned}[p, x]\, \psi(x,t) &= \frac{\hbar}{i} \frac{\partial}{\partial x} x\psi(x,t) - x \frac{\hbar}{i} \frac{\partial \psi(x,t)}{\partial x} \\ &= \frac{\hbar}{i} \psi(x,t),\end{aligned}$$

d.h. wir haben die *Vertauschungsrelation*

(3-33) $$[p, x] = \frac{\hbar}{i}.$$

Dies führt zu einer Zweideutigkeit, wenn wir eine klassische Funktion $f(x,p)$ in die Operatorform übertragen, und deshalb verwenden wir als Regel, daß $f(x,p)$ in x und p symmetrisiert sein soll, also

(3-34) $$\begin{aligned} xp &\to \tfrac{1}{2}(xp + px) \\ x^2p &\to \tfrac{1}{4}(x^2p + 2xpx + px^2) \end{aligned}$$

usw. Später werden wir sehen, daß die Nichtvertauschbarkeit von x und p mit der Unschärferelation für x und p zusammenhängt.

2. Die Tatsache, daß der Operator p mit i multipliziert erscheint, könnte Zweifel darüber aufkommen lassen, ob der Erwartungswert von p reell sei. Diese Bedenken können wir ausräumen. Wir haben

*) Anm. d. Üb.: D.h. eine Vertauschung der Reihenfolge in der Anwendung von zwei Operatoren kann das Ergebnis verändern.

$$
\begin{aligned}
\langle p\rangle - \langle p\rangle^* &= \int dx\, \psi^*(x)\, \frac{\hbar}{i}\frac{\partial\psi}{\partial x} - \int dx\, \psi(x)\left(-\frac{\hbar}{i}\frac{\partial\psi^*}{\partial x}\right)\\
&= \frac{\hbar}{i}\int dx \left(\psi^* \frac{\partial\psi}{\partial x} + \frac{\partial\psi^*}{\partial x}\psi\right)\\
&= \frac{\hbar}{i}\int dx\, \frac{\partial}{\partial x}(\psi^*\psi)\\
&= 0,
\end{aligned} \tag{3-35}
$$

vorausgesetzt die Wellenfunktion verschwindet im Unendlichen, was ja für eine quadratintegrierbare Funktion der Fall ist. Manchmal muß man Funktionen verwenden, die nicht quadratintegrierbar sind, dafür aber gewisse Periodizitäten haben, z.B.

$$\psi(x) = \psi(x+L). \tag{3-36}$$

Beschränkt man sich auf den Bereich $0 \le x \le L$, so ist im Anschluß an (3-35)

$$
\begin{aligned}
\langle p\rangle - \langle p\rangle^* &= \frac{\hbar}{i}\int_0^L dx\, \frac{\partial}{\partial x}(\psi^*(x)\,\psi(x))\\
&= \frac{\hbar}{i}\,|\psi(L)|^2 - \frac{\hbar}{i}\,|\psi(0)|^2 = 0.
\end{aligned} \tag{3-37}
$$

Ein Operator, dessen Erwartungswert für alle zulässigen Wellenfunktionen reell ist, heißt *hermitisch*, und so ist sowohl p als auch x ein hermitischer Operator [4]). Dies gilt auch für den Fall der periodischen Randbedingung (3-36), wie an (3-37) zu sehen ist.

Wir beschließen dieses Kapitel mit der Feststellung, daß die Gleichung

$$i\hbar\frac{\partial\psi(x,t)}{\partial t} = -\frac{\hbar^2}{2m}\frac{\partial^2\psi(x,t)}{\partial x^2}$$

mit der Abkürzung $(\hbar/i)(\partial/\partial x) = p_{op}$ folgendermaßen geschrieben werden kann:

$$i\hbar\frac{\partial\psi(x,t)}{\partial t} = \frac{p_{op}^2}{2m}\,\psi(x,t). \tag{3-38}$$

Der Operator auf der rechten Seite entspricht gerade der Energie eines freien Teilchens. Verallgemeinern wir dies auf die Teilchenbewegung in einem Potential, so gilt

$$i\hbar\frac{\partial\psi(x,t)}{\partial t} = \left[\frac{p_{op}^2}{2m} + V(x)\right]\psi(x,t) \tag{3-39}$$

oder ausgeschrieben

[4]) Einige Mathematik zu Operatoren ist in Anhang B diskutiert.

(3-40) $$i\hbar \frac{\partial \psi(x,t)}{\partial t} = -\frac{\hbar^2}{2m} \frac{\partial^2 \psi(x,t)}{\partial x^2} + V(x)\,\psi(x,t).$$

Diese Gleichung als Verallgemeinerung von (3-1) ist die *grundlegende Gleichung der nichtrelativistischen Quantenmechanik*, und sie wurde zuerst von Schrödinger vorgeschlagen. Diese so erhaltene Schrödinger-Gleichung kann auch folgendermaßen geschrieben werden:

(3-41) $$i\hbar \frac{\partial \psi(x,t)}{\partial t} = H\,\psi(x,t).$$

Dabei ist H der *Energie-Operator*. Gewöhnlich nennt man H den *Hamilton-Operator*, denn er ist formal analog zur Hamilton-Funktion der klassischen Mechanik. Da p ein hermitischer Operator ist[5]), so ist es auch p^2, und damit ebenso

(3-42) $$H = \frac{p^2}{2m} + V(x),$$

wenn $V(x)$, das Potential, eine reelle Funktion ist. Überblicken wir den Inhalt dieses Kapitels:

1. Die Zeitabhängigkeit der Wellenfunktionen ist gegeben durch die Differentialgleichung

$$i\hbar \frac{\partial \psi(x,t)}{\partial t} = H\,\psi(x,t),$$

wobei die Zeit in erster Ordnung vorkommt und H der Operator $p^2/2m + V(x)$ ist.

2. Brauchbare Wellenfunktionen müssen quadratintegrierbar sein.

3. Die Wahrscheinlichkeitsdichte für das Auffinden des Teilchens an der Stelle x ist

$$P(x,t) = |\psi(x,t)|^2.$$

4. Die Funktion $\phi(p,t)$ ist die Wellenfunktion im Impulsraum. Sie ist definiert durch

$$\psi(x,t) = \frac{1}{\sqrt{2\pi\hbar}} \int dp\, \phi(p,t)\, e^{ipx/\hbar}$$

Die Wahrscheinlichkeitsdichte, das Teilchen mit dem Impuls p zu finden, ist $|\phi(p,t)|^2$.

5. Der Impuls p und der Ort x sind Operatoren; sie unterscheiden sich von gewöhnlichen numerischen Qualitäten, denn sie sind nicht vertauschbar. Im Ortsraum hat der Impulsoperator die Form

---

[5]) Von jetzt ab lassen wir die Kennzeichnung *op* bei p_{op} fort. Wir benützen sie nur, wenn die Gefahr einer Verwechslung besteht.

$$p = \frac{\hbar}{i}\frac{\partial}{\partial x},$$

und im Impulsraum hat der Ortsoperator die Form

$$x = i\hbar\frac{\partial}{\partial p},$$

woraus die Vertauschungsrelation

$$[p, x] = \frac{\hbar}{i}$$

folgt.

Wir können nun mit der quantitativen Diskussion der Quantenmechanik beginnen. Den Begriff Wellenpaket als ein Bild für das Teilchen haben wir aufgegeben; er hat uns zwar geholfen, die Schrödinger-Gleichung plausibel zu machen, jetzt aber entnehmen wir aus $\psi(x, t)$ mit der Wahrscheinlichkeitsinterpretation den Ort des Teilchens, ohne daß wir uns das Teilchen als "aus Wellen aufgebaut" vorstellen müssen.

Aufgaben

1. Benützen Sie (3-2) und (3-4), um die Lösung der Schrödinger-Gleichung für ein freies Teilchen in folgender Form auszudrücken:

$$\psi(x, t) = \int dx'\, K(x, x'; t)\, \psi(x', 0).$$

Suchen Sie einen Ausdruck für $K(x, x'; t)$ in Form eines Integrals, und lösen Sie dieses. Zeigen Sie, daß

$$K(x, x'; 0) = \delta(x - x').$$

2. Man zeige, daß der Erhaltungssatz (3-11) gilt, wenn $\psi(x,t)$ die Lösung der Schrödinger-Gleichung mit einem Potential $V(x)$ ist, wobei vorausgesetzt sei, daß $V(x)$ reell ist.

3. Man nehme an, $V(x)$ sei komplex. Suchen Sie einen Ausdruck für $\partial P(x, t)/\partial t$ und $d/dt \int dx\, P(x, t)$. Für Absorption muß letzterer Ausdruck negativ sein. Was folgt daraus für $V(x)$?

4. Betrachten Sie die Klein-Gordon-Gleichung

$$\frac{1}{c^2}\frac{\partial^2\psi(x, t)}{\partial t^2} - \frac{\partial^2\psi(x, t)}{\partial x^2} + \left(\frac{\mu c}{\hbar}\right)^2 \psi(x, t) = 0,$$

und zeigen Sie, daß ein Erhaltungssatz von der Form (3-11) existiert, wobei $j(x, t)$ gegeben sei:

$$j(x,t) = -\frac{\hbar}{2i\mu}\left(\psi\frac{\partial\psi^*}{\partial x} - \psi^*\frac{\partial\psi}{\partial x}\right).$$

Welche Form hat $P(x, t)$? Können Sie eine Aussage darüber machen, warum die Klein-Gordon-Gleichung zur Beschreibung eines Einteilchensystems nicht gut geeignet ist (also keine gute Alternative zur Schrödinger-Gleichung ist)?

5. Gegeben sei

$$\psi(x) = \left(\frac{\pi}{\alpha}\right)^{-1/4} e^{-\alpha x^2/2}.$$

Berechnen Sie
a) $\langle x^n \rangle$
b) $\sqrt{\langle x^2 \rangle - \langle x \rangle^2} \equiv \Delta x.$

6. Berechnen Sie die Wellenfunktion im Impulsraum für das durch die Wellenfunktion in Aufgabe 5 beschriebene System. Berechnen Sie hieraus weiterhin
a) $\langle p^n \rangle$
b) $\sqrt{\langle p^2 \rangle - \langle p \rangle^2} \equiv \Delta p$
und mit 5b) den Wert $\Delta x \, \Delta p$.

7. Gegeben sei die Wellenfunktion

$$\psi(x) = \frac{N}{x^2 + a^2}.$$

a) Bestimmen Sie N durch Normierung von $\psi(x)$.
b) Berechnen Sie $\langle x^n \rangle$ aus dieser Wellenfunktion. Welche Werte n liefern konvergente Integrale?
c) Berechnen Sie $\langle p^2 \rangle$ direkt, aber auch aus der Impulsraum-Wellenfunktion.
d) Benützen Sie die Definitionen

$$\Delta x = \sqrt{\langle x^2 \rangle - \langle x \rangle^2}$$
$$\Delta p = \sqrt{\langle p^2 \rangle - \langle p \rangle^2},$$

um $\Delta x \, \Delta p$ für dieses Beispiel zu berechnen.

8. Zeigen Sie, daß die Operator-Beziehung

$$e^{ipa/\hbar} x e^{-ipa/\hbar} = x + a$$

gilt. Der Operator e^A ist definiert als

$$e^A = \sum_{n=0}^{\infty} A^n/n!$$

(Hinweis: Berechnen Sie $e^{ipa/\hbar} x e^{-ipa/\hbar} f(p)$, wobei $f(p)$ eine beliebige Funktion von p sei, und benützen Sie $x = i\hbar \, d/dp$.)

9. Man betrachte die Funktionen $\psi(\theta)$ der Winkelvariablen θ, welche auf den Bereich $-\pi \leq \theta \leq \pi$ beschränkt sind. Zeigen Sie, daß der Operator

$$L = \frac{\hbar}{i} \frac{d}{d\theta}$$

hermitisch ist, wenn die Wellenfunktionen die Bedingung $\psi(\pi) = \psi(-\pi)$ erfüllen.

10. Man betrachte $\phi(p)$, die Impulsraum-Wellenfunktion eines Teilchens. Welche Bedingung muß eine nur für positive p definierte Funktion $\phi(p)$ erfüllen, damit x ein hermitischer Operator ist? (Man benutze hierzu Gl. 3-30.)

4. Eigenfunktionen und Eigenwerte

Wir wollen die zeitabhängige Schrödinger-Gleichung aus dem 3. Kapitel betrachten

(4-1) $$i\hbar \frac{\partial \psi(x,t)}{\partial t} = -\frac{\hbar^2}{2m}\frac{\partial^2 \psi(x,t)}{\partial x^2} + V(x)\,\psi(x,t)$$

und sie zu lösen versuchen, indem wir sie auf ein Paar gewöhnlicher Differentialgleichungen von nur einer Variablen zurückführen. Der Ansatz

(4-2) $$\psi(x,t) = T(t)u(x)$$

liefert

$$i\hbar u(x)\frac{dT(t)}{dt} = \left[-\frac{\hbar^2}{2m}\frac{d^2u(x)}{dx^2} + V(x)u(x)\right]T(t).$$

Nun dividieren wir durch $u(x)\,T(t)$ und erhalten

(4-3) $$i\hbar \frac{dT(t)/dt}{T(t)} = \frac{-(\hbar^2/2m)\,(d^2u(x)/dx^2) + V(x)\,u(x)}{u(x)}.$$

Dieser Ausdruck kann nur dann erfüllt sein, wenn beide Seiten konstant sind. Wir bezeichnen diese Konstante mit E. Die eine Seite lautet also

(4-4) $$i\hbar \frac{dT(t)}{dt} = ET(t)$$

und deren Lösung ist

(4-5) $$T(t) = C\,e^{-iEt/\hbar},$$

wobei C eine Konstante ist. Die andere Seite lautet

(4-6) $$-\frac{h^2}{2m}\frac{d^2u(x)}{dx^2} + V(x)u(x) = Eu(x).$$

Diese Gleichung wird häufig die *zeitunabhängige Schrödinger-Gleichung* genannt. Sie unterscheidet sich charakteristisch von der zeitabhängigen Schrödinger-Gleichung: (4-1) beschreibt die zeitliche Entwicklung von $\psi(x,t)$, (4-6) dagegen ist eine *Eigenwertgleichung*. Um klar zu machen, was das bedeutet, müssen wir zum Begriff des Operators zurückkehren, welcher im letzten Kapitel zwar kurz erwähnt, aber nicht definiert wurde.

Allgemein bewirkt ein Operator O die Abbildung einer Funktion $f(x)$ in eine andere Funktion. Wir wollen einige Beispiele betrachten:

$$Of(x) = f(x) + x^2$$
$$Of(x) = [f(x)]^2$$
(4-7) $$Of(x) = f(3x^2 + 1)$$
$$Of(x) = [df(x)/dx]^3$$
$$Of(x) = df(x)/dx - 2f(x)$$
$$Of(x) = \lambda f(x).$$

Alle diese Beispiele haben folgende Eigenschaft gemeinsam: $Of(x)$ wird durch eine gegebene Rechenvorschrift aus $f(x)$ bestimmt. Es gibt eine spezielle Klasse von Operatoren, die *linearen Operatoren* (wir benützen für diese den Buchstaben L, um sie von den allgemeinen Operatoren O zu unterscheiden). Diese haben die Eigenschaft

(4-8) $$L[f_1(x) + f_2(x)] = Lf_1(x) + Lf_2(x)$$

und

(4-9) $$Lcf(x) = cLf(x),$$

wobei c eine beliebige komplexe Zahl sein kann [1]).

Ein linearer Operator wird eine Funktion in eine andere abbilden, wie z.B.

$$Lf(x) = \frac{df(x)}{dx} - 2f(x).$$

Es ist instruktiv, sich die Funktionen analog zu Vektoren in einem dreidimensionalen Raum vorzustellen. Die Wirkung des Operators besteht dann darin, einen Vektor in einen anderen umzuformen. Für den Spezialfall, daß alle Vektoren Einheitsvektoren sind, transformiert der Operator einen Punkt auf der Einheitskugel in einen anderen solchen. In diesem speziellen (aber sehr sachdienlichen) Beispiel kann ein Operator die Rotation um eine Achse bewirken (Bild 4.1), also z.B. eine Rotation bezüglich der z-Achse um 30°. Man sieht leicht, was dabei mit den verschiedenen Vektoren geschieht. Insbesondere gibt es zwei Vektoren, die eine spezielle Eigenschaft aufweisen: Die Einheitsvektoren zum Nord- und Südpol, die bei der Rotation in sich selbst übergehen. Dies ist ein Beispiel für die Operatorgleichung (4-6), welche geschrieben werden kann als

(4-10) $$Hu_E(x) = Eu_E(x).$$

Diese Gleichung besagt, daß H, der Hamilton-Operator, in seiner Wirkung auf eine spezielle Klasse von Funktionen die primäre Funktion bis auf eine Konstante reproduziert. Diese Konstante heißt der *Eigenwert*. Die Lösung dieser Gleichung hängt ab von E, und deshalb haben wir sie mit E indiziert. $u_E(x)$ heißt die zum Eigenwert E des Operators H gehörende *Eigenfunktion*. Wir werden sehen, daß Eigenwerte eine kontinuierliche oder eine diskrete Verteilung aufweisen können.

[1]) Es gibt auch antilineare Operatoren; hierfür lautet Gl. (4-9): $\acute{L}cf(x) = c^*Lf(x)$.

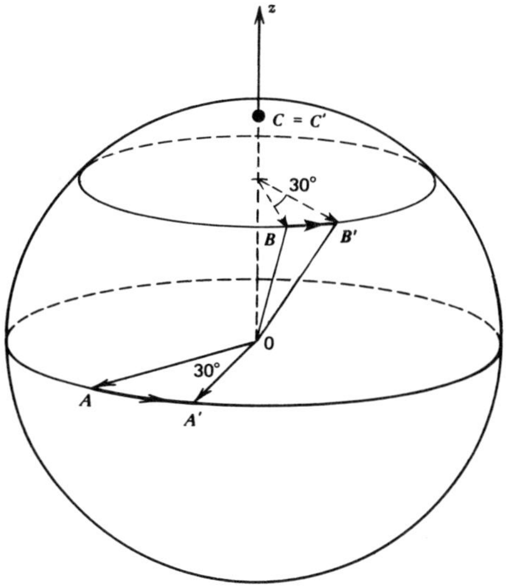

Bild 4–1 Darstellung eines Operators, der alle Vektoren der Einheitskugel um 30° dreht, und zwar für einen Vektor, der zum Äquator zeigt ($A \to A'$), auf mittlerer Breite ($B \to B'$), und am Pol ($C \to C' = C$).

Die Lösung (4-2) hat die Form $u_E(x)\ e^{-iEt/\hbar}$. Da (4-1) linear ist, ist auch eine Summe von solchen Lösungen mit erlaubten E-Werten wieder eine Lösung. Die allgemeinste Lösung von (4-1) ist also

$$\psi(x,t) = \left(\sum + \int dE\right) C(E)\ u_E(x)\ e^{-iEt/\hbar}, \tag{4-11}$$

wobei $C(E)$ eine beliebige Funktion der Eigenwerte ist; die Summe erstreckt sich über die diskreten, das Integral über die kontinuierlich verteilten E-Werte.

Die Eigenwerte des Operators H heißen die Energie-Eigenwerte, was durch die Form von H nahegelegt wird:

$$H = \frac{p_{op}^2}{2m} + V(x). \tag{4-12}$$

Bevor wir ein sehr einfaches, aber lehrreiches Beispiel diskutieren, sei noch darauf hingewiesen, daß der Separationsansatz (4-2) keinen Erfolg hätte, wenn das Potential $V(x)$ explizit von der Zeit abhinge. Später werden wir sehen, daß die Energie in diesem Fall nicht mehr eine Konstante der Bewegung ist.

A. Eigenwerte für ein Teilchen im Potentialkasten

Wir betrachten (4-6) und verwenden dazu folgenden Potentialverlauf:

(4-13) $$V(x) = 0 \qquad |x| < a$$
$$= \infty \qquad \text{sonst überall.}$$

Dies bedeutet, daß die Wellenfunktion für $|x| > a$ verschwinden muß, also

(4-14) $$u(a) = u(-a) = 0.$$

Innerhalb des Kastens gilt

(4-15) $$\frac{d^2u(x)}{dx^2} + \frac{2mE}{\hbar^2}\,u(x) = 0.$$

Zuerst stellen wir fest, daß (4-15) für $E < 0$ folgende Form annimmt

(4-16) $$\frac{d^2u(x)}{dx^2} - \kappa^2 u(x) = 0\,,$$

wobei $\kappa^2 = 2m|E|/\hbar^2$. Die allgemeinste Lösung hierfür wäre eine lineare Kombination von $e^{\kappa x}$ und $e^{-\kappa x}$, es gibt aber keine Möglichkeit, hiermit die Randbedingungen (4-14) zu erfüllen. Also müssen die Eigenwerte positiv sein. Schreiben wir

(4-17) $$k^2 = \frac{2mE}{\hbar^2}\,,$$

so nimmt Gl. (4-15) folgende Form an

(4-18) $$\frac{d^2u(x)}{dx^2} + k^2 u(x) = 0\,,$$

und deren Lösungen sind $\sin kx$ und $\cos kx$. Die Randbedingungen erfordern es, daß für die Sinus-Lösung, welche wir mit $u_n^{(-)}(x)$ bezeichnen, gilt:

(4-19) $$ka = n\pi \qquad n = 1, 2, 3, \ldots$$

und damit wird

(4-20) $$E_n^{(-)} = \frac{n^2\pi^2\hbar^2}{2ma^2}.$$

Es ist leicht nachzuprüfen, daß die normierte Eigenfunktion

(4-21) $$u_n^{(-)}(x) = \frac{1}{\sqrt{a}} \sin \frac{n\pi x}{a}$$

ist. Die Cosinus-Lösung, mit $u_n^{(+)}(x)$ bezeichnet, muß so beschaffen sein, daß

(4-22) $$ka = (n - \tfrac{1}{2})\,\pi \qquad n = 1, 2, 3, \ldots$$

also

(4-23) $$E_n^{(+)} = \frac{[n - (1/2)]^2 \pi^2\hbar^2}{2ma^2}.$$

Die normierte Lösung ist somit

(4-24) $$u_n^{(+)}(x) = \frac{1}{\sqrt{a}} \cos \frac{[n - (1/2)]\, \pi x}{a}.$$

Wir sehen, daß sich das + bzw. — Zeichen auf die Vorzeichenerhaltung bzw. Vorzeichenumkehr bei der Reflexion $x \to -x$ bezieht ("gerade" bzw. "ungerade").

Die Lösungen haben die Eigenschaft

(4-25) $$\int_{-a}^{a} dx u_m^{(+)}(x)^* \, u_n^{(+)}(x) = \int_{-a}^{a} dx u_m^{(-)}(x)^* \, u_n^{(-)}(x) = \delta_{mn}$$
$$\int_{-a}^{a} dx u_m^{(+)}(x)^* \, u_n^{(-)}(x) = 0.$$

Man bezeichnet Funktionen, welche diese Bedingungen erfüllen, als *orthonormal* (d.h. orthogonal und normiert). Da die Lösungen reell sind, sind die konjugiert komplexen Größen hier nicht wirklich nötig, wir haben sie aber angeschrieben aus Gründen der Konsistenz für spätere Anwendungen.

Der Zustand mit der geringsten Energie, der Grundzustand, ist durch $u_1^{(+)}(x)$ beschrieben, und dessen Energie-Eigenwert ist

(4-26) $$E_1^{(+)} = \frac{\pi^2 \hbar^2}{8ma^2}.$$

Die Lösungen sind reell; daraus folgt

(4-27) $$\langle p \rangle = 0.$$

Dies ist entweder durch direkte Berechnung zu erhalten, aber auch durch ein Symmetrieargument: Für jede der Lösungen, welche reell sind, ist $\langle p \rangle$ von der Form $(\hbar/i) \times$ (Integral). Da $\langle p \rangle$ reell sein muß, und das Integral nur reelle Funktionen enthält, muß das Integral verschwinden. Gleichbedeutend ist folgender Gedankengang: Das Integral enthält entweder zwei gerade oder zwei ungerade Funktionen, mit d/dx dazwischen. Der Integrand wird deshalb ungerade, und die Integration über ein zu $x = 0$ symmetrisches Intervall muß null ergeben.

Wir können $\langle p^2 \rangle$ für die verschiedenen Zustände berechnen. Da innerhalb des Kastens $p^2 = 2mE$, so haben wir

(4-28) $$\langle p^2 \rangle = 2mE_n^{(\pm)}.$$

Beachten Sie, daß

(4-29) $$2a\sqrt{\langle p^2 \rangle} \sim 2n\pi\hbar > \hbar$$

konsistent mit der Unschärfebeziehung ist. [2]) Wir bemerken auch, daß der Energie-Eigenwert mit zunehmender Knotenanzahl in der Eigenfunktion wächst (Bild 4.2). Dies ist einsichtig, da die kinetische Energie größer ist für eine Lösung mit größerer Krümmung, wofür d^2u/dx^2 ein Maß ist. Speziell für unser Beispiel ist ja

$$-\frac{\hbar^2}{2m}\int dx u^*(x)\frac{d^2u}{dx^2} = \frac{\hbar^2}{2m}\int dx \frac{du^*}{dx}\frac{du}{dx} = \frac{\hbar^2}{2m}\int dx \left|\frac{du}{dx}\right|^2$$

umso größer, je mehr Variation die Wellenfunktion in sich hat.

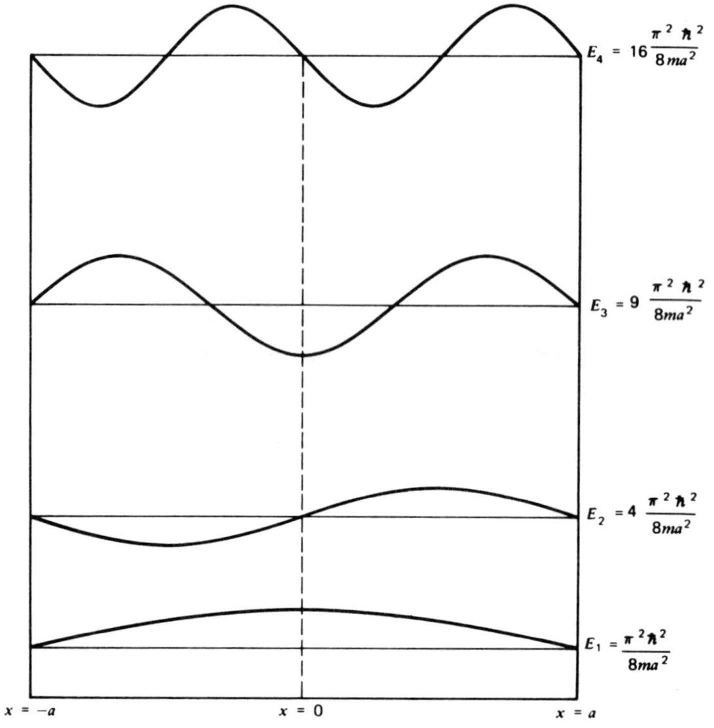

Bild 4–2 Eigenfunktionen für das Teilchen im Potentialkasten.

[2]) Es ist eine allgemeine Eigenschaft, daß bei höheren Eigenfunktionen $\Delta x \Delta p$ mit dem Eigenwert wächst.

B. Der Entwicklungssatz

Aus unseren Lösungen kann eine beliebige Funktion $\psi(x)$ unter Erfüllung der Randbedingungen $\psi(a) = \psi(-a) = 0$ konstruiert werden; sie läßt sich als Überlagerung aller obigen Lösungen darstellen:

$$\psi(x) = \sum_{n=1}^{\infty} [A_n^{(+)} u_n^{(+)}(x) + A_n^{(-)} u_n^{(-)}(x)]. \tag{4-30}$$

Die Koeffizienten $A_n^{(\pm)}$ können mit Hilfe der Orthonormalitätsbeziehungen (4-25) berechnet werden:

$$\begin{aligned}\int dx u_n^{(+)*}(x)\psi(x) &= \sum_{m=1}^{\infty} \left[A_m^{(+)} \int u_n^{(+)*}(x) u_m^{(+)}(x)\, dx + A_m^{(-)} \int u_n^{(+)*}(x) u_m^{(-)}(x)\, dx\right] \\ &= A_n^{(+)}\end{aligned}$$

und somit

$$A_n^{(\pm)} = \int dx u_n^{(\pm)*}(x)\, \psi(x). \tag{4-31}$$

So wie in unserer Diskussion des freien Wellenpakets können wir nun die zeitliche Entwicklung dieser beliebigen Funktion berechnen. Da jede der Lösungen $u_n^{(\pm)}(x)$ die Zeitabhängigkeit $e^{-iE_n^{(\pm)}t/\hbar}$ annimmt (siehe (4-11)), so erhalten wir allgemein

$$\psi(x,t) = \sum_{n=1}^{\infty} [A_n^{(+)} u_n^{(+)}(x)\, e^{-iE_n^{(+)}t/\hbar} + A_n^{(-)} u_n^{(-)}(x)\, e^{-iE_n^{(-)}t/\hbar}]. \tag{4-32}$$

Um eine Vorstellung zur physikalischen Bedeutung der Entwicklungskoeffizienten $A_n^{(\pm)}$ zu erhalten, berechnen wir den Erwartungswert für die Energie in einem beliebigen Zustand. Da im Kasteninnern $H = p^2/2m$ ist und von außerhalb kein Beitrag kommt, und da

$$H u_n^{(\pm)}(x) = E_n^{(\pm)} u_n^{(\pm)}(x), \tag{4-33}$$

erhalten wir mit den Orthonormalitätsbeziehungen (4-25)

$$\begin{aligned}\langle H\rangle &= \int dx \psi^*(x)\, H\psi(x) \\ &= \int dx \left\{ \sum_{n=1}^{\infty} \left[A_n^{(+)*} u_n^{(+)}(x)^* + A_n^{(-)*} u_n^{(-)}(x)^*\right]\right\} \\ &\quad \times \left\{ \sum_{m=1}^{\infty} \left[E_m^{(+)} A_m^{(+)} u_m^{(+)}(x) + E_m^{(-)} A_m^{(-)} u_m^{(-)}(x)\right]\right\} \\ &= \sum_{m=1}^{\infty} (E_m^{(+)} |A_m^{(+)}|^2 + E_m^{(-)} |A_m^{(-)}|^2).\end{aligned} \tag{4-34}$$

Auf genau die gleiche Weise kann mit

$$\int dx \psi^*(x)\, \psi(x) = 1$$

gezeigt werden, daß

(4-35) $$\sum_{n=1}^{\infty} (|A_n^{(+)}|^2 + |A_n^{(-)}|^2) = 1.$$

(4-34) zusammen mit der Normierungsbedingung (4-35) legt folgende Interpretation nahe: *$|A_n^{(\pm)}|^2$ ist die Wahrscheinlichkeit dafür, daß der beliebige Zustand $\psi(x)$ bei einer Energiemessung den Wert $E_n^{(\pm)}$ ergibt*. Man beachte, daß allein nur die Werte $E_n^{(\pm)}$ möglich sind, so daß eine Energiemessung nur einen von den Werten $E_n^{(\pm)}$ ergeben kann.

Für welches Wellenpaket wird eine Messung immer den Eigenwert $E_k^{(+)}$ ergeben? Offenbar nur, wenn

(4-36) $$|A_n^{(+)}|^2 = \delta_{nk},$$

d.h., wenn $\psi(x) = u_k^{(+)}(x)$, also wenn das beliebige Wellenpaket genau die zum Eigenwert $E_k^{(+)}$ gehörige Eigenfunktion ist. Dies führt uns zu einer sehr wichtigen Schlußfolgerung:

Angenommen wir haben ein allgemeines durch $\psi(x)$ beschriebenes Wellenpaket. Wenn eine Energiemessung ausgeführt wird, so kann nur ein Eigenwert des Hamilton-Operators H herauskommen, und zwar mit der Wahrscheinlichkeit

(4-37) $$P(E_n) = |\int dx u_n^*(x)\, \psi(x)|^2$$

(hierbei haben wir die Bezeichnung $(\pm)$ aus Gründen der Allgemeinheit weggelassen). *Nachdem nun die Messung den Eigenwert E_n ergeben hat, wird der Zustand des Systems durch die Eigenfunktion $u_n(x)$ beschrieben*, denn sonst würde ja die Wiederholung der Messung nicht notwendigerweise das gleiche Ergebnis liefern; Reproduzierbarkeit einer Messung an einem gegebenen System ist ja eine wesentliche Voraussetzung dafür, daß eine Messung überhaupt eine Bedeutung hat. Dies sind nicht etwa spezielle Eigenschaften des Teilchens im Potentialkasten, wir finden sie auch für allgemeinere Systeme [wobei auch $V(x)$ vorkommen darf], und nicht nur für Hamilton-Operatoren, sondern für alle hermitischen Operatoren. Diese Festellungen werden uns immer wieder begegnen, und sie liegen im Zentrum der Quantenmechanik.

C. Parität

Die Eigenfunktionen des Teilchens im Potentialkasten waren unterteilt in zwei Klassen: Gerade Funktionen in x (d.h. Vorzeichenumkehr von x bewirkt keine Änderung der Funktion), welche mit $(+)$ bezeichnet wurden, und ungerade Funktionen in x, bezeichnet mit $(-)$. Wenn wir z.B. mit einem

Wellenpaket $\psi(x)$ beginnen, welches gerade in x ist, so müssen in (4-30) alle $A_n^{(-)}$ verschwinden. (4-32) zeigt dann, daß das Paket für immer gerade in x bleibt. Entsprechendes gilt, wenn das Paket anfänglich ungerade in x war. Wir finden also für unseren symmetrisch um $x = 0$ zentrierten Potentialkasten, daß "gerade" und "ungerade" eine zeitunabhängige Eigenschaft ist. Da uns jede Invarianz eines Bewegungszustandes interessiert, wollen wir diese Betrachtungen ein wenig formalisieren.

Hierzu führen wir den *Paritäts-Operator* P ein, dessen Wirkung darin bestehen soll, x gegen $-x$ auszutauschen (anders ausgedrückt: x am Nullpunkt zu spiegeln). Somit gilt für jedes Wellenpaket $\psi(x)$

(4-38) $$P\psi(x) = \psi(-x).$$

Für eine gerade Funktion ist

(4-39) $$P\psi^{(+)}(x) = \psi^{(+)}(x),$$

für eine ungerade

(4-40) $$P\psi^{(-)}(x) = -\psi^{(-)}(x).$$

Diese beiden Gleichungen sind Eigenwertgleichungen; wir sehen, daß die geraden Funktionen als Eigenfunktionen von P mit dem Eigenwert $+1$ anzusehen sind; die ungeraden Funktionen sind auch Eigenfunktionen von P, aber mit dem Eigenwert -1. Im Beispiel "Teilchen im Potentialkasten" sind die Funktionen $u_n^{(\pm)}(x)$ also nicht nur Eigenfunktionen von H, *sie sind zugleich auch Eigenfunktionen von P.*

Die Eigenwerte ± 1 sind die einzig möglichen. Angenommen wir hätten

(4-41) $$Pu(x) = \lambda u(x).$$

Eine wiederholte Anwendung von P würde dann ergeben

(4-42) $$P^2u(x) = P\lambda u(x) = \lambda^2 u(x).$$

Nun muß aber sein $P^2u(x) = u(x)$, da zwei aufeinanderfolgende Spiegelungen von x nichts ändern sollten. Also muß sein $\lambda^2 = 1$; $\lambda = \pm 1$. Eine beliebige Funktion $\psi(x)$ kann immer als Summe aus einer geraden und einer ungeraden Funktion geschrieben werden

(4-43) $$\psi(x) = \tfrac{1}{2}[\psi(x) + \psi(-x)] + \tfrac{1}{2}[\psi(x) - \psi(-x)].$$

Wir sehen: Genauso wie mit den Eigenfunktionen von H im vorigen Beispiel kann auch jede Funktion entwickelt werden nach den Eigenfunktionen des neuen Operators P. Dies ist auch eine allgemeine Eigenschaft hermitischer Operatoren: Man sagt, *die Eigenfunktionen jedes hermitischen Operators bilden einen vollständigen Satz von Funktionen, nach denen eine beliebige Funktion entwickelt werden kann.* Wir überlassen es dem Leser zu beweisen, daß $\langle P\rangle$ reell ist für jeden Zustand $\psi(x)$, was ja bedeutet, daß P ein hermitischer Operator ist.

Explizit trat die Eigenschaft "gerade" und "ungerade" in unserem Beispiel deshalb in Erscheinung, weil wir den Potentialkasten bei $x = 0$ zentriert haben. Hätten wir seine Lage zwischen 0 und $2a$ gewählt, so hätte sich natürlich nichts geändert, und wir hätten Symmetrie bei Reflexion an $x = a$. Diese Symmetrie wäre jedoch weniger offensichtlich gewesen. Wir lernen hieraus, daß man bei quantenmechanischen Problemen immer auf Symmetrie im Hamilton-Operator achten soll, und daß man die Koordinaten derart wählen soll, daß die Symmetrien klar erscheinen. Wenn der Potentialverlauf aber unsymmetrisch gewesen wäre (Bild 4.3), so würde natürlich kein Wechsel der Koordinaten eine Symmetrie herstellen: Wichtig ist, daß

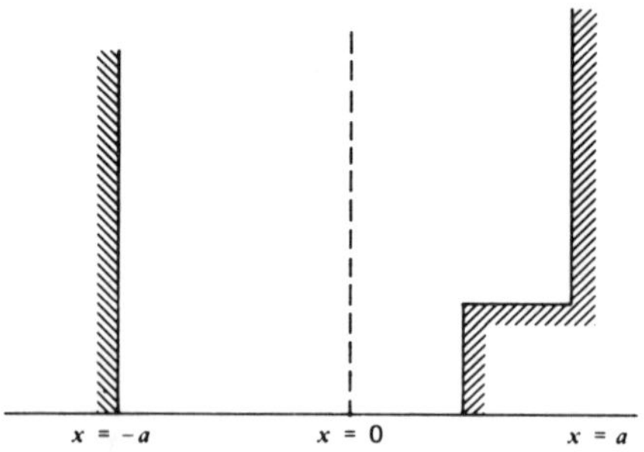

Bild 4–3 Potentialkasten ohne Reflexionssymmetrie.

die Symmetrie im Hamilton-Operator steckt [3]. Dies wird deutlicher, wenn wir danach fragen, unter welchen Umständen eine gerade Funktion für alle Zeiten gerade bleiben wird. Es sei

(4-44) $$\psi(x,0) = \psi(-x,0) \equiv \psi^{(+)}(x).$$

Das Zeitverhalten ist gegeben durch

(4-45) $$i\hbar \frac{\partial\psi(x,t)}{\partial t} = H\psi(x,t).$$

Wenn wir P hierauf wirken lassen, so erhalten wir

(4-46) $$i\hbar \frac{\partial}{\partial t} P\psi(x,t) = PH\psi(x,t).$$

Ist nun H gerade bei Spiegelung am Nullpunkt, [weil d^2/dx^2 gerade ist, gilt dies, wenn $V(x)$ eine gerade Funktion ist], so gilt

(4-47) $$PH\psi(x,t) = HP\psi(x,t)$$

[3] Im Beispiel Potentialkasten betrachten wir die Wände als Teil des Potentials, also des Hamilton-Operators. Dies ist der Grund, warum wir nicht von Randbedingungen sprechen anstelle des Hamilton-Operators.

und damit

(4-48) $$i\hbar \frac{\partial}{\partial t} [P\psi(x,t)] = H[P\psi(x,t)].$$

Somit erfüllen

(4-49) $$\psi^{(+)}(x,t) = \tfrac{1}{2}(1 + P)\,\psi(x,t)$$

und

(4-50) $$\psi^{(-)}(x,t) = \tfrac{1}{2}(1 - P)\,\psi(x,t)$$

einzeln die Schrödinger-Gleichung und mischen nicht miteinander, wenn der Anfangszustand rein gerade (oder rein ungerade) ist. Die Bedingung, daß die Parität zeitunabhängig sein soll, erfordert für jeden möglichen Zustand

(4-51) $$(PH - HP)\,\psi(x,t) = 0\,;$$

man sagt hierzu, P und H "kommutieren":

(4-52) $$[P,H] = 0.$$

Man wird sehen, daß diese wichtige Bedingung ganz allgemein gilt: *Jeder Operator ohne explizite Zeitabhängigkeit, der mit dem Hamilton-Operator kommutiert, ist eine Konstante der Bewegung*. Speziell, wenn sich das Potential zeitlich ändert, also $V(x,t)$ vorliegt, dann ist die Energie keine Konstante der Bewegung, genau wie in der klassischen Mechanik. Man beachte, daß eine Zeitabhängigkeit von V bewirkt, daß eine Separation von (4-1) in eine Gleichung für die Zeitabhängigkeit und eine Eigenwertgleichung nicht möglich ist.

D. Die Impuls-Eigenfunktion und das freie Teilchen

Im Abschnitt Parität zeigten wir, daß nicht nur der Energie-Operator H Eigenfunktionen und Eigenwerte hat. Wir wollen nun die Eigenwertgleichung für den Impuls-Operator lösen.

(4-53) $$p_{op}u_p(x) = pu_p(x).$$

Da $p_{op} = (\hbar/i)(d/dx)$, läßt sich dies umschreiben zu

(4-54) $$\frac{du_p(x)}{dx} = \frac{ip}{\hbar}\,u_p(x).$$

Die Lösung dieser Gleichung ist

(4-55) $$u_p(x) = C\,e^{ipx/\hbar}.$$

Die Konstante C ist durch Normierung festgelegt; die einzige Vorschrift, welcher der Eigenwert p unterliegt, damit die Eigenfunktion weder bei $+\infty$ noch bei $-\infty$ divergiert, ist, daß er reell sein muß. Man sagt deshalb, p_{op} hat ein *kontinuierliches Spektrum*. Nun könnten wir erwarten, daß die Eigenfunktionen Orthonormalitätsbedingungen wie (4-25) erfüllen. Wir erhalten

$$(4\text{-}56)\qquad \begin{aligned}\int dx\, u_{p'}^*(x)\, u_p(x) &= |C|^2 \int dx\, e^{i(p-p')x/\hbar} \\ &= 2\pi |C|^2 \hbar \delta(p-p').\end{aligned}$$

Wählen wir

$$(4\text{-}57)\qquad u_p(x) = \frac{1}{\sqrt{2\pi\hbar}}\, e^{ipx/\hbar},$$

so vereinfacht sich (4-56) zu

$$(4\text{-}58)\qquad \int_{-\infty}^{\infty} dx\, u_{p'}^*(x)\, u_p(x) = \delta(p-p').$$

Dieses Ergebnis unterscheidet sich von (4-25) dadurch, daß das dort für diskrete Indizes passende Kronecker-Symbol δ_{mn} ersetzt wurde durch die mit kontinuierlicher "Indizierung" wirkende Diracsche Deltafunktion $\delta(p-p')$.

Die Feststellung, daß jedes Wellenpaket $\psi(x)$ in einen vollständigen Satz von Eigenfunktionen entwickelbar ist, kann auch hier getroffen werden. In der Analogie zu (4-30) muß allerdings berücksichtigt werden, daß die Summierung hier über ein Kontinuum von p zu erfolgen hat

$$(4\text{-}59)\qquad \psi(x) = \int_{-\infty}^{\infty} dp\, \phi(p)\, \frac{e^{ipx/\hbar}}{\sqrt{2\pi\hbar}}.$$

Mit

$$(4\text{-}60)\qquad \phi(p) = \int dx \left(\frac{e^{ipx/\hbar}}{\sqrt{2\pi\hbar}}\right)^* \psi(x),$$

und entsprechend der mit (4-37) verbundenen Interpretation gibt $|\phi(p)|^2$ die Wahrscheinlichkeit dafür, daß eine Impulsmessung an einem beliebigen Wellenpaket $\psi(x)$ den Wert p liefert. Hiermit ist der Interpretationsvorschlag zu $\phi(p)$ aus dem 3. Kapitel, (3-27), gerechtfertigt.

Wir wollen uns nun dem Hamilton-Operator des freien Teilchens zuwenden. Wenn $V(x)$ überall null ist, so wird die Eigenwertgleichung

$$(4\text{-}61)\qquad \frac{d^2u(x)}{dx^2} + k^2 u(x) = 0,$$

wobei $k^2 = 2mE/\hbar^2$. Die Lösungen sind e^{ikx} und e^{-ikx}, oder Linearkombinationen daraus wie zum Beispiel $\cos kx$ und $\sin kx$. Leider sind alle diese Lösungen nicht quadratintegrierbar, da $\int_{-\infty}^{\infty} dx |Ae^{ikx} + Be^{-ikx}|^2$ für alle Werte von A und B divergiert. Es gibt drei Wege um diese Schwierigkeit zu umgehen:

a) Wir können das durch (4-61) definierte Problem als einen Grenzfall des Teilchens im Potentialkasten betrachten, wobei die Potentialwände nach unendlich gerückt sind, also $a \to \infty$. Auch wenn wir hierbei vom Normierungsfaktor $1/\sqrt{a}$ absehen, werden die Lösungen (4-21) und (4-24) trivial, außer dann, wenn n sehr groß wird, so daß

(4-62) $$\frac{n\pi}{a} = k$$

endlich bleibt [4]. Dann dürfen wir das Glied $\frac{1}{2}$ in $(n - \frac{1}{2})$ in den geraden Lösungen (4-24) vernachlässigen, und sie lauten dann

(4-63) $$\frac{1}{\sqrt{a}} \sin kx \qquad \text{und} \qquad \frac{1}{\sqrt{a}} \cos kx\,.$$

Wir können die Faktoren $1/\sqrt{a}$ beibehalten: Sie werden aber bei jeder Antwort auf eine physikalische Frage über das System herausfallen [5]. Manchmal ist es nützlich sie so beizubehalten, denn ihre Anwesenheit im Endergebnis würde auf einen Fehler hinweisen.

b) Wir können mit Wellenpaketen arbeiten. Eine Lösung der Form

(4-64) $$\psi(x) = e^{ikx}$$

ist ein Sonderfall von (4-59) unter der Voraussetzung

(4-65) $$\phi(p) = \sqrt{2\pi\hbar}\;\delta(p - \hbar k),$$

was eine unendlich scharfe Verteilung im Impulsraum bedeutet. Angenommen wir ersetzen diesen Grenzfall für $\phi(p)$ nun durch eine zwar scharfe, aber doch nicht infinitesimal scharfe Funktion $\sqrt{2\pi\hbar}\; g(p - \hbar k)$. Dann wird e^{ikx} ersetzt durch

(4-66) $$\begin{aligned} \psi(x) &= \int dp\; e^{ipx/\hbar}\, g(p - \hbar k) \\ &= e^{ikx} \int dq\; e^{iqx/\hbar}\, g(q)\,, \end{aligned}$$

was wieder eine ebene Welle e^{ikx} ist, aber nun multipliziert mit einer sehr wenig mit x veränderlichen Funktion. Wir können diese Funktion so breit machen, daß sie im physikalisch interessierenden Gebiet praktisch konstant ist. Die Unschärfe im Impuls ist nun von der Größenordnung $\hbar$/(Paketbereich) und wenn der Nenner eine makroskopische Ausdehnung beschreibt, so ist die Impulsunschärfe vernachlässigbar. Wir erfüllen also die mathematischen Erfordernisse, ohne physikalisch etwas geändert zu haben. Diese Beschreibung mit dem Wellenpaket kommt dem wirklichen physikalischen Geschehen am nächsten, da man bei der Herstellung des Anfangszustandes (z. B. in einer Elektronenkanone) praktisch nie einen exakten Impulseigenzustand herstellen kann.

---

[4]) Wir halten auch x endlich, und interessieren uns nicht für Werte von x, die ein Bruchteil von a sind.

[5]) Eine Frage, die auf das Vorhandensein der Wände hinausläuft, erscheint physikalisch nicht sinnvoll: z.B. "Wie lange dauert es, bis ein Wellenpaket zu den Wänden geht und nach $x = 0$ zurückkehrt" ist als physikalisch irrelevant zu betrachten.

c) Die Schwierigkeit kommt daher, daß bei einer Wellenfunktion wie e^{ikx} das Teilchen nicht an einen bestimmten Raumbereich gebunden ist, wodurch die Auffindwahrscheinlichkeit an einem beliebigen Ort zu null werden muß. Wenn wir also nicht nach der Aufenthaltswahrscheinlichkeit in einem bestimmten Bereich fragen, so entstehen keine Probleme. Eine Möglichkeit, mit der das Normierungsproblem vermieden werden kann, liegt im Arbeiten mit der (Teilchen-)Stromdichte

$$j(x) = \frac{\hbar}{2im}\left[\psi^*(x)\,\frac{d\psi(x)}{dx} - \frac{d\psi^*(x)}{dx}\,\psi(x)\right], \tag{4-67}$$

wie sie am Anfang des 3. Kapitels diskutiert wurde. Für eine Wellenfunktion $Ce^{ipx/\hbar}$ ist die Stromdichte $|C|^2\,p/m$; für $Ce^{-ipx/\hbar}$ ist sie $-|C|^2\,p/m$. Für ein eindimensionales Problem mit einer Teilchendichte 1 Teilchen/cm und der Teilchengeschwindigkeit $v = p/m$ ist der Teilchenstrom gerade v (dies ist die Anzahl der Teilchen, welche eine Stelle $x = x_0$ pro Sekunde passieren); $|C|^2$ ist also die Teilchenanzahl pro cm. Durch (4-57) sind also $1/2\pi\hbar$ Teilchen pro cm dargestellt. Im Dreidimensionalen ist mit

$$u_{\mathbf{p}}(\mathbf{r}) = C\,e^{i\mathbf{p}\cdot\mathbf{r}/\hbar} \tag{4-68}$$

der Teilchenfluß $|C|^2\,\mathbf{p}/m$. Hierbei hat man eine Teilchendichte $|C|^2$ pro cm^3; diese durchqueren eine Einheitsfläche senkrecht zu $\mathbf{p}$ mit der Geschwindigkeit $\mathbf{v} = \mathbf{p}/m$ (Bild 4.4).

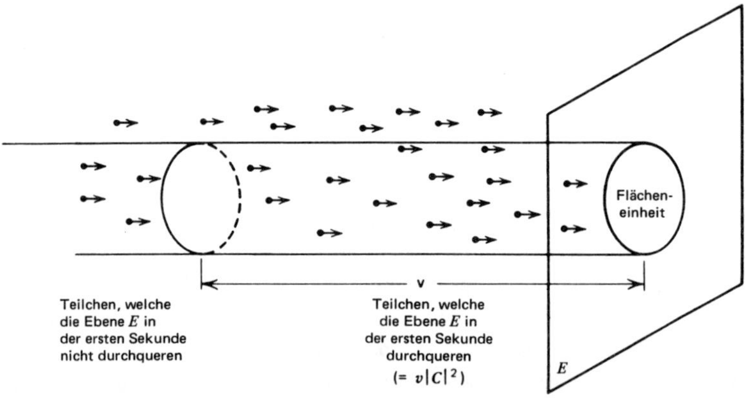

Bild 4–4 Zusammenhang zwischen Teilchengeschwindigkeit und Teilchenfluß (d.i. Anzahl der Teilchen, welche pro Zeiteinheit die zur Geschwindigkeit senkrechte Flächeneinheit durchqueren).

Die Energie-Eigenwertgleichung (4-61) hat zwei unabhängige Lösungen, e^{ikx} und e^{-ikx}; auch die beiden reellen Lösungen $\sin kx$ und $\cos kx$ sind unabhängig. Welches Paar an Lösungen wir auch immer wählen, es gibt immer *zwei* Lösungen zur gleichen Energie - ganz im Gegensatz zum Teilchen im Potentialkasten. Wir haben hier ein Beispiel für einen sehr oft vorkommenden Fall: *Es ist möglich, daß mehr als eine unabhängige Eigenfunktion zu einem Eigenwert eines hermitischen Operators gehört*. In einem solchen Fall spricht man von *Entartung*.

Im oben diskutierten Beispiel sind die beiden Lösungen orthogonal:

$$\text{(4-69)} \quad \begin{gathered} \int_{-\infty}^{\infty} dx (e^{-ikx})^* \, e^{ikx} = \int_{-\infty}^{\infty} dx \, e^{2ikx} = 0 \\ \int_{-\infty}^{\infty} dx \sin kx \cos kx = 0 \end{gathered}$$

für $k \neq 0$. Man kann immer Linearkombinationen herstellen, für die diese Orthogonalität gilt. Solche Linearkombinationen sind natürlich auch orthogonal zu Eigenfunktionen, die zu anderen Eigenwerten, z.B. der Energie, gehören [6].

Wodurch sind nun die beiden entarteten Eigenfunktionen unterschieden? Für das Paar (e^{-ikx}, e^{ikx}) liegt der Unterschied darin, daß sie auch Eigenfunktionen des Impulsoperators

$$\text{(4-70)} \quad p_{op} \, e^{\pm ikx} = \frac{\hbar}{i} \frac{d}{dx} e^{\pm ikx} = \pm \hbar k \, e^{\pm ikx}$$

sind, die aber zu zwei *verschiedenen* Impulseigenwerten gehören. Ähnlich bildet das Paar $(\cos kx, \sin kx)$ die Eigenfunktionen des Paritätsoperators, und auch hier haben wir verschiedene Eigenwerte

$$\text{(4-71)} \quad \begin{aligned} P \cos kx &= \cos kx \\ P \sin kx &= -\sin kx . \end{aligned}$$

In beiden Fällen sind die entarteten Eigenfunktionen dadurch unterschieden, daß sie zugleich Eigenfunktionen eines anderen hermitischen Operators sind ("simultane Eigenfunktionen"). Beide Operatoren p_{op} und P haben die Eigenschaft, daß sie in diesem Beispiel mit dem Hamilton-Operator $p_{op}^2/2m$ kommutieren. Wir werden später zeigen, daß dies eine notwendige Bedingung für die Existenz simultaner Eigenfunktionen ist. Beispiel: p_{op} und P kommutieren nicht [da $(\hbar/i)(d/dx)$ einen Vorzeichenwechsel bei $x \to -x$ erfährt] und deshalb können die Eigenfunktionen eines dieser Operatoren nicht alle simultane Eigenfunktionen des anderen sein.

Wir haben viele quantenmechanische Erkenntnisse aus diesen beiden einfachen Beispielen gewonnen; in späteren Kapiteln werden wir darauf zurückkommen und sie verallgemeinern. Im 5. Kapitel betrachten wir nun wieder einige sehr einfache Beispiele, aber weniger wegen der mathematischen Gesichtspunkte, sondern als einfache Modelle von physikalischen Systemen.

---

[6] Siehe Anhang B.

Aufgaben

1. Gegeben seien die folgenden Operatoren

a) $O_1\psi(x) = x^3\psi(x)$ b) $O_2\psi(x) = x\dfrac{d}{dx}\psi(x)$

c) $O_3\psi(x) = \lambda\psi^*(x)$ d) $O_4\psi(x) = e^{\psi(x)}$

e) $O_5\psi(x) = \dfrac{d\psi(x)}{dx} + a$ f) $O_6\psi(x) = \displaystyle\int_{-\infty}^{x} dx'(\psi(x')x')$.

Welche davon sind linear?

2. Lösen Sie das Eigenwertproblem

$$O_6\psi(x) = \lambda\psi(x).$$

Welche Werte des Eigenwertes λ führen zu quadratintegrierbaren Eigenfunktionen? (Hinweis: Differenzieren Sie beide Seiten der Gleichung nach x).

3. Berechnen Sie folgende Kommutatoren

a) $[O_2, O_6]$

b) $[O_1, O_2]$.

Dabei kann man $[A,B]$ berechnen, indem man $A(B\psi) - B(A\psi)$ ausdrückt in der Form $C\psi$.

4. Berechnen Sie

$$\Delta x = \sqrt{\langle x^2 \rangle}$$

für die in (4-21) und (4-24) gegebenen Funktionen $u_n^{(\pm)}$. Verwenden Sie $\langle p^2 \rangle$ aus (4-28) um

$$\Delta p \, \Delta x$$

zu berechnen. Es ist charakteristisch, daß für die höheren Zustände die Unschärfe mit n wächst.

5. Man löse die Schrödinger-Gleichung für ein Teilchen im Potentialkasten, dessen Wände bei $x = 0$ und $x = L$ liegen, mit der Randbedingung

$$\psi(0) = \psi(L).$$

Finden Sie die Eigenwerte und die normierten Eigenfunktionen.

6. Ein Teilchen befinde sich im Grundzustand eines Potentialkastens, die Wände sind bei $x = \pm a$. Plötzlich werden die Wände verschoben nach $x = \pm b$ $(b > a)$. Mit welcher Wahrscheinlichkeit wird das Teilchen im neuen Potentialverlauf im Grundzustand gefunden? Mit welcher Wahrscheinlichkeit wird es im ersten angeregten Zustand gefunden? Die einfache Antwort zur letzteren Frage hat eine einfache Erklärung. Wie lautet diese?

7. Von einem Teilchen sei bekannt, daß es sich in der linken Hälfte des Potentialkastens (Wände bei $x = \pm a$) aufhält und dort an jeder Stelle x mit gleicher Wahrscheinlichkeit anzutreffen ist. Welche Wellenfunktion be-

schreibt diesen Zustand bei $t = 0$? Bleibt das Teilchen auch für spätere Zeiten in der linken Hälfte lokalisiert?
Berechnen Sie die Wahrscheinlichkeit dafür, daß eine Energiemessung die des Grundzustands (bzw. des ersten angeregten Zustands) liefert.

8. Ein Teilchen befinde sich im Grundzustand des Potentialkastens, wobei die Wände bei $x = 0$ und $x = L$ liegen. Plötzlich werden die Wände nach $\pm\infty$ verschoben, d. h. wir haben plötzlich ein freies Teilchen. Wie groß ist die Wahrscheinlichkeit, daß das Teilchen einen Impuls im Bereich p bis $p + dp$ hat? Nach der Entfernung der Wände ist die Teilchenenergie $p^2/2m$, was nicht notwendigerweise die Grundzustandsenergie ist. Können Sie eine Erklärung geben für die scheinbare Verletzung der Energieerhaltung?

9. Wiederholen Sie die obige Rechnung für ein Teilchen, das sich anfänglich im n-ten Eigenzustand befindet. Zeigen Sie, daß die entsprechende Wahrscheinlichkeit nun gegeben ist durch

$$\frac{2n^2\pi}{\hbar L^3}\,\frac{1-(-1)^n\cos pL/\hbar}{[(p/\hbar)^2-(n\pi/L)^2]^2}\,.$$

Skizzieren Sie die Verteilung. Zeigen Sie, daß dies mit der Unschärfebeziehung konform geht, und daß für große n auch das Korrespondenzprinzip erfüllt ist.

10. Ein freies Teilchen sei durch folgendes Wellenpaket bei $t = 0$ beschrieben:

$$\psi(x) = \left(\frac{\alpha}{\pi}\right)^{1/4} e^{-\alpha x^2/2}.$$

a) Wie groß ist die Wahrscheinlichkeit dafür, daß sein Impuls im Bereich $(p, p + dp)$ liegt?

b) Wie groß ist der Erwartungswert der Energie? Können Sie - aufgrund der Form der Wellenfunktion und der Unschärfebeziehung - eine ungefähre Erklärung für dieses Ergebnis liefern?

11. Die Wellenfunktion eines Teilchens sei

$$\psi(x) = A\, e^{ikx} + B\, e^{-ikx}.$$

Welcher Teilchenfluß wird dadurch beschrieben?

12. Welcher Teilchenfluß wird durch die Wellenfunktion

$$\psi(x) = u(x)\, e^{ikx}$$

beschrieben, wobei $u(x)$ eine reelle Funktion sei?

13. Betrachten Sie Eigenfunktionen für das Teilchen im Potentialkasten, Wände bei $x = \pm a$. Zeigen Sie, daß der Erwartungswert der Größe

$$x^2p^3 + 3xp^3x + p^3x^2$$

für alle Eigenfunktionen verschwindet, und zwar ohne daß sie das Integral ausführen.

14. Beweisen Sie, daß der durch

$$P\psi(x) = \psi(-x)$$

definierte Paritätsoperator hermitisch ist. Zeigen Sie ferner, daß die Eigenfunktionen von P, die zu den Eigenwerten $+1$ und -1 gehören, orthogonal sind.

Literatur

Eine ausführliche Diskussion der Eigenschaften von Differentialgleichungen zweiter Ordnung in ihrem Bezug zur Quantenmechanik ist zu finden in

J. L. Powell and B. Crasemann "Quantum Mechanics" Addison-Wesley, Inc., Reading, Mass. 1961 und D. S. Saxon "Elementary Quantum Mechanics" Holden-Day, San Francisco (1968)

Auch jedes der am Ende des Buches genannten Lehrbücher für Fortgeschrittene gehört hierher.

5. Eindimensionale Potentiale

Wir lösen hier einige einfache Beispiele für eindimensionale Bewegung, welche interessant sind, weil sie nichtklassische Effekte beschreiben; überdies sind viele physikalische Situationen praktisch von eindimensionaler Natur, obwohl wir in einer dreidimensionalen Welt leben.

A. Die Potentialstufe

$V(x)$ wählen wir zu (siehe auch Bild 5.1)

(5-1)
$$V(x) = 0 \qquad x < 0$$
$$\quad\;\; = V_0 \qquad x > 0.$$

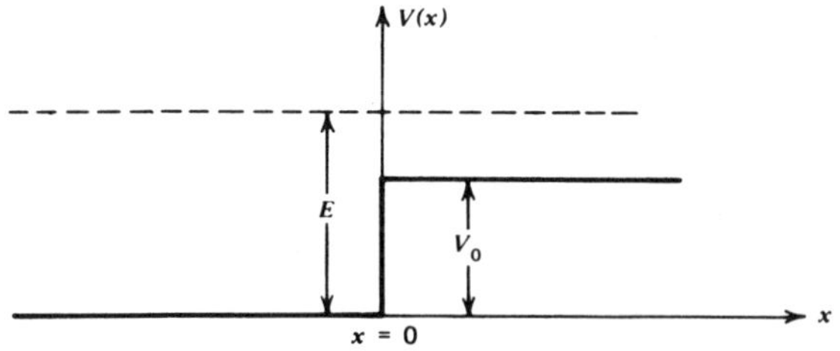

Bild 5–1 Die Potentialstufe.

Die Schrödinger-Gleichung

(5-2)
$$-\frac{\hbar^2}{2m}\frac{d^2u(x)}{dx^2} + V(x)\,u(x) = Eu(x)$$

schreiben wir um zu

(5-3)
$$\frac{d^2u(x)}{dx^2} + \frac{2m}{\hbar^2}[E - V(x)]\,u(x) = 0,$$

verwenden wie schon früher

(5-4)
$$\frac{2mE}{\hbar^2} = k^2$$

und führen noch ein

(5-5) $$\frac{2m(E - V_0)}{\hbar^2} = q^2.$$

Die allgemeinste Lösung von (5-3) für $x < 0$, wo also gilt $V(x) = 0$, ist

(5-6) $$u(x) = e^{ikx} + R\,e^{-ikx}.$$

Hieraus ergibt sich die Stromdichte in die positive x-Richtung zu

(5-7) $$\begin{aligned} j &= \frac{\hbar}{2im}\left[(e^{-ikx} + R^* e^{ikx})\,(ik\,e^{ikx} - ikR\,e^{-ikx}) - \text{komplex konjugiertes}\right] \\ &= \frac{\hbar k}{m}\,(1 - |R|^2). \end{aligned}$$

Wir können e^{ikx} mit der dazugehörigen Stromdichte als die von links *einlaufende Welle* betrachten. Wäre kein Potentialsprung vorhanden, so könnten wir e^{ikx} als Lösung für alle x wählen; das Glied mit R erscheint also wegen des Potentialsprungs. Dieser ist offenbar Anlaß zu einer reflektierten Welle, $R\,e^{-ikx}$, wobei die reflektierte Stromdichte $\hbar k|R|^2/m$ beträgt.

Für $x > 0$ setzen wir als Lösung an:

(5-8) $$u(x) = T\,e^{iqx}.$$

Die allgemeinste Lösung für $x > 0$ ist zwar eine Linearkombination aus e^{iqx} und e^{-iqx}, wobei das letztere Glied eine aus $+\infty$ in die negative x-Richtung einlaufende Welle bedeuten würde. In unserem "Experiment" wollen wir aber allein von links eine Welle einlaufen lassen und damit darf im Bereich $x > 0$ nur der nach rechts weiterlaufende, transmittierte Wellenanteil erscheinen. Die aus (5-8) hervorgehende Stromdichte ist

(5-9) $$j = \frac{\hbar q}{m}|T|^2.$$

Da hierin keine Zeitabhängigkeit enthalten ist, bedeutet der Erhaltungssatz (3-11), daß $j(x)$ unabhängig von x ist. Somit muß die Stromdichte links und rechts von der Stufe gleich sein. Wir erwarten also

(5-10) $$\frac{\hbar k}{m}\,(1 - |R|^2) = \frac{\hbar q}{m}|T|^2.$$

Die Stetigkeit der Wellenfunktion an der Nahtstelle beider Lösungsbereiche erfordert

(5-11) $$1 + R = T.$$

Obwohl das Potential bei $x = 0$ unstetig ist, ist dort auch die Tangente der Wellenfunktion stetig (die Wellenfunktion ist "stetig differenzierbar"), was man aus Integration von (5-3) in Bereich zwischen $-\epsilon$ bis $+\epsilon$ (ϵ beliebig klein und positiv) und unter Benützung der Stetigkeit der Wellenfunktion sieht:

$$(5\text{-}12)\qquad \left(\frac{du}{dx}\right)_{\epsilon} - \left(\frac{du}{dx}\right)_{-\epsilon} = \int_{-\epsilon}^{\epsilon} dx \frac{d}{dx}\frac{du}{dx} = \int_{-\epsilon}^{\epsilon} dx \frac{2m}{\hbar^2}\Big[V(x) - E\Big] u(x) = 0.$$

Wir treffen hier auch gleich eine weitere Feststellung, die wir später benötigen werden: Wenn das Potential ein Glied wie $V_0\delta(x-a)$ enthält, dann ergibt die Integration von $a-\epsilon$ bis $a+\epsilon$

$$(5\text{-}13)\qquad \left(\frac{du}{dx}\right)_{a+\epsilon} - \left(\frac{du}{dx}\right)_{a-\epsilon} = \frac{2m}{\hbar^2}\int_{a-\epsilon}^{a+\epsilon} dx\, V_0\delta(x-a)\, u(x) = \frac{2m}{\hbar^2} V_0\, u(a).$$

Für unsere Potentialstufe erfordert die Stetigkeit der Ableitungen an der Stelle $x = 0$ nach (5-6) und (5-8)

$$(5\text{-}14)\qquad ik(1-R) = iqT.$$

Für R und T erhalten wir aus (5-11) und (5-14)

$$(5\text{-}15)\qquad R = \frac{k-q}{k+q}, \qquad T = \frac{2k}{k+q}.$$

Hieraus ist die an der Potentialstufe reflektierte und transmittierte Stromdichte zu entnehmen:

$$(5\text{-}16)\qquad \frac{\hbar k}{m}|R|^2 = \frac{\hbar k}{m}\left(\frac{k-q}{k+q}\right)^2, \qquad \frac{\hbar q}{m}|T|^2 = \frac{\hbar k}{m}\frac{4kq}{(k+q)^2}.$$

Wir können nun folgendes feststellen:

1. Im Gegensatz zur klassischen Mechanik, wonach ein über die Potentialschwelle hinweglaufendes Teilchen aus Energieerhaltungsgründen zwar abgebremst, aber nie reflektiert wird, haben wir hier den Fall, daß ein bestimmter Bruchteil der einfallenden Teilchen reflektiert wird! Dies ist natürlich eine Folge der Welleneigenschaften der Materie; z.B. teilweise Reflexion von Licht an der Grenzfläche zweier Medien ist ja auch ein bekanntes Phänomen.

2. Mit Hilfe von (5-16) können wir leicht nachprüfen, daß der Erhaltungssatz (5-10) wirklich erfüllt ist.

3. Für den Fall $E \gg V_0$ nähert sich q von unten dem Wert k. Das Verhältnis reflektierte Stromdichte zu einfallender Stromdichte, $|R|^2$, geht damit

nach null. Dies ist auch plausibel, denn bei hoher Einfallsenergie bedeutet die Stufe nur noch eine kleine Störung für die Ausbreitung der Welle.

4. Wenn die Teilchenenergie E geringer als V_0 wird, so wird q imaginär. Die Lösung für $x > 0$ muß nun die Form

$$u(x) = T e^{-|q|x} \tag{5-17}$$

aufweisen, damit sie nicht bei $x \to +\infty$ divergiert. Hiermit erhalten wir

$$|R|^2 = \left(\frac{k - i|q|}{k + i|q|}\right)\left(\frac{k - i|q|}{k + i|q|}\right)^* = 1. \tag{5-18}$$

Wir haben also für $E < V_0$ wie in der klassischen Mechanik vollständige Reflexion. Man beachte jedoch, daß

$$T = \frac{2k}{k + i|q|} \tag{5-19}$$

nicht verschwindet: Ein Teil der Welle dringt in den verbotenen Bereich ein. Dieses Eindringen ist wiederum eine charakteristische Eigenschaft von Wellen, und wir werden ein wenig später sehen, daß dadurch ein "Tunneln" durch klassisch gesehen undurchdringliche Potentialbarrieren erlaubt wird. Ein Teilchenstrom rechts von der Schwelle existiert aber nicht, denn $j(x)$ verschwindet für eine reelle Lösung, und auch dann noch wenn diese einen komplexen Vorfaktor aufweist.

B. Der Potentialgraben

Wir betrachten nun den Potentialverlauf nach Bild 5.2. Wir haben drei Bereiche

$$\begin{aligned} V(x) &= 0 && x < -a \\ &= -V_0 && -a < x < a \\ &= 0 && a < x, \end{aligned} \tag{5-20}$$

setzen wieder

$$k^2 = \frac{2mE}{\hbar^2} \tag{5-21}$$

und

$$q^2 = \frac{2m(E + V_0)}{\hbar^2}. \tag{5-22}$$

Die Lösungen für die drei Bereiche sehen wir unmittelbar:

$$\begin{aligned} u(x) &= e^{ikx} + R\, e^{-ikx} && x < -a \\ u(x) &= A\, e^{iqx} + B\, e^{-iqx} && -a < x < a \\ u(x) &= T\, e^{ikx} && a < x. \end{aligned} \tag{5-23}$$

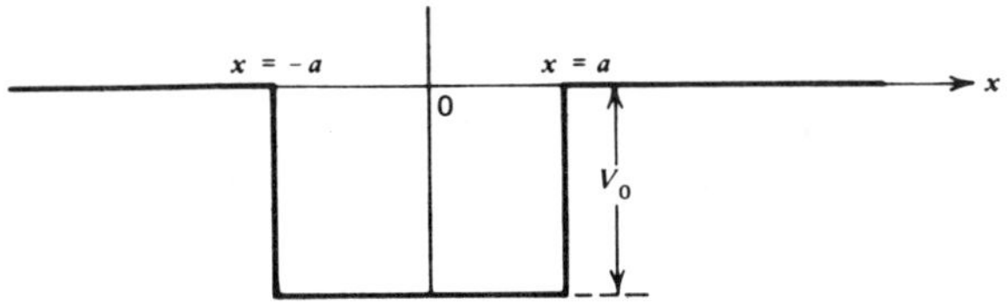

Bild 5–2 Der Potentialgraben.

Die Stromdichte ergibt sich für die von links einlaufende Welle zu $\hbar k/m$, für die nach links reflektierte zu $\hbar k|R|^2/m$ und für die nach rechts weiterlaufende zu $\hbar k|T|^2/m$. Innerhalb des Grabens laufen Wellen in beiden Richtungen hin und her, und zwar wegen der Reflexion an den Potentialsprüngen bei $\pm a$. Erhaltung des Teilchenstroms (Stromdichte):

$$\frac{\hbar k}{m}(1 - |R|^2) = \frac{\hbar q}{m}(|A|^2 - |B|^2) = \frac{\hbar k}{m}|T|^2. \tag{5-24}$$

Die Wellenfunktionen müssen an den Bereichsgrenzen wieder aneinander angepaßt werden (d.h. die Funktionswerte und deren Ableitungen müssen übereinstimmen):

$$\begin{aligned} e^{-ika} + R\,e^{ika} &= A\,e^{-iqa} + B\,e^{iqa} \\ ik(e^{-ika} - R\,e^{ika}) &= iq(A\,e^{-iqa} - B\,e^{iqa}) \\ A\,e^{iqa} + B\,e^{-iqa} &= T\,e^{ika} \\ iq(A\,e^{iqa} - B\,e^{-iqa}) &= ikT\,e^{ika}. \end{aligned} \tag{5-25}$$

Hieraus erhält man nach einiger Zwischenrechnung

$$\begin{aligned} R &= i\,e^{-2ika}\frac{(q^2 - k^2)\sin 2qa}{2kq\cos 2qa - i(q^2 + k^2)\sin 2qa} \\ T &= e^{-2ika}\frac{2kq}{2kq\cos 2qa - i(q^2 + k^2)\sin 2qa}. \end{aligned} \tag{5-26}$$

Wie schon beim vorhergehenden Beispiel gibt es auch hier für $E \gg V_0$ praktisch keine Reflexion, da $q^2 - k^2 \ll 2kq$; die "Transmission", d.h. der nach rechts weiterlaufende, transmittierte Teilchenstrom verschwindet für $E \to 0$. Ein interessanter Spezialfall ergibt sich für $\sin 2qa = 0$, also für folgende Energien

$$E = -V_0 + \frac{n^2\pi^2\hbar^2}{8ma^2} \qquad n = 1, 2, 3, \ldots \tag{5-27}$$

Hierbei tritt keine Reflexion auf! Dies ist ein Modell für die Streuung langsamer Elektronen (Energie ca. 0,1 eV) an Edelgasatomen, wie z.B. Neon und Argon, wobei anomal große Transmission auftritt. Dieser Effekt wurde zuerst von Ramsauer und Townsend beobachtet; er ist zu beschreiben als eine bei der Transmission auftretende Resonanz: Das Wellenbild (bei genauerer Betrachtung muß natürlich dreidimensional gerechnet werden) liefert destruktive Interferenz zwischen der bei $x = -a$ reflektierten Welle und den anderen, die zum erstenmal, zweitenmal usw. bei $x = a$ reflektiert werden und nach links auslaufen. Die hierzu nötige Resonanzbedingung kann geschrieben werden als

$$\lambda = \frac{2\pi}{q} = \frac{4a}{n} \tag{5-28}$$

und stimmt genau mit der Bedingung für maximale Durchlässigkeit beim Fabry-Perot-Interferometer überein.

Zusätzlich zu den obigen Lösungen für $E > 0$ gibt es bemerkenswerterweise auch Lösungen für $E < 0$ für $V_0 > 0$ in (5-20) (Anm. d.Übers.: Also für die in Bild 5.2 dargestellte Situation); diese Lösungen werden diskret sein. Wir schreiben

$$\frac{2mE}{\hbar^2} = -\kappa^2. \tag{5-29}$$

Außerhalb des Potentialgrabens erhalten wir als Lösungen, die im Unendlichen konvergieren:

$$\begin{aligned} u(x) &= C_1\, e^{\kappa x} \qquad && x < -a \\ u(x) &= C_2\, e^{-\kappa x} \qquad && a < x. \end{aligned} \tag{5-30}$$

Für die Lösungen innerhalb des Grabens ist es bequem, die folgende Lösungsform zu wählen:

$$u(x) = A \cos qx + B \sin qx \qquad -a < x < a. \tag{5-31}$$

Man beachte, daß

$$q^2 = \frac{2m}{\hbar^2}(V_0 - |E|) > 0. \tag{5-32}$$

Nun müssen die Lösungen an den Bereichsgrenzen $x = \pm a$ wieder stetig differenzierbar sein. Dies liefert die Bedingungen

$$\begin{aligned} C_1\, e^{-\kappa a} &= A \cos qa - B \sin qa \\ \kappa C_1\, e^{-\kappa a} &= q(A \sin qa + B \cos qa) \\ C_2\, e^{-\kappa a} &= A \cos qa + B \sin qa \\ -\kappa C_2\, e^{-\kappa a} &= -q(A \sin qa - B \cos qa). \end{aligned} \tag{5-33}$$

Fast unmittelbar sieht man hieraus zwei Ausdrücke für κ,

$$\begin{aligned} \kappa &= q\,\frac{A \sin qa - B \cos qa}{A \cos qa + B \sin qa} \\ &= q\,\frac{A \sin qa + B \cos qa}{A \cos qa - B \sin qa}. \end{aligned} \tag{5-34}$$

Da beide gleich sein müssen, findet man leicht die Bedingung $AB = 0$, d.h. die Lösungen entsprechen entweder $B = 0$ und sind damit in x gerade (d.h. Paritätseigenwert $+1$) oder sie entsprechen $A = 0$ und sind damit ungerade; diese Situation hatten wir auch im Potentialkasten (Potentialwand unendlich hoch). Die Wellenfunktionen sind in Bild 5.3 skizziert; der Grundzu-

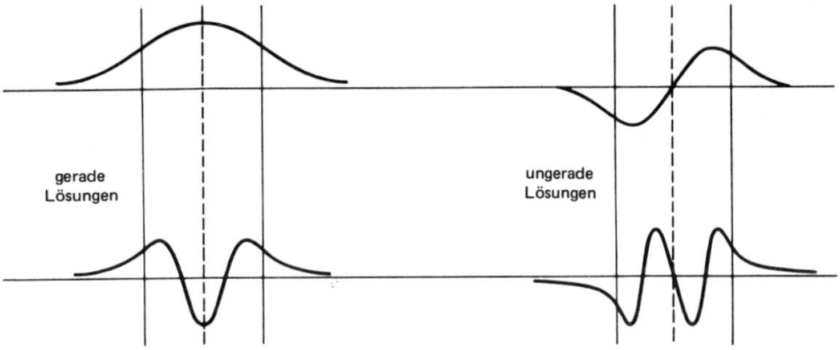

Bild 5–3 Lösungen für die diskreten Zustände im bindenden Potentialgraben.

stand, ohne Knoten (Anm. d. Üb.: d.h. ohne Nullstelle im Endlichen), ist gerade. Dies ist bei einfachen Systemen immer so. Im Anschluß an (5-34) erhalten wir folgende Bedingungen zur Berechnung der Energie:

(5-35)
$$\kappa = q \tan qa \qquad \text{gerade Lösungen}$$
$$\kappa = -q \cot qa \qquad \text{ungerade Lösungen.}$$

Wir wollen diese getrennt betrachten.

a) Die geraden Lösungen: Zunächst führen wir folgende Abkürzungen ein

(5-36)
$$\lambda = \frac{2mV_0a^2}{\hbar^2}$$
$$y = qa\,;$$

damit wird die erste der beiden Bedingungen (5-35) zu

(5-37)
$$\frac{\sqrt{\lambda - y^2}}{y} = \tan y\,.$$

Wir suchen nun die Lösungen y dieser Gleichung. Hierzu tragen wir $\tan y$ und $\sqrt{\lambda - y^2}/y$ als Funktion von y auf (Bild 5.4). Die Schnittpunkte dieser Kurven bestimmen die Eigenwerte. Es ergibt sich ein Satz von diskreten Werten. Je größer λ ist, desto weiter hinaus reichen die Kurven $\sqrt{\lambda - y^2}/y$ d.h. *wenn der Potentialgraben tiefer und/oder breiter wird, so gibt es mehr diskrete gebundene Zustände.* Das Bild zeigt auch, daß ganz unabhängig von der Größe von λ immer mindestens *ein* gebundener Zustand vorliegt! Dies

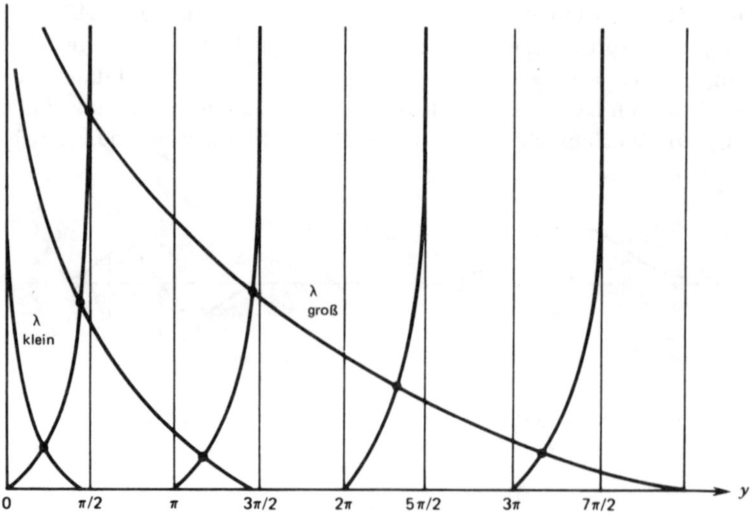

Bild 5–4 Die Schnittpunkte geben die diskreten Eigenwerte für die geraden Lösungen im rechteckigen Potentialgraben. Die ansteigenden Kurven sind tan y; die abfallenden sind $\sqrt{\lambda - y^2}/y$ für verschiedene Werte von λ.

ist charakteristisch für eindimensionale bindende Potentialverläufe, aber *nicht* für dreidimensionale Potentiale (hier zeigt sich ein Verhalten mehr wie bei den unter b) zu besprechenden ungeraden Lösungen). Für großes λ liegen die y-Werte der Schnittpunkte nahezu äquidistant:

$$y \simeq (n + \tfrac{1}{2})\,\pi \qquad n = 0, 1, 2, \ldots \tag{5-38}$$

Dies ist übrigens auch die Eigenwertbedingung für die geraden Lösungen im Potentialkasten (unendlich hohe Potentialwände), und diese Übereinstimmung ist auch plausibel, da es für die tiefliegenden Zustände des Potentialgrabens unerheblich ist, ob die Wände wirklich unendlich hoch sind.

b) Die ungeraden Lösungen: Hier lautet die Eigenwertbedingung (5-35) mit den Abkürzungen (5-36)

$$\frac{\sqrt{\lambda - y^2}}{y} = -\cot y. \tag{5-39}$$

Da $-\cot y = \tan(\pi/2 + y)$, ist Bild 5.5 bis auf die Verschiebung der Tangens-Kurven um $\pi/2$ identisch mit Bild 5.4. Das Verhalten für große λ ist praktisch so wie vorher, wobei (5-38) ersetzt wird durch

$$y \simeq n\pi \qquad n = 1, 2, 3, \ldots \tag{5-40}$$

Im Gegensatz zu den geraden Lösungen gibt es hier nur dann eine oder mehrere Lösungen (Schnittpunkte), wenn $\sqrt{\lambda - \pi^2/4} > 0$, d.h. wenn

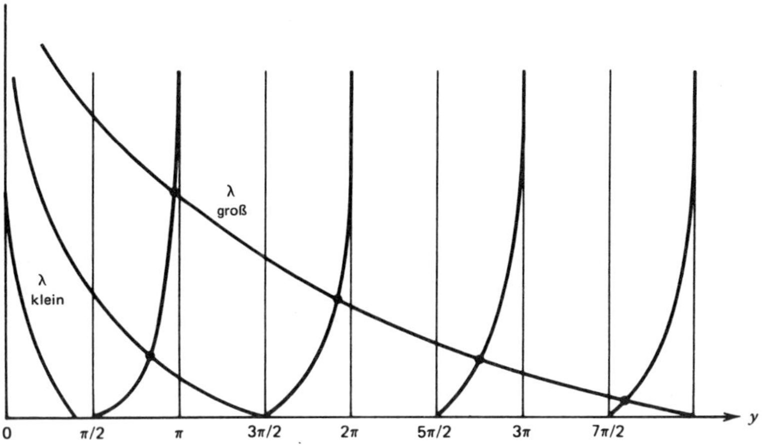

Bild 5–5 Die Schnittpunkte geben die diskreten Eigenwerte für die ungeraden Lösungen im rechteckigen Potentialgraben. Die ansteigenden Kurven sind $-\cot y$; die abfallenden sind $\sqrt{\lambda - y^2}/y$ für verschiedene Werte von λ. Man beachte, daß es für $\lambda < (\pi/2)^2$ keinen Eigenwert gibt.

$$\frac{2mV_0a^2}{\hbar^2} > \frac{\pi^2}{4}. \tag{5-41}$$

Die ungeraden Eigenfunktionen verschwinden alle an der Stelle $x = 0$, und deshalb ist die Situation für die gebundenen, ungeraden Zustände die gleiche wie für einen Potentialverlauf nach Bild 5.6, denn auch hierbei muß $u(0) = 0$ verlangt werden. Wir werden sehen, daß solche Bedingungen auch für Wellenfunktionen im Dreidimensionalen bestehen.

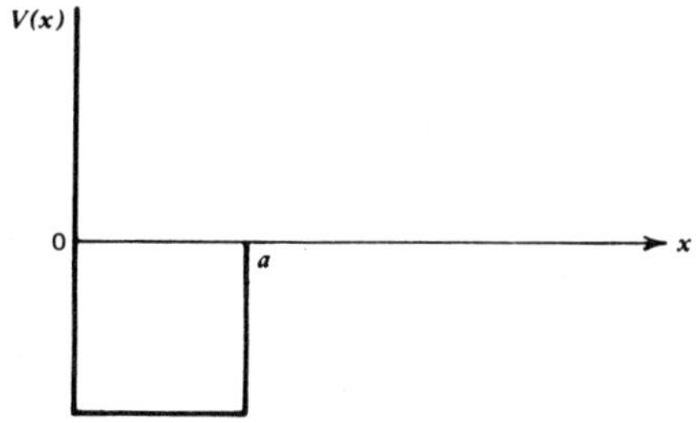

Bild 5–6 Potentialverlauf, der dem zu $x = 0$ symmetrischen Potentialgraben für dessen ungerade Lösungen äquivalent ist.

C. Der Potentialwall

Hierbei haben wir die Bereiche

$$
\begin{aligned}
V(x) &= 0 \qquad & x < -a \\
&= V_0 \qquad & -a < x < a \\
&= 0 \qquad & a < x.
\end{aligned}
\tag{5-42}
$$

Wir beschränken unsere Diskussion auf den Fall $E < V_0$, also auf Energien, bei denen in der klassischen Physik ein Durchdringen des Potentialwalles unmöglich wäre. Innerhalb des Walles haben wir die Gleichung

$$\frac{d^2u(x)}{dx^2} + \frac{2m}{\hbar^2}(E - V_0)\,u(x) = 0,$$

also

$$\frac{d^2u(x)}{dx^2} - \kappa^2 u(x) = 0. \tag{5-43}$$

Die allgemeine Lösung innerhalb des Walles

$$u(x) = A\,e^{\kappa x} + B\,e^{-\kappa x} \qquad |x| < a \tag{5-44}$$

muß wieder angepaßt werden an die Lösungen außerhalb des Walles

$$
\begin{aligned}
u(x) &= e^{ikx} + R\,e^{-ikx} \qquad & x < -a \\
&= T\,e^{ikx} \qquad & x > a.
\end{aligned}
\tag{5-45}
$$

Praktisch brauchen wir dies nicht auszuführen, denn die Ergebnisse können aus (5-26) mit der Substitution

$$q \rightarrow i\kappa = i\sqrt{(2m/\hbar^2)(V_0 - E)} \tag{5-46}$$

abgelesen werden. Somit wird z. B.

$$T = e^{-2ika}\frac{2k\kappa}{2k\kappa\cosh 2\kappa a - i(k^2 - \kappa^2)\sinh 2\kappa a}, \tag{5-47}$$

und hiermit wird das Verhältnis des durchgehenden Teilchenstroms zum einfallenden:

$$|T|^2 = \frac{(2k\kappa)^2}{(k^2 + \kappa^2)^2\sinh^2 2\kappa a + (2k\kappa)^2}. \tag{5-48}$$

Es gibt also Transmission durch den Wall, obwohl die Teilchenenergie unterhalb des Potentialmaximums liegt! Dies ist ein typisches Wellenphänomen, welches uns von der Quantenmechanik also auch für das Verhalten von Teilchen geliefert wird. Man sagt, das Teilchen *tunnelt* durch einen Potentialwall. Dieses *Tunneln* findet man häufig, und wir werden einige Anwendungen diskutieren. Man beachte, daß für großes κa

$$|T|^2 \simeq \left(\frac{2k\kappa}{k^2 + \kappa^2}\right)^2 e^{-4\kappa a}. \tag{5-49}$$

Dies ist eine Funktion, die sehr stark abhängt von der Wallbreite, und von der Höhe des Potentialmaximums über der Energie des einfallenden Teilchens:

$$\kappa a = \left[\frac{2ma^2}{\hbar^2}(V_0 - E)\right]^{1/2}. \tag{5-50}$$

Im allgemeinen ist in den physikalisch vorkommenden Fällen der Potentialverlauf nicht rechteckig wie in Bild 5.7. Um einige solche Fälle diskutieren zu können, wollen wir uns erst einen Ausdruck für den Transmissionskoeffizient $|T|^2$ durch einen beliebig geformten Potentialwall verschaffen. Nun ist aber für die meisten Potentialverläufe keine exakte Lösung verfügbar, d.h. wir benötigen ein Näherungsverfahren. Der hierzu richtige Weg wäre das Wentzel-Kramers-Brillouin (WKB)-Näherungsverfahren[1]; unsere Diskussion hier ist weniger mathematisch orientiert.

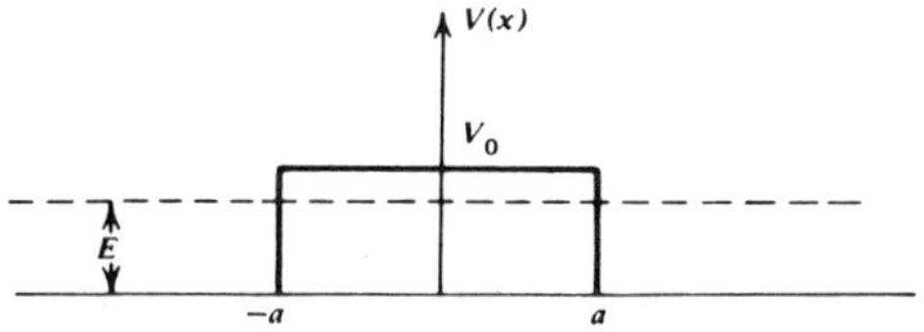

Bild 5–7 Potentialwall. Die Energie der einfallenden Teilchen ist so, daß sie im klassischen Fall alle reflektiert werden.

Wir stellen fest, daß (5-49) aus einem Produkt aus zwei Gliedern besteht, wovon das zweite das weitaus wichtigere ist. Wenn wir schreiben

$$\log|T|^2 \simeq +\, 2 \log \frac{2(ka)(\kappa a)}{(ka)^2 + (\kappa a)^2} - 2\kappa(2a)\,,$$

so sehen wir, daß in den meisten Fällen das zweite Glied für alle vernünftigen Werte von κa überwiegt. Wir beschreiben nun einen glatten Potentialverlauf durch mehrere nebeneinandergesetzte rechteckige Teil-Potentialwälle (Bild 5.8). Die einzelnen Transmissionskoeffizienten wirken multiplikativ zusammen[2], solange sie klein sind (wenn der überwiegende Anteil des Teilchenstroms reflektiert wird, so ist die Transmission durch jeden der Teilwälle ein unabhängiges, unwahrscheinliches Ereignis). So erhalten wir näherungsweise

[1] Die WKB-Näherung wird behandelt im 3. Abschnitt der "Speziellen Probleme".

[2] Diese Feststellung ist nur korrekt für den besonders wichtigen exponentiellen Teil; dies sieht man daraus, daß eine Verdoppelung der Breite nur ungefähr eine Quadrierung des Transmissionskoeffizienten $|T|^2$ ergibt.

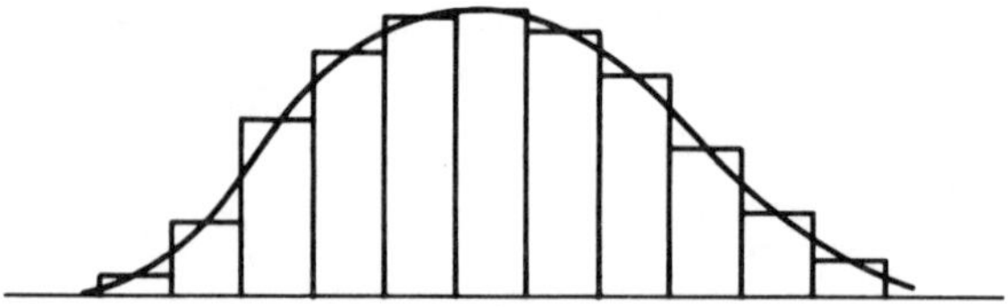

Bild 5–8 Annäherung eines glatt verlaufenden Potentialwalls durch nebeneinandergesetzte rechteckige Potentialwälle.

$$
\begin{aligned}
\log|T|^2 &\approx \sum_{\substack{\text{Teil-}\\ \text{wälle}}} \log|T_{\text{Teil-wall}}|^2 \\
&\approx -2\sum \Delta x \,\langle\kappa\rangle \qquad (5\text{-}51)\\
&\approx -2\int_{\text{Wall}} dx\,\sqrt{(2m/\hbar^2)[V(x)-E]}\,.
\end{aligned}
$$

Δx ist die Breite der Teilwälle, und $\langle\kappa\rangle$ der Mittelwert von κ jedes Teilwalles; im letzten Rechenschritt wurden die Teilwälle infinitesimal schmal gemacht. Die Stelle, an der $V(x) = E$ gilt, heißt der "Umkehrpunkt", denn klassisch gesehen würde das Teilchen dort nicht weiter vordringen, sondern umkehren. Es ist klar, daß unsere näherungsweise Rechnung gerade in der Nähe dieses Umkehrpunktes am wenigsten genau ist, denn dort ist κ klein (siehe (5-50)) und somit (5-49) keine gute Näherung für (5-48). Es ist auch wichtig, daß $V(x)$ sich mit x nur langsam ändert, denn sonst ist die Annäherung des Potentialwalles nur durch extrem schmale rechteckige Teilstücke möglich, und auch dafür ist (5-49) wieder eine schlechte Näherung. Eine bessere Behandlung des Problems mit der WKB-Näherung berücksichtigt diese Schwierigkeiten in der Umgebung des Umkehrpunktes. Für die meisten Fälle bleibt jedoch unser Ergebnis

$$
|T|^2 \approx e^{-2\int dx\,\sqrt{(2m/\hbar^2)[V(x)-E]}} \qquad (5\text{-}52)
$$

eine gute Näherung; die Integration ist über den reellen Bereich der Wurzel zu erstrecken.

D. Tunnelprozesse

Tunnelprozesse sind eine häufige Erscheinung in Atom- und Kernphysik; wir besprechen hier zwei Beispiele.

a) Betrachten wir die Leitungselektronen in einem Metall. Wie wir im ersten Kapitel bei der Diskussion des Photoeffekts festgestellt haben, sind die Elektronen im Metall durch ein Potential gebunden; man kann es näherungsweise durch einen Potentialgraben endlicher Tiefe beschreiben (Bild 5.9a). Die Energieniveaus liegen sehr dicht aneinander (praktisch konti-

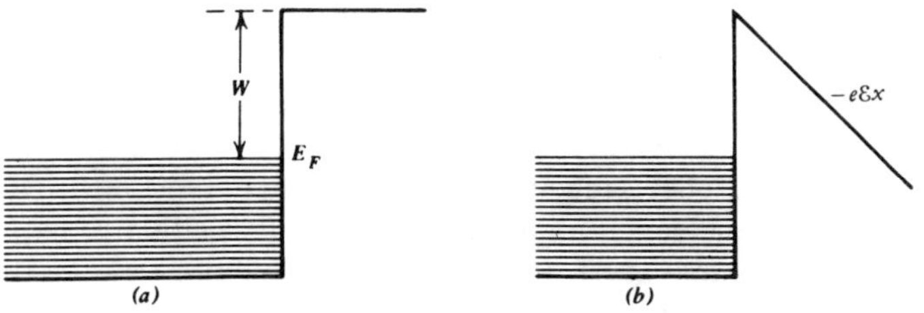

Bild 5–9 a) Elektronische Energieniveaus im Metall. E_F ist das Fermi-Niveau und W ist die Ablösearbeit.
b) Der durch ein äußeres elektrisches Feld veränderte Potentialverlauf.

nuierlich), da der Potentialgraben sehr breit ist. Es ist eine Eigenschaft von Elektronen[3]), daß nicht mehr als zwei von ihnen ein und dasselbe Energieniveau besetzen können; deshalb werden im Grundzustand eines Metalles alle Energieniveaus bis hinauf zu einer bestimmten Grenze besetzt sein. Diese Grenzenergie heißt das *Fermi-Niveau*, und seine Lage hängt von der Dichte der Leitungselektronen im Metall ab. Oberhalb der Temperatur 0 K sind einige Elektronen auf höhere Zustände thermisch angeregt, aber selbst bei Zimmertemperatur ist das eine relativ geringe Anzahl. Die Differenz zwischen dem Fermi-Niveau und dem oberen Rand des Potentialgrabens ist die zur Auslösung eines Elektrons aus dem Metall erforderliche Mindestenergie; wir kennen sie schon als die *Ablösearbeit* vom lichtelektrischen Effekt her. Die Elektronen können also aus dem Metall entfernt werden, indem man ihnen Energie zuführt, und zwar entweder durch Photonen, oder auf thermischem Weg. Sie können aber auch durch Anlegen eines externen elektrischen Feldes $\mathcal{E}$ herausgeholt werden: Diese *Kaltemission* ist deshalb möglich, weil durch das äußere Feld das von einem Elektron gesehene Potential verändert wird: vom Fermi-Niveau ab gerechnet ändert sich das Potential von W nach $W - e\mathcal{E}x$ (Bild 5.9). Nun liegt wieder ein Potentialwall vor, und der Transmissionskoeffizient wird für die Elektronen auf der Höhe des Fermi-Niveaus

(5-53) $$|T|^2 = e^{-2\int_0^a dx\, [2m(W - e\mathcal{E}x)/\hbar^2]^{1/2}}.$$

Da

$$\int dx (A + Bx)^{1/2} = \frac{(A + Bx)^{3/2}}{3B/2},$$

erhalten wir

(5-54) $$|T|^2 = e^{-(4\sqrt{2}/3)\sqrt{mW/\hbar^2}\,(W/e\mathcal{E})}.$$

[3]) Diese Elektroneneigenschaft wird durch das Pauli-Verbot beschrieben, welches im 8. Kapitel diskutiert werden wird.

Dies ist die Fowler-Nordheim-Formel; sie beschreibt die Kaltemission, aber nur qualitativ. Was leicht noch berücksichtigt werden kann, ist die Anziehung des befreiten Elektrons durch die im Metall erscheinende Spiegelladung. Wesentlich schwieriger zu beherrschen ist aber die Tatsache, daß Baufehler in der Metalloberfläche vorkommen ("imperfections"); dadurch entstehen lokale Schwankungen im elektrischen Feld, und da $\mathcal{E}$ exponentiell eingeht, können sich diese stark auswirken. - Nebenbei bemerkt, kann man den Exponent ausdrücken durch die Breite des Potentialwalles auf der Höhe des Fermi-Niveaus; diese Breite ist

(5-55) $$a = \frac{W}{e\mathcal{E}}.$$

Ähnliches geschieht, wenn wir zwei Metallplatten nahe zusammenbringen. Bild 5.10 zeigt die Situation mit angelegter Potentialdifferenz (den Fall Potentialdifferenz 0 kann man mit $V = 0$ ebenfalls sehen). Ohne Potentialdifferenz ist ein Tunneln nicht möglich, da zu einem besetzten Elektronenniveau jenseits des Potentialwalls kein freies Niveau vorhanden ist. Ein schwaches elektrisches Feld bewirkt nun zunächst, daß die Form des Potentialwalles ein wenig verändert wird (dies können wir aber vernachlässigen), und weiterhin, daß der Fermi-See auf der einen Seite energetisch abgesenkt wird. Nun stehen freie Elektronenniveaus auf der einen Seite einigen gefüllten Niveaus auf der anderen Seite gegenüber; jetzt kann getunnelt werden. Der Transmissionskoeffizient ist

(5-56) $$|T|^2 \simeq e^{-2\sqrt{(2mW/\hbar^2)}\,a}.$$

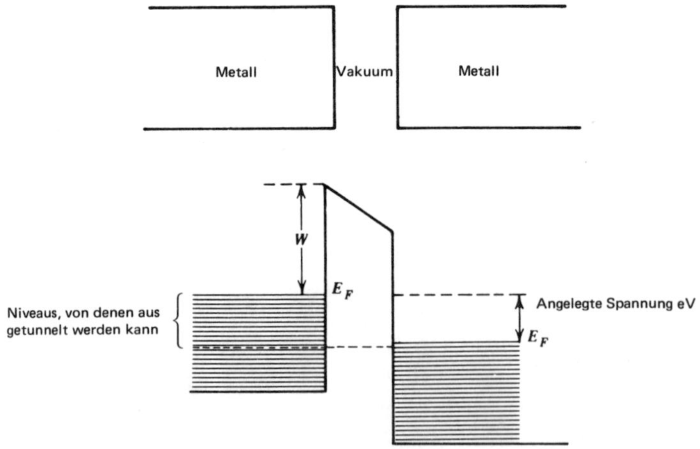

Bild 5–10 Energiediagramm für das Tunneln zwischen zwei Metallen, welche durch eine Vakuumstrecke getrennt sind. Tunneln ist nur dann möglich, wenn (auf der rechten Seite) freie Zustände zur Verfügung stehen. Solche freien Zustände werden zur Verfügung gestellt, wenn eine Spannung angelegt wird, die das Fermi-Niveau (auf der rechten Seite) absenkt.

Dieser Tunnelprozeß durch das Vakuum wirkt wie ein zwischen die Metallkörper eingebrachter Leiter mit bestimmten Widerstand. Leider hängt (5-56) sehr empfindlich von der Vakuumstrecke a ab. Da die Ablösearbeit W von der Größenordnung einiger Elektronenvolt ist, sollte zum Auftreten eines merklichen Tunnelns die Vakuumstrecke in der Größenordnung Angström liegen; es war bis jetzt noch nicht möglich, hierzu die Platten genügend eben und parallel zu machen. Das Ergebnis (5-56) wurde aber angewendet zur Deutung des Stromes zwischen zwei Platten mit einer dazwischenliegenden 50 Å dicken Oxydschicht (Ni-NiO-Pb), und als qualitativ richtig gefunden.

Ein interessanter Effekt tritt auf, wenn eines der beiden Metalle (siehe Bild 5.11, rechts liegendes Metall) supraleitend ist. Ein Charakteristikum des supraleitenden Zustandes ist folgendes: Beim Fermi-Niveau liegt ein Energiebereich, in dem keine Elektronenzustände möglich sind, d.h. es existiert eine "verbotene Zone" ("gap") zwischen $E_F - \Delta$ und $E_F + \Delta$, wobei Δ von der Größenordnung 10^{-3} eV und E_F von der Größenordnung 10 eV ist; die Zustandsdichte ober- und unterhalb des "gaps" wird dafür umso größer. Wenn das elektrische Feld genügend klein ist, d.h. $a\mathcal{E} \leq \Delta/e$, so gibt es kein Tunneln, da den besetzten Zuständen im Normalleiter keine besetzbaren Zustände im Supraleiter gegenüberliegen. Die qualitativen Züge der Strom-Spannungscharakteristik sind in Bild 5.11 zu sehen, was in guter Übereinstimmung zu experimentellen Ergebnissen steht.

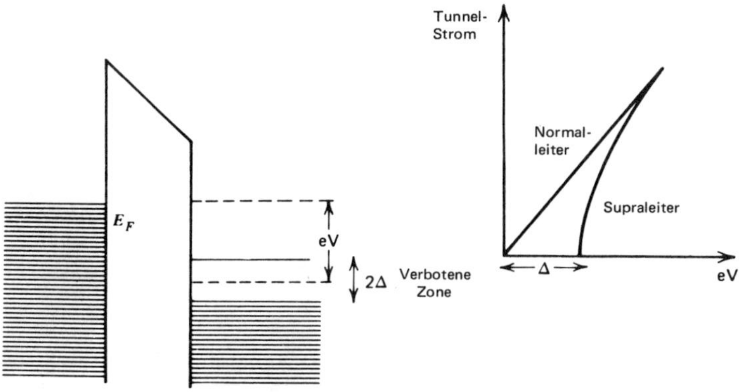

Bild 5–11 Energiediagramm für das Tunneln von einem Metall zu einem Supraleiter. Im Gegensatz zum Tunneln Metall-Metall (Bild 5–10) besteht im Supraleiter eine verbotene Zone, in die hinein nicht getunnelt werden kann. Dadurch ergibt sich die gezeigte Strom-Spannungs-Charakteristik.

b) Der Tunnelprozeß ist auch in der Kernphysik wichtig. Kerne sind sehr komplizierte Gebilde, aber unter gewissen Umständen ist es zweckmäßig, sie als Anhäufung von unabhängigen Teilchen in einem Potentialgraben zu betrachten, wo sie Energieniveaus besetzen. In diesem Bild kann der Zerfall eines Kerns in ein α-Teilchen (d. i. ein Helium-Kern mit Atomgewicht 4) und einen Tochterkern beschrieben werden als Tunnelprozeß des α-Teilchens durch den Coulombschen Potentialwall zwischen Tochterkern und α-Teilchen. Wir stellen uns dabei vor, daß sich das α-Teilchen nicht in einem gebundenen Zustand befindet, (Anm. d. Üb.: Also nicht in einem Zustand unterhalb der Geraden $V = 0$), denn wäre es so, dann könnte der Zerfall nicht stattfinden. Statt dessen nehmen wir an, das α-Teilchen habe eine positive Energie, und es kann nur wegen der Potentialbarriere den Kern nicht verlassen (Bild 5.12)[4].

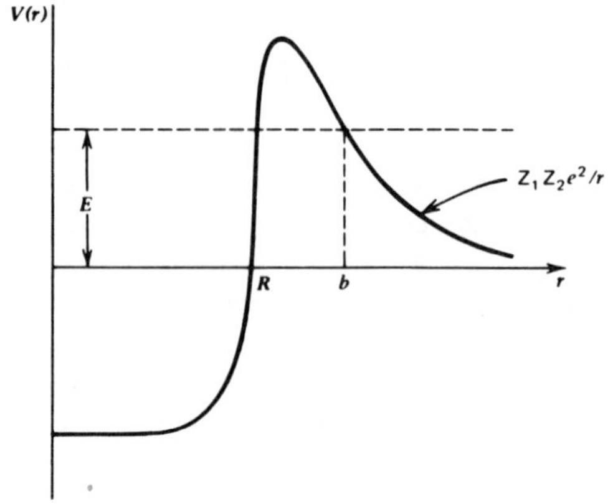

Bild 5–12 Potentialwall beim α-Zerfall.

Setzen wir

(5-57) $\quad |T|^2 = e^{-G},$

so ist

(5-58) $$G = 2\left(\frac{2m}{\hbar^2}\right)^{1/2} \int_R^b dr \left(\frac{Z_1 Z_2 e^2}{r} - E\right)^{1/2},$$

wobei R der Kernradius[5] ist und b der durch Verschwinden des Integranden bestimmte äußere Umkehrpunkt. Z_1 ist die Kernladungszahl des Tochterkerns, und Z_2 (hier 2) die Ladungszahl des emittierten Teilchens. Das Integral kann exakt berechnet werden:

[4]) Sollte es schwer fallen, sich eine Verhinderung des Zerfalls trotz abstoßender Kräfte vorzustellen, so denke man sich den umgekehrten Prozeß, den α-Einfang: Es ist klar, daß der beschriebene Wall gegen das Eindringen des α-Teilchens in den Kern wirkt.

[5]) In der Tat kamen die ersten Abschätzungen des Kernradius aus dem Studium des α-Zerfalls. Heute benützt man die Form der Ladungsverteilung, wie sie durch Streuung von Elektronen an Kernen gewonnen wird, um Kernradien zu erhalten. Es ist nicht selbstverständlich, daß sich in beiden Fällen die gleiche Antwort ergeben muß.

(5-59) $$\int_R^b dr\left(\frac{1}{r}-\frac{1}{b}\right)^{1/2} = \sqrt{b}\left[\cos^{-1}\left(\frac{R}{b}\right)^{1/2} - \left(\frac{R}{b}-\frac{R^2}{b^2}\right)^{1/2}\right].$$

Hierbei ist $b = Z_1Z_2e^2/E$. Bei geringer Energie (verglichen mit der Höhe des Potentialwalles bei $r = R$) ist $b \gg R$, und damit

(5-60) $$G \simeq 2\left(\frac{2mZ_1Z_2e^2b}{\hbar^2}\right)^{1/2}\left[\frac{\pi}{2} - \left(\frac{R}{b}\right)^{1/2}\right].$$

Schreiben wir für die Energie des α-Teilchens $E = mv^2/2$, wobei v seine Endgeschwindigkeit in großer Entfernung vom Kern ist, so wird

(5-61) $$G \simeq \frac{2\pi Z_1Z_2e^2}{\hbar v} = 2\pi\alpha Z_1Z_2\left(\frac{c}{v}\right).$$

Die bis zum Heraustunneln des α-Teilchens verstreichende Zeit kann folgendermaßen abgeschätzt werden: Die Wahrscheinlichkeit für das Tunneln bei einem einzigen Stoß gegen den Wall von innen ist e^{-G}. Somit wird die Anzahl von Stößen, die zu *einem* Tunnelprozeß führen $n \simeq e^G$ sein. Die Zeit zwischen zwei Stößen ist von der Größenordnung $2R/v$, wobei R wieder der Kernradius, und v die Geschwindigkeit des α-Teilchens im Kern ist. Damit wird die Lebensdauer gegen α-Zerfall

(5-62) $$\tau \simeq \frac{2R}{v} e^G.$$

Die Geschwindigkeit des α-Teilchens im Kerninneren ist eine sehr verschwommene Aussage aus einem klassischen Bild, d. h. der vor e^G stehende Faktor kann ohne eine bessere Theorie nicht wirklich gut vorhergesagt werden; unsere Betrachtungen liefern uns aber trotzdem eine Größenordnung. Für ein 1 MeV-α-Teilchen ist

$$v = \sqrt{\frac{2E}{m}} = c\sqrt{\frac{2E}{mc^2}} = 3 \times 10^{10}\sqrt{\frac{2}{4 \times 940}} \simeq \frac{3}{43} \times 10^{10}\ \mathrm{cm/s};$$

für R nehmen wir

$$R \simeq 1{,}5 \times 10^{-13} A^{1/3}\ \mathrm{cm},$$

und mit $A = 216$ erhalten wir $2R/v \approx 2{,}6 \times 10^{-21}$ s. Wir können auch G umformen in

(5-63) $$G \simeq 4\frac{Z_1}{\sqrt{E(\mathrm{MeV})}}$$

und damit erwarten wir, für niederenergetische α-Teilchen, folgenden Zusammenhang

(5-64) $$\log_{10}\frac{1}{\tau} \simeq \mathrm{const} - 1{,}73\frac{Z_1}{\sqrt{E(\mathrm{MeV})}}.$$

Hierbei liegt die Konstante in der Größenordnung 27-28, wenn τ in Jahren angegeben wird. In Bild 5.13 sind die Lebensdauerdaten einer großen Anzahl von α-Strahlern aufgetragen, und diese Werte zeigen gute Übereinstimmung mit der Funktion

$$\log_{10}\frac{1}{\tau} = C_2 - C_1\frac{Z_1}{\sqrt{E}},$$

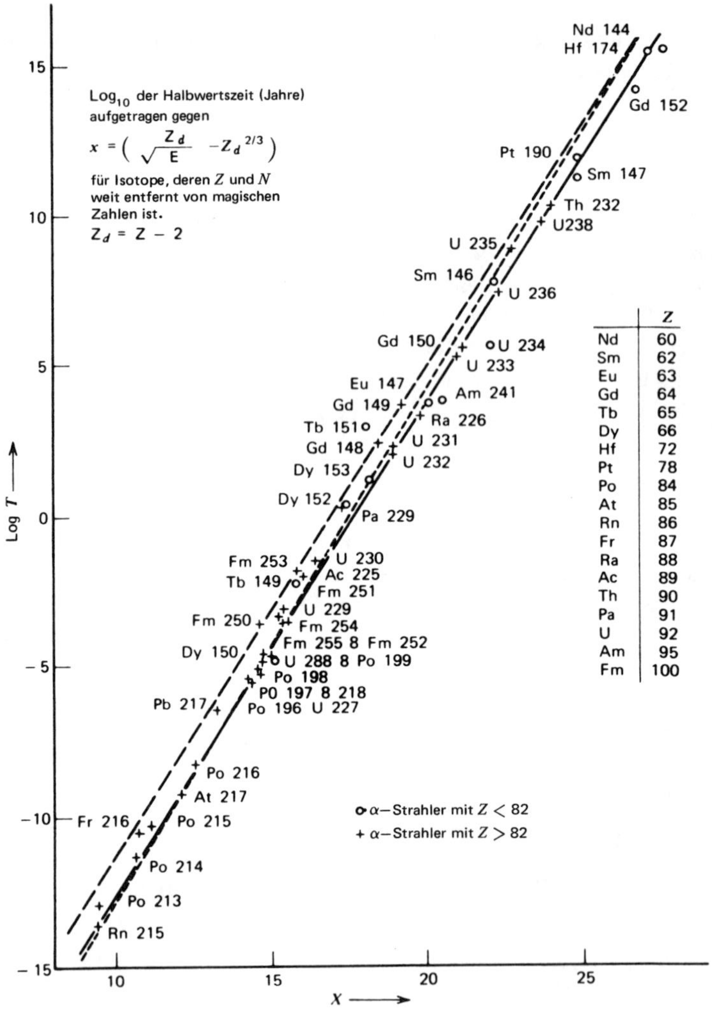

Bild 5–13 $\log_{10} 1/\tau$ aufgetragen gegen $C_2 - C_1 Z_1/\sqrt{E}$ wobei $C_1 = 1{,}61$ und $C_2 = 28{,}9 + 1{,}6 \cdot Z_1^{2/3}$ (nach E. K. Hyde, I. Perlman und G. T. Seaborg, *The Nuclear Properties of the Heavy Elements*, Vol. 1, Prentice-Hall, Inc. (1964), Nachdruck mit Genehmigung).

wobei $C_1 = 1{,}61$ und $C_2 = 28{,}9 + 1{,}6Z_1^{2/3}$. Man sieht, daß die Ergebnisse aus unserer sehr vereinfachten Betrachtung eine recht bemerkenswerte Übereinstimmung mit den experimentellen Daten aufweisen.

Für höherenergetische α-Strahlung hängt G von R ab, und mit $R = r_0 A^{1/3}$ findet man, daß r_0 eine Konstante ist, d.h. die Vorstellung, daß der Potentialverlauf außerhalb des Kernradius in einen Coulombschen Verlauf übergeht ist erlaubt; auch für diesen Energiebereich sind die experimentellen Werte durch einfache qualitative Betrachtungen zu erklären.

Aus analogen Überlegungen ergibt sich, daß die Wahrscheinlichkeit für eine Reaktion zwischen zwei Atomkernen den Faktor

(5-65) $$e^{-2(Z_1 Z_2/\sqrt{E})}$$

beinhaltet. Dies bedeutet, daß Reaktionen bei niederen Energien und/oder für hohe Z-Werte unwahrscheinlicher werden. Deshalb z.B. konzentrieren sich alle Versuche, einen thermonuklearen Reaktor zu bauen auf Wasserstoff (Deuterium) als Brennstoff:

$$\begin{aligned} {}_1H^2 + {}_1H^2 &\rightarrow {}_2He^3 + n \qquad (3{,}27\ \text{MeV}) \\ {}_1H^2 + {}_1H^2 &\rightarrow {}_1H^3 + p \qquad (4{,}03\ \text{MeV}) \\ {}_1H^2 + {}_1H^3 &\rightarrow {}_2He^4 + n \qquad (17{,}6\ \text{MeV}). \end{aligned}$$

Reaktionen mit Elemtenen von höherem Z würden viel höhere Energien, und somit viel höhere Temperaturen erfordern, und damit auch wieder weitere Schwierigkeiten, z.B. mit dem Reaktionsgefäß nach sich ziehen. Aus dem gleichen Grund werden in Kernreaktoren zur Spaltung schwerer Elemente Neutronen verwendet; im Gegensatz dazu könnten Protonen mit den verfügbaren Energien nicht genügend nah an die schweren Kerne herankommen.

E. Eindimensionales Molekülmodell

Einige Gesichtspunkte, die zum Molekülbau führen, erhalten wir aus der Bewegung eines Teilchens im doppelten Potentialgraben (Bild 5.14). Die Rechenarbeit vereinfacht sich sehr, wenn wir für jeden einzelnen Potentialgraben den Grenzfall sehr großer Tiefe und nach null gehender Breite wählen, wobei aber $V_0 a$ endlich bleibt; wir haben also als doppelten Potentialgraben zwei Deltafunktionen. Diese sind leicht zu handhaben, was wir zunächst an einer einzelnen bindenden Deltafunktion zeigen:

(5-66) $$(2m/\hbar^2)\, V(x) = -\frac{\lambda}{a}\,\delta(x).$$

Die zu lösende Gleichung, für $E < 0$, ist

(5-67) $$\frac{d^2u(x)}{dx^2} - \kappa^2 u(x) = -\frac{\lambda}{a}\,\delta(x)\,u(x),$$

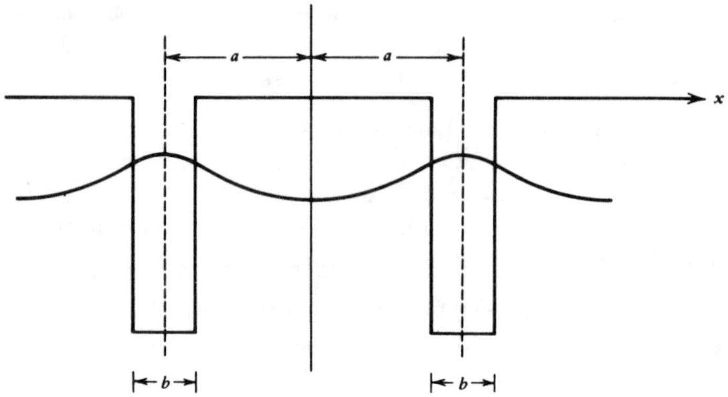

Bild 5–14 Doppelter, eindimensionaler Potentialgraben. Eingezeichnet ist die Form der Wellenfunktion für einen gebundenen Zustand.

wobei $\kappa^2 = 2m|E|/\hbar^2$. Überall, außer an der Stelle $x = 0$, muß die Lösung die Gleichung $d^2u/dx^2 - \kappa^2 u = 0$ erfüllen, und wenn sie bei $x \to \pm\infty$ verschwinden soll, ist sie

(5-68)
$$\begin{aligned} u(x) &= e^{-\kappa x} \qquad x > 0 \\ &= e^{\kappa x} \qquad x < 0. \end{aligned}$$

Die Faktoren vor den Exponentialfunktionen müssen gleich sein (hier sind sie zu 1 gesetzt - normieren können wir später), und zwar wegen der Stetigkeit beider Lösungen an der Stelle $x = 0$. Die Ableitung der Wellenfunktion an dieser Stelle ist nicht mehr stetig. Wie schon früher (siehe (5-13)) erhalten wir hier

(5-69)
$$\left(\frac{du}{dx}\right)_{x=0+} - \left(\frac{du}{dx}\right)_{x=0-} = -\frac{\lambda}{a}\,u(0).$$

Dies gibt die Eigenwertbedingung

$$-\kappa - \kappa = -\frac{\lambda}{a},$$

also

(5-70)
$$\kappa = \frac{\lambda}{2a}.$$

Für den doppelten Potentialgraben haben wir

(5-71)
$$(2m/\hbar^2)\,V(x) = -\frac{\lambda}{a}\,[\delta(x-a) + \delta(x+a)].$$

Da das Potential bei Spiegelung am Nullpunkt unverändert bleibt, erwarten wir Lösungen bestimmter Parität und behandeln diese getrennt.

1. Die gerade Lösung ist

$$
\begin{aligned}
u(x) &= e^{-\kappa x} && x > a \\
&= A \cosh \kappa x && a > x > -a \\
&= e^{\kappa x} && x < -a,
\end{aligned} \tag{5-72}
$$

und die Stetigkeit der Wellenfunktion liefert

$$e^{-\kappa a} = A \cosh \kappa a . \tag{5-73}$$

Wegen der Symmetrie genügt es, die zu (5-69) analoge Beziehung für den Sprung in der Ableitung nur für $x = a$ anzuschreiben.

$$-\kappa e^{-\kappa a} - \kappa A \sinh \kappa a = -\frac{\lambda}{a} e^{-\kappa a}, \tag{5-74}$$

und die Eigenwertbedingung wird

$$\tanh \kappa a = \frac{\lambda}{\kappa a} - 1 . \tag{5-75}$$

Mit Bild 5.15 lösen wir diese Bedingung graphisch. Es gibt nur einen Schnittpunkt der Kurve $\tanh y$ mit der Kurve $(\lambda/y - 1)$. Es ist klar, daß die rechte Seite für $y = \lambda$ verschwindet, wogegen $\tanh y > 0$; für den Schnittpunkt ist also $y < \lambda$. Andererseits muß wegen $\tanh y < 1$ für den Schnittpunkt gelten $\lambda/y < 2$, also

$$\kappa > \frac{\lambda}{2a} . \tag{5-76}$$

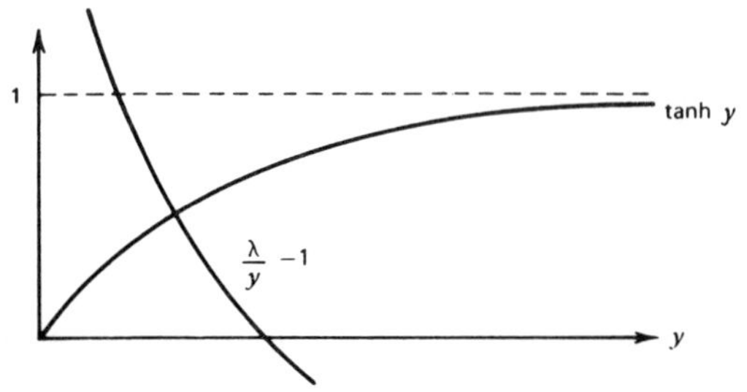

Bild 5–15 Lösung der Eigenwertgleichung $\tanh y = \lambda/y - 1$.

Vergleichen wir dies mit (5-70), so sehen wir, daß die Energie für den Doppelgraben einen größeren negativen Wert hat, d.h. *die Energie liegt tiefer* als im entsprechenden einfachen Graben. Man beachte, daß dies nicht davon kommt, daß das Potentialgrabenpaar etwa stärker bindet als der einzelne Potentialgraben (wie z.B. Elektronenbindung einmal an $Z = 2$ und einmal an $Z = 1$). Die größere Bindungsenergie kommt vielmehr davon (siehe Bild

5.16), daß sich durch die symmetrische Funktion (hier cosh x) im Bereich $a > x > -a$ die Anpassung der unstetigen Tangenten an der Bereichsgrenze beim Grabenpaar günstiger gestaltet als beim Einzelgraben, wo zwei Exponentialfunktionen aneinander angrenzen. Realer Fall: Ein einzelnes Elektron ist an zwei in geringem Abstand befindliche Protonen fester gebunden, als in einem Wasserstoffatom mit weiter entferntem Proton, und dies, obwohl im ersten Fall die Abstoßung zwischen den Protonen stärker ist. Auch hier liegt der entscheidende Punkt in den Möglichkeiten, die für die Wellenfunktion zur Anpassung an die gegebene geometrische Situation bestehen.

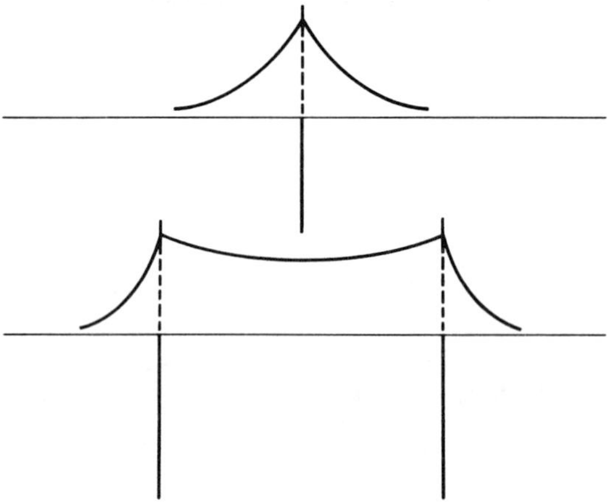

Bild 5–16 Wellenfunktionen für den gebundenen Zustand bei einfacher und doppelter Deltafunktion als bindendem Potential.

2. Die ungerade Lösung lautet

$$
\begin{aligned}
u(x) &= e^{-\kappa x} && x > a \\
&= A \sinh \kappa x && a > x > -a \qquad (5\text{-}77)\\
&= -e^{\kappa x} && x < -a.
\end{aligned}
$$

Es genügt wieder, hier wegen der Antisymmetrie die üblichen Bedingungen bei $x = a$ anzuwenden. Stetigkeit der Wellenfunktion:

$$A \sinh \kappa a = e^{-\kappa a}. \qquad (5\text{-}78)$$

Diskontinuitätsgleichung (nach 5-69):

$$-\kappa\, e^{-\kappa a} - \kappa A \cosh \kappa a = -\frac{\lambda}{a}\, e^{-\kappa a}. \qquad (5\text{-}79)$$

Beide zusammen liefern wieder die Eigenwertbedingung

$$\coth \kappa a = \frac{\lambda}{\kappa a} - 1. \qquad (5\text{-}80)$$

Bild 5.17 zeigt wieder die graphische Lösung dieser Gleichung, wobei der reziproke Wert jeder ihrer Seiten, also $\tanh y$ und $(\lambda/y - 1)^{-1}$ gegen y aufgetragen ist. Es gibt einen Schnittpunkt, aber nur, wenn die Anfangsneigung von $\tanh y$ größer ist als die des Klammerausdrucks, also wenn

(5-81) $\lambda > 1\,.$

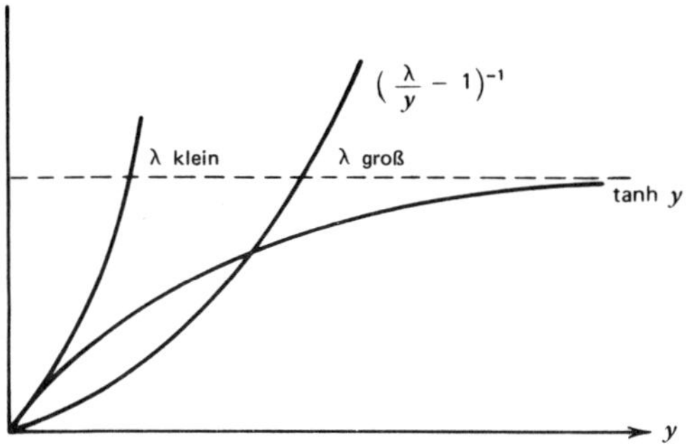

Bild 5–17 Lösung der Eigenwertgleichung $\tanh y = (\lambda/y) - 1)^{-1}$.

Die Funktion $(\lambda/y - 1)^{-1}$ geht für $y = \lambda/2$ durch 1 (gestrichelte Linie, d.h. der Schnittpunkt beider Kurven liegt bei $y < \lambda/2$, also

(5-82) $\kappa < \dfrac{\lambda}{2a}\,.$

Wenn also die ungerade Lösung überhaupt einen gebundenen Zustand ergibt, so hat dieser eine *geringere* Bindungsenergie als die gerade Lösung. Die Wellenfunktion muß im Symmetriezentrum durch null gehen, ist also im Raum zwischen den Potentialgräben sehr steil und kann sich deshalb nur an weniger steil abfallende Exponentialfunktionen (kleineres κ) im Außenraum anpassen. Ein solcher *angeregter Zustand* kann also je nach der Größe von λ vorhanden oder auch nicht vorhanden sein.

Betrachten wir nun eine Überlagerung des Grundzustandes $u_g(x)$, dessen Eigenwert E_g ist, mit dem angeregten Zustand $u_u(x)$ und Eigenwert E_u (die Indizes g und u bedeuten "gerade" und "ungerade"),

(5-83) $\psi(x) = u_g(x) + \alpha u_u(x),$

wobei α so gewählt wird, daß $\int_{-\infty}^{0} dx|\psi(x)|^2$ so klein als möglich wird, d.h. das Elektron soll so gut als möglich bei positiven x-Werten lokalisiert sein. Nach der Zeit t ist die Wellenfunktion

(5-84)
$$\begin{aligned}\psi(x,t) &= u_g(x)\, e^{-iE_g t/\hbar} + \alpha u_u(x)\, e^{-iE_u t/\hbar}\\ &= e^{-iE_g t/\hbar}\,[u_g(x) + \alpha\, e^{-i(E_u - E_g)t/\hbar}\, u_u(x)],\end{aligned}$$

d.h. die Phasenbeziehung zwischen beiden Teilen hat sich geändert. Speziell, nach einer bestimmten Zeit entsprechend

(5-85) $$e^{-i(E_u - E_g)t/\hbar} = -1$$

wird das Elektron nun bei den negativen x-Werten lokalisiert sein, und zwar in gleicher Weise wie vorher bei $t = 0$ auf der positiven Seite. Wir haben offenbar ein Schwingungsverhalten, wobei das Elektron zwischen den beiden Potentialgräben hin- und herläuft; die Schwingungsfrequenz ist

(5-86) $$\omega = 2\omega_{ug} = 2\,\frac{E_g - E_u}{\hbar}.$$

Es sei dem Leser überlassen zu zeigen, daß dies für große λ auch aus den im Abschnitt C und D besprochenen Tunneleigenschaften zu erhalten ist: Die aus ω_{ug} folgende Schwingungsdauer entspricht näherungsweise der Zeit, die das Elektron zum Durchtunneln des Potentialwalles zwischen den beiden Potentialgräben braucht. Dies ist auch ein einfaches Modell für das Ammoniak-Molekül; es gibt Möglichkeiten, die Frequenz mit hoher Genauigkeit zu messen, und so haben wir ein Frequenznormal, also eine sehr genau gehende "Uhr" [6]).

F. Das Kronig-Penney-Modell

Metalle haben allgemein eine kristalline Struktur, d.h. die Metall-Ionen sind räumlich periodisch angeordnet. Diese Periodizität wirkt sich auf die Bewegung der Elektronen im Metall aus, was sich auch im folgenden einfachen Modell zeigt.

Die Periodizität äußert sich im Potential, für das wir deshalb fordern

(5-87) $$V(x + a) = V(x).$$

Damit ist aber der ganze *Hamilton-Operator invariant gegen die Verschiebung* $x \rightarrow x + a$, denn auch der Term für die kinetische Energie, $-(\hbar^2/2m)(d^2/dx^2)$ ist dabei invariant. Für den Fall verschwindenden Potentials wird die Lösung zu einem gegebenen Eigenwert $E = \hbar^2k^2/2m$

(5-88) $$\psi(x) = e^{ikx},$$

und die Verschiebung um die räumliche Periode a liefert wieder den ursprünglichen Wert, aber mit einem Phasenfaktor

(5-89) $$\psi(x + a) = e^{ik(x+a)} = e^{ika}\,\psi(x).$$

Damit ist

(5-90) $$|\psi(x + a)|^2 = |\psi(x)|^2.$$

[6]) Eine Diskussion des Ammoniak-Moleküls ist zu finden bei Richard P. Feynman, Robert B. Leighton und Matthew Sands "*Feynman Vorlesungen über Physik*" Addison-Wesley, Reading, R. Oldenbourg München Wien, 1973-1975.

Eine beobachtbare physikalische Größe ("Observable") wird sich also in x und $x+a$ gleich groß ergeben, d.h. man kann nicht sagen, ob eine Beobachtung an der Stelle x oder $x+a$ stattgefunden hat. Wie gesagt unterscheidet sich $\psi(x)$ und $\psi(x+a)$ nur durch einen Phasenfaktor; dieser muß aber nicht immer die Form e^{-ika} haben.

Um die Rechnungen zu vereinfachen, wählen wir als periodisches Potential eine unendliche Reihe von positiven Delta-Funktionen (also abstoßende Potentialspitzen):

$$V(x) = \frac{\hbar^2}{2m}\frac{\lambda}{a}\sum_{n=-\infty}^{\infty}\delta(x-na). \tag{5-91}$$

Die Lösung der Schrödinger-Gleichung wird außerhalb der Punkte $x = na$ gleich der des freien Teilchens sein, also eine Linearkombination aus $\sin kx$ und $\cos kx$ (der Einfachheit halber verwenden wir die reelle Schreibweise). Im Bereich R_n, definiert durch $(n-1)\,a \leq x \leq na$ haben wir z.B.

$$\psi(x) = A_n \sin k(x-na) + B_n \cos k(x-na) \tag{5-92}$$

und im Bereich R_{n+1}, also für $na \leq x \leq (n+1)\,a$

$$\psi(x) = A_{n+1} \sin k[x-(n+1)\,a] + B_{n+1} \cos k[x-(n+1)\,a]. \tag{5-93}$$

Stetigkeit der Wellenfunktion an der Bereichsgrenze $(x = na)$ erfordert

$$-A_{n+1} \sin ka + B_{n+1} \cos ka = B_n, \tag{5-94}$$

und aus der Diskontinuitätsgleichung (5-13) folgt

$$kA_{n+1} \cos ka + kB_{n+1} \sin ka - kA_n = \frac{\lambda}{a} B_n. \tag{5-95}$$

Aus diesen beiden Gleichungen ergibt sich

$$\begin{aligned} A_{n+1} &= A_n \cos ka + (g \cos ka - \sin ka)\, B_n \\ B_{n+1} &= (g \sin ka + \cos ka)\, B_n + A_n \sin ka, \end{aligned} \tag{5-96}$$

wobei $g = \lambda/ka$.

Die Forderung, daß die Wellenfunktionen (5-92) und (5-93) durch einen Phasenfaktor verknüpft sind, also

$$\psi(R_{n+1}) = e^{i\phi}\,\psi(R_n) \tag{5-97}$$

ist zu erfüllen mit

$$\begin{aligned} A_{n+1} &= e^{i\phi} A_n \\ B_{n+1} &= e^{i\phi} B_n. \end{aligned} \tag{5-98}$$

Setzen wir dies in Gl. (5-96) ein, so finden wir die Bedingung

$$(e^{i\phi} - \cos ka)(e^{i\phi} - g \sin ka - \cos ka) = \sin ka(g \cos ka - \sin ka)$$

oder

$$e^{2i\phi} - e^{i\phi}(2 \cos ka + g \sin ka) + 1 = 0.$$

Multiplikation mit $e^{-i\phi}$ liefert

(5-99) $\cos\phi = \cos ka + \frac{1}{2}\, g \sin ka .$

Nun fordern wir

(5-100) $\psi(R_{n+N}) = \psi(R_n);$

dies ist als eine Randbedingung zu verstehen, welche sich periodisch wiederholt ("periodische Randbedingungen"). Aus (5-97) folgt dann $e^{iN\phi} = 1$, also

(5-101) $\phi = \dfrac{2\pi}{N}\, m \qquad m = 0, \pm 1, \pm 2, \ldots$

Wir können uns anstelle des periodischen Potentials die periodischen Randbedingungen vorstellen; bedeutet q die Wellenzahl eines Elektrons in einem Kasten der Länge Na, so ist $\phi = qa$. (5-99) kann also auch geschrieben werden

(5-102) $\cos qa = \cos ka + \frac{1}{2}\lambda \dfrac{\sin ka}{ka} .$

Dies ist ein sehr bemerkenswertes Ergebnis, denn da die linke Seite höchstens 1 werden kann, beinhaltet sie Einschränkungen für die möglichen Werte von $E = \hbar^2 k^2/2m$, welche durch Kristallparameter bestimmt werden. Bild 5.18 zeigt den Wert $\cos x + \lambda \sin x/2x$ als Funktion von $x = ka$. Die horizontalen Linien bedeuten die Grenzen für $\cos qa$; in denjenigen x-Bereichen, wo die Kurve außerhalb dieser Grenzen liegt, gibt es keine Lösung von (5-102). Dies sind "verbotene Zonen" für k und damit auch für E. Es gibt also abwechselnd *erlaubte Energiebänder und verbotene Zonen*. Beachten Sie, daß der Beginn einer verbotenen Zone jeweils bei

(5-103) $ka = n\pi \qquad n = \pm 1, \pm 2, \pm 3, \ldots$

liegt. Dies ist gerade die Bragg-Bedingung (Reflexion von Materiewellen durch konstruktive Interferenz) bei senkrechtem Einfall.

Das Kronig-Penney-Modell hat für die Theorie der Metalle, Isolatoren und Halbleiter einige Bedeutung, wenn wir berücksichtigen, daß besetzte Energieniveaus nicht noch weitere Elektronen aufnehmen können (dies wird später erklärt). Ein Metall hat ein teilweise gefülltes Energieband; wenn ein äußeres Feld angelegt wird, so werden Elektronen beschleunigt und in freie Impulszustände übergehen. Isolatoren dagegen haben völlig gefüllte Energiebänder, und deshalb kann ein elektrisches Feld im Isolator keine Elektronen beschleunigen, da keine nahe benachbarten freien Zustände zur Verfügung stehen. Ist das elektrische Feld aber genügend stark, so können Elektronen aber die verbotene Zone überspringen und in ein freies Energieband gelangen: dies ist der elektrische Durchbruch eines Isolators. Der Halbleiter ist ein Isolator mit einer sehr schmalen verbotenen Zone. Hierbei können kleine Einflüsse von außen, z.B. Temperaturanstieg, das Überspringen der verbotenen Zone bewirken und den Isolator zum Leiter machen.

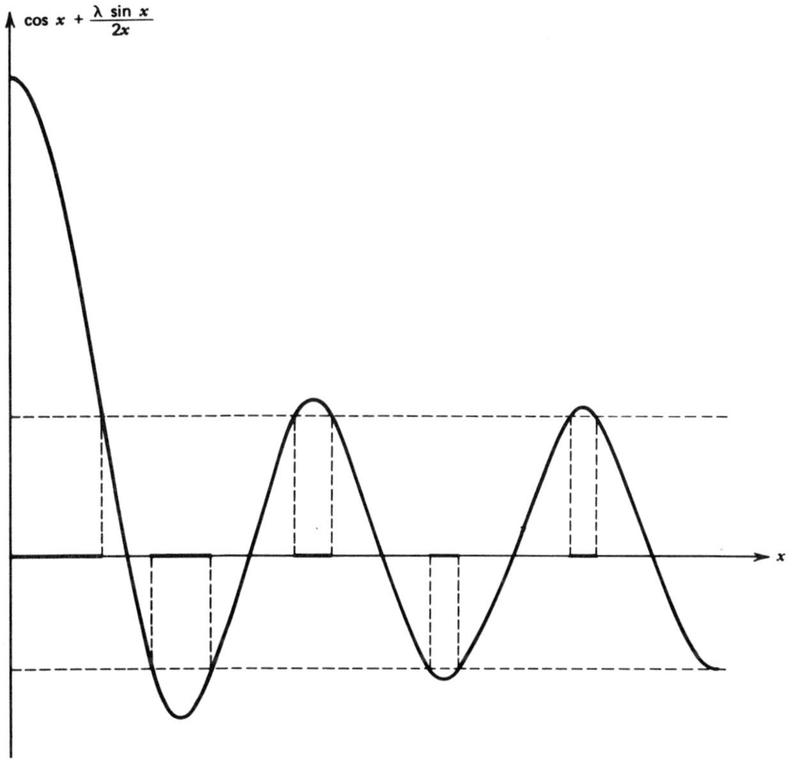

Bild 5–18 $\cos x + (\lambda/2)(\sin x/x)$ aufgetragen als Funktion von x. Die horizontalen Linien zeigen die Grenzen ± 1. Für diejenigen x-Bereiche, in denen die Kurve außerhalb der Grenzlinien liegt, sind keine Lösungen möglich; es sind die verbotenen Zonen.

G. Der harmonische Oszillator

Als letztes Beispiel betrachten wir den harmonischen Oszillator (Bild 5.19). Im Gegensatz zu den früheren Beispielen ist die hierbei zu lösende Differentialgleichung nicht ganz einfach; es ist einer der Gründe für die Auswahl dieses Beispiels, einiges zur Technik der Lösung solcher Gleichungen zu zeigen.

Die klassische Hamilton-Funktion hat die Form

$$H = \frac{p^2}{2m} + \tfrac{1}{2} kx^2 , \tag{5-104}$$

die Eigenwertgleichung ist also

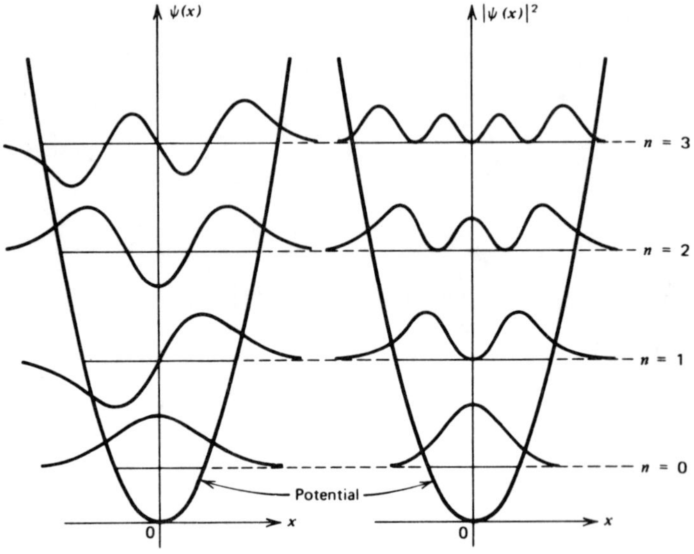

Bild 5–19 Eigenfunktionen des harmonischen Oszillators und Wahrscheinlichkeitsdichten der vier tiefsten Eigenzustände. Man beachte, daß die Eigenfunktionen abwechselnd gerade und ungerade sind.

(5-105) $$-\frac{\hbar^2}{2m}\frac{d^2u(x)}{dx^2} + \tfrac{1}{2}kx^2u(x) = Eu(x).$$

Wir führen die Eigenfrequenz des Oszillators ein

(5-106) $$\omega = \sqrt{k/m},$$

ferner die Abkürzung

(5-107) $$\epsilon = \frac{2E}{\hbar\omega},$$

und als neue Variable

(5-108) $$y = \sqrt{\frac{m\omega}{\hbar}}\,x,$$

womit die Differentialgleichung nun lautet

(5-109) $$\frac{d^2u}{dy^2} + (\epsilon - y^2)\,u = 0.$$

Alle darin vorkommenden Größen sind dimensionslos.

Das Glied mit ϵ ist für jeden Eigenwert vernachlässigbar, sobald $y^2 \to \infty$; deshalb muß $u(y)$ asymptotisch folgende Gleichung erfüllen

(5-110) $$\frac{d^2u_0(y)}{dy^2} - y^2u_0(y) = 0.$$

Wir multiplizieren mit $2du_0/dy$ und bringen (5-110) auf folgende Form

(5-111) $$\frac{d}{dy}\left(\frac{du_0}{dy}\right)^2 - y^2\frac{d}{dy}(u_0^2) = 0$$

oder

(5-112) $$\frac{d}{dy}\left[\left(\frac{du_0}{dy}\right)^2 - y^2u_0^2\right] = -2yu_0^2.$$

Nun ist eine Vereinfachung möglich: Vernachlässigung des auf der rechten Seite stehenden Ausdrucks. Wir nehmen an, daß dies erlaubt ist und prüfen die Berechtigung hierzu später. Nun erhalten wir

$$\frac{du_0}{dy} = (C + y^2u_0^2)^{1/2},$$

wobei C eine Integrationskonstante ist. Da sowohl $u_0(y)$ als auch du_0/dy im Unendlichen verschwinden müssen, ist $C = 0$. Somit gilt

(5-113) $$\frac{du_0}{dy} = \pm yu_0.$$

Dessen Lösung ist

(5-114) $$u_0(y) = e^{-y^2/2}.$$

Nun sehen wir, daß obiger Ausdruck $2yu_0^2 = 2y\,e^{-y^2}$ für große y tatsächlich vernachlässigbar war, denn

$$\frac{d}{dy}(y^2u_0^2) = \frac{d}{dy}(y^2\,e^{-y^2}) \simeq -4y^3\,e^{-y^2}.$$

Kehren wir nun vom asymptotischen Verhalten $u_0(x)$ zu $u(x)$ zurück und führen hierbei eine neue Funktion $h(y)$ ein

(5-115) $$u(y) = h(y)\,e^{-y^2/2},$$

so erhält die Differentialgleichung die Form

(5-116) $$\frac{d^2h(y)}{dy^2} - 2y\frac{dh(y)}{dy} + (\epsilon - 1)\,h(y) = 0.$$

Es scheint zwar, daß hiermit noch nicht viel erreicht ist, aber immerhin kennen wir schon das asymptotische Verhalten der Lösung beim Übergang nach unendlich; nun können wir die Lösung in der Umgebung von $y = 0$ studieren. Wir versuchen einen Potenzreihenansatz

(5-117) $$h(y) = \sum_{m=0}^{\infty} a_m y^m.$$

Setzen wir dies in Gl. (5-116) ein, so finden wir, daß die Koeffizienten von y^m folgende Rekursionsformel erfüllen müssen

(5-118) $$(m+1)(m+2)\,a_{m+2} = (2m-\epsilon+1)\,a_m.$$

Ist a_0 und a_1 gegeben, so kann die Reihe mit den geraden Exponenten unabhängig von der Reihe mit den ungeraden Exponenten aufgestellt werden. Dies kommt von der Reflexionsinvarianz des Hamilton-Operators. Für genügend großes m (z.B. $m > N$) gilt bei beliebigem ϵ

(5-119) $$a_{m+2} \simeq \frac{2}{m}\,a_m .$$

Die Funktion $h(y)$ läßt sich somit als ein Polynom in y darstellen, wobei die Koeffizienten für genügend hohe Potenzen der Rekursionsformel (5-119) genügen:

$$h(y) = (\text{Polynom in } y)$$
$$+\, a_N\left[y^N + \frac{2}{N}\,y^{N+2} + \frac{2^2}{N(N+2)}\,y^{N+4} + \frac{2^3}{N(N+2)(N+4)}\,y^{N+6} + \dots\right].$$

Hierbei haben wir der Einfachheit halber nur die geraden Potenzen angeschrieben. Die Reihe kann geschrieben werden als

$$a_N y^2\left(\frac{N}{2}-1\right)!\left[\frac{(y^2)^{N/2-1}}{(N/2-1)!} + \frac{(y^2)^{N/2}}{(N/2)!} + \frac{(y^2)^{N/2+1}}{(N/2+1)!} + \dots\right],$$

dies ist von der Form: Polynom + const $\times\, y^2 e^{y^2}$. Setzen wir dies in Gl. (5-115) ein, so ergibt sich eine Lösung, die beim Übergang nach unendlich nicht verschwindet. Eine physikalisch annehmbare, also eine konvergierende Lösung kann aber erreicht werden, wenn in der Rekursionsformel (5-118) ein Koeffizient zu null wird, also für

(5-120) $$\epsilon = 2N+1,$$

denn damit verschwinden auch die höheren Koeffizienten, d.h. die Reihe bricht ab. Für dieses bestimmte ϵ werden die Rekursionsformeln für die geraden und ungeraden Koeffizienten

(5-121) $$a_{2k} = (-2)^k\,\frac{N(N-2)\dots(N-2k+4)(N-2k+2)}{(2k)!}\,a_0$$

und

(5-122) $$a_{2k+1} = (-2)^k\,\frac{(N-1)\dots(N-2k+3)(N-2k+1)}{(2k+1)!}\,a_1 .$$

Wir haben also folgende Ergebnisse:

1. Es existieren diskrete Eigenwerte mit gegenseitig gleichem Abstand. (5-120) lautet in den uns vertrauten Bezeichnungen mit (5-107)

(5-123) $$E = \hbar\omega(n+\tfrac{1}{2}).$$

Dies kommt uns bekannt vor, denn der Zusammenhang zwischen Energie und Frequenz ist der gleiche wie von M. Planck für die Moden des Strahlungsfeldes angegeben. Das ist kein Zufall, denn eine Zerlegung des elektromagnetischen Feldes in seine Moden ist im wesentlichen eine Zerlegung in ungekoppelte harmonische Oszillatoren.

2. Die Polynome $h(y)$ sind bis auf Normierungsfaktoren die Hermiteschen Polynome $H_n(y)$, deren Eigenschaften in vielen Lehrbüchern zu finden sind. Wir gehen aber nicht weiter darauf ein, denn prinzipiell interessieren uns diese Details hier nicht, und wir kommen ohnehin nochmal auf den harmonischen Oszillator zurück. Es sei jedoch darauf hingewiesen, daß die Bedeutsamkeit des harmonischen Oszillators für Quantenphysik und klassische Physik in folgendem liegt: Irgendeine kleine Störung, die auf ein im stabilen Gleichgewicht befindliches System wirkt, gibt Anlaß zu kleinen Schwingungen, welche letztlich in einzelne Moden zerlegt werden können, also auf unabhängige Oszillatoren führen.

3. Wie (5-123) zeigt, hat auch der tiefste Zustand $(n = 0)$ noch eine Energie, die Nullpunktsenergie. Ihr Auftreten ist ein rein quantenmechanischer Effekt, und kann im Rahmen der Unschärfebeziehung erklärt werden. Gerade diese Nullpunktsenergie ist z. B. dafür verantwortlich, daß Helium auch bei extrem tiefen Temperaturen nicht fest wird ("gefriert"), sondern bis zu Temperaturen der Größenordnung 10^{-3} K und bei normalem Druck flüssig bleibt. Die Frequenz ω wird für schwere Atome geringer, deshalb geschieht das gleiche nicht auch z. B. für Stickstoff. Natürlich spielen auch Einzelheiten der zwischenatomaren Kräfte eine Rolle, und wegen dieser kann flüssiger Wasserstoff gefrieren.

Aufgaben

1. Man betrachte ein Potential, das in einem endlichen Bereich auf der x-Achse einen beliebigen Verlauf aufweist, sonst aber null ist. Die Lösungen der Schrödinger-Gleichung zu beiden Seiten dieses Bereiches sind gegeben durch

Wenn wir die "auslaufende Welle" zur "einlaufenden Welle" wie folgt korrelieren

$$C = S_{11}A + S_{12}D$$
$$B = S_{21}A + S_{22}D,$$

also

$$\begin{pmatrix} C \\ B \end{pmatrix} = \begin{pmatrix} S_{11} & S_{12} \\ S_{21} & S_{22} \end{pmatrix} \begin{pmatrix} A \\ D \end{pmatrix},$$

so gelten folgende Beziehungen

$$|S_{11}|^2 + |S_{12}|^2 = 1$$
$$|S_{21}|^2 + |S_{22}|^2 = 1$$
$$S_{11}S_{12}^* + S_{21}S_{22}^* = 0.$$

Beweisen Sie dies. Diese Beziehungen werden auch ausgedrückt, indem man sagt, die *Matrix*

$$S = \begin{pmatrix} S_{11} & S_{12} \\ S_{21} & S_{22} \end{pmatrix}$$

ist unitär. (Hinweis zur Lösung: Benützen Sie die Erhaltung der Stromdichte und die Möglichkeit, daß A und D beliebige komplexe Zahlen sind.)

2. Berechnen Sie die Elemente der Streumatrix S_{11}, S_{12}, S_{21} und S_{22} für das Potential

$$\begin{aligned} V(x) &= 0 & x &< -a \\ &= V_0 & -a &< x < a \\ &= 0 & x &< a, \end{aligned}$$

und zeigen Sie, daß die in Aufgabe 1 für beliebiges Potential bewiesenen Zusammenhänge auch hier gelten.

3. Die Elemente $S_{11} \ldots S_{22}$ sind Funktionen von k. Zeigen Sie, daß gilt

$$S_{11}(-k) = S_{11}^*(k)$$
$$S_{22}(-k) = S_{22}^*(k)$$
$$S_{12}(-k) = S_{21}^*(k),$$

also, daß die Matrix die Eigenschaft

$$S(-k) = S^+(k)$$

aufweist.

4. Betrachten Sie die ungerade Lösung für das Teilchen im Potentialgraben, welche als Modell für ein Teilchen ohne Drehimpuls im dreidimensionalen Potentialtopf benützt werden kann. Dieser Potentialgraben soll eine räumliche Ausdehnung von $1{,}4 \times 10^{-13}$ cm haben, und auf ein Teilchen der Masse $0{,}8 \times 10^{-24}$ g die Bindungsenergie $-2{,}2$ MeV ausüben. Wie tief (in MeV) ist der Potentialgraben? (Hinweise: (1) Konvertieren Sie zunächst die Längendimension und die Masse in Einheiten einer bestimmten Masse, so daß die Entfernung von der Form $d(\hbar/\mu c)$ und die Bindungsenergie von der Form $\epsilon(\mu c^2)$ sind. Eine passende Masse könnte z. B. die gegebene sein. (2) Die Bindungsenergie ist sehr klein, und kann als fast null betrachtet werden. Wäre sie null, so würde (5-41) V_0 ergeben. Entwickeln Sie um diesen Wert.)

5. Gegeben seien folgende Situationen:

a)

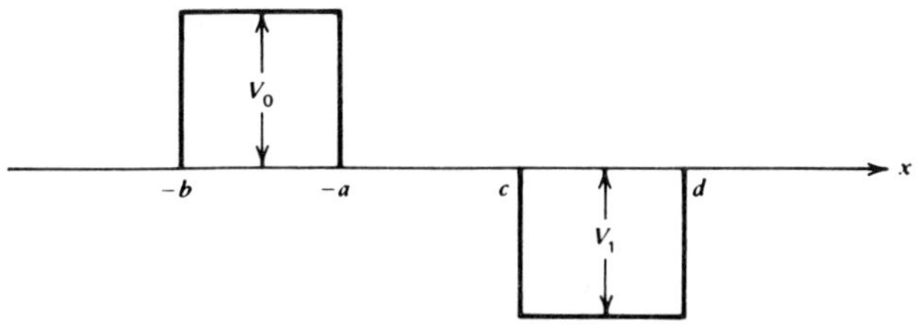

Hierbei sollte der ohne Potential von links einlaufende Teilchenstrom $\hbar k/m$ sein; $E < V_0$

b)

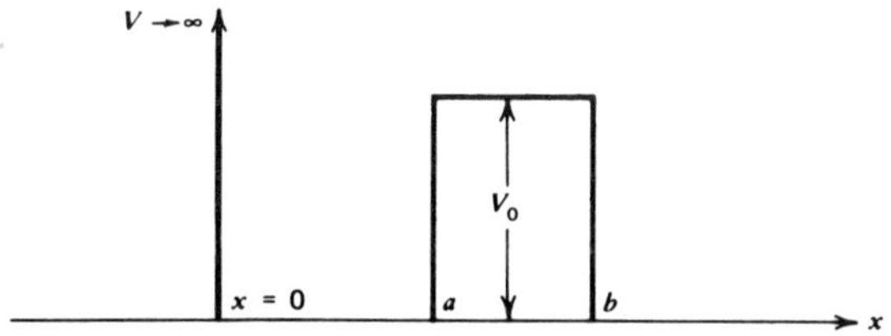

Hierbei soll der ohne Potential einlaufende Teilchenstrom $\hbar k/m$ von rechts kommen; $E < V_0$.

Setzen Sie die Lösungen hierfür an, ohne die Schrödinger-Gleichung zu lösen, so daß nur noch die Anpassung der Eigenfunktionen und ihrer Ableitungen an den Bereichsgrenzen auszuführen ist.

6. Zeigen Sie, daß die Bedingungen (5-35) für einen gebundenen Zustand auch zu erhalten sind aus der Forderung nach Verschwinden der Nenner in (5-25) mit $k = i\kappa$. Können Sie eine Begründung dafür geben, daß dies kein Zufall ist?

7. Betrachten Sie die Streumatrix für das Potential

$$V(x) = \frac{\lambda}{a}\,\delta(x - b)\,,$$

und zeigen Sie, daß diese folgende Form hat:

$$\begin{pmatrix} \dfrac{2ika}{2ika - \lambda} & \dfrac{\lambda}{2ika - \lambda}\,e^{-2ikb} \\[2ex] \dfrac{\lambda}{2ika - \lambda}\,e^{2ikb} & \dfrac{2ika}{2ika - \lambda} \end{pmatrix}.$$

Zeigen Sie ferner, daß die Matrix unitär ist, und daß sich die Eigenwertbedingung für gebundene Zustände ergibt, wenn die Matrixelemente unendlich werden ($\lambda < 0$).

8. Berechnen Sie dasjenige α (Gl. 5-83), womit das Teilchen so weit als möglich rechts vom Koordinatenursprung lokalisiert ist.

9. Schreiben Sie die Eigenfunktionen für die drei tiefsten Energiezustände des harmonischen Oszillators an!

10. Das Potential für den harmonischen Oszillator sei durch einen kleinen kubischen Term gestört:

$$V(x) = \tfrac{1}{2}m\omega^2\left(x^2 - \frac{1}{a}x^3\right).$$

Für den Fall, daß a groß ist im Vergleich zur charakteristischen Dimension $(\hbar/m\omega)^{1/2}$, schätze man ab, wie lange ein Teilchen im Grundzustand braucht, um nach rechts (also in das Gebiet großer positiver x-Werte) zu entwischen. Man beachte, daß für das Störpotential alleine kein tiefster Eigenwert existiert, da für genügend großes x das Potential beliebig tief wird.

11. Betrachten Sie folgendes Potential

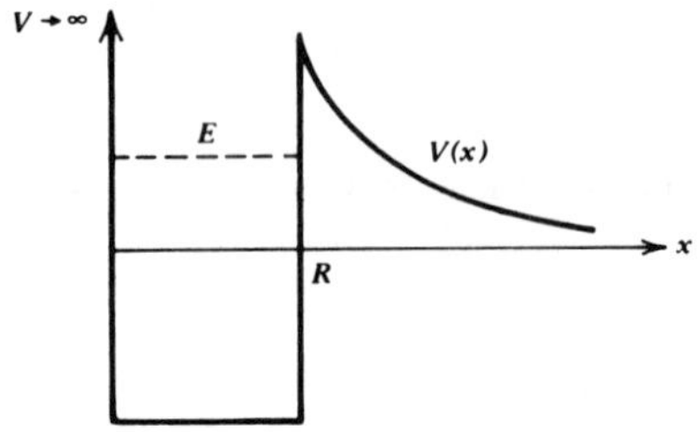

wobei

$$V(x) = \frac{\hbar^2 l(l+1)}{2mx^2} \qquad x > R_0 .$$

Schätzen Sie die Lebensdauer, die ein Teilchen der Energie E in diesem Potentialtopf hat (der äußere Potentialteil soll eine Zentrifugalbarriere im dreidimensionalen Raum bedeuten). Drücken Sie das Ergebnis in Einheiten der dimensionslosen Größe l/kR aus, wobei $E = \hbar^2k^2/2m$. Man verwende $l \gg 1$.

12. Betrachten Sie das Kronig-Penney-Potential mit

$$\lambda = 3\pi.$$

a) Skizzieren Sie den Ausdruck

$$\cos x + \frac{\lambda}{2}\frac{\sin x}{x}$$

als Funktion von $x = ka$.

b) Zeigen Sie, daß die verbotenen Energiezonen gerade oberhalb $ka = n\pi$ beginnen.

c) Zeigen Sie, daß die erlaubten Energiebänder mit wachsendem λ enger werden.

d) Tragen Sie die Energie $\hbar^2 k^2/2m$ als Funktion von q auf.

13. Betrachten Sie das durch (5-71) definierte Modell eines Molekülpotentials. Zeigen Sie, daß für großes λ gilt

$$\omega_{ug} \simeq \frac{\hbar}{2ma^2} \lambda^2 e^{-\lambda}.$$

Literatur

Das Kronig-Penney-Modell ist ausführlich diskutiert in

E. Merzbacher "Quantum Mechanics" (2nd edition) John Wiley and Sons, New York, 1970

Eine ausführliche Diskussion des "Bändermodells" findet man in:

C. Kittel "Einführung in die Festkörperphysik" (3. Aufl.) R. Oldenbourg, München und J. Wiley, New York, 1973, Kapitel 9

Eine vervollständigte Diskussion der Tunnelphänomene mit der WKB-Näherung gibt jedes der fortgeschrittenen Lehrbücher, die am Ende dieses Buches aufgeführt sind.

6. Die allgemeine Struktur der Wellenmechanik

Für einige physikalisch interessante Hamilton-Operatoren

(6-1) $$H = \frac{p_{op}^2}{2m} + V(x) = \frac{1}{2m}\left(\frac{\hbar}{i}\frac{d}{dx}\right)^2 + V(x)$$

erhielten wir im 5. Kapitel die Energie-Eigenfunktionen als Lösungen der Gleichung

(6-2) $$Hu_E(x) = Eu_E(x).$$

Es wurde auch schon betont, daß der Hamilton-Operator die zeitliche Entwicklung eines Systems bestimmt. Der Anfangszustand eines Systems kann durch jede Wellenfunktion $\psi(x)$ beschrieben werden, wobei die einzige Einschränkung durch

(6-3) $$\int dx\, \psi^*(x)\, \psi(x) < \infty$$

gegeben ist, d.h. sie muß quadratintegrierbar sein. Ohne Einbuße an Allgemeingültigkeit darf $\psi(x)$ mit einer Konstante zur Normierung multipliziert werden:

(6-4) $$\int dx\, \psi^*(x)\, \psi(x) = 1.$$

Die zeitabhängige Schrödinger-Gleichung

(6-5) $$-\frac{\hbar}{i}\frac{\partial}{\partial t}\psi(x,t) = H\psi(x,t)$$

beschreibt die zeitliche Fortentwicklung der Wellenfunktion, und wenn die Energie-Eigenfunktionen $u_E(x)$ bekannt sind, so ist die Lösung für die zeitliche Entwicklung sofort zu finden. Folgendes allgemeine Theorem geht in diese Lösung ein: Eine beliebige Funktion $\psi(x)$ kann in einen vollständigen Satz von Eigenfunktionen von H entwickelt werden, also

(6-6) $$\psi(x) = \sum_E C_E u_E(x).$$

Wie in Anhang B bewiesen wird, sind die zu verschiedenen Eigenwerten gehörenden Eigenfunktionen zueinander orthogonal; sind sie auch normiert, so ist

(6-7) $$\int u_{E'}^*(x)\, u_{E''}(x)\, dx = \delta_{E'E''}.$$

Somit wird

$$
\begin{aligned}
\int dx\, u_{E'}^*(x)\, \psi(x) &= \sum_E C_E \int u_{E'}^*(x)\, u_E(x)\, dx \\
&= \sum_E C_E\, \delta_{EE'} \qquad (6\text{-}8)\\
&= C_{E'},
\end{aligned}
$$

womit die Entwicklungskoeffizienten bestimmt sind. Die Zeitabhängigkeit jeder Eigenfunktion ist

$$u_E(x,t) = u_E(x)\, e^{-iEt/\hbar} \tag{6-9}$$

und somit

$$\psi(x,t) = \sum_E C_E\, e^{-iEt/\hbar}\, u_E(x)\,, \tag{6-10}$$

wovon man sich durch Einsetzen in (6-5) überzeugen kann. Wie wir aus einer Reihe von Beispielen gesehen haben, können die Energie-Eigenwerte entweder diskrete Werte annehmen, und/oder auch kontinuierlich verteilt sein. Man sagt, das Spektrum der Eigenwerte ist diskret und/oder kontinuierlich. Entsprechend diesen beiden Möglichkeiten lautet (6-6)

$$\psi(x) = \sum_n C_n u_{E_n}(x) + \int dE C(E)\, u_E(x). \tag{6-11}$$

(6-7) wird für die diskreten Werte

$$\int u_{E_m}^*(x)\, u_{E_n}(x)\, dx = \delta_{mn} \tag{6-12}$$

und für die kontinuierlich verteilten

$$\int u_E^*(x)\, u_{E'}(x)\, dx = \delta(E - E'). \tag{6-13}$$

Dies ist aber nicht die einzige Möglichkeit. Wie wir in den Lösungen zu den Potentialgräben und -wällen gesehen haben, können die Lösungen der Energie-Eigenwertgleichung aus Funktionen konstruiert werden, welche in großer Entfernung vom Graben oder Wall die Impulseigenfunktionen sind. Es existiert ein Zusammenhang zwischen Energie und Impuls ($E = p^2/2m$, wo das Potential verschwindet) und es zeigt sich, daß man die Lösungen so normieren kann, daß die rechte Seite von (6-13) durch $\delta(p - p')$ ersetzt wird, im Dreidimensionalen durch $\delta(\mathbf{p} - \mathbf{p}')$.

Wir kennen auch eine Interpretation der Entwicklungskoeffizienten: $|C_E|^2$ ist die Wahrscheinlichkeit dafür, daß eine Energiemessung an einem durch $\psi(x)$ beschriebenen Zustand den Eigenwert E liefert. Jede einzelne Messung kann nur einen bestimmten Eigenwert ergeben, aber im Gegensatz zur klassischen Physik ist nicht vorherzusagen, welcher es sein wird; wir können nur eine *Wahrscheinlichkeit* für das Auftreten jedes dieser Eigenwerte angeben. Eine Messung muß aber in der Quantenmechanik genauso wie in der klassischen Theorie reproduzierbar sein, um überhaupt etwas zu bedeuten. Wenn also eine bestimmte Messung einmal den Wert E_1 ergeben hat, so muß eine zweite Messung wieder diesen Wert ergeben. Dies bedeutet aber, daß nach der ersten Messung der Zustand des Systems nicht mehr durch $\psi(x)$, sondern durch eine andere Wellenfunktion, nämlich die Eigenfunktion $u_{E_1}(x)$ beschrieben werden muß! Nur dann ergibt die zweite Messung mit der Wahrscheinlichkeit 1 den Wert E_1. Man sagt: "Eine Messung projiziert einen Zustand in einen Eigenzustand der Observablen".

Den Entwicklungssatz kann man als eine Verallgemeinerung der Entwicklung eines Vektors $\mathbf{A}$ nach orthonormalen Einheitsvektoren im N-dimensionalen Vektorraum betrachten:

(6-14) $$\mathbf{A} = a_1\hat{\imath}_1 + a_2\hat{\imath}_2 + \ldots + a_N\hat{\imath}_N \,.$$

Für die orthonormalen Einheitsvektoren gilt

(6-15) $$\hat{\imath}_k \cdot \hat{\imath}_l = \delta_{kl} \,,$$

sie sind in der Entwicklung analog zu den $u_E(x)$. Die Entwicklungskoeffizienten lauten dann

(6-16) $$a_k = \hat{\imath}_k \cdot \mathbf{A}$$

und sind analog zu den Koeffizienten C_E. Deshalb benützen wir in der Quantenmechanik oft die Sprache des Vektorraums, so z. B. werden wir die Entwicklungskoeffizienten C_E die "Projektionen von $\psi(x)$ auf $u_E(x)$" nennen, und das Integral

(6-17) $$C_E = \int u_E^*(x)\, \psi(x)\, dx$$

auch als das *Skalarprodukt* beider Funktionen bezeichnen. Entsprechend einem Vorschlag von Dirac verwenden wir folgende praktische Schreibweise für das Skalarprodukt:

(6-18) $$\int \phi^*(x)\, \psi(x)\, dx = \langle \phi | \psi \rangle \,.$$

Die Analogie zwischen den physikalisch annehmbaren Wellenfunktionen und allen N-dimensionalen Vektoren ist tiefgehend. Genauso wie die Summe zweier Vektoren wieder einen Vektor ergibt

(6-19) $$\mathbf{A} + \mathbf{B} = \mathbf{C}$$

und auch das Produkt eines Vektors mit einer Zahl wieder ein Vektor ist, so liefert auch die Summe zweier quadratintegrierbarer Funktionen wieder eine solche, ebenso wie das Produkt einer quadratintegrierbaren Funktion mit einer beliebigen (komplexen) Zahl. In beiden Fällen haben wir einen linearen Vektorraum, mit der Schreibweise für das Skalarprodukt einmal für die Vektoren

(6-20) $$\langle A|B\rangle = \mathbf{A}\cdot\mathbf{B}$$

und einmal für die Funktionen

(6-21) $$\langle\phi|\psi\rangle = \int dx\, \phi^*(x)\, \psi(x).$$

Der einzige Unterschied ist, daß in der Quantenmechanik der Vektorraum nicht dreidimensional ist, sondern unendlich viele Dimensionen hat. Die kontinuierliche Variable x in (6-21) spielt die gleiche Rolle wie der Index i in

(6-22) $$\mathbf{A}\cdot\mathbf{B} = \sum_{i=1}^{N} a_i b_i,$$

und daran sehen wir, daß der Vektorraum in der Quantenmechanik kontinuierlich unendlichdimensional ist. Die richtige mathematische Behandlung solcher Vektorräume wird wesentlich komplizierter als im endlichdimensionalen Raum, da Konvergenzprobleme in den Integralen der Form (6-21) auftreten, und der Vollständigkeitsbeweis viel schwieriger wird. Man sagt, die quadratintegrierbaren Funktionen bilden einen Hilbert-Raum, wobei die Energie-Eigenfunktionen einen *vollständigen Satz von Basisvektoren* darstellen.

Ein Operator transformiert definitionsgemäß einen Vektor eines (endlichen oder allgemeineren) Vektorraums in einen anderen; in unserem Fall transformiert er eine quadratintegrierbare Funktion in eine andere solche. Wir interessieren uns besonders für *lineare Operatoren*; diese haben folgende Eigenschaft

(6-23) $$H(\alpha\psi_1 + \beta\psi_2) = \alpha H\psi_1 + \beta H\psi_2\,.$$

Das im 4. Kapitel diskutierte einfache Beispiel zeigt, daß der Erwartungswert von H,

(6-24) $$\langle H\rangle_\psi = \int \psi^*(x)\, H\psi(x)\, dx$$

reell ist. Dies müssen wir von einer physikalisch meßbaren Größe auch fordern; verallgemeinernd kann man sagen, daß der Erwartungswert eines Operators für jedes $\psi(x)$ reell sein muß, wenn dieser eine beobachtbare Größe ("Observable") darstellen soll. Operatoren, welche diese Eigenschaft haben, hatten wir schon *hermitisch* genannt.

Für einen beliebigen linearen Operator A haben wir

(6-25) $$\langle A\rangle_\psi = \int \psi^*(x)\, A\psi(x)\, dx$$

und

(6-26) $$\langle A\rangle_\psi^* = \int [A\psi(x)]^*\, \psi(x)\, dx.$$

Der Operator $A^\dagger$ (sprich A-Kreuz) ist durch folgende Beziehung definiert

(6-27) $$\int [A\psi(x)]^* \, \psi(x)\, dx = \int \psi^*(x)\, A^\dagger\psi(x)\, dx$$

und heißt der zu A *hermitisch konjugierte* Operator. Z.B. sieht man an

$$\int dx \left(\frac{d\psi}{dx}\right)^* \psi = \int dx \frac{d}{dx}(\psi^*\psi) - \int dx\, \psi^* \frac{d\psi}{dx} = -\int dx\, \psi^* \frac{d\psi}{dx},$$

daß

$$\left(\frac{d}{dx}\right)^\dagger = -\frac{d}{dx}.$$

Ähnlich kann man zeigen, daß zum Operator

$$\left(\frac{d^2}{dx^2} - ae^{ix}\right)$$

der hermitisch konjugierte lautet

$$\left(\frac{d^2}{dx^2} - a^* e^{-ix}\right).$$

Für einen hermitischen Operator gilt

(6-28) $$\begin{aligned} \langle H\rangle_\psi^* &= \int [H\psi(x)]^* \, \psi(x)\, dx \\ &= \int \psi^*(x)\, H^\dagger\psi(x)\, dx \\ &= \langle H\rangle_\psi \\ &= \int \psi^*(x)\, H\psi(x)\, dx \end{aligned}$$

und zwar für jedes $\psi(x)$; somit erkennen wir, daß

(6-29) $$H^\dagger = H.$$

Die Diracsche Schreibweise für Skalarprodukte, in denen Operatoren vorkommen, ist

(6-30) $$\int \phi^*(x)\, A\psi(x)\, dx = \langle\phi|A|\psi\rangle.$$

Somit[1])

(6-31) $$\begin{aligned} \langle\phi|A|\psi\rangle^* &= \int [A\psi(x)]^* \, \phi(x)\, dx \\ &= \int \psi^*(x)\, A^\dagger\phi(x)\, dx \\ &= \langle\psi|A^\dagger|\phi\rangle. \end{aligned}$$

[1]) Die in (6-27) gegebene Definition von $A^\dagger$ betrifft nur den Erwartungswert von $A^\dagger$. Mit $\psi(x) = u(x) + \lambda\, v(x)$, wobei λ eine beliebige komplexe Zahl sei, kann man leicht nachprüfen, daß (6-27) den Schritt zwischen der ersten und der zweiten Zeile von (6-31) liefert.

Der Grund für unsere Bemühungen um Allgemeinheit liegt darin, daß H nicht der einzige interessierende Operator ist; auch andere Observable, wie z. B. Impuls, Parität und Ort werden durch hermitische Operatoren dargestellt. Wir benützen die Buchstaben A, B, C .... für Operatoren, und da wir uns nur mit solchen befassen, welche Observable darstellen, sind sie alle hermitisch, also

$$A = A^\dagger$$
$$B = B^\dagger$$

usw.

Alle hermitischen Operatoren haben Eigenfunktionen, d. h. es existiert ein Satz von Zustandsvektoren, welche folgende Eigenschaft haben: Der auf die Zustandsvektoren wirkende Operator reproduziert diese bis auf eine Konstante, dem Eigenwert

(6-33) $$Au_a(x) = au_a(x).$$

So wie für den Hamilton-Operator kann das Spektrum dieser Eigenwerte diskret und/oder kontinuierlich sein. Für die Impulseigenwerte fanden wir ein kontinuierliches Spektrum, für die Parität die diskreten Eigenwerte ± 1. So wie bei den Energie-Eigenfunktionen sind die zu verschiedenen Werten von a gehörenden Vektoren orthogonal und normiert

(6-34) $$\int u_a^*(x)\, u_{a'}(x)\, dx = \delta(a,a')$$

oder in unserer neuen Schreibweise

(6-35) $$\langle u_a | u_{a'} \rangle = \delta(a,a').$$

$\delta(a,a')$ ist für diskrete Eigenwerte das Kronecker-Delta $\delta_{aa'}$, und für kontinuierliche Eigenwerte die Diracsche Deltafunktion $\delta(a - a')$. Aus (6-33) und (6-34) folgt

(6-36) $$a = \int u_a^*(x)\, Au_a(x)\, dx\,,$$

also

(6-37) $$a = \langle u_a | A | u_a \rangle.$$

Die Eigenwerte eines hermitischen Operators müssen also reell sein, denn das Ergebnis einer einzelnen Messung einer durch A beschriebenen Observablen muß einer der Eigenwerte sein.

Im 4. Kapitel fanden wir, daß genauso wie beim Hamilton-Operator auch die Eigenfunktionen anderer hermitischer Operatoren einen vollständigen Satz bilden, so daß der Entwicklungssatz

(6-38) $$\psi(x) = \sum_a C_a u_a(x),$$

wobei

(6-39) $$C_a = \int u_a^*(x)\,\psi(x)\,dx = \langle u_a|\psi\rangle\,,$$

gilt. C_a wird wieder als *Wahrscheinlichkeitsamplitude* interpretiert, d.h. $|C_a|^2$ ist die Wahrscheinlichkeit für das Auftreten des Eigenwertes a bei einer Messung von A an einem durch $\psi(x)$ beschriebenen System. Wiederum ergibt sich aus der Forderung nach Reproduzierbarkeit, daß das System nach der Messung im Eigenzustand $u_a(x)$ gefunden werden *muß*.

In den beiden im 4. Kapitel diskutierten Beispielen (Teilchen im Potentialkasten; freies Teilchen) haben wir gefunden, daß die Eigenfunktionen von H simultane Eigenfunktionen eines anderen Operators sind (Parität im ersten, Impuls im zweiten Beispiel), und daß in beiden Fällen diese Operatoren mit H kommutieren. Wir wollen nun allgemein untersuchen, unter welchen Bedingungen dies der Fall ist.

Die zum Eigenwert a und Operator A gehörigen Eigenfunktionen u_a

(6-40) $$Au_a(x) = au_a(x)$$

sind simultane Eigenfunktionen auch eines anderen Operators B, wenn gilt

(6-41) $$Bu_a(x) = bu_a(x).$$

Dies bedeutet jedoch, daß

$$ABu_a(x) = Abu_a(x) = bAu_a(x) = abu_a(x)$$

und

$$BAu_a(x) = Bau_a(x) = aBu_a(x) = abu_a(x)\,,$$

also

(6-42) $$(AB - BA)\,u_a(x) = 0\,.$$

Dieses Ergebnis wäre nicht sehr interessant, wenn es nur für ein ganz bestimmtes u_a gelten würde; da es aber für einen vollständigen Satz von u_a gilt, so bedeutet dies für alle quadratintegrierbaren Funktionen

(6-43) $$\sum_a C_a(AB - BA)\,u_a(x) = (AB - BA)\sum C_a u_a(x) = (AB - BA)\,\psi(x) = 0,$$

d.h. die Operatoren A und B kommutieren:

(6-44) $$[A,B] = 0\,.$$

Umgekehrt, wenn wir zwei miteinander kommutierende hermitische Operatoren A und B haben, also wenn (6-44) gilt, so ist

(6-45) $$ABu_a(x) = BAu_a(x) = aBu_a(x),$$

also

(6-46) $$A[Bu_a(x)] = a[Bu_a(x)].$$

Die Funktion $Bu_a(x)$ ist also ebenfalls eine Eigenfunktion von A mit dem Eigenwert a! Wenn es zum Eigenwert a nur eine einzige Eigenfunktion von A gibt, so bedeutet dies, daß $Bu_a(x)$ proportional zu $u_a(x)$ sein muß, also

(6-47) $$Bu_a(x) = bu_a(x).$$

$u_a(x)$ ist nun eine simultane Eigenfunktion von A und B. Diese Situation, wobei die Eigenfunktionen von A *nicht entartet* sind, hatten wir beim Teilchen im Potentialkasten. Wenn dagegen zwei Eigenfunktionen von A zum Eigenwert a existieren, wir also eine *zweifache Entartung* haben, wie im Beispiel "freies Teilchen"

(6-48) $$\begin{aligned} Au_a^{(1)}(x) &= au_a^{(1)}(x) \\ Au_a^{(2)}(x) &= au_a^{(2)}(x), \end{aligned}$$

so können wir nur angeben, daß $Bu_a^{(1)}(x)$ und $Bu_a^{(2)}(x)$ Linearkombinationen von $u_a^{(1)}(x)$ und $u_a^{(2)}(x)$ sein müssen

(6-49) $$\begin{aligned} Bu_a^{(1)}(x) &= b_{11}u_a^{(1)}(x) + b_{12}u_a^{(2)}(x) \\ Bu_a^{(2)}(x) &= b_{21}u_a^{(1)}(x) + b_{22}u_a^{(2)}(x). \end{aligned}$$

Es ist jedoch klar, daß wir hieraus Linearkombinationen machen können, um folgende Gleichungstypen zu erhalten

(6-50) $$\begin{aligned} Bv_a^{(1)}(x) &= b_+v_a^{(1)}(x) \\ Bv_a^{(2)}(x) &= b_-v_a^{(2)}(x) \end{aligned}$$

und zwar z. B.

$$\begin{aligned} B(u_a^{(1)} + \lambda u_a^{(2)}) &= (b_{11} + \lambda b_{21})\, u_a^{(1)} + (b_{12} + \lambda b_{22})\, u_a^{(2)} \\ &= b_\pm(u_a^{(1)} + \lambda u_a^{(2)}), \end{aligned}$$

wobei für λ zu gelten hat:

$$\frac{b_{12} + \lambda b_{22}}{b_{11} + \lambda b_{21}} = \lambda .$$

Dies ist eine quadratische Gleichung mit zwei Lösungen für λ entsprechend den zwei Eigenwerten $b_\pm$. Günstiger ist es jedoch, die simultanen Eigenfunktionen von A und B in (6-50) mit $u_{ab}^{(1)}(x)$ und $u_{ab}^{(2)}(x)$ zu bezeichnen. Diese sind zueinander orthogonal, da sie zu verschiedenen Eigenwerten von B gehören. Die entarteten Eigenfunktionen von A sind für zweifache Entartung automatisch auch Eigenfunktionen von B, wenn sie zueinander orthogonal sind (e^{ikx} und e^{-ikx} für das Beispiel "Freies Teilchen").

Nachdem man Eigenfunktionen von A gefunden und mit Linearkombinationen daraus Eigenfunktionen des mit A kommutierenden Operators B konstruiert hat, kann immer noch eine Entartung vorliegen, d. h. es gibt dann mehrere simultane Eigenfunktionen von A und B mit gleichem a und b. Dies bedeutet, daß es einen dritten Operator C geben muß, der sowohl mit A als auch mit B kommutiert, und die Funktionen können wieder zu simultanen Eigenfunktionen von A, B und C kombiniert werden; die Eigenwerte von C

unterscheiden die entarteten Eigenfunktionen von A und B. Dies ist fortzusetzen, bis keine Entartung mehr vorliegt. Der Satz von gegenseitig kommutierenden Operatoren $A, B, C, \ldots, M$ heißt dann ein *vollständiger Satz von kommutierenden Observablen*. Wir haben dabei

$$(6\text{-}51)\qquad \begin{aligned}[][A,\ B] &= [A,\ C] = \ldots = [A,\ M] = 0\\ [B,\ C] &= [B,\ D] = \ldots = [B,\ M] = 0\end{aligned}$$

und

$$(6\text{-}52)\qquad \begin{aligned} Au_{ab\ldots m}(x) &= au_{ab\ldots m}(x)\\ Bu_{ab\ldots m}(x) &= bu_{ab\ldots m}(x)\\ &\ldots\ldots\\ Mu_{ab\ldots m}(x) &= mu_{ab\ldots m}(x).\end{aligned}$$

Der mit $u_{abc\ldots m}(x)$ beschriebene Zustand hat wohlbestimmte Werte der Observablen $A, B, C, \ldots, M$. Dies ist der größtmögliche Informationsgehalt, den wir über dieses System haben können: Betrachten wir nämlich einen anderen Operator, der keine Funktion der Operatoren $A, B, \ldots, M$ ist (eine Funktion aus diesen ist eindeutig definiert, da sie kommutieren), so werden Messungen dieser Observablen *keinen* scharfen Wert des Zustandes $u_{ab\ldots m}(x)$ ergeben. Allgemein gesagt: Wenn zwei Operatoren nicht kommutieren, so wird die Schärfe, mit der die beiden Observablen zu erhalten sind, durch eine Art Unschärferelation miteinander verknüpft.

Um dies zu zeigen, müssen wir erst definieren, was wir unter Schärfe verstehen. Ein natürliches Maß dafür ist die *Varianz*

$$(6\text{-}53)\qquad (\Delta A)^2 = \langle A^2\rangle - \langle A\rangle^2.$$

Sie verschwindet nicht schon allein wenn $\langle A\rangle = 0$, aber sie verschwindet, wenn der Erwartungswert eines Eigenzustandes von A gemessen wird. Wir können (6-53) auch schreiben als

$$(6\text{-}54)\qquad (\Delta A)^2 = \langle (A - \langle A\rangle)^2\rangle,$$

da

$$\langle A^2 - 2A\langle A\rangle + \langle A\rangle^2\rangle = \langle A^2\rangle - \langle A\rangle\langle A\rangle.$$

Man sieht, daß $(\Delta A)^2$ ein Maß für die Stärke der Fluktuationen um den Mittelwert ist. Ohne weiteres kann hieraus gezeigt werden (siehe Anhang B), daß

$$(6\text{-}55)\qquad (\Delta A)^2(\Delta B)^2 - \tfrac{1}{4}\langle i[A,B]\rangle^2 \geq 0\,.$$

Für x und p, wofür $[x,p] = i\hbar$ folgt also

$$(6\text{-}56)\qquad (\Delta x)^2(\Delta p)^2 \geq \frac{\hbar^2}{4}\,.$$

Man beachte, daß bei der Ableitung kein Gebrauch von Welleneigenschaften, Orts- oder Impulsraumfunktionen und Welle-Teilchen-Dualismus gemacht wurde. Unser Ergebnis beruht allein auf den Operatoreigenschaften der Observablen A und B.

Wenden wir uns nun der wichtigen Frage zu, wie die klassische Physik als Grenzfall aus der Quantentheorie hervorgeht. Hierzu müssen wir zuerst die zeitliche Entwicklung der Erwartungswerte von Operatoren studieren. Im allgemeinen ändert sich der Erwartungswert eines Operators. Der Grund dafür kann sein, daß der Operator eine explizite Zeitabhängigkeit aufweist, wie z. B. $x + pt/m$; der Erwartungswert ändert sich auch, weil er aus einer Wellenfunktion gewonnen wird, die sich selbst zeitlich ändert. Schreiben wir

$$\langle A \rangle_t = \int \psi^*(x,t)\, A\psi(x,t)\, dx, \tag{6-57}$$

so ist

$$\begin{aligned}
\frac{d}{dt}\langle A \rangle_t &= \int \psi^*(x,t)\,\frac{\partial A}{\partial t}\,\psi(x,t)\,dx \\
&\quad + \int \frac{\partial \psi^*(x,t)}{\partial t}\,A\psi(x,t)\,dx \\
&\quad + \int \psi^*(x,t)\,A\,\frac{\partial \psi(x,t)}{\partial t}\,dx \\
&= \left\langle \frac{\partial A}{\partial t} \right\rangle_t + \int \left(\frac{1}{i\hbar}\,H\psi(x,t)\right)^* A\psi(x,t) \\
&\quad + \int \psi^*(x,t)\,A\left(\frac{1}{i\hbar}\,H\psi(x,t)\right) \\
&= \left\langle \frac{\partial A}{\partial t} \right\rangle_t + \frac{i}{\hbar}\int \psi^*(x,t)\,HA\psi(x,t)\,dx \\
&\quad - \frac{i}{\hbar}\int \psi^*(x,t)\,AH\psi(x,t)\,dx,
\end{aligned}$$

also

$$\frac{d}{dt}\langle A \rangle_t = \left\langle \frac{\partial A}{\partial t} \right\rangle_t + \frac{i}{\hbar}\,\langle [H,A] \rangle_t . \tag{6-58}$$

Hierbei haben wir vorausgesetzt, daß H hermitisch ist. Für den Fall, daß A keine explizite Zeitabhängigkeit aufweist, sehen wir, daß sich der Erwartungswert für *jeden Zustand* ändert entsprechend

$$\frac{d}{dt}\langle A \rangle_t = \frac{i}{\hbar}\,\langle [H,A] \rangle_t . \tag{6-59}$$

Wenn der Operator A mit H kommutiert, so ist der Erwartungswert konstant; diese Observable ist dann eine *Konstante der Bewegung*. Wenn der Hamilton-Operator zu einem vollständigen Satz kommutierender Observabler gehört, so sind auch diese alle Konstanten der Bewegung.

Betrachten wir als Beispiele nacheinander zuerst $A = x$ und dann $A = p$. Im ersten Fall haben wir

$$\frac{d}{dt}\langle x\rangle = \frac{i}{\hbar}\langle [H,x]\rangle$$

$$= \frac{i}{\hbar}\left\langle\left[\frac{p^2}{2m} + V(x),x\right]\right\rangle.$$

Da x mit jeder Funktion von x kommutiert

(6-60) $$[V(x),x] = 0$$

bleibt nur noch zu berechnen

(6-61) $$[p^2,x] = p[p,x] + [p,x]\,p = \frac{2\hbar}{i}\,p.$$

Somit haben wir

(6-62) $$\frac{d}{dt}\langle x\rangle = \left\langle\frac{p}{m}\right\rangle.$$

Im zweiten Fall haben wir

(6-63) $$\frac{d}{dt}\langle p\rangle = \frac{i}{\hbar}\left\langle\left[\frac{p^2}{2m} + V(x),p\right]\right\rangle = -\frac{i}{\hbar}\langle [p,V(x)]\rangle,$$

denn selbstverständlich kommutieren p^2 und p. Berechnen wir nun $[p,V]$

(6-64) $$pV(x)\,\psi(x) - V(x)\,p\psi(x) = \frac{\hbar}{i}\frac{d}{dx}[V(x)\,\psi(x)] - \frac{\hbar}{i}V(x)\frac{d}{dx}\psi(x) = \frac{\hbar}{i}\frac{dV(x)}{dx}\psi(x).$$

Es ist also

(6-65) $$[p,V(x)] = \frac{\hbar}{i}\frac{dV(x)}{dx}$$

und somit

(6-66) $$\frac{d}{dt}\langle p\rangle_t = -\left\langle\frac{dV(x)}{dx}\right\rangle_t.$$

(6-62) und (6-66) zusammen liefern

(6-67) $$m\frac{d^2}{dt^2}\langle x\rangle_t = -\left\langle\frac{dV(x)}{dx}\right\rangle_t.$$

Dieses Ergebnis hat große Ähnlichkeit mit der Bewegungsgleichung für einen klassischen Massenpunkt

(6-68) $$m\frac{d^2x_{cl}}{dt^2} = -\frac{dV(x_{cl})}{dx_{cl}}.$$

Der einzige Grund, der uns abhält

(6-69) $$x_{cl} = \langle x \rangle$$

schreiben zu dürfen, ist

(6-70) $$\left\langle \frac{dV}{dx} \right\rangle \neq \frac{d}{d\langle x \rangle} V(\langle x \rangle).$$

Ehrenfest hat als erster festgestellt, daß der Bewegungsablauf praktisch klassisch wird, sobald diese Ungleichung näherungsweise eine Gleichung wird. Dies ist der Fall, wenn das Potential langsam mit dem Argument x variiert. Setzen wir

(6-71) $$F(x) = -\frac{dV(x)}{dx},$$

so ist

$$F(x) = F(\langle x \rangle) + (x - \langle x \rangle)\, F'(\langle x \rangle) + \frac{(x - \langle x \rangle)^2}{2!} F''(\langle x \rangle) + \ldots$$

Wenn die Unschärfe $(\Delta x)^2 = \langle (x - \langle x \rangle)^2 \rangle$ klein ist, so können die höheren Entwicklungsglieder vernachlässigt werden, und wir haben

(6-72) $$\begin{aligned} \langle F(x) \rangle &\cong F(\langle x \rangle) + \langle x - \langle x \rangle \rangle\, F'(\langle x \rangle) \\ &\cong F(\langle x \rangle). \end{aligned}$$

Diese Näherung kann selbst für Elektronen und andere subatomare Teilchen gelten: Für makroskopische Felder ist (6-72) eine gute Näherung, und deshalb darf man Elektronen- und Protonenbahnen im Beschleuniger mit der klassischen Bewegungsgleichung beschreiben.

Aufgaben

1. A und B seien hermitische Operatoren. Zeigen Sie, daß 1. der Operator AB nur dann hermitisch ist, wenn A und B kommutieren (also wenn $AB = BA$), und 2. daß der Operator $(A + B)^n$ hermitisch ist.

2. Beweisen Sie, daß $A + A^\dagger$ und $i(A - A^\dagger)$ für jeden Operator A hermitisch sind, sowie es auch $AA^\dagger$ ist.

3. H sei ein hermitischer Operator. Beweisen Sie, daß der zum Operator e^{iH} (definiert als $\sum_{n=0}^{\infty} i^n H^n / n!$) hermitisch konjugierte Operator e^{-iH} ist.

4. Beweisen Sie die Schwartzsche Ungleichung

$$\langle \psi | \psi \rangle \langle \phi | \phi \rangle \geq |\langle \psi | \phi \rangle|^2.$$

Bemerkt sei, daß dies der Ungleichung $\cos^2 \theta \leq 1$ für dreidimensionale Vektoren entspricht (Hinweis: Betrachten Sie $\langle \psi + \lambda\phi | \psi + \lambda\phi \rangle \geq 0$ und berechnen Sie den Wert von λ, für den die linke Seite zum Minimum wird.)

5. Betrachten Sie (6-38) und (6-39). Berechnen Sie $\langle\phi|\psi\rangle$ (auszudrücken durch $\langle\phi|u_a\rangle$) für beliebiges ϕ, und zeigen Sie, daß gilt

$$\langle\phi|\psi\rangle = \sum_a \langle\phi|u_a\rangle\langle u_a|\psi\rangle .$$

In gewissem Sinn entspricht die Summe über einen vollständigen Satz

$$\sum_a |u_a\rangle\langle u_a|$$

dem Einheitsoperator.

6. Zeigen Sie, daß $\langle A^2\rangle \geq 0$, falls A hermitisch ist.

7. Betrachten Sie den hermitischen Operator H, welcher die Eigenschaft $H^4 = 1$ hat. Welches sind die Eigenwerte von H? Finden Sie auch die Eigenwerte, falls für H nicht die Einschränkung hermitisch zu sein gilt.

8. Ein Operator heißt unitär, wenn er folgende Eigenschaft hat

$$UU^\dagger = U^\dagger U = 1 .$$

Man zeige, daß $\langle U\psi|U\psi\rangle = 1$, falls $\langle\psi|\psi\rangle = 1$.

9. Zeigen Sie, daß e^{iA} unitär ist, falls A hermitisch ist.

10. Man zeige, daß für den unitären Operator U der Satz

$$|v_a\rangle = U|u_a\rangle$$

orthonormiert ist, falls $\{u_a\}$ einen vollständigen orthonormierten Satz (d.h. $\langle u_a|u_b\rangle = \delta_{ab}$) bilden. (Dies bedeutet, daß ein unitärer Operator in seiner Wirkung auf einen Satz von Basiszuständen wieder einen solchen ergibt.)

11. Verwenden Sie die in (6-54) gegebene Definition von Δx und Δp, um zu zeigen, daß für ein Teilchen im unendlich hohen Potentialkasten im Zustand n gilt

$$\Delta p\, \Delta x \sim \hbar n .$$

12. Zeigen Sie mit der Definition (6-27) des hermitisch konjugierten Operators $A^\dagger$, daß

$$\int dx[A\phi(x)]^*\, \psi(x) = \int dx \phi^*(x)\, A^\dagger\psi(x) .$$

(Hinweis: Siehe Fußnote 1 dieses Kapitels.)

13. Gegeben seien die Hamilton-Operatoren

a) $$H = \frac{p^2}{2m} + \tfrac{1}{2}m(\omega_1^2 x^2 + \omega_2 x + \epsilon)$$

b) $$H = \frac{p^2}{2m} + \tfrac{1}{2}m\omega^2 x^2 - \frac{A}{x^2} .$$

Verwenden Sie die Vertauschungsrelation zwischen Impuls p und Ort x, um die Gleichungen für die zeitliche Entwicklung von $\langle x\rangle$ und $\langle p\rangle$ zu gewinnen, und lösen Sie sie für den Fall a).

Literatur

In allen Büchern über Quantenmechanik wird die allgemeine Struktur der Wellenmechanik diskutiert. Einführende Lehrbücher sind z. B.

D. Bohm "Quantum Theory" Prentice Hall, Inc., 1951

R.H. Dicke and J.P. Wittke "Introduction to Quantum Mechanics" Addison-Wesley Publishing Co., Inc., 1960

J.L. Powell and B. Crasemann "Quantum Mechanics" Addison-Wesley Publishing Co., Inc., 1961

Von den Lehrbüchern für Fortgeschrittene sei genannt

E. Merzbacher "Quantum Mechanics" John Wiley and Sons, Inc., 1970

7. Operatormethoden in der Quantenmechanik

In der Diskussion der allgemeinen Struktur der Wellenmechanik legten wir gleichviel Gewicht auf die Operatoren, welche die Observablen darstellen, und auf deren Eigenfunktionen. Obwohl letztere in Analogie zu einer orthonormalen Basis von Einheitsvektoren in einem N-dimensionalen Vektorraum beschrieben wurden (was wohl Abbruch an ihrer allgemeinen Bedeutung bewirken könnte) so scheinen sie doch, mehr als die Operatoren, die entscheidende Rolle in unserer Diskussion der physikalischen Probleme im 5. Kapitel zu spielen. Im vorliegenden Kapitel wollen wir an einem einfachen Beispiel zeigen a) daß man im Auffinden des Eigenwertspektrums unter alleiniger Benützung der Operatoren sehr weit kommt, und b) daß die Beschreibung der Eigenfunktionen als Basissatz ein wenig abstrakter gemacht werden kann. Letzteres ist wichtig, denn bis jetzt haben wir nur Funktionen von x oder von p betrachtet. Später werden wir sehen, daß Observable existieren, die nicht in irgendeiner direkten Weise mit dem x-Raum verknüpft werden können, und für diese muß der mehr abstrakte Begriff des *Eigenzustands* entwickelt werden. Diese Bemerkungen werden im Lösungsverlauf unseres Beispiels, des *harmonischen Oszillators*,[1]) ein wenig klarer werden.

Der Hamilton-Operator hat die Form

(7-1) $$H = \frac{p^2}{2m} + \tfrac{1}{2}m\omega^2 x^2,$$

wobei x und p Operatoren sind. Wir wollen nicht darauf bestehen, daß p durch $(\hbar/i)(d/dx)$ darzustellen sei. Aus der im 3. Kapitel erhaltenen expliziten Darstellung übernehmen wir nur die grundlegende Vertauschungsrelation

(7-2) $$[p,x] = \frac{\hbar}{i}.$$

Klassisch gesehen könnte der Hamilton-Operator folgendermaßen faktorisiert werden:

$$H = \omega\left(\sqrt{\frac{m\omega}{2}}\,x - i\,\frac{p}{\sqrt{2m\omega}}\right)\left(\sqrt{\frac{m\omega}{2}}\,x + i\,\frac{p}{\sqrt{2m\omega}}\right).$$

[1]) Es gibt wenige Probleme, die exakt lösbar sind, seien sie in Form von Differentialgleichungen oder in der Operatorform. Dieses Beispiel ist das einfachste und somit am besten für unsere Zwecke geeignet.

Da aber die Operatoren p und x nicht kommutieren, erhalten wir

$$\begin{aligned}
&\omega\left(\sqrt{\frac{m\omega}{2}}\,x - i\,\frac{p}{\sqrt{2m\omega}}\right)\left(\sqrt{\frac{m\omega}{2}}\,x + i\,\frac{p}{\sqrt{2m\omega}}\right)\\
(7\text{-}3)\qquad &= \frac{p^2}{2m} + \frac{m\omega^2}{2}\,x^2 - \frac{i\omega}{2}\,(px - xp)\\
&= H - \tfrac{1}{2}\hbar\omega.
\end{aligned}$$

Wir wollen nun einführen

$$(7\text{-}4)\qquad \begin{aligned}
A &= \sqrt{\frac{m\omega}{2}}\,x + i\,\frac{p}{\sqrt{2m\omega}}\\
A^\dagger &= \sqrt{\frac{m\omega}{2}}\,x - i\,\frac{p}{\sqrt{2m\omega}}\,.
\end{aligned}$$

Die Kennzeichnung des zweiten Operators als zum ersten hermitisch konjugiert ist berechtigt, da x und p hermitische Operatoren sind. Wir überzeugen uns, daß A und $A^\dagger$ nicht kommutieren,

$$(7\text{-}5)\qquad \begin{aligned}
[A,A^\dagger] &= \left[\sqrt{\frac{m\omega}{2}}\,x,\ - i\,\frac{p}{\sqrt{2m\omega}}\right] + \left[i\,\frac{p}{\sqrt{2m\omega}},\ \sqrt{\frac{m\omega}{2}}\,x\right]\\
&= \hbar
\end{aligned}$$

und drücken den Hamilton-Operator durch die beiden neuen Operatoren aus:

$$(7\text{-}6)\qquad H = \tfrac{1}{2}\hbar\omega + \omega A^\dagger A.$$

In der Einfachheit der Vertauschungsrelationen von A und $A^\dagger$ mit H zeigt sich die Einfachheit des Hamilton-Operators. Wir haben [2])

$$(7\text{-}7)\qquad \begin{aligned}
[H,A] = [\omega A^\dagger A,A] &= \omega[A^\dagger,A]\,A\\
&= -\hbar\omega A
\end{aligned}$$

und ähnlich

$$(7\text{-}8)\qquad \begin{aligned}
[H,A^\dagger] = [\omega A^\dagger A,A^\dagger] &= \omega A^\dagger[A,A^\dagger]\\
&= \hbar\omega A^\dagger.
\end{aligned}$$

Nebenbei bemerkt, ein nützlicher Rechentrick bei der Herleitung von Vertauschungsrelationen zwischen hermitisch konjugierten Operatoren ist

$$(7\text{-}9)\qquad [A,B]^\dagger = (AB - BA)^\dagger = B^\dagger A^\dagger - A^\dagger B^\dagger = [B^\dagger,A^\dagger]\,.$$

[2]) Wir werden die Regeln für den Umgang mit Kommutatoren, wie sie im Anhang B dargestellt sind, immer wieder anwenden:

$[A + B, C] = [A, C] + [B, C]$ und $[AB, C] = A[B, C] + [A, C]\,B$

Natürlich ist es sehr wesentlich, daß die Reihenfolge der Operatoren nicht verändert wird.

Speziell ist

$$(7\text{-}10)\qquad \begin{aligned}[H,A]^\dagger = [A^\dagger,H] &= -[H,A^\dagger]\\ &= (-\hbar\omega A)^\dagger,\end{aligned}$$

woraus (7-8) folgt.

Schreiben wir nun die Eigenwertgleichung an:

$$(7\text{-}11)\qquad Hu_E = Eu_E\,.$$

Immer wenn wir in den vorhergehenden Kapiteln eine solche Gleichung vor uns hatten, war impliziert, daß H irgendwelche Differentialoperatoren wie d/dx enthält und daß u_E eine Funktion von x war; dies war angemessen, wenn unsere Operatoren speziell an den durch alle quadratintegrierbaren Funktionen von x definierten Raum gebunden waren. Dagegen wollen wir in den kommenden Betrachtungen nicht sehr spezielle Vorstellungen darüber haben, worauf die Operatoren wirken sollen. Wir nehmen an, daß sie in einem abstrakten Vektorraum definiert sind, und setzen diesen abstrakten Vektorraum später mit dem Raum der Funktionen von x in Beziehung. Um diese Abstraktion in die zur Beschreibung der Gleichungen benützte Sprache zu übersetzen, sprechen wir anstatt von Eigenfunktionen jetzt von *Eigenzuständen*, und das was wir bisher Wellenfunktionen oder Wellenpakete genannt haben, nennen wir jetzt *Zustandsvektoren*. So kann die Eigenfunktion $u_{ab\ldots m}(x)$ des maximal kommutierenden Satzes von Observablen nun ersetzt werden durch den Eigenvektor oder Eigenzustand des maximal kommutierenden Satzes, $u_{ab\ldots m}$; die Indizes $a, b, \ldots, m$ bedeuten die Eigenwerte der Observablen $A, B, \ldots, M$, und diese Beschreibung, ohne dem x, zeigt explizit den maximalen Informationsgehalt.

Wir wollen nun den Operator (7-7) nehmen und ihn auf u_E wirken lassen.

$$HAu_E - AHu_E = -\hbar\omega Au_E$$

Hieraus wird mit (7-11)

$$(7\text{-}12)\qquad HAu_E = (E - \hbar\omega)\, Au_E.$$

Diese Gleichung besagt: Ist u_E ein Eigenzustand von H mit dem Eigenwert E, so ist Au_E ebenfalls ein Eigenzustand von H, hat aber den Eigenwert $E - \hbar\omega$. Der Eigenwert wurde also um die Energieeinheit

$$(7\text{-}13)\qquad \epsilon = \hbar\omega$$

erniedrigt. Wir dürfen also schreiben

$$(7\text{-}14)\qquad Au_E = c(E)\, u_{E-\epsilon}\,.$$

Au_E ist nicht unbedingt schon normiert wenn u_E es ist, und deshalb ist die Konstante $c(E)$ nötig. Die Normierungsbedingung, die wir immer geschrieben haben in der Form

$$\int u_E^*(x)\, u_E(x)\, dx = 1\,,$$

lautet nun, da wir betontermaßen von der x-Abhängigkeit frei werden wollen, mit der in (6-18) definierten Schreibweise

(7-15) $$\langle u_E | u_E \rangle = 1.$$

Wir werden immer alle Eigenzustände auf 1 normieren, außer wenn sie ein Kontinuum darstellen, wobei dann

(7-16) $$\langle u_E | u_{E'} \rangle = \begin{cases} \delta(E - E') \\ \text{or } \delta(p - p'). \end{cases}$$

Wenden wir nun (7-7) auf den Zustand $u_{E-\epsilon}$ an, so finden wir in der gleichen Weise wie vorher, daß $Au_{E-\epsilon}$ oder $A^2 u_E$ einen Zustand der Energie $E - 2\epsilon$ ergibt. Durch wiederholte Anwendung des Operators A auf irgendein u_E können wir also Zustände von immer geringerer Energie erzeugen. A wird deshalb als *Absteige-Operator* (auch Abwärts-Operator) bezeichnet. Er kann nicht beliebig oft angewendet werden, da H zufolge (7-1) immer einen positiven Erwartungswert haben muß. Für eine beliebige Wellenfunktion erhalten wir

(7-17) $$\begin{aligned} \langle \psi | p^2 | \psi \rangle &= \int \psi^*(x)\, p^2\psi(x)\, dx = \int [p^\dagger \psi(x)]^*\, (p\psi)\, dx \\ &= \int [p\psi(x)]^*\, [p\psi(x)]\, dx \\ &= \hbar^2 \int |d\psi(x)/dx|^2\, dx \geq 0. \end{aligned}$$

Da wir betontermaßen eine Darstellung unabhängig von Koordinaten verwenden wollen, wird dies zu

(7-18) $$\begin{aligned} \langle \psi | p^2 | \psi \rangle &= \langle p^\dagger \psi | p\psi \rangle \\ &= \langle p\psi | p\psi \rangle \geq 0. \end{aligned}$$

Da auch x ein hermitischer Operator ist, erhalten wir ebenso

(7-19) $$\begin{aligned} \langle \psi | x^2 | \psi \rangle &= \langle x^\dagger \psi | x\psi \rangle \\ &= \langle x\psi | x\psi \rangle \geq 0. \end{aligned}$$

Alle Skalarprodukte von Vektoren mit sich selbst ergeben das Quadrat ihrer Länge, also eine positive Zahl. Somit müssen unsere Abwärtsschritte irgendwo zu Ende sein und ein *Grundzustand* existieren. Wir bezeichnen diesen Zustand mit u_0, und dort endigt die Absteigeprozedur. Dies bedeutet

(7-20) $$Au_0 = 0.$$

Die Energie des Grundzustandes ist

(7-21) $$Hu_0 = (\omega A^\dagger A + \tfrac{1}{2}\hbar\omega)\, u_0 = \tfrac{1}{2}\hbar\omega\, u_0.$$

Wir wollen nun (7-8) auf den Grundzustand anwenden:

$$HA^\dagger u_0 - A^\dagger H u_0 = \hbar\omega A^\dagger u_0$$

und somit ist

$$HA^\dagger u_0 = (\hbar\omega + \tfrac{1}{2}\hbar\omega)\, A^\dagger u_0\,. \tag{7-22}$$

Die Energie wurde also um eine Einheit $\hbar\omega$ erhöht und deshalb bezeichnen wir $A^\dagger$ als *Aufsteige-Operator* (auch Aufwärts-Operator). Wir ändern nun unsere Bezeichnungsweise ein wenig: den Zustand indizieren wir mit derjenigen Zahl, die angibt, um wieviele Einheiten $\epsilon = \hbar\omega$ er oberhalb der Grundzustandsenergie $\frac{1}{2}\hbar\omega$ liegt. Wir haben also

$$A^\dagger u_0 = c u_1 \tag{7-23}$$

und (7-12) beinhaltet

$$A u_1 = c' u_0\,. \tag{7-24}$$

Somit bewegen wir uns mit $A^\dagger$ und A auf ein und derselben "Leiter" auf- und abwärts.*) Alle Zustände können durch wiederholtes Anwenden von $A^\dagger$ auf u_0 erzeugt werden. Eine Folge davon ist, daß wir folgendes Energiespektrum erhalten:

$$E = (n + \tfrac{1}{2})\,\hbar\omega \qquad n = 0, 1, 2, \ldots \tag{7-25}$$

Wir haben also das Energiespektrum gewonnen, ohne dazu irgendeine Differentialgleichung gelöst zu haben. Auch eine allgemeine Darstellung der Eigenvektoren haben wir erhalten

$$u_n = \frac{1}{\sqrt{n!}} \left(\frac{A^\dagger}{\sqrt{\hbar}}\right)^n u_0\,, \tag{7-26}$$

wobei schon die richtige Normierungskonstante eingesetzt wurde.[3]) Mit Hilfe dieser Darstellung können wir die Orthogonalität der zu verschiedenen Energien gehörenden Eigenzustände beweisen. Hierbei muß ein Ausdruck der Form

$$\langle u_0 | A^m (A^\dagger)^n | u_0 \rangle$$

berechnet werden, was durch Verwendung der Kommutatoren von A und $A^\dagger$ möglich ist. Mit (7-5) sehen wir z. B., daß

---

*) Anm. d. Üb.: Man nennt $A^\dagger$ und A deshalb auch "Leiteroperatoren".

[3]) Die Herleitung sei für den algebraisch orientierten Leser kurz beschrieben. Mit $(A^\dagger)^n u_0 = c_n u_n$ haben wir $|c_n|^2 \langle u_n | u_n \rangle = |c_n|^2 = \langle (A^\dagger)^n u_0 | (A^\dagger)^n u_0 \rangle = \langle u_0 | A^n (A^\dagger)^n u_0 \rangle$. Nun können wir (7-5) verwenden, um die Beziehung $A^n(A^\dagger)^n = A^{n-1}[n\hbar(A^\dagger)^{n-1} + (A^\dagger)^n A]$ abzuleiten. Wenn dies eingeschoben wird in $\langle u_0 | \ldots u_0 \rangle$, so verschwindet das zweite Glied auf der rechten Seite, und wir erhalten die Rekursionsformel $|c_n|^2 = n\hbar |c_{n-1}|^2$. $\therefore\ |c_n|^2 = n!(\hbar)^n |c_0|^2 = n!(\hbar)^n$. Ohne Verlust an Allgemeingültigkeit dürfen wir c_n als reell wählen

$$A^2(A^\dagger)^3 = A(A^\dagger A + \hbar)(A^\dagger)^2 = \hbar A(A^\dagger)^2 + AA^\dagger(A^\dagger A + \hbar)\, A^\dagger = 3\hbar A(A^\dagger)^2 + A(A^\dagger)^3 A.$$

Hierbei gibt der letzte Summand, eingeschoben zwischen die beiden u_0, den Wert Null wegen $Au_0 = 0$, und der vorletzte kann in gleicher Weise zu $6\hbar^2 A^\dagger$ umgeformt werden. Somit bleibt

(7-27) $$\langle u_0 | A^\dagger u_0 \rangle = \langle A u_0 | u_0 \rangle = 0\,,$$

womit wir bewiesen haben, daß $\langle u_2 | u_3 \rangle = 0$. Auf diese Weise kann man allgemein zeigen

(7-28) $$\langle u_m | u_n \rangle = 0 \qquad m \neq n.$$

Die Feststellung, daß ein beliebiger Zustandsvektor nach Eigenzuständen von H entwickelt werden kann, lautet nun in der koordinatenunabhängigen Schreibweise

(7-29) $$\psi = \sum_{n=0}^{\infty} C_n u_n$$

und da $\langle u_m | u_n \rangle = \delta_{mn}$, erhalten wir

(7-30) $$C_m = \langle u_m | \psi \rangle.$$

Von der allgemeinen Linie in diesem Kapitel weichen wir nun ein wenig ab, um zu zeigen, daß die Aufsteige- und Absteigeoperatoren auch mit Vorteil zur Lösung der Gleichung des harmonischen Oszillators verwendet werden können. Im x-Raum lautet (7-20)

(7-31) $$\left(\sqrt{\frac{m\omega}{2}}\, x + i\, \frac{p}{\sqrt{2m\omega}}\right) u_0(x) = 0.$$

Mit der x-Darstellung des Operators p, also $p = \hbar/i(d/dx)$ wird dies zu

(7-32) $$\left(m\omega x + \hbar\, \frac{d}{dx}\right) u_0(x) = 0.$$

Dies ist eine einfache Differentialgleichung mit der Lösung

(7-33) $$u_0(x) = C\, e^{-m\omega x^2/2\hbar}.$$

Die Konstante C ist durch die Forderung nach Normierung von $u_0(x)$ bestimmt

$$1 = C^2 \int_{-\infty}^{\infty} dx\, e^{-m\omega x^2/\hbar} = C^2 \left(\frac{\hbar\pi}{m\omega}\right)^{1/2},$$

also

(7-34) $$C = \left(\frac{m\omega}{\hbar\pi}\right)^{1/4}.$$

Wir können auch jeden der angeregten Zustände erhalten, indem wir im einzelnen berechnen

$$u_n(x) = \frac{\hbar^{-n/2}}{\sqrt{n!}} (A^\dagger)^n u_0(x)$$

(7-35)

$$= \frac{1}{\sqrt{n!}} \left(\frac{m\omega}{\hbar\pi}\right)^{1/4} \left(\sqrt{\frac{m\omega}{2\hbar}}\, x - \sqrt{\frac{\hbar}{2m\omega}} \frac{d}{dx}\right)^n e^{-m\omega x^2/2\hbar}.$$

Dies ist tatsächlich eine sehr bündige Schreibweise für die allgemeine Lösung der Differentialgleichung.

Es ist also gelungen herauszustellen, daß man die Lösung für die Eigenwerte des harmonischen Oszillators allein mit Operatormethoden findet. Alles was man braucht, um die Eigenzustände zu spezifizieren ist die Energie, also die ganzen Zahlen $n = 0, 1, 2, \ldots$ in

$$E = (n + \tfrac{1}{2})\, \hbar\omega,$$

und somit besteht der vollständige Satz kommutierender Observabler in H allein[4]). Der Index n am Eigenzustand u_n beschreibt also dessen gesamten Inhalt. Wir könnten uns deshalb gut vorstellen, daß die bevorzugte Rolle der Eigenfunktion im x-Raum, $u_n(x)$, aufgegeben werden kann, jedoch mit einer Einschränkung: $u_n(x)$ liefert uns tatsächlich mehr Information, da wir daraus die Wahrscheinlichkeit für das Auffinden des Teilchens an der Stelle x entnehmen können. Kommt der x-Raum-Wellenfunktion durch diesen zusätzlichen Inhalt eine besondere Bedeutung zu? Erinnern wir uns an die Rolle der Wellenfunktion $\phi(p)$ im p-Raum, wie sie z.B. im 3. Kapitel vorkommt. Wir könnten für sie auch den Anspruch auf besondere Bedeutsamkeit erheben, denn sie ist die Fouriertransformierte der Funktion im x-Raum; später jedoch, z.B. in (4-59) haben wir erklärt, daß $\phi(p)$ "nur" Koeffizient der Entwicklung eines beliebigen $\psi(x)$ nach Eigenzuständen des Impulsoperators war, und deshalb das Absolutquadrat die Wahrscheinlichkeit für das Auffinden des Impulses p in diesem Zustand ergab. In ähnlicher Weise könnte die Tatsache, daß $|\psi(x)|^2$ die Wahrscheinlichkeitsdichte für das Auffinden des Teilchens am Ort x ergibt, folgendermaßen interpretiert werden: $\psi(x)$ ist der Entwicklungskoeffizient eines beliebigen, abstrakten Zustands in der Entwicklung nach Eigenzuständen des Ortsoperators x_{op}. Wir schreiben die Eigenwertgleichung abstrakt als

(7-36) $$x_{op}\phi_x = x\phi_x\,,$$

wobei wir x als Index beibehalten, um sicher deutlich zu machen, daß dieser den Eigenzustand bezeichnet, genauso wie n bei u_n. Das Eigenwertspektrum des hermitischen Operators x_{op} ist kontinuierlich, so daß der Entwicklungssatz anstelle des Ausdrucks (7-29) hier lautet

4) Die Parität ist im Index n enthalten. Zustände mit geradem n sind von positiver Parität, mit ungeradem n von negativer Parität. Dies folgt daraus, daß A und $A^\dagger$ bei Spiegelung ungerade sind.

(7-37) $$\psi = \int dx\, C(x)\, \phi_x .$$

Da die in (7-36) definierten Eigenzustände einen orthonormalen Satz bilden,

(7-38) $$\langle \phi_x | \phi_{x'} \rangle = \delta(x - x')$$

erhalten wir

(7-39) $$C(x) = \langle \phi_x | \psi \rangle .$$

Dies ist die Wahrscheinlichkeitsamplitude für das Auffinden eines Teilchens an der Stelle x, oder deutlicher: Die Messung der Observablen x ergibt den Eigenwert x mit der Wahrscheinlichkeit $|C(x)|^2$. Um zu zeigen, daß die Wellenfunktion im x-Raum, wie wir sie immer aus Gewohnheit benützen, keine bevorzugte Rolle spielt, brauchen wir (7-37) nur umzuschreiben

(7-40) $$\psi = \int dx \psi(x)\, \phi_x .$$

Die grundlegenden Prinzipien befassen sich mit Operatoren und ihren Eigenvektoren und Eigenwerten in einem abstrakten Raum, alles andere ist nur eine Sache der *Darstellung*. Diese ist natürlich wichtig, um numerische Ergebnisse zu erhalten, was ja in der Physik überall verlangt wird. Aus diesem Grund wollen wir nicht allzuviel Gewicht auf die formale Struktur der Theorie legen, und weiterhin Wellenfunktionen verwenden. Später müssen wir aber mit Operatoren umgehen, welche kein klassisches Analogon haben, wie z.B. der Spin von Elektronen und anderen Teilchen, und dann werden wir uns die Freiheit zu anderen Darstellungsweisen nehmen.

Wir beschließen dieses Kapitel mit der Diskussion der zeitlichen Entwicklung eines Systems in unserer darstellungsunabhänigen Weise. Die zeitabhängige Schrödinger-Gleichung

(7-41) $$i\hbar \frac{d\psi(t)}{dt} = H\psi(t)$$

ist nun eine Operatorgleichung im abstrakten Raum. $\psi(t)$ ist ein Vektor, und seine Richtung hängt von der Zeit ab. Die Gleichung kann leicht gelöst werden. Die Lösung ist

(7-42) $$\psi(t) = e^{-iHt/\hbar}\, \psi(0),$$

wobei $\psi(0)$ der Vektor zur Zeit $t = 0$ ist, und der Operator $e^{-iHt/\hbar}$ definiert ist durch

(7-43) $$e^{-iHt/\hbar} = \sum_{n=0}^{\infty} \frac{(-iHt/\hbar)^n}{n!} .$$

Mit (7-42) sind wir in der Lage, die zeitliche Änderung des Erwartungswerts irgendeines Operators A, der selbst keine explizite Zeitabhängigkeit hat, zu beschreiben:

$$
\begin{aligned}
\langle A \rangle_t &= \langle \psi(t) | A\psi(t) \rangle \\
&= \langle e^{-iHt/\hbar}\,\psi(0) | A\, e^{-iHt/\hbar}\,\psi(0) \rangle \\
&= \langle \psi(0) |\, e^{iHt/\hbar}\, A\, e^{-iHt/\hbar}\,\psi(0) \rangle \qquad (7\text{-}44) \\
&= \langle \psi(0) | A(t)\, \psi(0) \rangle \\
&= \langle A(t) \rangle_0 .
\end{aligned}
$$

Hierbei benützten wir

(7-45) $$(e^{-iHt/\hbar})^\dagger = e^{iH^\dagger t/\hbar} = e^{iHt/\hbar}$$

und die Definition

(7-46) $$A(t) = e^{iHt/\hbar}\, A\, e^{-iHt/\hbar}.$$

(7-44) besagt, daß ein zeitunabhängiger Operator A in seiner Wirkung auf einen Zustand der Zeitabhängigkeit (7-42) einen Erwartungswert liefert, der geschrieben werden kann als der Erwartungswert eines zeitabhängigen Operators $A(t)$ (siehe 7-46) im zeitunabhängigen Zustand $\psi(0)$. Für die formale Diskussion der Quantenmechanik ist dies sehr nützlich, denn es ist günstig, ein für allemal eine Basis von orthonormalen Eigenvektoren im abstrakten Vektorraum zu bilden, und sich weiter nicht mit einer zeitlichen Änderung der Basisvektoren zu plagen. Wenn wir dies tun, so arbeiten wir im ***Heisenberg-Bild***; belassen wir aber A ohne Zeitabhängigkeit, so arbeiten wir im *Schrödinger-Bild*. Egal welche dieser Darstellungen wir benützen, das Ergebnis ist immer das gleiche. Folgende Situation ist hierzu analog: einen rotierenden Körper kann man beschreiben entweder in Bezug auf einen festgehaltenen Satz von Koordinaten, oder als in Ruhe befindlich in einem rotierenden Koordinatensystem. Die Wahl zwischen beiden Möglichkeiten steht frei. Wenn wir im Heisenberg-Bild arbeiten, so sind die Zustandsvektoren fest, und wir brauchen nicht weiter darauf einzugehen. Wie sich eine Observable mit der Zeit verändert, wird durch (7-46) bestimmt:

$$
\begin{aligned}
\frac{d}{dt} A(t) &= \frac{iH}{\hbar}\, e^{iHt/\hbar}\, A\, e^{-iHt/\hbar} - \frac{i}{\hbar}\, e^{iHt/\hbar}\, AH\, e^{-iHt/\hbar} \\
&= \frac{i}{\hbar} HA(t) - \frac{i}{\hbar} A(t)\, H \qquad (7\text{-}47) \\
&= \frac{i}{\hbar} [H, A(t)].
\end{aligned}
$$

Dieses Ergebnis hat bemerkenswerte Ähnlichkeit mit (6-59). Dort ging es um Erwartungswerte, aber da die Gleichung unabhängig war vom Zustand, aus dem der Erwartungswert gebildet war, so mußte sie Operatoreigenschaften beinhalten; (7-47) zeigt dies explizit.

Für den harmonischen Oszillator ist

$$H = \omega A^\dagger A + \tfrac{1}{2}\hbar\omega ,$$

und da H eine Konstante der Bewegung ist, haben wir

(7-48) $$H = \omega A^\dagger(t)\, A(t) + \tfrac{1}{2}\hbar\omega\,.$$

Mit (7-46) kann man weiterhin zeigen, daß

(7-49) $$[A(t), A^\dagger(t)] = \hbar\,.$$

Ferner erhalten wir mit (7-7) und (7-8)

(7-50) $$\frac{d}{dt} A(t) = -i\omega A(t)$$
$$\frac{d}{dt} A^\dagger(t) = i\omega A^\dagger(t).$$

Aus (7-50) erhalten wir das Ergebnis für die Zeitabhängigkeit von $A(t)$ und $A^\dagger(t)$

(7-51) $$A(t) = e^{-i\omega t} A(0)$$
$$A^\dagger(t) = e^{i\omega t} A^\dagger(0).$$

Mit (7-4) kann man leicht zeigen, daß

(7-52) $$p(t) = p(0)\cos\omega t - m\omega x(0)\sin\omega t$$
$$x(t) = x(0)\cos\omega t + \frac{p(0)}{m\omega}\sin\omega t\,,$$

wobei die Operatoren $x(t)$ und $p(t)$ durch die Operatoren $x(0)$ und $p(0)$ ausgedrückt sind.

Aufgaben

1. Benützen Sie die Vertauschungsrelation (7-5) und die in (7-26) gegebene Darstellung des Zustandes u_n, um folgende Beziehung zu beweisen

$$Au_n = \sqrt{n\hbar}\, u_{n-1}\,.$$

(*Hinweis*: Beginnen Sie mit $n = 1$ und verwenden Sie den Induktionsschluß, d.h. zeigen Sie, falls die Beziehung für n gilt, daß sie auch für $n + 1$ gilt.)

2. Verwenden Sie die vorstehende Beziehung, um zu zeigen, daß

$$Af(A^\dagger)\, u_0 = \hbar\, \frac{df(A^\dagger)}{dA^\dagger}\, u_0\,,$$

wobei $f(A^\dagger)$ ein beliebiges Polynom von $A^\dagger$ ist. Man beachte, daß die Darstellung von A in der Form

$$A = \hbar\, \frac{d}{dA^\dagger}$$

konsistent mit der Vertauschungsrelation (7-5) und völlig analog zur Darstellung

$$p = \frac{\hbar}{i}\frac{d}{dx}$$

ist.

3. Berechnen Sie die Form von $\langle u_n|x|u_m\rangle$ (harmonischer Oszillator) und zeigen Sie, daß dieser Ausdruck verschwindet, außer wenn $n = m \pm 1$. (*Hinweis*: Es genügt, $\langle u_n|A|u_m\rangle$, zu berechnen, da $\langle u_n|A^\dagger|u_m\rangle = \langle Au_n|u_m\rangle = \langle u_m|A|u_n\rangle^*$. Man benütze Ergebnisse aus Aufgabe 1.)

4. Mit den Ergebnissen aus Aufgabe 2 zeige man, daß

$$e^{\lambda A} f(A^\dagger)\, u_0 = f(A^\dagger + \lambda\hbar)\, u_0 .$$

Hinweis: Man entwickle die Exponentialfunktion in eine Reihe, und verwende

$$f(x + a) = \sum \frac{a^n}{n!} f^{(n)}(x)$$

$$f^{(n)}(x) = \frac{d^n}{dx^n} f(x).$$

5. Man benütze die Ergebnisse aus Aufgabe 4, um folgende Operatorbeziehung zu verifizieren

$$e^{\lambda A} f(A^\dagger)\, e^{-\lambda A} = f(A^\dagger + \lambda\hbar).$$

Beachten Sie hierbei, daß eine Operatorbeziehung in ihrer Wirkung auf einen beliebigen Zustand gelten muß. Verwenden Sie als beliebigen Zustand die Form $g(A^\dagger)\, u_0$. Es muß also bewiesen werden, daß

$$e^{\lambda A} f(A^\dagger)\, e^{-\lambda A} g(A^\dagger)\, u_0 = f(A^\dagger + \lambda\hbar)\, g(A^\dagger)\, u_0 .$$

Dies kann auch aus der allgemeinen Beziehung

$$e^{\lambda A} A^\dagger e^{-\lambda A} = A^\dagger + \lambda[A,A^\dagger] + \frac{\lambda^2}{2!}[A,[A,A^\dagger]] + \ldots$$

bewiesen werden.

6. Nützen Sie die vorstehende Beziehung, um zu beweisen

$$e^{aA + bA^\dagger} = e^{aA}\, e^{bA^\dagger}\, e^{-(1/2)ab\hbar}.$$

Der Weg ist folgender: Man setze

$$e^{\lambda(aA + bA^\dagger)} \equiv e^{\lambda a A}\, F(\lambda).$$

Differentiation nach λ ergibt

$$(aA + bA^\dagger)\, e^{\lambda(aA + bA^\dagger)} = aA\, e^{\lambda a A}\, F(\lambda) + e^{\lambda a A}\frac{dF}{d\lambda},$$

also

$$(aA + bA^\dagger)\, e^{\lambda a A}\, F(\lambda) = aA\, e^{\lambda a A}\, (F\lambda) + e^{\lambda a A}\frac{dF}{d\lambda}.$$

Aus Aufgabe 5 kann man zeigen

$$\frac{dF}{d\lambda} = (bA^\dagger - \lambda ab\hbar)\, F(\lambda)$$

und somit ist

$$F(\lambda) = e^{\lambda b A^\dagger}\, e^{-(1/2)\lambda^2 ab\hbar}.$$

7. Verwenden Sie den Weg aus Aufgabe 5, um zu zeigen, daß

$$e^{\lambda A^\dagger} f(A)\, e^{-\lambda A^\dagger} = f(A - \lambda\hbar).$$

Hieraus zeige man

$$e^{aA + bA^\dagger} = e^{bA^\dagger}\, e^{aA}\, e^{(1/2)ab\hbar}$$

anhand der in Aufgabe 6 aufgezeigten Methode.

8. Verwenden Sie vorstehendes Ergebnis, um zu zeigen, daß

$$e^{ikx} = e^{(ik/\sqrt{2m\omega})A^\dagger}\, e^{(ik/\sqrt{2m\omega})A}\, e^{-(\hbar k^2/4m\omega)}.$$

Beachten Sie, daß

$$x = (1/\sqrt{2m\omega})(A + A^\dagger).$$

Verwenden Sie diesen Ausdruck, um

$$\langle u_0 | e^{ikx} | u_0 \rangle$$

zu berechnen.

9. Zeigen Sie, daß das oben erhaltene Resultat mit

$$\int dx\, u_0^*(x)\, e^{ikx}\, u_0(x)$$

übereinstimmt.

10. Verwenden Sie die allgemeine Bewegungsgleichung in Operatorform, (7-47), um die Zeitabhängigkeit des Operators $x(t)$ zu erhalten, wobei

$$H = \frac{p^2(t)}{2m} + mgx(t).$$

11. Betrachten Sie den Hamilton-Operator, der einen eindimensionalen Oszillator in einem äußeren elektrischen Feld beschreibt:

$$H = \frac{p^2(t)}{2m} + \tfrac{1}{2} m\omega^2 x^2(t) - e\mathcal{E}x(t).$$

Berechnen Sie die Bewegungsgleichung für die Operatoren $p(t)$ und $x(t)$ unter Benützung von (7-47) und der Vertauschungsrelation

$$[p(t), x(t)] = \frac{\hbar}{i}.$$

Zeigen Sie, daß die Bewegungsgleichung genau gleich der klassischen ist, und drücken Sie $p(t)$ und $x(t)$ durch $p(0)$ und $x(0)$ aus. Zeigen Sie auch, daß

$$[x(t_1), x(t_2)] \neq 0 \qquad \text{für } t_1 \neq t_2\,.$$

Operatoren, welche für gleiche Zeiten kommutieren, brauchen also für verschiedene Zeiten nicht zu kommutieren.

12. Man verwende (7-35), um die Eigenfunktionen für $n = 1, 2, 3$ zu berechnen. *Bemerkung*: Man achte streng auf die Reihenfolge von x und d/dx bei Entwicklung der Binomialserie.

Literatur

Die in diesem Kapitel diskutierte Materie wird in fast allen Büchern der Literaturliste am Ende dieses Buches diskutiert. Die Studenten seien ermutigt, in einigen davon nachzusehen, denn es ist immer nützlich, grundlegenden Stoff auch aus anderen Blickwinkeln zu sehen.

8. N-Teilchensysteme

Unsere Diskussion des Verhaltens eines einzelnen Teilchens kann leicht auf Systeme aus N Teilchen verallgemeinert werden. Die N Teilchen werden durch eine Wellenfunktion beschrieben, welche so normiert ist, daß

$$\int \ldots \int dx_1 dx_2 \ldots dx_N |\psi(x_1, x_2, \ldots, x_N)|^2 = 1. \tag{8-1}$$

Die Interpretation der Größe $|\psi(x_1, x_2, \ldots, x_N)|^2$ ist eine Verallgemeinerung der Interpretation von $|\psi(x)|^2$, d.h. sie gibt die Wahrscheinlichkeitsdichte dafür, das Teilchen 1 bei x_1, das Teilchen 2 bei $x_2, \ldots$, und das N-te Teilchen bei x_N zu finden. Die zeitliche Entwicklung einer solchen Wellenfunktion ist gegeben durch die Lösung der Differentialgleichung

$$i\hbar \frac{\partial}{\partial t} \psi(x_1, \ldots, x_N; t) = H\psi(x_1, \ldots, x_N; t), \tag{8-2}$$

wobei der Hamilton-Operator wiederum in Analogie zur klassischen Hamilton-Funktion konstruiert ist:

$$H = \sum_{i=1}^{N} \frac{p_i^2}{2m_i} + V(x_1, x_2, \ldots, x_N). \tag{8-3}$$

Ausgeschrieben ist er also

$$H = -\hbar^2 \left(\frac{1}{2m_1} \frac{\partial^2}{\partial x_1^2} + \ldots + \frac{1}{2m_N} \frac{\partial^2}{\partial x_N^2} \right) + V(x_1, \ldots, x_N). \tag{8-4}$$

Der ganze schon entwickelte Formalismus der Quantenmechanik kann mit einem Zusatz leicht verallgemeinert werden: Operatoren, welche Observable einzelner Teilchen beschreiben, kommutieren, sobald sie sich auf verschiedene Teilchen beziehen, also z.B.

$$[p_i, x_j] = \frac{\hbar}{i} \delta_{ij}. \tag{8-5}$$

Wenn äußere Felder, wie z.B. das Gravitationsfeld der Erde, oder äußere elektrische oder magnetische Felder nicht vorhanden sind, so kann die potentielle Energie nur vom gegenseitigen Abstand der Teilchen abhängen, d.h.

$$V = V(x_1 - x_2, x_1 - x_3, \ldots, x_{N-1} - x_N). \tag{8-6}$$

Dies muß so sein, denn würde jegliche äußere Einwirkung (mit einer solchen könnte irgendwie ein Koordinatenursprung definiert werden) fehlen, so sollte eine räumliche Verschiebung des ganzen Systems keine Veränderung in den physikalischen Eigenschaften des Systems bewirken. In anderen Worten, die Form des Potentials (8-6) ist eine Folge der Invarianz aller physikalisch signifikanten Größen unter der Transformation

(8-7) $$x_i \to x_i + a.$$

Einen sehr wichtigen Spezialfall von (8-6) bilden die Zweikörperkräfte, wobei das Potential folgende Form annimmt

(8-8) $$V = \sum_{i>j} V(x_i - x_j).$$

Die Summation läuft über alle Indizes i und j mit der Nebenbedingung $i > j$, um Doppelzählung und den Fall $i = j$ zu vermeiden. Bei der Beschreibung der Elektronen im Atom haben wir das übliche Coulomb-Potential des Kernes, welcher den Koordinatenursprung liefert, und die Elektron-Elektron-abstoßung. Das Potential ist in diesem Fall eine dreidimensionale Verallgemeinerung von

(8-9) $$\sum_{i=1}^{N} W(x_i) + \sum_{i>j} V(x_i - x_j).$$

In der klassischen Mechanik bleibt der Gesamtimpuls konstant, sobald keine äußeren Kräfte vorliegen. Dies folgt aus der Bewegungsgleichung

(8-10) $$m_i \frac{d^2x_i}{dt^2} = -\frac{\partial}{\partial x_i} V(x_1 - x_2, x_1 - x_3, \ldots, x_{N-1} - x_N),$$

woraus sich ergibt

(8-11) $$\begin{aligned} \frac{d}{dt} \sum_i m_i \frac{dx_i}{dt} &= -\sum_i \frac{\partial}{\partial x_i} V(x_1 - x_2, \ldots, x_{N-1} - x_N) \\ &= 0. \end{aligned}$$

Der Grund für das Verschwinden der rechten Seite dieser Gleichung liegt darin, daß wegen $\sum_i \partial/\partial x_i$ für jedes Argument in V zwei gleich große, aber entgegengesetzt gerichtete Beiträge vorkommen. Somit ist

(8-12) $$P = \sum_i m_i \frac{dx_i}{dt}$$

eine Konstante der Bewegung.

In der Quantenmechanik gilt dieser Erhaltungssatz ebenfalls. Wir wollen dies zeigen, indem wir die Invarianz des Hamilton-Operators unter der Transformation (8-7) benützen. Die Invarianz beinhaltet, daß sowohl

(8-13) $$Hu_E(x_1, x_2, \ldots, x_N) = Eu_E(x_1, x_2, \ldots, x_N),$$

als auch

(8-14) $$Hu_E(x_1 + a, x_2 + a, \ldots, x_N + a) = Eu_E(x_1 + a, x_2 + a, \ldots, x_N + a)$$

gelten. Betrachten wir nun a als infinitesimal kleine Größe, so können wir Glieder der Ordnung a^2 vernachlässigen. Somit ist

$$u(x_1 + a, \ldots, x_N + a) \simeq u(x_1, \ldots, x_N) + a \frac{\partial}{\partial x_1} u(x_1, \ldots, x_N) + a \frac{\partial}{\partial x_2} u(x_1, \ldots, x_N) + \ldots \simeq u(x_1, \ldots, x_N) + a \sum_i \frac{\partial}{\partial x_i} u(x_1, \ldots, x_N).$$

Subtrahieren wir (8-13) von (8-14), so erhalten wir

(8-15)
$$aH\left(\sum_{i=1}^{N} \frac{\partial}{\partial x_i}\right) u_E(x_1, \ldots, x_N) = aE\left(\sum_{i=1}^{N} \frac{\partial}{\partial x_i}\right) u_E(x_1, \ldots, x_N) = a\left(\sum_{i=1}^{N} \frac{\partial}{\partial x_i}\right) E u_E(x_1, \ldots, x_N) = a\left(\sum_{i=1}^{N} \frac{\partial}{\partial x_i}\right) H u_E(x_1, \ldots, x_N).$$

Definieren wir nun

(8-16) $$P = \frac{\hbar}{i} \sum_{i=1}^{N} \frac{\partial}{\partial x_i} \equiv \sum_{i=1}^{N} p_i ,$$

so sehen wir, daß schon gezeigt ist

(8-17) $$(HP - PH)\, u_E(x_1, \ldots, x_N) = 0 .$$

Wir dürfen annehmen, daß die Energie-Eigenzustände des N-Teilchensystems einen vollständigen Satz bilden, d.h. jede Funktion von $x_1, x_2, \ldots, x_N$ kann so entwickelt werden, daß alle $u_E(x_1, \ldots, x_N)$ Entwicklungsglieder sind. Obige Gleichung kann damit in die Form

(8-18) $$[H,P]\, \psi(x_1, \ldots, x_N) = 0$$

übersetzt werden, und zwar für alle $\psi(x_1, \ldots, x_N)$, d.h. wir haben die Beziehung

(8-19) $$[H,P] = 0 .$$

Dies jedoch bedeutet, daß P, der Gesamtimpuls des Systems, *eine Konstante der Bewegung* ist. Wir sehen hier eine weitreichende Folgerung aus einer Aussage über die Natur des Raumes: liegt kein besonderer Bezugspunkt vor, d.h. erweisen sich die physikalischen Gesetze als invariant gegen Koordinatenverschiebung um eine feste Strecke, so werden wir zu einem Erhaltungssatz geführt. Potentiale der beschriebenen Form gibt es zwar in der Teilchenphysik nicht, nichtsdestoweniger führt das oben festgestellte Invarianzprinzip zur Erhaltung des Gesamtimpulses.

Im folgenden diskutieren wir das uns besonders interessierende Zweiteilchensystem. Für zwei nicht wechselwirkende Teilchen haben wir den Hamilton-Operator

(8-20) $$H = \frac{p_1^2}{2m_1} + \frac{p_2^2}{2m_2}.$$

Da die beiden Teilchen völlig unabhängig voneinander sind, können wir erwarten, daß die Wahrscheinlichkeit für das Auffinden des einen bei x_1 und des anderen bei x_2 das Produkt der beiden unabhängigen Wahrscheinlichkeiten

(8-21) $$P(x_1, x_2) = P(x_1)\, P(x_2)$$

ist. Die Lösung von

(8-22) $$\left(-\frac{\hbar^2}{2m_1}\frac{\partial^2}{\partial x_1^2} - \frac{\hbar^2}{2m_1}\frac{\partial^2}{\partial x_2^2}\right) u(x_1, x_2) = Eu(x_1, x_2)$$

sollte also separierbar sein in die beiden Faktoren

(8-23) $$u(x_1, x_2) = \phi_1(x_1)\, \phi_2(x_2).$$

Setzen wir dies in (8-22) ein und dividieren mit $u(x_1, x_2)$, so erhalten wir

(8-24) $$\frac{-(\hbar^2/2m_1)(d^2\phi_1(x_1)/dx_1^2)}{\phi_1(x_1)} + \frac{-(\hbar^2/2m_2)(d^2\phi_2(x_2)/dx_2^2)}{\phi_2(x_2)} = E.$$

Die beiden Glieder dieser Gleichung hängen von verschiedenen Variablen ab, und deshalb muß zur Erfüllung dieser Gleichung jedes von ihnen eine Konstante sein, also

$$E = E_1 + E_2$$

(8-25) $$-\frac{\hbar^2}{2m_1}\frac{d^2\phi_1(x_1)}{dx_1^2} = E_1\phi_1(x_1)$$

$$-\frac{\hbar^2}{2m_1}\frac{d^2\phi_2(x_2)}{dx_2^2} = E_2\phi_2(x_2).$$

Die beiden Gleichungen kann man leicht lösen und wir erhalten

(8-26) $$u(x_1,x_2) = C\, e^{ik_1x_1 + ik_2x_2},$$

wobei

(8-27) $$k_1^2 = \frac{2m_1E_1}{\hbar^2} \qquad k_2^2 = \frac{2m_2E_2}{\hbar^2}.$$

Wir formen nun diese Lösung um, indem wir folgende Koordinaten verwenden

(8-28) $$x = x_1 - x_2$$
$$X = \frac{m_1x_1 + m_2x_2}{m_1 + m_2},$$

d.h. die eine Koordinate gibt den Abstand beider Teilchen, und die andere gibt die Lage des Schwerpunktes. Schreiben wir nun

$$k_1x_1 + k_2x_2 = \alpha(x_1 - x_2) + \beta\,\frac{m_1x_1 + m_2x_2}{m_1 + m_2},$$

so finden wir

$$\beta = k_1 + k_2 \equiv K$$

$$\alpha = \frac{m_2k_1 - m_1k_2}{m_1 + m_2} \equiv k.$$

Somit hat unsere Lösung die Form

$$u(x_1,x_2) = C\, e^{iKX}\, e^{ikx}. \tag{8-29}$$

Hierbei gehört die Wellenzahl $K = k_1 + k_2$ zum Gesamtimpuls und k zum Impuls relativ zum Schwerpunkt. Der erste Faktor in (8-29) stellt die Bewegung des Schwerpunktes dar, der zweite Faktor ist die "innere" Wellenfunktion. Die Energie kann folgendermaßen ausgedrückt werden

$$E = \frac{\hbar^2K^2}{2(m_1 + m_2)} + \frac{\hbar^2k^2}{2}\left(\frac{1}{m_1} + \frac{1}{m_2}\right). \tag{8-30}$$

Hierbei ist der erste Summand offenbar die kinetische Energie des Zweiteilchensystems der Masse $m_1 + m_2$; der zweite Summand ist die innere Energie. Führen wir nun die *reduzierte Masse* μ ein, welche definiert ist durch

$$\frac{1}{\mu} = \frac{1}{m_1} + \frac{1}{m_2}, \tag{8-31}$$

so wird der zweite Summand zu $\hbar^2k^2/2\mu$. Dies ist eine Einteilchenenergie, und zwar die eines freien Teilchens der Masse μ und des Impulses $\hbar k$.

Wenn der in (8-20) gegebene Hamilton-Operator durch Hinzufügen eines nur von $x_1 - x_2$ abhängenden Potentials geändert wird, so erhalten wir

$$\left(-\frac{\hbar^2}{2m_1}\frac{\partial^2}{\partial x_1^2} - \frac{\hbar^2}{2m_2}\frac{\partial^2}{\partial x_2^2}\right) u(x_1,x_2) + V(x_1 - x_2)\, u(x_1,x_2) = Eu(x_1,x_2). \tag{8-32}$$

Mit den uns schon bekannten Koordinaten

$$\begin{aligned} x &= x_1 - x_2 \\ X &= \frac{m_1x_1 + m_2x_2}{m_1 + m_2} = \frac{\mu}{m_2}x_1 + \frac{\mu}{m_1}x_2 \end{aligned} \tag{8-33}$$

und somit

$$\begin{aligned} x_1 &= X + \frac{\mu}{m_1}x \\ x_2 &= X - \frac{\mu}{m_2}x \end{aligned} \tag{8-34}$$

erhalten wir nach einer kleinen Umrechnung

$$\left(-\frac{\hbar^2}{2(m_1 + m_2)}\frac{\partial^2}{\partial X^2} - \frac{\hbar^2}{2\mu}\frac{\partial^2}{\partial x^2} + V(x)\right) u(x,X) = Eu(x,X). \tag{8-35}$$

Mit dem Lösungsansatz

(8-36) $$u(x,X) = e^{iKX}\,\phi(x)$$

finden wir die Differentialgleichung für $\phi(x)$,

(8-37) $$-\frac{\hbar^2}{2\mu}\frac{d^2\phi(x)}{dx^2} + V(x)\,\phi(x) = \epsilon\phi(x),$$

also die Einteilchen-Schrödinger-Gleichung mit reduzierter Masse und der Energie

(8-38) $$\epsilon = E - \frac{\hbar^2K^2}{2(m_1+m_2)}.$$

Im 9. Kapitel werden wir diese Separation von der Schwerpunktbewegung auf eine etwas mehr ausgeklügelte Weise erhalten. Wir wenden uns nun dem Problem der *ununterscheidbaren Teilchen* zu.

Es gibt ganz zwingende Befunde dafür, daß z.B. Elektronen ununterscheidbare Teilchen sind. Wäre das nicht so, so würde sich - je nach "Art" der im Atom enthaltenden Elektronen - das atomare Spektrum, sagen wir z.B. von Helium, von Experiment zu Experiment ändern. Solche Veränderungen wurden niemals beobachtet. Genauso sind die Spektren eines Kerns immer die gleichen, was auf die Ununterscheidbarkeit von Protonen, und auch von Neutronen hinweist. Auch für die Ununterscheidbarkeit anderer Teilchen, z.B. der π-Mesonen, gibt es deutliche Hinweise aus Experimenten der Hochenergiephysik. Diese Ununterscheidbarkeit ist eine rein quantenmechanische Eigenschaft; in der klassischen Mechanik dagegen ist es - prinzipiell - möglich, die Bahnen aller Teilchen zu verfolgen, und damit sind diese nie wirklich ununterscheidbar.

Wir werden erfahren, daß Elektronen durch eine innere Quantenzahl, den sog. *Spin*, zu charakterisieren sind; zur Beschreibung der Elektronenzustände ist also eine Bezeichnung für den Spin nötig. Dies beeinflußt die Folgen aus der Ununterscheidbarkeit, welche wir zunächst weiter diskutieren wollen.

Ein Hamilton-Operator für ununterscheidbare Teilchen muß in den Teilchenkoordinaten völlig symmetrisch sein. Für ein Zweiteilchensystem lautet er

(8-39) $$H = \frac{p_1^2}{2m} + \frac{p_2^2}{2m} + V(x_1,x_2),$$

wenn keine Abhängigkeit von der Spin-Indizierung vorliegt, wobei

(8-40) $$V(x_1,x_2) = V(x_2,x_1).$$

Diese Symmetrie drücken wir symbolisch folgendermaßen aus

(8-41) $$H(1,2) = H(2,1),$$

und wir wollen dies so verstehen, daß die Spins in der Indizierung "1", "2" enthalten sein sollen, falls der Hamilton-Operator wirklich von den Spins abhängt. Eine Wellenfunktion für ein N-Teilchensystem mit nur identischen Teilchen bezeichnen wir mit $\psi(1, 2, \ldots, N)$ als Abkürzug für die ausführlichere Schreibweise $\psi(x_1, \sigma_1; x_2, \sigma_2; \ldots; x_N, \sigma_N)$, wobei durch die σ_i die Spin-Zustände angezeigt sind.

Für ein Zweiteilchensystem lautet die Energie-Eigenwertgleichung

(8-42) $$H(1,2)\, u_E(1,2) = Eu_E(1,2).$$

Da die Reihenfolge der Teilchenindizierung keine Rolle spielt, gilt auch

(8-43) $$H(2,1)\, u_E(2,1) = Eu_E(2,1).$$

Andererseits erhalten wir mit (8-41) auch

(8-44) $$H(1,2)\, u_E(2,1) = Eu_E(2,1).$$

Erinnern wir uns nun an unsere Diskussion der Parität. Analog dazu führen wir jetzt den *Austausch-Operator* P_{12} ein; dieser hat die Eigenschaft, daß er in seiner Wirkung auf einen Zustand alle Koordinaten (Ort und Spin) von Teilchen 1 und 2 vertauscht. Die Definition von P_{12} ist

(8-45) $$P_{12}\psi(1,2) = \psi(2,1).$$

(8-44) kann folgendermaßen umgeformt werden:

(8-46) $$\begin{aligned} HP_{12}\, u_E(1,2) &= Eu_E(2,1) \\ &= EP_{12}\, u_E(1,2) \\ &= P_{12}\, Eu_E(1,2) \\ &= P_{12}\, Hu_E(1,2), \end{aligned}$$

woraus wir sehen

(8-47) $$[H,P_{12}] = 0.$$

Also ist P_{12}, genauso wie die Parität, eine Konstante der Bewegung. Analog zur Parität gilt

(8-48) $$(P_{12})^2\, \psi(1,2) = \psi(1,2),$$

d.h. die Eigenwerte von P_{12} sind ± 1. Die Eigenzustände sind die symmetrische und die antisymmetrische Kombination

(8-49) $$\begin{aligned} \psi^{(S)}(1,2) &= \frac{1}{\sqrt{2}}[\psi(1,2) + \psi(2,1)] \\ \psi^{(A)}(1,2) &= \frac{1}{\sqrt{2}}[\psi(1,2) - \psi(2,1)]. \end{aligned}$$

Die Eigenschaft von P_{12}, eine Konstante der Bewegung zu sein, bedeutet, daß ein anfänglich symmetrischer Zustand immer symmetrisch bleiben wird, und genauso, daß ein antisymmetrischer Zustand immer antisymmetrisch bleibt.

Die Symmetrie oder Antisymmetrie bei Vertauschung beider Teilchen ist charakteristisch für die Teilchen; dies ist ein wichtiges *Naturgesetz*; Symmetrie oder Antisymmetrie haben dagegen nichts mit irgendeiner Konstruktion des Anfangszustandes zu tun. Das von Pauli entdeckte Naturgesetz besagt

1. Systeme, die aus identischen Teilchen mit halbzahligem Spin (d.h. Spin 1/2, 3/2, ...) bestehen, werden durch antisymmetrische Wellenfunktionen beschrieben. Solche Teilchen nennt man Fermionen, und sie gehorchen der sog. Fermi-Dirac Statistik.

2. Systeme, die aus identischen Teilchen von ganzzahligem Spin (d.h. Spin 0, 1, 2, ...) bestehen, werden durch symmetrische Wellenfunktionen beschrieben. Solche Teilchen nennt man Bosonen, und sie gehorchen der sog. Bose-Einstein Statistik.

Dieses Gesetz gilt auch für N-Teilchenzustände. Für ein System aus N identischen Fermionen ist die Wellenfunktion antisymmetrisch gegen Koordinatentausch jedes Teilchenpaares. Zum Beispiel hat eine richtig antisymmetrisierte Dreiteilchen-Wellenfunktion (also drei identische Fermionen) die Form

$$\psi^{(A)}(1,2,3) = \frac{1}{\sqrt{6}}[\psi(1,2,3) - \psi(2,1,3) + \psi(2,3,1) - \psi(3,2,1) + \psi(3,1,2) - \psi(1,3,2)], \tag{8-50}$$

wogegen für drei identische Bosonen gilt

$$\psi^{(S)}(1,2,3) = \frac{1}{\sqrt{6}}[\psi(1,2,3) + \psi(2,1,3) + \psi(2,3,1) + \psi(3,2,1) + \psi(3,1,2) + \psi(1,3,2)]. \tag{8-51}$$

Wir wollen nun einen sehr interessanten Spezialfall betrachten, in dem N Fermionen untereinander nicht wechselwirken, aber alle einem gemeinsamen Potential unterliegen. In diesem Fall ist

$$H = \sum_{i=1}^{N} H_i , \tag{8-52}$$

wobei

$$H_i = \frac{p_i^2}{2m} + V(x_i). \tag{8-53}$$

Bezeichnen wir die Eigenzustände, in denen sich jedes einzelne der nichtwechselwirkenden Teilchen befindet, mit $u_{E_k}(x)$, so muß gelten

$$H_k u_{E_k}(x_k) = E_k u_{E_k}(x_k). \tag{8-54}$$

Eine Lösung von

$$H u_E(1, 2, \ldots, N) = E u_E(1, 2, \ldots, N) \tag{8-55}$$

ist

(8-56) $$u_E(1,2,\ldots,N) = u_{E_1}(x_1)\, u_{E_2}(x_2) \ldots u_{E_N}(x_N),$$
wobei
(8-57) $$E_1 + E_2 + \ldots + E_N = E.$$

In (8-56) haben wir die zu den x_i gehörenden Indizes σ_i nicht mit angeschrieben. Unsere Aufgabe ist es nun, (8-56) zu antisymmetrisieren. Haben wir nur zwei Teilchen, so ist offensichtlich

(8-58) $$u^{(A)}(1,2) = \frac{1}{\sqrt{2}}\,[u_{E_1}(x_1)\, u_{E_2}(x_2) - u_{E_1}(x_2)\, u_{E_2}(x_1)].$$

Mit drei Teilchen lautet die antisymmetrisierte Form

(8-59) $$\begin{aligned} u^{(A)}(1,2,3) = \frac{1}{\sqrt{6}}\,[&u_{E_1}(x_1)\, u_{E_2}(x_2)\, u_{E_3}(x_3) - u_{E_1}(x_2)\, u_{E_2}(x_1)\, u_{E_3}(x_3) \\ &+ u_{E_1}(x_2)\, u_{E_2}(x_3)\, u_{E_3}(x_1) - u_{E_1}(x_3)\, u_{E_2}(x_2)\, u_{E_3}(x_1) \\ &+ u_{E_1}(x_3)\, u_{E_2}(x_1)\, u_{E_3}(x_2) - u_{E_1}(x_1)\, u_{E_2}(x_3)\, u_{E_3}(x_2)]. \end{aligned}$$

Für N Teilchen erhalten wir die antisymmetrisierte Form aus einer Determinante, der sogenannten *Slater-Determinante* [1]):

(8-60) $$u^{(A)}(1,2,\ldots,N) = \frac{1}{\sqrt{N!}} \begin{vmatrix} u_{E_1}(x_1) & u_{E_1}(x_2) & \ldots & u_{E_1}(x_N) \\ u_{E_2}(x_1) & u_{E_2}(x_2) & \ldots & u_{E_2}(x_N) \\ \vdots & & & \\ u_{E_N}(x_1) & u_{E_N}(x_2) & \ldots & u_{E_N}(x_N) \end{vmatrix}.$$

Offenbar bewirkt der Austausch zweier Teilchen in der Determinante den Austausch zweier Spalten, wodurch das Vorzeichen gewechselt wird. Wenn sich nun zwei Elektronen im gleichen Energie-Eigenzustand befinden, z.B. $E_1 = E_2$, und sie noch dazu im gleichen Spinzustand sind (also $\sigma_1 = \sigma_2$), so verschwindet die Determinante für den Fall $x_1 = x_2$, d.h. die beiden Elektronen können sich nicht an der gleichen Stelle aufhalten. Wir sehen hier qualitativ, daß die Forderung nach Antisymmetrie eine effektive Wechselwirkung zwischen zwei Fermionen einführt: Sie sind bestrebt, einander fernzubleiben, denn die gemeinsame Wellenfunktion verschwindet, sobald der Teilchenabstand verschwindet. Es verhalten sich also zwei eigentlich nicht wechselwirkende Teilchen so, als wirke eine Abstoßungskraft zwischen ihnen. Wir werden sehen, daß für Elektronen ein vollständiger Satz kommutierender Observabler eine Observable beinhaltet, die *zwei* Werte annehmen kann, was mit dem Spin zusammenhängt. Somit kann ein Zustand

---

[1]) Die Wellenfunktion für N identische Bosonen ist völlig symmetrisch, und deren allgemeine Form ist aus der Entwicklung der Determinante (8-60) zu erhalten, wobei alle Vorzeichen positiv gemacht werden müssen.

von gegebener Energie, Drehimpuls, Parität usw. von *zwei* Elektronen (mit je einer der beiden Spin-Variablen) besetzt sein, aber nicht von mehreren; dies ist eine verkürzte Aussage des *Pauli-Prinzips*.

Die Aussage "keine zwei Elektronen können sich im gleichen Quantenzustand befinden" fällt uns wegen ihrer allgemeinen Art auf. Angenommen, wir haben ein Wasserstoffatom im Grundzustand auf der Erde und ein anderes Wasserstoffatom im Grundzustand auf dem Mond. Bedeutet obige Aussage, daß die beiden Elektronen in verschiedenen Spinzuständen sein müssen? Um dies beantworten zu können, müssen wir erst feststellen, daß eine Spezifizierung der beiden Elektronenzustände nicht nur die Aussage "Spin aufwärts" oder "Spin abwärts" und "beide Elektronen im atomaren Grundzustand" erfordert, sondern daß auch eine Aussage über die Energie jedes der beiden Atome dazugehört. Wie gut aber kennen wir diese? Betrachten wir einen Kasten der Dimension L, und lassen wir das eine Atom im Bereich $0 \leq x \leq L/4$ und das andere Atom im Bereich $3L/4 \leq x \leq L$ lokalisiert sein. Dann kann der Impuls beider Atome mit einer Genauigkeit, die durch die Unschärferelation begrenzt ist, bestimmt werden. Die möglichen Energiewerte sind gegeben durch

(8-61) $$E_n = \frac{\hbar^2\pi^2 n^2}{2ML^2},$$

woraus wir die möglichen Impulswerte erhalten

$$p = \frac{\hbar\pi n}{L}.$$

Die Messung des Impulses der Atome kann nur bis auf die Unschärfe

(8-62) $$\Delta p \sim \frac{n\hbar}{\Delta x} \sim \frac{n\hbar}{L}$$

erfolgen, und damit ist auch die Energie nur mit der Unschärfe

(8-63) $$\Delta E \simeq \frac{p\Delta p}{M} \sim \frac{\hbar^2\pi n^2}{ML^2}$$

anzugeben. Diese Unschärfe ist aber größer als

(8-64) $$E_n - E_{n-1} \simeq \frac{\hbar^2\pi^2 n}{ML^2}.$$

Sind also beide Atome ca. 1 Meter voneinander entfernt, und bewegen sie sich mit der Geschwindigkeit 10^6 cm/s, so ist n ungefähr 10^{11}, und damit besteht also in einer typisch makroskopischen Situation keine Gefahr einer Kollision mit der Vorstellungswelt der klassischen Physik. Bezeichnen wir die beiden Atome mit A und B und fragen wir uns, ob es einen Unterschied bedeutet, zur Beschreibung des Zwei-Elektronenzustandes entweder die Wellenfunktion $\psi_A(x_1)\,\psi_B(x_2)$ oder die Wellenfunktion

$$\frac{[\psi_A(x_1)\,\psi_B(x_2) - \psi_A(x_2)\,\psi_B(x_1)]}{\sqrt{2}}$$

zu verwenden. Später, bei der Diskussion der Moleküle werden wir sehen, daß das Überlappungsintegral zweier Wellenfunktionen exponentiell mit dem Atomabstand abnimmt. Sind die Atome also weit voneinander entfernt, so besteht praktisch kein Unterschied zwischen beiden angeschriebenen Möglichkeiten. Sind sie aber sehr nahe benachbart, wie z. B. im H_2-Molekül, so ist n von der Größenordnung 1, die Atomwellenfunktionen überlappen sich stark, und es bedeutet einen erheblichen Unterschied, ob man die unkorrelierte oder die antisymmetrisierte Wellenfunktion verwendet. Die experimentellen Ergebnisse verlangen die Anwendung der letzteren.

Eine interessante Folgerung aus dem Pauli-Prinzip ist folgende: Der Grundzustand von N Elektronen in einem gegebenen Potential ist wesentlich verschieden vom Grundzustand von N Bosonen oder von N unterscheidbaren Teilchen. Betrachten wir hierzu den unendlich hohen Potentialkasten

(8-65)
$$\begin{aligned} V(x) &= \infty & x &< 0 \\ &= 0 & 0 < x &< b \\ &= \infty & b &< x. \end{aligned}$$

Die bei $x = 0$ und $x = b$ verschwindende Lösung der Schrödinger-Gleichung ist gegeben durch

(8-66) $$u_n(x) = \sin n\pi x/b,$$

wobei $n = 1, 2, 3, \ldots$; die Energie-Eigenwerte sind

(8-67) $$E_n = \frac{\hbar^2\pi^2 n^2}{2mb^2}.$$

Für N nicht wechselwirkende Bosonen besteht der Grundzustand darin, daß alle Teilchen im Zustand mit $n = 1$ sind, und somit ist die Gesamtenergie

(8-68) $$E = N\frac{\hbar^2\pi^2}{2mb^2}.$$

Die Energie pro Teilchen ist also

(8-69) $$\frac{E}{N} = \frac{\hbar^2\pi^2}{2mb^2}.$$

Für N nicht wechselwirkende Fermionen ist die Lage völlig anders. Nur je zwei Elektronen können in jeden der Zustände $n = 1, 2, 3, \ldots$ gehen. Somit ist die Anzahl der besetzten Zustände $N/2$. Die Gesamtenergie ist also gegeben durch

(8-70) $$E = 2\sum_{n=1}^{N/2}\frac{\hbar^2\pi^2 n^2}{2mb^2} = \frac{\hbar^2\pi^2}{2mb^2}\,\frac{N^3}{24}.$$

Hierbei haben wir angenommen, daß N groß ist, und damit ist es egal, ob der höchste Zustand mit nur einem oder mit zwei Elektronen besetzt ist; ferner haben wir benützt

$$\sum_{n=1}^{N/2} n^2 \approx \int_1^{N/2} n^2\, dn \simeq \frac{1}{3}\left(\frac{N}{2}\right)^3.$$

Somit ist die Energie pro Teilchen

(8-71) $$\frac{E}{N} = \frac{\hbar^2\pi^2}{24mb^2} N^2.$$

Sie wächst mit N^2. Anders ausgedrückt: Für gegebene Gesamtenergie ist die Anzahl der im Potentialkasten vorhandenen Bosonen proportional zu E, die Anzahl der Fermionen jedoch proportional zu $E^{1/3}$. Das bei Füllung mit Fermionen höchste besetzte Niveau ist gekennzeichnet durch $n = N/2$, die Energie dieses Niveaus ist

(8-72) $$E_F = \frac{\hbar^2\pi^2 N^2}{8mb^2}.$$

Zur Kennzeichnung dieses speziellen Energiewerts haben wir den Buchstaben F verwendet, denn diese Energie heißt die *Fermi-Energie*. Wir können die Fermi-Energie durch die Dichte der Fermionen ausdrücken, welche im eindimensionalen Fall durch $N/b \equiv \rho$ gegeben ist:

(8-73) $$E_F = \frac{\hbar^2\pi^2}{8m}\rho^2.$$

Auf die Bedeutung dieser Bemerkungen kommen wir im 9. Kapitel zurück.

Das Pauli-Prinzip spielt eine äußerst wichtige Rolle für die Struktur der Atome. Die große Vielfalt der chemischen Eigenschaften der verschiedenen Elemente kann direkt auf die begrenzte Anzahl der einen bestimmten Energie-Eigenzustand besetzenden Elektronen zurückgeführt werden.

Aufgaben

1. Wie groß ist die reduzierte Masse eines Elektron-Proton-Systems? Wie unterscheidet sich diese von der reduzierten Masse eines Elektron-Deuteron-Systems? Wie groß ist die reduzierte Masse eines Systems aus zwei identischen Teilchen?

2. Beweisen Sie, daß der Austauschoperator P_{12} hermitisch ist.

3. Betrachten Sie zwei nichtwechselwirkende Elektronen im unendlich hohen Potentialtopf. Finden Sie den Grundzustand der Wellenfunktion, wenn die beiden Elektronen im *gleichen* Spinzustand sind.

4. Betrachten Sie zwei Elektronen im gleichen Spinzustand, welche über folgendes Potential wechselwirken:

$$V(|x_1 - x_2|) = -V_0 \qquad |x_1 - x_2| \leq a$$
$$= 0 \qquad \text{überall sonst}.$$

Welche geringste Energie hat dieser Zweielektronenzustand, wenn angenommen wird, daß der Gesamtimpuls beider Elektronen zusammen null ist? (Hinweis: Separieren Sie die Gleichung in der zu (8-37) führenden Weise und wenden Sie dann das Pauli-Prinzip an.)

5. Betrachten Sie zwei identische Teilchen, welche durch den Energie-Operator

$$H = H(p_1,x_1) + H(p_2,x_2)$$

beschrieben werden, wobei

$$H(p,x) = \frac{p^2}{2m} + \tfrac{1}{2}m\omega^2x^2.$$

Separieren Sie die Bewegung des Schwerpunkts und versuchen Sie das Energiespektrum dieses Systems zu erhalten. Zeigen Sie, daß dieses übereinstimmt mit dem aus

$$H\psi(x_1,x_2) = E\psi(x_1,x_2)$$

zu erhaltenden Spektrum, wobei

$$\psi(x_1,x_2) = u_1(x_1)\, u_2(x_2).$$

Diskutieren Sie die Entartung des Energiespektrums.

Literatur

Hierzu gehört jedes der am Ende des 6. Kapitels zitierten Bücher, und ferner

D.S. Saxon "Elementary Quantum Mechanics" Holden-Day, Inc., 1968
D. Park "Introduction to the Quantum Theory" McGraw-Hill Co., 1964

9. Die Schrödinger-Gleichung in drei Dimensionen

Der Hamilton-Operator für die Bewegung eines Teilchens im dreidimensionalen Raum lautet

$$H = \frac{p_x^2 + p_y^2 + p_z^2}{2m} + V(x,y,z). \tag{9-1}$$

Hierfür schreiben wir kürzer

$$H = \frac{\mathbf{p}^2}{2m} + V(\mathbf{r}). \tag{9-2}$$

Der dreidimensionale Impuls $\mathbf{p}$ hat die Darstellung

$$\mathbf{p} = \frac{\hbar}{i}\,\boldsymbol{\nabla}. \tag{9-3}$$

Für zwei Teilchen im dreidimensionalen Raum wird der Hamilton-Operator

$$H = \frac{\mathbf{p}_1^2}{2m_1} + \frac{\mathbf{p}_2^2}{2m_2} + V(\mathbf{r}_1,\mathbf{r}_2). \tag{9-4}$$

Hängt das Potential allein vom gegenseitigen Abstand beider Teilchen ab, ist also

$$V(\mathbf{r}_1,\mathbf{r}_2) = V(|\mathbf{r}_1 - \mathbf{r}_2|), \tag{9-5}$$

so ist der Hamilton-Operator invariant gegen eine Verschiebung des ganzen Systems, z. B. $\mathbf{r}_1 \to \mathbf{r}_1 + \mathbf{a}$, $\mathbf{r}_2 \to \mathbf{r}_2 + \mathbf{a}$. Wie wir im 8. Kapitel gesehen haben, folgt daraus die Erhaltung des Gesamtimpulses und die Separierbarkeit der Variablen. Im folgenden wollen wir die Separation durch Auffinden von simultanen Eigenfunktionen der kommutierenden Operatoren H und $\mathbf{P} = \mathbf{p}_1 + \mathbf{p}_2$ ermöglichen. Die Impulseigenwertgleichung lautet

$$\mathbf{P}_{op} f(\mathbf{r}_1,\mathbf{r}_2) = \mathbf{P}\, f(\mathbf{r}_1,\mathbf{r}_2) \tag{9-6}$$

und somit

$$\frac{\hbar}{i}\,(\boldsymbol{\nabla}_1 + \boldsymbol{\nabla}_2)\, f(\mathbf{r}_1,\mathbf{r}_2) = \mathbf{P}\, f(\mathbf{r}_1,\mathbf{r}_2). \tag{9-7}$$

Schreiben wir nun

$$f(\mathbf{r}_1,\mathbf{r}_2) = \psi(\mathbf{r}_1 - \mathbf{r}_2,\ \alpha\mathbf{r}_1 + \beta\mathbf{r}_2), \tag{9-8}$$

so wird aus (9-7) zusammen mit $\mathbf{R} = \alpha\mathbf{r}_1 + \beta\mathbf{r}_2$

$$\frac{\hbar}{i}(\alpha+\beta)\,\nabla_R\psi(\mathbf{r},\mathbf{R}) = \mathbf{P}\psi(\mathbf{r},\mathbf{R}). \tag{9-9}$$

Die Variable $\mathbf{r} = \mathbf{r}_1 - \mathbf{r}_2$ ist in dieser Gleichung ein konstanter Parameter. Als Lösung erhalten wir

$$\psi(\mathbf{r},\mathbf{R}) = u(\mathbf{r})\, e^{i\mathbf{P}\cdot\mathbf{R}/\hbar(\alpha+\beta)}. \tag{9-10}$$

α und β wählen wir so, daß die Energie-Eigenwertgleichung

$$\left[-\frac{\hbar^2}{2m_1}\nabla_1^2 - \frac{\hbar^2}{2m_2}\nabla_2^2 + V(|\mathbf{r}|) - E_{\text{tot}}\right] u(\mathbf{r})\, e^{i\mathbf{P}\cdot\mathbf{R}/\hbar(\alpha+\beta)} = 0 \tag{9-11}$$

vereinfacht wird. Da

$$\begin{aligned}\nabla_1 &= \nabla_r + \alpha\nabla_R\\ \nabla_2 &= -\nabla_r + \beta\nabla_R,\end{aligned} \tag{9-12}$$

erhält (9-11) nach Ausführen der Differentiation nach $\mathbf{R}$ und Kürzen des Exponentialfaktors folgende Form:

$$\begin{aligned}&-\frac{\hbar^2}{2m_1}\left[\nabla_r^2 u(\mathbf{r}) + \frac{2i\alpha}{(\alpha+\beta)\hbar}\mathbf{P}\cdot\nabla_r u(\mathbf{r}) - \frac{\alpha^2\mathbf{P}^2}{(\alpha+\beta)^2\hbar^2}u(\mathbf{r})\right]\\ &-\frac{\hbar^2}{2m_2}\left[\nabla_r^2 u(\mathbf{r}) - \frac{2i\beta}{(\alpha+\beta)\hbar}\mathbf{P}\cdot\nabla_r u(\mathbf{r}) - \frac{\beta^2\mathbf{P}^2}{(\alpha+\beta)^2\hbar^2}u(\mathbf{r})\right]\\ &\quad + V(|\mathbf{r}|)\,u(\mathbf{r}) = E_{\text{tot}}\,u(\mathbf{r}).\end{aligned} \tag{9-13}$$

Die mittleren Glieder der eckigen Klammern verschwinden, wenn wir wählen

$$\begin{aligned}\alpha &= \gamma m_1\\ \beta &= \gamma m_2.\end{aligned} \tag{9-14}$$

Verwenden wir noch die reduzierte Masse

$$\frac{1}{\mu} = \frac{1}{m_1} + \frac{1}{m_2}, \tag{9-15}$$

so wird (9-13) zu

$$-\frac{\hbar^2}{2\mu}\nabla_r^2 u(\mathbf{r}) + V(|\mathbf{r}|)\,u(\mathbf{r}) = \left(E_{\text{tot}} - \frac{\mathbf{P}^2}{2(m_1+m_2)}\right)u(\mathbf{r}). \tag{9-16}$$

Dies ist nun nur noch eine Einteilchen-Schrödinger-Gleichung mit der Energie

$$E = E_{\text{tot}} - \frac{\mathbf{P}^2}{2(m_1+m_2)}. \tag{9-17}$$

In diese effektive Einteilchengleichung geht also ein die gesamte Energie abzüglich der kinetischen Energie des Zweiteilchensystems, dessen Schwerpunkt den Impuls $\mathbf{P}$ und die Masse $m_1 + m_2$ hat.

Die Größe γ wurde bisher nicht spezifiziert. Fordern wir jedoch, daß die Variable $\mathbf{R}$ und der Gesamtimpuls $\mathbf{P}$ zueinander kanonisch konjugiert sein sollen, also

(9-18) $$[P_x, R_x] = \frac{\hbar}{i}$$

(analog für die anderen Komponenten), so erhalten wir

(9-19) $$[p_{1x} + p_{2x}, \alpha x_1 + \beta x_2] = \frac{\hbar}{i}(\alpha + \beta) = \frac{\hbar}{i}.$$

Hieraus folgt

(9-20) $$\alpha + \beta = 1$$

und somit

(9-21) $$\gamma = \frac{1}{m_1 + m_2}.$$

Warum haben wir für diese sehr einfache Separation der Variablen einen anscheinend so komplizierten Weg gewählt? Der Grund ist, daß uns diese Prozedur als Beispiel für weitere Separationen in der Einteilchen-Schrödinger-Gleichung dienen soll. Eine solche Separation ist möglich, sobald das Potential allein vom Abstand der Teilchen, $|\mathbf{r}|$, abhängt. Mit $|\mathbf{r}| = r$ ist der Hamilton-Operator

(9-22) $$H = \frac{\mathbf{p}^2}{2\mu} + V(r)$$

invariant gegen Rotation; $V(r)$ ist sicher allein eine Funktion des Abstandes vom Koordinatenursprung und hängt somit nicht von Winkelvariablen, welche die Richtung von $\mathbf{r}$ angeben, ab; $\mathbf{p}^2$ ist ebenfalls eine skalare Größe, und somit unabhängig von der Richtung von $\mathbf{p}$. Dementsprechend ist $p^2 = -\hbar^2\nabla^2$ invariant gegen Rotation. Der skeptische Leser kann dies expliziert nachprüfen, indem er den Spezialfall der Rotation um einen Winkel θ um die z-Achse betrachtet: Mit

(9-23) $$\begin{aligned} x' &= x\cos\theta - y\sin\theta \\ y' &= x\sin\theta + y\cos\theta \end{aligned}$$

sieht man leicht

$$r' = (x'^2 + y'^2 + z'^2)^{1/2} = (x^2 + y^2 + z^2)^{1/2} = r$$

und

$$\begin{aligned} \left(\frac{\partial}{\partial x'}\right)^2 + \left(\frac{\partial}{\partial y'}\right)^2 &= \left(\cos\theta\frac{\partial}{\partial x} - \sin\theta\frac{\partial}{\partial y}\right)^2 + \left(\sin\theta\frac{\partial}{\partial x} + \cos\theta\frac{\partial}{\partial y}\right)^2 \\ &= \left(\frac{\partial}{\partial x}\right)^2 + \left(\frac{\partial}{\partial y}\right)^2. \end{aligned}$$

Da der Hamilton-Operator eine Invarianzeigenschaft hat, erwarten wir einen Erhaltungssatz, so wie wir dies auch im Fall der Parität und der Invarianz gegen Verschiebung gesehen haben. Um die mit H kommutierenden Operatoren herauszufinden, wollen wir eine infinitesimale Drehung um die z-Achse betrachten. Wir brauchen hierzu θ nur in Gliedern erster Ordnung weiter zu betrachten,

$$x' = x - \theta y \qquad \text{(9-24)}$$
$$y' = y + \theta x$$

und fordern

$$Hu_E(x - \theta y, y + \theta x, z) = Eu_E(x - \theta y, y + \theta x, z). \qquad \text{(9-25)}$$

Entwickeln wir dies bis zur ersten Ordnung in θ und subtrahieren wir hiervon

$$Hu_E(x,y,z) = Eu_E(x,y,z), \qquad \text{(9-26)}$$

so bleibt

$$H\left(x\frac{\partial}{\partial y} - y\frac{\partial}{\partial x}\right)u_E(x,y,z) = E\left(x\frac{\partial}{\partial y} - y\frac{\partial}{\partial x}\right)u_E(x,y,z). \qquad \text{(9-27)}$$

Die rechte Seite hiervon kann geschrieben werden als

$$\left(x\frac{\partial}{\partial y} - y\frac{\partial}{\partial x}\right)Hu_E(x,y,z).$$

Da die $u_E(\mathbf{r})$ einen vollständigen Satz bilden, sehen wir, daß die Vertauschungsrelation

$$[H,L_z] = 0 \qquad \text{(9-28)}$$

gilt, wobei wir die Bezeichnung

$$L_z = \frac{\hbar}{i}\left(x\frac{\partial}{\partial y} - y\frac{\partial}{\partial x}\right) = xp_y - yp_x \qquad \text{(9-29)}$$

verwendet haben. L_z ist die z-Komponente des Operators

$$\mathbf{L} = \mathbf{r} \times \mathbf{p}, \qquad \text{(9-30)}$$

welcher den Drehimpuls darstellt. Hätten wir die Rotation um die x-Achse bzw. y-Achse vorgenommen, so hätten wir gefunden

$$[H, L_x] = 0 \qquad \text{(9-31)}$$
$$[H, L_y] = 0.$$

Somit kommutieren die drei Komponenten des Drehimpulsoperators mit dem Hamilton-Operator, d.h. der Drehimpuls ist eine Konstante der Bewegung. Dieses Ergebnis kennen wir auch aus der klassischen Mechanik: Bei Zentralkräften bleibt der Drehimpuls konstant.

Wir könnten nun versucht sein, nach simultanen Eigenfunktionen von H, L_x, L_y und L_z zu suchen; diese Komponenten und H bilden aber keinen vollständigen Satz kommutierender Variabler:

$$
\begin{aligned}
[L_x, L_y] &= [yp_z - zp_y, zp_x - xp_z] \\
&= [yp_z, zp_x] - [zp_y, zp_x] - [yp_z, xp_z] + [zp_y, xp_z] \\
&= y\,[p_z, z]\,p_x + x[z, p_z]\,p_y \\
&= \frac{\hbar}{i}\,(yp_x - xp_y) \\
&= i\hbar L_z .
\end{aligned} \tag{9-32}
$$

Ähnlich findet man

$$
\begin{aligned}
[L_y, L_z] &= i\hbar L_x \\
[L_z, L_x] &= i\hbar L_y .
\end{aligned} \tag{9-33}
$$

Somit steht zunächst nur eine Komponente von **L** zur Verfügung, um zusammen mit H einen kommutierenden Satz von Observablen zu bilden. Wir finden aber noch ein bißchen mehr, denn (9-32) und (9-33) beinhalten, daß $\mathbf{L}^2$ mit allen drei Komponenten von **L** kommutiert:

$$
\begin{aligned}
[L_z, \mathbf{L}^2] &= [L_z, L_x^2 + L_y^2 + L_z^2] = [L_z, L_x^2] + [L_z, L_y^2] \\
&= L_x[L_z, L_x] + [L_z, L_x]\,L_x + L_y[L_z, L_y] + [L_z, L_y]\,L_y \\
&= i\hbar L_x L_y + i\hbar L_y L_x - i\hbar L_y L_x - i\hbar L_x L_y \\
&= 0
\end{aligned} \tag{9-34}
$$

usw. Wir wählen als unseren vollständigen Satz kommutierender Variabler also H, L_z (diese Komponente entspricht der Konvention) und $\mathbf{L}^2$. Wir könnten auch die Parität hier dazunehmen, da der Hamilton-Operator ja offenbar invariant gegen $x \to -x$, $y \to -y$ und $z \to -z$ ist, jedoch werden wir später genauer sehen, daß $\mathbf{L}^2$ die Parität bestimmt.

Im 10. Kapitel werden wir die Eigenwerte und Eigenfunktionen von L_z und $\mathbf{L}^2$ bestimmen; hier sei lediglich festgestellt, daß die Lösung der Schrödinger-Gleichung bei deren Anwendung sehr vereinfacht wird, wie im folgenden zu sehen ist.

$$
\begin{aligned}
\mathbf{L}^2 &= (\mathbf{r} \times \mathbf{p})^2 = [(\mathbf{r} \times \mathbf{p})_x]^2 + [(\mathbf{r} \times \mathbf{p})_y]^2 + [(\mathbf{r} \times \mathbf{p})_z]^2 \\
&= -\hbar^2 \left(y\frac{\partial}{\partial z} - z\frac{\partial}{\partial y}\right)\left(y\frac{\partial}{\partial z} - z\frac{\partial}{\partial y}\right) \\
&\quad -\hbar^2 \left(z\frac{\partial}{\partial x} - x\frac{\partial}{\partial z}\right)\left(z\frac{\partial}{\partial x} - x\frac{\partial}{\partial z}\right) \\
&\quad -\hbar^2 \left(x\frac{\partial}{\partial y} - y\frac{\partial}{\partial x}\right)\left(x\frac{\partial}{\partial y} - y\frac{\partial}{\partial x}\right) \\
&= -\hbar^2 \left[x^2\left(\frac{\partial^2}{\partial y^2} + \frac{\partial^2}{\partial z^2}\right) + y^2\left(\frac{\partial^2}{\partial z^2} + \frac{\partial^2}{\partial x^2}\right)\right. \\
&\quad + z^2\left(\frac{\partial^2}{\partial x^2} + \frac{\partial^2}{\partial y^2}\right) - 2xy\frac{\partial^2}{\partial x \partial y} - 2yz\frac{\partial^2}{\partial y \partial z} \\
&\quad \left. - 2zx\frac{\partial^2}{\partial z \partial x} - 2x\frac{\partial}{\partial x} - 2y\frac{\partial}{\partial y} - 2z\frac{\partial}{\partial z}\right].
\end{aligned} \tag{9-35}
$$

Ähnlich ist

$$(9\text{-}36)\qquad \begin{aligned}(\mathbf{r}\cdot\mathbf{p})^2 &= -\hbar^2\left(x\frac{\partial}{\partial x}+y\frac{\partial}{\partial y}+z\frac{\partial}{\partial z}\right)\left(x\frac{\partial}{\partial x}+y\frac{\partial}{\partial y}+z\frac{\partial}{\partial z}\right)\\ &= -\hbar^2\left(x^2\frac{\partial^2}{\partial x^2}+y^2\frac{\partial^2}{\partial y^2}+z^2\frac{\partial^2}{\partial z^2}+2xy\frac{\partial^2}{\partial x\partial y}+2yz\frac{\partial^2}{\partial y\partial z}\right.\\ &\qquad\left.+\,2zx\frac{\partial^2}{\partial z\partial x}+x\frac{\partial}{\partial x}+y\frac{\partial}{\partial y}+z\frac{\partial}{\partial z}\right).\end{aligned}$$

Die Summe aus beiden ergibt

$$(9\text{-}37)\qquad -\hbar^2(x^2+y^2+z^2)\left(\frac{\partial^2}{\partial x^2}+\frac{\partial^2}{\partial y^2}+\frac{\partial^2}{\partial z^2}\right)+\hbar^2\left(x\frac{\partial}{\partial x}+y\frac{\partial}{\partial y}+z\frac{\partial}{\partial z}\right).$$

Damit erhalten wir die Identität

$$(9\text{-}38)\qquad \mathbf{L}^2+(\mathbf{r}\cdot\mathbf{p})^2 = r^2\mathbf{p}^2+i\hbar\mathbf{r}\cdot\mathbf{p}.$$

Da wir mit Operatoren umgehen, ist es wichtig, auf die Reihenfolge der Glieder zu achten. Aus obiger Identität folgt

$$(9\text{-}39)\qquad \begin{aligned}\mathbf{p}^2 &= \frac{1}{r^2}\left[\mathbf{L}^2+(\mathbf{r}\cdot\mathbf{p})^2-i\hbar\mathbf{r}\cdot\mathbf{p}\right]\\ &= \frac{1}{r^2}\mathbf{L}^2-\hbar^2\frac{1}{r^2}\left(r\frac{\partial}{\partial r}\right)^2-\hbar^2\frac{1}{r}\frac{\partial}{\partial r}.\end{aligned}$$

Damit erhält die Schrödinger-Gleichung die Form

$$(9\text{-}40)\qquad \begin{aligned}-\frac{\hbar^2}{2\mu}\left[\frac{1}{r^2}\left(r\frac{\partial}{\partial r}\right)\left(r\frac{\partial}{\partial r}\right)+\frac{1}{r}\frac{\partial}{\partial r}-\frac{1}{\hbar^2 r^2}\mathbf{L}^2\right]u_E(\mathbf{r})&\\ +\,V(r)\,u_E(\mathbf{r}) = Eu_E(\mathbf{r}).&\end{aligned}$$

Es ist sehr günstig, nun mit Kugelkoordinaten (siehe Bild 9.1) zu arbeiten. Verwenden wir diese, so ist $\mathbf{L}^2$ der einzige Operator, der die Winkelvariablen θ und ϕ enthält. Wir setzen die Eigenfunktionen deshalb in folgender Form an:

$$(9\text{-}41)\qquad u_E(\mathbf{r}) = Y_\lambda(\theta,\phi)\,R_{E\lambda}(r).$$

Die Eigenwertgleichung für $\mathbf{L}^2$ lautet

$$(9\text{-}42)\qquad \mathbf{L}^2Y_\lambda(\theta,\phi) = \lambda Y_\lambda(\theta,\phi).$$

Gehen wir hiermit in (9-40) ein, so sehen wir, daß eine Gleichung für $R_{E\lambda}(r)$ übrigbleibt, wir haben also eine Separation in die Radialfunktion $R(r)$ und (9-42) erreicht. Der Weg zu dieser Separation ist eigentlich nicht anders als üblich, aber er betont die Rolle der Symmetrie bei der Bestimmung des vollständigen Satzes kommutierender Operatoren.

Wir haben uns bisher darauf beschränkt, die dreidimensionale Energieeigenwertgleichung in Kugelkoordinaten zu reduzieren, denn Zentralfelder,

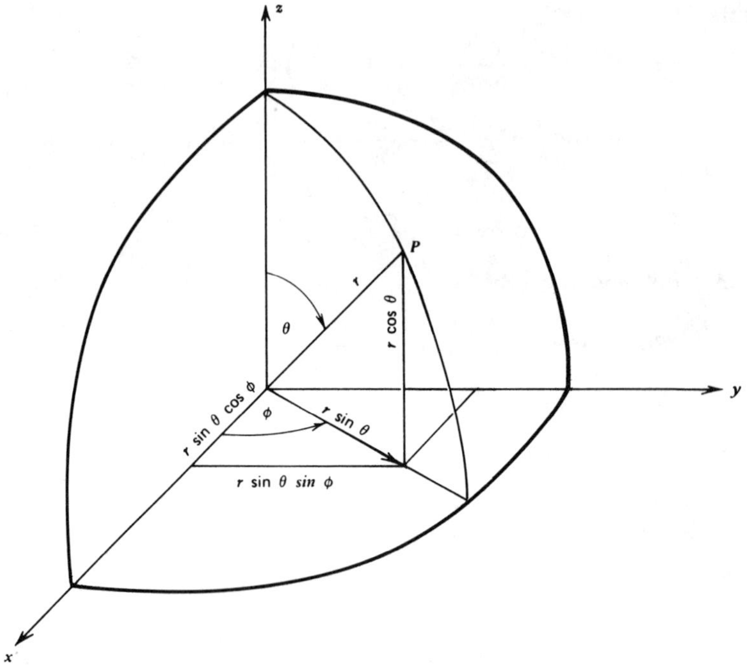

Bild 9–1 Definition der im Text verwendeten Kugelkoordinaten (r,θ,ϕ) und ihr Zusammenhang zu den kartesischen Koordinaten (x,y,z).

also $V = V(r)$, sind bei weitem am interessantesten. Eine andere für uns wichtige Situation stellt ein Potential der Form

$$V(x,y,z) = V_1(x) + V_2(y) + V_3(z)$$

dar. Man sieht leicht, daß die Schrödinger-Gleichung

$$-\frac{\hbar^2}{2m}\left(\frac{\partial^2}{\partial x^2}+\frac{\partial^2}{\partial y^2}+\frac{\partial^2}{\partial z^2}\right)u_E(x,y,z) + [V_1(x)+V_2(y)+V_3(z)]\,u_E(x,y,z) = Eu_E(x,y,z) \tag{9-43}$$

durch den Ansatz

$$u_E(x,y,z) = u_{\epsilon_1}(x)\,v_{\epsilon_2}(y)\,w_{\epsilon_3}(z) \tag{9-44}$$

befriedigt wird, wobei die Faktoren rechts die Lösungen von

$$\begin{aligned}\left[-\frac{\hbar^2}{2m}\frac{d^2}{dx^2}+V_1(x)\right]u_{\epsilon_1}(x) &= \epsilon_1 u_{\epsilon_1}(x)\\ \left[-\frac{\hbar^2}{2m}\frac{d^2}{dy^2}+V_2(y)\right]v_{\epsilon_2}(y) &= \epsilon_2 v_{\epsilon_2}(y)\\ \left[-\frac{\hbar^2}{2m}\frac{d^2}{dz^2}+V_3(z)\right]w_{\epsilon_3}(z) &= \epsilon_3 w_{\epsilon_3}(z)\end{aligned} \tag{9-45}$$

sind, und außerdem

$$E = \epsilon_1 + \epsilon_2 + \epsilon_3.$$

Hierzu ist die dreidimensionale Verallgemeinerung des unendlich hohen Potentialkastens ein interessantes Beispiel. Ist der dreidimensionale Kasten kubisch und von der Kantenlänge L, so ist

$$\begin{aligned} V_1(x) &= \infty \qquad x < 0 \\ &= 0 \qquad 0 < x < L \\ &= \infty \qquad L < x \end{aligned} \tag{9-46}$$

usw. Abgesehen von einem Normierungsfaktor ist also die allgemeine Lösung

$$u_E(x,y,z) = \sin\frac{n_1\pi x}{L}\sin\frac{n_2\pi y}{L}\sin\frac{n_3\pi z}{L} \tag{9-47}$$

und

$$E = \frac{\hbar^2\pi^2}{2mL^2}(n_1^2 + n_2^2 + n_3^2). \tag{9-48}$$

Man beachte, daß hierin eine hohe Entartung steckt: Für bestimmtes E gibt es soviele Lösungen, als es Sätze ganzer Zahlen n_1,n_2,n_3 gibt, die (9-48) erfüllen. Die Entartung ist normalerweise mit dem Vorhandensein von miteinander kommutierenden Operatoren verknüpft, und das ist auch bei diesem Beispiel der Fall. Diese Operatoren sind hier H_x, H_y und H_z; sie sind definiert durch

$$\begin{aligned} H_x &= \frac{p_x^2}{2m} + V_1(x) \\ H_y &= \frac{p_y^2}{2m} + V_2(y) \\ H_z &= \frac{p_z^2}{2m} + V_3(z), \end{aligned} \tag{9-49}$$

so daß

$$H_x + H_y + H_z = H. \tag{9-50}$$

Fragen wir nach der Grundzustandsenergie von N nichtwechselwirkenden Fermionen, z. B. Elektronen, im Kasten vom Volumen L^3. Für jedes Tripel ganzer Zahlen (1,1,1), (2,1,1), (1,2,1), . . . , können zwei Elektronen untergebracht werden. Leichter ist es, die Frage anders zu stellen: Wieviele Ganzzahlentripel n_1,n_2,n_3 gibt es, wobei die durch (9-48) gegebene Energie E geringer als die Fermi-Energie E_F ist? Jedes Tripel entspricht einem Gitterpunkt im dreidimensionalen Raum, und wenn wir sehr viele solche haben, so ist es eine gute Näherung zu fordern, daß diese innerhalb einer Kugel vom Radius R nach (9-48) liegen müssen

$$n_1^2 + n_2^2 + n_3^2 = R^2 = \frac{2mE_F}{\hbar^2\pi^2}L^2. \tag{9-51}$$

Die Anzahl der fraglichen Gitterpunkte ist gegeben durch das Volumen des Kugel-Oktanten, in dem alle n_i positiv sind. Ihre Anzahl ist also

(9-52) $$\frac{1}{8}\cdot\frac{4\pi}{3}R^3 = \frac{1}{8}\frac{4\pi}{3}\left(\frac{2mE_F}{\hbar^2\pi^2}L^2\right)^{3/2}.$$

Die Anzahl der Elektronen unterhalb der Fermi-Energie E_F ist doppelt so groß, also

(9-53) $$N = \frac{\pi}{3}L^3\left(\frac{2mE_F}{\hbar^2\pi^2}\right)^{3/2}.$$

Wie zu erwarten war, ist die Elektronenanzahl zum Volumen des Kastens, L^3, proportional. Ausgedrückt durch die Elektronendichte

(9-54) $$n = \frac{N}{L^3}$$

finden wir

(9-55) $$E_F = \frac{\hbar^2\pi^2}{2m}\left(\frac{3n}{\pi}\right)^{2/3}.$$

Zur Berechnung der Gesamtenergie drücken wir die Anzahl der Gitterpunkte durch folgendes Integral aus:

(9-56) $$\frac{1}{8}\int_{|\mathbf{n}|\leqslant R} d^3\mathbf{n}.$$

Der Vorfaktor 1/8 ist wegen unserer Beschränkung auf positive ganze Zahlen in (9-48) nötig, denn in der Integration ist diese nicht enthalten. Die Energie für jeden Gitterpunkt ist

(9-57) $$E = \frac{\hbar^2\pi^2}{2mL^2}\mathbf{n}^2,$$

die Gesamtenergie wird also

(9-58) $$\begin{aligned} E_{\text{tot}} &= \frac{\hbar^2\pi^2}{2mL^2}\cdot\frac{1}{4}\int_{|\mathbf{n}|\leqslant R}\mathbf{n}^2\, d^3\mathbf{n} \\ &= \frac{\hbar^2\pi^2}{2mL^2}\cdot\frac{1}{4}\cdot 4\pi\int_0^R n^4\, dn \\ &= \frac{\pi^3\hbar^2}{10mL^2}R^5. \end{aligned}$$

Da R mit der Elektronenanzahl N folgendermaßen zusammenhängt

(9-59) $$N = 2\cdot\frac{1}{8}\cdot\frac{4\pi}{3}R^3,$$

erhalten wir als Schlußergebnis

(9-60) $$E_{\text{tot}} = \frac{\pi^3\hbar^2}{10mL^2}\left(\frac{3N}{\pi}\right)^{5/3}.$$

oder mit $n = N/L^3$

$$E_{tot} = \frac{\pi^3\hbar^2}{20m}\left(\frac{3n}{\pi}\right)^{5/3} L^3. \qquad (9\text{-}61)$$

Die Tatsache, daß ein in einem Potential gebundenes Vielelektronensystem im Grundzustand eine große Anzahl besetzter Niveaus aufweist, hat viele verschiedene Folgen. Typische Werte von E_F liegen im Bereich ca. 5-10eV. Somit können bei Temperaturen wie sie in unserer Umgebung üblich sind, nur sehr wenige Elektronen thermisch angeregt sein, denn für den größten Teil von ihnen sind die thermisch erreichbaren Niveaus schon besetzt. Dies bedeutet, daß bei den Metallen - dies sind praktisch Ionengitter mit einem oder zwei freien Elektronen pro Ion - praktisch allein die Ionen zur spezifischen Wärme beitragen. Legt man ein elektrisches Feld an ein Metall an, so können allein die Elektronen nahe der Oberfläche des "Fermi-Sees" beschleunigt werden, da die tieferliegenden keine freien Niveaus vorfinden. Die beschleunigten Elektronen haben große mittlere freie Weglängen; Stöße zwischen den beschleunigten Elektronen und Ionen mit dem Effekt einer Abbremsung unterhalb E_F sind (nahezu) völlig verboten, denn es gibt dort (nahezu) keine freien Energieniveaus. Diese Punkte werden ausführlicher in Büchern über Festkörperphysik diskutiert.

Aufgaben

1. Betrachten Sie ein Teilchen in einem achsialsymmetrischen Potential $V(\rho)$, wobei $\rho^2 = x^2 + y^2$. Welches ist der zur Spezifizierung des Teilchenzustandes zu benützende vollständige Satz kommutierender Observabler?

2. Benützen Sie die Erkenntnisse aus der vorstehenden Aufgabe, um die Schrödinger-Gleichung in Zylinderkoordinaten zu separieren.

3. Gegeben die Dichte der freien Elektronen in Kupfer: $8{,}5 \times 10^{22}$ Elektronen/cm^3. Berechnen Sie hieraus (1) die Fermi-Energie in eV; (2) die Geschwindigkeit eines Elektrons, wenn dessen kinetische Energie die Fermi-Energie ist.

4. Ein Atomkern besteht aus N Neutronen und Z Protonen, mit $N + Z = A$. Der Kernradius sei gegeben durch $R = r_0 A^{1/3}$, wobei $r_0 = 1{,}1$ fm (1 fm $= 10^{-13}$ cm); die Neutronenmasse und Protonenmasse sollen als praktisch gleich betrachtet werden, nämlich als $1{,}6 \times 10^{-24}$ g. Finden Sie die Fermi-Energie des "Protonengases" und des "Neutronengases", wozu angenommen werden soll, daß sich die Protonen und Neutronen frei bewegen. Wie groß sind die Fermi-Energien für $N = 126$ und $Z = 82$?

5. Betrachten Sie ein Neutronengas, dessen Massendichte im Bereich 10^{11} bis 10^{16} g/cm^3 liegt. Berechnen Sie die Fermi-Energie als Funktion von ρ. Beachten Sie, daß das Neutronengas in diesem Bereich relativistisch wird,

d.h. der Zusammenhang zwischen Energie und Impuls ist relativistisch. Etwa ab welcher Dichte sollte die relativistische Formel verwendet werden?

6. Die mittlere Elektronenenergie in einem entarteten Elektronengas ist im nichtrelativistischen Fall

$$\langle E\rangle = \frac{\frac{1}{8}\int d^3\mathbf{n}\,\frac{p^2}{2m_e}}{\frac{1}{8}\int d^3\mathbf{n}}$$

und allgemeiner

$$\langle E\rangle = \frac{\frac{1}{8}\int d^3\mathbf{n}\left[(p^2c^2 + m_e^2c^4)^{1/2} - m_ec^2\right]}{\frac{1}{8}\int d^3\mathbf{n}}.$$

Berechnen Sie hiermit den allgemeinen Ausdruck für die mittlere Energie als Funktion von $\xi = p_F/m_ec$, und benützen Sie diesen, um den Druck zu berechnen, welcher durch die thermodynamische Formel

$$P = -\frac{\partial\langle E\rangle}{\partial(1/n)}$$

gegeben ist. Führen Sie die Rechnung für den nichtrelativistischen und den extrem relativistischen Bereich (d.h. $\xi \gg 1$) durch.

Literatur

Eine gute Diskussion des Drehimpulses in dem von uns betrachteten Zusammenhang ist

J.L. Powell and B. Crasemann "Quantum Mechanics" Addison-Wesley, Inc., 1961. Hier wird, wie in jedem Einführungslehrbuch, die Separation der dreidimensionalen Schrödinger-Gleichung durchgeführt.

10. Drehimpuls

Unsere Aufgabe in diesem Kapitel ist es, die Eigenwerte und Eigenfunktionen der Operatoren L_z und $\mathbf{L}^2$ zu finden. Da der Drehimpuls die Dimension von $\hbar$ hat, können wir die Eigenwertgleichungen in folgender Form schreiben

$$
\begin{aligned}
L_z Y_{lm} &= m\hbar Y_{lm} \\
\mathbf{L}^2 Y_{lm} &= l(l+1)\,\hbar^2 Y_{lm},
\end{aligned}
\tag{10.1}
$$

wobei m und $l(l+1)$ reelle Zahlen sein müssen. Später wird sich zeigen, daß die merkwürdige Schreibweise für den Eigenwert von $\mathbf{L}^2$ sehr praktisch ist. Es gibt nun mehrere Lösungswege. Der übliche ist, die Operatoren in Kugelkoordinaten auszuschreiben. Wir haben

$$
\begin{aligned}
x &= r \sin\theta \cos\phi \\
y &= r \sin\theta \sin\phi \\
z &= r \cos\theta
\end{aligned}
\tag{10-2}
$$

und damit

$$
\begin{aligned}
dx &= \sin\theta\cos\phi\, dr + r\cos\theta\cos\phi\, d\theta - r\sin\theta\sin\phi\, d\phi \\
dy &= \sin\theta\sin\phi\, dr + r\cos\theta\sin\phi\, d\theta + r\sin\theta\cos\phi\, d\phi \\
dz &= \cos\theta\, dr - r\sin\theta\, d\theta .
\end{aligned}
\tag{10-3}
$$

Aus diesen Gleichungen ist zu entnehmen

$$
\begin{aligned}
dr &= \sin\theta\cos\phi\, dx + \sin\theta\sin\phi\, dy + \cos\theta\, dz \\
d\theta &= \frac{1}{r}(\cos\theta\cos\phi\, dx + \cos\theta\sin\phi\, dy - \sin\theta\, dz) \\
d\phi &= \frac{1}{r\sin\theta}(-\sin\phi\, dx + \cos\phi\, dy).
\end{aligned}
\tag{10-4}
$$

Damit erhalten wir

$$
\begin{aligned}
\frac{\partial}{\partial x} &= \frac{\partial r}{\partial x}\frac{\partial}{\partial r} + \frac{\partial\theta}{\partial x}\frac{\partial}{\partial\theta} + \frac{\partial\phi}{\partial x}\frac{\partial}{\partial\phi} \\
&= \sin\theta\cos\phi\frac{\partial}{\partial r} + \frac{1}{r}\cos\theta\cos\phi\frac{\partial}{\partial\theta} - \frac{\sin\phi}{r\sin\theta}\frac{\partial}{\partial\phi} \\
\frac{\partial}{\partial y} &= \sin\theta\sin\phi\frac{\partial}{\partial r} + \frac{1}{r}\cos\theta\sin\phi\frac{\partial}{\partial\theta} + \frac{\cos\phi}{r\sin\theta}\frac{\partial}{\partial\phi} \\
\frac{\partial}{\partial z} &= \cos\theta\frac{\partial}{\partial r} - \frac{\sin\theta}{r}\frac{\partial}{\partial\theta}
\end{aligned}
\tag{10-5}
$$

und schließlich

(10-6) $$L_z = \frac{\hbar}{i}\left(x\frac{\partial}{\partial y} - y\frac{\partial}{\partial x}\right) = \frac{\hbar}{i}\frac{\partial}{\partial \phi}.$$

Die beiden anderen Komponenten des Drehimpulses können wir viel kürzer ausdrücken, indem wir einführen

(10-7) $$L_\pm = L_x \pm iL_y.$$

Damit ist

(10-8)
$$\begin{aligned} L_\pm &= \frac{\hbar}{i}\left[y\frac{\partial}{\partial z} - z\frac{\partial}{\partial y} \pm i\left(z\frac{\partial}{\partial x} - x\frac{\partial}{\partial z}\right)\right] \\ &= \frac{\hbar}{i}\left[\pm iz\left(\frac{\partial}{\partial x} \pm i\frac{\partial}{\partial y}\right) \mp i(x \pm iy)\frac{\partial}{\partial z}\right] \\ &= \pm\hbar r\cos\theta\left(\sin\theta\, e^{\pm i\phi}\frac{\partial}{\partial r} + \frac{1}{r}\cos\theta\, e^{\pm i\phi}\frac{\partial}{\partial\theta} \pm \frac{i\,e^{\pm i\phi}}{r\sin\theta}\frac{\partial}{\partial\phi}\right) \\ &\quad \mp \hbar r\sin\theta\, e^{\pm i\phi}\left(\cos\theta\frac{\partial}{\partial r} - \frac{\sin\theta}{r}\frac{\partial}{\partial\theta}\right), \end{aligned}$$

also

(10-9) $$L_\pm = \hbar\, e^{\pm i\phi}\left(\pm\frac{\partial}{\partial\theta} + i\cot\theta\frac{\partial}{\partial\phi}\right).$$

Wir können hieraus den Operator $\mathbf{L}^2$ konstruieren, wenn wir beachten, daß

(10-10)
$$\begin{aligned} L_+L_- &= (L_x + iL_y)(L_x - iL_y) \\ &= L_x^2 + L_y^2 - i[L_x, L_y], \end{aligned}$$

so daß

(10-11)
$$\begin{aligned} \mathbf{L}^2 &= L_z^2 + L_+L_- + i[L_x, L_y] \\ &= L_+L_- + L_z^2 - \hbar L_z, \end{aligned}$$

wobei zur letzten Zeile (9-32) verwendet wurde. Wir haben nun einen Differentialoperator zweiter Ordnung der θ und ϕ enthält, und nun müssen wir die Lösungen für die Differentialgleichungen (10-1) erarbeiten. Dies wird in vielen Lehrbüchern der Quantenmechanik und der klassischen Elektrodynamik ausgeführt. Wir wollen in algebraischer Weise weiterfahren, aber vorher ein wenig abschweifen, um die Eigenwertgleichung

(10-12) $$L_zY_{lm} = m\hbar Y_{lm}$$

und einige Anwendungen zu diskutieren. Mit (10-6) wird

(10-13) $$\frac{\partial}{\partial\phi}Y_{lm}(\theta,\phi) = imY_{lm}(\theta,\phi).$$

Wir sehen, daß die Lösung die Form $Y_{lm}(\theta,\phi) = \Theta_{lm}(\theta)\,\Phi_m(\phi)$ hat, wobei

(10-14) $$\frac{d\Phi_m(\phi)}{d\phi} = im\Phi_m(\phi).$$

Mit der Normierung

$$\int_0^{2\pi} d\phi |\Phi_m|^2 = 1 \tag{10-15}$$

wird die Lösung

$$\Phi_m(\phi) = \frac{1}{\sqrt{2\pi}} e^{im\phi}. \tag{10-16}$$

Da eine Rotation um 360°, also die Transformation $\phi \rightarrow \phi + 2\pi$ am System keine Änderung hervorruft, wird manchmal gesagt, daß die Bedingung

$$e^{2\pi im} = 1 \tag{10-17}$$

erfüllt sein muß, wobei m ganzzahlig ist. Dies ist nicht völlig korrekt, da die in die physikalischen Observablen eingehenden Größen vom Typ $\int_0^{2\pi} d\phi\psi_1{}^*(\phi)\, A\psi_2(\phi)$ sind, wobei die Wellenfunktionen die Form

$$\psi(\phi) = \sum_{m=-\infty}^{\infty} C_m \frac{e^{im\phi}}{\sqrt{2\pi}} \tag{10-18}$$

haben. Fordern wir, daß sich diese beliebigen Wellenpakete unter der Transformation $\phi \rightarrow \phi + 2\pi$ nicht ändern (mit Ausnahme eines die Phase insgesamt ändernden Vorfaktors), so kommen wir zu dem Schluß, daß im allgemeinen für m die Vorschrift $m = c +$ (ganze Zahl) zutrifft, wobei c eine Konstante ist. Eine Aussage über die Konstante können wir nur dann machen, wenn wir den Operator L_z als Teil des Satzes (L_x, L_y, L_z) sehen. Weiter unten werden wir darlegen, daß die Eigenwerte symmetrisch um den Wert Null verteilt sind, daß also $c = 0$ oder $c = 1/2$; für die in diesem Kapitel betrachteten Operatoren wollen wir uns auf $c = 0$ beschränken, und somit bleibt für m die Bedingung, eine *ganze Zahl* zu sein.

Fahren wir nun mit der Diskussion der Eigenwertgleichung für L_z fort. Wir betrachten einen klassischen Rotator, mit der z-Achse als Drehachse und dem Trägheitsmoment I. Seine Rotationsenergie wird

$$E = \frac{L_z^2}{2I}. \tag{10-19}$$

Der Hamilton-Operator ist damit

$$H = \frac{L_z^2}{2I}. \tag{10-20}$$

Für die Eigenwerte des Hamilton-Operators sehen wir sofort

$$E_m = \frac{\hbar^2 m^2}{2I} \tag{10-21}$$

und die Eigenfunktionen haben die Form $e^{\pm im\phi}$. Eine Entartung liegt vor, weil H mit L_z kommutiert; die beiden Eigenfunktionen für gegebenes E_m

entsprechen den beiden möglichen Drehrichtungen. Besteht unser Rotator aus N *identischen Teilchen*, die auf einem Kreis in der x-y-Ebene fixiert sind, wobei der Winkelabstand zwichen den benachbarten Teilchen $2\pi/N$ sei, so lautet die Energieeigenwertgleichung

(10-22) $$H\Phi_E(\phi) = E\Phi_E(\phi)$$

und ihre Lösung wiederum $e^{\pm i\lambda\phi}$. Physikalisch darf sich bei Drehung um den Bogen $2\pi/N$ (bzw. ganzzahliges Vielfaches davon) nichts ändern, und dies sollte sich auch in den Lösungen zeigen. Mit ähnlichen Argumenten wie vorher zur Ganzzahligkeit von m finden wir nun $\lambda = N\times$(ganze Zahl)[1]. Die Energie wird also

(10-23) $$E = \frac{\hbar^2(Nm)^2}{2I}.$$

Nun kehren wir zu den Gleichungen (10-1) zurück, und versuchen die Eigenwerte auf eine Weise, die uns an die Behandlung des harmonischen Oszillators im 7. Kapitel erinnert, zu erhalten. Für verschiedene Eigenwerte werden die Eigenfunktionen der hermitischen Operatoren L_z und $\mathbf{L}^2$ orthogonal sein; mit der richtigen Normierung können wir also schreiben

(10-24) $$\langle Y_{l'm'}|Y_{lm}\rangle = \delta_{ll'}\delta_{mm'}.$$

Aus

(10-25) $$\begin{aligned}&\langle Y_{lm}|(L_x^2 + L_y^2 + L_z^2)\, Y_{lm}\rangle\\ &\qquad = \langle L_xY_{lm}|L_xY_{lm}\rangle + \langle L_yY_{lm}|L_yY_{lm}\rangle + m^2\hbar^2\\ &\qquad \geq 0\end{aligned}$$

folgt

(10-26) $$l(l+1) \geq 0.$$

Die in (10-7) eingeführten Operatoren zeigen sich im folgenden als sehr nützlich, und wir werden erkennen, daß sie die Rolle von Aufsteige- und Absteigeoperatoren spielen. Wir haben schon gesehen

(10-27) $$\mathbf{L}^2 = L_+L_- + L_z^2 - \hbar L_z.$$

Genauso gilt

(10-28) $$\mathbf{L}^2 = L_-L_+ + L_z^2 + \hbar L_z.$$

Hieraus, wie auch direkt aus (9-32) folgt

(10-29) $$[L_+, L_-] = 2\hbar L_z.$$

Die übrigen Vertauschungsrelationen sind

---

[1]) Ein Rückblick auf das im 1. Kapitel beschriebene Dicke-Wittke-Gedankenexperiment sei empfohlen.

$$(10\text{-}30)\qquad [L_+, L_z] = [L_x + iL_y, L_z] = -i\hbar L_y - \hbar L_x = -\hbar L_+$$

und

$$(10\text{-}31)\qquad [L_-, L_z] = \hbar L_- .$$

Aus $[\mathbf{L}^2,\mathbf{L}] = 0$ folgt ferner

$$(10\text{-}32)\qquad [\mathbf{L}^2, L_\pm] = 0, \quad [\mathbf{L}^2, L_z] = 0.$$

Dies bedeutet aber

$$(10\text{-}33)\qquad \mathbf{L}^2 L_\pm Y_{lm} = L_\pm \mathbf{L}^2 Y_{lm} = l(l+1)\,\hbar^2 L_\pm Y_{lm}\,,$$

d.h. auch $L_\pm Y_{lm}$ sind Eigenfunktionen von $\mathbf{L}^2$ mit dem durch l charakterisierten Eigenwert. Andererseits finden wir

$$(10\text{-}34)\qquad \begin{aligned} L_z L_+ Y_{lm} &= (L_+ L_z + \hbar L_+)\, Y_{lm} \\ &= m\hbar L_+ Y_{lm} + \hbar L_+ Y_{lm} \\ &= \hbar(m+1)\, L_+ Y_{lm}\,, \end{aligned}$$

d.h. $L_+ Y_{lm}$ ist auch Eigenfunktion von L_z, wobei aber der m-Wert um 1 erhöht wird. Ebenso kann man zeigen

$$(10\text{-}35)\qquad L_z L_- Y_{lm} = \hbar(m-1)\, L_- Y_{lm}\,,$$

d.h. $L_- Y_{lm}$ ist auch Eigenfunktion von L_z, wobei aber m um 1 erniedrigt ist. Wir nennen also $L_\pm$ einen Aufsteige- bzw. Absteigeoperator. Wir können schreiben

$$(10\text{-}36)\qquad L_\pm Y_{lm} = C_\pm(l,m)\, Y_{l,m\pm 1}\,.$$

Aus der Eigenschaft von L_x und L_y, hermitisch zu sein, folgt

$$(10\text{-}37)\qquad L_\pm^\dagger = (L_x \pm iL_y)^\dagger = L_x \mp iL_y = L_\mp\,.$$

Eine Folge von

$$(10\text{-}38)\qquad \langle L_\pm Y_{lm} | L_\pm Y_{lm}\rangle \geq 0$$

ist sodann

$$(10\text{-}39)\qquad \langle Y_{lm} | L_\mp L_\pm Y_{lm}\rangle \geq 0.$$

Damit beinhaltet aber (10-27) und (10-28)

$$(10\text{-}40)\qquad \langle Y_{lm} | (\mathbf{L}^2 - L_z^2 \pm \hbar L_z)\, Y_{lm}\rangle \geq 0,$$

also

$$(10\text{-}41)\qquad \begin{aligned} l(l+1) &\geq m^2 + m \\ l(l+1) &\geq m^2 - m. \end{aligned}$$

Da $l(l+1) \geq 0$, können wir ohne Verlust an Allgemeinheit[2]) auch $l \geq 0$ verwenden; damit sehen wir aus (10-41)

$$-l \leq m \leq l. \tag{10-42}$$

Wenn es einen kleinsten Wert von m gibt (er sei m_-), so ist für den dazugehörigen Eigenzustand

$$L_- Y_{lm_-} = 0. \tag{10-43}$$

Wir können m_- dann durch Anwendung von (10-27) auf Y_{lm_-} berechnen, wobei wir erhalten

$$l(l+1)\,\hbar^2 = m_-^2\hbar^2 - m_-\hbar^2. \tag{10-44}$$

Falls es einen größten Wert von m gibt (m_+), so erhält man ähnlich

$$L_+ Y_{lm_+} = 0 \tag{10-45}$$

und Anwendung von (10-28) auf diesen Eigenzustand gibt

$$l(l+1)\,\hbar^2 = m_+^2\hbar^2 + m_+\hbar^2. \tag{10-46}$$

Somit ist

$$\begin{aligned} m_- &= -l \\ m_+ &= +l. \end{aligned} \tag{10-47}$$

Ausgehend vom kleinsten Wert wird der größte durch Einheitsschritte nach oben (wiederholte Anwendung von L_+) erreicht. Deshalb finden wir (siehe Bild 10.1) a) daß es $(2l+1)$ Zustände gibt, also $2l+1$ eine ganze Zahl ist, und b) daß m folgende Werte annehmen kann

$$m = -l, -l+1, -l+2, \ldots, l-1, l.$$

Die Möglichkeit, daß l ungerade Vielfache von $1/2$ annehmen kann, also $l = 1/2, 3/2, \ldots$ wird im 14. Kapitel zusammen mit dem *Spin* diskutiert werden. Im vorliegenden Kapitel beschränken wir uns aber auf *ganzzahlige* l.

Wir können auch die in (10-36) definierten Koeffizienten $C_\pm(l,m)$ berechnen:

$$\begin{aligned} |C_\pm(l,m)|^2 \langle Y_{l,m\pm1} | Y_{l,m\pm1} \rangle &= \langle L_\pm Y_{lm} | L_\pm Y_{lm} \rangle \\ &= \langle Y_{lm} | L_\mp L_\pm Y_{lm} \rangle \\ &= \langle Y_{lm} | (\mathbf{L}^2 - L_z^2 \mp \hbar L_z)\, Y_{lm} \rangle \\ &= \hbar^2 [l(l+1) - m(m\pm 1)]. \end{aligned}$$

Mit günstiger Wahl der Phasenlage wird hieraus

$$C_\pm(l,m) = \hbar[l(l+1) - m(m\pm1)]^{1/2}. \tag{10-48}$$

Bis zu dieser Stelle sind wir mit Operatormethoden vorgedrungen. Nun wollen wir die explizite Form der Operatoren L_z und $L_\pm$ anwenden, um brauch-

[2]) Sollte aber $l \leqslant -1$ sein, so würden wir definieren $L = -l - 1$, und das alte l durch das neue, positive L ersetzen. Hierbei würde sich nichts ändern, da $L(L+1) = l(l+1)$.

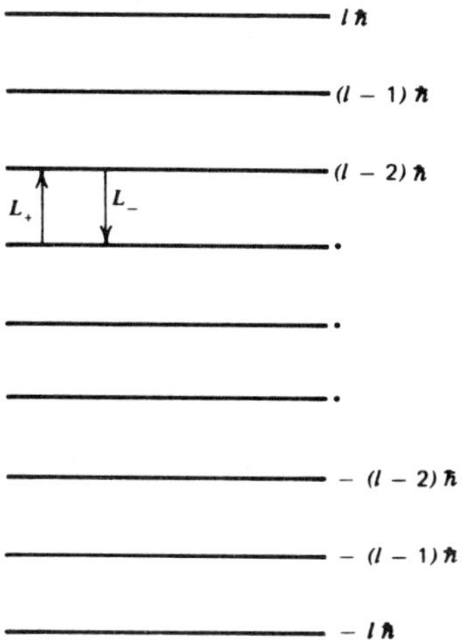

Bild 10–1 Eigenwertspektrum des Operators L_z für gegebenes l.

bare Ausdrücke für die Eigenfunktionen als Funktion von θ und ϕ zu erhalten. Hiermit laufen wir parallel zu den Gleichungen (7-31) bis (7-35). Wie schon angedeutet, schreiben wir hierzu

(10-49) $$Y_{lm}(\theta,\phi) = \Theta_{lm}(\theta)\, e^{im\phi}.$$

Damit wird Bedingung (10-45) zu

(10-50) $$\hbar\, e^{i\phi}\left(\frac{\partial}{\partial\theta} + i \cot\theta \frac{\partial}{\partial\phi}\right)\Theta_{ll}(\theta)\, e^{il\phi} = \hbar\, e^{i(l+1)\phi}\left(\frac{\partial}{\partial\theta} - l\cot\theta\right)\Theta_{ll}(\theta) = 0.$$

Als Lösung dieser Gleichung findet man leicht

(10-51) $$\Theta_{ll}(\theta) = (\sin\theta)^l.$$

Später werden wir einen passenden Faktor hierzu aus der Normierungsbedingung erhalten. Ein beliebiger Zustand ist durch die Absteigeoperation

(10-52) $$Y_{lm}(\theta,\phi) = C(L_-)^{l-m}(\sin\theta)^l\, e^{il\phi}$$

zu erhalten. Betrachten wir zunächst:

$$L_-Y_{ll}(\theta,\phi) = \hbar\, e^{-i\phi}\left(-\frac{\partial}{\partial\theta} + i\cot\theta\frac{\partial}{\partial\phi}\right)(\sin\theta)^l\, e^{il\phi}$$
$$= \hbar\, e^{i(l-1)\phi}\left(-\frac{\partial}{\partial\theta} - l\cot\theta\right)(\sin\theta)^l.$$

Man kann zeigen, daß für eine beliebige Funktion $f(\theta)$

(10-53) $$\left(\frac{d}{d\theta} + l \cot\theta\right) f(\theta) = \frac{1}{(\sin\theta)^l} \frac{d}{d\theta}\left[(\sin\theta)^l f(\theta)\right]$$

gilt. Damit erhalten wir

(10-54) $$Y_{l,l-1} = C' \frac{e^{i(l-1)\phi}}{(\sin\theta)^l}\left(-\frac{d}{d\theta}\right)[(\sin\theta)^l(\sin\theta)^l].$$

Der nächste Schritt geht genauso, nur daß l ersetzt wird durch $l-1$, und dann (10-53) auf (10-54) angewandt wird:

(10-55) $$\begin{aligned} Y_{l,l-2} &= C'' \frac{e^{i(l-2)\phi}}{(\sin\theta)^{l-1}}\left(-\frac{d}{d\theta}\right)\left[(\sin\theta)^{l-1}\frac{1}{(\sin\theta)^l}\left(-\frac{d}{d\theta}\right)(\sin\theta)^{2l}\right] \\ &= C''(-1)^2 \frac{e^{i(l-2)\phi}}{(\sin\theta)^{l-1}}\frac{d}{d\theta}\left[\frac{1}{\sin\theta}\frac{d}{d\theta}(\sin\theta)^{2l}\right]. \end{aligned}$$

Ausgedrückt durch die Variablen $u = \cos\theta$, $-1/(\sin\theta)\,(d/d\theta) = d/du$ wird (10-54) bzw. (10-55)

(10-56) $$\begin{aligned} Y_{l,l-1} &= C' \frac{e^{i(l-1)\phi}}{(\sin\theta)^{l-1}}\frac{d}{du}[(1-u^2)^l] \\ Y_{l,l-2} &= C'' \frac{e^{i(l-2)\phi}}{(\sin\theta)^{l-2}}\frac{d^2}{du^2}[(1-u^2)^l]. \end{aligned}$$

Die allgemeine Form ist

(10-57) $$Y_{lm} = C\frac{e^{im\phi}}{(\sin\theta)^m}\left(\frac{d}{du}\right)^{l-m}[(1-u^2)^l].$$

Die Eigenfunktionen müssen nun normiert werden. Die Integrationsbereiche für unsere sphärischen Winkel sind $0 \le \phi \le 2\pi$, $0 \le \theta \le \pi$ (siehe Bild 9.1), und das Integral über die Kugeloberfläche ($r = \text{const}$) ist

$$\int d\Omega = \int_0^{2\pi} d\phi \int_0^{\pi} \sin\theta\, d\theta.$$

Damit wird die Normierungsbedingung

(10-58) $$\langle Y_{lm}|Y_{lm}\rangle = 1 = \int_0^{2\pi} d\phi \int_{-1}^{1} du\,|c|^2\left[\frac{1}{(1-u^2)^{m/2}}\left(\frac{d}{du}\right)^{l-m}(1-u^2)^l\right]^2.$$

Die Integration ist mühselig und langweilig. Wir begnügen uns deshalb damit, die normierten $Y_{lm}(\theta,\phi)$ anzugeben:

(10-59) $$Y_{lm}(\theta,\phi) = (-1)^m\left[\frac{2l+1}{4\pi}\frac{(l-m)!}{(l+m)!}\right]^{1/2} P_l^m(\cos\theta)\,e^{im\phi},$$

wobei

(10-60) $$Y_{l,-m} = (-1)^m\, Y_{lm}^*.$$

Die Funktionen $P_l^m(u)$ sind die zugeordneten Legendre-Polynome

(10-61) $$P_l^m(u) = (-1)^{l+m} \frac{(l+m)!}{(l-m)!} \frac{(1-u^2)^{-m/2}}{2^l l!} \left(\frac{d}{du}\right)^{l-m} (1-u^2)^l,$$

wobei für negative m der Zusammenhang

(10-62) $$P_l^{-m}(u) = (-1)^m \frac{(l-m)!}{(l+m)!} P_l^m(u)$$

gilt. Für unsere Zwecke reicht es, einige Eigenfunktionen auszuschreiben:

(10-63)
$$\begin{aligned}
Y_{0,0} &= \frac{1}{\sqrt{4\pi}} \\
Y_{1,1} &= -\sqrt{\frac{3}{8\pi}}\, e^{i\phi} \sin\theta \\
Y_{1,0} &= \sqrt{\frac{3}{4\pi}} \cos\theta \\
Y_{2,2} &= \sqrt{\frac{15}{32\pi}}\, e^{2i\phi} \sin^2\theta \\
Y_{2,1} &= -\sqrt{\frac{15}{8\pi}}\, e^{i\phi} \sin\theta\cos\theta \\
Y_{2,0} &= \sqrt{\frac{5}{16\pi}} (3\cos^2\theta - 1).
\end{aligned}$$

Wir wissen, daß $\mathbf{L}^2$ in seiner Wirkung auf eine Eigenfunktion, wie z.B. in (9-40), durch $l(l+1)\hbar^2$ ersetzt werden kann; dies verwenden wir nun, um die Differentialgleichung für den Radialanteil der Wellenfunktion und die dazugehörigen Energieeigenwerte zu erhalten. Diese Gleichung, welche wir später ausführlich für verschiedene Potentialverläufe diskutieren werden, lautet

(10-64) $$-\frac{\hbar^2}{2\mu}\left[\frac{1}{r}\frac{d}{dr}\left(r\frac{d}{dr}\right) + \frac{1}{r}\frac{d}{dr} - \frac{l(l+1)}{r^2}\right] R_{Elm}(r) + V(r)\, R_{Elm}(r) = E R_{Elm}(r).$$

Wir stellen fest, daß in dieser Gleichung eine Abhängigkeit von m nicht vorkommt. Für gegebenes l haben wir also immer eine $(2l+1)$-fache Entartung, da sich für alle möglichen m-Werte die gleiche Energie ergibt.

Aufgaben

1. Gegeben sei ein Molekül aus zwei identischen Atomen, wovon jedes im Grundzustand den Spin 0 hat. Im Molekül ist u.a. Rotationsanregung möglich. Wie sieht das Rotationsspektrum aus, wenn nur Rotation um die z-Achse betrachtet werde, d.h. $H = L_z^2/2I$, wobei der Atomabstand unveränderlich ist (starrer Rotator)? Welches Spektrum erhält man, wenn die Atome Spin 1/2 haben und im gleichen Spinzustand sind?

2. Drücken Sie die in (10-63) aufgeführten Kugelfunktionen aus durch

$$x = r \sin\theta \cos\phi,\ y = r \sin\theta \sin\phi, \text{ and } z = r\cos\theta.$$

3. Die Legendre-Polynome $P_l(u) = P_l^0(u)$ können anhand von (10-61) definiert werden. Zeigen Sie mit dieser Definition, daß $P_l(u)$ folgende Gleichung erfüllt

$$(1 - u^2)\, P_l''(u) - 2uP_l'(u) + l(l+1)\, P_l(u) = 0.$$

4. Zeigen Sie, daß die Legendre-Polynome folgende Rekursionsformel erfüllen:

$$lP_{l-1} = ulP_l + (1 - u^2)\, P_l'$$
$$(l+1)P_{l+1} = (l+1)\, uP_l - (1 - u^2)\, P_l'$$
$$(l+1)\, P_{l+1} - (2l+1)\, uP_l + lP_{l-1} = 0.$$

5. Zeigen Sie mit Hilfe von (10-61), daß gilt

$$\sum_{l=0}^{\infty} z^l P_l(u) = (1 - 2uz + z^2)^{-1/2} \qquad z < 1.$$

6. Verwenden Sie den in diesem Kapitel aufgezeigten Rechengang, um Rotation in vier Dimensionen zu diskutieren. Die Verallgemeinerung von L ist hierbei ein Satz von Operatoren, die man schreiben kann als

$$L_{ij} = -i(x_i \partial_j - x_j \partial_i)$$

$(i,j = 1,2,3,4)$. Führen Sie ein

$$(J_1, J_2, J_3) = (L_{23}, L_{31}, L_{12})$$

und

$$(K_1, K_2, K_3) = (L_{14}, L_{24}, L_{34}).$$

a) Finden Sie die Vertauschungsrelationen aller sechs Operatoren untereinander.

b) Zeigen Sie, daß für die Operatoren

$$\mathbf{J}^{(+)} = (\mathbf{J} + \mathbf{K});\ \mathbf{J}^{(-)} = (\mathbf{J} - \mathbf{K})$$

Vertauschungsrelationen mit dem Drehimpuls gelten und daß sie miteinander kommutieren. Verwenden Sie letzteres Ergebnis, um den maximalen Satz von miteinander kommutierenden Variablen zu finden, wodurch auch die Quantenzahlen zur Charakterisierung einer Eigenfunktion bestimmt sind.

7. Betrachten Sie ein Elektron in einem beliebigen Potential $V(r)$, welches in einem durch l charakterisierten Drehimpulszustand ist. Zeigen Sie, daß die Wahrscheinlichkeit für das Auffinden des Elektrons an der Stelle $\mathbf{r}$ allein eine Funktion von $|\mathbf{r}|$ ist.
Hinweis: Beachten Sie, daß die Lösungen für die $(2l+1)$ Werte von m entartet sind, und daß allen m-Werten gleiche Wahrscheinlichkeit zukommt,

falls keine Vorzugsrichtung vorliegt. Benützen Sie die Formel

$$\sum_{m=-l}^{l} |Y_{lm}(\theta,\phi)|^2 = \frac{2l+1}{4\pi}.$$

8. Ein Teilchen in einem Potential sphärischer Symmetrie sei durch das Wellenpaket

$$\psi(x,y,z) = C(xy + yz + zx)\, e^{-\alpha r^2}$$

beschrieben. Wie groß ist die Wahrscheinlichkeit dafür, daß eine Messung des Drehimpulsquadrates den Wert Null ergibt? Mit welcher Wahrscheinlichkeit ergibt sich $6\hbar^2$? Welches sind die relativen Wahrscheinlichkeiten für $m = 2,1,0,-1,-2$ im Zustand $l = 2$?

9. Betrachten Sie folgendes Modell für einen völlig glatten zylindrischen Körper: Er besteht aus einem Ring von N identischen Teilchen gleichen gegenseitigen Abstandes, wobei die Teilchenmasse M/N, die Ringmasse also M und das Trägheitsmoment MR^2 ist (R = Ringradius). Berechnen Sie die für den Drehimpuls möglichen Werte, und die Energieeigenwerte. Wie groß ist der energetische Abstand zwischen dem Grundzustand (Drehimpuls Null) und dem ersten Rotationszustand? Zeigen Sie, daß dieser Wert nach Unendlich geht, sobald $N \to \infty$. Vergleichen Sie dies mit der entsprechenden Energie eines "eingekerbten" Zylinders, welchem also die Symmetrie bei Rotation um den Bogen $2\pi/N$ fehlt.
Dieses Beispiel beinhaltet, daß es unmöglich ist, einen völlig glatten Zylinder in Drehbewegung zu versetzen; damit konsistent ist die Unmöglichkeit, die Drehbewegung eines solchen Körpers überhaupt festzustellen.

10. Drücken Sie $\mathbf{L}^2$ aus durch $\partial/\partial\theta$ und $\partial/\partial\phi$. Geben Sie die Differentialgleichung für das in (10-49) definierte Θ_{lm} an.
Hinweis: Verwenden Sie die Variable $z = \cos\theta$. Zeigen Sie, daß $(\sin\theta)^l$ die Lösung dieser Gleichung für den Sonderfall $l = m$ ist.

Literatur

Das hier Besprochene ist als Standardstoff auch in jedem der auf Seite 491 aufgeführten Bücher zu finden. Für einen tieferen Einblick in die Folgen der Rotationsinvarianz siehe

K. Gottfried "Quantum Mechanics" Vol. 1, W.A. Benjamin, Inc., 1966

M.E. Rose "Elementary Theory of Angular Momentum" John Wiley and Sons, Inc., 1957

11. Die Gleichung für den Radialteil

Die Differentialgleichung für den Radialteil der Wellenfunktion, kurz, die radiale Schrödinger-Gleichung, wie wir sie in (10-64) vor uns hatten, kann man auch in folgende Form bringen:

$$\left(\frac{d^2}{dr^2} + \frac{2}{r}\frac{d}{dr}\right) R_{nlm}(r) - \frac{2\mu}{\hbar^2}\left[V(r) + \frac{l(l+1)\hbar^2}{2\mu r^2}\right] R_{nlm}(r) + \frac{2\mu E}{\hbar^2} R_{nlm}(r) = 0. \tag{11-1}$$

Hierbei haben wir den Index E durch n ersetzt. Wir werden die Lösungen dieser Gleichung für eine ganze Reihe von Potentialen betrachten; in allen Fällen geht das Potential beim Übergang nach Unendlich stärker als $1/r$ gegen Null, eine Ausnahme hiervon bildet nur das sehr wichtige Coulomb-Potential. Wir wollen auch voraussetzen, daß das Potential in keinem Fall beim Übergang zur Stelle $r=0$ rascher als $1/r^2$ divergiert, daß also

$$\lim_{r\to 0} r^2 V(r) = 0. \tag{11-2}$$

Für manche Fälle erweist es sich als günstig, die Funktion $u_{nlm}(r)$ einzuführen:

$$u_{nlm}(r) = rR_{nlm}(r). \tag{11-3}$$

(Anm. d. Übers.: Nicht verwechseln mit u_E in Gl. 9-40!)
Mit der Identität

$$\left(\frac{d^2}{dr^2} + \frac{2}{r}\frac{d}{dr}\right)\frac{u_{nlm}(r)}{r} = \frac{1}{r}\frac{d^2}{dr^2} u_{nlm}(r) \tag{11-4}$$

folgt aus (11-1)

$$\frac{d^2 u_{nlm}(r)}{dr^2} + \frac{2\mu}{\hbar^2}\left[E - V(r) - \frac{l(l+1)\hbar^2}{2\mu r^2}\right] u_{nlm}(r) = 0. \tag{11-5}$$

Diese Gleichung erinnert zwar an die eindimensionale (zeitunabhängige) Schrödinger-Gleichung, sie beinhaltet aber zwei neue Belange:

a) Zum Potential kommt ein weiterer Ausdruck hinzu; dieser beschreibt eine Zentrifugalbarriere (abstoßend, s. Bild 11.1):

$$V(r) \to V(r) + \frac{l(l+1)\hbar^2}{2\mu r^2}. \tag{11-6}$$

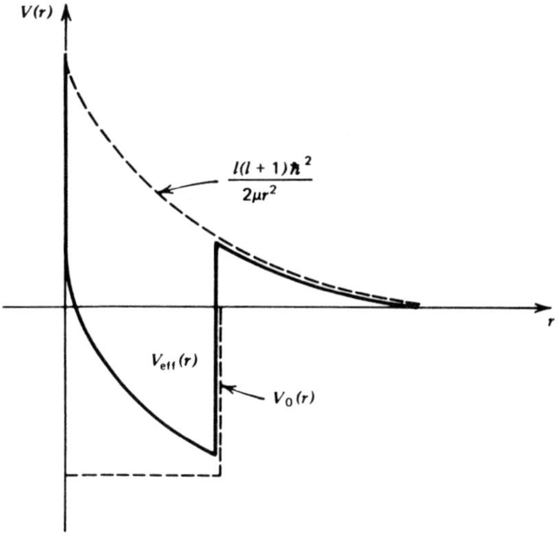

Bild 11–1 Effektives Potential, welches in der Radialgleichung mit $u = rR(r)$ wirkt, falls der reale Potentialverlauf ein Rechteck darstellt.

b) Die Definition von $u_{nlm_l}(r)$ und die Endlichkeit der Wellenfunktion im Nullpunkt erfordert

(11-7) $$u_{nlm_l}(0) = 0.$$

Das Problem ähnelt also dem eindimensionalen Fall mit einem unendlich hohen Potentialwall am linken Rand von Bild 11.1.

Betrachten wir die Radialgleichung zunächst in der Umgebung des Koordinatenursprungs, und lassen wir alle Indizes der Kürze halber weg. Für $r \to 0$ verbleiben in (11-5) nur zwei Glieder von merklichem Einfluß, denn das Potential $V(r)$ trägt wegen (11-2) nichts mehr bei. (11-5) wird damit

(11-8) $$\frac{d^2u}{dr^2} - \frac{l(l+1)}{r^2}\,u \simeq 0.$$

Machen wir nun den Lösungsansatz

(11-9) $$u(r) \sim r^s,$$

so sehen wir, daß (11-8) zu erfüllen ist, falls

(11-10) $$s(s-1) - l(l+1) = 0.$$

Die möglichen Werte für s sind also entweder $s = l + 1$ oder $s = -l$. Diejenige Lösung, welche die Bedingung $u(0) = 0$ erfüllt, sich also wie r^{l+1} verhält, heißt die *reguläre Lösung*; die Lösung mit r^{-l} heißt die *irreguläre*.

Für große r können wir das Potential einschließlich Zentrifugalbarriere weglassen, wodurch die Gleichung zu

(11-11) $$\frac{d^2u}{dr^2} + \frac{2\mu E}{\hbar^2} u \simeq 0$$

wird. Die Forderung nach Quadratintegrierbarkeit bedeutet

(11-12) $$\begin{aligned} 1 &= \int d^3r |\psi(\mathbf{r})|^2 = \int_0^\infty r^2 dr \int d\Omega |R_{nlm}(r)\ Y_{lm}(\theta,\phi)|^2 \\ &= \int_0^\infty r^2 dr |R_{nlm}(r)|^2 \end{aligned}$$

und somit

(11-13) $$\int_0^\infty dr |u_{nlm}(r)|^2 = 1,$$

also muß die Wellenfunktion im Unendlichen verschwinden. Falls $E < 0$, also

(11-14) $$\frac{2\mu E}{\hbar^2} = -\alpha^2,$$

so ist die asymptotische Lösung (große r)

(11-15) $$u(r) \sim e^{-\alpha r}.$$

Falls $E > 0$, so haben wir Lösungen, die nur in einem Potentialkasten normierbar sind (siehe die Diskussion im 4. Kapitel). Mit

(11-16) $$\frac{2\mu E}{\hbar^2} = k^2$$

wird die Lösung eine Linearkombination von e^{ikr} und e^{-ikr} sein; die richtige Kombination hierbei ist dadurch bestimmt, daß die asymptotische Lösung stetig in die reguläre Lösung übergeht. Nun betrachten wir einige Beispiele.

A. Das freie Teilchen

In diesem Beispiel ist $V(r) = 0$, aber die Zentrifugalbarriere ist noch vorhanden. Die Radialgleichung erhält die Form

(11-17) $$\left[\frac{d^2}{dr^2} + \frac{2}{r}\frac{d}{dr} - \frac{l(l+1)}{r^2}\right] R(r) + k^2 R(r) = 0.$$

Führen wir die Variable $\rho = kr$ ein, so erhalten wir

(11-18) $$\frac{d^2R}{d\rho^2} + \frac{2}{\rho}\frac{dR}{d\rho} - \frac{l(l+1)}{\rho^2} R + R = 0.$$

Diese Gleichung hat einfache Funktionen als Lösung; es sind die bekannten *sphärischen Bessel-Funktionen*. Die reguläre Lösung ist

(11-19) $$j_l(\rho) = (-\rho)^l \left(\frac{1}{\rho}\frac{d}{d\rho}\right)^l \left(\frac{\sin\rho}{\rho}\right)$$

und die irreguläre ist

(11-20) $$n_l(\rho) = -(-\rho)^l \left(\frac{1}{\rho}\frac{d}{d\rho}\right)^l \left(\frac{\cos\rho}{\rho}\right).$$

Einige der einfachsten Lösungen sind folgende:

(11-21)
$$j_0(\rho) = \frac{\sin\rho}{\rho} \qquad n_0(\rho) = -\frac{\cos\rho}{\rho}$$
$$j_1(\rho) = \frac{\sin\rho}{\rho^2} - \frac{\cos\rho}{\rho} \qquad n_1(\rho) = -\frac{\cos\rho}{\rho^2} - \frac{\sin\rho}{\rho}$$
$$j_2(\rho) = \left(\frac{3}{\rho^3} - \frac{1}{\rho}\right)\sin\rho - \frac{3}{\rho^2}\cos\rho$$
$$n_2(\rho) = -\left(\frac{3}{\rho^3} - \frac{1}{\rho}\right)\cos\rho - \frac{3}{\rho^2}\sin\rho.$$

Kombinationen aus der regulären und irregulären Lösung sind für große ρ interessant; dies sind die *sphärischen Hankel-Funktionen*

(11-22) $$h_1^{(1)}(\rho) = j_l(\rho) + i n_l(\rho)$$
und
(11-23) $$h_1^{(2)}(\rho) = [h_l^{(1)}(\rho)]^*.$$

Die ersten der sphärischen Hankel-Funktionen sind

(11-24)
$$h_0^{(1)}(\rho) = \frac{e^{i\rho}}{i\rho}$$
$$h_1^{(1)}(\rho) = -\frac{e^{i\rho}}{\rho}\left(1 + \frac{i}{\rho}\right)$$
$$h_2^{(1)}(\rho) = \frac{i\,e^{i\rho}}{\rho}\left(1 + \frac{3i}{\rho} - \frac{3}{\rho^2}\right).$$

Von speziellem Interesse ist
a) das Verhalten in der Nähe des Koordinatenursprungs: Für $\rho \ll l$ ergibt sich

(11-25) $$j_l(\rho) \approx \frac{\rho^l}{1\cdot 3\cdot 5\cdot \ldots (2l+1)}$$

und

(11-26) $$n_l(\rho) \simeq -\frac{1\cdot 3\cdot 5\cdot \ldots (2l-1)}{\rho^l},$$

b) das asymptotische Verhalten für $\rho \gg l$ ist

(11-27) $$j_l(\rho) \simeq \frac{1}{\rho}\sin\left(\rho - \frac{l\pi}{2}\right)$$

und

$$n_l(\rho) \simeq -\frac{1}{\rho}\cos\left(\rho - \frac{l\pi}{2}\right) \tag{11-28}$$

und damit

$$h_l^{(1)}(\rho) \simeq -\frac{i}{\rho}\, e^{i(\rho - l\pi/2)}. \tag{11-29}$$

Die reguläre Lösung am Koordinatenursprung ist

$$R_l(r) = j_l(kr). \tag{11-30}$$

Deren asymptotische Form wird mit (11-27)

$$R_l(r) \simeq -\frac{1}{2ikr}\left[e^{-i(kr - l\pi/2)} - e^{i(kr - l\pi/2)}\right]. \tag{11-31}$$

Wir sehen in dieser Lösung eine "einlaufende" und eine "auslaufende" Kugelwelle. Zu dieser Vorstellung gelangt man folgendermaßen: Die dreidimensionale Verallgemeinerung der uns bekannten eindimensionalen Teilchenstromdichte ist

$$\mathbf{j} = \frac{\hbar}{2i\mu}\left[\psi^*(\mathbf{r})\,\nabla\psi(\mathbf{r}) - \nabla\psi^*(\mathbf{r})\,\psi(\mathbf{r})\right]. \tag{11-32}$$

Wir werden sehen, daß für große r nur der Teilchenstrom in die radiale Richtung von Interesse ist. Diese radiale Teilchenstromdichte integriert über den gesamten Raumwinkel ist

$$\int d\Omega\,\mathbf{i}_r\cdot\mathbf{j}(\mathbf{r}) = \frac{\hbar}{2i\mu}\int d\Omega\left(\psi^*\frac{\partial}{\partial r}\psi - \frac{\partial\psi^*}{\partial r}\psi\right). \tag{11-33}$$

Als eine Lösung der Form

$$\psi(\mathbf{r}) = C\,\frac{e^{\pm ikr}}{r}\,Y_{lm}(\theta,\phi) \tag{11-34}$$

mit

$$\int d\Omega\,|Y_{lm}(\theta,\phi)|^2 = 1 \tag{11-35}$$

erhalten wir

$$\begin{aligned}\int d\Omega j_r &= \frac{\hbar}{2i\mu}|C|^2\left[\frac{e^{\mp ikr}}{r}\left(\pm ik\frac{e^{\pm ikr}}{r} - \frac{e^{\pm ikr}}{r^2}\right) - \text{konjugiert komplex}\right]\\ &= \pm\frac{\hbar k|C|^2}{\mu}\,\frac{1}{r^2}.\end{aligned} \tag{11-36}$$

Die beiden Vorzeichen beschreiben den einlaufenden bzw. auslaufenden Teilchenstrom. Der aus unserer Rechnung hervorgehende Faktor $1/r^2$ ist wegen der Erhaltung des Teilchenstromes nötig, denn der Teilchenstrom durch eine Kugelfläche vom Radius r ist

(11-37) $$\int r^2 d\Omega j_r = \text{(unabhängig von } r).$$

Für unsere Lösung (11-31) ist der einlaufende Teilchenstrom (abgesehen vom Faktor $1/r^2$)

(11-38) $$-\frac{\hbar k}{\mu}\left|\frac{i}{2k}e^{il\pi/2}\right|^2 = -\frac{\hbar k}{\mu}\frac{1}{4k^2}$$

und dieser ist genauso groß wie der auslaufende. Insgesamt ergibt sich also der Teilchenstrom Null, wie es sein soll, denn wir haben ja keine Teilchenquellen oder -senken.

Allgemein (hierin sind auch die Fälle $V(r) \neq 0$ eingeschlossen), für jede Lösung der asymptotischen Form

(11-39) $$R_l(r) \simeq -\frac{1}{2ikr}\left[e^{-i(kr-l\pi/2)} - S_l(k)\, e^{i(kr-l\pi/2)}\right]$$

bedeutet die Forderung nach Teilchenstromerhaltung, daß

(11-40) $$|S_l(k)|^2 = 1\,,$$

denn sonst würde sich der auslaufende Teilchenstrom vom einlaufenden der Größe nach unterscheiden. Eine Funktion, deren Betrag 1 ist, kann immer als

(11-41) $$S_l(k) = e^{2i\delta_l(k)}$$

geschrieben werden. Die reelle Funktion $\delta_l(k)$ nennt man die *Streuphase* (s.a. 24. Kap.), denn die Radialfunktion im asymptotischen Bereich (11-39) kann auch geschrieben werden

(11-42) $$R_l(r) \simeq e^{i\delta_l(k)}\,\frac{\sin\,[kr - l\pi/2 + \delta_l(k)]}{kr}\,.$$

Abgesehen vom Phasenfaktor $e^{i\delta_l(k)}$ unterscheidet sich dies von der asymptotischen Lösung $j_l(kr)$ des freien Teilchens, $[\sin\,(kr - l\pi/2)]/kr$ nur durch den Phasenwinkel $\delta_l(k)$.

Wir stellen fest, daß sich für die Teilchenstromdichte in die Richtung ι_θ ergibt

$$\iota_\theta \cdot \mathbf{j} = \frac{\hbar}{2i\mu}\left(\psi^*\frac{1}{r}\frac{\partial}{\partial\theta}\psi - \text{konjugiert komplex}\right) \sim \frac{1}{r^3}\,(\ldots)\,.$$

Multipliziert man dies mit dem Flächenelement $r^2 d\Omega$, so sieht man, daß der Teilchenstrom in dieser Winkelrichtung bei großen r um den Faktor $1/r$ stärker abnimmt als der radiale Teilchenstrom. Deshalb dürfen für große r im Vergleich zur radialen Strömung alle anderen vernachlässigt werden.

B. Der Potentialgraben; gebundene Zustände

Wir betrachten das Potential

(11-43)
$$\begin{aligned} V(r) &= -V_0 \qquad r < a \\ &= 0 \qquad r > a . \end{aligned}$$

Damit erhält die Radialgleichung die Form

(11-44)
$$\begin{aligned} &\frac{d^2R}{dr^2} + \frac{2}{r}\frac{dR}{dr} - \frac{l(l+1)}{r^2}R + \frac{2\mu}{\hbar^2}(V_0 + E)\,R = 0 \qquad r < a \\ &\frac{d^2R}{dr^2} + \frac{2}{r}\frac{dR}{dr} - \frac{l(l+1)}{r^2}R + \frac{2\mu E}{\hbar^2}R = 0 \qquad r > a . \end{aligned}$$

Wir suchen Lösungen des gebundenen Zustands, also für $E < 0$, und verwenden die Abkürzungen

(11-45)
$$\begin{aligned} &\frac{2\mu}{\hbar^2}(V_0 + E) = \kappa^2 \\ &\frac{2\mu}{\hbar^2}E = -\alpha^2 . \end{aligned}$$

Die Lösung für den Bereich $r < a$, welche sich im Koordinatenursprung regulär verhalten muß, ist

(11-46) $$R(r) = Aj_l(\kappa r).$$

Im Bereich $r > a$ muß die Lösung mit $r \to \infty$ verschwinden. Die zweite der Gleichungen (11-44) ist genau die Differentialgleichung für die sphärischen Bessel-Funktionen, nur daß k zu ersetzen ist durch $i\alpha$. An die Stelle der früheren Lösung e^{ikr} tritt deshalb eine abfallende Exponentialfunktion, d.h. wir haben

(11-47) $$R(r) = Bh_l^{(1)}(i\alpha r)$$

für $r > a$. Die Lösungen und deren Ableitungen für beide Bereiche müssen bei $r = a$ angepaßt werden. Dies führt zur Bedingung

(11-48) $$\kappa\left[\frac{dj_l(\rho)/d\rho}{j_l(\rho)}\right]_{\rho=\kappa a} = i\alpha\left[\frac{dh_l^{(1)}(\rho)/d\rho}{h_l^{(1)}(\rho)}\right]_{\rho=i\alpha a}.$$

Wir haben damit eine sehr komplizierte transzendente Gleichung für l, V_0, und E, welche sich aber für $l = 0$ vereinfacht, wenn man die Funktion $u(r) = rR(r)$ verwendet. Der Eigenwert ist durch Anpassung von $A \sin \kappa r$ an $Be^{-\alpha r}$ an der Stelle $r = a$ zu erhalten. Die Details seien dem Leser als Übungsaufgabe überlassen; die radialen Wellenfunktionen $u(r)$ sind für den ersten und den zweiten gebundenen Zustand in Bild 11.2 und Bild 11.3 dargestellt.

Kehren wir zurück zu (11-48), wobei jetzt das Potential sehr tief sei, also $\kappa a \gg l$. In diesem Fall wird der auf der linken Seite stehende Ausdruck ein-

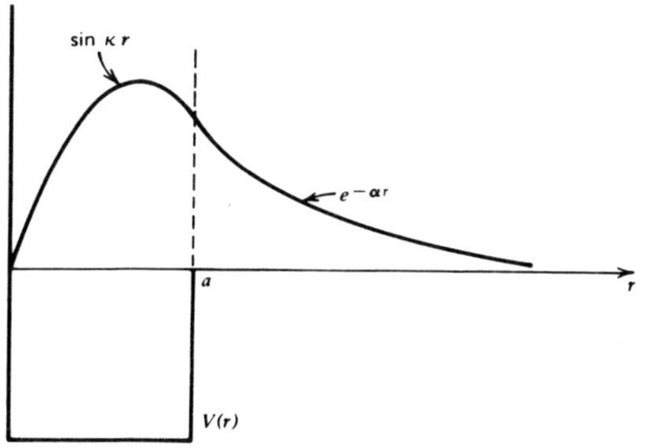

Bild 11–2 Form der Wellenfunktion $u(r) = rR(r)$ für bindendes Rechteckpotential, falls ein gebundener Zustand existiert ($l = 0$).

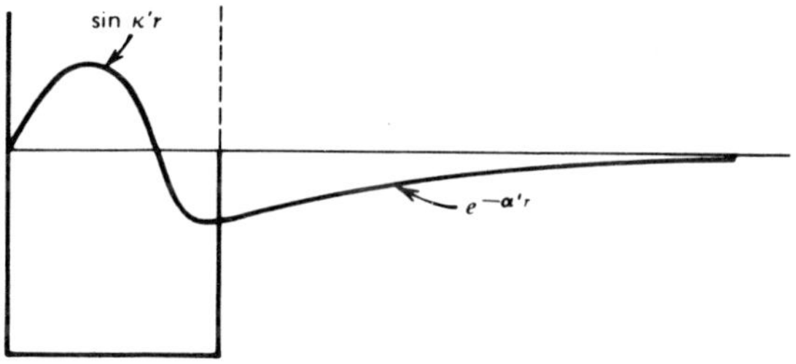

Bild 11–3 Form der Wellenfunktion $u(r) = rR(r)$ für ein bindendes Rechteckpotential, falls zwei gebundene Zustände existieren ($l = 0$), und zwar für den zweiten gebundenen Zustand.

facher, da wir die asymptotische Form von $j_l(\rho)$ verwenden dürfen. Damit wird aus (11-48)

(11-49) $$-\frac{1}{a} + \kappa \cot\left(\kappa a - \frac{l\pi}{2}\right) = \text{(rechts stehender Ausdruck aus 11-48).}$$

Der rechts stehende Ausdruck enthält V_0 nicht, und mit $|E| \ll V_0$ bedeutet der große Wert von κa, daß der Cotangens nahezu Null sein muß. Somit haben wir näherungsweise

(11-50) $$\kappa a - \frac{l\pi}{2} \simeq (n + \tfrac{1}{2})\,\pi.$$

Wegen $|E| \ll V_0$ verwenden wir

(11-51) $$\kappa \simeq \kappa_0\left(1 + \frac{E}{2V_0}\right),$$

wobei

(11-52) $$\kappa_0^2 = \frac{2\mu V_0}{\hbar^2}.$$

Damit wird aus (11-50):

(11-53) $$\frac{E}{2V_0} = -1 + \frac{[n + (l+1)/2]\,\pi}{\kappa_0 a}.$$

Alle genügend hoch über dem Boden des Potentialgrabens liegenden Niveaus sind nahezu äquidistant, und zwar (für $l \ll \kappa_0 a$) haben sie den Abstand

(11-54) $$\frac{\Delta E}{2V_0} \simeq \frac{\pi}{\kappa_0 a}.$$

Ein verwandtes Problem ist der undendlich hohe Potentialkasten in drei Dimensionen:

(11-55) $$\begin{aligned} V(r) &= 0 \qquad r < a \\ &= \infty \qquad r > a. \end{aligned}$$

Wir verwenden wieder die Abkürzung

(11-56) $$\frac{2\mu E}{\hbar^2} = k^2.$$

Die reguläre Lösung ist

(11-57) $$R(r) = Aj_l(kr).$$

Die Eigenwerte sind dadurch bestimmt, daß die Lösung bei $r = a$ verschwinden muß, also

(11-58) $$j_l(ka) = 0.$$

Einige Werte von ka, welche diese Gleichung für verschiedene l erfüllen, sind in folgender Tabelle angegeben:

$l = 0$	1	2	3	4	5
3,14	4,49	5,76	6,99	8,18	9,36
6,28	7,73	9,10	10,42		
9,42					

Bezeichnen wir, für gegebenes l, die erste Lösung mit $n = 1$, die zweite mit $n = 2$, usw., und verwenden wir dazu die spektroskopisch übliche Bezeichnung für die l-Werte [1]), nämlich

[1]) Die historische Begründung für diese Bezeichnung liegt in der Beschreibung der Spektrallinien: *S*harp, *P*rincipal, *D*iffuse, ... , und deren entsprechender Erkennbarkeit. Diese Bezeichnung ist nicht sinnvoll, aber sie hat sich durchgesetzt. Die hier gezeigte Schreibweise ist ein wenig anders als die in der Atomphysik übliche; hierbei wird der l-Wert zum vorstehenden Index addiert, so daß sich folgende Reihenfolge ergibt $1S$, $2P$, $3D$, $2S$, $4F$, $3P$, $5G$, $4D$, $6H$, $3S$, ...

$l = 0$ hat Kurzbezeichnung S
$l = 1$ P
$l = 2$ D
$l = 3$ F
$l = 4$ G
. . .

so erscheinen die Niveaus energetisch in dieser Reihenfolge:

$$1S;\ 1P;\ 1D;\ 2S;\ 1F;\ 2P;\ 1G;\ 2D;\ 1H;\ 3S;\ \ldots$$

(Anm. d. Üb.: Die Zahl bedeutet jeweils den Wert von n).

Betrachten wir ein Kernmodell, welches aus Protonen und Neutronen innerhalb eines unendlich tiefen Potentialkastens angenommen wird. Da Neutronen und Protonen Teilchen vom Spin $\frac{1}{2}$, also Fermionen sind, so können nicht mehr als jeweils zwei einen bestimmten Zustand besetzen. Beachten wir nur die Protonen, so finden wir, daß sich im $1S$-Zustand nur *zwei* davon aufhalten können. Im nächsten Niveau ist $l = 1$, welches drei Zustände enthält und somit *sechs* Protonen aufnehmen kann. Zur Auffüllung des $1D$-Niveaus mit fünf möglichen m-Werten (wegen $l = 2$) benötigen wir schon *zehn* Protonen (man sagt auch: zum Auffüllen dieser "Schale" benötigt man zehn Protonen). Die einzelnen Schalen sind also gefüllt, wenn sie mit einer ganz bestimmten Protonenanzahl (und Neutronenanzahl) besetzt sind: $2, 8\ (= 2 + 6), 18\ (= 2 + 6 + 10),\ 20\ (= 18 + 2), 34\ (= 20 + 14), 40, 58, 68, 90, 92, 106, \ldots$ Reale Atomkerne zeigen bei den sog. "magischen" Protonen- bzw. Neutronenzahlen, $2, 8, 20, 28, 50, 82, 126, \ldots$ ganz besondere Eigenschaften, die charakteristisch sind für aufgefüllte Schalen. Der Unterschied zwischen diesen magischen Zahlen realer Atomkerne und den aus unserem einfachen Modell hervorgehenden kommt davon, daß im Realfall ein zusätzliches spinabhängiges Potential auftritt, wodurch die Niveaus verschoben werden und damit die Zahlen anders zusammengefaßt werden. Ein geeignet konstruiertes Schalenmodell des Kerns erklärt viele seiner Eigenschaften. Es ist jedoch nicht selbstverständlich, daß sich Kerne verhalten wie eine Ansammlung von Teilchen im Potentialkasten.

C. Der Potentialgraben; Lösungen des Kontinuums

Mit $E > 0$ schreiben wir

(11-59) $$\frac{2\mu E}{\hbar^2} = k^2.$$

Die Lösung für den Bereich $r > a$ wird eine Kombination der regulären und irregulären Lösung des feldfreien Falls sein:

(11-60) $$R_l(r) = Bj_l(kr) + Cn_l(kr).$$

Im Bereich $r < a$ muß die Lösung regulär sein, also

(11-61) $$R_l(r) = Aj_l(\kappa r),$$

wobei wie vorher

(11-62) $$\kappa^2 = \frac{2\mu(E + V_0)}{\hbar^2}.$$

Angleichung der Werte von $\frac{1}{R_l}\frac{dR_l}{dr}$ an der Bereichsgrenze $r = a$ liefert

(11-63) $$\kappa\left[\frac{dj_l(\rho)/d\rho}{j_l(\rho)}\right]_{\rho=\kappa a} = k\left[\frac{Bdj_l/d\rho + Cdn_l/d\rho}{Bj_l(\rho) + Cn_l(\rho)}\right]_{\rho=ka}.$$

Hieraus kann C/B berechnet werden. Dieses Verhältnis kann in eine Beziehung zu dem in (11-42) aufgetretenen Phasenfaktor gebracht werden. Hierzu betrachten wir die asymptotische Form (große r) von (11-60)

(11-64) $$R_l(r) \simeq \frac{B}{kr}\left[\sin\left(kr - \frac{l\pi}{2}\right) - \frac{C}{B}\cos\left(kr - \frac{l\pi}{2}\right)\right].$$

Dies muß mit (11-42) verglichen werden. In vergleichbare Form gebracht lautet (11-42):

$$R_l(r) \simeq \frac{1}{kr}\left[\sin\left(kr - \frac{l\pi}{2}\right)\cos\delta_l(k) + \cos\left(kr - \frac{l\pi}{2}\right)\sin\delta_l(k)\right].$$

Wir ersehen durch Vergleich mit (11-64)

(11-65) $$\frac{C}{B} = -\tan\delta_l(k).$$

Die Berechnung von C/B aus (11-63) ist - außer für $l = 0$ - ziemlich mühsam. Wie bei den gebundenen Zuständen vereinfacht sich die Rechnung durch Verwendung von $u(r) = rR(r)$. Um einen Ausdruck für $\tan\delta_0$ zu erhalten, braucht man dann nur $A\sin\kappa r$ an der Stelle $r = a$ an $B\sin kr + C\cos kr$ anzupassen. Die Ergebnisse sind schematisch in Bild 11.4 und Bild 11.5 dargestellt. Man sieht, daß ein bindendes Potential die Wellenfunktion "hereinzieht", während ein abstoßendes Potential die Wellenfunktion "hinausdrückt". Wir werden hierauf im 24. Kapitel bei der Diskussion der Theorie der Stoßprozesse zurückkehren.

Bevor wir dieses Kapitel beschließen, wollen wir unsere Aufmerksamkeit noch auf eine wichtige Beziehung richten, welche durch zwei verschiedene Lösungswege aus der Gleichung für das freie Teilchen zu erhalten ist. Wir erhalten die Lösung aus der Superposition der mit den dazugehörigen Kugelfunktionen $Y_{lm}(\theta,\phi)$ multiplizierten separierten Lösungen (11-30)

(11-66) $$\psi(\mathbf{r}) = \sum_{l=0}^{\infty}\sum_{m=-l}^{l} A_{lm}j_l(kr)\,Y_{lm}(\theta,\phi).$$

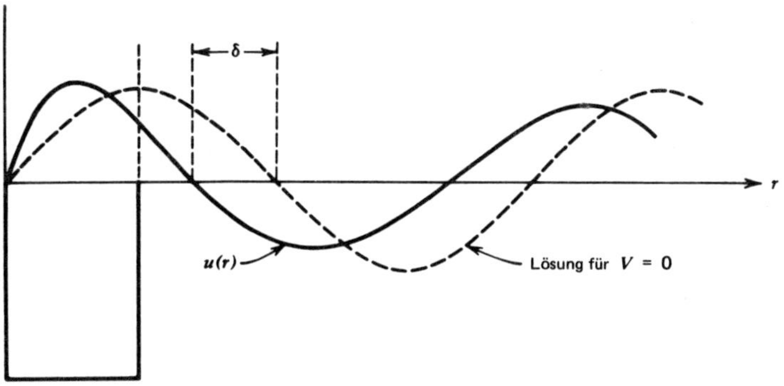

Bild 11–4 Kontinuumslösung $u(r) = rR(r)$ für bindendes Potential ($l = 0$).

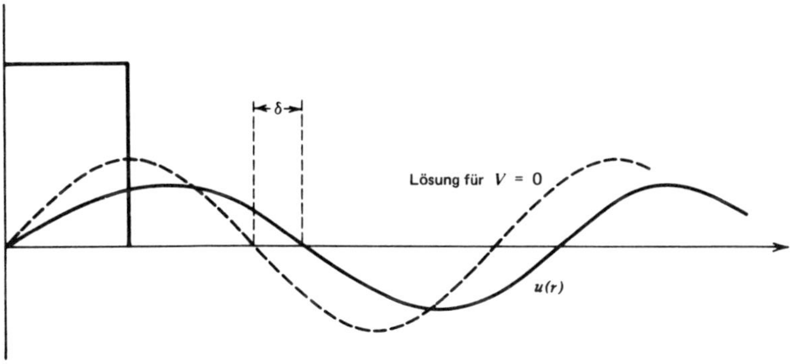

Bild 11–5 Kontinuumslösung $u(r) = rR(r)$ für abstoßendes Potential ($l = 0$).

Eine andere Lösung der Gleichung für das freie Teilchen

(11-67) $\quad (\nabla^2 + k^2)\,\psi(\mathbf{r}) = 0$

vor Separation in Winkel- und Radialanteil ist die ebene Welle

(11-68) $\quad \psi(\mathbf{r}) = e^{i\mathbf{k}\cdot\mathbf{r}}.$

Wir können also A_{lm} so bestimmen, daß (11-66) zu $\psi(\mathbf{r}) = e^{i\mathbf{k}\cdot\mathbf{r}}$ wird. Wir müssen nun beachten, daß die sphärischen Winkel (θ,ϕ) die Koordinaten des Vektors $\mathbf{r}$ bezüglich einer willkürlich gewählten z-Achse darstellen (siehe Bild 9.1). Definieren wir die z-Achse als die Richtung von k (bis jetzt war dessen Richtung willkürlich), so ist

(11-69) $\quad e^{i\mathbf{k}\cdot\mathbf{r}} = e^{ikr\cos\theta}.$

Die linke Seite von (11-66) weist also keine Abhängigkeit vom Azimutwinkel ϕ auf, und somit dürfen auch auf der rechten Seite nur Glieder mit

$m = 0$ stehen. Die Kugelfunktionen hierfür (siehe 10-59) sind

$$(11\text{-}70) \qquad Y_{l0}(\theta,\phi) = \left(\frac{2l+1}{4\pi}\right)^{1/2} P_l(\cos\theta),$$

wobei die $P_l(\cos\theta)$ die Legendre-Polynome sind. Aus (11-66) wird nun

$$(11\text{-}71) \qquad e^{ikr\cos\theta} = \sum_{l=0}^{\infty} \left(\frac{2l+1}{4\pi}\right)^{1/2} A_l j_l(kr)\, P_l(\cos\theta).$$

Verwenden wir weiter

$$(11\text{-}72) \qquad \frac{1}{2}\int_{-1}^{1} d(\cos\theta)\, P_l(\cos\theta)\, P_{l'}(\cos\theta) = \frac{\delta_{ll'}}{2l+1}$$

- diese Beziehung folgt aus (11-70) und der Orthonormiertheit der Y_{lm} -, so erhalten wir

$$(11\text{-}73) \qquad A_l j_l(kr) = \tfrac{1}{2}[4\pi(2l+1)]^{1/2}\int_{-1}^{1} dz P_l(z)\, e^{ikrz}.$$

Das Integral kann nachgeschlagen oder gelöst werden (Vergleich beider Seiten im Grenzfall $kr \to 0$), und so erhält man als Endergebnis die Entwicklung

$$(11\text{-}74) \qquad e^{ikr\cos\theta} = \sum_{l=0}^{\infty} (2l+1)\, i^l j_l(kr)\, P_l(\cos\theta),$$

welche sich bei der Diskussion der Theorie der Stoßprozesse als außerordentlich nützlich erweisen wird.

Aufgaben

1. Man betrachte gebundene Zustände mit $l = 0$ im bindenden Potentialgraben. Finden Sie die Eigenwertbedingung für einen gebundenen Zustand. Wie tief ist der Potentialgraben, wenn ein gegebener Zustand gerade noch ein gebundener sein soll?

2. Angenommen, ein Deuteron (bestehend aus einem Neutron und einem Proton, beide sollen gleiche Masse haben) sei ein gebundener Zustand mit $l = 0$, wobei das Potential einen rechteckigen Graben mit $r_0 = 2{,}8 \times 10^{-13}$ cm bildet. Finden Sie aus der Bindungsenergie 2.18 MeV die Tiefe des Potentialgrabens.
(Hinweis: Man entwickle um die Bindungsenergie Null aus der vorigen Aufgabe.)

3. Betrachten Sie die Streuung eines Neutrons an einem Proton; als Streupotential soll ein Potentialgraben der Breite $2{,}8 \times 10^{-13}$ cm und der Tiefe 20 MeV angenommen werden. Berechnen Sie die Phasenverschiebung als Funktion der Energie, und zwar für sehr geringe Energien und $l = 0$.

4. Berechnen Sie die Streuphase für $l = 0$ bei einem Rechteckpotential. Folgen Sie dem in Anschluß an (11-65) angedeuteten Rechengang, um die Lösung sowohl für bindendes als auch für abstoßendes Potential zu erhalten. Diskutieren Sie einige Grenzfälle, wie z. B. E groß und klein, V_0 groß und klein.

5. Zeigen Sie, daß man bei Streuung ($l = 0$) durch ein Rechteckpotential beliebiger Breite und Tiefe die Streuphase immer durch folgende Entwicklung darstellen kann:

$$k \cot \delta_0 = -\frac{1}{a} + r_{\text{eff}}\, k^2/2 + 0(k^4).$$

Versuchen Sie auch a und r_{eff} durch die Parameter des Rechteckpotentials auszudrücken.

6. Gegeben sei ein Potential beliebiger Form, welches im Bereich $r \geq a$ zu Null wird. Im Bereich des nicht verschwindenden Potentials sei die logarithmische Ableitung der Radialfunktion

$$\frac{1}{R}\frac{dR(r)}{dr}\bigg|_{r=a} = f_l(E)$$

eine schwach veränderliche Funktion der Energie; man betrachte $l = 0$.

a) Wie groß ist $f_0(E_B)$, wenn ein gebundener Zustand der Energie E_B vorliegt?

b) Wie hängt die Streuphase von der Energie ab, wenn $f_0(E)$ unabhängig von E ist?

c) Wie geht f_0' in die Streuphase ein, wenn $f_0(E) = f_0(E_B) + (E - E_B) f_0'$?

Anstatt die Streuphase direkt herauszuarbeiten, ist es einfacher und günstiger, die Beantwortung von b) und c) mit dem Ausdruck $k \cot \delta_0(k)$ auszuführen.

7. Geben Sie eine allgemeine Erklärung, warum $\delta_l(k)$ eine ungerade Funktion von k sei. Überprüfen Sie dies für ein Rechteckpotential (z. B. mit Hilfe von 11-65). Zeigen Sie, daß

$$S_l(-k) = S_l^*(k),$$

wobei $S_l(k)$ in (11-41) definiert ist.

8. Berechnen Sie die Funktion $S_l(k)$ für das Potential

$$V(r) = \infty \qquad r < a$$
$$V(r) = 0 \qquad r > a.$$

Betrachten Sie die Streuphase für $l = 0$. Wie groß ist diese für sehr kleines bzw. sehr großes ka? Beachten Sie, daß dieses Potential ein Modell für eine undurchdringliche Kugel ist.

9. Benützen Sie die Lösung (11-63) zusammen mit den in (11-25) und (11-26) gegebenen sphärischen Bessel-Funktionen nahe dem Ursprung, um zu zeigen,

daß $\tan\delta_l(k) \to 0$ mit $k \to 0$. Wie rasch erfolgt für gegebenes l der Übergang nach Null?

10. Betrachten Sie die Radialgleichung ($l = 0$) für das Potential

$$V(r) = V_0[e^{-2(r-r_0)/a} - 2\,e^{-(r-r_0)/a}]$$

(genannt Morsepotential). Finden Sie die Energieeigenwerte durch folgende Vereinfachung der Differentialgleichung: Definition einer neuen Variablen $x = Ce^{-r/a}$, wobei C so zu wählen ist, daß die Gleichung möglichst einfach wird; sodann Behandlung der Gleichung analog zu der des harmonischen Oszillators im 5. Kapitel.

Tragen Sie das Potential graphisch auf. Zeigen Sie, daß sich die tief liegenden gebundenen Zustände im Fall eines tiefen und breiten Potentialverlaufs denen des harmonischen Oszillators nähern, und geben Sie eine Erklärung hierfür.

Literatur

Die allgemeinen Eigenschaften der Differentialgleichungen zweiter Ordnung im Zusammenhang mit der Quantenmechanik sind diskutiert in

J. L. Powell and B. Crasemann "Quantum Mechanics" Addison-Wesley, Inc., 1961

Eine ausführliche Diskussion solcher Gleichungen findet man auch in

P. M. Morse and H. Feshbach "Methods of Theoretical Physics" McGraw-Hill Book Co., Inc., 1953

12. Das Wasserstoffatom

Das Wasserstoffatom ist das einfachste aller Atome, denn es enthält nur ein Elektron. Nach Abseparation der Schwerpunktsbewegung wird die Schrödinger-Gleichung eine Einteilchen-Gleichung. Wir behandeln von Anfang an alle Atome, die man als *wasserstoffähnlich* bezeichnet; hierunter versteht man Atome mit nur einem einzigen Elektron, der Kern kann aber mehr als nur ein einziges Proton beinhalten. Das Potential bei Kernladung Z ist

(12-1) $$V(r) = -\frac{Ze^2}{r}$$

und der Radialanteil der Schrödinger-Gleichung wird

(12-2) $$\left(\frac{d^2}{dr^2} + \frac{2}{r}\frac{d}{dr}\right)R + \frac{2\mu}{\hbar^2}\left[E + \frac{Ze^2}{r} - \frac{l(l+1)\,\hbar^2}{2\mu r^2}\right]R = 0 .$$

Wir wollen uns auf gebundene Zustände, also auf Lösungen mit $E < 0$ beschränken. Es ist praktisch, als neue Variable einzuführen

(12-3) $$\rho = \left(\frac{8\mu|E|}{\hbar^2}\right)^{1/2} r .$$

(12-2) lautet dann

(12-4) $$\frac{d^2R}{d\rho^2} + \frac{2}{\rho}\frac{dR}{d\rho} - \frac{l(l+1)}{\rho^2}R + \left(\frac{\lambda}{\rho} - \frac{1}{4}\right)R = 0.$$

Hierbei haben wir den dimensionslosen Parameter

(12-5) $$\lambda = \frac{Ze^2}{\hbar}\left(\frac{\mu}{2|E|}\right)^{1/2} = Z\alpha\left(\frac{\mu c^2}{2|E|}\right)^{1/2}$$

eingeführt. Es ist günstiger, mit dem zweiten Ausdruck zu rechnen, da $\alpha = 1/137$, und da die Energie in Einheiten der Ruhemasse ausgedrückt ist; der erste Ausdruck jedoch stellt klar, daß die Lichtgeschwindigkeit in der Schrödinger-Gleichung nicht vorkommt, welche damit eindeutig eine nichtrelativistische Gleichung ist.

Wir versuchen (12-4) auf die uns nun schon vertraute Weise zu lösen. Zunächst extrahieren wir das Verhalten bei großem ρ. Schreiben wir nur die dabei noch maßgebenden Glieder an, so bleibt

(12-6) $$\frac{d^2R}{d\rho^2} - \frac{1}{4}R \simeq 0$$

und die im Unendlichen verschwindende Lösung ist $R \sim e^{-\rho/2}$. Weiterhin schreiben wir, wie beim harmonischen Oszillator

(12-7) $$R(\rho) = e^{-\rho/2}\, G(\rho).$$

Dies setzen wir in (12-4) ein, um eine Bestimmungsgleichung für $G(\rho)$ zu erhalten. Nach einigen hier nicht ausgeführten Zwischenrechnungen gelangen wir zu

(12-8) $$\frac{d^2G}{d\rho^2} - \left(1 - \frac{2}{\rho}\right)\frac{dG}{d\rho} + \left[\frac{\lambda - 1}{\rho} - \frac{l(l+1)}{\rho^2}\right] G = 0.$$

Nun machen wir für $G(\rho)$ eine passende Potenzreihenentwicklung, nämlich

(12-9) $$G(\rho) = \rho^l \sum_{n=0}^{\infty} a_n \rho^n.$$

$R(\rho)$ verhält sich am Koordinatenursprung wie ρ^l, und zwar für jedes Potential das (11-2) erfüllt. Dies wurde am Anfang vom 11. Kapitel gezeigt; auch $G(\rho)$ verhält sich so. Wird (12-9) in die Differentialgleichung eingesetzt, so findet man einen Zusammenhang zwischen verschiedenen Entwicklungskoeffizienten a_n. Eine Rekursionsformel für die a_n erhält man leicht: Setzt man $G(\rho) = \rho^l H(\rho)$ in (12-8) ein, so gelangt man zu der durch

(12-10) $$H(\rho) = \sum_{n=0}^{\infty} a_n \rho^n$$

erfüllten Differentialgleichung

(12-11) $$\frac{d^2H}{d\rho^2} + \left(\frac{2l+2}{\rho} - 1\right)\frac{dH}{d\rho} + \frac{\lambda - 1 - l}{\rho} H = 0.$$

Damit haben wir

(12-12) $$\sum_{n=0}^{\infty}\left[n(n-1)\, a_n\rho^{n-2} + n a_n \rho^{n-1}\left(\frac{2l+2}{\rho} - 1\right) + (\lambda - 1 - l)\, a_n \rho^{n-1}\right] = 0$$

und somit

$$\sum_{n=0}^{\infty} \{(n+1)[n a_{n+1} + (2l+2)\, a_{n+1}] + (\lambda - 1 - l - n)\, a_n\}\, \rho^{n-1} = 0.$$

Hier muß jeder Term für sich verschwinden, und somit wird die gesuchte Rekursionsformel

(12-13) $$\frac{a_{n+1}}{a_n} = \frac{n + l + 1 - \lambda}{(n+1)(n+2l+2)}.$$

Für große n wird dieses Verhältnis zu

(12-14) $$\frac{a_{n+1}}{a_n} \simeq \frac{1}{n}.$$

Wie beim harmonischen Oszillator kann man zeigen, daß man das richtige Verhalten von $R(\rho)$ im Unendlichen nur dann erhält, wenn die Reihe (12-9)

abbricht. Für gegebenes l, und irgendein $n = n_r$ muß also sein

(12-15) $$\lambda = n_r + l + 1.$$

Wir wollen nun die *Hauptquantenzahl* n definieren durch

(12-16) $$n = n_r + l + 1.$$

Aus $n_r \geq 0$ folgt

1. $n \geq l + 1$

2. n ist eine ganze Zahl

3. $\lambda = n$; dies bedeutet aber

(12-17) $$E = -\frac{1}{2}\mu c^2 \frac{(Z\alpha)^2}{n^2},$$

ein Ergebnis, das uns aus dem alten Bohrschen Modell ebenfalls bekannt ist. Man beachte, daß die reduzierte Masse in diesem Ausdruck erscheint. Dies ist natürlich nicht eine spezifische Eigenheit unserer Lösung; auch in der Bohrschen Theorie muß zur Behandlung der klassischen Bahnen - einschließlich der durch die Quantisierung des Drehimpulses auferlegten Restriktionen - die reduzierte Masse eingeführt werden. Das Auftreten der reduzierten Masse

(12-18) $$\mu = \frac{mM}{m + M}$$

(m = Elektronenmasse, M = Kernmasse) bedeutet, daß die Frequenzen

(12-19) $$\omega_{ij} = \frac{E_i - E_j}{\hbar} = \frac{mc^2/2\hbar}{1 + m/M}(Z\alpha)^2\left(\frac{1}{n_i^2} - \frac{1}{n_j^2}\right)$$

für verschiedene wasserstoffähnliche Atome ein wenig verschieden werden. Speziell, der Unterschied zwischen dem Wasserstoffspektrum und dem Deuteriumspektrum - bei letzterem ist die Kernmasse nahezu doppelt so groß wie beim Wasserstoff - führte 1932 zur Entdeckung des Deuteriums durch Urey und Mitarbeiter[1]).

Die Energie hängt nicht von l ab, d.h. bei gegebenem n haben alle durch $l + 1 \leq n$ charakterisierten Zustände gleiche Energie und sind damit *entartet*. Schon früher erwarteten wir eine $(2l + 1)$-fache Entartung für Zustände von gegebenem l, da die Radialgleichung nicht von m abhängt; hier haben wir eine weitere Entartung, obwohl l in die Radialgleichung eingeht. Diese Entartung wurde früher als zufällig bezeichnet, weil kein offensichtlicher Grund dafür zu erkennen war (es ist natürlich Geschmacksache, was man als "offensichtlich" bezeichnen will). Aus der klassischen Mechanik ist

[1]) Natürlich kann die Verschiebung von Spektrallinien neben relativistischen auch noch von anderen Effekten bewirkt werden. Diese werden später diskutiert.

jedenfalls schon bekannt, daß das $1/r$-Potential einige spezielle Eigenschaften hat: Die Bahnen sind Ellipsen mit fester Raumorientierung, ohne Präzession (Bild 12.1). Kleine Veränderungen im Potential aber verursachen eine Präzession der Bahnen. Diese kleinen Veränderungen können verschiedene Ursachen haben, z.B. kann eine Planetenbahn durch die anderen Planeten gestört werden. Weiterhin fand man bei der Merkurbahn, daß nach Berücksichtigung der Einflüsse anderer Planeten eine Perihelpräzession von 42″ pro Jahrhundert unerklärt blieb; die Erklärung hierfür kam erst aus der Einsteinschen allgemeinen Relativitätstheorie, welche einen gerade richtigen $1/r^2$-Beitrag zum $1/r$-Potential lieferte.

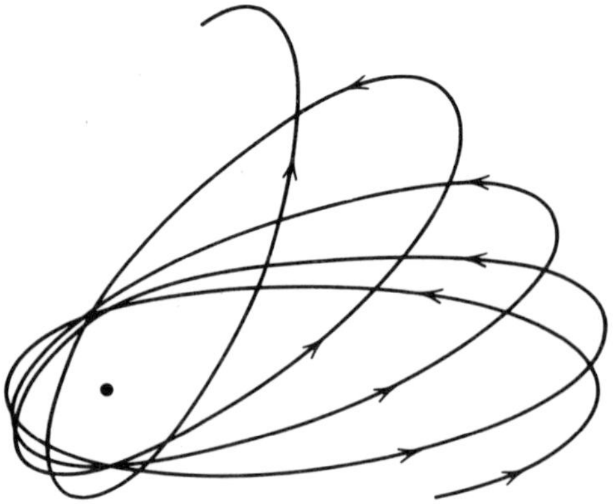

Bild 12–1 Wenn das Potential nicht exakt die $1/r$-Form aufweist, so ist die Bahn nicht mehr eine geschlossene Kurve, sondern sie präzediert. Sie bleibt aber eben, solange das Potential radialsymmetrisch ist.

Auch in der Quantenmechanik gibt es Störungen, so daß die l-Entartung eigentlich nicht beobachtet wird. In erster Näherung jedoch haben wir für gegebenes n die möglichen Werte von $l = 0, 1, 2, \ldots, (n-1)$, und für jeden davon besteht $(2l+1)$-fache Entartung. Der gesamte Entartungsgrad ist also

$$\sum_{l=0}^{n-1} (2l+1) = n^2. \tag{12-20}$$

Streng genommen gibt es doppelt so viele Elektronenzustände wegen des Spins; der Entartungsgrad ist also $2n^2$.

Kehren wir nun zur Differentialgleichung zurück. Setzen wir in der Rekursionsformel (12-13) $\lambda = n$, so wird

$$a_{k+1} = \frac{k+l+1-n}{(k+1)(k+2l+2)}\, a_k \tag{12-21}$$

und hieraus finden wir

$$a_{k+1} = (-1)^{k+1} \frac{n-(k+l+1)}{(k+1)(k+2l+2)} \cdot \frac{n-(k+l)}{k(k+2l+1)} \cdots \frac{n-(l+1)}{1\cdot(2l+2)} a_0 . \tag{12-22}$$

Hiermit können wir die Potenzreihenentwicklung für $H(\rho)$ erhalten. Wir finden, daß $H(\rho)$ genau den *zugeordneten Laguerre-Polynomen* entspricht:

$$H(\rho) = L_{n-l-1}^{(2l+1)}(\rho) \tag{12-23}$$

Diese Polynome sind tabelliert und ihre verschiedenen Eigenschaften in der mathematischen Literatur [2]) zu finden.

Nach Rückkehr zur radialen Koordinate r und Normierung können wir die ersten Radialfunktionen berechnen. Mit

$$a_0 = \frac{\hbar}{\mu c \alpha} \tag{12-24}$$

lauten diese

$$\begin{aligned}
R_{10}(r) &= 2\left(\frac{Z}{a_0}\right)^{3/2} e^{-Zr/a_0} \\
R_{20}(r) &= 2\left(\frac{Z}{2a_0}\right)^{3/2}\left(1-\frac{Zr}{2a_0}\right) e^{-Zr/2a_0} \\
R_{21}(r) &= \frac{1}{\sqrt{3}}\left(\frac{Z}{2a_0}\right)^{3/2}\frac{Zr}{a_0} e^{-Zr/2a_0} \\
R_{30}(r) &= 2\left(\frac{Z}{3a_0}\right)^{3/2}\left[1-\frac{2Zr}{3a_0}+\frac{2(Zr)^2}{27a_0{}^2}\right] e^{-Zr/3a_0} \\
R_{31}(r) &= \frac{4\sqrt{2}}{3}\left(\frac{Z}{3a_0}\right)^{3/2}\frac{Zr}{a_0}\left(1-\frac{Zr}{6a_0}\right) e^{-Zr/3a_0} \\
R_{32}(r) &= \frac{2\sqrt{2}}{27\sqrt{5}}\left(\frac{Z}{3a_0}\right)^{3/2}\left(\frac{Zr}{a_0}\right)^2 e^{-Zr/3a_0} .
\end{aligned} \tag{12-25}$$

Wir ersehen aus diesen Lösungen folgende quantitative Eigenschaften:

a) Das für kleine r auftretende Verhalten r^l, welches dafür sorgt, daß die Wellenfunktion innerhalb eines mit l wachsenden Radialbereichs klein bleibt, ist eine Folge der Zentrifugalbarriere, welche die Elektronen von einer stärkeren Annäherung an den Kern abhält.

b) Die Rekursionsformel zeigt, daß $H(\rho)$ ein Polynom vom Grad $n_r = n - l - 1$ ist, und somit weist die Radialfunktion n_r Knoten (Nullstellen) auf. Die Anzahl der in der Wahrscheinlichkeitsdichte

$$P(r) = r^2[R_{nl}]^2 \tag{12-26}$$

[2]) Ein äußerst nützliches Buch ist M. Abramowitz und I.A. Stegun (Hrsg.), *Handbook of Mathematical Functions*, National Bureau of Standards Publication, 1964.

erscheinenden "Buckel" ist $n - l$. Wenn l für gegebenes n seinen größtmöglichen Wert $l = n - 1$ hat, so ergibt sich also nur ein Buckel. Aus (12-25), aber auch direkt aus der Lösung der Differentialgleichung sieht man

(12-27) $$R_{n,n-1}(r) \propto r^{n-1}\, e^{-Zr/a_0 n}.$$

Der r-Wert, an dem das Maximum von $P(r) \propto r^{2n}\, e^{-2Zr/a_0 n}$ liegt, ist bestimmt durch

(12-28) $$\frac{dP(r)}{dr} = \left(2nr^{2n-1} - \frac{2Z}{a_0 n}\, r^{2n}\right) e^{-2Zr/a_0 n} = 0$$

und damit wird

(12-29) $$r = \frac{n^2 a_0}{Z}.$$

Den gleichen Wert liefert das Bohrsche Modell für die Radien der Kreisbahnen. Kleinere l-Werte ergeben Wahrscheinlichkeitsverteilungen mit mehreren Buckeln. Man kann zeigen, daß diese im Grenzfall hoher Quantenzahlen elliptischen Bahnen entsprechen.

c) Mit Hilfe der Wellenfunktion kann die Wahrscheinlichkeitsdichte $P(r)$ für das Auffinden des Elektrons im Abstand r berechnet und graphisch aufgetragen werden (Bild 12.2). Wir müssen aber bedenken, daß die Wellenfunktion auch einen Winkelanteil hat, dessen Absolutquadrat gegeben ist durch $P_l^m(\cos\theta)^2$. Graphische Darstellungen der zugeordneten Legendre-Funktionen $P_l^m(\cos\theta)$ sind in Bild 12.3 gegeben. Man sieht, daß sich die Wahrscheinlichkeitsdichte mit zunehmendem m von der z-Achse in die Äquatorialebene verlagert. Für $|m| = l$ wird $|P_l^l(\cos\theta)|^2 \propto \sin^{2l}\theta$, wie aus (10-55) abzulesen ist. Diese Funktion hat ihr Maximum bei $\theta = \pi/2$. Mit zunehmendem l nimmt die Breite der "Keule" entsprechend $l^{-1/2}$ ab, und so erhalten wir für große l das klassische Bild der ebenen Bahnen. Die endliche Breite der Keule ist mit folgenden Betrachtungen zu verstehen: Für $|m| = l$ haben wir $L_z^2 = l^2$, und demzufolge $L_x^2 + L_y^2 = l$ (Anm. d. Übers.: Natürlich ist $\hbar^2$ zu ergänzen.) Der Drehimpuls kann also nie völlig in Richtung einer Achse orientiert sein. Nebenbei, die m-Entartung ermöglicht es uns, die Bahn nach einer vorgegebenen Achse zu orientieren, d.h. es gibt keine von vorneherein ausgezeichnete z-Achse. In einem Eigenzustand von L_x mit Eigenwert l wird also "Orientierung" in x-Richtung vorliegen. Die Wellenfunktion ist dann eine Linearkombination der $Y_{lm}(\theta,\phi)$, aber wegen der Entartung ergibt sich die gleiche Energie wie für Bahnen, die in z-Richtung orientiert sind.

d) Mit Kenntnis der Wellenfunktionen können wir berechnen

(12-30) $$\langle r^k \rangle = \int_0^\infty dr\, r^{2+k}\, [R_{nl}(r)]^2.$$

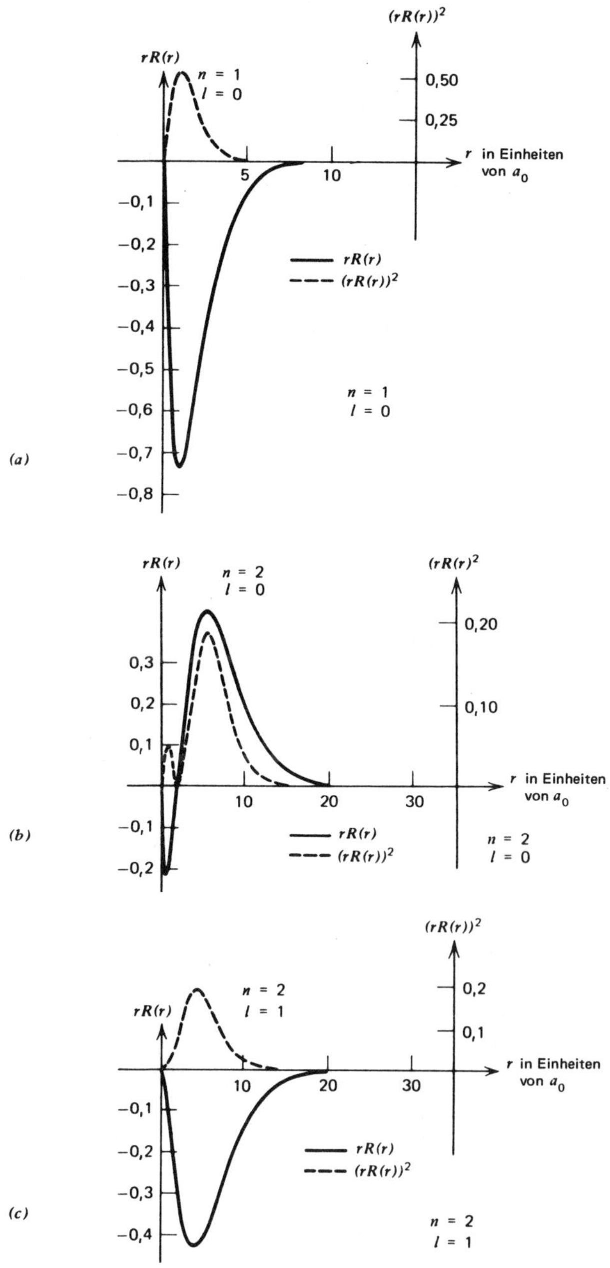

Bild 12–2 Darstellung der radialen Wellenfunktion $u(r) = rR(r)$ und der radialen Wahrscheinlichkeitsdichten $u^2(r)$ für die Werte $n = 1, 2, 3, 4$ und alle dazu möglichen l-Werte. Der links gezeichnete Ordinatenmaßstab gehört zu $u(r)$, der rechts gezeichnete zu $u^2(r)$. Die Wellenfunktionen sind durchgezogen, die Wahrscheinlichkeitsdichten gestrichelt gezeichnet. Der Abszissenmaßstab gibt r in Einheiten von a_0.

(d)

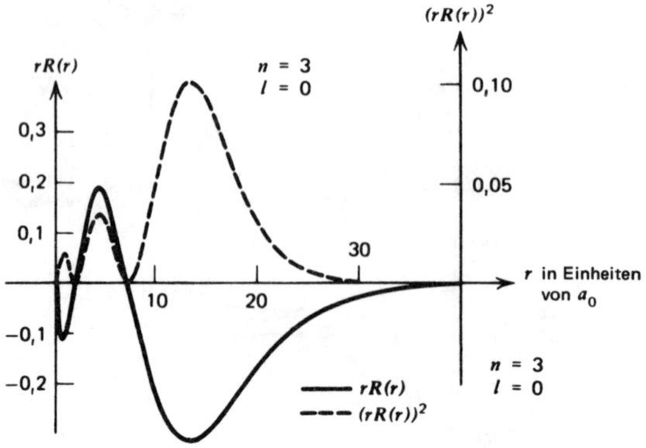

(e)

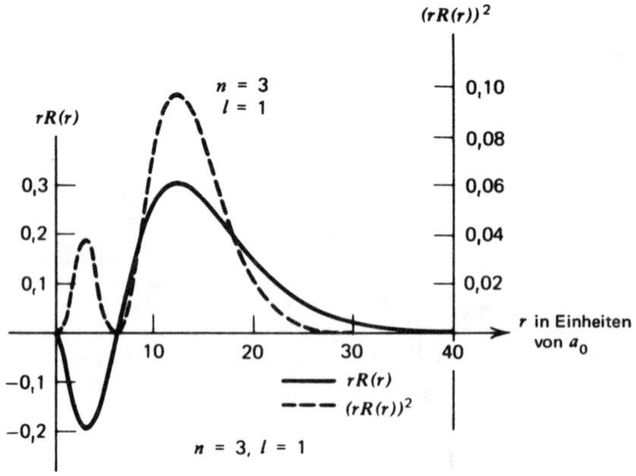

(f)

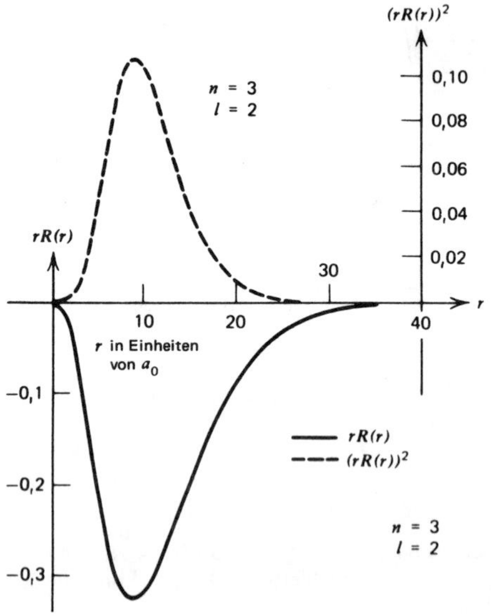

Bild 12–2 Fortsetzung

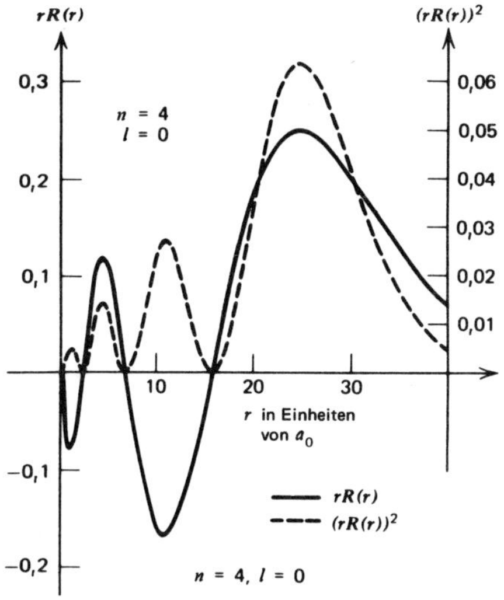

(g)

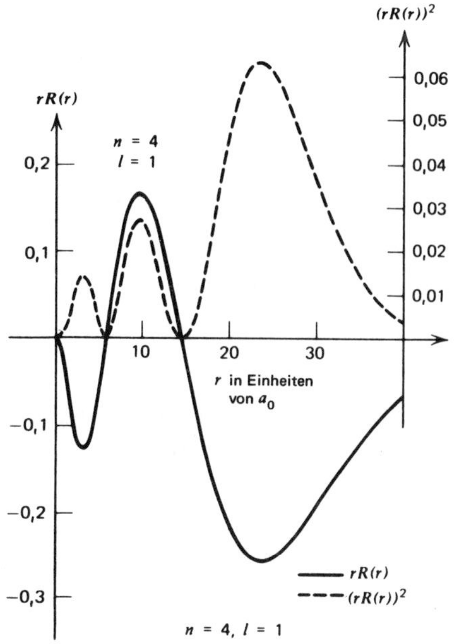

(h)

Bild 12–2 Fortsetzung

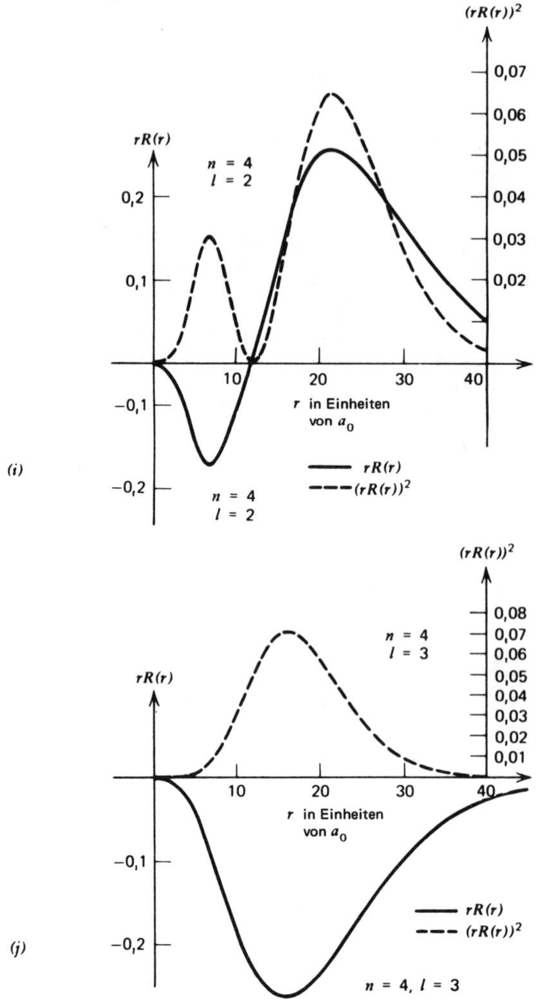

Bild 12–2 Fortsetzung

Hieraus sind einige nützliche Erwartungswerte zu gewinnen:

$$\langle r \rangle = \frac{a_0}{2Z}[3n^2 - l(l+1)]$$

(12-31)
$$\langle r^2 \rangle = \frac{a_0^2 n^2}{2Z^2}[5n^2 + 1 - 3l(l+1)]$$

$$\left\langle \frac{1}{r} \right\rangle = \frac{Z}{a_0 n}$$

$$\left\langle \frac{1}{r^2} \right\rangle = \frac{Z^2}{a_0^2 n^3 (l + \frac{1}{2})} .$$

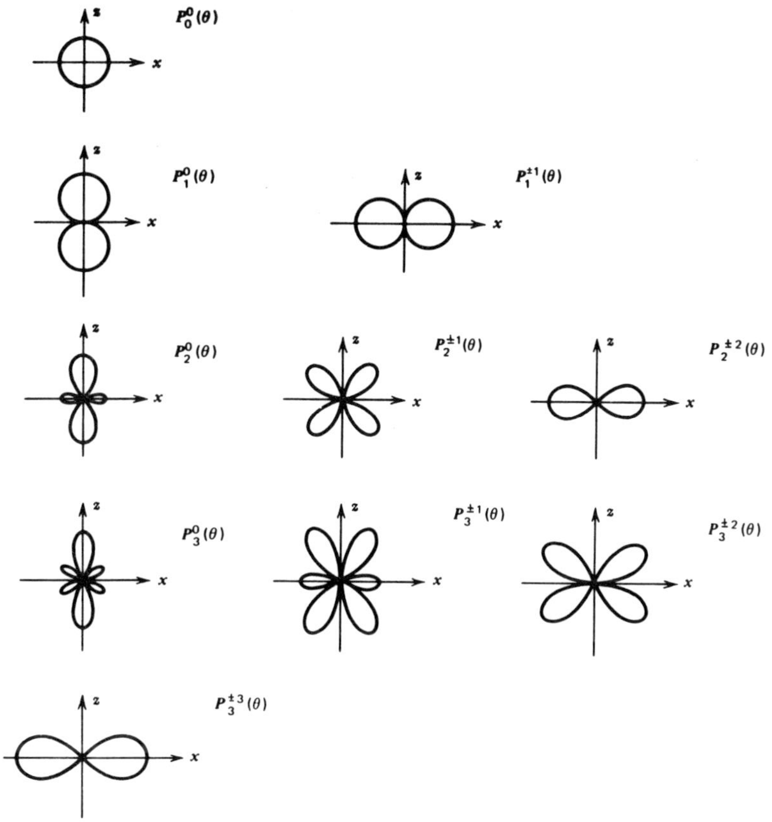

Bild 12–3 Darstellung der zugeordneten Legendre-Polynome als Funktion von θ, dem Winkel zwischen z-Achse und Äquatorialebene (x-y-Ebene).
Anm. d. Übers.: Man denke sich vom Koorinatenursprung aus einen Strahl in Richtung θ gezeichnet, wobei man einen Schnittpunkt mit der Kurve erhält. Die Länge des Strahlabschnittes gibt $P_l^m(\theta)$.

Aufgaben

1. Vergleichen Sie die Wellenlängen des Übergangs $2P \rightarrow 1S$ in 1) Wasserstoff, 2) Deuterium (Kernmasse = 2 Protonenmassen), 3) Positronium (dies ist ein gebundener Zustand von Elektron und Positron; die Positronenmasse ist genauso groß wie die Elektronenmasse).

2. Ein Elektron befinde sich im Grundzustand von Tritium (dessen Kern besteht aus einem Proton und zwei Neutronen). Durch eine Kernreaktion werde der Tritiumkern plötzlich in einen He^3-Kern verwandelt (zwei Protonen und ein Neutron). Berechnen Sie die Wahrscheinlichkeit dafür, daß das Elek-

tron im Grundzustand des He^3 bleibt. Wie groß ist die Wahrscheinlichkeit dafür, daß das Elektron aus dem Atom befreit wird und dabei den Impuls p hat?

Bemerkung: Die Impulseigenfunktion eines freien Elektrons ist $e^{i\mathbf{p}\cdot\mathbf{r}/\hbar}(2\pi\hbar)^{-3/2}$.

3. Das relativistische Analogon der Schrödinger-Gleichung für ein Elektron vom Spin 0 (ein auf das reale Elektron also nicht anwendbarer Fall) ist die Operatorform von $(E - V)^2 = p^2c^2 + m^2c^4$, also

$$\left(\frac{E}{\hbar c} - \frac{Ze^2}{\hbar c}\frac{1}{r}\right)^2 \psi = -\nabla^2\psi + \left(\frac{mc}{\hbar}\right)^2 \psi.$$

a) Finden Sie die Radialgleichung
b) Finden Sie das Eigenwertspektrum; hierbei soll die enge Verwandtschaft der in a) erhaltenden Radialgleichung mit der Radialgleichung für das Wasserstoffatom beachtet werden.

4. Mit Hilfe des Ausdrucks für $\langle 1/r\rangle_{n,l}$ soll für einen beliebigen Eigenzustand des Wasserstoffs (mit beliebigem Z) der Ausdruck für

$$\langle T\rangle_{n,l} = \left\langle \frac{p^2}{2m} \right\rangle_{n,l}$$

berechnet werden. Zeigen Sie allgemein, daß für dieses Potential gilt:

$$\langle T\rangle = -\tfrac{1}{2}\langle V\rangle.$$

Dieses Ergebnis ist ein spezielles Beispiel des *Virial-Theorems.*

5. Ein Elektron im Coulombfeld eines Protons befinde sich in dem durch die Wellenfunktion

$$\tfrac{1}{6}[4\psi_{100}(\mathbf{r}) + 3\psi_{211}(\mathbf{r}) - \psi_{210}(\mathbf{r}) + \sqrt{10}\,\psi_{21-1}(\mathbf{r})]$$

beschriebenen Zustand. Wie groß ist der Erwartungswert
a) der Energie?
b) von $\mathbf{L}^2$?
c) von L_z?

6. Ein Elektron im Coulombfeld eines Protons befindet sich in dem durch die Wellenfunktion

$$\psi(\mathbf{r}) = \left(\frac{\alpha}{\sqrt{\pi}}\right)^{3/2} e^{-\alpha^2 r^2/2}$$

beschriebenen Zustand. Mit welcher Wahrscheinlichkeit ist dieses im Grundzustand des Wasserstoffatoms zu finden?

7. Ein Elektron befinde sich im Zustand $n = 2, l = 1, m = 0$ des Wasserstoffatoms. Wie lautet hierzu die Wellenfunktion im Impulsraum?

8. Der Erwartungswert von $f(\mathbf{r},\mathbf{p})$ in einem beliebigen stationären Zustand ist konstant. Berechnen Sie

$$0 = \frac{d}{dt}\langle \mathbf{r}\cdot\mathbf{p}\rangle = \frac{i}{\hbar}\langle [H,\mathbf{r}\cdot\mathbf{p}]\rangle$$

für den Hamilton-Operator

$$H = \mathbf{p}^2/2m + V(r)$$

und zeigen Sie, daß gilt

$$\left\langle \frac{\mathbf{p}^2}{m} \right\rangle = \langle \mathbf{r}\cdot\nabla V(r)\rangle .$$

Verwenden Sie dies, um das Ergebnis aus Aufgabe 4 zu bestätigen.

9. Verwenden Sie die in diesem Kapitel entwickelten Rechenverfahren, um den dreidimensionalen Oszillator zu diskutieren, wobei

$$H = \frac{\mathbf{p}^2}{2m} + \tfrac{1}{2}m\omega^2 r^2.$$

Beachten Sie, daß auch hierbei die zugeordneten Laguerre-Polynome auftreten.

Literatur

Eine sehr eingehende Diskussion der wasserstoffähnlichen Atome findet man in

E.U. Condon and G.H. Shortley "The Theory of Atomic Spectra" Cambridge University Press, Cambridge, 1959

aber auch jedes andere Buch über Quantenmechanik beschäftigt sich damit.

13. Wechselwirkung der Elektronen mit dem elektromagnetischen Feld

Im 12. Kapitel haben wir die Wechselwirkung eines Elektrons mit dem von einer Punktladung hervorgerufenen statischen Coulombfeld diskutiert. Um dies auf die Wechselwirkung mit einem äußeren magnetischen oder elektrischen Feld verallgemeinern zu können, brauchen wir einen Rückblick auf die klassische Theorie. Die Maxwellschen Gleichungen für das Vakuum lauten in Gaußschen Einheiten

$$\nabla \cdot \mathbf{B}(\mathbf{r},t) = 0 \tag{13-1}$$

$$\nabla \times \mathbf{E}(\mathbf{r},t) + \frac{1}{c}\frac{\partial \mathbf{B}(\mathbf{r},t)}{\partial t} = 0 \tag{13-2}$$

$$\nabla \cdot \mathbf{E}(\mathbf{r},t) = 4\pi\rho(\mathbf{r},t) \tag{13-3}$$

$$\nabla \times \mathbf{B}(\mathbf{r},t) - \frac{1}{c}\frac{\partial \mathbf{E}(\mathbf{r},t)}{\partial t} = \frac{4\pi}{c}\mathbf{j}(\mathbf{r},t). \tag{13-4}$$

Hierbei sind $\rho(\mathbf{r},t)$ und $\mathbf{j}(\mathbf{r},t)$ die Ladungs- und die Stromdichte, und sie sind die Ursachen für die elektromagnetischen Felder $\mathbf{E}(\mathbf{r},t)$ und $\mathbf{B}(\mathbf{r},t)$. Die Gleichung für die Erhaltung der Ladung

$$\frac{\partial \rho(\mathbf{r},t)}{\partial t} + \nabla \cdot \mathbf{j}(\mathbf{r},t) = 0 \tag{13-5}$$

ist schon von selbst erfüllt.

Wir können den ersten beiden Gleichungen dadurch genügen, daß wir die Felder durch ein skalares Potential $\phi(\mathbf{r},t)$ und ein Vektorpotential $\mathbf{A}(\mathbf{r},t)$ ausdrücken

$$\begin{aligned} \mathbf{B}(\mathbf{r},t) &= \nabla \times \mathbf{A}(\mathbf{r},t) \\ \mathbf{E}(\mathbf{r},t) &= -\frac{1}{c}\frac{\partial \mathbf{A}(\mathbf{r},t)}{\partial t} - \nabla\phi(\mathbf{r},t). \end{aligned} \tag{13-6}$$

Die Felder $\mathbf{E}$ und $\mathbf{B}$ bestimmen die Potentiale ϕ und $\mathbf{A}$ jedoch nicht eindeutig. Man sieht leicht, daß andere Potentiale, z. B.

$$\begin{aligned} \mathbf{A}'(\mathbf{r},t) &= \mathbf{A}(\mathbf{r},t) - \nabla f(\mathbf{r},t) \\ \phi'(\mathbf{r},t) &= \phi(\mathbf{r},t) + \frac{1}{c}\frac{\partial f(\mathbf{r},t)}{\partial t} \end{aligned} \tag{13-7}$$

die gleichen Felder **E** und **B** ergeben. Die Transformation vom Satz $(\mathbf{A},\phi)$ zum Satz $(\mathbf{A}',\phi')$ nennt man *Eichtransformation*; die Invarianz von **E** und **B** gegenüber einer solchen Transformation erlaubt es uns, die beliebige Funktion $f(\mathbf{r},t)$ in der für uns günstigsten Weise frei zu wählen.

Die beiden Gleichungen (13-3) und (13-4), welche die Ursachen des elektromagnetischen Feldes beinhalten, lauten nun

$$-\nabla^2\phi(\mathbf{r},t) - \frac{1}{c}\frac{\partial}{\partial t}(\nabla\cdot\mathbf{A}) = 4\pi\rho(\mathbf{r},t)$$

(13-8)

$$\nabla\times(\nabla\times\mathbf{A}) + \frac{1}{c^2}\frac{\partial^2\mathbf{A}(\mathbf{r},t)}{\partial t^2} + \frac{1}{c}\frac{\partial}{\partial t}\nabla\phi = \frac{4\pi}{c}\mathbf{j}(\mathbf{r},t).$$

Letztere kann auch umgeschrieben werden als

(13-9) $$-\nabla^2\mathbf{A}(\mathbf{r},t) + \frac{1}{c^2}\frac{\partial^2\mathbf{A}(\mathbf{r},t)}{\partial t^2} + \nabla\left(\nabla\cdot\mathbf{A} + \frac{1}{c}\frac{\partial\phi}{\partial t}\right) = \frac{4\pi}{c}\mathbf{j}(\mathbf{r},t).$$

Ist die Ladungsverteilung statisch, also $\rho(\mathbf{r})$ zeitunabhängig, so ist es günstig, die Eichung so zu wählen, daß

(13-10) $$\nabla\cdot\mathbf{A}(\mathbf{r},t) = 0$$

Die dabei für $f(\mathbf{r},t)$ getroffene Wahl heißt die *Coulombeichung*. In diesem Fall haben wir

(13-11) $$-\nabla^2\phi(\mathbf{r}) = 4\pi\rho(\mathbf{r}),$$

also ein zeitunabhängiges skalares Potential, und die $\mathbf{A}(\mathbf{r},t)$ bestimmende Gleichung lautet

(13-12) $$-\nabla^2\mathbf{A}(\mathbf{r},t) + \frac{1}{c^2}\frac{\partial^2\mathbf{A}(\mathbf{r},t)}{\partial t^2} = \frac{4\pi}{c}\mathbf{j}(\mathbf{r},t).$$

Ist die Ladungsverteilung nicht statisch, so ist es günstiger, die sogenannte *Lorentzeichung* zu wählen, für welche

(13-13) $$\nabla\cdot\mathbf{A}(\mathbf{r},t) + \frac{1}{c}\frac{\partial\phi(\mathbf{r},t)}{\partial t} = 0.$$

Dadurch bleibt die Gleichung für das Vektorpotential (13-12) unverändert, aber die für skalare Größen maßgebende Gleichung erhält die Form einer Wellengleichung. Ein praktischer, erwähnenswerter Gesichtspunkt ist es, daß die zur Berechnung von (13-9) benützte Identität

$$\nabla\times(\nabla\times\mathbf{A}) = -\nabla^2\mathbf{A} + \nabla(\nabla\cdot\mathbf{A})$$

nur in kartesischen Koordinaten gilt. Wo also $\nabla^2\mathbf{A}(\mathbf{r},t)$ erscheint, muß es als Funktion von x, y und z ausgedrückt werden.

Die Wechselwirkung eines punktförmigen Elektrons der Masse μ mit einem elektromagnetischen Feld wird durch die die Lorentzkraft beinhaltende Bewegungsgleichung

(13-14) $$\mu \frac{d^2\mathbf{r}}{dt^2} = -e\left[\mathbf{E}(\mathbf{r},t) + \frac{\mathbf{v}}{c} \times \mathbf{B}(\mathbf{r},t)\right]$$

beschrieben. Wir wollen nun behaupten, daß diese Gleichung zu erhalten ist, wenn man an der klassischen Hamilton-Funktion des Elektrons in Abwesenheit von Feldern,

(13-15) $$H_0 = \frac{\mathbf{p}^2}{2\mu}$$

folgende Änderung vornimmt

(13-16) $$\mathbf{p} \rightarrow \mathbf{p} + \frac{e}{c}\mathbf{A}(\mathbf{r},t)$$

und dazu das Potential $e\phi(\mathbf{r})$ (wir verwenden statische Skalarpotentiale) hinzufügt, so daß

(13-17) $$H = \frac{1}{2\mu}\left[\mathbf{p} + \frac{e}{c}\mathbf{A}(\mathbf{r},t)\right]^2 + e\phi(\mathbf{r}).$$

Den Beweis dieser Feststellung überlassen wir dem Leser als Aufgabe [1]. Die dazugehörige Schrödinger-Gleichung lautet (das statische Potential auf die rechte Seite gesetzt)

(13-18) $$\frac{1}{2\mu}\left(\frac{\hbar}{i}\nabla + \frac{e}{c}\mathbf{A}\right)^2 \psi(\mathbf{r},t) = [E + e\phi(\mathbf{r})]\,\psi(\mathbf{r},t).$$

Umformung der linken Seite:

(13-19) $$\begin{aligned}\frac{1}{2\mu}\left(\frac{\hbar}{i}\nabla + \frac{e}{c}\mathbf{A}\right)\left(\frac{\hbar}{i}\nabla\psi + \frac{e}{c}\mathbf{A}\psi\right) &= -\frac{\hbar^2}{2\mu}\nabla^2\psi - \frac{ie\hbar}{\mu c}\mathbf{A}\cdot\nabla\psi - \frac{ie\hbar}{2\mu c}(\nabla\cdot\mathbf{A})\,\psi + \frac{e^2}{2\mu c^2}\mathbf{A}^2\psi \\ &= -\frac{\hbar^2}{2\mu}\nabla^2\psi - \frac{ie\hbar}{\mu c}\mathbf{A}\cdot\nabla\psi + \frac{e^2}{2\mu c^2}\mathbf{A}^2\psi.\end{aligned}$$

Für ein konstantes homogenes Feld, **B**, können wir annehmen [2])

(13-20) $$\mathbf{A} = -\tfrac{1}{2}\mathbf{r} \times \mathbf{B}.$$

Die drei Komponenten von **A** sind also

$$\mathbf{A} = -\tfrac{1}{2}(yB_z - zB_y,\ zB_x - xB_z,\ xB_y - yB_x)$$

und dementsprechend

---

[1]) Siehe Fußnote 4, Seite 219.

[2]) Man beachte, daß dies nicht die einzige Möglichkeit ist, da wir zu **A** den Gradient einer beliebigen Funktion hinzufügen können, ohne daß sich für **B** etwas ändert. Die getroffene Wahl ist aber sehr günstig.

$$\nabla \times \mathbf{A} = (\tfrac{1}{2}B_x + \tfrac{1}{2}B_x, B_y, B_z)$$
$$= \mathbf{B}.$$

In (13-19) wird also das zweite Glied

(13-21)
$$\frac{ie\hbar}{2\mu c}\,\mathbf{r}\times\mathbf{B}\cdot\nabla\psi = -\frac{ie\hbar}{2\mu c}\,\mathbf{B}\cdot\mathbf{r}\times\nabla\psi$$
$$= \frac{e}{2\mu c}\,\mathbf{B}\cdot\mathbf{r}\times\frac{\hbar}{i}\nabla\psi = \frac{e}{2\mu c}\,\mathbf{B}\cdot\mathbf{L}\psi$$

und das dritte

(13-22)
$$\frac{e^2}{8\mu c^2}(\mathbf{r}\times\mathbf{B})^2\psi = \frac{e^2}{8\mu c^2}[r^2\mathbf{B}^2 - (\mathbf{r}\cdot\mathbf{B})^2]\,\psi = \frac{e^2B^2}{8\mu c^2}(x^2+y^2)\,\psi,$$

wenn $\mathbf{B}$ die Richtung der z-Achse definiert; es hat die Form eines Potentials für den zweidimensionalen harmonischen Oszillator.

Wir wollen nun die Größenordnung der beiden Ausdrücke (13-21) und (13-22) miteinander vergleichen; hierzu genügt eine Abschätzung. Für $\langle L_z\rangle$ setzen wir $\hbar$, und für $\langle x^2+y^2\rangle$ setzen wir a_0^2. (a_0 ist der Bohrsche Radius.) Für das Verhältnis der beiden Ausdrücke erhalten wir also die Größenordnung

(13-23)
$$\frac{(e^2/8\mu c^2)\,a_0^2B^2}{(e/2\mu c)\,\hbar B} \simeq \frac{1}{4}\frac{e^2}{\hbar c}\frac{B}{e/a_0^2} \simeq \frac{1}{548}\frac{B}{e/a_0^2}$$
$$\approx \frac{B}{548(4{,}8\times10^{-10})/(0{,}5\times10^{-8})^2}$$
$$\approx \frac{B}{9\times10^{9}\,\text{Gauß}}.$$

Für atomare Systeme ist also bei der Größenordnung der im Labor erreichbaren Felder ($B \lesssim 10^4$ Gauß) der in B quadratische Term gegenüber dem linearen Term sicher vernachlässigbar. Auf ähnliche Weise können wir den in B linearen Term mit der Coulombschen potentiellen Energie vergleichen:

(13-24)
$$\frac{(e/2\mu c)\,\hbar B}{e^2/a_0} \approx \frac{1}{2}\frac{\hbar/\mu c}{e/a_0}B \approx \frac{1}{274}\frac{B}{e/a_0^2} \approx \frac{B}{5\times10^{9}\,\text{Gauß}}.$$

Der lineare Term wird also die atomaren Energieniveaus nur als sehr schwache Störung beeinflussen. Der quadratische Term kann bei extrem starken Feldern sehr wichtig werden, wofür hier zwei Beispiele genannt seien: Bei Neutronensternen, an deren Oberfläche man Felder bis 10^{12} Gauß vermutet, wodurch grundlegende Änderungen im Atombau entstehen [3]), und bei der makroskopischen Bewegung eines Elektrons in einem äußeren Feld.

---

[3]) Siehe R. Cohen, L. Lodenquai und M. Ruderman, *Phys. Rev. Letters*, 25, 467 (1970).

Wir wollen zunächst allein den linearen Term betrachten, und als die z-Richtung die Richtung von $\mathbf{B}$ wählen. Der für den Fall $\mathbf{B} = 0$ geltende Hamilton-Operator wird nun durch folgendes Glied erweitert

$$H_1 = \frac{e}{2\mu c} BL_z \tag{13-25}$$

(siehe 13-21). Definieren wir den Ausdruck für die sogenannte Larmor-Frequenz

$$\frac{eB}{2\mu c} = \omega_L\,, \tag{13-26}$$

und arbeiten wir mit Energieeigenzuständen, die zugleich Eigenzustände von $\mathbf{L}^2$ und L_z sind, so ergibt der Zusatzterm (13-25) in seiner Wirkung auf einen Eigenzustand eine Zahl m

$$H_1 u_{nlm}(\mathbf{r}) = \hbar\omega_L m u_{nlm}(\mathbf{r}), \tag{13-27}$$

wobei m die z-Komponente des Drehimpulseigenwerts ist, mit $-l \leq m \leq l$. Die bestehenden Niveaus mit ihrer $(2l+1)$-fachen Entartung werden also jetzt in $(2l+1)$ äquidistante Niveaus aufgespalten. Die Energieeigenwerte sind

$$E = -\frac{1}{2}\mu c^2 \frac{(Z\alpha)^2}{n^2} + \hbar\omega_L m. \tag{13-28}$$

Der Abstand der aufgespaltenen Niveaus ist

$$\begin{aligned} \frac{eB\hbar}{2\mu c} &= \frac{e\hbar}{2\mu c}\left(\frac{B}{e/a_0^2}\right)\frac{e}{a_0^2} \\ &= \frac{e^2\hbar}{2\mu c}\left(\frac{\mu c\alpha}{\hbar}\right)^2\left(\frac{B}{e/a_0^2}\right) \\ &= \left(\tfrac{1}{2}\alpha^2\mu c^2\right)\alpha\,\frac{B}{e/a_0^2} \\ &= \left(\frac{B}{2{,}4\times 10^9}\right)\times 13{,}6\ \text{eV}. \end{aligned}$$

Wie später zu besprechen sein wird, gibt es Auswahlregeln, nach denen nur solche Übergänge erlaubt sind, bei denen sich der m-Wert um Null oder Eins ändert; so ergibt es sich, daß eine bei $B = 0$ einzelne Spektrallinie bei Einschalten des Feldes in *drei* Linien aufspaltet, wie in Bild 13.1 zu sehen ist. Diese Aufspaltung nennt man den *normalen Zeeman-Effekt*. Tatsächlich aber werden in diesem Termschema, außer bei Zuständen mit dem Spin Null, durch die Wechselwirkung des Elektronenspins mit dem Magnetfeld Veränderungen hervorgerufen: dieser mehr allgemeine, *anomale Zeeman-Effekt* wird besprochen, sobald wir mehr über den Spin wissen.

Von einigem Interesse ist es, die Lösung für ein Elektron in einem konstanten Magnetfeld zu besprechen, wobei der B^2-Term nicht vernachlässigbar

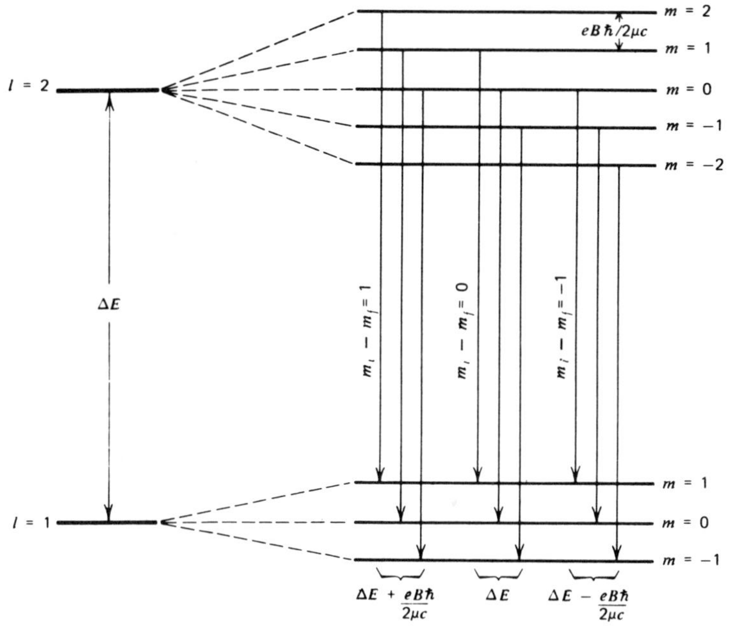

Bild 13–1 Normaler Zeeman-Effekt: Von den 15 Kombinationsmöglichkeiten zwischen den durch das Magnetfeld aufgespaltenen Linien können nur 9 Übergänge entsprechend der Auswahlregel $\Delta m = m_i - m_f = -1, 0, +1$ vorkommen. Weil die aufgespaltenen Niveaus äquidistant liegen, sieht man insgesamt nur drei Spektrallinien.

ist, dagegen aber das Coulomb-Potential vernachlässigbar ist. Unter dieser Bedingung lautet die Schrödinger-Gleichung, wenn die **B**-Richtung wieder die z-Achse definiert

$$(13\text{-}29)\qquad -\frac{\hbar^2}{2\mu}\nabla^2\psi + \frac{eB}{2\mu c}L_z\psi + \frac{e^2B^2}{8\mu c^2}(x^2+y^2)\psi = E\psi.$$

Hierzu haben wir (13-19), (13-21) und (13-22) verwendet. Die Gegenwart des "Potentials" $(x^2 + y^2)$ legt zur Separation der Variablen die Verwendung von Zylinderkoordinaten nahe. Mit

$$(13\text{-}30)\qquad \begin{aligned} x &= \rho\cos\phi \\ y &= \rho\sin\phi \end{aligned}$$

folgen wir der am Anfang vom 10. Kapitel aufgezeigten Prozedur und erhalten

$$(13\text{-}31)\qquad \begin{aligned} \frac{\partial}{\partial x} &= \cos\phi\,\frac{\partial}{\partial\rho} - \frac{\sin\phi}{\rho}\,\frac{\partial}{\partial\phi} \\ \frac{\partial}{\partial y} &= \sin\phi\,\frac{\partial}{\partial\rho} + \frac{\cos\phi}{\rho}\,\frac{\partial}{\partial\phi} \end{aligned}$$

und somit

(13-32) $$\nabla^2 = \frac{\partial^2}{\partial z^2} + \frac{\partial^2}{\partial \rho^2} + \frac{1}{\rho}\frac{\partial}{\partial \rho} + \frac{1}{\rho^2}\frac{\partial^2}{\partial \phi^2}.$$

Mit dem Ansatz

(13-33) $$\psi(\mathbf{r}) = u_m(\rho)\, e^{im\phi}\, e^{ikz}$$

finden wir die $u_m(\rho)$ bestimmende Differentialgleichung

(13-34) $$\frac{d^2u}{d\rho^2} + \frac{1}{\rho}\frac{du}{d\rho} - \frac{m^2}{\rho^2}u - \frac{e^2B^2}{4\hbar^2c^2}\rho^2 u + \left(\frac{2\mu E}{\hbar^2} - \frac{eB\hbar m}{\hbar^2 c} - k^2\right)u = 0.$$

Mit der neuen Variablen

(13-35) $$x = \sqrt{\frac{eB}{2\hbar c}}\,\rho$$

schreiben wir die Differentialgleichung kürzer

(13-36) $$\frac{d^2u}{dx^2} + \frac{1}{x}\frac{du}{dx} - \frac{m^2}{x^2}u - x^2u + \lambda u = 0,$$

wobei

(13-37) $$\lambda = \frac{4\mu c}{eB\hbar}\left(E - \frac{\hbar^2k^2}{2\mu}\right) - 2m.$$

Es ist nun ohne weitere Umwege zu zeigen, daß

a) für sehr große x das Verhalten von $u(x)$ durch

$$\frac{d^2u}{dx^2} - x^2u \approx 0$$

bestimmt wird, was zu

$$u(x) \sim e^{-x^2/2}$$

führt, und

b) in der Umgebung von $x = 0$ das Verhalten von $u(x)$ durch

$$\frac{d^2u}{dx^2} + \frac{1}{x}\frac{du}{dx} - \frac{m^2}{x^2}u \approx 0$$

bestimmt wird, was zu

$$u(x) \sim x^{|m|}$$

führt. Für beliebige x-Werte machen wir deshalb den Ansatz

(13-38) $$u(x) = x^{|m|}\, e^{-x^2/2}\, G(x)$$

und müssen nun die Differentialgleichung für $G(x)$ bestimmen. Einige kleine Zwischenrechnungen führen uns zu

$$\frac{d^2G}{dx^2} + \left(\frac{2|m| + 1}{x} - 2x\right)\frac{dG}{dx} + (\lambda - 2 - 2|m|)\, G = 0. \tag{13-39}$$

Diese Gleichung kann in die gleiche Form wie (12-11) gebracht werden, wenn wir die neue Variable

$$y = x^2 \tag{13-40}$$

einführen. Hiermit erhalten wir

$$\frac{d^2G}{dy^2} + \left(\frac{|m| + 1}{y} - 1\right)\frac{dG}{dy} + \frac{\lambda - 2 - 2|m|}{4y}\, G = 0 \tag{13-41}$$

und können nun weiterfahren wie im 12. Kapitel. Ein Vergleich mit (12-11) zeigt, daß

$$\frac{1}{4}\lambda - \frac{1 + |m|}{2} = n_r \tag{13-42}$$

erfüllt sein muß, wobei $n_r = 0, 1, 2, 3, \ldots$. Dies bedeutet, daß $E - \hbar^2k^2/2\mu$, also die Energie abzüglich der kinetischen Energie der Translationsbewegung in z-Richtung gegeben ist durch

$$E - \frac{\hbar^2k^2}{2\mu} = \frac{eB\hbar}{2\mu c}(2n_r + 1 + |m| + m) \tag{13-43}$$

und daß

$$G(y) = L_{n_r}^{|m|}(y). \tag{13-44}$$

Unsere Diskussion dieser Lösung soll auf den klassischen Grenzfall beschränkt sein. Hierzu erst ein Rückblick auf die klassische Theorie. Mit der Hamilton-Funktion (13-17) ohne den Term für das skalare Potential haben wir[4])

$$\mathbf{v} = \frac{\mathbf{p} + (e/c)\,\mathbf{A}}{\mu} \tag{13-45}$$

und mit $\mathbf{A} = -\frac{1}{2}\mathbf{r} \times B$ erhalten wir

$$\begin{aligned} \mu\mathbf{r} \times \mathbf{v} &= \mathbf{r} \times \mathbf{p} + \frac{e}{c}\mathbf{r} \times (-\tfrac{1}{2}\mathbf{r} \times \mathbf{B}) \\ &= \mathbf{L} - \frac{e}{2c}[\mathbf{r}(\mathbf{r}\cdot\mathbf{B}) - r^2\mathbf{B}], \end{aligned} \tag{13-46}$$

wobei die Identität

$$\mathbf{a} \times (\mathbf{b} \times \mathbf{c}) = \mathbf{b}(\mathbf{a}\cdot\mathbf{c}) - \mathbf{c}(\mathbf{a}\cdot\mathbf{b}) \tag{13-47}$$

verwendet wurde. Die z-Komponente dieser Gleichung ist

[4]) Der nicht mit der Hamiltonschen Mechanik vertraute Leser kann sich selbst davon überzeugen, daß die Gleichungen $dx/dt = \partial H/\partial p_x$, $dp_x/dt = -\partial H/\partial x$, usw. mit $H = \mathbf{p}^2/2\mu + V(\mathbf{r})$ äquivalent zu den Newtonschen Gleichungen sind. Sie gelten auch für den komplizierteren Hamilton-Operator $[\mathbf{p} + e\mathbf{A}(\mathbf{r})/c]^2/2\mu$.

$$\mu(\mathbf{r} \times \mathbf{v})_z = L_z + \frac{e}{2c} B(x^2 + y^2)$$

und damit

(13-48) $$\mu\rho v = L_z + \frac{eB}{2c} \rho^2.$$

Der Ausdruck für die auf das Elektron wirkende Kraft

(13-49) $$\mathbf{F} = -\frac{e}{c} \mathbf{v} \times \mathbf{B}$$

liefert für Kreisbewegung den Zusammenhang

(13-50) $$\frac{\mu v^2}{\rho} = \frac{evB}{c}.$$

Hieraus ergibt sich zusammen mit (13-48) nach einer Zwischenrechnung

(13-51) $$\tfrac{1}{2}\mu v^2 = \frac{eB}{\mu c} L_z$$

und

(13-52) $$\rho = \left[\frac{2c}{eB} L_z\right]^{1/2}.$$

Kehren wir nun zurück zum Ausdruck für die Energie, (13-43). Weil $\hbar$ so klein ist, kann die Energie bei vernünftigem B nur dann von makroskopischer Größenordnung sein, wenn $(2n_r + 1 + |m| + m)$ sehr groß ist. Hiermit haben wir zwei Fälle: a) Wenn $m < 0$, so bedeutet dies, daß n_r sehr groß sein muß. Nun bestimmt aber n_r den Grad des Polynoms $L_{n_r}^{|m|}(y)$, also die Anzahl der Nullstellen dieser Funktion[5]; wenn aber diese Zahl sehr groß ist, so kann die Funktion in einem engen y-Bereich (d.h. dort wo eine klassische Bahn lokalisiert wäre) nicht groß sein. b) Wenn $m > 0$, so wird der untersuchte Koeffizient zu $(2n_r + 1 + 2m)$, und dies kann auch für kleine n_r groß werden, vorausgesetzt m ist groß. Die Energie ist nun

(13-53) $$E - \frac{\hbar^2 k^2}{2\mu} \simeq \frac{eB}{\mu c} \hbar m$$

in Übereinstimmung mit dem klassischen Ergebnis. Beachten Sie, daß

(13-54) $$L_z = \hbar m$$

wie erwartet positiv ist.

Wir können auch zeigen, daß der aus dem Maximum der radialen Wahrscheinlichkeitsverteilung zu entnehmende Bahnradius dem klassischen Wert entspricht. Wählen wir $n_r = 0$. In diesem Fall ist $L_{n_r}^{|m|}(y)$ eine Konstante, und das Quadrat der Wellenfunktion ist nach (13-38)

(13-55) $$P(x) = x^{2|m|} e^{-x^2}.$$

[5]) Siehe (12-23), die dahinführenden Gedanken, und die Diskussion auf Seite 204.

Das Maximum liegt dort, wo

$$\frac{dP}{dx} = (2|m|x^{2|m|-1} - 2x^{2|m|+1})\, e^{-x^2} = 0$$

also bei

(13-56) $\quad x = \sqrt{|m|}.$

Dies ergibt

(13-57) $\quad \rho = \left(\frac{2c}{eB}\,\hbar m\right)^{1/2}.$

Dieses Beispiel ist eine schöne Illustration des Korrespondenzprinzips.

Es gibt mehrere interessante quantenmechanische Effekte, bei denen eine Wechselwirkung mit einem Magnetfeld eine Rolle spielt, und wir wenden uns nun diesen zu. Die Schrödinger-Gleichung (13-18) scheint das Prinzip der Eichinvarianz zu verletzen, und zwar wegen $\mathbf{A}(\mathbf{r},t)$, denn mit der Transformation

(13-58) $\quad \mathbf{A} \rightarrow \mathbf{A} + \nabla f(\mathbf{r},t)$

ändert sich der Hamilton-Operator

(13-59) $\quad \frac{1}{2\mu}\left(\frac{\hbar}{i}\nabla + \frac{e}{c}\mathbf{A}\right)^2 \rightarrow \frac{1}{2\mu}\left(\frac{\hbar}{i}\nabla + \frac{e}{c}\mathbf{A} + \frac{e}{c}\nabla f\right)^2.$

Man kann die Eichinvarianz aber retten, wenn man Gebrauch macht von der Tatsache, daß die Einführung eines Phasenfaktors, der auch von $\mathbf{r}$ abhängen kann, keine physikalischen Konsequenzen hat. Fordern wir also, daß (13-58) von folgender Transformation begleitet sein *muß*

(13-60) $\quad \psi(\mathbf{r},t) \rightarrow e^{i\Lambda(\mathbf{r},t)}\, \psi(\mathbf{r},t).$

Die linke Seite von (13-18) wird damit

$$\frac{1}{2\mu}\left(\frac{\hbar}{i}\nabla + \frac{e}{c}\mathbf{A} + \frac{e}{c}\nabla f\right)\cdot\left(\frac{\hbar}{i}\nabla + \frac{e}{c}\mathbf{A} + \frac{e}{c}\nabla f\right) e^{i\Lambda}\psi$$

(13-61) $$= \frac{1}{2\mu}\left(\frac{\hbar}{i}\nabla + \frac{e}{c}\mathbf{A} + \frac{e}{c}\nabla f\right)\cdot\left[e^{i\Lambda}\left(\frac{\hbar}{i}\nabla\psi + \frac{e}{c}\mathbf{A}\psi + \frac{e}{c}\nabla f\psi + \hbar\nabla\Lambda\psi\right)\right]$$

$$= \frac{1}{2\mu} e^{i\Lambda}\left(\frac{\hbar}{i}\nabla + \frac{e}{c}\mathbf{A} + \frac{e}{c}\nabla f + \hbar\nabla\Lambda\right)^2 \psi.$$

Wir entnehmen hieraus die zur Erhaltung der Eichinvarianz nötige Bedingung

(13-62) $\quad \Lambda = -\frac{e}{\hbar c} f$

und damit das für die Transformation anzuwendende Gesetz

(13-63) $\quad \psi(\mathbf{r},t) \rightarrow e^{-(ie/\hbar c) f(\mathbf{r},t)}\, \psi(\mathbf{r},t).$

Haben wir einen feldfreien Raum, also $\mathbf{B} = 0$, so bedeutet dies

(13-64) $$\nabla \times \mathbf{A} = 0.$$

$\mathbf{A}$ kann somit als Gradient einer Funktion f geschrieben werden

(13-65) $$\mathbf{A} = \nabla f.$$

Zur Beschreibung der Bewegung eines Elektrons in einem Raum ohne Magnetfeld kennen wir zwei Möglichkeiten: Entweder wir verwenden das Magnetfeld von vorneherein überhaupt nicht und schreiben

(13-66) $$\left[\frac{1}{2\mu}\left(\frac{\hbar}{i}\nabla\right)^2 + V(\mathbf{r})\right]\psi = E\psi$$

oder wir verwenden das durch (13-65) gegebene Vektorpotential

(13-67) $$\frac{1}{2\mu}\left(\frac{\hbar}{i}\nabla + \frac{e}{c}\mathbf{A}\right)^2 \psi' + V(\mathbf{r})\,\psi' = E\psi'$$

und dazu

(13-68) $$\psi' = e^{-(ie/\hbar c)f}\,\psi.$$

Die Funktion $f(\mathbf{r},t)$ kann durch $\mathbf{A}(\mathbf{r},t)$ gemäß (13-65) ausgedrückt werden als

(13-69) $$f(\mathbf{r},t) = \int^{\mathbf{r}} d\mathbf{r}'\cdot\mathbf{A}(\mathbf{r}',t).$$

Der Integrationsweg beginnt in einem beliebigen Fixpunkt, z.B. dem Koordinatenursprung, oder im Unendlichen, und führt bis zum Punkt $\mathbf{r}$. Dieses Integral ist nur dann eindeutig, wenn $\mathbf{B} = 0$, also ein feldfreier Raum vorliegt, denn der sich bei zwei verschiedenen Integrationswegen 1 und 2 sich ergebende Unterschied ist

(13-70) $$\begin{aligned}\int_1 d\mathbf{r}'\cdot\mathbf{A}(\mathbf{r}',t) - \int_2 d\mathbf{r}'\mathbf{A}(\mathbf{r}',t) &= \oint d\mathbf{r}'\cdot\mathbf{A}(\mathbf{r}',t)\\ &= \int_S \nabla'\times\mathbf{A}(\mathbf{r}',t)\cdot d\mathbf{S} = \int_S \mathbf{B}\cdot d\mathbf{S} = \Phi.\end{aligned}$$

Hierbei haben wir den Stokesschen Satz angewendet; Φ ist der magnetische Fluß, der durch die von den Wegen 1 und 2 aufgespannte Fläche hindurchtritt (Bild 13.2). Nur für $\Phi = 0$ wird der in (13-68) stehende Phasenfaktor vom Integrationsweg unabhängig sein. Diese Unabhängigkeit ist aber gerade nötig, wenn der sich an der Stelle $\mathbf{r}$ ergebende Wert der Wellenfunktion eindeutig sein soll.

Wenn die beiden Integrationswege einen magnetischen Fluß umschließen, so erhalten die Wellenfunktionen der entlang dieser Wege laufenden Elektronen verschiedene Phasenlagen. Eine interessante Folge hieraus ergibt sich, wenn sich ein Elektron in einem zwar feldfreien, aber nicht einfach zusammenhängenden Raum bewegt, und so einen "Schlauch" magnetischer Kraftlinien

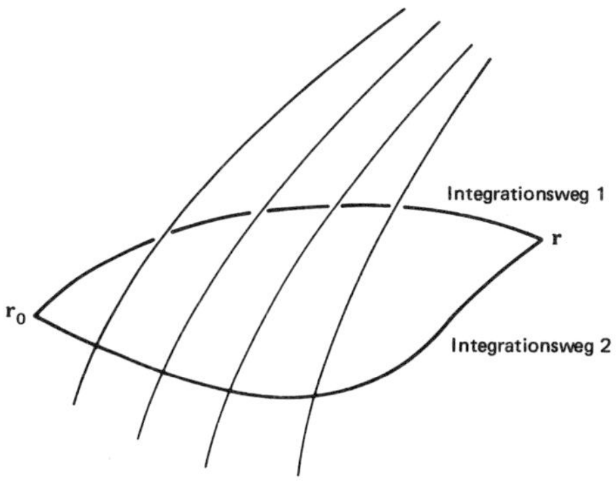

Bild 13–2 Die Wegintegrale $\int_{\mathbf{r}_0}^{\mathbf{r}} A(\mathbf{r}')\cdot d\mathbf{r}'$ entlang der Integrationswege 1 und 2 ergeben im allgemeinen nicht den gleichen Wert. Deren Differenz ist gegeben durch den von beiden Wegen eingeschlossenen magnetischen Fluß.

und damit den Fluß Φ umschließt. Nach Vollenden jedes Umlaufs um Φ ergibt sich ein zusätzlicher Phasenfaktor $e^{ie\Phi/\hbar c}$. Die Forderung nach einem eindeutigen Wert der Wellenfunktion bedeutet, daß der jeweils dazukommende Phasenfaktor 1 sein muß; der von der Bahn eingeschlossene *Fluß muß also quantisiert sein*:

(13-71) $$\Phi = \frac{2\pi\hbar c}{e}\, n \qquad n = 0, \pm 1, \pm 2, \ldots$$

Eine solche Situation entsteht bei der Bewegung von Elektronen in einem supraleitenden Ring, der einen magnetischen Fluß umschließt. Die ersten, 1961 gemachten Experimente [6]) verliefen im Prinzip folgendermaßen: Ein aus supraleitendem Material hergestellter Ring wird in ein äußeres Magnetfeld gebracht, und zwar bei einer Temperatur oberhalb des Sprungpunktes, d.h. im nicht supraleitenden Zustand. Supraleiter haben - bis auf einen oberflächennahen Bereich - die Eigenschaft, daß sie die magnetischen Kraftlinien völlig verdrängen; im Material ist dann $\mathbf{B} = 0$ (Meißner-Effekt [7])). Wird also der Ring nun in den supraleitenden Zustand abgekühlt, so ist der durch das Loch des Ringes hindurchtretende Fluß des vorher angelegten Feldes eingefangen (Bild 13.3). Eine geniale Messung dieses Flusses zeigte, daß (13-71) gilt, jedoch mit einer Modifikation:

(13-72) $$\Phi = \frac{2\pi\hbar c}{(2e)}\, n.$$

[6]) B. S. Deaver und W. Fairbank, *Phys. Rev. Letters*, 7, 43 (1961); R. Doll und M. Näbauer, *ibid.*, 7, 51 (1961).

[7]) Kapitel 21 der *Feynman Vorlesungen über Physik*, Bd. III, wird hierzu sehr empfohlen, denn dieses gibt eine hervorragende Diskussion dieses makroskopisch beobachtbaren quantenmechanischen Effekts.

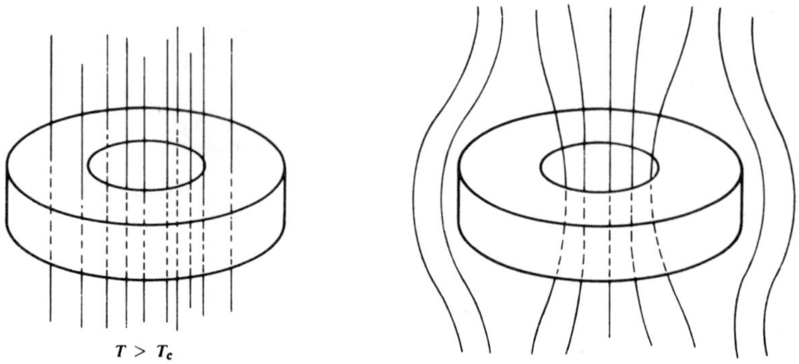

Bild 13–3 Ein Supraleiter bei Temperaturen oberhalb des Sprungpunktes T_c der Supraleitung ($T > T_c$) verhält sich wie jedes andere Metall: ein Magnetfeld kann in ihm eindringen. Wird die Temperatur unterhalb des Sprungpunktes abgesenkt ($T < T_c$) so wird der Ring supraleitend, und er verdrängt das Magnetfeld. (Anm. d. Übers.: extrem diamagnetisches Verhalten); der das Ringinnere durchsetzende Fluß ist vom supraleitenden Ring eingefangen. Dieser eingefangene magnetische Fluß erweist sich als quantisiert.

Dies stimmt überein mit dem gegenwärtigen Verständnis des Phänomens Supraleitung, wobei "korrelierte Zustände" von je zwei Elektronen (daher $2e$ in 13-72) vorliegen.

Ein weiteres Zeugnis für die Abhängigkeit der Phase der Wellenfunktion vom Fluß kann im Prinzip in einem Interferenzexperiment (Bild 13.4) gesehen werden: Im Doppelspaltexperiment wird eine Spule mit ihrem magnetischen Fluß zwischen die Spalte gebracht. Das am Beobachtungsschirm entstehende

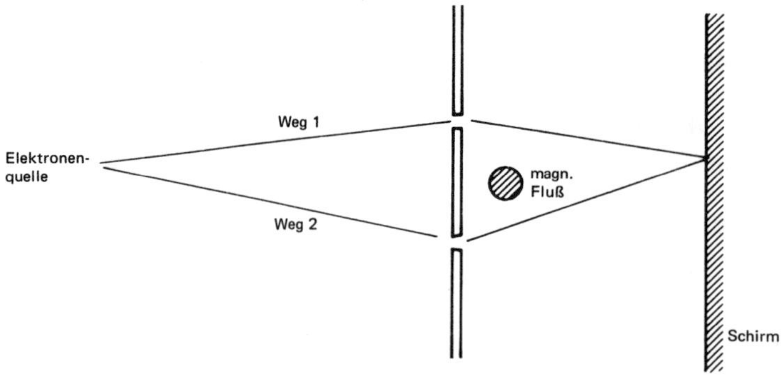

Bild 13–4 Schematische Skizze eines Experiments, bei dem eine durch den umschlossenen magnetischen Fluß bewirkte Änderung im Interferenzmuster der Elektronen gemessen werden kann.

Interferenzmuster kommt von der Superposition der beiden Wellenfunktionen

(13-73) $\psi = \psi_1 + \psi_2$,

wobei ψ_1 der Teil der Wellenfunktion ist, der die längs Weg 1 laufenden Elektronen beschreibt, und ψ_2 analog zu Weg 2 gehört. Bei eingeschaltetem Fluß (Spulenstrom) haben wir

(13-74)
$$\begin{aligned}\psi &= \psi_1\, e^{ie/\hbar c\int_1 d\mathbf{r}\cdot \mathbf{A}} + \psi_2\, e^{ie/\hbar c\int_2 d\mathbf{r}\cdot \mathbf{A}} \\ &= (\psi_1\, e^{ie\Phi/\hbar c} + \psi_2)\, e^{ie/\hbar c\int_2 d\mathbf{r}\cdot \mathbf{A}}.\end{aligned}$$

Der Fluß bewirkt also eine *Änderung der relativen Phasenlage* von ψ_1 gegenüber ψ_2, und damit muß sich das Interferenzmuster ändern. Dieser Effekt, auf den zuerst von Aharanov und Bohm hingewiesen wurde, konnte auch experimentell beobachtet werden [8]).

Aufgaben

1. Zeigen Sie, daß mit

$$H = \frac{\mathbf{p}^2}{2\mu} + V(r)$$

und den Gleichungen

$$\frac{dx}{dt} = \frac{\partial H}{\partial p_x}, \dots$$

$$\frac{dp_x}{dt} = -\frac{\partial H}{\partial x}, \dots$$

die Bewegungsgleichungen

$$\mu \frac{d^2x}{dt^2} = -\frac{\partial V}{\partial x}, \dots$$

zu erhalten sind.

2. Zeigen Sie, daß mit

$$H = \frac{1}{2\mu}\left[\mathbf{p} + \frac{e}{c}\mathbf{A}(\mathbf{r},t)\right]^2 - \frac{e^2}{r}$$

die Bewegungsgleichung mit der Lorentz-Kraft

$$\mu \frac{d^2\mathbf{r}}{dt^2} = -e\left[\mathbf{E}(\mathbf{r},t) + \frac{1}{c}\mathbf{v} \times \mathbf{B}(\mathbf{r},t)\right]$$

zu erhalten ist.

[8]) R. G. Chambers, *Phys. Rev. Letters*, 5, 3 (1960).

Bemerkung: Benützen Sie zu dieser Rechnung für das totale Differential

$$\frac{d}{dt}\mathbf{A}(\mathbf{r},t) = \frac{\partial \mathbf{A}}{\partial t} + \frac{dx}{dt}\frac{\partial \mathbf{A}}{\partial x} + \frac{dy}{dt}\frac{\partial \mathbf{A}}{\partial y} + \frac{dz}{dt}\frac{\partial \mathbf{A}}{\partial z},$$

denn die in die Bewegungsgleichung eingehenden Felder (und Hamilton-Operator) müssen am jeweiligen Teilchenort angegeben werden.

3. Berechnen Sie die Wellenlängen der drei durch den Zeeman-Effekt entstehenden Linien des Übergangs $3D \rightarrow 2P$ in Wasserstoff; das angelegte Feld betrage 10^4 Gauß.

4. Betrachten Sie ein Elektron, das sich nur im Raum zwischen zwei koaxialen Zylindern vom Radius a und b ($b > a$) aufhalten kann.
a) Separieren Sie die Schrödinger-Gleichung in Zylinderkoordinaten (siehe Gl. 13-32) und zeigen Sie, daß sie mit Bessel-Funktionen gelöst werden kann. Welche Bedingungen bestimmen die Energie-Eigenwerte?
b) Diskutieren Sie die Entartung der Energie-Eigenfunktionen. Woher kommt die Entartung? Bezüglich der Bessel-Funktionen siehe die Bemerkung nach Aufgabe 8.

5. Hier soll an einem Beispiel gezeigt werden, wie durch einen umschlossenen magnetischen Fluß der Drehimpuls eines außerhalb dieses Flußschlauches befindlichen Teilchens geändert wird. Gegeben sei ein Magnetfeld, welches auf einen zylindrischen Bereich ($\rho < a$) beschränkt ist; der Fluß sei Φ. Im Gebiet $\rho > a$ existiert kein Magnetfeld, und so hat das Vektorpotential die Form

$$\mathbf{A}(\rho,\theta,z) = \nabla\Lambda(\rho,\theta,z).$$

a) Die Wahl der Eichung $\nabla\cdot\mathbf{A} = 0$ beinhaltet

$$\nabla^2\Lambda = 0.$$

Zeigen Sie, daß eine Lösung dieser Gleichung, die (13-70) erfüllt,

$$\Lambda = \frac{1}{2\pi}\Phi\theta$$

ist.
b) Berechnen Sie den Drehimpuls bezüglich der Symmetrieachse,

$$(\mu\mathbf{r}\times\mathbf{v})_z = \tilde{L}_z = \left[\mathbf{r}\times\left(\frac{\hbar}{i}\nabla + \frac{e}{c}\mathbf{A}\right)\right]_z,$$

und zwar in Zylinderkoordinaten, und zeigen Sie, daß er für obiges Λ gegeben ist durch

$$\tilde{L}_z = \frac{\hbar}{i}\frac{\partial}{\partial\theta} + \frac{e}{c}\frac{\Phi}{2\pi}.$$

c) Lösen Sie das Eigenwertproblem $\tilde{L}_z\psi = \lambda\psi$ und zeigen Sie, daß die Eindeutigkeit der Eigenfunktionen zur Flußquantisierung führt.

6. Zeigen Sie, daß für ein System mit dem Hamilton-Operator

$$H = \frac{[\mathbf{p} + (e/c)\,\mathbf{A}(\mathbf{r},t)]^2}{2\mu}$$

die Teilchenstromdichte $\mathbf{j}$ gegeben ist durch

$$\frac{\partial}{\partial t}\psi^*\psi + \nabla\cdot\mathbf{j} = 0.$$

$\mathbf{j}$ erfüllt die Gleichung

$$\mathbf{j} = \frac{\hbar}{2i\mu}\left[\psi^*\nabla\psi - \nabla\psi^*\psi + \frac{2ie}{\hbar c}\,\mathbf{A}(\mathbf{r},t)\psi^*\psi\right].$$

Zeigen Sie auch, daß die Hamiltonschen Bewegungsgleichungen von Aufgabe 1 beinhalten

$$\frac{d}{dt}\tilde{\mathbf{L}} = 0,$$

wobei

$$\tilde{\mathbf{L}} = \mathbf{r}\times\left(\mathbf{p} + \frac{e}{c}\,\mathbf{A}(\mathbf{r},t)\right).$$

7. Betrachten Sie ein geladenes Teilchen in einem externen Magnetfeld $\mathbf{B} = (0,0,B)$; die Eichung sei so vorgenommen, daß $\mathbf{A} = (-yB, 0, 0)$. Welches sind die Konstanten der Bewegung? Versuchen Sie so weit als möglich in der Lösung der Bewegungsgleichung zu kommen, und gewinnen Sie das Spektrum der Energiewerte. Können Sie erklären, warum mit den Eichungen $\mathbf{A} = (-yB/2, xB/2, 0)$, $\mathbf{A} = (-yB, 0, 0)$ und $\mathbf{A} = (0, xB, 0)$ die gleiche physikalische Situation dargestellt werden kann, obwohl die Lösungen in den drei verschiedenen Fällen so verschieden aussehen?

8. Betrachten Sie ein geladenes Teilchen in einem Magnetfeld $\mathbf{B} = (0,0,B)$ und einem dazu gekreuzten elektrischen Feld $\mathbf{E} = (E,0,0)$. Welche der drei obengenannten Eichungen würden Sie für diesen Fall anwenden? Lösen Sie das Eigenwertproblem.

Bemerkung: Die Lösung der Gleichung

$$\frac{d^2u}{dz^2} + \frac{1}{z}\frac{du}{dz} + \left(1 - \frac{n^2}{z^2}\right)u = 0$$

für ganzzahlige n sind Bessel-Funktionen (reguläre Lösungen)

$$J_n(z) = \left(\frac{z}{2}\right)^n \sum_{l=0}^{\infty} \frac{(iz/2)^{2l}}{l!(n+l)!}$$

und Neumann-Funktionen (irreguläre Lösungen)

$$N_n(z) = \frac{2}{\pi} J_n(z) \log \frac{\gamma z}{2} - \frac{1}{\pi}\left(\frac{z}{2}\right)^n \sum_{l=0}^{\infty} \frac{(iz/2)^{2l}}{l!(n+l)!} a_{nl}$$

$$- \frac{1}{\pi}\left(\frac{z}{2}\right)^{-n} \sum_{l=0}^{n-1} \frac{(n-l-1)!}{l!} \left(\frac{z}{2}\right)^{2l}$$

$$(\log \gamma = 0.5772\ldots) \qquad a_{nl} = \left(\sum_{m=1}^{l} \frac{1}{m} + \sum_{m=1}^{l+n} \frac{1}{m}\right).$$

Sie haben das asymptotische Verhalten

$$J_n(z) \sim \left(\frac{2}{\pi z}\right)^{1/2} \cos\left(z - \frac{n\pi}{2} - \frac{\pi}{4}\right)\left[1 + 0\left(\frac{1}{z^2}\right)\right]$$

$$N_n(z) \sim \left(\frac{2}{\pi z}\right)^{1/2} \sin\left(z - \frac{n\pi}{2} - \frac{\pi}{4}\right)\left[1 + 0\left(\frac{1}{z^2}\right)\right]$$

Eine detaillierte Diskussion ihrer Eigenschaften ist in jedem Buch über spezielle Funktionen der theoretischen Physik zu finden.

Literatur

Die verschiedenen Aspekte der Bewegung von Elektronen in einem Magnetfeld sind in sehr interessanter Weise diskutiert in

R. P. Feynman, R. B. Leighton, and M. Sands "Feynman, Vorlesungen über Physik", Band III, Addison-Wesley, R. Oldenbourg, 1971

14. Operatoren, Matrizen und Spin

Eine tiefgehende Diskussion von Atomen ohne Einbeziehung des Elektronenspins ist nicht möglich. Der Spin hat trotz seiner suggestiven Bezeichnung - sie weist auf die klassische Vorstellung einer Eigenrotation hin - kein klassisches Analogon und er muß mit ziemlich abstrakten Methoden behandelt werden, wie bald klar werden wird. Glücklicherweise sind wir ein wenig darauf vorbereitet, daß wir uns jetzt weiter von einer eng mit dem Koordinatenraum verbundenen Beschreibungsweise entfernen können, und zwar durch die Anwendung von Operator-Methoden sowohl beim harmonischen Oszillator (7. Kapitel) und beim Drehimpuls-Eigenwertproblem

(14-1)
$$\begin{aligned} \mathbf{L}^2 Y_{lm} &= \hbar^2 l(l+1)\, Y_{lm} \\ L_z Y_{lm} &= \hbar m Y_{lm}. \end{aligned}$$

Die für den harmonischen Oszillator gefundenen Zustände waren definiert durch

(14-2)
$$u_n = \frac{1}{(n!\hbar^n)^{1/2}}\, (A^\dagger)^n\, u_0,$$

wobei

(14-3)
$$H u_n = \hbar\omega(n + \tfrac{1}{2})\, u_n,$$

und weiterhin konnten wir die Wirkung der Aufsteige- und Absteigeoperatoren

(14-4)
$$A^\dagger u_n = \sqrt{(n+1)\,\hbar}\; u_{n+1}$$

(14-5)
$$A u_n = \sqrt{n\hbar}\; u_{n-1}$$

berechnen. Ferner zeigten wir

(14-6)
$$\langle u_m | u_n \rangle = \delta_{mn}.$$

Diese Feststellung gilt für Eigenzustände jedes hermitischen Operators (hier H). Bilden wir aus (14-3), (14-4) und (14-5) jeweils mit u_m das Skalarprodukt, so finden wir

(14-7)
$$\begin{aligned} \langle u_m | H u_n \rangle &\equiv \langle u_m | H | u_n \rangle = (n + \tfrac{1}{2})\, \hbar\omega\, \delta_{mn} \\ \langle u_m | A^\dagger u_n \rangle &\equiv \langle u_m | A^\dagger | u_n \rangle = \sqrt{(n+1)\,\hbar}\; \delta_{m,n+1} \\ \langle u_m | A u_n \rangle &\equiv \langle u_m | A | u_n \rangle = \sqrt{n\hbar}\; \delta_{m,n-1}. \end{aligned}$$

Hierbei haben wir die besser symmetrische Schreibweise

(14-8) $\langle u_i | 0 u_j \rangle \equiv \langle u_i | 0 | u_j \rangle$

eingeführt. Diese Größen (d.h. der Inhalt jeder dieser Formelzeilen für sich) können in einer Matrix, einer Anordnung von Werten, ausgeschrieben dargestellt werden. (Anm. d. Übers.: Man denke an alle verschiedenen Möglichkeiten von i und j; jede dieser Möglichkeiten liefert ein sogen. *Matrix-element*). Die Indizes eines Matrixelements, z.B. M_{ij}, kennzeichnen die Stelle der Matrix, an der es zu finden ist: i bezeichnet die Zeile, j die Spalte. Schreiben wir also das Skalarprodukt $\langle u_m | H | u_n \rangle$ als Matrixelement H_{mn}, so lautet die ganze Matrix (siehe (14-7), erste Zeile)

$$H = \hbar\omega \begin{pmatrix} 1/2 & 0 & 0 & 0 & \cdots \\ 0 & 3/2 & 0 & 0 & \cdots \\ 0 & 0 & 5/2 & 0 & \cdots \\ 0 & 0 & 0 & 7/2 & \cdots \\ \vdots & \vdots & \vdots & \vdots & \ddots \end{pmatrix}. \tag{14-9}$$

Weiterhin erhalten wir aus (14-7)

$$A^\dagger = \sqrt{\hbar} \begin{pmatrix} 0 & 0 & 0 & 0 & \cdots \\ \sqrt{1} & 0 & 0 & 0 & \cdots \\ 0 & \sqrt{2} & 0 & 0 & \cdots \\ 0 & 0 & \sqrt{3} & 0 & \cdots \\ \vdots & \vdots & \vdots & \vdots & \end{pmatrix} \tag{14-10}$$

und

$$A = \sqrt{\hbar} \begin{pmatrix} 0 & \sqrt{1} & 0 & 0 & \cdots \\ 0 & 0 & \sqrt{2} & 0 & \cdots \\ 0 & 0 & 0 & \sqrt{3} & \cdots \\ \vdots & \vdots & \vdots & \vdots & \end{pmatrix}. \tag{14-11}$$

Die Anordnung aller Elemente $\langle u_m | F | u_n \rangle$, wobei F ein beliebiger Operator und die u_i ein beliebiger vollständiger Satz seien, nennen wir *die Matrixdarstellung von F in der von den u_i gegebenen Basis*. Hierzu ist einige Begründung erforderlich. Für das Produkt zweier Matrizen, F und G, gilt

$$(FG)_{ij} = \sum_n (F)_{in}(G)_{nj}. \tag{14-12}$$

Wir müssen diese Beziehung auch für die "Matrixdarstellung" der Operatoren F und G verifizieren. Hierzu betrachten wir den Zustand Gu_j, den wir aufgrund des Vollständigkeitssatzes entwickeln

$$Gu_j = \sum_n C_n u_n. \tag{14-13}$$

Die Entwicklungskoeffizienten sind

$$C_n = \langle u_n | G | u_j \rangle. \tag{14-14}$$

Somit wird

$$\begin{aligned}\langle u_i|FG|u_j\rangle &= \langle u_i|F(\sum_n C_n u_n)\rangle \\ &= \sum_n C_n \langle u_i|F|u_n\rangle \\ &= \sum_n \langle u_i|F|u_n\rangle\langle u_n|G|u_j\rangle.\end{aligned} \tag{14-15}$$

Dies stimmt mit (14-12) überein, vorausgesetzt wir schreiben

(14-16) $\langle u_i|F|u_n\rangle = F_{in}$

usw. Eine nützliche Gedächtnisstütze ist es, sich den Einheitsoperator in folgender Form zu merken:

(14-17) $1 = \sum_n |u_n\rangle\langle u_n|.$

In dieser Form kann er zwischen die beiden Operatoren F und G im Matrixelement $\langle u_i|FG|u_j\rangle$ eingeschoben werden und ergibt damit sofort (14-15).

Weiterhin ergibt sich eine Berechtigung für die Matrixdarstellung aus der Beziehung

(14-18) $\langle u_m|F|u_n\rangle^* = \langle Fu_n|u_m\rangle = \langle u_n|F^\dagger|u_m\rangle.$

Sie besagt: Wird der Operator F durch eine Matrix dargestellt, so wird der hermitisch konjugierte Operator $F^\dagger$ durch die hermitisch konjugierte Matrix dargestellt; eine hermitisch konjugierte Matrix ist definiert durch

(14-19) $(F^\dagger)_{nm} = F^*_{mn}.$

Man beachte, daß wir unsere Diskussion zwar mit den Eigenzuständen des harmonischen Oszillators begonnen haben, daß auf diese aber im weiteren Diskussionsverlauf nicht mehr Bezug genommen wurde. *Die einzige spezielle Eigenschaft dieser Eigenzustände ist, daß sie dessen H-Matrix diagonalisieren.* (Anm. d. Übers.: Eine Matrix bezeichnet man als diagonal, wenn alle Matrixelemente mit ungleichen Indizes ij Null sind; "diagonalisieren" heißt eine Matrix diagonal machen.) Aus der diagonalen Matrix können die Eigenwerte unmittelbar abgelesen werden (s. 14-9). Mit einem anderen vollständigen Satz würde die H-Matrix nicht diagonal sein, und das Ablesen der Eigenwerte wäre dann nicht so einfach.

Die Definition der Zustände Y_{lm} beinhaltet, daß diese sowohl $\mathbf{L}^2$ als auch L_z diagonalisieren. Beschränken wir uns auf festes l, also nur auf Zustände von verschiedenem m, so lautet die zweite der Beziehungen (14-1) in abgekürzter Schreibweise

(14-20) $\langle l,m'|L_z|lm\rangle = \hbar m\,\delta_{m'm}.$

Ferner beinhalten (10-40) und (10-52)

(14-21) $\langle l,m'|L_\pm|l,m\rangle = \hbar[l(l+1) - m(m\pm 1)]^{1/2}\,\delta_{m',m\pm 1}\,.$

Dies führt für die Drehimpulsoperatoren ($l = 1$) zu den Matrixdarstellungen

$$L_z = \hbar \begin{pmatrix} 1 & 0 & 0 \\ 0 & 0 & 0 \\ 0 & 0 & -1 \end{pmatrix} \tag{14-22}$$

$$L_+ = \hbar \begin{pmatrix} 0 & \sqrt{2} & 0 \\ 0 & 0 & \sqrt{2} \\ 0 & 0 & 0 \end{pmatrix} \tag{14-23}$$

$$L_- = \hbar \begin{pmatrix} 0 & 0 & 0 \\ \sqrt{2} & 0 & 0 \\ 0 & \sqrt{2} & 0 \end{pmatrix}. \tag{14-24}$$

Die Numerierung der Zeilen (bzw. Spalten) durchläuft die Werte $m = 1,0,-1$ von oben nach unten (bzw. von links nach rechts). Es ist leicht nachzuprüfen, daß die Matrizen die Vertauschungsrelationen befolgen. So wird z. B. (zur Multiplikation zweier Matrizen siehe Gl. 14-12)

$$\begin{aligned}[L_+,L_-] &= \hbar^2 \begin{pmatrix} 0 & \sqrt{2} & 0 \\ 0 & 0 & \sqrt{2} \\ 0 & 0 & 0 \end{pmatrix} \begin{pmatrix} 0 & 0 & 0 \\ \sqrt{2} & 0 & 0 \\ 0 & \sqrt{2} & 0 \end{pmatrix} - \hbar^2 \begin{pmatrix} 0 & 0 & 0 \\ \sqrt{2} & 0 & 0 \\ 0 & \sqrt{2} & 0 \end{pmatrix} \begin{pmatrix} 0 & \sqrt{2} & 0 \\ 0 & 0 & \sqrt{2} \\ 0 & 0 & 0 \end{pmatrix} \\ &= \hbar^2 \begin{pmatrix} 2 & 0 & 0 \\ 0 & 2 & 0 \\ 0 & 0 & 0 \end{pmatrix} - \hbar^2 \begin{pmatrix} 0 & 0 & 0 \\ 0 & 2 & 0 \\ 0 & 0 & 2 \end{pmatrix} = 2\hbar^2 \begin{pmatrix} 1 & 0 & 0 \\ 0 & 0 & 0 \\ 0 & 0 & -1 \end{pmatrix} = 2\hbar L_z\,. \end{aligned} \tag{14-25}$$

Allgemeine Beziehungen zwischen Zuständen können auch in Matrixdarstellung ausgedrückt werden. Betrachten wir z. B. eine Beziehung wie

$$\psi = A\phi \tag{14-26}$$

Bilden wir damit das Skalarprodukt mit irgendeiner Komponente u_i eines vollständigen Satzes, so haben wir

$$\langle u_i|\psi\rangle = \langle u_i|A\phi\rangle. \tag{14-27}$$

Weiterhin bewirkt das Einschieben des Einheitsoperators in der Form (14-17) zwischen A und ϕ

$$\langle u_i|\psi\rangle = \sum_n \langle u_i|A|u_n\rangle\langle u_n|\phi\rangle. \tag{14-28}$$

Schreiben wir $\langle u_n|\phi\rangle$ als Säulenvektor α_n (d. h. die einzelnen Vektorkomponenten werden übereinander angeschrieben)

$$\langle u_n|\phi\rangle \rightarrow \begin{bmatrix} \langle u_1|\phi\rangle \\ \langle u_2|\phi\rangle \\ \langle u_3|\phi\rangle \\ \cdot \\ \cdot \\ \cdot \end{bmatrix} \equiv \begin{bmatrix} \alpha_1 \\ \alpha_2 \\ \alpha_3 \\ \cdot \\ \cdot \\ \cdot \end{bmatrix} \tag{14-29}$$

und genauso

$$(14\text{-}30)\qquad \langle u_n|\psi\rangle \longrightarrow \begin{bmatrix} \langle u_1|\psi\rangle \\ \langle u_2|\psi\rangle \\ \langle u_3|\psi\rangle \\ \cdot \\ \cdot \\ \cdot \end{bmatrix} \equiv \begin{bmatrix} \beta_1 \\ \beta_2 \\ \beta_3 \\ \cdot \\ \cdot \\ \cdot \end{bmatrix},$$

so wird die Matrixdarstellung von (14-26)

$$(14\text{-}31)\qquad \beta_i = \sum_n A_{in}\alpha_n .$$

Somit stellen Säulenvektoren die Zustände, und Matrizen die Operatoren dar. Das Skalarprodukt $\langle\phi|u_n\rangle = \langle u_n|\phi\rangle^*$ wird üblicherweise in Form einer Zeilenklammer geschrieben

$$(14\text{-}32)\qquad \langle\phi|u_n\rangle \longrightarrow (\alpha_1^*, \alpha_2^*, \alpha_3^*, \ldots)$$

und so kann z. B. das Skalarprodukt $\langle\phi|\psi\rangle$ geschrieben werden als

$$(14\text{-}33)\qquad \begin{aligned} \langle\phi|\psi\rangle &= \sum_n \langle\phi|u_n\rangle\langle u_n|\psi\rangle \\ &= \sum_n \alpha_n^*\beta_n . \end{aligned}$$

Eine Eigenwertgleichung ist ein Spezialfall von (14-26). Sie lautet

$$(14\text{-}34)\qquad A\phi = a\phi$$

und in Matrixform

$$(14\text{-}35)\qquad \sum_n A_{in}\alpha_n = a\alpha_i .$$

Ausgeschrieben ist dies

$$(14\text{-}36)\qquad \begin{pmatrix} A_{11}-a & A_{12} & A_{13} & \cdots \\ A_{21} & A_{22}-a & A_{23} & \cdots \\ A_{31} & A_{32} & A_{33}-a & \cdots \\ \vdots & \vdots & \vdots & \end{pmatrix} \begin{pmatrix} \alpha_1 \\ \alpha_2 \\ \alpha_3 \\ \vdots \end{pmatrix} = 0 .$$

Eine nichttriviale Lösung dieser Gleichung existiert nur, wenn die Determinante der Matrix verschwindet, also

$$(14\text{-}37)\qquad \det|A_{in} - a\delta_{in}| = 0 .$$

Dies ist eine gute Möglichkeit, um Eigenwerte (und Eigenvektoren) für Operatoren zu finden, die durch endliche Matrizen dargestellt sind; für unendliche Matrizen dagegen ist dies leider nicht so einfach.

Es ist wirklich ein glücklicher Umstand, daß wir hier eine Alternative haben, die es uns ermöglicht, Operatoren anders als durch Funktionen und Differentiale darzustellen, denn letzteres ist nicht immer möglich. Am einfachsten sieht man das für einen Drehimpuls mit $l = \frac{1}{2}$. Aus (10-51) und (10-60) erhalten wir hierfür

(14-38) $$Y_{1/2,\pm 1/2} = C_\pm \sqrt{\sin\theta}\, e^{\pm i\phi/2}$$

und mit (10-54)

(14-39) $$L_- Y_{1/2,1/2} \propto \frac{\cos\theta}{\sqrt{\sin\theta}}\, e^{-i\phi/2}.$$

Dies jedoch ist nicht proportional zu $Y_{1/2,-1/2}$ (wie es sein sollte), und außerdem liegen Singularitäten bei $\theta = 0$ und $\theta = \pi$ vor. Mit $l = \frac{1}{2}$ haben wir also Verdruß, und wir müssen deshalb zur Matrixdarstellung übergehen. Anstatt von $l = \frac{1}{2}$ sprechen wir im folgenden von $S = \frac{1}{2}$, dem Spin, denn wir wollen den Buchstaben l für den durch $\mathbf{r} \times \mathbf{p}$ charakterisierten Bahndrehimpuls reservieren. Die Spinoperatoren seien S_x, S_y und S_z, und sie sind durch die Vertauschungsrelationen

(14-40) $$[S_x, S_y] = i\hbar S_z$$

usw. definiert. Wir wollen die Spinoperatoren durch 2×2 Matrizen darstellen. (14-20) gibt

(14-41) $$S_z = \hbar \begin{pmatrix} 1/2 & 0 \\ 0 & -1/2 \end{pmatrix}$$

und nach (14-21) ist

(14-42) $$S_+ = \hbar \begin{pmatrix} 0 & 1 \\ 0 & 0 \end{pmatrix} \qquad S_- = \hbar \begin{pmatrix} 0 & 0 \\ 1 & 0 \end{pmatrix}.$$

Wir können diese Darstellung auch schreiben als

(14-43) $$\mathbf{S} = \tfrac{1}{2}\hbar\boldsymbol{\sigma}$$

mit den sog. *Pauli-Matrizen*

(14-44) $$\sigma_x = \begin{pmatrix} 0 & 1 \\ 1 & 0 \end{pmatrix} \quad \sigma_y = \begin{pmatrix} 0 & -i \\ i & 0 \end{pmatrix} \quad \sigma_z = \begin{pmatrix} 1 & 0 \\ 0 & -1 \end{pmatrix}.$$

Diese erfüllen die Vertauschungsrelationen

(14-45) $$[\sigma_x, \sigma_y] = 2i\sigma_z$$

usw. wie es zur Erfüllung von (14-40) nötig ist, und außerdem gilt

(14-46) $$\sigma_x^2 = \sigma_y^2 = \sigma_z^2 = \begin{pmatrix} 1 & 0 \\ 0 & 1 \end{pmatrix} \equiv \mathbf{1}$$

sowie

$$(14\text{-}47)\qquad \begin{aligned}\sigma_x\sigma_y &= -\sigma_y\sigma_x\\ \sigma_z\sigma_x &= -\sigma_x\sigma_z\\ \sigma_y\sigma_z &= -\sigma_z\sigma_y.\end{aligned}$$

Diese Beziehungen gelten nur speziell für die Spin $\frac{1}{2}$-Darstellung, und nicht z.B. für die $(l = 1)$-Matrizen.

Die Eigenzustände von S_z werden durch einen Zweikomponenten-Säulenvektor, den sog. *Spinor* dargestellt. Um diese Eigenspinoren zu finden, lösen wir

$$(14\text{-}48)\qquad S_z\begin{pmatrix}u\\ v\end{pmatrix} = \pm\tfrac{1}{2}\hbar\begin{pmatrix}u\\ v\end{pmatrix},$$

also

$$\begin{pmatrix}1 & 0\\ 0 & -1\end{pmatrix}\begin{pmatrix}u\\ v\end{pmatrix} = \pm\begin{pmatrix}u\\ v\end{pmatrix}$$

oder

$$\begin{pmatrix}u\\ -v\end{pmatrix} = \pm\begin{pmatrix}u\\ v\end{pmatrix}.$$

Für das positive Vorzeichen muß sein $v = 0$, für das negative $u = 0$. Wir haben also zwei Eigenspinoren

$$(14\text{-}49)\qquad \chi_+ = \begin{pmatrix}1\\ 0\end{pmatrix}\qquad \chi_- = \begin{pmatrix}0\\ 1\end{pmatrix},$$

und zwar beschreibt der erste den Fall "Spin nach oben" $[S_z = +(1/2)\hbar]$, der zweite den Fall "Spin nach unten" $[S_z = -(1/2)\hbar]$.

Ein beliebiger Spinor kann in diesen vollständigen Satz (χ_+ und χ_-) entwickelt werden

$$(14\text{-}50)\qquad \begin{pmatrix}\alpha_+\\ \alpha_-\end{pmatrix} = \alpha_+\begin{pmatrix}1\\ 0\end{pmatrix} + \alpha_-\begin{pmatrix}0\\ 1\end{pmatrix}.$$

Der Entwicklungssatz liefert die Interpretation von α_+ und α_-: Mit der richtigen Normierung

$$(14\text{-}51)\qquad |\alpha_+|^2 + |\alpha_-|^2 = 1$$

gibt $|\alpha_+|^2$ die Wahrscheinlichkeit dafür, daß ein System im Zustand $\begin{pmatrix}\alpha^+\\ \alpha_-\end{pmatrix}$ bei Messung von S_z den Wert $+(1/2)\hbar$ ergibt; analog gibt $|\alpha_-|^2$ die Wahrscheinlichkeit für Auftreten des Meßwertes $-(1/2)\hbar$.

Es ist nicht nötig, S_z diagonal zu halten. Interessieren wir uns für die Eigenzustände des Operators $S_x\cos\phi + S_y\sin\phi$, so müssen wir lösen

$$(14\text{-}52)\qquad (S_x \cos\phi + S_y \sin\phi)\begin{pmatrix} u \\ v \end{pmatrix} = \tfrac{1}{2}\hbar\lambda \begin{pmatrix} u \\ v \end{pmatrix},$$

also

$$\begin{pmatrix} 0 & \cos\phi - i\sin\phi \\ \cos\phi + i\sin\phi & 0 \end{pmatrix}\begin{pmatrix} u \\ v \end{pmatrix} = \lambda \begin{pmatrix} u \\ v \end{pmatrix}.$$

Dies bedeutet

$$(14\text{-}53)\qquad \begin{aligned} v\,e^{-i\phi} &= \lambda u \\ u\,e^{i\phi} &= \lambda v \end{aligned}$$

und damit

$$(14\text{-}54)\qquad \lambda = \pm 1.$$

Die zu $\lambda = +1$ und $\lambda = -1$ gehörenden Eigenvektoren sind also

$$(14\text{-}55)\qquad \frac{1}{\sqrt{2}}\begin{pmatrix} e^{-i\phi/2} \\ e^{i\phi/2} \end{pmatrix} \quad \frac{1}{\sqrt{2}}\begin{pmatrix} e^{-i\phi/2} \\ -e^{i\phi/2} \end{pmatrix}.$$

Es ist interessant, hier festzustellen, daß beim Übergang von ϕ nach $\phi + 2\pi$ die Lösungen einen *Vorzeichenwechsel* erfahren. Dies ist charakteristisch für Wellenfunktionen, die Teilchen mit ungerade halbzahligem Spin beschreiben (Fermionen-Zustände!). Da -1 nur ein Phasenfaktor ist, wird dadurch quantenmechanisch nichts verletzt, aber es bedeutet immerhin, daß ein klassisches, makroskopisches Wellenpaket mit ungerade halbzahligem Drehimpuls nicht konstruiert werden kann.

Für einen beliebigen Zustand α wollen wir nun den Erwartungswert von $\mathbf{S}$ berechnen. Wir haben

$$\langle\alpha|\mathbf{S}|\alpha\rangle = \sum_i \sum_j \langle\alpha|i\rangle\langle i|\mathbf{S}|j\rangle\langle j|\alpha\rangle$$

oder gleichbedeutend

$$(\alpha_+^*, \alpha_-^*)\,\mathbf{S}\begin{pmatrix} \alpha_+ \\ \alpha_- \end{pmatrix}.$$

Somit

$$\langle S_x\rangle = (\alpha_+^*, \alpha_-^*)\,\tfrac{1}{2}\hbar\begin{pmatrix} 0 & 1 \\ 1 & 0 \end{pmatrix}\begin{pmatrix} \alpha_+ \\ \alpha_- \end{pmatrix}$$

$$= \tfrac{1}{2}\hbar(\alpha_+^*, \alpha_-^*)\begin{pmatrix} \alpha_- \\ \alpha_+ \end{pmatrix} = \tfrac{1}{2}\hbar(\alpha_+^*\alpha_- + \alpha_-^*\alpha_+)$$

$$(14\text{-}56)\qquad \langle S_y\rangle = \tfrac{1}{2}\hbar(\alpha_+^*, \alpha_-^*)\begin{pmatrix} 0 & -i \\ i & 0 \end{pmatrix}\begin{pmatrix} \alpha_+ \\ \alpha_- \end{pmatrix}$$

$$= \tfrac{1}{2}\hbar(\alpha_+^*, \alpha_-^*)\begin{pmatrix} -i\alpha_- \\ \\ i\alpha_+ \end{pmatrix} = -\frac{i\hbar}{2}(\alpha_+^*\alpha_- - \alpha_-^*\alpha_+)$$

$$\langle S_z\rangle = \tfrac{1}{2}\hbar(\alpha_+^*, \alpha_-^*)\begin{pmatrix} \alpha_+ \\ \\ -\alpha_- \end{pmatrix} = \tfrac{1}{2}\hbar(|\alpha_+|^2 - |\alpha_-|^2).$$

Beachten Sie, daß alle diese Erwartungswerte reell sind, so wie es für hermitische Operatoren sein muß.

Wir werden später sehen, daß der Spin eines Elektrons, z. B. im Wasserstoffatom, im Hamilton-Operator erscheint und dort mit dem Bahndrehimpuls gekoppelt ist. Ist ein Elektron dagegen z. B. an einem Kristallgitterplatz lokalisiert, so ist es oft möglich, den Spin als den einzigen Freiheitsgrad des Elektrons zu betrachten. Das Elektron hat wegen seines Spins ein ihm innewohnendes magnetisches Dipolmoment [1]) der Größe

(14-57) $$\mathbf{M} = -\frac{eg}{2mc}\mathbf{S},$$

wobei g, das gyromagnetische Verhältnis, sehr nahe beim Wert 2 liegt,

(14-58) $$g = 2\left(1 + \frac{\alpha}{2\pi} + \ldots\right) = 2.0023192$$

und m die Elektronenmasse ist. Für ein so lokalisiertes Elektron besteht der Hamilton-Operator bei Anwesenheit eines Magnetfeldes nur aus der potentiellen Energie im Feld

(14-59) $$H = -\mathbf{M}\cdot\mathbf{B} = \frac{eg\hbar}{4mc}\,\boldsymbol{\sigma}\cdot\mathbf{B}.$$

Die Schrödinger-Gleichung für den Zustand $\psi(t) = \begin{bmatrix}\alpha_+(t)\\ \alpha_-(t)\end{bmatrix}$ lautet

(14-60) $$i\hbar\frac{d\psi(t)}{dt} = \frac{eg\hbar}{4mc}\,\boldsymbol{\sigma}\cdot\mathbf{B}\psi(t).$$

Definieren wir mit $\mathbf{B}$ die Richtung der z-Achse und schreiben wir

(14-61) $$\psi(t) = \begin{bmatrix}\alpha_+(t)\\ \\ \alpha_-(t)\end{bmatrix} = e^{-i\omega t}\begin{bmatrix}\alpha_+\\ \\ \alpha_-\end{bmatrix},$$

[1]) Ein „klassisches" Elektron, welches sich auf einem Kreis bewegt und den Drehimpuls $\mathbf{L}$ aufweist, bildet eine Stromschleife vom magnetischen Moment $\mathbf{M} = -e\mathbf{L}/2mc$. Da der Spin eine rein quantenmechanische Größe ist, können wir (14-57) nur durch Analogiebetrachtung erörtern. Zur Rechtfertigung benötigt man die relativistische Dirac-Gleichung, aus welcher der Wert $g = 2$ ebenso hervorgeht. Die Korrektion am Wert $g = 2$ kommt aus der Quantenelektrodynamik. Die nichtklassischen Aspekte des Spins wurden schon durch dessen Entdecker, S. Goudsmit und G. Uhlenbeck (1925) dargelegt.

so wird (14-60) zu

(14-62) $$\hbar\omega\begin{pmatrix}\alpha_+\\ \alpha_-\end{pmatrix}=\frac{eg\hbar B}{4mc}\begin{pmatrix}1 & 0\\ 0 & -1\end{pmatrix}\begin{pmatrix}\alpha_+\\ \alpha_-\end{pmatrix}.$$

Dies ist für verschiedene Frequenzen ω erfüllt. Für $\omega = egB/4mc$ haben wir $\begin{pmatrix}\alpha_+\\ \alpha_-\end{pmatrix}=\begin{pmatrix}1\\ 0\end{pmatrix}$, und für $\omega = -(egB/4mc)$ haben wir $\begin{pmatrix}\alpha_+\\ \alpha_-\end{pmatrix}=\begin{pmatrix}0\\ 1\end{pmatrix}$. Wenn der Anfangszustand also

(14-63) $$\psi(0)=\begin{pmatrix}a\\ b\end{pmatrix}$$

ist, so wird der Zustand später

(14-64) $$\psi(t)=\begin{pmatrix}a\,e^{-i\omega t}\\ b\,e^{i\omega t}\end{pmatrix}\qquad \omega=\frac{geB}{4mc}$$

sein. Nehmen wir an, daß der Spin bei $t = 0$ im Eigenzustand S_x ist (Eigenwert $+(1/2)\hbar$, Spin in x-Richtung). Dies bedeutet

$$\tfrac{1}{2}\hbar\begin{pmatrix}0 & 1\\ 1 & 0\end{pmatrix}\begin{pmatrix}a\\ b\end{pmatrix}=\tfrac{1}{2}\hbar\begin{pmatrix}a\\ b\end{pmatrix},$$

also

$$\begin{pmatrix}a\\ b\end{pmatrix}=\frac{1}{\sqrt{2}}\begin{pmatrix}1\\ 1\end{pmatrix},$$

zu späterer Zeit ist

(14-65)
$$\begin{aligned}\langle S_x\rangle &= \tfrac{1}{2}\hbar\,\frac{1}{\sqrt{2}}\,(e^{i\omega t}, e^{-i\omega t})\begin{pmatrix}0 & 1\\ 1 & 0\end{pmatrix}\frac{1}{\sqrt{2}}\begin{pmatrix}e^{-i\omega t}\\ e^{i\omega t}\end{pmatrix}\\ &= \frac{\hbar}{4}\,(e^{i\omega t}, e^{-i\omega t})\begin{pmatrix}e^{i\omega t}\\ e^{-i\omega t}\end{pmatrix}=\frac{\hbar}{2}\cos 2\omega t\end{aligned}$$

und ähnlich

(14-66)
$$\begin{aligned}\langle S_y\rangle &= \tfrac{1}{2}\hbar\,\frac{1}{\sqrt{2}}\,(e^{i\omega t}, e^{-i\omega t})\begin{pmatrix}0 & -i\\ i & 0\end{pmatrix}\frac{1}{\sqrt{2}}\begin{pmatrix}e^{-i\omega t}\\ e^{i\omega t}\end{pmatrix}\\ &= \frac{\hbar}{4}\,(-i\,e^{2i\omega t}+i\,e^{-2i\omega t})\\ &= \frac{\hbar}{2}\sin 2\omega t.\end{aligned}$$

Der Spin vollführt also eine Präzessionsbewegung um die z-Achse (Feldrichtung), und zwar der Frequenz

(14-67) $$2\omega = \frac{egB}{2mc} \cong \frac{eB}{mc}.$$

Im Festkörper wird der g-Faktor des Elektrons durch die dort wirkenden Kräfte beeinflußt. Aus Kenntnis von g im Festkörper erhält man nützliche Hinweise über diese Kräfte und deshalb ist es wichtig, g messen zu können. Hierzu verwendet man die Methode der paramagnetischen Resonanz, die im folgenden beschrieben sei.

Man betrachte ein Elektron, dessen einzige Freiheitsgrade die beiden Spinzustände sind, es stehe unter dem Einfluß eines starken, zeitlich konstanten Magnetfeldes B_0 in z-Richtung, und eines schwachen Wechselfeldes $B_1 \cos \omega t$ in x-Richtung. Die Schrödinger-Gleichung für diesen Fall lautet

(14-68) $$i\hbar \frac{d}{dt}\begin{bmatrix} a(t) \\ b(t) \end{bmatrix} = \frac{eg\hbar}{4mc}\begin{pmatrix} B_0 & B_1 \cos \omega t \\ B_1 \cos \omega t & -B_0 \end{pmatrix}\begin{bmatrix} a(t) \\ b(t) \end{bmatrix}.$$

Mit

(14-69) $$\omega_0 = \frac{egB_0}{4mc} \qquad \omega_1 = \frac{egB_1}{4mc}$$

lauten sie ausgeschrieben

(14-70) $$\begin{aligned} i\frac{da(t)}{dt} &= \omega_0 a(t) + \omega_1 \cos \omega t \, b(t) \\ i\frac{db(t)}{dt} &= \omega_1 \cos \omega t \, a(t) - \omega_0 b(t). \end{aligned}$$

Setzen wir

(14-71) $$\begin{aligned} A(t) &= a(t)\, e^{i\omega_0 t} \\ B(t) &= b(t)\, e^{-i\omega_0 t}, \end{aligned}$$

so gelten für $A(t)$ und $B(t)$ folgende Gleichungen:

(14-72) $$\begin{aligned} i\frac{dA(t)}{dt} &= \omega_1 \cos \omega t \, B(t)\, e^{2i\omega_0 t} \\ &\approx \tfrac{1}{2}\, \omega_1\, e^{i(2\omega_0 - \omega)t}\, B(t) \\ i\frac{dB(t)}{dt} &= \omega_1 \cos \omega t \, A(t)\, e^{-2i\omega_0 t} \\ &\approx \tfrac{1}{2}\, \omega_1\, e^{-i(2\omega_0 - \omega)t}\, A(t). \end{aligned}$$

Hierbei wurde folgende Näherung verwendet

$$\begin{aligned} \cos \omega t \, e^{2i\omega_0 t} &= \tfrac{1}{2}\left[e^{i(2\omega_0 + \omega)t} + e^{i(2\omega_0 - \omega)t}\right] \\ &\approx \tfrac{1}{2}\, e^{i(2\omega_0 - \omega)t}. \end{aligned}$$

Da wir uns für Werte von ω in der Umgebung von $\omega = 2\omega_0$ interessieren, und da ω und ω_0 groß sind, bewirkt der vernachlässigte Term eine sehr rasche Oszillation, und wir dürfen deshalb vermuten, daß sein Beitrag im Mittel verschwindet; eine ausführliche Behandlung stützt diese Vermutung. Wir eliminieren nun $B(t)$

$$B(t) = \frac{2i}{\omega_1} \frac{dA(t)}{dt} e^{-i(2\omega_0 - \omega)t} \tag{14-73}$$

und erhalten damit für $A(t)$ eine Differentialgleichung zweiter Ordnung

$$\frac{d^2A(t)}{dt^2} - i(2\omega_0 - \omega) \frac{dA(t)}{dt} + \frac{\omega_1^2}{4} A(t) = 0. \tag{14-74}$$

Hierfür machen wir den Lösungsansatz

$$A(t) = A(0)\, e^{i\lambda t}. \tag{14-75}$$

Hiermit in (14-74) eingegangen, erhält man die Bestimmungsgleichung für λ

$$-\lambda^2 + (2\omega_0 - \omega)\,\lambda + \frac{\omega_1^2}{4} = 0$$

und hieraus die Lösungen für λ

$$\lambda_\pm = \frac{2\omega_0 - \omega \pm \sqrt{(2\omega_0 - \omega)^2 + \omega_1^2}}{2}. \tag{14-76}$$

Die allgemeinste Lösung ist

$$A(t) = A_+ e^{i\lambda_+ t} + A_- e^{i\lambda_- t} \tag{14-77}$$

und

$$B(t) = -\frac{2}{\omega_1} e^{-i(2\omega_0 - \omega)t} (\lambda_+ A_+ e^{i\lambda_+ t} + \lambda_- A_- e^{i\lambda_- t}). \tag{14-78}$$

Das Endergebnis ist also

$$\begin{aligned} a(t) &= e^{-i\omega_0 t} (A_+ e^{i\lambda_+ t} + A_- e^{i\lambda_- t}) \\ b(t) &= -\frac{2}{\omega_1} e^{-i(\omega_0 - \omega)t} (\lambda_+ A_+ e^{i\lambda_+ t} + \lambda_- A_- e^{i\lambda_- t}). \end{aligned} \tag{14-79}$$

Die beiden Konstanten A_+ und A_- bestimmen wir aus der Anfangsbedingung: Wenn der Spin bei $t = 0$ in die positive z-Richtung zeigt, so ist $a(0) = 1$ und $b(0) = 0$, also

$$A_+ + A_- = 1$$

$$\lambda_+ A_+ + \lambda_- A_- = 0$$

und damit

$$\begin{aligned} A_+ &= \frac{\lambda_-}{\lambda_- - \lambda_+} \\ A_- &= -\frac{\lambda_+}{\lambda_- - \lambda_+}. \end{aligned} \tag{14-80}$$

Die Wahrscheinlichkeit, daß der Spin zu einer späteren Zeit t in die negative z-Richtung zeigt, ist $|b(t)|^2$:

$$
\begin{aligned}
|b(t)|^2 &= \frac{4}{\omega_1^2}\left|\frac{\lambda_+\lambda_-}{\lambda_- - \lambda_+}e^{i\lambda_+ t} - \frac{\lambda_+\lambda_-}{\lambda_- - \lambda_+}e^{i\lambda_- t}\right|^2 \\
&= \frac{\omega_1^2}{(2\omega_0-\omega)^2+\omega_1^2}\left|1 - e^{-i(\lambda_+-\lambda_-)t}\right|^2 \qquad (14\text{-}81) \\
&= \frac{\omega_1^2}{(2\omega_0-\omega)^2+\omega_1^2}\,\frac{1-\cos\sqrt{(2\omega_0-\omega)^2+\omega_1^2}\,t}{2}.
\end{aligned}
$$

Diese Wahrscheinlichkeit ist im allgemeinen sehr klein, da $\omega_1 \ll \omega, \omega_0$. Sobald aber die Frequenz ω_1 des Feldes B_1 auf den Wert $2\omega_0$ abgestimmt wird, nähert sich der als Vorfaktor geschriebene Bruch dem Wert 1, und die Wahrscheinlichkeit wird

$$
|b(t)|^2 \rightarrow \frac{1-\cos\omega_1 t}{2}, \qquad (14\text{-}82)
$$

d.h. sie wird vergleichbar mit eins. Da die Energie des "aufwärts"-Zustandes sich von der des "abwärts"-Zustandes unterscheidet und der Differenzbetrag aus dem angelegten Feld absorbiert werden muß, erkennt man an dieser Energieabsorption die Resonanzfrequenz ω_0. Diese und damit auch g können also durch Frequenzabstimmung mit großer Genauigkeit gemessen werden.

Aufgaben

1. Der Grundzustandsvektor des harmonischen Oszillators sei gegeben durch

$$
u_0 = \begin{pmatrix} 1 \\ 0 \\ 0 \\ \cdot \\ \cdot \\ \cdot \end{pmatrix}.
$$

Benützen Sie (14-2) und (14-10), um u_1, u_2 und u_3 zu berechnen. Wie sieht das allgemeine Schema aus? Überzeugen Sie sich, daß

$$
\langle u_m | u_n \rangle = \delta_{mn}.
$$

2. Gegeben sei ein Vektor

$$
\psi = \frac{1}{\sqrt{6}}\begin{pmatrix} 1 \\ 2 \\ 1 \\ 0 \\ \cdot \\ \cdot \\ \cdot \end{pmatrix}.
$$

Berechnen Sie hieraus mit den für den harmonischen Oszillator gültigen Operatoren (14-9), (14-10) und (14-11) die Größen

a) $\langle H \rangle$.
b) $\langle x^2 \rangle$, $\langle x \rangle$, $\langle p^2 \rangle$, $\langle p \rangle$,
c) und hieraus $\Delta p \, \Delta x$.

Bemerkung: p und x werden in (7-4) durch A und $A^\dagger$ ausgedrückt.

3. Berechnen Sie in der Matrixdarstellung von x^4 beim harmonischen Oszillator die oben links stehende (4 x 4)-Ecke.

4. Verwenden Sie (14-20) und (14-21), um die Matrixdarstellung von L_x, L_y und L_z für die Drehimpulsquantenzahl 3/2 zu berechnen. Überprüfen Sie, ob die Vertauschungsrelationen

$$[L_x, L_y] = i\hbar \, L_z$$

usw. erfüllt sind.

5. Gegeben sei der Hamilton-Operator

$$H = \frac{1}{2I_1} L_x^2 + \frac{1}{2I_2} L_y^2 + \frac{1}{2I_3} L_z^2.$$

Finden Sie dessen Eigenwerte

a) falls der Drehimpuls des Systems 1 ist,
b) falls der Drehimpuls 2 ist.

Bemerkung: Die Matrixdarstellungen von L_x, L_y und L_z für den Drehimpuls 2 sind zu erhalten aus

$$L_z = \hbar \begin{pmatrix} 2 & 0 & 0 & 0 & 0 \\ 0 & 1 & 0 & 0 & 0 \\ 0 & 0 & 0 & 0 & 0 \\ 0 & 0 & 0 & -1 & 0 \\ 0 & 0 & 0 & 0 & -2 \end{pmatrix}$$

$$L_+ = \hbar \begin{pmatrix} 0 & 2 & 0 & 0 & 0 \\ 0 & 0 & \sqrt{6} & 0 & 0 \\ 0 & 0 & 0 & \sqrt{6} & 0 \\ 0 & 0 & 0 & 0 & 2 \\ 0 & 0 & 0 & 0 & 0 \end{pmatrix} \qquad L_- = (L_+)^\dagger.$$

6. Berechnen Sie die Eigenwerte der Matrix

$$H = \begin{pmatrix} 8 & 4 & 6 \\ 4 & 14 & 4 \\ 6 & 4 & 8 \end{pmatrix}$$

und finden Sie auch die Eigenvektoren.

7. Ein System habe den Drehimpuls 1 und sei durch den Zustandsvektor

$$u = \frac{1}{\sqrt{26}}\begin{pmatrix} 1 \\ 4 \\ -3 \end{pmatrix}$$

dargestellt. Wie groß ist die Wahrscheinlichkeit dafür, daß eine Messung von L_x den Wert Null ergibt?

8. Betrachten Sie ein System vom Drehimpuls 1. Wie lauten die Eigenfunktionen und Eigenwerte des Operators $L_xL_y + L_yL_x$?

9. Betrachten Sie ein System vom Spin 1/2. Wie lauten die Eigenwerte und Eigenvektoren des Operators $S_x + S_y$? Angenommen, eine Messung dieser Größe ergibt, daß sich das System in dem Zustand, der zum größeren der Eigenwerte gehört, befindet. Mit welcher Wahrscheinlichkeit ergibt eine Messung von S_z den Wert $\hbar/2$?

10. Die Änderungsrate eines Operators im Heisenbergbild ist durch (7-47) gegeben. Betrachten Sie die Operatoren $S_x(t)$, . . . Wie lauten die dazugehörigen Bewegungsgleichungen, falls der Hamilton-Operator gegeben ist durch

$$H = \frac{eg}{2mc}\,\mathbf{S}(t)\cdot\mathbf{B}$$

und die Vertauschungsrelationen $[S_x(t), S_y(t)] = i\hbar S_z(t)$ usw. sind. Stellen Sie $\mathbf{S}(t)$ durch $\mathbf{S}(0)$ dar, und zwar für den Fall $\mathbf{B} = (0,0,B)$.

11. Ein Teilchen mit Spin 1/2 befinde sich zur Zeit $t = 0$ in einem Eigenzustand von S_x mit dem Eigenwert $+\hbar/2$. Zu diesem Zeitpunkt wird es in ein Magnetfeld $\mathbf{B} = (0,0,B)$ gebracht, und es kann dort während einer Zeitspanne T präzedieren. Darauf wird das Magnetfeld sehr rasch in die y-Richtung gedreht, also $(0,B,0)$ hergestellt. Wieder nach der Zeitspanne T wird eine Messung von S_x ausgeführt. Mit welcher Wahrscheinlichkeit wird der Wert $\hbar/2$ gefunden?

12. Arbeiten Sie das Verhalten eines Teilchens mit Spin 1 in einem äußeren Magnetfeld aus. Wählen Sie $\mathbf{B} = (0,0,B)$ und als Anfangszustand einen Eigenzustand von

$$\mathbf{S}\cdot\mathbf{n} = S_x \sin\theta\cos\phi + S_y \sin\theta\sin\phi + S_z\cos\theta$$

nacheinander mit den Eigenwerten $\hbar$, 0, $-\hbar$.
Hinweis: Verwenden Sie die Matrixdarstellungen (14-22) bis (14-24).

Literatur

Dies ist normaler Stoff über den Spin; Diskussionen hierzu sind in allen am Ende des Buches aufgeführten Büchern zu finden.

15. Die Zusammensetzung von Drehimpulsen

Angenommen wir haben zwei Elektronen, deren Spins durch die Operatoren $\mathbf{S}_1$ und $\mathbf{S}_2$ beschrieben seien. Jeder dieser Sätze von Operatoren erfüllt die üblichen Vertauschungsrelationen für Drehimpulse,

$$[S_{1x}, S_{1y}] = i\hbar S_{1z}$$

usw., sowie

(15-1) $$[S_{2x}, S_{2y}] = i\hbar S_{2z}$$

usw. Die beiden Sätze von Operatoren kommutieren jedoch untereinander, da die Freiheitsgrade der Teilchen voneinander unabhängig sind, also

(15-2) $$[\mathbf{S}_1, \mathbf{S}_2] = 0\,.$$

Wir wollen den Gesamtspin definieren durch

(15-3) $$\mathbf{S} = \mathbf{S}_1 + \mathbf{S}_2\,.$$

Die Vertauschungsrelationen für die Komponenten von $\mathbf{S}$ ergeben

(15-4) $$\begin{aligned}[S_x, S_y] &= [S_{1x} + S_{2x}, S_{1y} + S_{2y}] \\ &= [S_{1x}, S_{1y}] + [S_{2x}, S_{2y}] \\ &= i\hbar(S_{1z} + S_{2z}) = i\hbar S_z\end{aligned}$$

usw. Es ist also berechtigt, $\mathbf{S}$ den *Gesamtspin* zu nennen. Wir können nun die Eigenwerte und Eigenfunktionen von $\mathbf{S}^2$ und S_z bestimmen.

Das Zweiteilchenspinsystem hat vier Zustände. Bezeichnen wir den Spinor für das erste Elektron mit $\chi_\pm^{(1)}$, so daß

(15-5) $$\begin{aligned}\mathbf{S}_1^2\chi_\pm^{(1)} &= \tfrac{1}{2}(\tfrac{1}{2} + 1)\,\hbar^2\chi_\pm^{(1)} \\ S_{1z}\chi_\pm^{(1)} &= \pm\tfrac{1}{2}\hbar\chi_\pm^{(1)}\end{aligned}$$

und analog mit $\chi_\pm^{(2)}$ den Spinor für das zweite Elektron, so sind die vier Zustände

(15-6) $$\chi_+^{(1)}\chi_+^{(2)},\ \chi_+^{(1)}\chi_-^{(2)},\ \chi_-^{(1)}\chi_+^{(2)},\ \chi_-^{(1)}\chi_-^{(2)}\,.$$

Die Eigenwerte von S_z für die vier Zustände sind

$$\begin{aligned}S_z\chi_\pm^{(1)}\chi_\pm^{(2)} &= (S_{1z} + S_{2z})\,\chi_\pm^{(1)}\chi_\pm^{(2)} \\ &= (S_{1z}\chi_\pm^{(1)})\,\chi_\pm^{(2)} + \chi_\pm^{(1)}(S_{2z}\chi_\pm^{(2)})\,,\end{aligned}$$

also

$$
\begin{aligned}
&S_z\chi_+^{(1)}\chi_+^{(2)} = \hbar\chi_+^{(1)}\chi_+^{(2)}\\
(15\text{-}7)\qquad &S_z\chi_+^{(1)}\chi_-^{(2)} = S_z\chi_-^{(1)}\chi_+^{(2)} = 0\\
&S_z\chi_-^{(1)}\chi_-^{(2)} = -\hbar\chi_-^{(1)}\chi_-^{(2)}.
\end{aligned}
$$

Es gibt zwei Zustände mit dem m-Wert Null. Man könnte erwarten, daß eine der Linearkombinationen daraus einen $(S = 1)$-Zustand liefert und so mit den Zuständen $m = 1$ und $m = -1$ ein Triplett bildet, und daß die dazu orthogonale Kombination eines $(S = 0)$-Zustand, also ein Singulett bildet. Um diese Vermutung zu überprüfen, konstruieren wir den Absteigeoperator

$$(15\text{-}8)\qquad S_- = S_{1-} + S_{2-}$$

und wenden ihn auf den $(m = 1)$-Zustand an. Damit sollten wir zu dem zum Triplett $(S = 1)$ gehörenden Zustand $m = 0$ gelangen (bis auf einen Koeffizienten). Benützen wir hierzu

$$(15\text{-}9)\qquad S_-^{(i)}\chi_+^{(i)} = \hbar\chi_-^{(i)},$$

was aus

$$(15\text{-}10)\qquad \tfrac{1}{2}\hbar\left[\begin{pmatrix}0 & 1\\ 1 & 0\end{pmatrix} - i\begin{pmatrix}0 & -i\\ i & 0\end{pmatrix}\right]\begin{pmatrix}1\\0\end{pmatrix} = \hbar\begin{pmatrix}0\\1\end{pmatrix}$$

herzuleiten ist, so erhalten wir tatsächlich

$$
\begin{aligned}
&S_-\chi_+^{(1)}\chi_+^{(2)} = (S_{1-}\chi_+^{(1)})\,\chi_+^{(2)} + \chi_+^{(1)}S_{2-}\chi_+^{(2)}\\
(15\text{-}11)\qquad &\quad = \hbar\chi_-^{(1)}\chi_+^{(2)} + \hbar\chi_+^{(1)}\chi_-^{(2)}\\
&\quad = \sqrt{2}\hbar\,\frac{\chi_+^{(1)}\chi_-^{(2)} + \chi_-^{(1)}\chi_+^{(2)}}{\sqrt{2}}.
\end{aligned}
$$

Diese Linearkombination ist normiert, und der Faktor $\sqrt{2}\hbar$ stimmt für $l = m = 1$ mit dem aus (10-36) und (10-48) zu erwartenden überein. Wenden wir nun S_- auf diese Linearkombination an, und berücksichtigen hierbei

$$(15\text{-}12)\qquad S_-^{(i)}\chi_-^{(i)} = 0,$$

so erhalten wir

$$
\begin{aligned}
(15\text{-}13)\qquad &S_-\frac{\chi_+^{(1)}\chi_-^{(2)} + \chi_-^{(1)}\chi_+^{(2)}}{\sqrt{2}} = \frac{\hbar}{\sqrt{2}}(\chi_-^{(1)}\chi_-^{(2)} + \chi_-^{(1)}\chi_-^{(2)})\\
&\quad = \sqrt{2}\hbar\chi_-^{(1)}\chi_-^{(2)},
\end{aligned}
$$

wie wir es für den Drehimpuls $S = 1$ erwarten. Nun bleibt noch der zu (15-11) orthogonale und normierte Zustand

$$(15\text{-}14)\qquad \frac{1}{\sqrt{2}}(\chi_+^{(1)}\chi_-^{(2)} - \chi_-^{(1)}\chi_+^{(2)}).$$

Wir vermuten, daß es der ($S = 0$)-Zustand ist. Um dies nachzuprüfen, berechnen wir $\mathbf{S}^2$ für die beiden Zustände

$$X_\pm = \frac{1}{\sqrt{2}}\left(\chi_+^{(1)}\chi_-^{(2)} \pm \chi_-^{(1)}\chi_+^{(2)}\right). \tag{15-15}$$

Wir haben

$$\begin{aligned} \mathbf{S}^2 &= (\mathbf{S}_1 + \mathbf{S}_2)^2 = \mathbf{S}_1^2 + \mathbf{S}_2^2 + 2\mathbf{S}\cdot\mathbf{S}_2 \\ &= \mathbf{S}_1^2 + \mathbf{S}_2^2 + 2S_{1z}S_{2z} + S_{1+}S_{2-} + S_{1-}S_{2+}. \end{aligned} \tag{15-16}$$

Zunächst ist

$$\begin{aligned} \mathbf{S}_1^2 X_\pm &= \frac{1}{\sqrt{2}}\left(\chi_-^{(2)}\mathbf{S}_1^2\chi_+^{(1)} \pm \chi_+^{(2)}\mathbf{S}_1^2\chi_-^{(1)}\right) \\ &= \tfrac{3}{4}\hbar^2 X_\pm \end{aligned} \tag{15-17}$$

und ähnlich

$$\mathbf{S}_2^2 X_\pm = \tfrac{3}{4}\hbar^2 X_\pm. \tag{15-18}$$

Weiter benötigen wir

$$2S_{1z}S_{2z}X_\pm = 2(\tfrac{1}{2}\hbar)(-\tfrac{1}{2}\hbar)\, X_\pm = -\tfrac{1}{2}\hbar^2 X_\pm \tag{15-19}$$

und schließlich

$$\begin{aligned} (S_{1+}S_{2-} + S_{1-}S_{2+})\, X_\pm = \frac{1}{\sqrt{2}}\big(&S_{1+}\chi_+^{(1)}S_{2-}\chi_-^{(2)} + S_{1-}\chi_+^{(1)}S_{2+}\chi_-^{(2)} \\ &\pm S_{1+}\chi_-^{(1)}S_{2-}\chi_+^{(2)} \pm S_{1-}\chi_-^{(1)}S_{2+}\chi_+^{(2)}\big), \end{aligned}$$

woraus sich mit Hilfe von (15-9) und (15-12)

$$(S_{1+}S_{2-} + S_{1-}S_{2+})\, X_\pm = \pm\hbar^2 X_\pm \tag{15-20}$$

ergibt. Somit erhalten wir

$$\begin{aligned} \mathbf{S}^2 X_\pm &= \hbar^2(\tfrac{3}{4} + \tfrac{3}{4} - \tfrac{1}{2} \pm 1)\, X_\pm = \begin{pmatrix} 2 \\ \\ 0 \end{pmatrix}\hbar^2 X_\pm \\ &= \hbar^2 S(S+1)\, X_\pm, \end{aligned} \tag{15-21}$$

wobei $S = 1$ und 0 sich auf + und − bezieht.

Wir haben gezeigt, daß zwei Teilchen vom Spin 1/2 insgesamt vier Zustände bilden und diese in einen Triplett- und einen Singulett-Zustand zusammengefaßt werden können. Für freie Spinteilchen sind die beiden Beschreibungsweisen völlig äquivalent. Wenn jedoch ein System vorliegt, in dem die Kräfte vom Spin abhängen, dann sind die Eigenfunktionen der einzelnen Spins nicht mehr simultane Eigenfunktionen von H und z.B. $\mathbf{S}_1^2$, S_{1z}, $\mathbf{S}_2^2$, S_{2z}, sondern sie können simultane Eigenfunktionen von H, $\mathbf{S}^2$, S_z, $\mathbf{S}_1^2$ und $\mathbf{S}_2^2$ sein. Dies ist am besten an einem Beispiel zu sehen.

Haben wir zwischen den beiden Elektronen ein Potential, das vom Spin abhängt, also

(15-22) $$V(r) = V_1(r) + \frac{1}{\hbar^2}\,\mathbf{S}_1\cdot\mathbf{S}_2 V_2(r),$$

so können wir leicht sehen, daß S_{1z} und S_{2z} mit dem zweiten Term nicht kommutieren, und damit können die Eigenzustände von H mit diesem Potential nicht nur einfache Produkte der Eigenzustände von S_{1z} und S_{2z} sein. Beachten wir jedoch, daß

(15-23) $$\mathbf{S}_1\cdot\mathbf{S}_2 = \tfrac{1}{2}(\mathbf{S}^2 - \mathbf{S}_1^2 - \mathbf{S}_2^2),$$

so sehen wir, daß dieser Term durch den bei Wirkung auf die Eigenfunktion von $\mathbf{S}^2, \mathbf{S}_1^2$ und $\mathbf{S}_2^2$ erhaltenen Eigenwert ersetzt werden kann, und somit wird

(15-24) $$\begin{aligned} V(r) &= V_1(r) + \frac{1}{2} V_2(r)\left[S(S+1) - \frac{3}{2}\right] \\ &= V_1(r) + \frac{1}{4}\begin{pmatrix} 1 \\ -3 \end{pmatrix} V_2(r) \begin{cases} S = 1 \\ S = 0 \end{cases}. \end{aligned}$$

Ein solches spinabhängiges Potential wird tatsächlich beobachtet im System Neutron-Proton. Für den gebundenen Zustand - dies ist das Deuteron - ist $S = 1$, aber es gibt auch einen ungebundenen Zustand $S = 0$, was nur möglich ist, wenn $V_2(r) \neq 0$.

Weitaus wichtiger für weitere Anwendungen ist die Kombination eines Spindrehimpulses mit einem Bahndrehimpuls. Da $\mathbf{L}$ von den Raumkoordinaten abhängt, $\mathbf{S}$ aber nicht, kommutieren diese

(15-25) $$[\mathbf{L},\mathbf{S}] = 0.$$

Es ist deshalb klar, daß die Komponenten des Gesamtdrehimpulses $\mathbf{J}$, welcher durch

(15-26) $$\mathbf{J} = \mathbf{L} + \mathbf{S}$$

definiert ist, die Vertauschungsrelationen des Drehimpulses erfüllt. Nun können wir nach den Linearkombinationen der Y_{lm} und $\chi_\pm$ fragen, welche Eigenzustände von

(15-27) $$J_z = L_z + S_z$$

und

(15-28) $$\begin{aligned} \mathbf{J}^2 &= (\mathbf{L}^2 + 2\mathbf{L}\cdot\mathbf{S} + \mathbf{S}^2) \\ &= \mathbf{L}^2 + \mathbf{S}^2 + 2L_zS_z + L_+S_- + L_-S_+ \end{aligned}$$

bilden. Betrachten wir die Linearkombination

(15-29) $$\psi_{j,m+1/2} = \alpha Y_{lm}\chi_+ + \beta Y_{l,m+1}\chi_- \,.$$

Sie ist so konstruiert, daß sie eine Eigenfunktion von J_z mit dem Eigenwert $(m + \frac{1}{2})\hbar$ ist. Nun bestimmen wir α und β so, daß sie auch Eigenfunktion von J^2 wird. Hierzu benützen wir folgende Zusammenhänge

$$
\begin{aligned}
L_+Y_{lm} &= [l(l+1) - m(m+1)]^{1/2}\,\hbar Y_{l,m+1}\\
&= [(l+m+1)(l-m)]^{1/2}\,\hbar Y_{l,m+1}\\
L_-Y_{lm} &= [(l-m+1)(l+m)]^{1/2}\,\hbar Y_{l,m-1}\\
S_+\chi_+ &= S_-\chi_- = 0 \qquad S_\pm\chi_\mp = \hbar\chi_\pm.
\end{aligned} \tag{15-30}
$$

Dann erhalten wir

$$
\begin{aligned}
\mathbf{J}^2\psi_{j,m+1/2} = \alpha\hbar^2\,\{&l(l+1)\,Y_{lm}\chi_+ + \tfrac{3}{4}Y_{lm}\chi_+ + 2m(\tfrac{1}{2})\,Y_{lm}\chi_+\\
&+ [(l-m)(l+m+1)]^{1/2}\,Y_{l,m+1}\chi_-\} + \beta\hbar^2\{l(l+1)\,Y_{l,m+1}\chi_-\\
&+ \tfrac{3}{4}Y_{l,m+1}\chi_- + 2(m+1)(-\tfrac{1}{2})\,Y_{l,m+1}\chi_-\\
&+ [(l-m)(l+m+1)]^{1/2}\,Y_{lm}\chi_+\}.
\end{aligned} \tag{15-31}
$$

Dies hat die Form

$$
\hbar^2 j(j+1)\,\psi_{j,m+1/2} = \hbar^2 j(j+1)(\alpha Y_{lm}\chi_+ + \beta Y_{l,m+1}\chi_-)\,, \tag{15-32}
$$

vorausgesetzt, daß

$$
\begin{aligned}
\alpha[l(l+1) + \tfrac{3}{4} + m] + \beta[(l-m)(l+m+1)]^{1/2} &= j(j+1)\,\alpha\\
\beta[l(l+1) + \tfrac{3}{4} - m - 1] + \alpha[(l-m)(l+m+1)]^{1/2} &= j(j+1)\,\beta.
\end{aligned} \tag{15-33}
$$

Hieraus folgt

$$
\begin{aligned}
(l-m)(l+m+1) = {}&[j(j+1) - l(l+1) - \tfrac{3}{4} - m]\\
&\times [j(j+1) - l(l+1) - \tfrac{3}{4} + m + 1].
\end{aligned}
$$

Dies hat zwei Lösungen

$$
j(j+1) - l(l+1) - \tfrac{3}{4} = \begin{cases} -l-1\\ l \end{cases}, \tag{15-34}
$$

also

$$
j = \begin{cases} l - \tfrac{1}{2}\\ l + \tfrac{1}{2} \end{cases}. \tag{15-35}
$$

Für $j = l + 1/2$ erhalten wir nach einiger Zwischenrechnung

$$
\alpha = \sqrt{\frac{l+m+1}{2l+1}} \qquad \beta = \sqrt{\frac{l-m}{2l+1}}\,. \tag{15-36}
$$

(Tatsächlich erhalten wir nur das Verhältnis zwischen α und β; angegeben ist bereits das normierte Ergebnis.) Somit haben wir

$$
\psi_{l+1/2,m+1/2} = \sqrt{\frac{l+m+1}{2l+1}}\,Y_{lm}\chi_+ + \sqrt{\frac{l-m}{2l+1}}\,Y_{l,m+1}\chi_-\,. \tag{15-37}
$$

Wir können vermuten, daß die Lösung für $j = l - 1/2$ folgende Form haben muß

(15-38) $$\psi_{l-1/2,m+1/2} = \sqrt{\frac{l-m}{2l+1}}\, Y_{lm}\chi_+ - \sqrt{\frac{l+m+1}{2l+1}}\, Y_{l,m+1}\chi_-,$$

um zur Lösung für $j = l + 1/2$ orthogonal zu sein.

Nach diesen beiden Beispielen nun zu den allgemeinen Zügen, wie sie bei der Zusammensetzung von Drehimpulsen auftreten: Haben wir die Eigenzustände $Y^{(1)}_{l_1m_1}$ von $\mathbf{L}_1^2$ und L_{1z}, sowie die Eigenzustände $Y^{(2)}_{l_2m_2}$ von $\mathbf{L}_2^2$ und L_{2z}, so können wir daraus Produkt-Wellenfunktionen

(15-39) $$Y^{(1)}_{l_1m_1} Y^{(2)}_{l_2m_2} \begin{Bmatrix} -l_1 \le m_1 \le l_1 \\ -l_2 \le m_2 \le l_2 \end{Bmatrix}$$

bilden, und zwar $(2l_1 + 1)(2l_2 + 1)$ an der Zahl. Diese können durch den Eigenwert von

(15-40) $$J_z = L_{1z} + L_{2z}$$

klassifiziert werden; dieser ist $m_1 + m_2$, und er kann Werte zwischen dem Maximum $l_1 + l_2$ und dem Minimum $-l_1 - l_2$ annehmen. Wie in den einfachen oben diskutierten Fällen, werden verschiedene Linearkombinationen von Funktionen mit gleichem m-Wert zu verschiedenen j-Werten gehören. In der untenstehenden Tabelle sind die für den Spezialfall $l_1 = 4$ und $l_2 = 2$ möglichen Kombinationen angegeben. Es gibt insgesamt 45 Kombinationen, was auch aus $(2l_1 + 1)(2l_2 + 1)$ zu sehen ist.

m-Wert	m_1, m_2-Kombinationen	Anzahl
6	(4,2)	1
5	(4,1) (3,2)	2
4	(4,0) (3,1) (2,2)	3
3	(4,−1) (3,0) (2,1) (1,2)	4
2	(4,−2) (3,−1) (2,0) (1,1) (0,2)	5
1	(3,−2) (2,−1) (1,0) (0,1) (−1,2)	5
0	(2,−2) (1,−1) (0,0) (−1,1) (−2,2)	5
−1	(1,−2) (0,−1) (−1,0) (−2,1) (−3,2)	5
−2	(0,−2) (−1,−1) (−2,0) (−3,1) (−4,2)	5
−3	(−1,−2) (−2,−1) (−3,0) (−4,1)	4
−4	(−2,−2) (−3,−1) (−4,0)	3
−5	(−3,−2) (−4,−1)	2
−6	(−4,−2)	1

Wie leicht nachgeprüft werden kann, gehört $l_1 + l_2$ zum Zustand mit höchstem Gesamtdrehimpuls (hierzu wenden wir J^2 auf $Y^{(1)}_{l_1l_1}Y^{(2)}_{l_2l_2}$ an):

(15-41) $$\begin{aligned} \mathbf{J}^2 Y^{(1)}_{l_1l_1}Y^{(2)}_{l_2l_2} &= (\mathbf{L}_1^2 + \mathbf{L}_2^2 + 2L_{1z}L_{2z} + L_{1+}L_{2-} + L_{1-}L_{2+})\, Y^{(1)}_{l_1l_1}Y^{(2)}_{l_2l_2} \\ &= \hbar^2[l_1(l_1+1) + l_2(l_2+1) + 2l_1l_2]\, Y^{(1)}_{l_1l_1}Y^{(2)}_{l_2l_2} \\ &= \hbar^2(l_1+l_2)(l_1+l_2+1)\, Y^{(1)}_{l_1l_1}Y^{(2)}_{l_2l_2}. \end{aligned}$$

Für das hier diskutierte Zahlenbeispiel ($l_1 = 4$, $l_2 = 2$) hat der höchste Zustand also $j = 6$ [Anm. d. Übers.: $(l_1 + l_2)(l_1 + l_2 + 1) = j(j+1)$].
Wendet man

(15-42) $$J_- = L_{1-} + L_{2-}$$

immer weiter an, so wird bei jedem Schritt je eine Linearkombination aus jeder Zeile der Tabelle erreicht (Anm. d. Übers.: denn durch (15-42) wird m um 1 erniedrigt); man hat also 13 Zustände, die zu $j = 6$ gehören. Dabei bleibt übrig: ein einziger Zustand mit $m = 5$, zwei mit $m = 4$ usw. ... einer mit $m = -5$. Es ist sehr plausibel und kann auch nachgeprüft werden, daß der $(m = 5)$-Zustand zu $j = 5$ gehört. Wiederum die Anwendung von J_- liefert von jeder Tabellenzeile wieder eine andere Linearkombination, und damit 11 Zustände mit $j = 5$. Mit weiteren Wiederholungen dieser Prozedur sieht man, daß Zustände mit $j = 4, j = 3$ und schließlich $j = 2$ zu erhalten sind. Die Multiplizitäten der einzelnen Zustände addieren sich zu 45:

$$13 + 11 + 9 + 7 + 5 = 45.$$

Einzelheiten dieser Zerlegung wollen wir nicht ausarbeiten, da sie über den Rahmen dieses Buches hinausgehen würden. Wir teilen nur die Ergebnisse mit:

a) Aus den Produkten $Y^{(1)}_{l_1m_1}Y^{(2)}_{l_2m_2}$ sind Eigenzustände von $\mathbf{J}^2$ zu entnehmen, deren Eigenwerte $j(j+1)\hbar^2$ sind, wobei j folgende Werte annehmen kann:

(15-43) $$j = l_1 + l_2, l_1 + l_2 - 1, \ldots |l_1 - l_2|.$$

b) Eine Verallgemeinerung von (15-37) und (15-38) stellt die sogenannte Clebsch-Gordan-Reihe dar:

(15-44) $$\psi_{jm} = \sum_{m1} C(jm; l_1m_1l_2m_2)\, Y^{(1)}_{l_1m_1}Y^{(2)}_{l_2m_2}.$$

$C(jm; l_1m_1l_2m_2)$ sind die sogenannten Wigner-Koeffizienten; sie wurden für viele Werte der Argumente tabelliert. Wir werden nur die Koeffizienten für $l_2 = 1/2$, die wir expliziert berechnet haben, verwenden.

Wir können verifizieren, daß die Multiplizitäten mit (15-43) übereinstimmen: Summieren wir die Anzahl der Zustände, so erhalten wir ($l_1 \geq l_2$)

$$[2(l_1 + l_2) + 1] + [2(l_1 + l_2 - 1) + 1] + \ldots + [2(l_1 - l_2) + 1]$$

(15-45) $$= \sum_{n=0}^{2l_2} [2(l_1 - l_2 + n) + 1]$$

$$= (2l_2 + 1)(2l_1 + 1).$$

Hierzu noch eine abschließende Bemerkung. Bei der Diskussion identischer Teilchen haben wir festgestellt, daß sich ein System von zwei Elektronen (allgemeiner: ein System von zwei Fermionen) in einem Zustand befinden muß, der sich unter Teilchenaustausch antisymmetrisch verhält. Dieser

Austausch beinhaltet aber nicht nur den Austausch der Ortskoordinaten, sondern auch den Austausch der Spin-Numerierung. Für ein System zweier (Spin 1/2)-Teilchen ist das Triplett der Zustände $(S = 1)$

$$\begin{gathered} \chi_+^{(1)}\chi_+^{(2)} \\ \frac{1}{\sqrt{2}}\left(\chi_+^{(1)}\chi_-^{(2)} + \chi_-^{(1)}\chi_+^{(2)}\right) \\ \chi_-^{(1)}\chi_-^{(2)} \end{gathered} \tag{15-46}$$

gegenüber Tausch der Spin-Numerierung symmetrisch, wogegen das Singulett $(S = 0)$

$$\frac{1}{\sqrt{2}}\left(\chi_+^{(1)}\chi_-^{(2)} - \chi_-^{(1)}\chi_+^{(2)}\right) \tag{15-47}$$

sich als antisymmetrisch erweist. Für einen Triplettzustand muß die Ortswellenfunktion also antisymmetrisch sein, und für einen Singulettzustand muß sie symmetrisch sein. Die Ortswellenfunktion eines Zweiteilchensystems in dessen Schwerpunktkoordinaten hat die allgemeine Form

$$u(\mathbf{r}) = R_{nlm}(r)\, Y_{lm}(\theta,\phi). \tag{15-48}$$

Ein Austausch der Koordinaten der beiden Teilchen bedeutet

$$\begin{aligned} r &\to r \\ \theta &\to \pi - \theta \\ \phi &\to \phi + \pi. \end{aligned} \tag{15-49}$$

Somit bleibt die Radialfunktion unverändert, jedoch wird

$$\begin{aligned} Y_{lm}(\theta,\phi) &\to Y_{lm}(\pi - \theta, \phi + \pi) \\ &= (-1)^l\, Y_{lm}(\theta,\phi). \end{aligned} \tag{15-50}$$

Triplettzustände müssen also ungeraden Bahndrehimpuls l haben, Singulettzustände dagegen geraden. Eine Anwendung hiervon werden wir bei der Diskussion der Zustände von Helium sehen.

Eine interessante Anwendung dieser Bemerkungen findet sich in der Elementarteilchenphysik. Eines der ersten entdeckten extrem instabilen Elementarteilchen war das von Yukawa vorhergesagte π-Meson. Dieses Teilchen, welches eine wichtige Rolle bei den Kernkräften spielt, erscheint in drei Ladungszuständen, π^+, π^0, π^-. Man fand, daß es Spin 0 hatte, und nun erhob sich die Frage, ob die Wellenfunktion eines Pions - so nannte man dieses Meson - gerade oder ungerade gegen Koordinatenspiegelung war; hierzu wurde folgendes Experiment vorgeschlagen:

Betrachten wir den Einfang eines π^- durch ein Deuteron. Ein langsames Pion verliert dabei in flüssigem Deuterium durch eine Anzahl von Prozessen an Energie, bis es sich schließlich auf der tiefsten Bohrschen Bahn um den (pn)-Kern befindet; dann wird es durch die Wirkung von Kernkräften eingefangen. Die Kernreaktion ist

$$\pi^- + d \to n + n.$$

Der Drehimpuls hierbei ist 1: Das Pion hat Spin 0, der Bahndrehimpuls in der tiefsten Bohrschen Bahn ist 0, und so kommt der einzige Beitrag vom Drehimpuls des Deuterons, welcher 1 ist. Der Zustand der beiden Neutronen muß also vom Drehimpuls 1 sein. Ist nun der Gesamtspin beider Neutronen 0, so muß der Bahndrehimpuls 1 sein; diese Möglichkeit ist aber ausgeschlossen, denn ein Singulettzustand muß ja bei zwei identischen Fermionen geradzahligen Drehimpuls haben. Ist dagegen der Gesamtspin beider Neutronen 1, so ist der Bahndrehimpuls 0, 1, und 2 möglich (zwei Drehimpulse vom Wert 1 ergeben entweder 0, 1, oder 2; die Addition vom Drehimpuls 1 zum Drehimpuls 2 gibt 3, 2, oder 1). Ein Triplettzustand muß aber ungeraden Bahndrehimpuls haben, und dies ist hier nur mit dem Bahndrehimpuls 1 möglich. Ein solcher Zustand hat aber gemäß (15-50) ungerade Parität, also muß das Pion ungerade Parität haben. In der später auch von uns zu benützenden spektroskopisch üblichen Bezeichnungsweise eines Zustandes

(15-51) $$^{2S+1}L_J$$

sind aus der Klasse aller für zwei Neutronen möglichen Zustände (Singuletts und Tripletts, Anm. d. Übers.) $^1S_0$, $^1P_1$, $^1D_2$, $^1F_3$, ..., $^3S_1$, $^3P_2$, $^3P_1$, $^3P_0$, $^3D_3$, $^3D_2$, $^3D_1$, $^3F_4$, $^3F_3$, $^3F_2$, ..., aufgrund der oben gegebenen Argumentation mit der Fermi-Dirac-Statistik nur die Zustände $^1S_0$, $^1D_2$, ..., $^3P_{2,1,0}$, $^3F_{4,3,2}$, ... möglich, und von diesen hat nur der $^3P_1$-Zustand den Bahndrehimpuls 1.

Aufgaben

1. Arbeiten Sie die Verallgemeinerung von (15-37) und (15-38) für den Fall aus, daß ein Bahndrehimpuls L zum Spin 1 addiert wird.

a) Finden Sie die Eigenzustände von $\mathbf{S}^2$ und S_z, wobei

$$S_z = \hbar \begin{pmatrix} 1 & 0 & 0 \\ 0 & 0 & 0 \\ 0 & 0 & -1 \end{pmatrix}.$$

b) Wenden Sie auf diese mit ξ_{+1}, ξ_0 und ξ_{-1} zu bezeichnenden Zustände die Operatoren S_+ und S_- an.

c) Berechnen Sie die Wirkung von

$$\mathbf{J}^2 = \mathbf{L}^2 + \mathbf{S}^2 + 2L_zS_z + L_+S_- + L_-S_+$$

auf Kombinationen der Form

$$\Psi_{jm+1} = \alpha Y_{lm}\xi_1 + \beta Y_{l,m+1}\xi_0 + \gamma Y_{l,m+2}\xi_{-1}\,.$$

d) Bestimmen Sie aus

$$\mathbf{J}^2\Psi_{j,m} = \hbar^2 j\,(j+1)\,\Psi_{j,m}$$

die Beziehungen zwischen α, β und γ.

2. Finden Sie das Analogon zu (15-46) für zwei Teilchen vom Spin 1; der Gesamtspin kann die Werte 2, 1, 0 haben. Verwenden Sie für die Einteilchen-Spinvektoren die Bezeichnung $\xi_{+1}^{(i)}, \xi_{0}^{(i)}, \xi_{-1}^{(i)}$.

3. Ein Deuteron hat Spin 1. Welches sind die möglichen Spin- und Gesamtdrehimpulswerte von zwei Deuteronen mit beliebigem Bahndrehimpuls L?

4. Ein Teilchen vom Spin 1 bewegt sich in einem radialsymmetrischen Potential der Form

$$V(r) = V_1(r) + \mathbf{S}\cdot\mathbf{L}V_2(r) + (\mathbf{S}\cdot\mathbf{L})^2V_3(r).$$

Geben Sie $V(r)$ für die Zustände $J = L + 1, L$ und $L - 1$.

5. Betrachten Sie nochmal die Diskussion zur Bestimmung der Parität von π^-. Angenommen, π^- hätte Spin 1 und werde in der Reaktion

$$\pi^- + d \rightarrow 2n$$

aus dem $(L = 0)$-Zustand von Deuteron eingefangen. Welches sind die möglichen Zweineutronenzustände? Welche hiervon können auftreten, falls π^- ungerade Parität hätte?

6. Angenommen, π^- habe Spin 0 und ungerade Parität, wird aber in der Reaktion

$$\pi^- + d \rightarrow 2n$$

aus der P-Bahn eingefangen. Zeigen Sie, daß die beiden Neutronen dann einen Singulett-Zustand bilden müssen.

7. Der Hamilton-Operator eines Spinsystems ist

$$H = A + \frac{B\mathbf{S}_1\cdot\mathbf{S}_2}{\hbar^2} + \frac{C(S_{1z} + S_{2z})}{\hbar}.$$

Finden Sie die Eigenwerte und Eigenfunktionen für das Zweiteilchensystem
a) wenn beide Teilchen identisch sind und Spin 1/2 haben,
b) wenn das eine den Spin 1/2 und das andere den Spin 1 hat.

8. Betrachten Sie zwei Teilchen vom Spin 1/2, deren Spins durch die Pauli-Operatoren $\boldsymbol{\sigma}_1$ und $\boldsymbol{\sigma}_2$ beschrieben sind. Es sei $\hat{\mathbf{e}}$ der beide Teilchen verbindende Einheitsvektor, womit der Operator

$$S_{12} = 3(\boldsymbol{\sigma}_1\cdot\hat{\mathbf{e}})(\boldsymbol{\sigma}_2\cdot\hat{\mathbf{e}}) - \boldsymbol{\sigma}_1\cdot\boldsymbol{\sigma}_2$$

definiert sei. Zeigen Sie, daß für den Singulettzustand beider Teilchen gilt

$$S_{12}X_{\text{Singulett}} = 0$$

und für den Triplettzustand

$$(S_{12} - 2)(S_{12} + 4)\, X_{\text{Triplett}} = 0.$$

Literatur

Der hier diskutierte Stoff ist in der einen oder andern Weise auch in jedem Quantenmechaniklehrbuch diskutiert. Viele Einzelheiten sind zu finden in

M.E. Rose "Elementary Theory of Angular Momentum" John Wiley and Sons, Inc., 1957

16. Zeitunabhängige Störungstheorie

Es gibt nur wenige Potentialverläufe $V(r)$, für welche die Schrödinger-Gleichung exakt lösbar ist, und die meisten davon haben wir schon diskutiert. Wir müssen also Näherungsverfahren entwickeln, um Eigenwerte und Eigenfunktionen auch für solche Potentiale zu finden, die auf nicht exakt lösbare Gleichungen führen. In diesem Kapitel besprechen wir solche Näherungsverfahren; sie gehören zur *Störungstheorie*. Angenommen, wir haben die Eigenwerte und den vollständigen Satz der Eigenfunktionen des Hamilton-Operators H_0 gefunden,

(16-1) $$H_0\phi_n = E_n{}^0\phi_n,$$

so fragen wir nun nach den Eigenwerten und Eigenfunktionen des veränderten Hamilton-Operators

(16-2) $$H = H_0 + \lambda H_1 \quad (H_1 \text{ ist das Störpotential}),$$

d.h. wir suchen die Lösungen von

(16-3) $$(H_0 + \lambda H_1)\,\psi_n = E_n\psi_n.$$

Wir werden die gesuchten Größen als Potenzreihe von λ ausdrücken; die Konvergenz dieser Reihe wird nicht diskutiert. Häufig kann man zeigen, daß die Reihe nicht konvergieren kann, aber trotzdem geben bei kleinem λ die ersten Glieder eine richtige Beschreibung des Problems. Wir nehmen an, daß mit $\lambda \to 0$ auch $E_n \to E_n{}^0$ und $\psi_n \to \phi_n$.

Da die ϕ_i einen vollständigen Satz bilden, dürfen wir ψ_n in eine alle ϕ_i als Glieder beinhaltende Reihe entwickeln. So schreiben wir

(16-4) $$\psi_n = N(\lambda)\left\{\phi_n + \sum_{k\neq n} C_{nk}(\lambda)\,\phi_k\right\}.$$

Der Faktor $N(\lambda)$ ist nötig, um ψ_n normieren zu können. Die Phasenlage von ψ_n dürfen wir frei wählen; wir wählen sie so, daß der Koeffizient von ϕ_n reell und positiv ist. Da wir fordern, daß $\psi_n \to \phi_n$ falls $\lambda \to 0$, so haben wir

(16-5) $$N(0) = 1 \qquad C_{nk}(0) = 0.$$

Allgemeiner wird

(16-6) $$C_{nk}(\lambda) = \lambda C_{nk}^{(1)} + \lambda^2 C_{nk}^{(2)} + \ldots$$

sowie

(16-7) $$E_n = E_n^0 + \lambda E_n^{(1)} + \lambda^2 E_n^{(2)} + \ldots$$

Die Schrödinger-Gleichung lautet sodann

(16-8) $$(H_0 + \lambda H_1)\left\{\phi_n + \sum_{k\neq n} \lambda C_{nk}^{(1)}\phi_k + \sum_{k\neq n} \lambda^2 C_{nk}^{(2)}\phi_k + \ldots\right\}$$
$$= (E_n^0 + \lambda E_n^{(1)} + \lambda^2 E_n^{(2)} + \ldots)\left\{\phi_n + \sum_{k\neq n} \lambda C_{nk}^{(1)}\phi_k + \sum_{k\neq n} \lambda^2 C_{nk}^{(2)}\phi_k + \ldots\right\}.$$

Man beachte, daß der Normierungsfaktor $N(\lambda)$ in dieser linearen Gleichung nicht erscheint. Der Koeffizientenvergleich (d.h. Vergleich der Koeffizienten jeweils gleicher Potenzen von λ) liefert eine Reihe von Gleichungen; die erste ist

(16-9) $$H_0 \sum_{k\neq n} C_{nk}^{(1)}\phi_k + H_1\phi_n = E_n^0 \sum_{k\neq n} C_{nk}^{(1)}\phi_k + E_n^{(1)}\phi_n.$$

Mit $H_0\phi_k = E_k^0\phi_k$ erhalten wir

(16-10) $$E_n^{(1)}\phi_n = H_1\phi_n + \sum_{k\neq n} (E_k^0 - E_n^0)\, C_{nk}^{(1)}\phi_k.$$

Bilden wir nun das Skalarprodukt mit ϕ_n und verwenden dazu die Orthonormierung

(16-11) $$\langle\phi_k|\phi_l\rangle = \delta_{kl},$$

so erhalten wir

(16-12) $$\lambda E_n^{(1)} = \langle\phi_n|\lambda H_1|\phi_n\rangle.$$

Dies ist eine *sehr wichtige Formel.* Sie besagt, daß die Energieverschiebung eines gegebenen Zustandes in erster Näherung gerade der Erwartungswert des Störpotentials in diesem Zustand ist. Die Energieverschiebung hat das gleiche Vorzeichen wie das Störpotential. In der explizit ausgeschriebenen Form

(16-13) $$\lambda E_n^{(1)} = \int d^3r\, \phi_n^*(\mathbf{r})\, \lambda H_1(\mathbf{r})\, \phi_n(\mathbf{r})$$

zeigt sich, daß sowohl das Störpotential als auch die Wahrscheinlichkeitsdichte $|\phi_n(\mathbf{r})|^2$ zugleich groß sein müssen, wenn man eine größere Energieverschiebung erreichen will.

Bilden wir das Skalarprodukt von (16-10) mit ϕ_m, so wird für $m \neq n$

$$\langle\phi_m|H_1|\phi_n\rangle + (E_m^0 - E_n^0)\, C_{nm}^{(1)} = 0\,,$$

also

(16-14) $$\lambda C_{nk}^{(1)} = \frac{\langle\phi_k|\lambda H_1|\phi_n\rangle}{E_n^0 - E_k^0}.$$

Der Zähler ist das Matrix-Element von H_1, und zwar auf der Basis der Zustände, in denen H_0 diagonal ist. (16-14) verwenden wir nun in der nächsten Gleichung, welche sich aus dem Koeffizientenvergleich der Glieder mit λ^2 ergibt

(16-15)
$$H_0 \sum_{k \neq n} C_{nk}^{(2)} \phi_k + H_1 \sum_{k \neq n} C_{nk}^{(1)} \phi_k = E_n{}^0 \sum_{k \neq n} C_{nk}^{(2)} \phi_k + E_n^{(1)} \sum_{k \neq n} C_{nk}^{(1)} \phi_k + E_n^{(2)} \phi_n .$$

Bilden wir das Skalarprodukt mit ϕ_n, so wird

(16-16)
$$E_n^{(2)} = \sum_{k \neq n} \langle \phi_n | H_1 | \phi_k \rangle \, C_{nk}^{(1)} = \sum_{k \neq n} \frac{\langle \phi_n | H_1 | \phi_k \rangle \langle \phi_k | H_1 | \phi_n \rangle}{E_n{}^0 - E_k{}^0} = \sum_{k \neq n} \frac{| \langle \phi_k | H_1 | \phi_n \rangle |^2}{E_n{}^0 - E_k{}^0} .$$

Hiervon die letzte Zeile folgt aus der Hermitizität von H_1

(16-17) $\langle \phi_n | H_1 | \phi_k \rangle = \langle \phi_k | H_1 | \phi_n \rangle^*.$

Auch (16-16) ist eine sehr wichtige Formel, speziell weil die Energieverschiebung erster Ordnung (16-12) oft aus Symmetriegründen verschwindet. Wir können sie folgendermaßen beschreiben: Die Energiekorrektur zweiter Ordnung ergibt sich aus einer Summe, deren einzelne Glieder gegeben sind durch das Quadrat des Matrixelements, welches den gegebenen Zustand über das Störpotential mit den einzelnen anderen Zuständen verknüpft, und zwar gewichtet mit dem reziproken Wert der Energiedifferenz der jeweiligen Zustände. Wir können mehrere Schlüsse daraus ziehen:

a) Ist ϕ_n der Grundzustand, d.h. der Zustand geringster Energie, so ist der Nenner jedes Summengliedes negativ, also auch der gesamte Ausdruck.

b) Wenn alle Matrixelemente von H_1 etwa die gleiche Größenordnung haben (eine solche grob abschätzende Aussage dieser Art könnte man machen, wenn man keine weitere Information hat), so wirken sich für unseren Korrekturwert zweiter Ordnung wegen des Nenners die näher benachbarten Niveaus stärker aus als die entfernteren.

c) Falls ein Niveau k "wichtig" ist (d.h. es liegt entweder sehr nahe bei Niveau n, oder $\langle \phi_k | H_1 | \phi_n \rangle$ ist groß), und falls es außerdem *oberhalb* des Niveaus n liegt, so wird das Niveau n durch das Korrekturglied zweiter Ordnung nach *unten* verschoben; liegt dagegen k unterhalb von n, so wird n nach oben verschoben. Man spricht deshalb von der Tendenz der Niveaus, "sich gegenseitig abzustoßen".

Aus (16-15) kann durch Bildung des Skalarprodukts mit ϕ_m, $m \neq n$, ein Ausdruck $C_{nk}^{(2)}$ erhalten werden, aber wir benötigen diesen hier nicht. Auch $N(\lambda)$ kann aus

$$\langle\psi_n|\psi_n\rangle = N^2(\lambda)\left\{1+\lambda^2\sum_{k\neq n}|C_{nk}^{(1)}|^2+\ldots\right\} \tag{16-18}$$
$$= 1$$

bestimmt werden. $N(\lambda)$ ist offenbar 1, wenn man Glieder bis zur ersten Ordnung in λ berücksichtigt. In dieser Näherung gilt also die manchmal nützliche Formel

$$\psi_n = \phi_n + \sum_{k\neq n}\frac{\langle\phi_k|\lambda H_1|\phi_n\rangle}{E_n{}^0 - E_k{}^0}\phi_k. \tag{16-19}$$

Die bisher gegebenen Gedankengänge müssen modifiziert werden, falls Entartung vorliegt, denn der Differenznenner kann dabei verschwinden. Die Schwierigkeit kommt daher, daß es bei Entartung statt eines einzigen ϕ_n nun einen endlichen Satz von Zuständen $\phi_n^{(i)}$ gibt, die alle die gleiche Energie $E_n{}^0$ haben. Dieser durch die Indizes i gekennzeichnete Satz kann orthonormiert werden, denn wie wir im 4. Kapitel gesehen haben, ist dieser Satz mit den Eigenwerten eines anderen, simultan kommutierenden hermitischen Operators zu verknüpfen. Wir wählen den Satz der $\phi_n^{(i)}$ so, daß

$$\langle\phi_m^{(j)}|\phi_n^{(i)}\rangle = \delta_{mn}\delta_{ij}. \tag{16-20}$$

Die Entartung wird natürlicherweise dadurch berücksichtigt, daß man (16-4) durch einen Ausdruck ersetzt, welcher Linearkombinationen der entarteten Eigenfunktionen vom H_0 enthält:

$$\psi_n = N(\lambda)\left\{\sum_i \alpha_i\phi_n^{(i)} + \lambda\sum_{k\neq n}C_{nk}^{(1)}\sum_i \beta_i\phi_k^{(i)} + \ldots\right\}. \tag{16-21}$$

Nun müssen die Koeffizienten $\alpha_i, \beta_i, \ldots$ bestimmt werden. Setzen wir diesen Ansatz in die Schrödinger-Gleichung (16-3) ein, so erhalten wir in erster Ordnung von λ

$$\begin{aligned} H_0\sum_{k\neq n}C_{nk}^{(1)}\sum_i\beta_i\phi_k^{(i)} + H_1\sum_i\alpha_i\phi_n^{(i)} \\ = E_n^{(1)}\sum_i\alpha_i\phi_n^{(i)} + E_n{}^0\sum_{k\neq n}C_{nk}^{(1)}\sum_i\beta_i\phi_k^{(i)}. \end{aligned} \tag{16-22}$$

Bilden wir das Skalarprodukt mit $\phi_n^{(j)}$, so erhalten wir als Gleichung für die Energieverschiebung erster Ordnung

$$\sum_i \alpha_i\langle\phi_n^{(j)}|\lambda H_1|\phi_n^{(i)}\rangle = \lambda E_n^{(1)}\alpha_j. \tag{16-23}$$

Dies ist ein endlichdimensionales Eigenwertproblem. Mit der Abkürzung

$$\langle\phi_n^{(j)}|H_1|\phi_n^{(i)}\rangle = h_{ji} \tag{16-24}$$

wird z.B. bei zweifacher Entartung

$$\begin{aligned} h_{11}\alpha_1 + h_{12}\alpha_2 &= E_n^{(1)}\alpha_1 \\ h_{21}\alpha_1 + h_{22}\alpha_2 &= E_n^{(1)}\alpha_2. \end{aligned} \tag{16-25}$$

Sowohl die Eigenwerte - im allgemeinen werden zwei Werte für $E_n^{(1)}$ möglich sein - als auch die α_i können aus dieser Gleichung bestimmt werden, wenn wir dazu auch die Bedingung

$$\sum_i |\alpha_i|^2 = 1 \tag{16-26}$$

verwenden. Um die Bestimmung der β_i kümmern wir uns nicht weiter, da wir in unseren Anwendungsbeispielen die Störungstheorie für entartete Zustände nur bis zur ersten Ordnung der Energieeigenwerte verwenden. Ergibt es sich, daß $h_{ij} = 0$ für $i \neq j$, also daß die Matrix h_{ij} diagonal ist, so sind die Energieverschiebungen erster Ordnung also gerade die Diagonalelemente dieser Matrix. Dies tritt ein, wenn die Störung H_1 kommutiert mit den Operator, für dessen Eigenwerte die Indizes i stehen. Z.B. im Wasserstoffatom besteht eine Entartung in den Eigenwerten von L_z, d.h. zu allen m-Werten gehört die gleiche Energie: Wenn nun H_1 so beschaffen ist, daß

$$[H_1, L_z] = 0, \tag{16-27}$$

und wenn wir unter den $\phi_n^{(i)}$ die Eigenfunktionen von L_z verstehen, so ergibt sich h_{ij} als diagonal. Um dies zu sehen, beachten wir, daß

$$L_z\phi_n^{(i)} = \hbar m^{(i)}\phi_n^{(i)} \tag{16-28}$$

und somit

$$\begin{aligned} \langle\phi_n^{(j)}|[H_1,L_z]|\phi_n^{(i)}\rangle &= \langle\phi_n^{(j)}|H_1L_z - L_zH_1|\phi_n^{(i)}\rangle \\ &= \hbar(m^{(i)} - m^{(j)})\, h_{ij} \\ &= 0. \end{aligned} \tag{16-29}$$

Also beinhaltet (16-27)

$$h_{ij} = 0 \qquad \text{für} \qquad m^{(i)} \neq m^{(j)}. \tag{16-30}$$

Einige dieser Ergebnisse sollen durch das folgende Beispiel illustriert werden, andere werden später in unserer Diskussion zum realen Wasserstoffatom erscheinen.

Um eine echte Anwendung der Störungstheorie zu zeigen, betrachten wir den Einfluß eines äußeren elektrischen Feldes auf die Energieniveaus eines wasserstoffähnlichen Systems; dies ist der *Stark-Effekt*. Der Hamilton-Operator des ungestörten Systems ist

$$H_0 = \frac{\mathbf{p}^2}{2\mu} - \frac{Ze^2}{r} \tag{16-31}$$

und dessen Eigenfunktionen seien mit $\phi_{nlm}(\mathbf{r})$ bezeichnet. Das Störungsglied zum Hamilton-Operator ist das Störpotential

$$H_1 = e\,\mathcal{E}\cdot\mathbf{r} = e\,\mathcal{E}z, \tag{16-32}$$

wobei $\mathcal{E}$ das angelegte elektrische Feld ist. Die Energieverschiebung des Grundzustandes, welcher nicht entartet ist, wird durch folgenden Ausdruck gegeben

$$E_{100}^{(1)} = e\,\mathcal{E}\langle\phi_{100}|z|\phi_{100}\rangle = e\,\mathcal{E}\int d^3r\,|\phi_{100}(r)|^2\, z \;. \tag{16-33}$$

Dieses Integral verschwindet, da das Quadrat der Wellenfunktion immer gerade Parität hat, und das Störpotential (hier die Funktion z) ungerade ist. Für den Grundzustand existiert also keine linear vom elektrischen Feld abhängende Energieverschiebung. Für ein System mit elektrischem Dipolmoment $\mathbf{d}$ ergibt sich - klassisch - eine Energieverschiebung der Größe $-\mathbf{d}\cdot\mathcal{E}$. Folglich hat das Atom im Grundzustand kein permanentes Dipolmoment. Diese Erkenntnis kann verallgemeinert werden: *Systeme in nichtentarteten Zuständen können kein permanentes Dipolmoment haben*. Es ist aber wichtig, auf die Nichtentartung zu achten: Nur dann sind die Zustände auch solche des Paritätsoperators, und dann ist $|\phi(\mathbf{r})|^2$ gerade, so daß der Erwartungswert von z verschwindet.

Viele Moleküle haben aber tatsächlich ein permanentes Dipolmoment, und es wird oft gesagt, dies sei deshalb so, weil deren Grundzustände entartet sind: Der Erwartungswert von z verschwindet für einen Zustand wie $\alpha\psi_+ + \beta\psi_-$ (die Indizes bezeichnen die Parität) sicherlich nicht, und dieser Zustand ist mit dem dazu koordinateninvertierten Zustand $\alpha\psi_+ - \beta\psi_-$ entartet, falls beide Zustände ψ_+ und ψ_- die gleiche Energie haben. Diese Erklärung ist aber nicht völlig korrekt, denn die tiefsten Zustände sind nie völlig entartet. Betrachten wir als Beispiel das Ammoniakmolekül NH_3. Dessen Struktur ist tetraedrisch, wobei die drei Wasserstoffkerne ein gleichseitiges Dreieck bilden. Der Stickstoffkern befindet sich in einer Position (diese ist durch den Ort minimaler Energie bestimmt) entweder "oberhalb" oder "unterhalb" des Dreiecks. Die geraden und ungeraden Linearkombinationen beider Zustände haben nicht ganz genau die gleiche Energie; deren Differenz ist aber sehr gering (10^{-4} eV), und zwar wegen des großen Potentialwalles zwischen den Positionen "oben" und "unten".[1]) Der Grundzustand ist also, streng genommen, nicht entartet. Ist jedoch $\mathcal{E}d$ mit

$$d = e\int \psi^*_{\text{oben}}\; z\psi_{\text{oben}} \;=\; -e\int \psi^*_{\text{unten}}\; z\psi_{\text{unten}} \tag{16-34}$$

wesentlich größer als die winzige Aufspaltung, so ergibt sich die Energieverschiebung als linear vom elektrischen Feld abhängig, und somit verhält sich das Molekül so als ob es ein Dipolmoment hätte (siehe Gl. 16-64).

Betrachten wir nun das Glied zweiter Ordnung. Es ist

$$E_{100}^{(2)} = e^2\mathcal{E}^2 \sum_{nlm} \frac{|\langle\phi_{nlm}|z|\phi_{100}\rangle|^2}{E_1{}^0 - E_n{}^0}. \tag{16-35}$$

[1]) Siehe unser einfaches Molekülmodell und die Diskussion von Seite 110.

Das Matrixelement in diesem Ausdruck lautet

$$\langle \phi_{nlm} | z | \phi_{100} \rangle = \int d^3r\, R_{nlm}(r)\, Y^*_{lm}\theta,\phi)\; r \cos\theta\, R_{100}(r)\, Y_{00}(\theta,\phi). \tag{16-36}$$

Hierbei haben wir z (es erscheint ja mit der Feldstärke $\mathcal{E}$, welche die z-Richtung definiere) ersetzt durch das praktischere $r\cos\theta$. Der Winkelanteil der Integration läßt sich ausführen, da

$$\begin{aligned} Y_{00} &= \frac{1}{\sqrt{4\pi}} \\ \cos\theta &= \sqrt{\frac{4\pi}{3}}\, Y_{10}. \end{aligned} \tag{16-37}$$

Da die Y_{lm} orthonormiert sind, ist also

$$\int d\Omega\, Y^*_{lm}(\theta,\phi)\, \frac{1}{\sqrt{3}}\, Y_{10}(\theta,\phi) = \frac{1}{\sqrt{3}}\, \delta_{l1}\delta_{m0}. \tag{16-38}$$

Die Tatsache, daß der m-Wert für beide Zustände gleich sein muß, ist unser erstes Beispiel für eine *Auswahlregel*, welche folgendermaßen auszudrücken ist:

$$\Delta m = 0. \tag{16-39}$$

Sie folgt daraus, daß die Störung z mit L_z kommutiert

$$[L_z, z] = 0. \tag{16-40}$$

Nun müssen wir noch den Radialteil des Integrals auswerten

$$R = \int_0^\infty r^2 dr\, R_{n10}(r)\; r\, R_{100}(r). \tag{16-41}$$

Das Integral kann ausgeführt werden[2], und es ergibt sich

$$|\langle \phi_{n10} | z | \phi_{100} \rangle|^2 = \frac{1}{3}\, \frac{2^8 n^7 (n-1)^{2n-5}}{(n+1)^{2n+5}}\, a_0^2. \tag{16-42}$$

Wir schreiben dies als $f(n)\, a_0^2$. Damit erhalten wir für die Energieverschiebung zweiter Ordnung

$$\begin{aligned} E^{(2)}_{100} &= -e^2\mathcal{E}^2 a_0^2 \sum_{n=2}^{\infty} \frac{f(n)}{\frac{1}{2}\mu c^2\alpha^2(1 - 1/n^2)} \\ &= -\frac{2e^2\mathcal{E}^2 a_0^2}{\mu c^2\alpha^2} \sum_{n=2}^{\infty} \frac{n^2 f(n)}{n^2 - 1} \\ &= -2a_0^3\mathcal{E}^2 \sum_{n=2}^{\infty} \frac{n^2 f(n)}{n^2 - 1}. \end{aligned} \tag{16-43}$$

---

[2]) Siehe H. A. Bethe und E. E. Salpeter, *Quantum Mechanics of One- and Two-Electron Atoms*, Academic Press, New York, 1957, S. 262.

Der hier vorliegende Ausdruck kann Glied für Glied ausgewertet werden [3]). Das Glied $n = 2$ trägt 0,74, das Glied $n = 3$ trägt 0,10 zur ganzen Summe bei. Die Summe konvergiert nicht besonders rasch, insgesamt liefert sie 1,125. Immerhin aber liefert schon das erste Glied eine Abschätzung für die Größenordnung des Effekts. Der Faktor a_0^3 ist selbstverständlich, schon aus Dimensionsgründen: $\mathcal{E}^2$ muß mit einem Faktor der Dimension (Länge)^3 multipliziert werden, und die einzige natürliche Längendimension ist der Bohrsche Radius. Haben wir statt Wasserstoff ein wasserstoffähnliches Atom, so ist a_0 zu ersetzen durch a_0/Z.

Differenzieren wir die Energieverschiebung nach der elektrischen Feldstärke, so erhalten wir einen Ausdruck für das elektrische Dipolmoment

$$(16\text{-}44) \qquad d = -\frac{\partial E_{100}^{(2)}}{\partial \mathcal{E}} = 4\mathcal{E}a_0^3 \sum_n \frac{n^2 f(n)}{n^2 - 1}.$$

Dieses ist proportional zur elektrischen Feldstärke, d.h. es handelt sich um ein induziertes Dipolmoment. Die *Polarisierbarkeit*, welche durch

$$(16\text{-}45) \qquad P = \frac{d}{\mathcal{E}}$$

definiert ist, kann nun leicht berechnet werden.

Zur Abschätzung von Summen der Art (16-35) sind manchmal nützliche obere Grenzen zu finden. So ist z.B.

$$(16\text{-}46) \qquad \begin{aligned} &\sum_{nlm} \frac{\langle \phi_{100} | z | \phi_{nlm} \rangle \langle \phi_{nlm} | z | \phi_{100} \rangle}{E_{100}^0 - E_n^0} \\ &< \frac{1}{|E_1^0 - E_2^0|} \sum_{nlm} \langle \phi_{100} | z | \phi_{nlm} \rangle \langle \phi_{nlm} | z | \phi_{100} \rangle . \end{aligned}$$

Wegen der Vollständigkeit der Zustände können wir nach (14-17) setzen

$$(16\text{-}47) \qquad \sum_{nlm} |\phi_{nlm}\rangle\langle\phi_{nlm}| \rightarrow 1$$

und damit haben wir

$$(16\text{-}48) \qquad \sum_{nlm} \langle \phi_{100} | z | \phi_{nlm} \rangle \langle \phi_{nlm} | z | \phi_{100} \rangle = \langle \phi_{100} | z^2 | \phi_{100} \rangle .$$

Dies ist jedoch leicht auszuwerten. Da die Wellenfunktion des Grundzustands kugelsymmetrisch ist, wird

$$(16\text{-}49) \qquad \langle z^2 \rangle = \langle x^2 \rangle = \langle y^2 \rangle = \frac{1}{3} \langle \phi_{100} | r^2 | \phi_{100} \rangle = a_0^2,$$

wobei der letzte Rechenschritt hierzu aus (12-31) folgt. Hieraus finden wir

[3]) Tatsächlich kann die Verschiebung zweiter Ordnung in geschlossener Form ausgewertet werden. Siehe z.B. S. Borowitz, *Fundamentals of Quantum Mechanics*, W.A. Benjamin, New York, S. 328-330.

(16-50) $$\sum_{n=2}^{\infty} f(n) = 1$$

und damit

(16-51) $$\sum_{n=2}^{\infty} \frac{n^2 f(n)}{n^2 - 1} < \frac{4}{3} \sum_{n=2}^{\infty} f(n) = \frac{4}{3} .$$

Die Beziehung

(16-52) $$\sum_{nlm} |\langle \phi_{nlm} | z | \phi_{100} \rangle|^2 = \langle \phi_{100} | z^2 | \phi_{100} \rangle$$

nennt man eine *Summenregel*; sie ist ein Beispiel für Beziehungen, die zu Abschätzungen nützlich sind.

Zur Illustration der Störungstheorie mit entarteten Zuständen berechnen wir nun den Starkeffekt erster Ordnung (d.h. linear mit $\mathcal{E}$ laufender Effekt), und zwar für die Zustände mit $n = 2$ im Wasserstoffatom. Im ungestörten Fall haben diese vier Zustände die gleiche Energie; ihre Wellenfunktionen lauten

(16-53)
$$\begin{aligned}
\phi_{200} &= (2a_0)^{-3/2}\, 2 \left(1 - \frac{r}{2a_0}\right) e^{-r/2a_0}\, Y_{00} \\
\phi_{211} &= (2a_0)^{-3/2}\, 3^{-1/2} \left(\frac{r}{a_0}\right) e^{-r/2a_0}\, Y_{11} \\
\phi_{210} &= (2a_0)^{-3/2}\, 3^{-1/2} \left(\frac{r}{a_0}\right) e^{-r/2a_0}\, Y_{10} \\
\phi_{2,1,-1} &= (2a_0)^{-3/2}\, 3^{-1/2} \left(\frac{r}{a_0}\right) e^{-r/2a_0}\, Y_{1,-1} .
\end{aligned}$$

Der Zustand $l = 0$ hat gerade, die Zustände $l = 1$ haben ungerade Parität. Wir müssen nach (16-23) vorgehen, und damit ergeben sich vier Gleichungen. Beachten wir jedoch, daß a) das Störpotential mit L_z kommutiert, und somit nur Zustände von gleichem m miteinander verbindet, und b) daß wir wegen der Parität nur solche Glieder betrachten dürfen, bei denen durch das Störpotential $l = 1$ mit $l = 0$ verknüpft wird, also

(16-54) $$\langle \phi_{2,1,\pm 1} | z | \phi_{2,1,\pm 1} \rangle = 0 ,$$

so bleibt von (16-23) nur eine 2×2 Matrix [Anm. d. Übers.: für λE in (16-23) steht im folgenden nur noch E]:

(16-55) $$e\mathcal{E} \begin{pmatrix} \langle \phi_{200} | z | \phi_{200} \rangle & \langle \phi_{200} | z | \phi_{210} \rangle \\ \langle \phi_{210} | z | \phi_{200} \rangle & \langle \phi_{210} | z | \phi_{210} \rangle \end{pmatrix} \begin{pmatrix} \alpha_1 \\ \alpha_2 \end{pmatrix} = E^{(1)} \begin{pmatrix} \alpha_1 \\ \alpha_2 \end{pmatrix}.$$

Die Diagonalelemente verschwinden wegen der Parität, und die anderen Elemente sind gleich, da sie zueinander komplex konjugiert sind und reell gemacht werden können. Wir erhalten für sie

(16-56)
$$\langle\phi_{200}|z|\phi_{210}\rangle = \int_0^\infty r^2 dr (2a_0)^{-3}\, e^{-r/a_0}\,\frac{2r}{\sqrt{3}a_0}\left(1-\frac{r}{2a_0}\right) r \cdot \int d\Omega\, Y_{00}^*\left(\sqrt{4\pi/3}\; Y_{10}\right) Y_{10} = -3a_0.$$

Damit wird (16-55) zu

(16-57)
$$\begin{pmatrix} -E^{(1)} & -3e\mathcal{E}a_0 \\ -3e\mathcal{E}a_0 & -E^{(1)} \end{pmatrix}\begin{pmatrix} \alpha_1 \\ \alpha_2 \end{pmatrix} = 0.$$

Die Eigenwerte hiervon sind

(16-58) $E^{(1)} = \pm 3e\mathcal{E}a_0$

und die dazugehörigen normierten Eigenzustände sind

$$\frac{1}{\sqrt{2}}\begin{pmatrix} 1 \\ -1 \end{pmatrix} \text{ und } \frac{1}{\sqrt{2}}\begin{pmatrix} 1 \\ 1 \end{pmatrix}.$$

Der lineare Starkeffekt liefert also für die entarteten Zustände mit $n = 2$ die in Bild 16.1 gezeigte Aufspaltung.

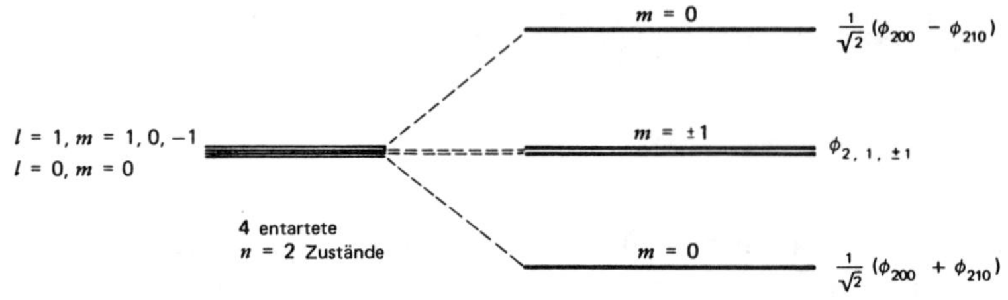

Bild 16–1 Aufspaltung der $n = 2$ Niveaus in Wasserstoff durch den Stark-Effekt. Die vierfache Entartung wird durch das Störfeld teilweise aufgehoben. Die Zustände $m = \pm 1$ bleiben entartet und erfahren keine Stark-Verschiebung.

Einige allgemeine Bemerkungen können aus den vorstehenden Rechnungen entnommen werden:

(a) In Gegenwart des elektrischen Feldes sind die Zustände nicht mehr Eigenzustände von $\mathbf{L}^2$, denn z.B. im obigen Beispiel fanden wir, daß die Diagonalisierung durch Mischung der Zustände $l = 0$ und $l = 1$ geschah; Eigenzustände von L_z sind sie aber noch. Der Grund ist, daß die Störung den Hamilton-Operator so ändert, daß er nicht mehr mit $\mathbf{L}^2$ kommutiert. Dies kann im Detail ausgearbeitet werden, aber es ist wirklich unmittelbar zu sehen, daß das äußere Feld eine Vorzugsrichtung definiert und das System damit nicht länger invariant gegenüber beliebigen Drehungen sein kann.

Gegenüber Drehung um die Vorzugsachse, hier die z-Achse, ist es aber noch invariant, und damit bleibt L_z eine gute Konstante des Systems.

(b) Ganz allgemein gilt immer dann, wenn eine Störung auftritt und dabei die Erhaltung einer Größe verletzt wird (hier z. B. $\mathbf{L}^2$), daß die Zustände, welche den neuen Hamilton-Operator in jeder Näherung diagonalisieren, sich aus anderen Zuständen superponieren, und zwar aus solchen mit verschiedenen Werten der ursprünglich erhalten gebliebenen Quantenzahlen; auf diese Weise werden entartete Niveaus aufgespalten.

(c) Wir können das Verfahren der Störungstheorie für entartete Zustände in der Matrixbeschreibung folgendermaßen zusammenfassen: Ist H_0 diagonal, H_1 aber nicht, so ist es nicht möglich, H_1 für sich allein zu diagonalisieren, ohne dabei die Diagonalität von H_0 zu zerstören, da H_0 und H_1 nicht kommutieren. Man muß mit

$$H = H_0 + H_1$$

als ganzem arbeiten. Beschränken wir uns aber auf entartete Zustände, welche Eigenzustände von H_0 mit *gleichem Eigenwert* sind, so ist für diese H_0 nicht nur diagonal, sondern auch proportional zur Einheitsmatrix. Da aber H_1 mit der Einheitsmatrix kommutiert (wie alles andere), so kann man H_1 für sich allein diagonalisieren, ohne dabei H_0 zu berühren.

Die hier betrachteten wasserstoffähnlichen Atome wurden ein wenig idealisiert. Wie im 17. Kapitel zu sehen sein wird, gibt es kleine relativistische Effekte und Spin-Bahn-Kopplung, wodurch die Entartung teilweise aufgehoben wird. Bedeutet dies, daß wir nie Störungstheorie mit entarteten Zuständen zu machen brauchen? Wenn z.B. ϕ_{200} und ϕ_{210} nicht genau den gleichen Energie-Eigenwert haben, so kann es tatsächlich sinnvoll sein, eine Linearkombination aus ihnen für die Störungsentwicklung zu verwenden. Haben wir z.B.

$$\begin{aligned} H_0\,\phi_{200} &= (E_2{}^0 - \Delta)\,\phi_{200} \\ H_0\,\phi_{210} &= (E_2{}^0 + \Delta)\,\phi_{210} \end{aligned} \tag{16-59}$$

mit kleinem Δ, so lautet die Schrödinger-Gleichung mit den Linearkombinationen

$$\begin{aligned} (H_0 + \lambda H_1)&\left(\alpha_1\phi_{200} + \alpha_2\phi_{210} + \lambda \sum_{n\neq 2} C_n\phi_n\right) \\ &= E\left(\alpha_1\phi_{200} + \alpha_2\phi_{210} + \lambda \sum_{n\neq 2} C_n\phi_n\right). \end{aligned} \tag{16-60}$$

Bilden wir das Skalarprodukt mit ϕ_{200} bzw. ϕ_{210}, so erhalten wir

$$\begin{pmatrix} E_2{}^0 - \Delta - \langle\phi_{200}|\lambda H_1|\phi_{200}\rangle & \langle\phi_{200}|\lambda H_1|\phi_{210}\rangle \\ \langle\phi_{210}|\lambda H_1|\phi_{200}\rangle & E_2{}^0 + \Delta - \langle\phi_{210}|\lambda H_1|\phi_{210}\rangle \end{pmatrix}\begin{pmatrix}\alpha_1\\ \alpha_2\end{pmatrix} = E\begin{pmatrix}\alpha_1\\ \alpha_2\end{pmatrix}. \tag{16-61}$$

Setzen wir

(16-62) $$\langle \phi_{200}|\lambda H_1|\phi_{210}\rangle = \langle \phi_{210}|\lambda H_1|\phi_{200}\rangle = a\lambda ,$$

so müssen wir also die Eigenwerte der Matrix

(16-63) $$\begin{pmatrix} E_2{}^0 - \Delta & \lambda a \\ \lambda a & E_2{}^0 + \Delta \end{pmatrix}$$

finden. Diese sind

(16-64) $$E = E_2{}^0 \pm \sqrt{a^2\lambda^2 + \Delta^2}.$$

(Bei der vorstehenden Rechnung haben wir $\langle \phi_{200}|H_1|\phi_{200}\rangle = \langle \phi_{210}|H_1|\phi_{210}\rangle = 0$ gesetzt.) Für $\Delta \gg a\lambda$ sieht man, daß sich nur ein "quadratischer" Effekt ergibt; dies entspricht der Nichtentartung. Mit $\Delta \ll a\lambda$ erhält das Resultat die Form (16-58). Im dazwischenliegenden Bereich ist die obige, sorgfältige Bearbeitung nötig. Weiterhin ergibt sich, daß bei Verwendung dieser neuen Linearkombination in der Störungstheorie zweiter Ordnung nicht mehr die sehr kleinen Energiedifferenzen im Nenner erscheinen; dies auszuarbeiten ist nicht schwierig, und wir diskutieren es nicht im einzelnen.

Als Schlußbemerkung wollen wir auf zwei scheinbar widersprüchliche Punkte hinweisen: (1) Die Vorhersagen der Störungstheorie für den Stark-Effekt werden sehr gut vom Experiment bestätigt, (2) die Störungsglieder divergieren offenbar, da das Störpotential $e\mathcal{E}z$ mit z über alle Grenzen wächst, egal wie klein $e\mathcal{E}$ auch sei. Es erhebt sich die Frage, ob es erlaubt ist, den wenigen ersten Termen einer divergenten Reihe irgendeinen Wert zuzumessen, da doch bekanntlich eine divergente Reihe auch durch völlig andere Entwicklungen dargestellt werden kann. Die Antwort liegt in der physikalischen, und nicht in der mathematischen Seite des Problems. Der Grund für das Divergieren ist in Bild 16.2 zu sehen, worin der Potentialverlauf für festgehaltenes x und y grob skizziert ist. Man sieht, daß das gebundene Elektron einen Potentialwall vorfindet. Obwohl er für kleines $e\mathcal{E}$ sehr breit wird, so ist er doch durchdringbar. Die mathematische Divergenz der Reihe kommt daher, daß das Elektron, z. B. im Grundzustand eine endliche (jedoch sehr kleine) Wahrscheinlichkeit hat, so weit vom Kern entfernt zu sein, daß das äußere Feld stärker ist als das bindende Coulomb-Feld, und es damit wegläuft. Somit entsprechen die durch Anlegen des äußeren Felddes verschobenen Energieniveaus des Wasserstoffatoms nicht mehr stationären, sondern metastabilen Zuständen. Ist das Feld jedoch schwach, so können sie wohl über eine mit dem Weltalter vergleichbare Zeit[4]) stabil sein, und somit stimmen die Beobachtungen sehr wohl mit den Werten der ersten Entwicklungsglieder überein.

---

[4]) Tatsächlich zeigt eine einfache Berechnung des Tunneleffekts nach dem Muster des 5. Kapitels, daß der Zeitmaßstab für vernünftige Feldstärken eher in der Gegend von 10^{1000} Weltaltern liegt.

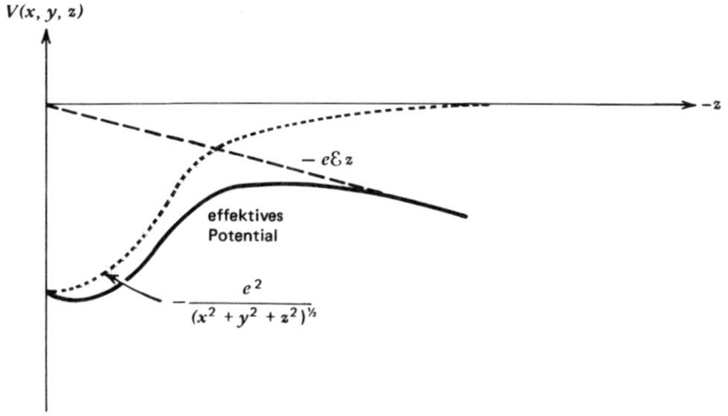

Bild 16–2 Schematische Darstellung des Potentialverlaufs als Funktion von z bei konstantem x und y. Die punktierte Linie zeigt das Coulombpotential, die gestrichelte Linie das Potential des von außen angelegten Feldes. Ausgezogene Linien: Gesamtpotential.

Aufgaben

1. Betrachten Sie das Wasserstoffatom, wobei das Proton nicht eine Punktladung, sondern eine homogen geladene Kugel vom Radius R sei. Das Coulomb-Potential wird dadurch modifiziert zu

$$V(r) = -\frac{3e^2}{2R^3}\left(R^2 - \frac{1}{3}r^2\right) \qquad r < R(\ll a_0)$$
$$= -\frac{e^2}{r} \qquad r > R.$$

Berechnen Sie die dadurch entstehende Energieverschiebung für den Zustand $n = 1$, $l = 0$ und für die $n = 2$ Zustände, und zwar unter Verwendung der in (12-25) gegebenen Wellenfunktionen.

2. Berechnen Sie die Energieverschiebung des Grundzustandes am harmonischen Oszillator, wenn man das Störpotential

$$V = \lambda x^4$$

zum Hamilton-Operator

$$H = \frac{p^2}{2m} + \tfrac{1}{2}m\omega^2x^2$$

hinzufügt.

3. Betrachten Sie einen eindimensionalen Potentialkasten. Um wieviel verändert sich die Grundzustandsenergie, wenn die Ecken des Kastens wie in der Abbildung abgerundet werden? Die Abrundung soll so gewählt werden, daß $\int_{-\infty}^{\infty} V(x)\,dx$ unverändert bleibt.

4. In einem Potentialkasten mit unendlich hohen Wänden werde der ebene Kastenboden durch den Potentialverlauf

$$V(x) = \epsilon \sin \frac{\pi x}{b} \qquad 0 \leq x \leq b$$

ersetzt. Berechnen Sie die Energieverschiebung jedes angeregten Zustandes, und zwar in erster Ordnung von ϵ. Beachten Sie, daß vor Anbringen der Störung $V(x) = 0$ für den Bereich $0 \leq x \leq b$, und sonst überall $V = \infty$.

5. Beweisen Sie folgende Summenregel (sog. Thomas-Reiche-Kuhn-Summenregel):

$$\sum_n (E_n - E_a) |\langle n|x|a\rangle|^2 = \frac{\hbar^2}{2m}.$$

Hinweis: a) Schreiben Sie die Vertauschungsrelation $[p,x] = \hbar/i$ in folgender Form

$$\sum_n \left\{\langle a|p|n\rangle\langle n|x|a\rangle - \langle a|x|n\rangle\langle n|p|a\rangle\right\} = \frac{\hbar}{i}\langle a|a\rangle = \frac{\hbar}{i}.$$

b) Verwenden Sie außerdem die Beziehung

$$\langle a|p|n\rangle = \left\langle a|m\frac{dx}{dt}|n\right\rangle = m\frac{i}{\hbar}\langle a|[H,x]|n\rangle.$$

6. Überprüfen Sie die obengenannte Summenregel für den eindimensionalen harmonischen Oszillator, wobei "a" den Grundzustand bezeichnen soll.

7. Arbeiten Sie den Stark-Effekt erster Ordnung für den Zustand $n = 3$ im Wasserstoffatom aus. Belasten Sie sich nicht zu sehr durch Ausführen jedes der Integrale!

8. Betrachten Sie ein Elektron im Wasserstoffatom, Zustand n. Das Atom werde in ein von außen angelegtes elektrisches Feld eingebracht. Machen Sie eine Abschätzung über die Lebensdauer des Atoms, oder gleichbedeutend, eine Abschätzung des Transmissionskoeffizienten durch den aus der Überlagerung der Coulombschen Kernanziehung mit dem äußeren Feld entstehenden Potentialwall! Es genügt, das Problem eindimensional zu sehen,

9. Betrachten Sie den durch

$$H = \frac{1}{2m}(p_x^2 + p_y^2) + \tfrac{1}{2}m\omega^2(x^2 + y^2)$$

charakterisierten zweidimensionalen harmonischen Oszillator. Verallgemeinern Sie das im 7. Kapitel gezeigte Verfahren, um Lösungen dieses Falles zu erhalten, und zwar mit auf den Grundzustand wirkenden Aufsteigeoperatoren. Berechnen Sie dann mit Störungstheorie erster Ordnung die durch das Störpotential

$$V = 2\lambda xy$$

bewirkte Energieverschiebung im Grundzustand und in den entarteten ersten angeregten Zuständen. Versuchen Sie das Ergebnis auf sehr einfache Weise zu interpretieren. Lösen Sie das Problem exakt und vergleichen Sie damit die Ergebnisse aus der Störungstheorie zweiter Ordnung!
Hinweis: a) Betrachten Sie die Symmetrien des ungestörten Hamilton-Operators. b) Spalten Sie die Bewegung auf in Schwerpunktsbewegung und innere Bewegung.

Literatur

In der Lehrbuchliteratur gibt es viele Anwendungsbeispiele der Störungstheorie erster Ordnung; die Literaturliste am Ende des Buches mag als Quelle für weitere Beispiele dienen. Eine Diskussion der exakten Berechnung des Stark-Effekts ist gegeben in

S. Borowitz "Fundamentals of Quantum Mechanics" W.A. Benjamin, Inc., 1967

17. Das reale Wasserstoffatom

Die Diskussion der wasserstoffähnlichen Atome im 12. Kapitel war auf den Hamilton-Operator

(17-1) $$H_0 = \frac{\mathbf{p}^2}{2\mu} - \frac{Ze^2}{r}$$

aufgebaut. Wollen wir uns von dieser vereinfachten Beschreibung ausgehend dem Realfall nähern, so müssen wir an H_0 einige Korrekturen anbringen. Zunächst ändert sich der Ausdruck für die kinetische Energie des Elektrons, wenn relativistische Korrekturen berücksichtigt werden. In unserem ursprünglichen Hamilton-Operator für das System Elektron-Proton (im Schwerpunktsystem) ersetzen wir

$$\frac{\mathbf{p}_e^2}{2m} + \frac{\mathbf{p}_P^2}{2M} = \mathbf{p}^2\left(\frac{1}{2m} + \frac{1}{2M}\right) = \frac{\mathbf{p}^2}{2\mu}$$

durch den Ausdruck

(17-2) $$\begin{aligned}(p_e^2c^2 + m^2c^4)^{1/2} + \frac{\mathbf{p}_P^2}{2M} &\cong mc^2 + \frac{\mathbf{p}^2}{2m} - \frac{1}{8}\frac{(\mathbf{p}^2)^2}{m^3c^2} + \frac{\mathbf{p}^2}{2M} \\ &= mc^2 + \frac{\mathbf{p}^2}{2\mu} - \frac{1}{8}\frac{(\mathbf{p}^2)^2}{m^3c^2}.\end{aligned}$$

Der erste Term hiervon, mc^2, ist irrelevant, der zweite ist der obengenannte nichtrelativistische und enthält die reduzierte Masse, und der dritte liefert eine relativistische Korrektur

(17-3) $$H_1 = -\frac{1}{8}\frac{(\mathbf{p}^2)^2}{m^3c^2},$$

die zu H_0 hinzukommt. Wir können die Größenordnung dieser Korrektur abschätzen

(17-4) $$\frac{\langle H_1\rangle}{\langle H_0\rangle} \approx \frac{\langle p^2\rangle}{m^2c^2} \approx \frac{(mcZ\alpha)^2}{m^2c^2} \approx (Z\alpha)^2.$$

Ihre relative Größe beträgt also für Wasserstoff etwa 10^{-5}, und ist somit kleiner als die durch die reduzierte Masse bewirkte Korrektur.

Der Elektronenspin erfordert eine weitere Korrektur von gleicher Größenordnung. Sie ist qualitativ folgendermaßen zu verstehen: Befände sich das Elektron in Ruhe bezüglich eines im Proton verankerten Koordinatensystems (- wir diskutieren dies in klassischer Betrachtungsweise -), so würde das Elektron nur das elektrische Feld des Protons sehen. Da sich das Elektron aber bewegt, treten zusätzliche Effekte auf. Von einem mit dem Elektron verbundenen Koordinatensystem aus bewegt sich das Proton, und damit "sieht" das Elektron einen elektrischen Strom und das dazugehörige Magnetfeld. Wäre die Relativbewegung geradlinig, so wäre das vom Elektron gesehene Magnetfeld $\mathbf{v} \times \mathbf{E}/c$. Dieses Magnetfeld tritt mit dem Spin, oder präziser gesagt mit dem magnetischen Moment des Elektrons in Wechselwirkung. Wir könnten eine Wechselwirkung in folgender Form erwarten:

$$
\begin{aligned}
-\mathbf{M}\cdot\mathbf{B} &= \frac{e}{mc}\,\mathbf{S}\cdot\mathbf{B} \\
&= \frac{e}{mc^2}\,\mathbf{S}\cdot\mathbf{v}\times\mathbf{E} = -\frac{e}{m^2c^2}\,\mathbf{S}\cdot\mathbf{p}\times\nabla\phi(r) \\
&= -\frac{e}{m^2c^2}\,\mathbf{S}\cdot\mathbf{p}\times\mathbf{r}\,\frac{1}{r}\,\frac{d\phi}{dr} \\
&= \frac{1}{m^2c^2}\,\mathbf{S}\cdot\mathbf{r}\times\mathbf{p}\,\frac{1}{r}\,\frac{d}{dr}\,e\phi(r).
\end{aligned}
\tag{17-5}
$$

$\phi(r)$ ist das Potential der Kernladung. In Wirklichkeit ist diese Erwartung aber nicht ganz richtig. Es ergibt sich nämlich, daß relativistische Effekte zusammen mit der nichtgeradlinigen Bewegung den obigen Ausdruck um den Faktor 2 reduzieren (Thomas-Präzession). Der korrekte Störoperator ergibt sich so zu

$$
H_2 = \frac{1}{2m^2c^2}\,\mathbf{S}\cdot\mathbf{L}\,\frac{1}{r}\,\frac{d[e\phi(r)]}{dr}. \tag{17-6}
$$

Wir wollen nun die Störungstheorie erster Ordnung anwenden, um die Auswirkung von H_1 und H_2 auf das Spektrum wasserstoffähnlicher Atome zu sehen. Hierzu bringen wir H_1 auf die Form

$$
\begin{aligned}
H_1 &= -\frac{1}{8}\,\frac{(\mathbf{p}^2)^2}{m^3c^2} = -\frac{1}{2mc^2}\left(\frac{\mathbf{p}^2}{2m}\right)^2 \\
&= -\frac{1}{2mc^2}\left(H_0 + \frac{Ze^2}{r}\right)\left(H_0 + \frac{Ze^2}{r}\right),
\end{aligned}
\tag{17-7}
$$

wobei wir auf den Unterschied zwischen m und μ in H_1 keine Rücksicht nehmen. Damit erhalten wir

$$
\begin{aligned}
\langle \phi_{nlm} | H_1 | \phi_{nlm} \rangle &= -\frac{1}{2mc^2}\left\langle \phi_{nlm} \left| \left(H_0 + \frac{Ze^2}{r}\right)\left(H_0 + \frac{Ze^2}{r}\right) \right| \phi_{nlm} \right\rangle \\
&= -\frac{1}{2mc^2}\left[E_n^2 + 2E_nZe^2\left\langle\frac{1}{r}\right\rangle_{nl} + (Ze^2)^2\left\langle\frac{1}{r^2}\right\rangle_{nl}\right]
\end{aligned}
\tag{17-8}
$$

$$= -\frac{1}{2mc^2}\left\{\left[\frac{mc^2(Z\alpha)^2}{2n^2}\right]^2 - 2Ze^2\frac{mc^2(Z\alpha)^2}{2n^2}\left(\frac{Z}{a_0n^2}\right) + (Ze^2)^2\frac{Z^2}{a_0{}^2n^3(l+1/2)}\right\}$$

$$= -\frac{1}{2}mc^2(Z\alpha)^2\left[\frac{(Z\alpha)^2}{n^3(l+1/2)} - \frac{3(Z\alpha)^2}{4n^4}\right].$$

Hierzu haben wir die Ausdrücke für

$$\left\langle\frac{1}{r}\right\rangle_{nl} \equiv \left\langle\phi_{nlm}\middle|\frac{1}{r}\middle|\phi_{nlm}\right\rangle \quad \text{und} \quad \left\langle\frac{1}{r^2}\right\rangle_{nl} \equiv \left\langle\phi_{nlm}\middle|\frac{1}{r^2}\middle|\phi_{nlm}\right\rangle$$

aus (12-31) entnommen. Der Elektronenspin geht in diese Energieverschiebung nicht ein, da H_1 nicht vom Spin abhängt. H_2 aber hängt vom Spin ab, und wir müssen deshalb anstelle unserer ungestörten Wellenfunktion nun Zweikomponenten-Wellenfunktionen verwenden, denn wir wollen den Erwartungswert von

(17-9) $$\frac{1}{2m^2c^2}\mathbf{S}\cdot\mathbf{L}\frac{1}{r}\frac{ed\phi(r)}{dr} = \frac{Ze^2}{2m^2c^2}\mathbf{S}\cdot\mathbf{L}\frac{1}{r^3}$$

berechnen. Auch hier haben wir ein Beispiel für Störungstheorie an entarteten Zuständen. Bei gegebenem n und l gibt es $2(2l+1)$ entartete Eigenzustände von H_0; der Vorfaktor 2 kommt von den beiden Spinzuständen. Die Berechnung der Energieverschiebung erfordert die Diagonalisierung einer Submatrix, so wie in (16-23). Wir können uns viel Arbeit sparen, wenn wir beachten, daß wegen

(17-10) $$\mathbf{S} + \mathbf{L} = \mathbf{J}$$

auch gilt

$$\mathbf{S}^2 + 2\mathbf{S}\cdot\mathbf{L} + \mathbf{L}^2 = \mathbf{J}^2,$$

also

(17-11) $$\mathbf{S}\cdot\mathbf{L} = \tfrac{1}{2}(\mathbf{J}^2 - \mathbf{L}^2 - \mathbf{S}^2).$$

Wenn wir also aus den entarteten Eigenfunktionen Linearkombinationen bilden, die Eigenfunktionen von $\mathbf{J}^2$ sind (es sind schon Eigenfunktionen von $J_z = L_z + S_z$), so werden diese Linearkombinationen H_2 diagonalisieren. Solche Linearkombinationen haben wir im 15. Kapitel, (15-37) und (15-38), erhalten. Damit wird

$$\mathbf{S}\cdot\mathbf{L}\,\psi_{\substack{j=l+(1/2)\\m_j=m+(1/2)}} = \frac{1}{2}\left(\mathbf{J}^2 - \mathbf{L}^2 - \mathbf{S}^2\right)\psi_{\substack{j=l+(1/2)\\m_j=m+(1/2)}}$$

(17-12) $$= \frac{1}{2}\hbar^2\left[\left(l+\frac{1}{2}\right)\left(l+\frac{3}{2}\right) - l(l+1) - \frac{3}{4}\right]\psi_{\substack{j=l+(1/2)\\m_j=m+(1/2)}}$$

$$= \frac{1}{2}\hbar^2 l\,\psi_{\substack{j=l+(1/2)\\m_j=m+(1/2)}}$$

und

$$\begin{aligned}\mathbf{S}\cdot\mathbf{L}\,\psi_{\substack{j=l-(1/2)\\ m_j=m+(1/2)}} &= \frac{1}{2}\hbar^2\left[\left(l-\frac{1}{2}\right)\left(l+\frac{1}{2}\right)-l(l+1)-\frac{3}{4}\right]\psi_{\substack{j=l-(1/2)\\ m_j=m+(1/2)}}\\ &= -\frac{1}{2}\hbar^2(l+1)\,\psi_{\substack{j=l-(1/2)\\ m_j=m+(1/2)}}\,.\end{aligned} \tag{17-13}$$

Für gegebenes l gibt es $[2(l+1/2)+1]+[2(l-1/2)+1]$ Zustände. Sie sind jetzt in zwei Gruppen zusammengefaßt, die sich unter der Wirkung der Störung H_2 verschieden verhalten. Bezeichnen wir die Linearkombination mit ϕ_{jm_jl}, so wird für $j = l \pm 1/2$

$$\begin{aligned}\langle\phi_{jm_jl}|H_2|\phi_{jm_jl}\rangle &= \frac{Ze^2}{2m^2c^2}\,\frac{\hbar^2}{2}\begin{Bmatrix} l \\ -l-1\end{Bmatrix}\\ &\times\int_0^\infty dr\, r^2[R_{nl}(r)]^2\,\frac{1}{r^3}\,.\end{aligned} \tag{17-14}$$

Mit

$$\left\langle\frac{1}{r^3}\right\rangle_{nl} = \frac{Z^3}{a_0{}^3}\,\frac{1}{n^3 l(l+1/2)(l+1)} \tag{17-15}$$

erhalten wir die Energieverschiebung zu

$$\Delta E = \frac{1}{4}\,mc^2(Z\alpha)^4\,\frac{\begin{Bmatrix} l \\ -l-1\end{Bmatrix}}{n^3 l(l+1/2)(l+1)}\,. \tag{17-16}$$

Nun müssen wir natürlich die durch H_1 und H_2 hervorgerufenen Verschiebungen kombinieren. Nach einiger Zwischenrechnung erhalten wir so das Ergebnis

$$\Delta E = -1/2mc^2(Z\alpha)^4\,\frac{1}{n^3}\left[\frac{1}{j+1/2}-\frac{3}{4n}\right], \tag{17-17}$$

und zwar für beide Möglichkeiten $l = j \pm 1/2$. Um zu zeigen, daß das Ergebnis auch für $l = 0$ richtig ist, muß die relativistische Dirac-Gleichung angewandt werden.

Die Aufspaltung ist in Bild 17.1 dargestellt. Ein sehr interessantes Ergebnis ist es, daß die Korrekturen so zusammenwirken, daß die Zustände $^2P_{1/2}$ und $^2S_{1/2}$ zusammenfallen, und damit entartet sind. Eine genauere Diskussion unter Verwendung der relativistischen Dirac-Gleichung ändert an diesem Ergebnis nichts. Durch ein hochauflösendes Mikrowellen-Absorptionsexperiment konnten aber Lamb und Retherford im Jahre 1947 zeigen, daß die beiden Niveaus nicht genau zusammenfallen. Das Ausmaß dieser Aufspaltung von der Größenordnung $mc^2(Z\alpha)^4\,\alpha\log\alpha$ konnte durch eine zusätzliche Wechselwirkung des Elektrons mit seinem eigenen elektromagnetischen Feld erklärt werden; man bezeichnet diese Wechselwirkung als Selbstenergie. Diese Probleme liegen aber außerhalb des Rahmens dieses Buches.

Diskutieren wir nun - für wasserstoffähnliche Atome - den *anomalen Zeemann-Effekt*, also das Verhalten in einem von außen angelegten Magnet-

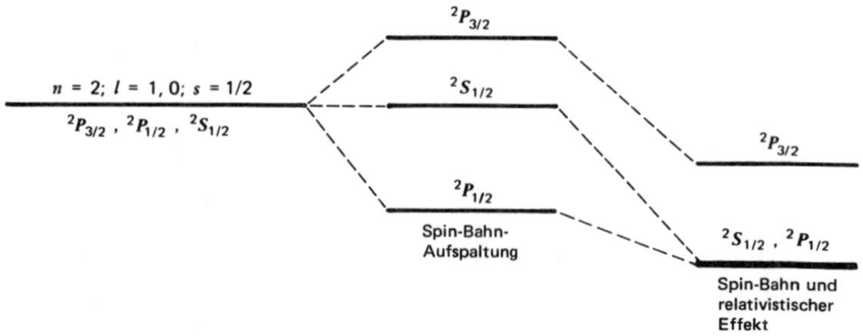

Bild 17–1 Aufspaltung des Niveaus $n = 2$ durch 1) die Spin-Bahn Wechselwirkung (der S-Zustand bleibt unverändert) und 2) den relativistischen Effekt. Die hier erscheinende Entartung der Zustände $^2S_{1/2}$ und $^2P_{1/2}$ wird durch Effekte der Quantenelektrodynamik aufgehoben, wobei der Zustand $^2S_{1/2}$ nach oben verschoben wird (Lamb-shift).

feld. Hierbei liegt natürlich nichts "Anomales" vor; diese Bezeichnung kommt nun daher, daß eine klassische Erklärung (das "normale" Verhalten) nur bei Atomen mit Gesamtspin Null zu finden ist. Für andere Zustände (unter Beteiligung des Spins) gab es eine klassisch nicht erklärbare Aufspaltung und der Zeeman-Effekt wurde deshalb "anomal" genannt.

Als ungestörten Hamilton-Operator verwenden wir das übliche H_0 zusammen mit dem Spin-Bahn Term. Der Grund hierfür liegt darin, daß die Störung von außen klein sein kann gegenüber der oben mit H_2 bezeichneten Störung. Unser ungestörter Hamilton-Operator ist also

(17-18) $$H_0 = \frac{p^2}{2\mu} - \frac{Ze^2}{r} + \frac{1}{2m^2c^2}\frac{Ze^2}{r^3}\,\mathbf{L}\cdot\mathbf{S},$$

und der durch das äußere Magnetfeld hinzukommende Störoperator ist

(17-19) $$H_1 = \frac{e}{2mc}\,(\mathbf{L} + 2\mathbf{S})\cdot\mathbf{B}.$$

Hierdurch wird ausgedrückt die Wechselwirkung des äußeren Magnetfeldes erstens mit dem aus dem Bahndrehimpuls resultierenden magnetischen Dipolmoment, und zweitens mit dem aus dem Spin des Elektrons resultierenden magnetischen Dipolmoment

(17-20) $$\mathbf{M} = -\frac{eg}{2mc}\,\mathbf{S},$$

wobei $g = 2$.

Die Wahl von H_0 zwingt uns, den Erwartungswert der Störung in den Eigenzuständen von $\mathbf{J}^2$ und J_z zu berechnen. Wählen wir die z-Achse als durch die Richtung von $\mathbf{B}$ gegeben, so erhalten wir

(17-21)
$$\langle\phi_{jm_jl}|\frac{eB}{2mc}(L_z+2S_z)|\phi_{jm_jl}\rangle = \langle\phi_{jm_jl}|\frac{eB}{2mc}(J_z+S_z)|\phi_{jm_jl}\rangle = \frac{eB}{2mc}(\hbar m_j + \langle\phi_{jm_jl}|S_z|\phi_{jm_jl}\rangle).$$

Das letzte Matrixelement berechnen wir unter Verwendung der in (15-37) und (15-38) gegebenen Eigenfunktionen. Für $j = l - 1/2$ wird somit

(17-22)
$$\left\langle\sqrt{\frac{l+m+1}{2l+1}}\,Y_{lm}\chi_+ + \sqrt{\frac{l-m}{2l+1}}\,Y_{l,m+1}\chi_-\right|S_z\left|\sqrt{\frac{l+m+1}{2l+1}}\,Y_{lm}\chi_+ + \sqrt{\frac{l-m}{2l+1}}\,Y_{l,m+1}\chi_-\right\rangle = \frac{\hbar}{2}\left(\frac{l+m+1}{2l+1} - \frac{l-m}{2l+1}\right) = \frac{\hbar}{2}\,\frac{2m+1}{2l+1} = \frac{\hbar m_j}{2l+1}$$

und für $j = l - 1/2$

(17-23)
$$\left\langle\sqrt{\frac{l-m}{2l+1}}\,Y_{ml}\,\chi_+ - \sqrt{\frac{l+m+1}{2l+1}}\,Y_{l,m+1}\chi_-\right|S_z\left|\sqrt{\frac{l-m}{2l+1}}\,Y_{lm}\chi_+ - \sqrt{\frac{l+m+1}{2l+1}}\,Y_{l,m+1}\chi_-\right\rangle = \frac{\hbar}{2}\left(\frac{l-m}{2l+1} - \frac{l+m+1}{2l+1}\right) = -\frac{\hbar}{2}\,\frac{2m+1}{2l+1} = -\frac{\hbar m_j}{2l+1}.$$

(Für beide Fälle wurde schon eingesetzt $m_j = m + 1/2$.) Gehen wir hiermit in (17-21) ein, so erhalten wir das Ergebnis

(17-24)
$$\Delta E = \frac{e\hbar B}{2mc}\, m_j\left(1 \pm \frac{1}{2l+1}\right) \qquad j = l \pm \tfrac{1}{2}\,.$$

Die Aufspaltung ist in Bild 17.2 dargestellt. Die Auswahlregel [1]) für Übergänge ist noch

(17-25)
$$\Delta m_j = \pm 1{,}0\,,$$

aber da die Größe der Aufspaltung nicht in jedem Multiplett *) gleich groß ist, so erhalten wir hier nicht mehr nur drei Linien und so einfache Verhältnisse wie für den normalen Zeeman-Effekt im 13. Kapitel. Z.B. ergibt sich (siehe Bild 17.3), daß der Zustand $n = 2$, $^2P_{3/2}$ in vier Niveaus aufspaltet, deren Abstand doppelt so groß ist als bei den aus $^2P_{1/2}$ aufspaltenden beiden Niveaus. Ist das äußere Feld sehr stark, so daß die Spin-Bahn-Kopplung vernachlässigt werden kann, so dürfen wir einfach die gewöhnlichen

[1]) Die Ableitung dieser und anderer Auswahlregeln wird im 22. Kapitel diskutiert.

*) Anm. d. Üb.: Unter Multiplett sind hier die beiden durch die Klammern in Bild 17-2 gekennzeichneten Gruppen zu verstehen. Allgemein versteht man unter Multiplett die durch ein bestimmtes Paar von L und S charakterisierten Terme, hier also auch $j = l \pm \frac{1}{2}$, ein Dublett.

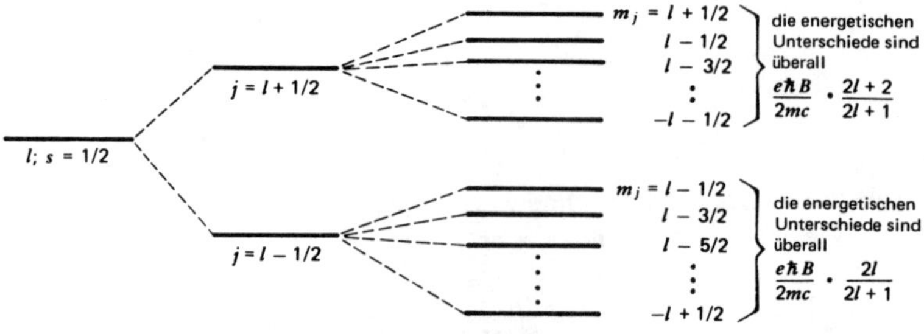

Bild 17–2 Allgemeine Darstellung des anomalen Zeeman-Effektes.

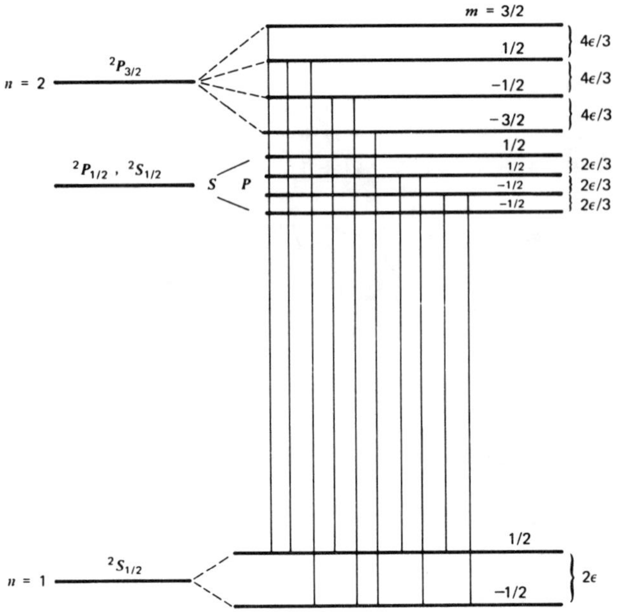

Bild 17–3 Zeeman-Effekt in Wasserstoff; ϵ steht für $e\hbar B/2mc$. Eingezeichnet sind die Übergänge, für die gilt $\Delta l = 1$, $\Delta m = 1, 0, -1$. Die Lage der Niveaus vor Anlegen des Magnetfelds ist in Bild 17–1 gegeben.

Wasserstoff-Wellenfunktionen multipliziert mit Spinoren verwenden, also Eigenzustände von $\mathbf{L}^2$, L_z, $\mathbf{S}^2$ und S_z. Bezeichnen wir die Eigenwerte von L_z und S_z mit m_l und m_s, so wird der Erwartungswert des in (17-19) gegebenen H_1 (Feldrichtung identisch mit z-Achse)

$$(17\text{-}26) \qquad \langle H_1 \rangle = \frac{e\hbar B}{2mc}\,(m_l + 2m_s).$$

Die Zustände $n = 2, l = 1$ spalten also dann in 5 Niveaus auf, und sind gekennzeichnet durch $m_l = 1, 0, -1$; $m_s = 1/2, -1/2$.

Zusätzlich zu der durch die Spin-Bahn-Wechselwirkung hervorgerufenen sog. *Feinstruktur* der Niveaus gibt es noch eine weitere Aufspaltung, die sog. *Hyperfeinstruktur*; die energetischen Differenzen sind hierbei aber wesentlich geringer als bei der Feinstruktur. Die Hyperfeinaufspaltung rührt her vom Magnetfeld, welches vom Kerndipolmoment erzeugt wird, und kann somit als permanenter Zeeman-Effekt aufgefaßt werden. Bezeichnen wir den Kernspin mit **I**, so ist der Operator für das magnetische Dipolmoment

$$\mathbf{M} = \frac{Zeg_N}{2M_N c}\mathbf{I}. \tag{17-27}$$

Hierbei ist Ze die Ladung des Kerns, M_N dessen Masse und g_N dessen gyromagnetisches Verhältnis. Das Vektorpotential eines punktförmigen Dipols erhalten wir aus der elektromagnetischen Theorie

$$\mathbf{A}(\mathbf{r}) = -\frac{1}{4\pi}(\mathbf{M}\times\nabla)\frac{1}{r} \tag{17-28}$$

und daraus das Magnetfeld

$$\mathbf{B} = \nabla\times\mathbf{A} = -\frac{\mathbf{M}}{4\pi}\nabla^2\frac{1}{r} + \frac{1}{4\pi}\nabla(\mathbf{M}\cdot\nabla)\frac{1}{r}. \tag{17-29}$$

Der Störoperator ist somit

$$\begin{aligned} H_1 &= -\mathbf{M}_e\cdot\mathbf{B} \\ &= \frac{e}{mc}\mathbf{S}\cdot\mathbf{B} \\ &= \frac{Ze^2 g_N}{2mM_N c^2}\frac{1}{4\pi}\mathbf{S}\cdot\left[-\mathbf{I}\nabla^2\frac{1}{r} + \nabla(\mathbf{I}\cdot\nabla)\frac{1}{r}\right]. \end{aligned} \tag{17-30}$$

Zunächst stellen wir die Größenordnung der Aufspaltung fest:

$$\frac{Ze^2 g_N}{8\pi m M_N c^2}\hbar^2\left(\frac{Z\alpha mc}{\hbar}\right)^3 \simeq \frac{g_N}{8\pi}(Z\alpha)^4\left(\frac{m}{M_N}\right)mc^2. \tag{17-31}$$

Sie ist also um den Faktor m/M_N kleiner als die Größenordnung der Spin-Bahn-Aufspaltung. Die Berechnung des Erwartungswertes von (17-30) für $l = 0$, z.B. im Grundzustand wird einfach. Wir haben

$$\int d^3r\phi^*(r)\left((\mathbf{S}\cdot\nabla)(\mathbf{I}\cdot\nabla)\frac{1}{r}\right)\phi(r) = S_i I_k\int d^3r|\phi(r)|^2\frac{\partial}{\partial x_i}\frac{\partial}{\partial x_k}\frac{1}{r}.$$

Da alle Terme des Integranden mit Ausnahme der Ableitungen sphärische Symmetrie aufweisen, so verschwindet die Winkelintegration außer für $i = k$. Aus dem gleichen Grund sind alle $(i = k)$-Beiträge gleich, und damit können wir für den vorstehenden Ausdruck auch schreiben

$$\frac{1}{3} S_i I_i \int d^3r |\phi|(r)|^2 \nabla^2 \frac{1}{r} .$$

Für den Fall, daß der zweite Term von H_1 (17-30) zwischen $l = 0$ Zustände eingeschoben wird (aber nur dann) kann man also schreiben

$$(17\text{-}32) \qquad (\mathbf{S}\cdot\nabla)(\mathbf{I}\cdot\nabla) \frac{1}{r} = \frac{1}{3} \mathbf{S}\cdot\mathbf{I}\nabla^2 \frac{1}{r}.$$

Der Erwartungswert von H_1 wird unter Verwendung von (17-32) zu

$$(17\text{-}33) \qquad \langle H_1 \rangle = - \frac{2 \cdot Ze^2 g_N}{24\pi m M_N c^2} (\mathbf{S}\cdot\mathbf{I}) \left\langle \nabla^2 \frac{1}{r} \right\rangle .$$

Nun verwenden wir die Beziehung [2])

$$(17\text{-}34) \qquad \nabla^2 \frac{1}{4\pi r} = - \delta(\mathbf{r})$$

und gelangen damit zu

$$(17\text{-}35) \qquad \begin{aligned} \langle H_1 \rangle &= \frac{1}{3} g_N (Z\alpha) \frac{m}{M_N} mc^2 \left(\frac{\mathbf{S}\cdot\mathbf{I}}{\hbar^2}\right) \left(\frac{\hbar}{mc}\right)^3 \int d^3r \phi^*_{n00}(\mathbf{r})\, \delta(\mathbf{r})\, \phi_{n00}(\mathbf{r}) \\ &= \frac{g_N}{3} \frac{m}{M_N} (Z\alpha)\, mc^2 \frac{\mathbf{S}\cdot\mathbf{I}}{\hbar^2} \left(\frac{\hbar}{mc}\right)^3 |R_{n0}(0)|^2 . \end{aligned}$$

Für das Betragsquadrat der Radialfunktion am Kernort (Stelle 0) gilt [3])

$$(17\text{-}36) \qquad |R_{n0}(0)|^2 = \frac{4}{n^3} \left(\frac{Z\alpha mc}{\hbar}\right)^3 .$$

Das Ergebnis wird also

$$(17\text{-}37) \qquad \langle H_1 \rangle = \frac{4}{3} g_N \cdot \frac{m}{M_N} (Z\alpha)^4 mc^2 \frac{1}{n^3} \left(\frac{\mathbf{S}\cdot\mathbf{I}}{\hbar^2}\right) .$$

Bezeichnen wir den gesamten Spin des Elektrons und Kerns mit **F**,

$$(17\text{-}38) \qquad \mathbf{F} = \mathbf{S} + \mathbf{I} ,$$

so wird weiter

$$(17\text{-}39) \qquad \begin{aligned} \frac{\mathbf{S}\cdot\mathbf{I}}{\hbar^2} &= \frac{\mathbf{F}^2 - \mathbf{S}^2 - \mathbf{I}^2}{2\hbar^2} = \frac{[F(F+1) - 3/4 - I(I+1)]}{2} \\ &= \begin{matrix} 1/2\ I & \text{für} & F = I + \tfrac{1}{2} \\ -1/2\ (I+1) & \text{für} & F = I - \tfrac{1}{2} . \end{matrix} \end{aligned}$$

---

2) Nur der Radialteil von ∇^2 ist relevant. Hierzu beweisen wir, daß $(1/r^2)(d/dr)\,[r^2(d/dr)]\,(1/r) = 0$ für $r \neq 0$, und daß $\nabla^2(1/r)$ integriert über eine kleine Kugel vom Radius ϵ den Wert -4π ergibt, unabhängig von ϵ.

3) Siehe z.B. Bethe und Salpeter, *loc cit.*

Für Wasserstoff ($I = \frac{1}{2}$) ist $g_N = g_P \cong 5{,}56$, und damit erhalten wir als Energiedifferenz zwischen den Zuständen $F = 1$ und $F = 0$

$$\Delta E = \frac{4}{3}(5{,}56)\frac{1}{1840}\frac{1}{(137)^4}(mc^2).$$

Die beim Übergang zwischen diesen beiden Zuständen emittierte Strahlung hat die Wellenlänge

(17-40) $\lambda \simeq 21{,}4$ cm

und die Frequenz [4])

(17-41) $\nu = \frac{c}{\lambda} \simeq 1420$ Megahertz.

Diese Strahlung spielt in der Astronomie eine wichtige Rolle. In einem Gas von neutralen Atomen kann aber der Zustand $F = 1$ ($n = 1$) nicht aus dem üblichen Strahlungsfeld angeregt werden, denn eine Auswahlregel unterdrückt Übergänge ohne Änderung des Bahndrehimpulses, und die ($n = 1$)-Zustände mit $F = 1$ und $F = 0$ haben beide den Bahndrehimpuls Null. Es gibt aber andere Mechanismen, die eine Anregung ermöglichen: z. B. kann der $F = 1$-Zustand durch Stöße angeregt werden, und der Übergang nach $F = 0$ kann dann nachgewiesen werden. Aus einer Intensitätsanalyse dieser 21 cm-Strahlung aus dem Weltall haben die Astronomen interessante Daten über die Dichteverteilung des neutralen Wasserstoffs und über Bewegung und Temperatur der Gaswolken im interstellaren Raum erhalten. Die durchschnittliche Dichte des neutralen Wasserstoffgases in dem Bereich unserer Milchstraßenebene, wo sich unsere Sonne befindet, beträgt ca. 1 cm^{-3}, und seine Temperatur liegt bei ca. 100 K.

Aufgaben

1. Welchen Einfluß auf die Wellenfunktion hat das Hinzufügen einer Konstante zum Hamilton-Operator?

2. Die allgemeine Form der Spin-Bahn-Kopplung eines Teilchens, das den Spin $\mathbf{S}$ und die Masse m hat und sich im Potential $V(r)$ bewegt, ist

$$H_{SO} = \frac{1}{2m^2c^2}\mathbf{S}\cdot\mathbf{L}\frac{1}{r}\frac{dV(r)}{dr}.$$

Wie wirkt sich diese Kopplung auf das Spektrum des dreidimensionalen harmonischen Oszillators aus?

[4]) Diese Frequenz gehört zu den am genauesten bekannten Größen der Physik. $\nu_{exp} = 1420405751{,}800 \pm 0{,}028$ Hertz. Dieser Wert beinhaltet die Verteilung der Magnetisierung im Proton; es gibt aber noch keine Theorie, die diese Genauigkeit liefert.

3. Betrachten Sie die $(n = 2)$-Zustände im realen Wasserstoffatom. Welche Energieterme gibt es ohne angelegtes Magnetfeld? Wie verändert sich das Bild, wenn das Atom in ein Magnetfeld der Stärke 25 000 Gauß eingebracht wird?

4. Zeigen Sie, daß gilt

$$\nabla^2 \frac{1}{r} = -4\pi\delta(\mathbf{r}).$$

Verwenden Sie hierzu den in der Fußnote zu (17-34) aufgezeigten Weg.

5. Gegeben sei atomares Wasserstoffgas bei tiefer Temperatur und geringer Dichte. Bei welcher Temperatur werden die Zustände $F = 1$ und $F = 0$ etwa gleich stark besetzt sein? (Hinweis: Der Boltzmannfaktor

$$ge^{-E/kT}$$

gibt die relative Besetzungswahrscheinlichkeit eines Zustandes vom Entartungsgrad g, und zwar wenn das System bei der Temperatur T im thermischen Gleichgewicht ist.)

6. Welche Energieverschiebung im Grundzustand des dreidimensionalen harmonischen Oszillators erhält man, wenn man den relativistischen Ausdruck für die kinetische Energie verwendet?

7. Das Deuteron besteht aus einem Proton (Ladung $+e$) und einem Neutron (Ladung Null), hat den Gesamtspin 1 und den Gesamtdrehimpuls $J = 1$. Die g-Faktoren sind

$$g_P = 2(2{,}7896)$$
$$g_N = 2(-1{,}9103).$$

a) Welche Bahndrehimpulse kann das System Proton-Neutron annehmen? Wenn der Zustand primär $^3S_1$ ist, welche Beimischung ist dann bei Paritätserhaltung möglich?

b) Schreiben Sie einen Ausdruck für die Wechselwirkung des Deuterons mit einem äußeren Magnetfeld, und berechnen Sie die Zeemanaufspaltung. Beweisen Sie folgende Aussage: Wird die Wechselwirkung mit dem Magnetfeld in der Form

$$V = -\mu_{\text{eff}} \cdot \mathbf{B}$$

ausgedrückt, so ist das effektive magnetische Moment des Deuterons die Summe aus den magnetischen Momenten von Proton und Neutron, und jede Abweichung hiervon kommt von einer Beimischung eines Nicht-S-Zustandes.

8. Betrachten Sie Positronium, ein wasserstoffähnliches Atom aus einem Elektron und einem Positron (beide haben gleiche Masse, und ungleichnamige Elementarladung). Berechnen Sie a) die Energie des Grundzustandes, und der $(n = 2)$-Zustände, b) die Auswirkung des relativistischen Aus-

drucks für die kinetische Energie und der Spin-Bahn-Wechselwirkung, c) die Hyperfeinaufspaltung des Grundzustandes. Vergleichen Sie die Ergebnisse mit denen für das Wasserstoffatom, und erklären Sie die entscheidenden Unterschiede.

Literatur

Die Physik der wasserstoffähnlichen Atome ist am weitesten detailliert zu finden in

H. A. Bethe and E. E. Salpeter "Quantum Mechanics of One- and Two-Electron Atoms" Springer Verlag, 1957

Die Thomas-Präzession ist diskutiert in

R. M. Eisberg "Fundaments of Modern Physics" Wiley, New York (1961)

18. Das Heliumatom

Das Heliumatom besteht aus einem Kern der Ladung $Z = 2$ und zwei Elektronen, die wir mit 1 und 2 indizieren. Jedes Elektron wird vom Kern angezogen, und gegenseitig stoßen sie sich ab. Wir nehmen an - und das wird sich als richtig erweisen - daß außer elektromagnetischen Kräften (in sehr guter Näherung Coulombkräfte) keine anderen nötig sind, um die Dynamik des Heliumatoms quantenmechanisch zu beschreiben.

Befindet sich der Kern am Koordinatenursprung, und bezeichnen wir die Elektronenorte mit $\mathbf{r}_1$ und $\mathbf{r}_2$, so lautet der Hamilton-Operator (siehe auch Bild 18.1)

$$(18\text{-}1) \qquad H = \frac{1}{2m}\mathbf{p}_1^2 + \frac{1}{2m}\mathbf{p}_2^2 - \frac{Ze^2}{r_1} - \frac{Ze^2}{r_2} + \frac{e^2}{|\mathbf{r}_1 - \mathbf{r}_2|}\,.$$

m ist die Elektronenmasse. Wir vernachlässigen also kleine Effekte aus der Kernbewegung[1]), relativistische Korrekturen, die Spin-Bahn-Wechselwirkung und den gegenseitigen Einfluß der Elektronen aufgrund des durch ihre Bewegung entstehenden Stromes. H kann aufgeteilt werden in

$$(18\text{-}2) \qquad H = H^{(1)} + H^{(2)} + V,$$

wobei

$$(18\text{-}3) \qquad H^{(i)} = \frac{1}{2m}\mathbf{p}_i^2 - \frac{Ze^2}{r_i}$$

und

$$(18\text{-}4) \qquad V = \frac{e^2}{|\mathbf{r}_1 - \mathbf{r}_2|}.$$

Wir arbeiten allgemein mit der Kernladung Z und setzen später $Z = 2$. Unsere Bearbeitung des Wasserstoffatoms liefert uns einen vollständigen Satz von Eigenfunktionen von $H^{(1)}$ und $H^{(2)}$. Würden wir also V im Hamilton-Operator ignorieren, so hätten wir schon eine Lösung zum Eigenwertproblem des Zweielektronensystems: Die Eigenfunktionen,

$$(18\text{-}5) \qquad u(\mathbf{r}_1,\mathbf{r}_2) = \phi_{n_1l_1m_1}(\mathbf{r}_1)\,\phi_{n_2l_2m_2}(\mathbf{r}_2)$$

die Eigenwertgleichung,

$$(18\text{-}6) \qquad [H^{(1)} + H^{(2)}]\,u(\mathbf{r}_1,\mathbf{r}_2) = Eu(\mathbf{r}_1,\mathbf{r}_2)$$

[1]) Die Bedeutung der reduzierten Masse nimmt hier eine etwas andere Form an, da sie zusammenhängt mit der Umwandlung eines Dreiteilchenproblems in ein Zweiteilchenproblem. Dies ist ausgearbeitet bei D. Park, *Introduction to the Quantum Theory*, McGraw-Hill Co. (1964).

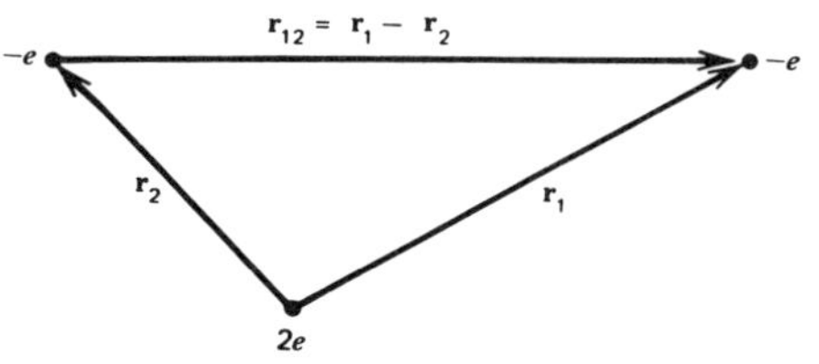

Bild 18–1 Bezeichnung der Teilchenabstände für den Hamilton-Operator des Heliums.

und die Energieeigenwerte (siehe Bild 18.2a),

(18-7) $E = E_{n_1} + E_{n_2}$,

wobei $E_n = -(mc^2/2)(Z\alpha)^2/n^2$. In diesem idealisierten Modell also, wo sich beide Elektronen gegenseitig ignorieren, ist die tiefstmögliche Energie (gesamte Bindungsenergie der Elektronen)

(18-8) $E = -2E_1 = -mc^2(2\alpha)^2 = -108{,}8$ eV.

Beachten Sie, daß diese Energie um den Faktor $2 \times Z^2 = 8$ größer ist als beim Wasserstoff (−13,6 eV).

Im ersten angeregten Zustand des Systems befindet sich ein Elektron im Grundzustand $n = 1$, das andere im Zustand $n = 2$, somit

(18-9) $E = E_1 + E_2 = -68{,}0$ eV.

Die Ionisationsenergie, d. i. die zum Entfernen eines Elektrons aus dem Grundzustand erforderliche Mindestenergie beträgt

(18-10) $E_{\text{ioniz}} = (E_1 + E_\infty) - 2E_1 = 54{,}4$ eV,

und es ist besonders interessant, daß der Anfang des Ionisationskontinuums *tiefer* liegt als der Zustand $n = 2$ für beide Elektronen. Dieser Zustand liegt bei

(18-11) $E = 2E_2 = -27{,}2$ eV

und zeigt uns ein neues Phänomen: Das Vorhandensein eines diskreten Zustandes im Kontinuum des Hamilton-Operators $H^{(1)} + H^{(2)}$. Die Folgen daraus werden wir am Ende dieses Kapitels kurz diskutieren.

Da die beiden Elektronen *identische Fermionen* sind, müssen wir dafür sorgen, daß sich deren Wellenfunktion beim Austausch der Orts- und Spinkoordinaten antisymmetrisch verhält. Eine richtige Beschreibung des Grundzustandes im idealisierten Modell ist also

(18-12) $u_0(\mathbf{r}_1,\mathbf{r}_2) = \phi_{100}(\mathbf{r}_1)\, \phi_{100}(\mathbf{r}_2)\, X_{\text{Singulett}}$.

Der ortsabhängige Anteil hiervon ist notwendigerweise symmetrisch, und deshalb muß der Spinanteil einen Singulettzustand beschreiben

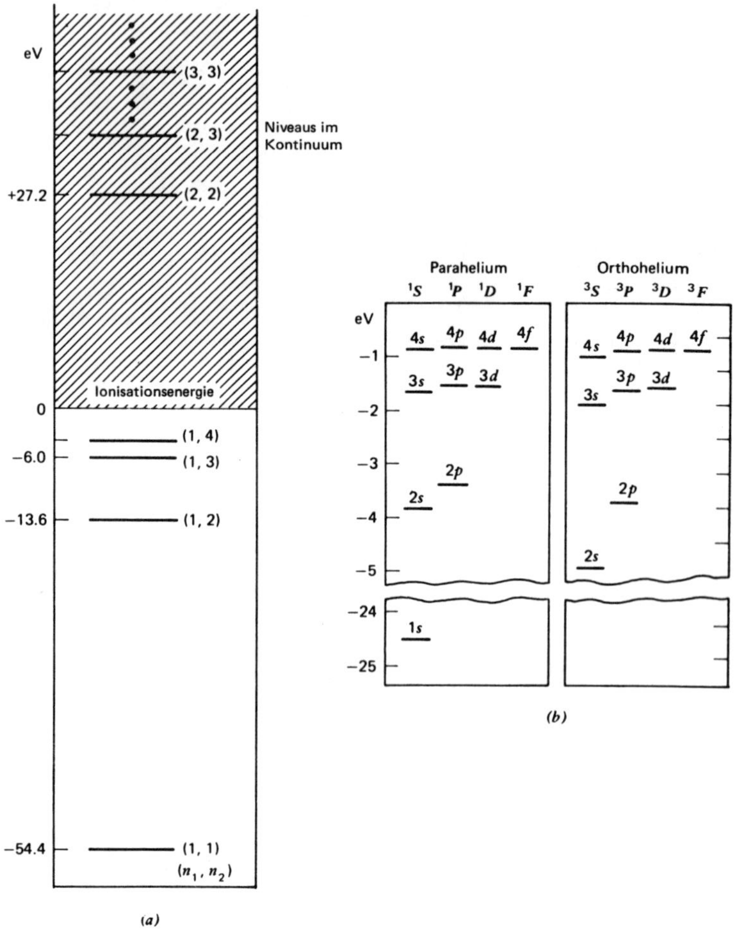

Bild 18–2 a) Termschema des Heliums, wie es aussehen würde, wenn die Elektron-Elektron-Wechselwirkung fehlen würde. Der Nullpunkt der Energieskala entspricht der Ionisierungsenergie (Anm. d. Übers.: Der in (18–10) angegebene Wert ist hier also der Skalennullpunkt; damit lassen sich die in (18–8), (18–9), (18–11) gegebenen Werte für die Figur umrechnen).

b) Das tatsächliche Termschema des Heliums, und zwar für die Singulett-Zustände (Parahelium) und die Triplett-Zustände (Orthohelium); hierbei ist in der Orbitalbezeichnung jeweils einmal $(1s)$ weggelassen. $(2p)$ soll also heißen $(1s)(2p)$.

(18-13) $$\chi_{\text{Singulett}} = \frac{1}{\sqrt{2}}\left(\chi_+^{(1)}\chi_-^{(2)} - \chi_-^{(1)}\chi_+^{(2)}\right).$$

Für den ersten angeregten Zustand haben wir zwei Möglichkeiten, welche für $V = 0$ Energieentartung liefern. Es sind dies

(18-14) $$u_1^{(s)} = \frac{1}{\sqrt{2}} [\phi_{100}(\mathbf{r}_1)\, \phi_{2lm}(\mathbf{r}_2) + \phi_{2lm}(\mathbf{r}_1)\, \phi_{100}(\mathbf{r}_2)]\, X_{\text{Singulett}}$$

und der raumantisymmetrische, aber spinsymmetrische Zustand

(18-15) $$u_1^{(t)} = \frac{1}{\sqrt{2}} [\phi_{100}(\mathbf{r}_1)\, \phi_{2lm}(\mathbf{r}_2) - \phi_{2lm}(\mathbf{r}_1)\, \phi_{100}(\mathbf{r}_2)]\, X_{\text{Triplett}},$$

wobei

(18-16) $$X_{\text{Triplett}} = \begin{cases} \chi_+^{(1)}\chi_+^{(2)} \\ \frac{1}{\sqrt{2}} (\chi_+^{(1)}\chi_-^{(2)} + \chi_-^{(1)}\chi_+^{(2)}) \\ \chi_-^{(1)}\chi_-^{(2)}. \end{cases}$$

X_{Triplett} ist orthogonal zu $X_{\text{Singulett}}$

Der Einfluß von V, nämlich die Elektron-Elektron Coulomb-Wechselwirkung, kann in erster Näherung als Störung behandelt werden. Wir wollen zuerst die Energieverschiebung erster Ordnung im Grundzustand berechnen. Hierzu haben wir

(18-17) $$\Delta E = \int d^3r_1 d^3r_2\, u_0^*(\mathbf{r}_1,\mathbf{r}_2)\, \frac{e^2}{|\mathbf{r}_1 - \mathbf{r}_2|}\, u_0(\mathbf{r}_1,\mathbf{r}_2).$$

Da die Störung den Spin nicht beinhaltet, brauchen wir hiervon nur

(18-18) $$\Delta E = \int d^3r_1 d^3r_2 |\phi_{100}(\mathbf{r}_1)|^2\, \frac{e^2}{|\mathbf{r}_1 - \mathbf{r}_2|}\, |\phi_{100}(\mathbf{r}_2)|^2.$$

Dieses Integral kann physikalisch einfach interpretiert werden. Da $|\phi_{100}(\mathbf{r}_1)|^2$ die Wahrscheinlichkeitsdichte für das Auffinden von Elektron 1 an der Stelle $\mathbf{r}_1$ ist, so können wir $e|\phi_{100}(\mathbf{r}_1)|^2$ als die von Elektron 1 herrührende Ladungsdichte interpretieren. Somit ist

(18-19) $$U(\mathbf{r}_2) = \int d^3r_1\, \frac{e|\phi_{100}(\mathbf{r}_1)|^2}{|\mathbf{r}_1 - \mathbf{r}_2|}$$

das von der Ladungsverteilung von Elektron 1 herrührende Potential an der Stelle $\mathbf{r}_2$. Aus (18-18) erhalten wir also

(18-20) $$\Delta E = \int d^3r_2\, e|\phi_{100}(\mathbf{r}_2)|^2\, U(\mathbf{r}_2)$$

und sehen, daß dies die elektrostatische Energie der Wechselwirkung von Elektron 2 mit dem von Elektron 1 erzeugten Potential ist. Das Integral kann ausgeführt werden. Mit $\phi_{100} = (2/\sqrt{4\pi})(Z/a_0)^{3/2}\, e^{-Zr/a_0}$ haben wir

(18-21) $$\Delta E = \left[\frac{1}{\pi}\,(Z/a_0)^3\right]^2 e^2 \int_0^\infty r_1^2\, dr_1\, e^{-2Zr_1/a_0} \int_0^\infty r_2^2\, dr_2\, e^{-2Zr_2/a_0} \int d\Omega_1 \int d\Omega_2\, \frac{1}{|\mathbf{r}_1 - \mathbf{r}_2|}.$$

Hierzu haben wir verwendet

$$\int d^3r = \int_0^\infty r^2\, dr\, d\Omega .$$

Wir haben nur einen Faktor, in dem der Winkel θ zwischen $\mathbf{r}_1$ und $\mathbf{r}_2$ vorkommt:

$$\frac{1}{|\mathbf{r}_1 - \mathbf{r}_2|} = \frac{1}{(r_1^2 + r_2^2 - 2r_1r_2\cos\theta)^{1/2}} . \tag{18-22}$$

Nun können wir auf zwei verschiedenen Wegen weiterfahren.

a) Wir können sofort die Richtung von $\mathbf{r}_1$ als z-Achse für die Integration über Ω_2 wählen und erhalten

$$\begin{aligned} \int d\Omega_2 \frac{1}{|\mathbf{r}_1 - \mathbf{r}_2|} &= \int_0^{2\pi} d\phi \int_{-1}^{1} d(\cos\theta)\, \frac{1}{(r_1^2 + r_2^2 - 2r_1r_2\cos\theta)^{1/2}} \\ &= -\,2\pi \frac{1}{2r_1r_2} \Big[(r_1^2 + r_2^2 - 2r_1r_2\cos\theta)^{1/2} \Big]_{\cos\theta\,=\,-1}^{\cos\theta\,=\,+1} \\ &= \frac{\pi}{r_1r_2}\,(r_1 + r_2 - |r_1 - r_2|) . \end{aligned} \tag{18-23}$$

Die Integration über Ω_1 ist trivial

$$\int d\Omega_1 = 4\pi \tag{18-24}$$

und es bleibt

$$4e^2\left(\frac{Z}{a_0}\right)^6 \int_0^\infty r_1\, dr_1\, e^{-2Zr_1/a_0} \int_0^\infty r_2\, dr_2\, e^{-2Zr_2/a_0} \times (r_1 + r_2 - |r_1 - r_2|) . \tag{18-25}$$

b) Eine sehr nützliche Entwicklung für den Fall, daß eine Winkelabhängigkeit im Nenner vorkommt, ist folgende: Für $r_1 > r_2$ gilt

$$\begin{aligned} (r_1^2 + r_2^2 - 2r_1r_2\cos\theta)^{-1/2} &= r_1^{-1}\left(1 + \frac{r_2^2}{r_1^2} - 2\frac{r_2}{r_1}\cos\theta\right)^{-1/2} \\ &= \frac{1}{r_1}\sum_{L=0}^{\infty}\left(\frac{r_2}{r_1}\right)^L P_L(\cos\theta) . \end{aligned} \tag{18-26}$$

Die Rollen von r_1 und r_2 sind zu vertauschen, falls $r_2 > r_1$. Somit erhalten wir

$$\int d\Omega_1 \int d\Omega_2 \frac{1}{|\mathbf{r}_1 - \mathbf{r}_2|} = \int d\Omega_1 \int d\Omega_2 \sum_{L=0}^{\infty} \frac{r_<^L}{r_>^{L+1}} P_L(\cos\theta) . \tag{18-27}$$

Hierbei ist $r_>$ (bzw. $r_<$) der größere (bzw. kleinere) Wert aus r_1 und r_2. Nun können wir wie vorher weiterrechnen, wobei wir verwenden

$$\frac{1}{2}\int_{-1}^{1} d(\cos\theta)\, P_L(\cos\theta) = \delta_{L0} . \tag{18-28}$$

Dies ist ein Spezialfall aus

(18-29) $$\frac{1}{2}\int_{-1}^{1} d(\cos\theta)\, P_L(\cos\theta)\, P_{L'}(\cos\theta) = \frac{\delta_{LL'}}{2L+1}\,.$$

Jedenfalls wird aus (18-25)

(18-30) $$\Delta E = 4e^2(Z/a_0)^6 \int_0^\infty r_1\, dr_1\, e^{-2Zr_1/a_0} \left\{ 2\int_0^{r_1} r_2^2\, dr_2\, e^{-2Zr_2/a_0} + 2r_1 \int_{r_1}^\infty r_2\, dr_2\, e^{-2Zr_2/a_0} \right\}.$$

Die Integrale sind leicht auszuwerten und liefern direkt das Ergebnis

(18-31) $$\Delta E = \frac{5}{8}\frac{Ze^2}{a_0} = \frac{5}{4} Z\left(\frac{1}{2} mc^2\alpha^2\right).$$

Die Energieverschiebung geschieht in positiver Richtung, da eine abstoßende Kraft dafür verantwortlich ist; ihr Zahlenwert für $Z = 2$ ist 34 eV. Hinzugezählt zum Ergebnis nullter Ordnung, $-108{,}8$ eV erhalten wir die gesamte Bindungsenergie in erster Näherung

(18-32) $$E \simeq -74{,}8 \text{ eV}.$$

Vergleichen wir dies mit dem experimentellen Wert

(18-33) $$E_{\text{exp}} = -78{,}975 \text{ eV},$$

so sehen wir noch einen beträchtlichen Unterschied zwischen Rechnung und Experiment. Physikalisch können wir diesen Unterschied der in der Rechnung vernachlässigten "Abschirmung" zuschreiben, also der Tatsache, daß ein Elektron durch seine Anwesenheit die vom anderen Elektron "gesehene" Kernladung vermindert. Argumentieren wir z. B. ganz grob in der Weise, daß sich Elektron 1 für die Hälfte der Zeit "zwischen" Kern und Elektron 2 aufhält, so spürt Elektron 2 für die Hälfte der Zeit die Kernladung Z, für die andere Hälfte aber nur $Z - 1$, also in

(18-34) $$E + \Delta E = -\frac{1}{2} mc^2\alpha^2 \left(2Z^2 - \frac{5}{4} Z\right)$$

sollte $Z - 1/2$ anstatt Z stehen. Dies verbessert nun tatsächlich die Übereinstimmung zwischen (18-32) und (18-33), aber natürlich liefert unsere grobe Argumentation keine Rechtfertigung für die Annahme einer Abschirmung zu 50%. Wir werden hierauf später in diesem Kapitel bei der Diskussion des Rayleigh-Ritz-Variationsprinzips für den Grundzustand zurückkommen.

Als nächstes betrachten wir den ersten angeregten Zustand des Heliumatoms. Es wird reichen, die Energieverschiebung der in (18-14) und (18-15) stehenden Singulett- und Triplett-($m = 0$)-Zustände zu berechnen, da die Verschiebung hervorgerufen wird durch eine Störung, die mit L_z kommutiert.

Für eine solche Störung muß die Verschiebung unabhängig vom m-Wert sein. Wiederum wegen der Spinunabhängigkeit des Störpotentials V haben wir

(18-35)
$$\begin{aligned}\Delta E_1^{(s,t)} &= \frac{1}{2} e^2 \int d^3r_1 \int d^3r_2 \,[\phi_{100}(\mathbf{r}_1)\,\phi_{210}(\mathbf{r}_2) \pm \phi_{210}(\mathbf{r}_1)\,\phi_{100}(\mathbf{r}_2)]^* \\ &\quad \times \frac{1}{|\mathbf{r}_1 - \mathbf{r}_2|}\,[\phi_{100}(\mathbf{r}_1)\,\phi_{210}(\mathbf{r}_2) \pm \phi_{210}(\mathbf{r}_1)\,\phi_{100}(\mathbf{r}_2)] \\ &= e^2 \int d^3r_1 \int d^3r_2 |\phi_{100}(\mathbf{r}_1)|^2 |\phi_{210}(\mathbf{r}_2)|^2 \frac{1}{|\mathbf{r}_1 - \mathbf{r}_2|} \\ &\quad \pm e^2 \int d^3r_1 \int d^3r_2\, \phi^*_{100}(\mathbf{r}_1)\,\phi^*_{210}(\mathbf{r}_2)\,\frac{1}{|\mathbf{r}_1 - \mathbf{r}_2|}\,\phi_{210}(\mathbf{r}_1)\,\phi_{100}(\mathbf{r}_2).\end{aligned}$$

Zu dieser vereinfachten Form sind wir durch Verwendung der Symmetrie von V bei Vertauschung der beiden $\mathbf{r}_{1,2}$ gelangt.

Man sieht, daß die Energieverschiebung aus zwei Gliedern besteht: Das erste hat die bekannte Form einer elektrostatischen Wechselwirkung zwischen den beiden, gemäß der Wellenfunktionen verteilten "Elektronenwolken"; dieses Glied ist lediglich eine einfache Verallgemeinerung des schon für den Grundzustand gefundenen Verschiebungsterms. Für das zweite Glied gibt es keine klassische Erklärung. Sein Ursprung liegt im Pauli-Prinzip, und das Vorzeichen hängt davon ab, ob Spin 0 oder Spin 1 vorliegt. Man nennt diesen Beitrag die *Austauschwechselwirkung*, und wegen dieser ist die Entartung des Singulett- und Triplettzustandes aufgehoben. Wir haben hier zwar nur $n = 2$ betrachtet, aber es gilt ganz allgemein

(18-36)
$$\begin{aligned}\Delta E_{n,l}^{(t)} &= J_{nl} - K_{nl} \\ \Delta E_{n,l}^{(s)} &= J_{nl} + K_{nl}.\end{aligned}$$

Wir wollen die Integrale hier nicht berechnen, aber sie können in geschlossener Form ausgewertet werden (hierzu wird (18-27) nützlich). Das Integral J_{nl} ist offensichtlich positiv, und auch K_{nl} stellt sich als positiv heraus. Für $l = n - 1$ ist dies klar: Die in (18-35) stehenden Wellenfunktionen haben in diesem Fall keine Knoten (Nullstellen zwischen 0 und ∞). Auf qualitativer Basis kann eingesehen werden, daß der Triplettzustand tiefer liegen muß als der Singulettzustand, daß also $J_{nl} - K_{nl} < J_{nl} + K_{nl}$ und somit

(18-37) $$K_{nl} > 0.$$

Die Ortswellenfunktion des Triplettzustandes ist nämlich antisymmetrisch, wodurch die Elektronen ein wenig voneinander weggedrängt werden. Dadurch aber tendiert der Abschirmungseffekt abgeschwächt zu werden, so daß jedes Elektron eine etwas größere Kernladung sieht, und dadurch wird die gegenseitige Abstoßung der Elektronen geringer sein als im räumlich symmetrischen Singulettzustand. Ein interessanter Aspekt dieser Schlußfolgerung ist, daß durch die Symmetrie der Wellenfunktion das Potential so wirkt, als wäre es spinabhängig, obwohl es selbst, also $e^2/|\mathbf{r}_1 - \mathbf{r}_2|$ nicht vom Spin der Elektronen abhängt! Wir können (18-36) in einer Form schreiben, die dies deutlich macht. Die Spins der beiden Elektronen seien $\mathbf{s}_1$ und $\mathbf{s}_2$. Der Gesamtspin ist dann $\mathbf{S} = \mathbf{s}_1 + \mathbf{s}_2$, und

(18-38) $$\mathbf{S}^2 = \mathbf{s}_1^2 + \mathbf{s}_2^2 + 2\,\mathbf{s}_1 \cdot \mathbf{s}_2 \,.$$

Lassen wir dies wirken auf Triplett- und Singulettzustände (18-16 und 18-13), welche auch Eigenzustände von $\mathbf{s}_1^2$ und $\mathbf{s}_2^2$ sind, so erhalten wir

$$S(S+1)\hbar^2 = \frac{3}{4}\hbar^2 + \frac{3}{4}\hbar^2 + 2\mathbf{s}_1 \cdot \mathbf{s}_2$$

und damit

(18-39) $$2\mathbf{s}_1 \cdot \mathbf{s}_2/\hbar^2 = S(S+1) - \frac{3}{2} = \begin{cases} \dfrac{1}{2} & \text{Triplett} \\[2ex] -\dfrac{3}{2} & \text{Singulett.} \end{cases}$$

Somit können wir, ausgedrückt durch $\boldsymbol{\sigma}$ mit $\mathbf{s}_i = (1/2)\,\hbar\boldsymbol{\sigma}_i$ schreiben

(18-40) $$\Delta E_{n,l} = J_{n,l} - \frac{1}{2}\,(1 + \boldsymbol{\sigma}_1 \cdot \boldsymbol{\sigma}_2)\, K_{nl}.$$

Wir werden dieses Verhalten wieder in der Diskussion des H_2-Moleküls sehen. Die zwischen einzelnen Atomen aufgrund der Spins wirkenden Kräfte sind gewöhnlich ziemlich schwach. Wie im Beispiel der Spin-Bahnwechselwirkung gezeigt, erscheinen diese als relativistische Korrekturen zu statischen Kräften; sie haben die rel. Größenordnung α^2, also $(v/c)^2$. Diese Kräfte sind nicht stark genug, um z.B. die Elektronenspins im Ferromagnet ausgerichtet zu halten, außer bei unrealistisch tiefen Temperaturen[2]. Die Spinaustauschwechselwirkung ist viel stärker: Die Wechselwirkungskraft ist von der gleichen Größenordnung wie die elektrostatische Kraft, und sie ist es, die den Ferromagnetismus ermöglicht, was zuerst Heisenberg erkannte.

Das Termschema der ersten angeregten Zustände von Helium ist in Bild 18.3 gezeigt. Die so bezeichneten einzelnen ungestörten Zustände nennt man die *Orbitale* (Quantenzahlen des ungestörten Elektrons): Befinden sich beide Elektronen im Zustand $n = 1, l = 0$, so bezeichnen wir die Orbitale als $(1s,1s)$, oder kürzer $(1s)^2$. Wenn wir z.B. den ersten angeregten Zustand mit $(1s)(2p)$ bezeichnen, so soll damit nicht impliziert sein, ein Elektron sei allein $1s$, und das andere sei allein $2p$, denn wir müssen an die völlige Antisymmetrie der Elektronenwellenfunktionen denken. Eine andere Möglichkeit, eine Elektronenkonfiguration zu charakterisieren, ist die Schreibweise $^{2S+1}L_J$, welche wir im Bild (ganz rechts) für die gestörten Zustände anwenden. Wir sehen, daß innerhalb eines gegebenen Multipletts

[2]) Eine nützliche numerische Merkbeziehung ist: Bei 300 K ist $E = kT \approx \frac{1}{40}$ eV.

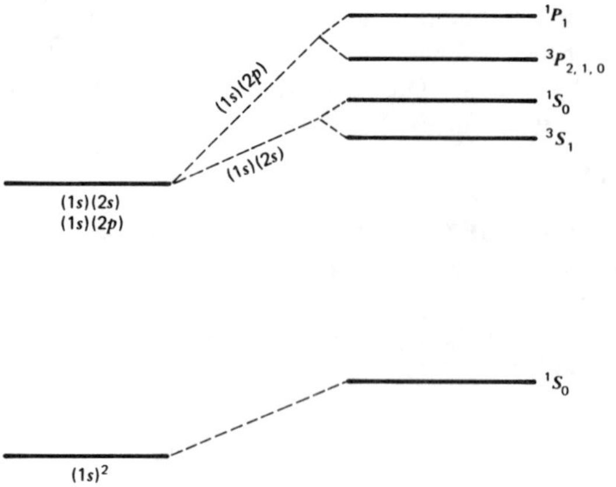

Bild 18–3 Schematische Darstellung der Aufspaltung der ersten angeregten Zustände von Helium.

die Singulettzustände oberhalb der Triplettzustände liegen. Dies folgt aus der Symmetrie (siehe die Erklärung zu $K_{nl} > 0$), und ist ein spezielles Beispiel zu einer der Hundschen Regeln: *Bei sonst gleichen Quantenzahlen haben die Zustände mit höchstem Spin die geringste Energie*.

Bestrahlen wir Heliumatome im Grundzustand mit Ultraviolettlicht, um sie anzuregen, so gilt die Auswahlregel $\Delta L = 1$, wie wir später ableiten werden. Diese Auswahlregel hat zur Folge, daß nur P-Zustände angeregt werden. Weiterhin gibt es eine Auswahlregel $\Delta S = 0$, d.h. es sind nur Übergänge von einem Singulettzustand wieder zu einem Singulettzustand, und von einem Triplettzustand wieder zu einem Triplettzustand erlaubt [3]). (Anm. d. Übers.: Man bezeichnet dies als das "Interkombinationsverbot".) Der vom Grundzustand aus bevorzugt anzuregende Zustand ist also $^1P_1$. Andere Zustände können auch angeregt werden, aber durch andere Mechanismen, z.B. Stoßprozesse. Von diesen anderen angeregten Zuständen aus sind strahlende Übergänge direkt in den Grundzustand sehr unwahrscheinlich. Der Zustand ^3P z.B. kann angeregt werden, wenn Atome im $^1P_1$ Zustand Stöße mit anderen Atomen erleiden; ^3P kann aber nur nach $^3S_1$ zerfallen und dieser Zustand ist *metastabil*, er kann nicht ohne weiteres in den Grundzustand übergehen (Anm. d. Übers.: Dieser Übergang würde $\Delta L = 1$ und $\Delta S = 0$ verletzen). Die Tatsache, daß praktisch keine Übergänge zwischen Triplett- und Singulettzuständen vorkommen, war früher Anlaß zu der Vorstellung, daß es zwei Arten von Helium gibt, nämlich Orthohelium (Triplett) und Parahelium (Singulett).

Das in Bild 18.2b dargestellte Termschema von Helium zeigt, daß sich die angeregten Zustände $(1s)(nl)$ in ihrer Lage nicht sehr von denen des Wasser-

[3]) Auswahlregeln werden im 22. Kapitel diskutiert.

stoffatoms unterscheiden. Die Bindungsenergie eines Elektrons in Helium ist 24,6 eV (d.i. gesamte Bindungsenergie abzüglich der Bindungsenergie im einfach ionisierten Helium, also 79,0 − 54,4 = 24,6 eV), wogegen der Energieaufwand zum Entfernen eines $2s$-Elektrons etwa 4 bis 5 eV beträgt, was zu vergleichen ist mit 3,4 eV (= $13{,}6/n^2$ eV) für Wasserstoff. Der Grund hierfür ist, daß das "äußere" Elektron nur *eine* positive Ladung sieht, weil das "innere" $1s$-Elektron einen Teil der Kernladung abschirmt, wobei etwa $Z-1$ als effektive Kernladung übrig bleibt. Dies ist nicht der Fall für den Grundzustand, da beide Elektronen den Kern gleich stark sehen, also liegt der Grundzustand deutlich tiefer als im Wasserstoff.

Unsere Berechnung der Grundzustandsenergie in erster Näherung ergab eine Abweichung um 4 eV vom experimentellen Wert. Anstatt nun die sehr mühsame Abschätzung der zweiten Näherung durchzuführen, wenden wir uns nun einer völlig anderen Berechnungsmethode der Grundzustandsenergie zu: Es ist die *Ritzsche Variationsmethode*.

Betrachten wir einen Hamilton-Operator H und eine beliebige, quadratintegrierbare und normierte Funktion Ψ

(18-41) $$\langle\Psi|\Psi\rangle = 1 .$$

Diese Funktion kann in einen vollständigen Satz von Eigenzuständen ψ_n von H entwickelt werden:

(18-42) $$H\psi_n = E_n\psi_n .$$

Die Entwicklung lautet

(18-43) $$\Psi = \sum_n C_n\psi_n .$$

Nun ist

(18-44) $$\begin{aligned}\langle\Psi|H|\Psi\rangle &= \sum_n \sum_m C_n^*\langle\psi_n|H|\psi_m\rangle C_m \\ &= \sum_n \sum_m C_n^* C_m E_m \langle\psi_n|\psi_m\rangle \\ &= \sum_n |C_n|^2 E_n \\ &\geq E_0 \sum_n |C_n|^2 .\end{aligned}$$

Da (18-41) beinhaltet

(18-45) $$\sum_n |C_n|^2 = 1 ,$$

so erhalten wir das Ergebnis

(18-46) $$E_0 \leq \langle\Psi|H|\Psi\rangle .$$

Wir können dieses Ergebnis verwenden, um eine obere Grenze für E_0 anzugeben. Hierzu wählen wir ein Ψ, welches von mehreren Parametern (α_1, $\alpha_2, \ldots$) abhängt, berechnen $\langle\Psi|H|\Psi\rangle$, und suchen durch Variation der Parameter dessen Minimum.

Die Brauchbarkeit dieser Methode zeigen wir mit der Berechnung der Grundzustandsenergie von Helium, wozu wir für Ψ ein Produkt aus wasserstoffähnlichen $(1s)$-Orbitalen wählen, aber die Kernladung Z^* willkürlich lassen. Wir wählen

$$\Psi(\mathbf{r}_1,\mathbf{r}_2) = \psi_{100}(\mathbf{r}_1)\,\psi_{100}(\mathbf{r}_2)\,, \tag{18-47}$$

wobei

$$\left(\frac{\mathbf{p}^2}{2m} - \frac{Z^*e^2}{r}\right)\psi_{100}(\mathbf{r}) = \epsilon\psi_{100}(\mathbf{r}) \tag{18-48}$$

mit $\epsilon = -(1/2)\,mc^2(Z^*\alpha)^2$. Nun benötigen wir

$$\begin{aligned}\int d^3r_1 \int d^3r_2\, \psi^*_{100}(\mathbf{r}_1)\,\psi^*_{100}(\mathbf{r}_2)\left(\frac{\mathbf{p}_1^2}{2m} + \frac{\mathbf{p}_2^2}{2m} - \frac{Ze^2}{r_1} - \frac{Ze^2}{r_2}\right.\\ \left. + \frac{e^2}{|\mathbf{r}_1 - \mathbf{r}_2|}\right)\psi_{100}(\mathbf{r}_1)\,\psi_{100}(\mathbf{r}_2).\end{aligned} \tag{18-49}$$

Wir formen um

$$\begin{aligned}\int d^3r_1 \int d^3r_2\, \psi^*_{100}(\mathbf{r}_1)\,\psi^*_{100}(\mathbf{r}_2)\left(\frac{\mathbf{p}_1^2}{2m} - \frac{Ze^2}{r_1}\right)\psi_{100}(\mathbf{r}_1)\,\psi_{100}(\mathbf{r}_2)\\ = \int d^3r_1\, \psi^*_{100}(\mathbf{r}_1)\left(\frac{\mathbf{p}_1^2}{2m} - \frac{Z^*e^2}{r_1} + \frac{(Z^*-Z)\,e^2}{r_1}\right)\psi_{100}(\mathbf{r}_1)\\ = \epsilon + (Z^*-Z)\,e^2 \int d^3r_1 |\psi_{100}(\mathbf{r}_1)|^2\,\frac{1}{r_1}\\ = \epsilon + (Z^*-Z)\,e^2\,\frac{Z^*}{a_0}\\ = \epsilon + Z^*(Z^*-Z)\,mc^2\alpha^2.\end{aligned} \tag{18-50}$$

Der gleiche Faktor ergibt sich für Elektron 2; den Erwartungswert der Energieverschiebung aus der Elektron-Elektron-Abstoßung haben wir schon in (18-31) erhalten, nur müssen wir jetzt Z^* schreiben anstatt Z. Alle Glieder zusammen ergeben

$$\begin{aligned}\langle\Psi|H|\Psi\rangle &= -\frac{1}{2}\,mc^2\alpha^2\left(2Z^{*2} + 4Z^*(Z-Z^*) - \frac{5}{4}\,Z^*\right)\\ &= -\frac{1}{2}\,mc^2\alpha^2\left(4ZZ^* - 2Z^{*2} - \frac{5}{4}\,Z^*\right).\end{aligned} \tag{18-51}$$

Dies hat sein Minimum für

$$Z^* = Z - \frac{5}{16} \tag{18-52}$$

und ist also eine deutliche Verbesserung gegenüber unserer früher gemachten groben Abschätzung $(Z - 1/2)$. Somit haben wir

$$E_0 \leq -\frac{1}{2}mc^2\alpha^2\left[2\left(Z-\frac{5}{16}\right)^2\right] = -77{,}38\ \mathrm{eV} \tag{18-53}$$

(Zahlenwert für $Z = 2$). Dies ist viel besser als das Ergebnis der Störungstheorie erster Ordnung.

Diese Variationsrechnung kann auch mit komplizierteren Probefunktionen Ψ ausgeführt werden. Pekeris[4]) verwandte eine Wellenfunktion mit 1075 Gliedern und ließ das Minimum von $\langle\Psi|H|\Psi\rangle$ durch einen Computer suchen. Die damit erhaltene obere Grenze stimmt mit dem Meßwert innerhalb dessen Fehlergrenzen überein. Natürlich ist eine solch komplizierte Wellenfunktion nicht so leicht interpretierbar wie (18-47) mit der teilweisen Abschirmung. Sicherlich ist dadurch aber ein deutlicher Hinweis für die Richtigkeit der Quantenmechanik geliefert, und auch für die Richtigkeit der Annahme, daß zur Erklärung der Struktur von Atomen nur elektromagnetische Kräfte benötigt werden.

Zum Abschluß kehren wir zurück zu unserer früher gemachten Feststellung: Es existieren Eigenwerte von $H^{(1)} + H^{(2)}$, die innerhalb des Ionisationskontinuums liegen, und dabei diskret sind. Z. B. liegen die Orbitale $(2s)^2$ und $(2s)(2p)$ deutlich oberhalb der Ionisationskante. Dies hat einige physikalisch tiefgreifende Konsequenzen. Betrachten wir z. B. die Orbitale $(2s)(2p)$. Bilden die Elektronen ein Spinsingulett (d. h. $S = 0$), so ist dies der Zustand $^1P_1$, und dieser kann vom Grundzustand aus durch Strahlungsabsorption besetzt werden, da die Auswahlregeln $\Delta l = 1$ und $\Delta S = 0$ dadurch nicht verletzt werden. Sobald dieser Zustand aber besetzt ist, braucht er nicht unbedingt zurückzufallen in den Grundzustand ($^1S_0$) oder einen anderen durch die Auswahlregeln erlaubten Zustand (z. B. $^1D_2$), denn nun steht ein *anderer Kanal* offen: Der Zustand $^1P_1$ kann übergehen in einfach ionisiertes Helium, He^+, und ein freies Elektron, wobei die Elektronenenergie durch die Energieerhaltung bestimmt ist. Diesen Prozeß bezeichnet man als *Autoionisation*.

Der $(2s)(2p)$-Zustand im Kontinuum tritt deutlich bei der Streuung von Elektronen am He^+ zutage. Sobald die Energie der einfallenden Elektronen gerade so groß ist, daß die Bildung eines *Compound-Zustandes* möglich ist, so tritt eine dramatische Zunahme in der Streurate auf. Ähnlich tritt in der Strahlungsabsorption durch Helium eine starke Zunahme auf, sobald die einfallende Photonenenergie in die Umgebung der Energie des Compound-Zustandes (e^-, He^+) kommt (Bild 18.4). Es gibt aber auch Absorption bei anderen Energien, da der Prozeß

$$\text{Strahlung} + \mathrm{He} \rightarrow e^- + \mathrm{He}^+$$

wegen des möglichen Energiekontinuums von e^- auch ohne Erreichen des Compound-Zustandes möglich ist, aber dabei ändert sich die Absorption

[4]) Dies ist diskutiert in Bethe und Jackiw, *loc. cit.*

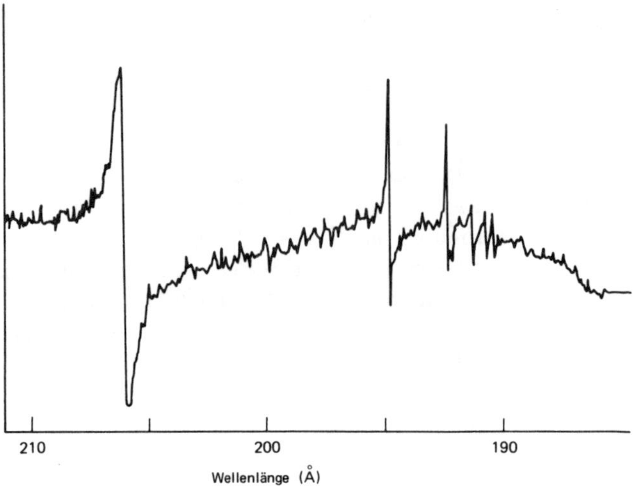

Bild 18–4 Resonanzen im Helium-Absorptionsspektrum oberhalb der Ionisationskanten. Die erste Spitze bedeutet Anregung in den $(2s)(2p)$-Zustand. (Mit freundlicher Genehmigung nach R. P. Madden und K. Codling, *Phys. Rev. Letters*, **10**, *516* (1963).

nur langsam. Wir können diesen Compound-Zustand auch noch auf eine andere Weise beschreiben, nämlich als *Resonanz-Zustand*. Da er in die Bestandteile He^+ und e^- zerfällt, kann man ihm eine Lebensdauer Δt zuordnen. Wegen der Unschärfebeziehung $\Delta E \gtrsim \hbar/\Delta t$ scheint es also nötig zu sein, seine Energie als nicht scharf definiert zu betrachten, was in Widerspruch mit der Tatsache zu stehen scheint, daß $(2s)(2p)$ eine wohldefinierte Energie hat. Es zeigt sich, daß der diskrete Zustand bei Berücksichtigung der Kopplung an den Kontinuumszustand nicht länger diskret bleibt, und daß seine Energie in einen engen Bereich um den ursprünglichen Wert verschmiert wird. Wir kommen hierauf im 23. Kapitel der Speziellen Probleme (Lebensdauer, Linienbreite und Resonanz) zurück.

Aufgaben

1. Betrachten Sie das Heliumatom in der Näherung, welche die Elektron-Elektron-Wechselwirkung vernachlässigt. Welches ist der tiefste Zustand des Orthoheliums (Spin 1)? Wie ist die Entartung in dieser Näherung? Geben Sie den Ausdruck für die Aufspaltung durch die Elektron-Elektron-Abstoßung in Störungstheorie erster Ordnung, und schätzen Sie deren Größe ab!

2. Berechnen Sie die Energieverschiebung $\Delta E^{(t)}_{2,l}$ $(l = 0, 1)$.

3. Betrachten Sie den Grundzustand von Orthohelium. Wie groß ist dessen magnetisches Moment? Berechnen Sie die Wechselwirkung mit einem äußeren Magnetfeld.

4. Betrachten Sie

$$"E" = \langle \Psi | H | \Psi \rangle$$

mit einer willkürlichen Probefunktion Ψ. Zeigen Sie folgendes: Falls sich Ψ von der richtigen Grundzustandswellenfunktion ψ_0 um Glieder der Ordnung ϵ unterscheidet, so unterscheidet sich "E" von der Grundzustandsenergie um Glieder der Ordnung ϵ^2. (Bemerkung: Vergessen Sie nicht die Normierungsbedingung $\langle \Psi | \Psi \rangle = 1$.)

5. Wenden Sie das Variationsprinzip an, um die Grundzustandsenergie des dreidimensionalen harmonischen Oszillators abzuschätzen, und verwenden Sie hierzu die Probefunktion

$$\Psi = Ne^{-\alpha r}.$$

6. Betrachten Sie einen eindimensionalen harmonischen Oszillator mit einem abgeschnittenen Potential der Form

$$\begin{aligned} V(x) &= \frac{1}{2} m\omega^2(x^2 - a^2) \qquad |x| < a \\ &= 0 \qquad\qquad\qquad\qquad |x| > a. \end{aligned}$$

Verwenden Sie das Variationsprinzip, um die beste obere Grenze für die Grundzustandsenergie zu finden, und zwar indem Sie hierzu $Ne^{-\beta|x|}$ benützen.

7. Betrachten Sie die Bindung eines Protons an ein Neutron, und zwar durch das Potential

$$V(r) = V_0 \frac{e^{-r/r_0}}{r/r_0}$$

im $L = 0$ Zustand (mc^2 für beide Teilchen ist etwa 938 MeV). Die Reichweite des Potentials ist durch r_0 bestimmt. Wie groß muß die Tiefe des Potentials (V_0, Anm. d. Übers.) sein, damit sich die Bindungsenergie $E_B = -2{,}23$ MeV bei $r_0 = 2{,}8 \times 10^{-13}$ cm ergibt?
Gehen Sie hierbei auf folgende Weise vor: a) Berechnen Sie mit dem Variationsprinzip einen ungefähren Wert der Bindungsenergie. b) Gehen Sie mit dem Wert E_B ein in die Gleichung, welche den Wert a) mit r_0 verbindet. (Übersehen Sie nicht, die reduzierte Masse zu verwenden.)

8. Betrachten Sie eine endlichdimensionale Matrix H_{ij}. Zeigen Sie, daß die Eigenwerte von H zu erhalten sind aus der Minimumsbedingung von

$$\langle \Psi | H | \Psi \rangle = \sum_{i,j=1}^{n} a_i^* H_{ij} a_j,$$

welche noch der Normierungsbedingung

$$\langle\Psi|\Psi\rangle = \sum_{i=1}^{n} a_i^* a_i = 1$$

zu unterwerfen ist. (*Hinweis*: Verwenden Sie die Methode der Lagrange-Multiplikatoren.)

9. Verwenden Sie das Variationsprinzip, um zu zeigen, daß ein eindimensionales bindendes Potential immer einen gebundenen Zustand ergibt. (Hinweis: Zeigen Sie, daß $\langle\Psi|H|\Psi\rangle$ immer negativ gemacht werden kann, indem Sie eine praktische Probefunktion, z.B. $Ne^{-\beta^2 x^2}$ verwenden.)

10. Verwenden Sie die Daten aus Bild 18.4, um den Abstand des Niveaus $(2s)(2p)$ vom Helium-Grundzustand und die Geschwindigkeit des bei Autoionisation emittierten Elektrons (He^+ soll hierbei im tiefstmöglichen Zustand zurückbleiben) zu berechnen. Was ergibt sich, wenn das He^+-Ion im ersten angeregten Zustand vorliegt?

11. Betrachten Sie eine Wellenfunktion $\psi(\alpha_1, \alpha_2, \ldots \alpha_n)$, womit nur deren Abhängigkeit von einigen Parametern gezeigt sei. Sie sei normiert $\langle\psi(\alpha_1, \alpha_2, \ldots \alpha_n)|\psi(\alpha_1, \alpha_2, \ldots \alpha_n)\rangle = 1$ und die Abhängigkeit von den Parametern derart gewählt, daß

$$\mathcal{E} = \langle\psi(\alpha_1, \ldots)|H|\psi(\alpha_1, \ldots)\rangle$$

so klein als möglich ist. Zeigen Sie, daß diese Parameter durch den folgenden Satz von Gleichungen bestimmt sind

$$\left\langle\psi(\alpha_1, \ldots)|H|\frac{\partial\psi}{\partial\alpha_i}\right\rangle - \mu\left\langle\psi(\alpha_1, \ldots)|\frac{\partial\psi}{\partial\alpha_i}\right\rangle = 0 \qquad i = 1, 2, \ldots n,$$

wobei μ ein Lagrangemultiplikator ist. H soll von einem Parameter λ abhängen (z.B. Kernladung, oder Kernabstand in einem Molekül); die α_i hängen dann von diesem Parameter ab. Zeigen Sie, daß gilt

$$\frac{d\mathcal{E}}{d\lambda} = \left\langle\psi(\alpha_1, \ldots)|\frac{\partial H}{\partial\lambda}|\psi(\alpha_1, \ldots)\right\rangle.$$

Dies ist bekannt als das Feynman-Hellmann-Theorem, und ist sehr nützlich zu Berechnungen in der Molekülphysik.

12. Verwenden Sie das Variationsprinzip, um die Grundzustandsenergie für den anharmonischen Oszillator

$$H = \frac{p^2}{2m} + \lambda x^4$$

abzuschätzen. Vergleichen Sie Ihr Ergebnis mit dem exakten Wert

$$E_0 = 1{,}060\lambda^{1/3}\left(\frac{\hbar^2}{2m}\right)^{2/3}.$$

Literatur

Eine sehr schöne Diskussion der Energieterme des Heliums findet sich in

H.A. Bethe and R.W. Jackiw "Intermediate Quantum Mechanics" W.A. Benjamin, Inc., 1968

19. Die Struktur der Atome

Das Energie-Eigenwertproblem eines Atoms mit Z Elektronen hat die Form

$$\left(\sum_{i=1}^{Z} \frac{\mathbf{p}_i^2}{2m} - \frac{Ze^2}{r_i} + \sum_{i>j} \frac{e^2}{|\mathbf{r}_i - \mathbf{r}_j|}\right)\psi(\mathbf{r}_1, \mathbf{r}_2, \ldots, \mathbf{r}_Z) = E\psi(\mathbf{r}_1, \mathbf{r}_2, \ldots, \mathbf{r}_Z)\,. \tag{19-1}$$

Dies ist eine $3Z$-dimensionale partielle Differentialgleichung. Für kleine Z kann eine solche Gleichung noch von einem Computer gelöst werden, aber diese Lösungen haben nur Bedeutung für den Spezialisten. Wir wollen unsere Diskussion der atomaren Struktur anders anfassen. So wie am Beispiel von Helium ($Z = 2$) ist es auch hier praktisch und aufschlußreich, zunächst Z unabhängige Elektronen in einem bestimmten Potential zu betrachten, und erst später deren Wechselwirkung untereinander zu berücksichtigen. Es hat sich erwiesen, daß die Störungstheorie für $Z = 2$ gut funktioniert, aber mit wachsender Elektronenanzahl werden die durch unsere Störungstheorie nicht erfaßten Abschirmeffekte zunehmend wichtig. Das am Ende des 18. Kapitels diskutierte Variationsprinzip hatte aber die Eigenschaft, im Einteilchenbild zu bleiben, und dabei Einteilchenwellenfunktionen zu liefern, die Abschirmkorrekturen beinhalten.

Zur Anwendung des Variationsprinzip wollen wir eine Probefunktion folgender Form annehmen:

$$\psi(\mathbf{r}_1, \mathbf{r}_2, \ldots, \mathbf{r}_Z) = \phi_1(\mathbf{r}_1)\,\phi_2(\mathbf{r}_2)\ldots\phi_Z(\mathbf{r}_Z)\,. \tag{19-2}$$

Jede dieser Funktionen ϕ sei normiert. Berechnen wir nun den Erwartungswert von H in diesem Zustand:

$$\begin{aligned}\langle H\rangle = &\sum_{i=1}^{Z}\int d^3\mathbf{r}_i\,\phi_i^*(\mathbf{r}_i)\left(-\frac{\hbar^2}{2m}\nabla_i^2 - \frac{Ze^2}{r_i}\right)\phi_i(\mathbf{r}_i)\\ &+ e^2\sum_{i>j}\sum_{j}\iint d^3\mathbf{r}_i\,d^3\mathbf{r}_j\,\frac{|\phi_i(\mathbf{r}_i)|^2|\phi_j(\mathbf{r}_j)|^2}{|\mathbf{r}_i - \mathbf{r}_j|}\,.\end{aligned} \tag{19-3}$$

Das Variationsprinzip läuft nun so, daß wir die $\phi_i(\mathbf{r}_i)$ so wählen, daß $\langle H\rangle$ einen Minimalwert annimmt. Würden wir die $\phi_i(\mathbf{r}_i)$ als wasserstoffähnliche Wellenfunktionen wählen, wobei für jedes Elektron ein anderes Z_i nötig wäre (und jedes Elektron in einem anderen Zustand sein müßte, um das Pauli-Prinzip zu erfüllen), so würden wir einen Satz von Gleichungen analog zu (18-51) und (18-52) erhalten. Eine andere, ziemlich allgemeingültige Näherung wurde von Hartree vorgeschlagen: Sind die $\phi_i(\mathbf{r}_i)$ Einteilchenwellenfunktionen, die $\langle H \rangle$ zum Minimum machen, und verändern wir diese Wellenfunktionen um eine infinitesimale Größe, nämlich

$$\phi_i(\mathbf{r}_i) \rightarrow \phi_i(\mathbf{r}_i) + \lambda f_i(\mathbf{r}_i)\,, \tag{19-4}$$

so wird dadurch $\langle H \rangle$ nur eine Änderung der Größenordnung λ^2 erfahren. Die Veränderungen von ϕ_i müssen so sein, daß

$$\int d^3\mathbf{r}_i |\phi_i(\mathbf{r}_i) + \lambda f_i(\mathbf{r}_i)|^2 = 1, \tag{19-5}$$

also in erster Ordnung von λ

$$\int d^3\mathbf{r}_i [\phi_i^*(\mathbf{r}_i)\, f_i(\mathbf{r}_i) + \phi_i(\mathbf{r}_i)\, f_i^*(\mathbf{r}_i)] = 0. \tag{19-6}$$

Wir wollen nun die in λ linearen Glieder berechnen, indem wir (19-4) in (19-3) einsetzen. Für den ersten Teil der ersten Summe erhalten wir

$$\begin{aligned}&\sum_i \int d^3r_i \left[\phi_i^*(\mathbf{r}_i)\left(-\frac{\hbar^2}{2m}\nabla_i^2\right)\lambda f_i(\mathbf{r}_i) + \lambda f_i^*(\mathbf{r}_i)\left(-\frac{\hbar^2}{2m}\nabla_i^2\right)\phi_i(\mathbf{r}_i)\right]\\ &= \lambda \sum_i \int d^3\mathbf{r}_i \left\{f_i(\mathbf{r}_i)\left[-\frac{\hbar^2}{2m}\nabla_i^2\phi_i^*(\mathbf{r}_i)\right] + f_i^*(\mathbf{r}_i)\left[-\frac{\hbar^2}{2m}\nabla_i^2\phi_i(\mathbf{r}_i)\right]\right\}.\end{aligned} \tag{19-7}$$

Hierbei haben wir zweimal partiell integriert, und schon verwendet, daß $f_i(\mathbf{r}_i)$ im Unendlichen zu verschwinden hat, um als Variation einer quadratintegrierbaren Funktion akzeptabel zu sein. Das nächste Glied wird

$$-\lambda \sum_i \int d^3\mathbf{r}_i \left[f_i^*(\mathbf{r}_i)\,\frac{Ze^2}{r_i}\,\phi_i(\mathbf{r}_i) + \phi_i^*(\mathbf{r}_i)\,\frac{Ze^2}{r_i}\,f_i(\mathbf{r}_i)\right] \tag{19-8}$$

und schließlich das letzte

$$\begin{aligned}&\lambda e^2 \sum_{i>j} \sum_j \int d^3\mathbf{r}_i \int d^3\mathbf{r}_j \frac{1}{|\mathbf{r}_i - \mathbf{r}_j|}\,\{[f_i^*(\mathbf{r}_i)\,\phi_i(\mathbf{r}_i) + f_i(\mathbf{r}_i)\,\phi_i^*(\mathbf{r}_i)]\,|\phi_j(\mathbf{r}_j)|^2\\ &\qquad + [f_j^*(\mathbf{r}_j)\,\phi_j(\mathbf{r}_j) + f_j(\mathbf{r}_j)\,\phi_j^*(\mathbf{r}_j)]\,|\phi_i(\mathbf{r}_i)|^2\}.\end{aligned} \tag{19-9}$$

Wir dürfen nun nicht einfach die Summe aus diesen drei Termen zu Null setzen, denn die $f_i(\mathbf{r}_i)$ unterliegen noch der Bedingung (19-6). Diese berücksichtigen wir in geeigneter Weise durch Anwendung der Methode der Lagrange-Multiplikatoren. Hierzu multiplizieren wir jede der i Zusatzbedingungen (19-6) mit einer Konstante (diese ist der Lagrange-Multiplikator), und addieren dies zur Summe der drei obigen Terme. Die Gesamtsumme kann nun Null gesetzt werden, und damit sind die Nebenbedingungen für $f_i(\mathbf{r}_i)$ berücksichtigt. Mit einiger weiser Voraussicht bezeichnen wir die Multiplikatoren gleich mit $-\epsilon_i$ und erhalten

$$\begin{aligned}&\sum_i \int d^3\mathbf{r}_i \left\{ f_i^*(\mathbf{r}_i)\left[-\frac{\hbar^2}{2m}\nabla_i^2\phi_i(\mathbf{r}_i)\right] - f_i^*(\mathbf{r}_i)\,\frac{Ze^2}{r_i}\,\phi_i(\mathbf{r}_i)\right\}\\ &\qquad + e^2 \sum_{i\neq j} \sum_j \iint d^3\mathbf{r}_i\, d^3\mathbf{r}_j\, f_i^*(\mathbf{r}_i)\,\frac{|\phi_j(\mathbf{r}_j)|^2}{|\mathbf{r}_i - \mathbf{r}_j|}\,\phi_i(\mathbf{r}_i)\end{aligned} \tag{19-10}$$

$$- \epsilon_i \int d^3r_i\, f_i^*(\mathbf{r}_i)\, \phi_i(\mathbf{r}_i) + \text{(konjugiert komplexes Glied)} = 0.$$

Zur Berechnung der zweiten Zeile haben wir die Doppelsumme $\sum_{i>j} \sum_j$ zunächst umgewandelt in $(1/2) \sum_{i \neq j} \sum_j$, (diese ist bis auf die Forderung $i \neq j$ nicht eingeschränkt), und außerdem verwendet, daß der Integrand in (19-9) symmetrisch in i und j ist. Nun unterliegt $f_i(\mathbf{r}_i)$ keinen Restriktionen mehr, und so können wir $f_i(\mathbf{r}_i)$ und $f_i^*(\mathbf{r}_i)$ als unabhängig betrachten (jedes hat einen Realteil und einen Imaginärteil). Außer der Bedingung der Quadratintegrierbarkeit können diese völlig willkürlich sein, d.h. zur Erfüllung von (19-10) muß jeder der Koeffizienten von $f_i(\mathbf{r}_i)$ und $f_i^*(\mathbf{r}_i)$ für sich und an *jedem Punkt* $\mathbf{r}_i$ verschwinden, denn wir dürfen örtliche Variationen in den Funktionen $f_i(\mathbf{r}_i)$ und $f_i^*(\mathbf{r}_i)$ anbringen. Wir erhalten also die Bedingung

$$\text{(19-11)} \qquad \left[-\frac{\hbar^2}{2m} \nabla_i^2 - \frac{Ze^2}{r_i} + e^2 \sum_{j \neq i} \int d^3\mathbf{r}_j \frac{|\phi_j(\mathbf{r}_j)|^2}{|\mathbf{r}_i - \mathbf{r}_j|} \right] \phi_i(\mathbf{r}_i) = \epsilon_i \phi_i(\mathbf{r}_i)$$

und die dazu konjugierte.

Diese Gleichung hat eine sofort einleuchtende Erklärung: Es ist eine Energie-Eigenwertgleichung für das i-te Elektron am Ort $\mathbf{r}_i$, welches das Potential

$$\text{(19-12)} \qquad V_i(\mathbf{r}_i) = -\frac{Ze^2}{r_i} + e^2 \sum_{j \neq i} \int d^3\mathbf{r}_j \frac{|\phi_j(\mathbf{r}_j)|^2}{|\mathbf{r}_i - \mathbf{r}_j|}$$

spürt. Dieses besteht aus dem bindenden Anteil, der von der Kerladung Z herrührt, und einem antibindenden Anteil, der durch die räumliche Ladungsverteilung der anderen Atomelektronen zustandekommt. Die Wahrscheinlichkeitsverteilung der einzelnen Elektronenladungen

$$\text{(19-13)} \qquad \rho_j(\mathbf{r}_j) = e|\phi_j(\mathbf{r}_j)|^2$$

kennen wir natürlich nicht, und deshalb müssen wir nach einem *selbstkonsistenten* Satz $\phi_i(\mathbf{r}_i)$ suchen. Damit ist gemeint, daß das Einsetzen dieser Eigenfunktionen in den Ausdruck für das Potential, bzw. in (19-11), zu einer Reproduktion dieser Eigenfunktionen führen muß. Gl. (19-11) ist zwar eine ziemlich komplizierte Integralgleichung, aber wenigstens ist sie nur dreidimensional (wir können $\mathbf{r}_i$ durch $\mathbf{r}$ ersetzen), und dadurch wird die numerische Bearbeitung viel leichter. Eine noch größere Vereinfachung tritt ein, wenn man $V_i(\mathbf{r})$ durch den Winkelmittelwert ersetzt

$$\text{(19-14)} \qquad V_i(r) = \int \frac{d\Omega}{4\pi} V_i(\mathbf{r}),$$

denn dann wird das selbstkonsistente Potential zu einem Zentralpotential, und die selbstkonsistenten Lösungen können dann in Radial- und Winkelanteile faktorisiert werden, d.h. sie können mit n_i, l_i, m_i und σ_i indiziert werden (der letzte Index bezieht sich auf den Spin, $S_{iz} = \pm 1/2$).

Die Probefunktion (19-2) stellt das Pauli-Prinzip nicht in Rechnung. Dieses spielt aber eine wichtige Rolle. Könnten sich alle Elektronen im gleichen Zustand befinden, so würden sich im Grundzustand eines Atoms alle Elektronen im Orbital $n = 1, l = 0$ befinden. Eine so einfache Struktur haben die Atome aber nicht. Um das Pauli-Prinzip zu berücksichtigen, wollen wir zum Ansatz (19-2) noch folgende Regel hinzufügen: *Jedes Elektron muß in einem anderen Zustand sein*, wobei die Spinzustände miteingeschlossen sein müssen. Es gibt aber einen wissenschaftlich mehr zufriedenstellenden Weg, der diese Regel automatisch berücksichtigt: Man ersetzt (19-2) durch eine *Slater-Determinante* (siehe 8-60); damit kommt man zu Gleichungen, die sich von (19-11) durch einen zusätzlichen Austauschterm unterscheiden. Diese Hartree-Fock Gleichungen liefern Eigenwerte, die sich um nur 10 - 20% von den aus den Hartree-Gleichungen (inklusive der obengenannten Regel) erhaltenen Werten unterscheiden. Da sich die Physik der atomaren Struktur aber ein wenig leichter im Hartree-Bild diskutieren läßt, wollen wir die Hartree-Fock Gleichungen nicht weiter diskutieren.

Das Potential (19-14) ist nicht mehr von der Form $1/r$, und damit tritt auch die Entartung aller Zustände mit gegebenem n und $l \leq n - 1$ nicht mehr auf. Wir können jedoch mindestens für kleine Z-Werte erwarten, daß die Aufspaltung der Energieterme für verschiedene l (bei gegebenem n) nicht so groß ist wie für die verschiedenen n, daß also die Elektronen in den aufeinanderfolgenden Orbitalen $1s, 2s, 2p, 3s, 3p, 3d, 4s, 4p, 4d, 4f, \ldots$ zunehmend schwächer gebunden sein werden[1]). Abschirmungseffekte wirken in die gleiche Richtung: s-Orbitale haben große Anteile bei kleinen r, und sind somit überwiegend der vollen Kernladung ausgesetzt, wogegen die p-, d-, ... Orbitale durch die Zentrifugalbarriere nach außen gedrängt werden, und damit überwiegend eine abgeschirmte Kernladung sehen. Dies wirkt sich so stark aus, daß die Energie der $3d$-Elektronen sehr nahe bei der Energie der $4s$-Elektronen liegt, wodurch die vorher angegebene Reihenfolge manchmal gestört wird. Das gleiche gilt für $4d$ und $5s$, für $4f$ und $6s$ usw. Gehen wir über zu größeren Z-Werten, so wird die l-Abhängigkeit deutlich stärker als die n-Abhängigkeit. Wir werden dies in der folgenden Diskussion des *Periodischen Systems* sehen.

In den durch ein bestimmtes (n,l) gekennzeichneten Orbitalen können $2(2l + 1)$ Elektronen untergebracht werden, da es für jedes m zwei Spinzustände gibt. Wenn alle $2(2l + 1)$ Zustände besetzt sind, sprechen wir von einer *gefüllten Schale*. Die Ladungsdichte einer gefüllten Schale hat die Form

---

[1]) Die Bezeichnungsweise ist dieselbe wie schon für das Wasserstoffatom benutzt. Eine etwas sinnvollere Bezeichnungsweise – sie ist üblich bei der Beschreibung der Schalenstruktur des Kerns – wäre, n durch $n - l$ zu ersetzen. Dies wäre dann nur noch ein Index, der die nacheinanderfolgende Einordnung eines gegebenen l-Zustandes beschreibt. Z.B. wäre dann $3d$ zu ersetzen durch $1d$, und dies würde den tiefsten d-Zustand beschreiben. Wir werden trotzdem die konventionelle Beschreibungsweise beibehalten, obwohl der n-Wert gerade für große Z nicht viel mit der Reihenfolge der Niveaus zu tun hat.

(19-15) $$e \sum_{m=-l}^{l} |R_{nl}(r)|^2 |Y_{lm}(\theta,\phi)|^2$$

und diese ist kugelsymmetrisch wegen folgender Eigenschaft

(19-16) $$\sum_{m=-l}^{l} |Y_{lm}(\theta,\phi)|^2 = \frac{2l+1}{4\pi} \, .$$

Wir wollen nun die Atome sukzessive aufbauen, indem wir immer wieder ein weiteres Elektron hinzufügen, und dabei auch die Kernladung entsprechend erhöhen; die Rolle des Kerns in unserer Näherung ist nur, die Ladung Z darzustellen.

Wasserstoff. Wir haben nur ein Elektron, und die Grundzustandskonfiguration ist $1s$. Die spektroskopische Bezeichnung des Grundzustands ist $^2S_{1/2}$, und die Bindungsenergie ist bekanntlich 13,6 eV.

Helium. $Z = 2$. Wie im 18. Kapitel erläutert, ist die Grundzustandskonfiguration $(1s)^2$, was eine Kurzbezeichnung von $(1s)(1s)$ ist. Der Grundzustandsterm ist $^1S_0$, und die gesamte Bindungsenergie beträgt 79 eV. Wenn ein Elektron entfernt wird, dann liegt im Grundzustand noch ein $1s$-Elektron vor; dessen Bindungsenergie am Kern $Z = 2$ beträgt $13{,}6Z^2 = 54{,}4$ eV. Die Energie zum Ablösen des ersten Elektrons, die (erste) Ionisierungsenergie, ist die Differenz zwischen beiden Werten, also 24,6 eV (siehe Bild 18.2b). Es ist auch interessant, die Energie der Konfiguration $(1s)(2s)$ abzuschätzen: Sie ist $13{,}6\,Z^2 + (13{,}6/n^2)(Z-1)^2$, letzterer Ausdruck berücksichtigt die Abschirmung. Hierbei ergibt sich 58 eV, d.h. die Anregungsenergie[2]) ist etwa $79 - 58 \cong 20$ eV. Weil die beiden Elektronen im Grundzustand eine geschlossene Schale bilden, ist das Heliumatom chemisch inert; diese Eigenschaft haben alle Atome, deren Elektronen geschlossene Schalen bilden.

Lithium. $Z = 3$. Das Pauli-Prinzip verbietet die Konfiguration $(1s)^3$. Die energetisch tiefste und für das hinzugekommene Elektron zugängliche Konfiguration ist $(1s)^2(2s)$. Da wir hiermit ein Elektron zu einer geschlossenen Schale ($^1S_0$) hinzugefügt haben, erhalten wir wie für Wasserstoff $^2S_{1/2}$. Wäre die Abschirmung durch die $(1s)^2$-Elektronen vollständig, so würde das neue Elektron nur die Kernladung $Z = 1$ sehen, und damit die Bindungsenergie $13{,}6/4 = 3{,}4$ eV haben. Die Abschirmung ist aber nicht vollständig, und zwar deshalb, weil die Wellenfunktion des neuen $(2s)$-Elektrons bis in den Kern $(r = 0)$ hineinreicht; die effektive Kernladung, Z^*, ist also größer als 1. Der experimentelle Wert der Energie, 5,4 eV, liefert uns $Z^* = 1{,}3$.

Berryllium. $Z = 4$. Der natürliche Platz für das vierte Elektron ist das zweite $2s$-Orbital, womit sich die Konfiguration $(1s)^2(2s)^2$ ergibt. Wieder haben wir eine abgeschlossene Schale, mit dem spektroskopischen Term $^1S_0$. Bezüglich der Energie ist die Situation sehr ähnlich der des Heliums. Wäre

---

[2]) Dies ist eine grobe Abschätzung, welche die Elektron-Elektron Abstoßung und Austauscheffekte vernachlässigt.

die Abschirmung vollständig, dann wäre der einzige Unterschied, daß für das neu hinzugekommene Elektron $n = 2$. Hieraus ergäbe sich die Bindungsenergie zu $24{,}6/n^2 = 6{,}2$ eV. Wegen der unvollständigen Abschirmung aber ergibt sich 9,3 eV. Obwohl wir eine geschlossene Schale haben, so erfordert doch die Anregung in ein $2p$-Orbital ziemlich wenig Energie. Es kann also in Gegenwart eines anderen Elements eine Umorientierung der Elektronen stattfinden, wobei genügend Energie gewonnen wird, um die geschlossene Schale aufzubrechen. Deshalb verhält sich Beryllium nicht so sehr chemisch inert wie Helium. Im allgemeinen ist eine geschlossene Schale dieses Typs nicht so stabil wie eine, bei der für gegebenes n alle l-Werte vergeben sind.

Bor. Nachdem die zweite Schale geschlossen ist, muß das fünfte Elektron entweder in ein $3s$- oder $2p$-Orbital gehen. Letzterer hat geringere Energie, und deshalb wird die $2p$-Schale gefüllt. Die Konfiguration ist $(1s)^2(2s)^2(2p)$, und der Grundzustandsterm ist $^2P_{1/2}$. Letzterer erfordert einen Kommentar: Setzen wir den Spin $1/2$ und den Bahndrehimpuls 1 zusammen, so können wir $J = 3/2$ oder $J = 1/2$ haben. Beide Zustände sind durch die Spin-Bahn-Wechselwirkung aufgespalten

$$\text{(19-17)} \qquad \frac{1}{2m^2c^2}\mathbf{L}\cdot\mathbf{S}\,\frac{1}{r}\,\frac{dV(r)}{dr} = \frac{1}{4m^2c^2}[J(J+1) - L(L+1) - S(S+1)]\,\frac{1}{r}\,\frac{dV(r)}{dr}.$$

Die Form dieses Ausdrucks führt dazu, daß der höhere J-Wert die höhere Energie hat, da der Erwartungswert von $(1/r)[dV(r)/dr]$ positiv ist, selbst wenn er nicht mehr dem in (17-16) gegebenen Wert entspricht. Diese Folgerung kann aber zusammenbrechen, wenn mehrere Elektronen in einer ungefüllten Schale vorliegen. Für die Ionisationsenergie dürfen wir einen etwas kleineren Wert als für Beryllium erwarten, da die Energie des $2p$ Orbitals ein wenig höher als die des $2s$ Orbitals liegt, und zwar wegen der Zentrifugalbarriere. Der experimentelle Wert ist 8,3 eV.

Kohlenstoff. $Z = 6$. Die $2p$-Schale wird weiter gefüllt. Die Konfiguration ist $(1s)^2(2s)^2(2p)^2$. Der Gesamtspin kann 0 oder 1 sein, der gesamte Bahndrehimpuls kann 2,1 oder 0 sein (da wir zwei Bahndrehimpulse 1 haben). Da die Wellenfunktion wegen der beiden Elektronen außerhalb der geschlossenen Schalen antisymmetrisch sein muß, so muß ein Singulett-Zustand $(S = 0)$ gerades L, ein Triplett-Zustand ungerades L haben, und damit gibt es nur die Möglichkeiten $^1S_0$, $^3P_{2,1,0}$, und $^1D_2$. Wir verwenden nun die *Hundsche Regel*, die wir in der Diskussion des Heliumatoms kennenlernten: "Der Zustand mit höchstem Spin hat die tiefste Energie". Der Grundzustandsterm muß also ^3P sein. Von den noch offenen drei Möglichkeiten $(J = 2,1,0)$ bleibt nur $^3P_0$, und zwar wegen der zweiten Hundschen Regel, die aus Spin-Bahn-Berechnungen hervorgeht:

> "Ist die unvollständige Schale weniger als halb gefüllt, so ist der tiefste Zustand derjenige mit geringstmöglichem J, also der mit $J = |L - S|$. Ist die Schale mehr als halb gefüllt, so ist der tiefste Zustand derjenige mit größtem J, also der mit $J = L + S$."

Da man sechs Elektronen zum Auffüllen der $2p$-Schale braucht, so folgt, daß der Grundzustand $J = 0$ hat. Zur Betrachtung der Ionisationsenergie müssen wir berücksichtigen, daß Z um 1 erhöht wurde. Da das zweite $2p$-Elektron dem ersten "aus dem Weg gehen kann", - es geht in einen anderen m-Zustand - so ist die Abstoßung dieser Elektronen nicht sehr wichtig, und wir erwarten eine etwas stärkere Bindung. Der experimentelle Wert ist 11,3 eV.

Stickstoff. Dieses Atom mit $Z = 7$ hat die Konfiguration $(1s)^2(2s)^2(2p)^3$. Üblicherweise schreibt man gefüllte Schalen nicht mehr an; die Konfiguration ist also $(2p)^3$. Nach der Hundschen Regel hat im Grundzustand der Spin den maximal möglichen Wert $S = 3/2$. Dies ist ein symmetrischer Spinzustand (besonders klar ist dies für $S_z = 3/2$, wozu alle Einzelspins parallel stehen müssen), und somit gehört jeder der drei besetzten $3p$-Orbitale zu einem anderen m-Wert. Von den aus der Vektoraddition von drei einzelnen Bahndrehimpulsen 1 zu erhaltenden L-Werten 3, 2, 1, 0, ist $L = 3$ offensichtlich auszuschließen (Anm. d. Übers.: Denn fügt man zu $^3P_0$ des vorhergehenden Atoms ein weiteres p-Elektron hinzu, so ist nur S, P, D möglich. Die Argumentation in dieser Richtung wird oft als "Verzweigungsregel" bezeichnet). Um herauszufinden, daß der völlig antisymmetrische Zustand $L = 0$ ist, muß man detailliertere Betrachtungen über die Zustände anstellen; der Grundzustand ist also $^4S_{3/2}$. Die Ionisationsenergie konnte man ein wenig größer erwarten als für Kohlenstoff, da Z erhöht wurde und dabei das dritte Elektron im dritten p-Orbital untergebracht wird, ohne daß eine merkliche Überlappung mit den beiden anderen $2p$-Elektronen auftritt; dadurch wird der Beitrag der Elektron-Elektron Abstoßung ein wenig reduziert. Der experimentelle Wert ist 14,5 eV.

Sauerstoff $Z = 8$. Die Konfiguration in der abgekürzten Schreibweise ist $(2p)^4$, und diese Schale ist nun mehr als halbvoll. Es scheint, daß die Bestimmung des Grundzustandterms nun sehr kompliziert wird. Wir können dieses Problem jedoch auch von einer anderen Seite betrachten: Wir wissen, daß die gefüllte Schale die Konfiguration $(2p)^6$ (bei $Z = 10$) erreicht, und daß dabei $L = S = 0$. Stellen wir uns das Sauerstoffatom vor, als hätte es eine geschlossene $2p$-Schale, in der zwei *Löcher* (fehlende Elektronen) eingebaut sind. Diese Löcher sind fehlende Elektronen, Defektelektronen (- aber es sind keine Positronen! -), und wir können nun nach den möglichen Zweiloch-Konfigurationen fragen. Diese werden die gleichen sein, wie die Zweielektron-Konfigurationen, denn die Löcher haben ebenfalls Spin 1/2. Somit kommen hierfür, wie beim Kohlenstoff, die mit der Antisymmetrie der Zweifermionen-(Zweiloch)-Wellenfunktion konsistenten Zustände ^1S, ^3P, ^1D in Betracht, und die vier Elektronen des Sauerstoffs müssen zusammen mit den Zweilochzuständen die Werte der geschlossenen Schale $L = S = 0$ ergeben. Der höchste Spinwert ist $S = 1$, und nach der zweiten Hundschen Regel für die mehr als halbgefüllte Schale muß der energetisch tiefste Zustand den Maximalwert des Gesamtdrehimpulses, also $J = 2$ haben. Der

Grundzustand ist also $^3P_2$. Wenn das vierte Elektron zur $2p$-Schale hinzukommt, so muß es in ein Orbital mit schon einmal besetztem m-Wert gehen, und damit wird die Überlappung zwischen zwei der vier Elektronen wieder größer. Es überrascht also nicht, wenn die Ionisierungsenergie auf 13,6 eV abnimmt.

Fluor. Hier ist $Z = 9$, und die Konfiguration ist $(2p)^5$, d.h. wir haben ein Loch in einem p-Orbital. Der Grundzustand ist $^2P_{3/2}$, da hier J wieder den größeren der beiden möglichen Werte ($J = 1/2$, $J = 3/2$) hat. Die Ionisierungsenergie beginnt wieder zuzunehmen; sie ist 17,4 eV.

Neon. Hier wird bei $Z = 10$ die $2p$-Schale gefüllt. Der Grundzustand ist $^1S_0$, und die weiter angewachsene Ionisierungsenergie beträgt nun 21,6 eV.

Wir sind jetzt an einer Stelle angelangt, wo ein weiteres Elektron nur hinzugefügt werden kann, wenn es in eine Bahn mit höherem n (zunächst $n = 3$) eingebracht wird. Neon bildet also - wie Helium - das Ende einer Periode im Periodischen System. In Neon, und in Helium, stehen zur Anregung eines Elektrons nur Zustände mit höherem n zur Verfügung, und deshalb ist vergleichsweise viel Energie nötig, um Eingriffe im Atom vornehmen zu können: Neon ist wie Helium ein chemisch inertes Gas.

Die nächste Periode beinhaltet wieder acht Elemente. Zunächst wird mit Natrium ($Z = 11$) und Magnesium ($Z = 12$) die $(3s)$-Schale gefüllt, und dann die $(3p)$-Schale, welche nacheinander die Elemente Aluminium ($Z = 13$), Silizium ($Z = 14$), Phosphor ($Z = 15$), Schwefel ($Z = 16$), Chlor ($Z = 17$) und, als Schalenabschluß, Argon ($Z = 18$) bildet. Diese Elemente verhalten sich chemisch sehr ähnlich wie die entsprechenden in der Periode Lithium .... Neon, und auch die spektroskopischen Grundzustandsterme entsprechen sich. Der einzige Unterschied ist, daß wegen $n = 3$ die Ionisierungsenergien in dieser Serie ein wenig kleiner sind; man kann die Werte aus der tabellarischen Darstellung des Periodischen Systems (Seite 307 bis 309) entnehmen.

Es überrascht ein wenig, daß diese Periode mit Argon abgeschlossen ist, denn die $3d$-Schale, welche zur Bildung von zehn weiteren Elementen verwendet werden könnte, ist noch nicht aufgefüllt. Der Grund hierfür liegt darin, daß das selbstkonsistente Potential nicht die $1/r$-Form aufweist, und daß die Energieaufspaltung innerhalb der Schalen so groß wird, daß die $4s$-Orbitale tiefer liegen als die $3d$-Orbitale, aber nicht um viel. Es entwickelt sich bei fortschreitendem Z eine Konkurrenz zwischen diesen Orbitalen, und wir haben nun $(4s)$, $(4s)^2$, $(4s)^2(3d)$, $(4s)^2(3d)^2$, $(4s)^2(3d)^3$, $(4s)(3d)^5$, $(4s)^2(3d)^5$, $(4s)^2(3d)^6$, $(4s)^2(3d)^7$, $(4s)^2(3d)^8$, $(4s)(3d)^{10}$, $(4s)^2(3d)^{10}$, dann aber wird die $4p$-Schale gefüllt und die Periode endet mit Krypton ($Z = 36$). Die chemischen Eigenschaften der Elemente am Beginn und Ende dieser Periode ähneln denen am Beginn und Ende der anderen Perioden. So ist Kalium mit dem einzelnen $4s$-Elektron ein Alkalimetall wie Natrium mit seinem einzelnen $3s$-Elektron. Brom, mit der Konfiguration $(4s)^2(3d)^{10}(4p)^5$ hat ein einzelnes Loch in einer p-Schale und verhält sich chemisch also wie Chlor und Fluor. Die Elemente der Serie, in der die $3d$-Schalen aufgefüllt werden, verhalten sich chemisch untereinander ziemlich ähnlich. Der Grund hierfür liegt in Details des selbstkonsistenten Potentials. Es zeigt sich, daß die Bahnradien [3]) der $3d$-Elektronen ein wenig kleiner sind als die der $4s$-Elektronen, so daß nach Füllung der $(4s)^2$-Schale diese zu einer Abschirmung der $3d$-Elektronen gegenüber der Außenwelt tendiert, und zwar unabhängig von ihrer Anzahl. Der gleiche Effekt stellt sich ein, wenn die $4f$-Schale aufgefüllt wird, gerade nachdem die $6s$-Schale gefüllt ist; diese Elemente heißen die *Seltenen Erden*.

Platzersparnisgründe verbieten es, eine weitere detaillierte Diskussion des gesamten Periodischen Systems durchzuführen. Einige Randbemerkungen sind jedoch noch möglich.

a) Die Anzahl der Elemente wird durch keine Eigenschaft der atomaren Struktur begrenzt. Der Grund dafür, daß Atome mit $Z \gtrsim 100$ in der Natur nicht vorkommen liegt darin, daß die Kerne mit höherem Z einer spontanen Spaltung unterliegen. Falls neue superschwere, stabile (oder metastabile) Kerne je entdeckt werden, so ist anzunehmen, daß auch die entsprechenden Atome existieren, und daß deren Struktur sich aus den in diesem Kapitel aufgezeigten Aufbauprinzipien vorhersagen läßt.

b) Wir haben viel Mühe auf die Angabe der Quantenzahlen S, L und J des Grundzustandes verschiedener Elemente verwendet. Diese Quantenzahlen sind nämlich besonders für die Spektroskopie interessant und zwar wegen der noch abzuleitenden Auswahlregeln

$$\begin{aligned} \Delta S &= 0 \\ \Delta L &= \pm 1 \\ \Delta J &= 0, \pm 1 \qquad \text{(aber nicht } 0 \rightarrow 0\text{)}, \end{aligned} \tag{19-18}$$

anhand derer man dann auch die Quantenzahlen der angeregten Zustände bestimmen kann. Die Spektroskopie der Atome wird sehr kompliziert, sobald man über Wasserstoff und Helium hinausgeht. Betrachten wir als ziemlich einfaches Beispiel einige der tiefsten angeregten Zustände von Kohlenstoff, welche durch die verschiedenen Konfigurationen der beiden Elektronen in den $(2p)^2$-Orbitalen außerhalb der geschlossenen Schalen zustande kommen. Wie schon gezeigt, sind die möglichen Zustände $^1S_0$, $^3P_{2,1,0}$ und $^1D_2$. Am tiefsten davon liegt $^3P_0$, aber auch die anderen gehören noch zu $(2p)^2$. Die Zustände der Konfiguration $(2p)(3s)$ betrachten wir als die ersten angeregten, und hier ist möglich $S = 0$ und 1, aber nur $L = 1$. Da die beiden n-Werte schon verschieden sind, werden wir in der Auswahl der Zustände durch das

[3]) Es ist natürlich klar, daß trotz dieser oberflächlichen Ausdrucksweise der Abstand gemeint ist, an dem das Maximum in der Wahrscheinlichkeitsdichte des Elektrons auftritt.

Periodisches System

Z	Element	Konfiguration	Term[1] des Grundzustands	Ionisationspotential eV
1	H	$(1s)$	$^2S_{1/2}$	13.6
2	He	$(1s)^2$	$^1S_0$	24.6
3	Li	$(He)\ (2s)$	$^2S_{1/2}$	5.4
4	Be	$(He)(2s)^2$	$^1S_0$	9.3
5	B	$(He)(2s)^2(2p)$	$^2P_{1/2}$	8.3
6	C	$(He)(2s)^2(2p)^2$	$^3P_0$	11.3
7	N	$(He)(2s)^2(2p)^3$	$^4S_{3/2}$	14.5
8	O	$(He)(2s)^2(2p)^4$	$^3P_2$	13.6
9	F	$(He)(2s)^2(2p)^5$	$^2P_{3/2}$	17.4
10	Ne	$(He)(2s)^2(2p)^6$	$^1S_0$	21.6
11	Na	$(Ne)(3s)$	$^2S_{1/2}$	5.1
12	Mg	$(Ne)(3s)^2$	$^1S_0$	7.6
13	Al	$(Ne)(3s)^2(3p)$	$^2P_{1/2}$	6.0
14	Si	$(Ne)(3s)^2(3p)^2$	$^3P_0$	8.1
15	P	$(Ne)(3s)^2(3p)^3$	$^4S_{3/2}$	11.0
16	S	$(Ne)(3s)^2(3p)^4$	$^3P_2$	10.4
17	Cl	$(Ne)(3s)^2(3p)^5$	$^2P_{3/2}$	13.0
18	Ar	$(Ne)(3s)^2(3p)^6$	$^1S_0$	15.8
19	K	$(Ar)(4s)$	$^2S_{1/2}$	4.3
20	Ca	$(Ar)(4s)^2$	$^1S_0$	6.1
21	Sc	$(Ar)(4s)^2(3d)$	$^2D_{3/2}$	6.5
22	Ti	$(Ar)(4s)^2(3d)^2$	$^3F_2$	6.8
23	V	$(Ar)(4s)^2(3d)^3$	$^4F_{3/2}$	6.7
24	Cr	$(Ar)(4s)(3d)^5$	$^7S_3$	6.7
25	Mn	$(Ar)(4s)^2(3d)^5$	$^6S_{3/2}$	7.4
26	Fe	$(Ar)(4s)^2(3d)^6$	$^5D_4$	7.9
27	Co	$(Ar)(4s)^2(3d)^7$	$^4F_{9/2}$	7.8
28	Ni	$(Ar)(4s)^2(3d)^8$	$^3F_4$	7.6
29	Cu	$(Ar)(4s)(3d)^{10}$	$^2S_{1/2}$	7.7
30	Zn	$(Ar)(4s)^2(3d)^{10}$	$^1S_0$	9.4
31	Ga	$(Ar)(4s)^2(3d)^{10}(4p)$	$^2P_{1/2}$	6.0
32	Ge	$(Ar)(4s)^2(3d)^{10}(4p)^2$	$^3P_0$	8.1
33	As	$(Ar)(4s)^2(3d)^{10}(4p)^3$	$^4S_{3/2}$	10.0
34	Se	$(Ar)(4s)^2(3d)^{10}(4p)^4$	$^3P_2$	9.8
35	Br	$(Ar)(4s)^2(3d)^{10}(4p)^5$	$^2P_{3/2}$	11.8
36	Kr	$(Ar)(4s)^2(3d)^{10}(4p)^6$	$^1S_0$	14.0
37	Rb	$(Kr)(5s)$	$^2S_{1/2}$	4.2
38	Sr	$(Kr)(5s)^2$	$^1S_0$	5.7
39	Y	$(Kr)(5s)^2(4d)$	$^2D_{3/2}$	6.6
40	Zr	$(Kr)(5s)^2(4d)^2$	$^3F_2$	7.0
41	Nb	$(Kr)(5s)(4d)^4$	$^6D_{1/2}$	6.8
42	Mo	$(Kr)(5s)(4d)^5$	$^7S_3$	7.2
43	Tc	$(Kr)(5s)^2(4d)^5$	$^6S_{5/2}$	unbekannt
44	Ru	$(Kr)(5s)(4d)^7$	$^5F_5$	7.5
45	Rh	$(Kr)(5s)(4d)^8$	$^4F_{9/2}$	7.7
46	Pd	$(Kr)(4d)^{10}$	$^1S_0$	8.3
47	Ag	$(Kr)(5s)(4d)^{10}$	$^2S_{1/2}$	7.6
48	Cd	$(Kr)(5s)^2(4d)^{10}$	$^1S_0$	9.0

(Fortsetzung)

Periodisches System (Fortsetzung)

Z		Element	Konfiguration	Term[1] des Grundzustands	Ionisationspotential eV
49		In	$(\mathrm{Kr})(5s)^2(4d)^{10}(5p)$	$^2P_{1/2}$	5.8
50		Sn	$(\mathrm{Kr})(5s)^2(4d)^{10}(5p)^2$	$^3P_0$	7.3
51		Sb	$(\mathrm{Kr})(5s)^2(4d)^{10}(5p)^3$	$^4S_{3/2}$	8.6
52		Te	$(\mathrm{Kr})(5s)^2(4d)^{10}(5p)^4$	$^3P_2$	9.0
53		I	$(\mathrm{Kr})(5s)^2(4d)^{10}(5p)^5$	$^2P_{3/2}$	10.4
54		Xe	$(\mathrm{Kr})(5s)^2(4d)^{10}(5p)^6$	$^1S_0$	12.1
55		Cs	$(\mathrm{Xe})(6s)$	$^2S_{1/2}$	3.9
56		Ba	$(\mathrm{Xe})(6s)^2$	$^1S_0$	5.2
57	Lathariden (Seltene Erden)	La	$(\mathrm{Xe})(6s)^2(5d)$	$^2D_{3/2}$	5.6
58		Ce	$(\mathrm{Xe})(6s)^2(4f)(5d)$	$^3H_5$	6.9
59		Pr	$(\mathrm{Xe})(6s)^2(4f)^3$	$^4I_{9/2}$	5.8
60		Nd	$(\mathrm{Xe})(6s)^2(4f)^4$	$^5I_4$	6.3
61		Pm	$(\mathrm{Xe})(6s)^2(4f)^5$	$^6H_{5/2}$	unbekannt
62		Sm	$(\mathrm{Xe})(6s)^2(4f)^6$	$^7F_0$	5.6
63		Eu	$(\mathrm{Xe})(6s)^2(4f)^7$	$^8S_{7/2}$	5.7
64		Gd	$(\mathrm{Xe})(6s)^2(4f)^7(5d)$	$^9D_2$	6.2
65		Tb	$(\mathrm{Xe})(6s)^2(4f)^9$	$^6H_{15/2}$	6.7
66		Dy	$(\mathrm{Xe})(6s)^2(4f)^{10}$	$^5I_8$	6.8
67		He	$(\mathrm{Xe})(6s)^2(4f)^{11}$	$^4I_{15/2}$	unbekannt
68		Er	$(\mathrm{Xe})(6s)^2(4f)^{12}$	$^3H_6$	unbekannt
69		Tm	$(\mathrm{Xe})(6s)^2(4f)^{13}$	$^2F_{7/2}$	unbekannt
70		Yb	$(\mathrm{Xe})(6s)^2(4f)^{14}$	$^1S_0$	6.2
71		Lu	$(\mathrm{Xe})(6s)^2(4f)^{14}(5d)$	$^2D_{3/2}$	5.0
72		Hf	$(\mathrm{Xe})(6s)^2(4f)^{14}(5d)^2$	$^3F_2$	5.5
73		Ta	$(\mathrm{Xe})(6s)^2(4f)^{14}(5d)^3$	$^4F_{3/2}$	7.9
74		W	$(\mathrm{Xe})(6s)^2(4f)^{14}(5d)^4$	$^5D_0$	8.0
75		Re	$(\mathrm{Xe})(6s)^2(4f)^{14}(5d)^5$	$^6S_{5/2}$	7.9
76		Os	$(\mathrm{Xe})(6s)^2(4f)^{14}(5d)^6$	$^5D_4$	8.7
77		Ir	$(\mathrm{Xe})(6s)^2(4f)^{14}(5d)^7$	$^4F_{9/2}$	9.2
78		Pt	$(\mathrm{Xe})(6s)(4f)^{14}(5d)^9$	$^3D_3$	9.0
79		Au	$(\mathrm{Xe})(6s)(4f)^{14}(5d)^{10}$	$^2S_{1/2}$	9.2
80		Hg	$(\mathrm{Xe})(6s)^2(4f)^{14}(5d)^{10}$	$^1S_0$	10.4
81		Tl	$(\mathrm{Xe})(6s)^2(4f)^{14}(5d)^{10}(6p)$	$^2P_{1/2}$	6.1
82		Pb	$(\mathrm{Xe})(6s)^2(4f)^{14}(5d)^{10}(6p)^2$	$^3P_0$	7.4
83		Bi	$(\mathrm{Xe})(6s)^2(4f)^{14}(5d)^{10}(6p)^3$	$^4S_{3/2}$	7.3
84		Po	$(\mathrm{Xe})(6s)^2(4f)^{14}(5d)^{10}(6p)^4$	$^3P_2$	8.4
85		At	$(\mathrm{Xe})(6s)^2(4f)^{14}(5d)^{10}(6p)^5$	$^2P_{3/2}$	unbekannt
86		Rn	$(\mathrm{Xe})(6s)^2(4f)^{14}(5d)^{10}(6p)^6$	$^1S_0$	10.7
87		Fr	$(\mathrm{Rn})(7s)$		unbekannt
88		Ra	$(\mathrm{Rn})(7s)^2$	$^1S_0$	5.3
89	Actiniden	Ac	$(\mathrm{Rn})(7s)^2(6d)$	$^2D_{3/2}$	6.9
90		Th	$(\mathrm{Rn})(7s)^2(6d)^2$	$^3F_2$	
91		Pa	$(\mathrm{Rn})(7s)^2(5f)^2(6d)$	$^4K_{11/2}$	
92		U	$(\mathrm{Rn})(7s)^2(5f)^3(6d)$	$^5L_6$	
93		Np	$(\mathrm{Rn})(7s)^2(5f)^4(6d)$	$^6L_{11/2}$	
94		Pu	$(\mathrm{Rn})(7s)^2(5f)^6$	$^7F_0$	
95		Am	$(\mathrm{Rn})(7s)^2(5f)^7$	$^8S_{7/2}$	
96		Cm	$(\mathrm{Rn})(7s)^2(5f)^7(6d)$	$^9D_2$	
97		Bk	$(\mathrm{Rn})(7s)^2(5f)^9$	$^6H_{15/2}$	

(Fortsetzung)

Periodisches System (Fortsetzung)

Z		Element	Konfiguration	Term[1] des Grundzustands	Ionisationspotential eV
98	Actiniden	Cf	$(Rn)(7s)^2(5f)^{10}$	$^5I_8$	
99		Es	$(Rn)(7s)^2(5f)^{11}$	$^4I_{15/2}$	
100		Fm	$(Rn)(7s)^2(5f)^{12}$	$^3H_6$	
101		Md	$(Rn)(7s)^2(5f)^{13}$	$^2F_{7/2}$	
102		No	$(Rn)(7s)^2(5f)^{14}$	$^1S_0$	

[1] Spektroskopische Bezeichnungsweise

Pauli-Verbot nicht weiter beschränkt, und so ist $^1P_1$, $^3P_{2,1,0}$ möglich; die Konfiguration $(2p)(3p)$ ermöglicht $S = 0, 1$ und $L = 2, 1, 0$, und dies führt zu den Zuständen $^1D_2$, $^1P_1$, $^1S_0$, $^3D_{3,2,1}$, $^3P_{2,1,0}$ und $^3S_1$. Es gibt zahlreiche Übergangsmöglichkeiten zwischen diesen Zuständen, selbst dann noch, wenn wir alle Auswahlregeln berücksichtigen. Es erübrigt sich zu sagen, daß sich in der energetischen Anordnung dieser Zustände die Konkurrenz verschiedener Effekte in sehr empfindlicher Weise zeigt, und daß die Vorhersage der komplizierteren Termschemata sehr schwierig ist[4]). Diese Aufgabe liegt aber eigentlich nicht in unserem Interessenbereich; unser Hauptanliegen ist es zu zeigen, daß die Quantenmechanik eine detaillierte qualitative, manchmal auch quantitative Erklärung für die Spektren und die chemischen Eigenschaften der Atome liefert, und zwar ohne daß eine andere als elektromagnetische Wechselwirkung zwischen den geladenen Teilchen angenommen wird. Wir werden gelegentlich wieder zu den Spektren zurückkehren.

Aufgaben

1. Zählen Sie die möglichen Zustände in spektroskopischer Schreibweise $^{2S+1}L_J$ zu folgenden Quantenzahlen auf (jede Zeile für sich zu beantworten):

$S = 1/2,\ L = 3$

$S = 2,\ L = 1$

$S_1 = 1/2,\ S_2 = 1,\ L = 4$

$S_1 = 1,\ S_2 = 1,\ L = 3$

$S_1 = 1/2,\ S_2 = 1/2,\ L = 2.$

[4]) Die hier benutzte spektroskopische Bezeichnungsweise hat ihre Grenzen. Hinter dieser Bezeichnungsweise steht die Meinung, daß Bahndrehimpuls und Spin für sich allein Erhaltungsgrößen sind, bis auf die durch Spin-Bahn-Kopplung hervorgerufene Störung. Diese ist für Elemente von geringem Z noch gering; für größere Z verliert sie den Charakter einer Störung. Dann ist es besser, die l und s für jedes Elektron zu einem j zu koppeln, und dann die j-j-Kopplung der Elektronen untereinander zu betrachten. Ausführliche Betrachtungen hierzu liegen aber außerhalb des Rahmens dieses Buches.

Welche Zustände sind bei den drei unteren Zeilen auszuschließen, wenn es sich um identische Teilchen handelt?

2. Betrachten Sie die folgenden Zustände:

$$^1D,\ ^2P,\ ^4F,\ ^3G,\ ^2D,\ ^3H.$$

Welche J-Werte gehören zu jedem dieser Zustände?

3. Betrachten Sie die Zustände

$$^1D,\ ^3P,\ ^3S,\ ^5G,\ ^5P,\ ^5S.$$

Welche hiervon sind nach der für den Spin geltenden Statistik verboten, wenn die Zustände aus zwei identischen Teilchen zu ihrem höchstmöglichen Spinzustand aufgebaut sind?

4. Verwenden Sie die Hundschen Regeln, um die spektroskopischen Grundzustände folgender Atome zu finden:

$$\mathrm{N}(Z = 7),\ \mathrm{K}(Z = 19),\ \mathrm{Sc}(Z = 21),\ \mathrm{Co}(Z = 27).$$

Finden Sie auch die elektronischen Konfigurationen so weit als möglich.

5. Zählen Sie die möglichen spektroskopischen Zustände aus folgenden Konfigurationen auf:

$$(1s)^2,\ (2p)^2,\ (2p)^3,\ (2p)^4,\ (3d)^2,\ (2p)^5(3s),\ (3d)^4.$$

Berücksichtigen Sie hierbei das Pauli-Verbot.
(Hinweis: Bedenken Sie, daß bei Ausrichtung aller Spins oder Bahndrehimpulse der Zustand symmetrisch ist; erinnern Sie sich auch an Löcher in abgeschlossenen Schalen.)

6. Fertigen Sie ein Diagramm, in welchem die im periodischen System angegebenen Ionisierungsenergien über Z aufgetragen sind. Beachten Sie hierbei die Spitzen als Hinweise für die Schalenstruktur der Atome.

Literatur

Eine ausgezeichnete einführende Behandlung der atomaren Struktur ist zu finden in

G. Herzberg "Atomic Spectra and Atomic Structure" Dover Publishers (1944)

Eine deutlich für Fortgeschrittene gedachte Behandlung liefert

I.I. Sobel'man "Introduction to the Theory of Atomic Spectra" Pergamon Press, New York (1972)

20. Moleküle

So wie Atome aus Elektronen und einem einzelnen Kern aufgebaut sind, so sind Moleküle aus Elektronen und mehreren Kernen aufgebaut. Moleküle im Grundzustand sind stabile Gebilde, d.h. man muß Energie aufwenden, um sie in ihre Bestandteile zu trennen (zu "dissoziieren"). Da die Moleküle bei genügend hoher Energiezufuhr zu Atomen dissoziieren, können wir sie als gebundene Zustände von Atomen betrachten; wir werden jedoch sehen, daß diese Beschreibung der eigentlichen Mokekülstruktur nicht ganz gerecht wird. Der Sinn dieses und des nächsten Kapitels ist es zu zeigen, daß man mit der Quantenmechanik die Eigenschaften und das Verhalten von Molekülen erfolgreich beschreiben kann.

Die einfachsten Moleküle beinhalten zwei Atomkerne, man nennt sie zweiatomig. Aber schon diese einfachsten Moleküle sind, verglichen mit Atomen, weit mehr verwickelte Gebilde, denn selbst bei Festhalten des Schwerpunktes können sich die Kerne noch bewegen. Dadurch haben wir mehr Freiheitsgrade. Sogar das einfachste aller Moleküle, H_2^+, welches aus zwei Protonen und nur einem einzigen Elektron besteht, hat immer noch sechs Freiheitsgrade, drei für das Elektron und drei für die Relativbewegung der beiden Protonen. Ein Frontalangriff auf das Problem der Moleküldynamik, also die numerische Lösung der Schrödinger-Gleichung in mehreren Dimensionen ist, wie bei Atomen, möglich. Für unseren Zweck werden sich andere Lösungswege, die zwar ziemlich grob, aber dafür mehr physikalisch orientiert sind, als fruchtbarer erweisen.

Einsicht in die Dynamik der Moleküle gewinnen wir schon durch Berücksichtigung der Tatsache, daß Kerne wesentlich größere Masse als Elektronen haben ($M/m_e \gg 10^3$); die Bewegung der Kerne ist deshalb wesentlich geringer als die der Elektronen. Will man sich die Bewegung der Elektronen vorstellen, so darf man sich zugleich die Kerne als ruhend denken. Andererseits findet die Bewegung der Kerne praktisch in einem zeitlich gemittelten Elektronenfeld statt. Für einen gegebenen Satz von Kernkoordinaten gibt es einen Hamilton-Operator für die Elektronen. Dessen tiefster Eigenwert wird eine Funktion dieser Koordinaten sein; ihr Minimum bestimmt die Lage der Kerne. Dieses Bild muß für Kerne endlicher Masse ein wenig modifiziert werden, da sie sich ja bewegen können. Diese Bewegung hängt von den Elektronen ab, aber die Kerne "sehen" wegen der raschen Bewegung der Elektronen nur eine mittlere Ladungsverteilung und bewegen sich in erster Näherung in einem parabolischen Potential um einen Punkt, dessen Lage durch das Minimum der elektronischen Energie bestimmt ist.

Wir können die Situation mathematisch folgendermaßen beschreiben: Die Schrödinger-Gleichung für die Kerne und Elektronen hat die Form

(20-1) $$[T_R + T_r + V(r,R)]\,\Psi(r,R) = E\Psi(r,R).$$

Hierbei bedeutet T_R den Anteil des Hamilton-Operators, der die Summe der kinetischen Energien der Kerne beschreibt, T_r gilt analog für die Elektronen. $V(r,R)$ ist die potentielle Energie; in ihr steckt die Coulombsche Anziehung zwischen Kern und Elektronen, sowie die Abstoßung der Elektronen untereinander und der Kerne untereinander. Betrachten wir zunächst den Hamilton-Operator, der die Bewegung der Elektronen für festgehalten gedachte Kernorte $\{R\}$ beschreibt

(20-2) $$H_0 = T_r + V(r,R).$$

Das Eigenwertproblem

(20-3) $$[T_r + V(r,R)]\,u_n(r,R) = \epsilon_n(R)\,u_n(r,R)$$

kann im Prinzip gelöst werden. Sowohl Eigenwerte als auch Eigenfunktionen hängen von den festgehaltenen R ab, die als Parameter ins Ergebnis eingehen. Da die $u_n(r,R)$ einen vollständigen Satz bilden, können wir $\Psi(r,R)$ nach diesen Funktionen entwickeln

(20-4) $$\Psi(r,R) = \sum_m \phi_m(R)\,u_m(r,R).$$

Um die Koeffizienten $\phi_m(R)$ zu bestimmen, gehen wir hiermit in (20-1) ein, und erhalten unter Benützung von (20-3)

(20-5) $$T_R \sum_m \phi_m(R)\,u_m(r,R) + \sum_m \epsilon_m(R)\,\phi_m(R)\,u_m(r,R) = E \sum_m \phi_m(R)\,u_m(r,R).$$

Hiervon der erste Summenausdruck beinhaltet Glieder folgender Art

(20-6) $$\begin{aligned}\left(-\frac{\hbar^2}{2M_1}\nabla^2_{R_1} + \ldots\right)\sum_m \phi_m(R)\,u_m(r,R) &= \sum_m [T_R\phi_m(R)]\,u_m(r,R)\\ &\quad - \frac{\hbar^2}{2M_1}\sum_m \nabla_{R_1}\phi_m(R)\cdot\nabla_{R_1}u_m(r,R) - \ldots\\ &\quad - \frac{\hbar^2}{2M_1}\sum_m \phi_m(R)\,\nabla^2_{R_1}u_m(r,R) - \ldots .\end{aligned}$$

In erster Näherung vernachlässigen wir nun hiervon die Glieder der zweiten und dritten Zeile, d.h. wir nehmen an, daß die Funktionen $u_m(r,R)$ in den Kernkoordinaten nur schwach veränderlich sind, zumindest in näherer Umgebung der Stelle R_0, wo die elektronische Energie ihr Minimum hat. R_0 ist definiert durch

(20-7) $$\nabla_{R_i}\epsilon_n(R)\,|_{R_i=R_{i0}} = 0$$

Unsere Näherung

(20-8) $$T_R \sum_m \phi_m(R)\, u_m(r,R) \approx \sum_m [T_R \phi_m(R)]\, u_m(r,R)$$

ist die erste in einer ganzen Reihe von Näherungen, anhand derer es gelingt, Variationen bezüglich R leicht zu berücksichtigen. Dieses Näherungsverfahren wurde von Born und Oppenheimer entwickelt, und die erste Näherung liefert im allgemeinen gute Ergebnisse. Bilden wir nun in (20-5) das Skalarprodukt mit $u_n(r,R)$, und berücksichtigen ferner die Orthonormalität

(20-9) $$\int \prod_i d^3r_i\, u_n^*(r,R)\, u_m(r,R) = \delta_{mn}\,,$$

so erhalten wir mit (20-8)

(20-10) $$T_R\phi_m(R) + \epsilon_m(R)\,\phi_m(R) = E\phi_m(R).$$

Dies ist gerade die Schrödinger-Gleichung für die Kernbewegung, wobei die elektronische Energie $\epsilon_m(R)$ die Rolle der potentiellen Energie übernommen hat. Wir entwickeln $\epsilon(R)$ um die Minimumstelle R_0:

(20-11) $$\epsilon_m(R) \cong \epsilon_m(R_0) + \frac{1}{2}(R - R_0)^2 \left(\frac{\partial^2\epsilon_m}{\partial R^2}\right)_0 + \ldots$$

Wenn wir die Reihe wirklich nach dem zweiten Glied abbrechen dürfen, haben wir offenbar den Fall, daß sich die Kerne im Potential des harmonischen Oszillators bewegen und Schwingungen ausführen [1]). Sie führen aber auch Drehbewegungen aus, da T_R auch Winkelkoordinaten enthält. Wir wollen die Größenordnung der verschiedenen Energien abschätzen.

Hierzu sei angenommen, daß die räumliche Ausdehnung des Moleküls von der Größenordnung a sei. Mit Hilfe der Unschärfebeziehung findet man die elektronische Energie von der Größenordnung

(20-12) $$\epsilon \simeq \frac{1}{2m}\left(\frac{\hbar}{a}\right)^2.$$

Die Frequenz der Kernschwingungen ist gemäß (20-11) gegeben durch

(20-13) $$M\omega^2 \cong \frac{\partial^2\epsilon(R)}{\partial R^2}.$$

Mit der potentiellen Energie (20-12) liefert uns eine Dimensionsbetrachtung

$$\frac{\partial^2\epsilon}{\partial R^2} \cong \frac{\hbar^2}{ma^4}$$

und somit

[1]) Das Problem wird komplizierter, wenn wir uns nicht auf die Entwicklung mit nur zwei Gliedern, (20-11), beschränken. Die qualitativen Eigenschaften bleiben aber erhalten.

(20-14) $$\omega \cong \left(\frac{m}{M}\right)^{1/2} \frac{\hbar}{ma^2}.$$

Das Verhältnis der Kernschwingungsenergie zur elektronischen Energie ist also

(20-15) $$\frac{E_{\mathrm{vib}}}{\epsilon} \simeq \frac{\hbar\omega}{\hbar^2/ma^2} \simeq \left(\frac{m}{M}\right)^{1/2}.$$

Das Molekül kann um seinen Schwerpunkt herum auch rotieren. Typisch ist

(20-16) $$E_{\mathrm{rot}} \cong \frac{J(J+1)\,\hbar^2}{2I} \cong \frac{\hbar^2}{2Ma^2} \cong \frac{m}{M}\,\epsilon.$$

Man darf also bezüglich der *Molekülstruktur* die Freiheitsgrade der Vibration und der Rotation vernachlässigen. Nichtsdestoweniger gibt es natürlich Vibrations- und Rotationsniveaus, und damit gibt es in der Molekülspektroskopie:

a) *Elektronische Übergänge.* Ist die räumliche Dimension eines Moleküls von der Größenordnung 1 Å, also

(20-17) $$a \simeq \frac{2\hbar}{mc\alpha},$$

so wird

$$h\nu = 2\pi\hbar\,\frac{c}{\lambda} \simeq \frac{\hbar^2}{2ma^2} \simeq \frac{mc^2\alpha^2}{8}$$

und numerisch

(20-18) $$\lambda \simeq \frac{16\pi}{\alpha}\,\frac{\hbar}{mc\alpha} \simeq 16\pi \times 137 \times 0{,}5\ \text{Å} \simeq 3500\ \text{Å}.$$

Die bei elektronischen Übergängen emittierte Strahlung liegt also im ultravioletten Spektralbereich.

b) *Vibrationsübergänge.* Diese finden statt zwischen den Niveaus, die wir im ungefähren harmonischen Oszillator-Potential zu erwarten haben. Typische Energien liegen in der Größenordnung $(m/M)^{1/2}\,\epsilon$, d.h. die Wellenlängen werden von der Größenordnung $(M/m)^{1/2} \sim 50$ mal größer sein. Der damit angesprochene Wellenlängenbereich um ca. 2×10^{-3} cm liegt im Infraroten.

c) Die *Rotationsübergänge* liefern Wellenlängen, die charakteristisch um den Faktor 10^3 bis 10^4 größer sind als bei den elektronischen Übergängen. Die Wellenlängen liegen im Spektralbereich 0,1 bis 1 cm.

Um zu sehen, welche Form $\epsilon_0(R)$ annehmen kann, wollen wir das einfachste aller Moleküle betrachten, H_2^+. Nachdem wir die Schwerpunktsbewegung absepariert haben (hierbei vernachlässigen wir das Elektron) gelangen wir zur Energie-Eigenwertgleichung

$$(20\text{-}19)\qquad \left(-\frac{\hbar^2}{2M}\nabla_R^2 - \frac{\hbar^2}{2m}\nabla_r^2 - \frac{e^2}{|\mathbf{r}-\mathbf{R}/2|} - \frac{e^2}{|\mathbf{r}+\mathbf{R}/2|} + \frac{e^2}{R} - E\right)\Psi(\mathbf{r},\mathbf{R}) = 0.$$

Der erste Term stellt die kinetische Energie der Protonen dar, mit deren reduzierter Masse

$$(20\text{-}20)\qquad M = \frac{M_P^2}{M_P + M_P} = \frac{M_P}{2}.$$

Der zweite Term ist die kinetische Energie des Elektrons; die nächsten beiden kommen von der Anziehung des Elektrons durch die beiden Protonen an den Stellen $\mathbf{R}/2$ und $-\mathbf{R}/2$, und der vorletzte durch die Abstoßung beider Protonen, die ja den gegenseitigen Abstand $R = |\mathbf{R}|$ haben. Den qualitativen Verlauf der Elektronenenergie und des abstoßenden Potentials zeigt Bild 20.1. Für sehr große R wird das Elektron an eines der Protonen gebunden sein, und die Energie des Systems in diesem Fall ist $-13{,}6$ eV, wie

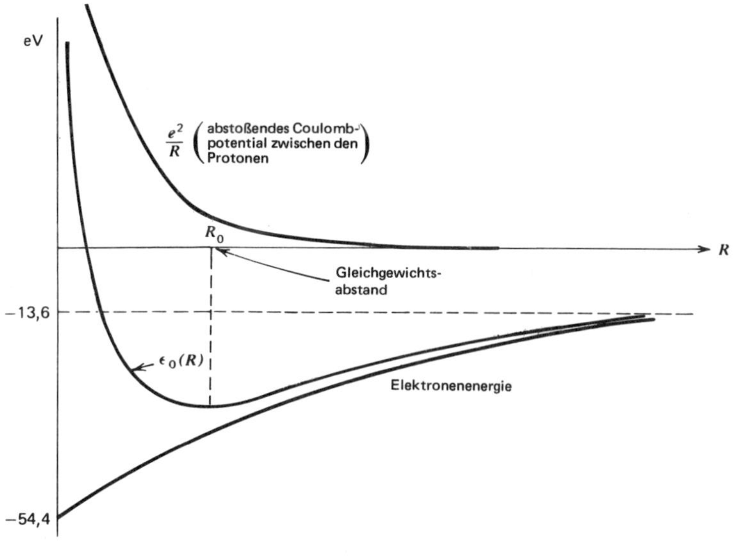

Bild 20–1 Das abstoßende Coulombpotential zwischen den Protonen und die elektronische Energie ergeben zusammen ein Energieminimum und damit den Gleichgewichtsabstand R_0.

beim einfachen Wasserstoffatom. Für $R \to 0$ ist das Elektron an einen Kern mit $Z = 2$ gebunden, und wenn wir die Proton-Proton-Abstoßung vernachlässigen, ergibt sich die Energie zu $-13{,}6\,Z^2 = -54{,}4$ eV. Die Elektronenenergie ist eine stetige Funktion von R zwischen diesen Grenzwerten. Wird hierzu das abstoßende Proton-Proton-Potential berücksichtigt, so erhält man die Kurve $\epsilon_0(R)$. Diese Kurve hat, für unser H_2^+-Molekül, ein Minimum. Ein Minimum in dieser Kurve tritt aber nicht in allen Fällen auf, d. h. es gibt Atome, die keine Moleküle bilden können, wie wir bald sehen werden. Die Gleichung für die elektronischen Eigenwerte

$$\begin{aligned} H_0 u_0(\mathbf{r},\mathbf{R}) &= \left(\frac{p_e^2}{2m} - \frac{e^2}{|\mathbf{r}-\mathbf{R}/2|} - \frac{e^2}{|\mathbf{r}+\mathbf{R}/2|} + \frac{e^2}{R}\right) u_0(\mathbf{r},\mathbf{R}) \\ &= \epsilon_0(R)\, u_0(\mathbf{r},\mathbf{R}) \end{aligned} \tag{20-21}$$

hat die in (20-3) vorweggenommene Form, und sie kann in elliptischen Koordinaten gelöst werden. Wir wollen jedoch durch die Anwendung des *Variationsprinzips* weiter vordringen und zwar mit Probefunktionen, die aus physikalischen Argumenten konstruiert sind.

Als vernünftige Probefunktion verwenden wir eine Linearkombination aus

$$\psi_1(\mathbf{r},\mathbf{R}) = \left(\frac{1}{\pi a_0^3}\right)^{1/2} e^{-|\mathbf{r}-\mathbf{R}/2|/a_0} \tag{20-22}$$

und

$$\psi_2(\mathbf{r},\mathbf{R}) = \left(\frac{1}{\pi a_0^3}\right)^{1/2} e^{-|\mathbf{r}+\mathbf{R}/2|/a_0}. \tag{20-23}$$

Diese beschreiben ja das an das eine oder an das andere Proton gebundene Elektron. Da der Hamilton-Operator reflexionssymmetrisch am Ursprung ist ($\mathbf{p}_e \to -\mathbf{p}_e$, $\mathbf{r} \to -\mathbf{r}$, $\mathbf{R} \to -\mathbf{R}$), dürfen wir als Probefunktionen Kombinationen mit gerader oder ungerader Parität verwenden.[2])

$$\begin{aligned} \psi_g(\mathbf{r},\mathbf{R}) &= C_+(R)[\psi_1(\mathbf{r},\mathbf{R}) + \psi_2(\mathbf{r},\mathbf{R})] \\ \psi_u(\mathbf{r},\mathbf{R}) &= C_-(R)[\psi_1(\mathbf{r},\mathbf{R}) - \psi_2(\mathbf{r},\mathbf{R})] \end{aligned} \tag{20-24}$$

Die Normierungsfaktoren sind

$$\begin{aligned} \frac{1}{C_\pm^2} &= \langle \psi_1 \pm \psi_2 | \psi_1 \pm \psi_2 \rangle \\ &= 2 \pm 2 \int d^3r\, \psi_1(\mathbf{r},\mathbf{R})\, \psi_2(\mathbf{r},\mathbf{R}). \end{aligned} \tag{20-25}$$

Hier sehen wir das sogenannte *Überlappungsintegral* der beiden Funktionen, und es kann ausgeführt werden

$$\begin{aligned} S(R) &= \int d^3\mathbf{r}\, \psi_1(\mathbf{r},\mathbf{R})\, \psi_2(\mathbf{r},\mathbf{R}) \\ &= \frac{1}{\pi a_0^3} \int d^3r\; e^{-|\mathbf{r}-\mathbf{R}/2|/a_0}\, e^{-|\mathbf{r}+\mathbf{R}/2|/a_0} \\ &= \frac{1}{\pi a_0^3} \int d^3r'\; e^{-|\mathbf{r}'-\mathbf{R}|/a_0}\, e^{-r'/a_0}. \end{aligned} \tag{20-26}$$

[2]) Diese Bezeichnungsweise ist sprachlich bedingt, und bedeutet: *g* gerade, *u* ungerade.

Die Integration ist problemlos, aber mühsam. Das Ergebnis ist

$$S(R) = \left(1 + \frac{R}{a_0} + \frac{R^2}{3a_0^2}\right) e^{-R/a_0}. \tag{20-27}$$

Der Erwartungswert von H_0 in den beiden Zuständen ist

$$\begin{aligned}
\langle H \rangle_{g,u} &= \frac{1}{2[1 \pm S(R)]} \langle \psi_1 \pm \psi_2 | H_0 | \psi_1 \pm \psi_2 \rangle \\
&= \frac{1}{2[1 \pm S(R)]} \{ \langle \psi_1 | H_0 | \psi_1 \rangle + \langle \psi_2 | H_0 | \psi_2 \rangle \pm \langle \psi_1 | H_0 | \psi_2 \rangle \pm \langle \psi_2 | H_0 | \psi_1 \rangle \} \\
&= \frac{\langle \psi_1 | H_0 | \psi_1 \rangle \pm \langle \psi_1 | H_0 | \psi_2 \rangle}{1 \pm S(R)}.
\end{aligned} \tag{20-28}$$

Hierbei haben wir von der Symmetrie bei $\mathbf{R} \to -\mathbf{R}$ Gebrauch gemacht. Berechnen wir nun die beiden Terme im Zähler:

$$\begin{aligned}
\langle \psi_1 | H_0 | \psi_1 \rangle &= \int d^3r \psi_1^*(\mathbf{r},\mathbf{R}) \left(\frac{p_e^2}{2m} - \frac{e^2}{|\mathbf{r} - \mathbf{R}/2|} - \frac{e^2}{|\mathbf{r} + \mathbf{R}/2|} + \frac{e^2}{R} \right) \\
&\qquad \times \psi_1(\mathbf{r},\mathbf{R}) \\
&= E_1 + \frac{e^2}{R} - e^2 \int d^3r \frac{|\psi_1(\mathbf{r},\mathbf{R})|^2}{|\mathbf{r} + \mathbf{R}/2|}.
\end{aligned} \tag{20-29}$$

Der erste Term hiervon ist genau die Energie im einzelnen Wasserstoffatom, $E_1 = -13{,}6$ eV. Der zweite kommt von der Proton-Proton-Abstoßung, und der dritte von der elektrostatischen Wechselwirkung des an ein Proton gebundenen Elektrons mit dem anderen Proton. Nach Integration des letzteren erhalten wir schließlich

$$\langle \psi_1 | H_0 | \psi_1 \rangle = E_1 + \frac{e^2}{R} \left(1 + \frac{R}{a_0}\right) e^{-2R/a_0}. \tag{20-30}$$

Ähnlich wird

$$\begin{aligned}
\langle \psi_1 | H_0 | \psi_2 \rangle &= \int d^3r_1\, \psi_1^*(\mathbf{r},\mathbf{R}) \left(E_1 + \frac{e^2}{R} - \frac{e^2}{|\mathbf{r} + \mathbf{R}/2|} \right) \psi_2(\mathbf{r},\mathbf{R}) \\
&= \left(E_1 + \frac{e^2}{R} \right) S(R) - e^2 \int d^3r \frac{\psi_1^*(\mathbf{r},\mathbf{R})\, \psi_2(\mathbf{r},\mathbf{R})}{|\mathbf{r} + \mathbf{R}/2|}.
\end{aligned} \tag{20-31}$$

Der letzte Term hier ist das *Austauschintegral*, welches ergibt

$$e^2 \int d^3r \frac{\psi_1^*(\mathbf{r},\mathbf{R})\, \psi_2(\mathbf{r},\mathbf{R})}{|\mathbf{r} + \mathbf{R}/2|} = \frac{e^2}{a_0} \left(1 + \frac{R}{a_0}\right) e^{-R/a_0}. \tag{20-32}$$

Nehmen wir alle Teilergebnisse zusammen, so erhalten wir E_g und E_u als Funktion von R; diese Funktionen sind in Bild 20.2 gezeigt.

Die exakte Lösung muß unterhalb der mit dem Variationsprinzip erhaltenen Lösung liegen. In der Lage des Minimums unterscheiden sich beide Lösungen nur geringfügig. Wir sehen aber schon an unserer Näherung, daß die

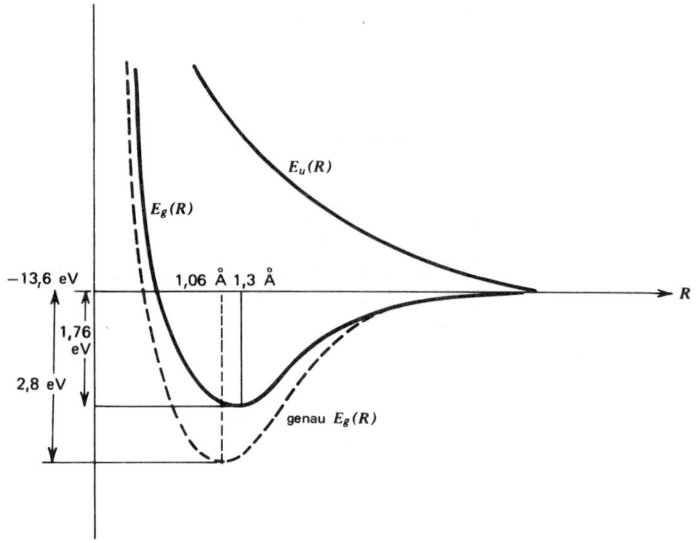

Bild 20–2 Ergebnisse einer Variationsrechnung für H_2^+.

gerade Löung einen gebundenen Zustand ermöglicht, die ungerade aber nicht [3]). Der physikalische Unterschied zwischen beiden liegt darin, daß in der geraden Lösung das Elektron eine große Aufenthaltswahrscheinlichkeit *zwischen* den Protonen hat, und dadurch die bindenden Anteile maximal zur Geltung kommen. Die ungerade Lösung hat eine Nullstelle zwischen den Protonen, d.h. das Elektron hält sich bevorzugt *nicht* zwischen den Protonen auf.

Der experimentell erhaltene Wert für den Protonenabstand ist 1,06 Å, und die Bindungsenergie ist −2,8 eV. Die oben gezeigten Rechnungen liefern 1,3 Å und −1,76 eV. Dies bedeutet, daß die von uns angenommene Wellenfunktion (ψ_1, ψ_2) räumlich nicht genügend gut lokalisiert ist. Für kleines R sollte die Wellenfunktion des He^+-Ions herauskommen, was (20-24) natürlich nicht liefert. Man könnte die Rechnung verbessern, indem man eine effektive Ladung für das Proton einführt und $\langle H_0 \rangle_g$ neben R auch noch mit dieser effektiven Ladung minimalisiert, so wie am Helium vorgeführt. Wir verfolgen diese Idee aber nicht, denn wir sind mehr an einem qualitativen Verständnis, als an einer Verbesserung der Variationsrechnung interessiert.

[3]) Man könnte befürchten, daß das richtige $\epsilon_u(R)$, welches unterhalb der Kurve $\langle H \rangle_u = E_u(R)$ liegt, vielleicht auch ein Minimum hat, und damit einen noch schwach gebundenen Zustand ergibt. Ausführliche Rechnungen zeigen aber, daß dies nicht der Fall ist.

Die besprochenen Orbitale hängen nicht vom Azimutwinkel bezüglich der Molekülachse ab. Da der Hamilton-Operator invariant gegen Rotation um diese Achse ist, dürfen wir die Lösungen durch die Drehimpulskomponente in Richtung der Achse klassifizieren. Wählen wir **R** als die z-Achse, so sind die Eigenzustände auch Eigenzustände von L_z. Die Lösungen werden im allgemeinen die Abhängigkeit $e^{im\phi}$ haben, mit $m = 0, \pm 1, \pm 2, \ldots$. Diese werden in Analogie zu $S, P, D, \ldots$ mit $\sigma, \pi, \delta, \ldots$ bezeichnet. Es gibt auch die Bezeichnung "g" und "u", die auf alle zweiatomigen homonuklearen Moleküle (d. i. Moleküle aus zwei gleichen Atomen) anwendbar ist. In unserem Beispiel könnte also der Grundzustand mit $1s\sigma_g$ bezeichnet werden, und der unsymmetrische mit $1s\sigma_u{}^*$, wobei der Asterisk anzeigt, daß in diesem Zustand keine Bindung vorliegt. Mit höheren Orbitalen können angeregte Zustände des H_2^+-Moleküls gebildet werden.

Wir wollen uns nicht mit den Rotations- und Schwingungsfreiheitsgraden beschäftigen, außer daß wir deren Rolle in den folgenden Problemen festhalten. Zunächst interessieren wir uns für den Einfluß des Pauliverbots auf das homonukleare Molekül. Betrachten wir z. B. das H_2-Molekül, in dem die zwei Kerne identisch sind und jeder den Spin $1/2$ hat. Die Gesamtwellenfunktion muß sich also bei Kernvertauschung antisymmetrisch verhalten. Die beiden Protonen können in diesem Beispiel im antisymmetrischen Spinzustand (Singulett $S = 0$) sein; hierbei muß der Rotationszustand durch eine symmetrische Funktion beschrieben werden, und damit der Drehimpuls gerade sein. Sind die beiden Protonen aber im symmetrischen Spinzustand (Triplett $S = 1$), so muß der Drehimpuls ungerade sein. Im Gas werden die Stöße zwischen den H_2-Molekülen dafür sorgen, daß die Spinzustände gleichverteilt sind. Nehmen wir an, daß jeder Zustand gleich häufig besetzt wird, so ist die Anzahl der in einem bestimmten Spinzustand befindlichen Moleküle proportional zum Entartungsgrad $2S + 1$. Es werden also dreimal soviel Moleküle mit ungeradem L vorliegen als mit geradem. Dies zeigt sich in der Intensität der aus den Übergängen zwischen Rotationszuständen resultierenden Spektrallinien. Allgemeiner ausgedrückt: Wenn jeder Kern Spin I hat, so werden die Zustände $2I, 2I-2, 2I-4, \ldots$ die umgekehrte Symmetrie wie die Zustände $2I-1, 2I-3 \ldots$. haben. Ist z. B. I ganzzahlig, sind die Kerne also Bosonen, so besteht die oben erstgenannte Serie aus geradzahligen Drehimpulsen. Die Anzahl dieser Zustände ist

$$\sum_{k=0}^{I} [2(2I-2k)+1] = (4I+1)(I+1) - \frac{4I(I+1)}{2} = (2I+1)(I+1), \tag{20-33}$$

wogegen die übrigen

$$(2I+1)^2 - (2I+1)(I+1) = (2I+1)\,I \tag{20-34}$$

Zustände ungerade Drehimpulse haben. Das Verhältnis der dazugehörigen Intensitäten ist also $(I+1)/I$. Für Fermionen ergibt sich das umgekehrte Verhältnis.

In guter Näherung sind die Energien der Rotationszustände

$$E_L = \frac{\hbar^2 L(L+1)}{2\mathfrak{J}}, \tag{20-35}$$

wobei $\mathfrak{J}$ das Trägheitsmoment des betrachteten homonuklearen Moleküls ist. Übergänge zwischen benachbarten L-Werten (um die noch abzuleitende Auswahlregel $\Delta L = \pm 1$ zu erfüllen) ergeben also Strahlung der Frequenz

$$\begin{aligned} \omega(L+1 \to L) &= \frac{\hbar}{2\mathfrak{J}} [(L+1)(L+2) - L(L+1)] \\ &= \frac{\hbar}{\mathfrak{J}} (L+1). \end{aligned} \tag{20-36}$$

Durch das Studium der Rotationsspektren kann man die Rotationsniveaus durch ihre L-Werte identifizieren. Die Intensitäten liefern eine Möglichkeit, um zwischen geradem und ungeradem Spin zu unterscheiden. Ein schon historisches Beispiel ist, daß man aus dem beobachteten Rotationsspektrum von N_2 auf geraden Kernspin schließen müßte. Dies war im Rahmen eines früheren Kernmodells (Stickstoff: vierzehn Protonen und sieben Elektronen) nicht zu verstehen, denn ein solcher Kern würde ungerade halbzahligen Spin haben. Die Entdeckung des Neutrons (und damit besteht der Stickstoffkern aus sieben Protonen und sieben Neutronen) beseitigte das unerklärliche Ergebnis.

Das Vorhandensein ganzer Hierarchien von Anregungsenergien, und zwar der Rotation, der Schwingung und der Elektronen, zeigt sich in der Form der spezifischen Wärme bei konstantem Volumen als Funktion der Temperatur. Aus der statistischen Mechanik übernehmen wir folgende Tatsachen:

a) Die spezifische Wärme bei konstantem Volumen ist gegeben durch

$$C_V = N_0 \frac{\partial}{\partial T} \bar{E}(T), \tag{20-37}$$

wobei $\bar{E}(T)$ die mittlere Energie eines Moleküls im thermischen Gleichgewicht bei der Temperatur T ist; N_0 ist die Loschmidtsche Zahl.

b) Die mittlere Energie kann aus der Boltzmann-Verteilung berechnet werden

$$\begin{aligned} \bar{E}(T) &= \int dE E g(E)\, e^{-E/kT} \Big/ \int dE g(E)\, e^{-E/kT} \\ &= -\frac{\partial}{\partial(1/kT)} \int dE g(E)\, e^{-E/kT} \Big/ \int dE g(E)\, e^{-E/kT} \\ &= kT^2 \frac{\partial}{\partial T} \log \int dE g(E)\, e^{-E/kT}. \end{aligned} \tag{20-38}$$

$g(E)$ ist der Entartungsgrad der Zustände der Energie E.

c) Die mittlere Energie kann als Summe von Beiträgen unabhängiger Freiheitsgrade geschrieben werden

(20-39) $\bar{E}(T) = \bar{E}_{\text{trans}}(T) + \bar{E}_{\text{rot}}(T) + \bar{E}_{\text{vib}}(T) + \ldots .$

Für die Translationsfreiheitsgrade mit E als kinetischer Energie haben wir [4])

(20-40) $$\int dE g(E)\, e^{-E/kT} = \int \frac{d^3\mathbf{p}}{(2\pi\hbar)^3}\, e^{-p^2/2MkT}$$

und damit

(20-41) $$\int dE g(E)\, e^{-E/kT} = C' T^{3/2} ,$$

was aus Dimensionsbetrachtungen zu sehen ist. Aus (20-38) ergibt sich also

$$C_V = N_0 \frac{\partial}{\partial T}\left(kT^2 \frac{\partial}{\partial T} \log C' T^{3/2}\right)$$

(20-42) $$= \frac{3}{2} N_0 k$$

$$= \frac{3}{2} R ,$$

wobei $R = N_0 k = 1{,}98$ cal/Mol K. Dies ist bekanntlich die Dulong-Petit-Regel.

Kommen wir nun zum Beitrag der Rotation (zweiter Term in (20-39):

(20-43) $$\int dE g(E)\, e^{-E/kT} \rightarrow \sum g_s (2L + 1)\, e^{-\hbar^2 L(L+1)/2\mathfrak{J}kT} .$$

Hierbei ist g_s die Multiplizität des Spins bei gegebenem L, und $(2L + 1)$ ist der übliche Entartungsgrad. Für das H_2-Molekül haben wir eine schon erwähnte spezielle Situation: Das Auftreten von Para- und Orthowasserstoff, wobei die Kerne im Spinzustand $S = 0$ bzw. $S = 1$ sind.

Für Parawasserstoff ist L beschränkt auf gerade Werte, $L = 0, 2, 4, \ldots$, und $g_s = 1$. Für Orthowasserstoff ist L ungerade, $L = 1, 3, 5, \ldots$, und $g_s = 3$. Bei tiefen Temperaturen - und was "tief" bedeutet, hängt vom Trägheitsmoment ab, womit sich für H_2 als Vergleichskriterium der Wert [5])

(20-44) $$\frac{\hbar^2}{2\mathfrak{J}k} = 84{,}8\ K$$

ergibt - wird der $L = 0$ Zustand bevorzugt besetzt sein, d.h. bei Tempe-

---

[4]) Bezüglich einer Diskussion der Entartung bei freier Bewegung siehe 22. Kapitel, Teil C.

[5]) Das Trägheitsmoment kann aus dem Linienabstand der Rotationsspektren bestimmt werden.

raturen unterhalb 84 K liegt praktisch nur Parawasserstoff vor.[6]) Bei Zimmertemperatur wird der Unterschied zwischen geradem und ungeradem L unbedeutend, und damit wird das Verhältnis der Dichten von Ortho- zu Parawasserstoff nur vom Verhältnis der g_s abhängen, also 3:1 betragen.

Für den Rest der Diskussion werden wir der Einfachheit halber die Unterscheidung zwischen den beiden Arten von Wasserstoffmolekülen vernachlässigen. Bei genügend hohen Temperaturen sind die Freiheitsgrade der Rotation angeregt, und für diesen Fall haben wir

$$\bar{E}_{\text{rot}} = \frac{\hbar^2/2\mathfrak{I} \sum_L (2L+1)\, L(L+1)\, e^{-\hbar^2 L(L+1)/2\mathfrak{I}kT}}{\sum_L (2L+1)\, e^{-\hbar^2 L(L+1)/2\mathfrak{I}kT}} \,. \tag{20-45}$$

Dies kann numerisch ausgewertet werden. Bei hohen Temperaturen ist der Niveau-Abstand sehr klein im Vergleich zu kT, deshalb dürfen wir die Summe durch ein Integral ersetzen. Wir haben dann

$$\int dE g(E)\, e^{-E/kT} \sim \int dl\, 2l\, e^{-\hbar^2 l^2/2\mathfrak{I}kT} \sim C''T \tag{20-46}$$

und unter Verwendung von (20-38) und (20-37) erhalten wir für großes T

$$(C_V)_{\text{rot}} = kN_0 \frac{\partial}{\partial T}\left(T^2 \frac{\partial}{\partial T} \log C''T\right) = R \,. \tag{20-47}$$

Bei noch höheren Temperaturen können die Vibrationszustände angeregt werden. Das Potential, in dem sich ein Kern bewegt, braucht nicht symmetrisch zu sein wie beim harmonischen Oszillator. Bezeichnen wir die Verbindungslinie beider Kerne als die z-Richtung, so ist plausibel, daß der Potentialverlauf in der x- und y-Richtung steiler ist als in der z-Richtung. Die Oszillatorenergie beträgt

$$E = \hbar\omega_x(n_x + \tfrac{1}{2}) + \hbar\omega_y(n_y + \tfrac{1}{2}) + \hbar\omega_z(n_z + \tfrac{1}{2}) \,. \tag{20-48}$$

Der erste angeregte Zustand über dem Grundzustand $E_0 = \frac{1}{2}\hbar\omega_x + \frac{1}{2}\hbar\omega_y + \frac{1}{2}\hbar\omega_z$ wird also $E_1 = E_0 + \hbar\omega_z$ sein. Somit

$$\begin{aligned} \bar{E} &= \frac{E_0\, e^{-E_0/kT} + E_1\, e^{-E_1/kT}}{e^{-E_0/kT} + e^{-E_1/kT}} \\ &= \frac{E_0 + E_1\, e^{-\hbar\omega_z/kT}}{1 + e^{-\hbar\omega_z/kT}} \\ &\cong E_0\left(1 + \frac{E_1}{E_0}\, e^{-\hbar\omega_z/kT}\right)\left(1 - e^{-\hbar\omega_z/kT}\right) \\ &\cong E_0 + \hbar\omega_z\, e^{-\hbar\omega_z/kT}. \end{aligned} \tag{20-49}$$

[6]) Tatsächlich verläuft der Übergang zwischen dem Ortho- und Parazustand sehr langsam, d.h. alleiniges Abkühlen genügt nicht um reinen Parawasserstoff darzustellen. In der Praxis benützt man hierzu einen Katalysator.

Der Vibrationsbeitrag zur spezifischen Wärme ist also

$$(C_V)_{\text{vib}} = \frac{\partial \bar{E}}{\partial T} N_0 = N_0 k \left(\frac{\hbar\omega_z}{kT}\right)^2 e^{-\hbar\omega_z/kT}. \tag{20-50}$$

Für H_2 setzt der Beitrag der Schwingungen erst oberhalb 600 K ein (Bild 20.3). Für Cl_2 andererseits hat $\hbar\omega_z$ einen ziemlich niedrigen Wert, und so wird bei Zimmertemperatur der Beitrag des ersten Vibrationsniveaus $\sim 0{,}5\ R$. Im allgemeinen ist für zweiatomige Moleküle ω_x und ω_y deutlich größer als ω_z, und damit wird der Beitrag der Schwingungsanregungen zu C_V mit

$$\begin{aligned} \int g(E)\, e^{-E/kT}\, dE &= \sum_{n_z} e^{-\hbar\omega_z(n_z+1/2)/kT} \\ &\simeq \int dn\, e^{-\hbar\omega_z(n+1/2)/kT} \simeq C'''T \end{aligned} \tag{20-51}$$

wie für die Rotationsniveaus zu R. Dies ist in Bild 20.3 gezeigt. Die elektronischen Niveaus tragen erst bei extrem hohen Energien bei.

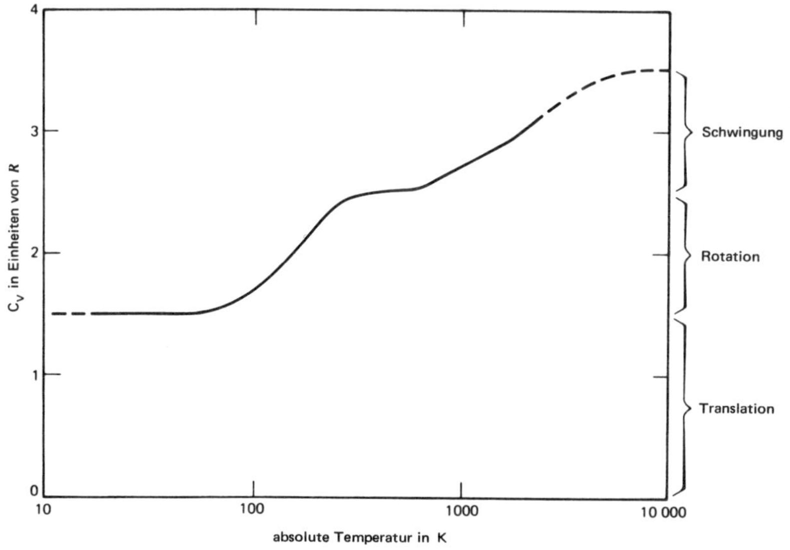

Bild 20–3 Spezifische Wärme von H_2 als Funktion der Temperatur.

Aufgaben

1. An HCl können Absorptionslinien mit folgenden Wellenzahlen (cm^{-1}) beobachtet werden: 83,03; 103,73; 124,30; 145,03; 165,51; 185,86. Sind diese Linien Vibrations- oder Rotationsübergängen zuzuordnen? Falls es Vibrationsübergänge sind, welche ist die charakteristische Frequenz?

Falls es Rotationsübergänge sind, zu welchen J-Werten gehören diese, und wie groß ist das Trägheitsmoment des HCl-Moleküls? Schätzen Sie hierfür auch den Abstand der Atomkerne ab. (Die Quantenzahlen ändern sich bei diesen Übergängen um 1).

2. Berechnen Sie für HCl-Moleküle der Temperatur 300 K das Verhältnis der Anzahl von Molekülen im Zustand $J = 10$ zur Anzahl im Zustand $J = 0$.

3. Die Schwingungsfrequenz von CO im Grundzustand ist $\nu_0 = 2 \times 10^{13}$ Hz. Welche Wellenlänge wird aus dem tiefsten angeregten Zustand emittiert? Wie groß ist die relative Besetzungswahrscheinlichkeit dieses Zustandes, verglichen mit der Besetzungswahrscheinlichkeit des Grundzustandes, und zwar bei 300 K?

4. Betrachten Sie die Schwingungs- und Rotationsenergie eines Moleküls in der Näherung

$$E_J(R) = \frac{1}{2} m\omega^2(R - R_0)^2 + \frac{J(J+1)\hbar^2}{2mR^2}.$$

Finden Sie die Stelle R an der diese Energie zum Minimum wird. Zeigen Sie, daß die Rotationsenergie in der Form

$$E_J = AJ(J+1) + B[J(J+1)]^2 + \dots$$

ausgedrückt werden kann, falls für das Trägheitsmoment der oben gefundene Kernabstand verwendet wird. Bestimmen Sie die Koeffizienten A und B (letzterer kommt von der Verformung des Moleküls aufgrund der Zentrifugalkraft).

Literatur

Einige Bücher, welche diese Dinge in elementarer Weise behandeln, sind am Ende des 21. Kapitels aufgeführt.

21. Die Struktur der Moleküle

In diesem Kapitel diskutieren wir, wie die Form und andere Eigenschaften der Moleküle durch deren elektronische Struktur bestimmt werden, jedoch nur qualitativ. Wir beginnen mit dem *H_2-Molekül* und diskutieren es ziemlich ausführlich, denn mit den zwei Elektronen (im Gegensatz zu H_2^+) werden das Pauliprinzip und der Elektronenspin in die Betrachtungen eingehen. Sowohl beim H_2, als auch sonst in diesem Kapitel wird die Kernbewegung vernachlässigt.

Die Kerne (Protonen) bezeichnen wir mit den Indizes A und B, die Elektronen mit "1" und "2" (Bild 21.1). Der Hamilton-Operator lautet

(21-1) $$H = H_1 + H_2 + \frac{e^2}{r_{12}} + \frac{e^2}{R_{AB}} .$$

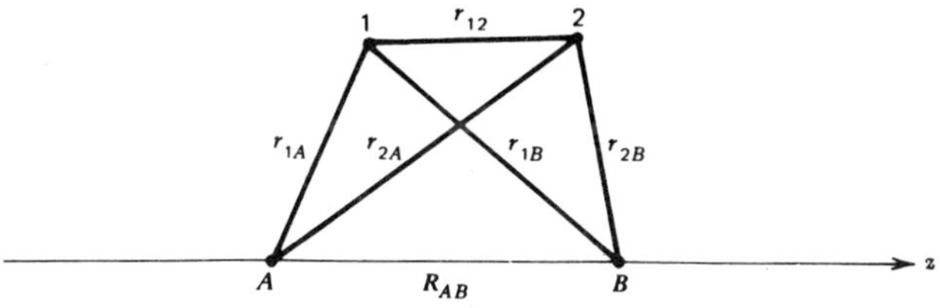

Bild 21–1 Bezeichnung der Koordinaten zur Diskussion des H_2-Moleküls.

Jeder Anteil

(21-2) $$H_i = \frac{\mathbf{p}_i^2}{2m} - \frac{e^2}{r_{Ai}} - \frac{e^2}{r_{Bi}} \qquad (i = 1, 2)$$

hängt nur ab von den Koordinaten des Elektrons i bezüglich der Kerne. Wir wollen wieder eine obere Grenze für $E(R_{AB})$ berechnen, indem wir den Erwartungswert von H mit einer Probefunktion konstruieren. Da

(21-3) $$\tilde{H}_i = H_i + \frac{e^2}{R_{AB}}$$

gerade der Hamilton-Operator für das H_2^+-Molekül (s. 20-21) ist (Anm. d. Übers.: Einelektronensystem, r_{12} kommt nicht vor) liegt es nahe, als Probefunktion für unseren Fall das Produkt zweier $1s\sigma_g$-Funktionen des H_2^+ (s. 20-24) anzusetzen:

$$(21\text{-}4)\qquad \psi_g(\mathbf{r}_1,\mathbf{r}_2) = \frac{1}{2[1+S(R_{AB})]}\,[\psi_A(\mathbf{r}_1)+\psi_B(\mathbf{r}_1)]\,[\psi_A(\mathbf{r}_2)+\psi_B(\mathbf{r}_2)]\,\chi_{\text{Singulett}}\,.$$

Da hier der Ortsanteil symmetrisch ist, muß der Spinzustand ein Singulett sein. In dieser Probefunktion ist *jedes Elektron mit beiden Protonen assoziiert*; man bezeichnet diese deshalb als Produkt von *Molekülorbitalen*. Die Beschreibung anhand von Molekülorbitalen bezeichnet man kurz als *MO*-Methode.

Die Ausrechnung von $\langle\psi_g|H|\psi_g\rangle$ ergibt

$$\begin{aligned}
&\left\langle\psi_g\middle|\left(\tilde{H}_1-\frac{e^2}{R_{AB}}\right)+\left(\tilde{H}_2-\frac{e^2}{R_{AB}}\right)+\frac{e^2}{r_{12}}+\frac{e^2}{R_{AB}}\middle|\psi_g\right\rangle\\
(21\text{-}5)\qquad &= \epsilon(R_{AB})+\epsilon(R_{AB})+\left\langle\psi_g\middle|\frac{e^2}{r_{12}}\middle|\psi_g\right\rangle-\frac{e^2}{R_{AB}}\\
&= 2\epsilon(R_{AB})-\frac{e^2}{R_{AB}}+\left\langle\psi_g\middle|\frac{e^2}{r_{12}}\middle|\psi_g\right\rangle,
\end{aligned}$$

wobei $\epsilon(R_{AB})$ die im 20. Kapitel berechnete Energie für das H_2^+-Molekül ist. Der Beitrag erster Ordnung der Elektron-Elektron Abstoßung kann ebenso berechnet werden. Für den so erhaltenen Wert der Gesamtenergie ist nun der Minimalwert bei Variation des Kernabstandes R_{AB} zu suchen. Für Bindungsenergie und Kernabstand erhält man

$$(21\text{-}6)\qquad \begin{aligned} E_b &= -2{,}68\ \text{eV}\\ R &= \ \ 0{,}85\ \text{Å}. \end{aligned}$$

Experimentell ergibt sich

$$(21\text{-}7)\qquad \begin{aligned} E_b &= -4{,}75\ \text{eV}\\ R &= \ \ 0{,}74\ \text{Å}. \end{aligned}$$

Offensichtlich liegen die berechneten Werte nicht sehr gut. In unserer Diskussion des H_2^+-Moleküls stellten wir fest, daß die Probefunktionen (die Molekülorbitale *MO*) für kleine Proton-Proton-Abstände ungenau sind; die zu weite räumliche Ausbreitung der *MO* zeigt sich in den obengenannten Zahlenwerten. Die Probefunktion hat aber auch für große R_{AB} einige unerwünschte Eigenschaften. Dies sehen wir, wenn wir das Produkt in (21-4) folgendermaßen umformen:

$$\begin{aligned}
&[\psi_A(\mathbf{r}_1)+\psi_B(\mathbf{r}_1)][(\psi_A(\mathbf{r}_2)+\psi_B(\mathbf{r}_2)]\\
(21\text{-}8)\qquad &= [\psi_A(\mathbf{r}_1)\,\psi_A(\mathbf{r}_2)+\psi_B(\mathbf{r}_1)\,\psi_B(\mathbf{r}_2)]+[\psi_A(\mathbf{r}_1)\,\psi_B(\mathbf{r}_2)+\psi_A(\mathbf{r}_2)\,\psi_B(\mathbf{r}_1)]\,.
\end{aligned}$$

Der erste Term (erste eckige Klammer auf der rechten Seite) heißt der "ionische", denn er beschreibt beide Elektronen in ihrer Bindung zum einen oder zum anderen Proton. Der zweite Term, der "kovalente", bedeutet eine *l*ineare *K*ombination von *A*tom-*O*rbitalen (LCAO). Da beide Terme gleiches Gewicht haben, würde der gesamte Ausdruck bedeuten, daß das H_2-Molekül bei großen R_{AB} gleich wahrscheinlich in die Ionen (H^+ und H^-) oder in zwei Atome (H und H) dissoziiert; dies ist aber offenbar falsch.

Die letztgenannte Schwierigkeit kann durch Verwendung von Linearkombinationen aus Atomorbitalen vermieden werden, was man als die *Valenzbindungs*-(oder die Heitler-London-)*Methode* bezeichnet (VB-Methode). Die für die Variationsmethode anzuwendende Singulettprobefunktion wählen wir als

$$\psi(\mathbf{r}_1,\mathbf{r}_2) = \left\{\frac{1}{2[1+S^2(R_{AB})]}\right\}^{1/2} [\psi_A(\mathbf{r}_1)\,\psi_B(\mathbf{r}_2) + \psi_A(\mathbf{r}_2)\,\psi_B(\mathbf{r}_1)]\,\chi_{\text{Singulett}}, \tag{21-9}$$

wobei wie vorher $\psi_A(\mathbf{r}_i)$ die Wasserstoffunktionen für das Elektron i am Proton A sind. Wir könnten im Prinzip ein Triplettglied zu unserer Probefunktion hinzufügen, dieses müßte jedoch in den Ortskoordinaten antisymmetrisch sein und lieferte also nur eine geringe Aufenthaltswahrscheinlichkeit der Elektronen im Gebiet zwischen den Protonen. In unserer Diskussion des H_2^+-Moleküls haben wir gesehen, daß gerade diese Konfiguration zum energetisch tiefsten Zustand führt (Anm. d. Übers.: Gemeint ist die mit g indizierte Lösung, s.a. Bild 20.2.). Es ist zwar nicht unmittelbar einzusehen, daß die Bindung in dieser Konfiguration auch bei *zwei* sich abstoßenden Elektronen am stärksten ist, aber es ist tatsächlich so. Die Ergebnisse der Variationsrechnung mit der *VB*-Probefunktion sind

$$\begin{aligned} E_b &= -3{,}14\ \text{eV} \\ R &= 0{,}87\ \text{Å}. \end{aligned} \tag{21-10}$$

Gegenüber den *MO*-Ergebnissen ist dies keine bedeutende Verbesserung, und zwar weil sich die Unzulänglichkeit der Probefunktion bei kleinen R_{AB} stärker auswirkt. Der quantitative Erfolg der Quantenmechanik in der Molekülphysik dürfte jedoch außer Frage stehen. Es wurden natürlich verfeinerte Probefunktionen verwendet: z.B. gibt eine fünfziggliedrige Probefunktion für H_2 vollständige Übereinstimmung mit den experimentellen Werten, aber eine solch komplizierte Funktion liefert uns nicht den Hauch einer qualitativen Vorstellung über die Vorgänge zwischen den Atomen, ganz im Gegensatz zu den *MO*- und *VB*-Funktionen. Im folgenden wollen wir die Relevanz unserer Näherungen für das qualitative Verständnis einiger chemischer Aspekte untersuchen.

In der *VB*-Näherung hat der Erwartungswert des Hamilton-Operators im H_2-Molekül folgende Form

$$\begin{aligned} \langle\psi|H|\psi\rangle &= \frac{1}{2(1+S^2)}\langle\psi_{A1}\psi_{B2}+\psi_{A2}\psi_{B1}|H|\psi_{A1}\psi_{B2}+\psi_{A2}\psi_{B1}\rangle \\ &= \frac{1}{1+S^2}\left\langle\psi_{A1}\psi_{B2}\middle|\left(T_1+T_2-\frac{e^2}{r_{A1}}-\frac{e^2}{r_{A2}}-\frac{e^2}{r_{B1}}-\frac{e^2}{r_{B2}}\right.\right. \\ &\quad \left.\left.+\frac{e^2}{r_{12}}+\frac{e^2}{R_{AB}}\right)\middle|\psi_{A1}\psi_{B2}+\psi_{A2}\psi_{B1}\right\rangle. \end{aligned}$$

Hierbei ist T_i die kinetische Energie des Elektrons i, und da

$$\left(T_1 - \frac{e^2}{r_{A1}}\right)\psi_{A1} = E_1\psi_{A1}$$

usw., so kann dieser Erwartungswert in folgender Weise vereinfacht dargestellt werden

$$\frac{1}{1+S^2}\left(\left\langle\psi_{A1}\psi_{B2}\left|2E_1 - \frac{e^2}{r_{B1}} - \frac{e^2}{r_{A2}} + \frac{e^2}{r_{12}} + \frac{e^2}{R_{AB}}\right|\psi_{A1}\psi_{B2}\right\rangle\right.$$
$$\left. + \left\langle\psi_{A1}\psi_{B2}\left|2E_1 - \frac{e^2}{r_{B2}} - \frac{e^2}{r_{A1}} + \frac{e^2}{r_{12}} + \frac{e^2}{R_{AB}}\right|\psi_{A2}\psi_{B1}\right\rangle\right)$$

$$(21\text{-}11) \qquad = \frac{1}{1+S^2}\left\{\left(2E_1 + \frac{e^2}{R_{AB}}\right)(1+S^2) - 2e^2\left\langle\psi_{A1}\left|\frac{1}{r_{B1}}\right|\psi_{A1}\right\rangle\right.$$
$$- 2e^2 S\left\langle\psi_{A1}\left|\frac{1}{r_{A1}}\right|\psi_{B1}\right\rangle + e^2\iint\frac{|\psi_{A1}|^2|\psi_{B2}|^2}{r_{12}}$$
$$\left. + e^2\iint\frac{\psi_{A1}^*\psi_{B1}\psi_{B2}^*\psi_{A2}}{r_{12}}\right\}.$$

Hierbei haben wir ausgiebig von Symmetrieeigenschaften Gebrauch gemacht. Von den in negativer Richtung wirkenden Ausdrücken

$$\left\langle\psi_{A1}\left|\frac{1}{r_{B1}}\right|\psi_{A1}\right\rangle \quad \text{und} \quad \frac{S}{1+S^2}\left\langle\psi_{A1}\left|\frac{1}{r_{A1}}\right|\psi_{B1}\right\rangle$$

berücksichtigt der erste die durch ein Proton bewirkte Anziehung der zum anderen Proton gehörigen Elektronenwolke, der zweite ist die Überlappung beider Elektronenwellenfunktionen, gewichtet mit $1/r_{A1}$. Wird dieser Beitrag genügend groß, so stellt sich Bindung ein. Der Überlapp der beiden Elektronenwellenfunktionen kann nur dann stark sein, wenn ihre Spins antiparallel sind; dies ist eine Folge des Pauli-Prinzips. Der Bereich, in dem der Überlapp zustandekommt, liegt zwischen den beiden Kernen, und im allgemeinen überwiegt die Anziehung zu den Kernen (Anm. d. Übers.: und damit die bindende Wirkung) dort die gegenseitige elektrostatische Abstoßung zwischen den Elektronen.

Auch im *MO*-Bild gibt es einen Überlapp-Term (es ist der letzte Term in (20-31)), welcher sich kritisch auf die Bindung auswirkt; auch hier entsteht die Bindung dann, wenn sich die Ladungsverteilung bevorzugt auf den Raum zwischen den Kernen konzentriert. Obwohl hier die Orbitale mehr zum ganzen Molekül als zu den einzelnen Atomen gehören, ist also auch in diesem Bild der physikalische Grund für die Bindung der gleiche wie vorher.

Wir wollen nun einige Moleküle diskutieren und dabei diese beiden Näherungsmöglichkeiten zur Beschreibung der elektronischen Ladungsverteilung verwenden. Eine wichtige Vereinfachung liegt darin, daß wir natürlich nicht alle Elektronen des Moleküls zu berücksichtigen brauchen. Bei der Konstruktion der Orbitale haben nur die äußersten Elektronen, die sog. *Valenzelektronen* die Möglichkeit zur Bindung beizutragen, nicht aber die zu geschlossenen

Schalen gehörenden Elektronen. Die inneren Elektronen, näher am Kern, werden durch die Nachbarschaft eines anderen Atoms weniger beeinflußt [1]). Aber auch die Valenzelektronen tragen nicht alle gleich stark zu einer Bindung bei: Bilden zwei Elektronen eines Atoms den Spinzustand 0 - wir nennen sie dann *gepaarte Elektronen* -, so liefern sie *keinen Beitrag zu einer Bindung an ein anderes System.* Um dies einzusehen, betrachte man ein Atom mit einem einzelnen Valenzelektron, welches in die Umgebung eines Atoms mit zwei gepaarten Elektronen gebracht wird; hierzu gibt es zwei Fälle (Bild 21.2).

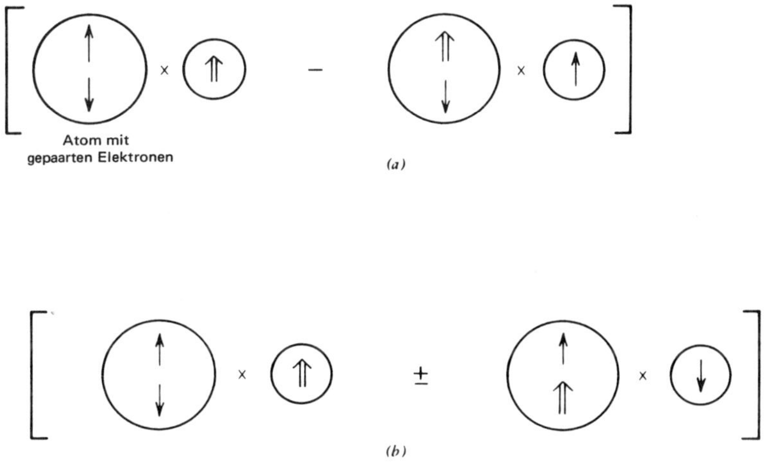

Bild 21–2 Illustration zur Frage, warum gepaarte Elektronen eines Atoms keinen Beitrag zu einer Bindung liefern.

a) Tauschen spinparallelstehende Elektronen aus, so ist die Wellenfunktion räumlich antisymmetrisch. b) Wenn antiparallele Elektronen austauschen, so hat ein Term Elektronen im gleichen Spinzustand, was Anregung in ein höheres Orbital erforderlich machen kann.

a) Wenn parallelstehende Elektronen ausgetauscht werden (d.h. in 21-9 steht $\pm$ zwischen den Termen), so muß ein Triplettzustand vorliegen, und damit muß der räumliche Anteil der Wellenfunktion des Paares antisymmetrisch sein. Damit wird der Überlapp reduziert, und das Austauschintegral gibt einen antibindenden Beitrag.

b) Wenn antiparallele Elektronen austauschen, so hat das eine Atom zeitweise zwei Elektronen von gleichem Spinzustand. Der ursprüngliche Zustand des Atoms wird also häufig nicht mehr möglich sein, und damit muß

[1]) Es kann auch vorkommen, daß sich auch die Valenzelektronen ziemlich nahe am Kern aufhalten. Dies ist der Fall bei den Seltenen Erden. Eine Folge davon, daß hier die $5d$ - und $4f$-Schalen weit innen liegen ist, daß die Seltenen Erden chemisch weniger aktiv sind als die Übergangsmetalle ($Z \simeq 20 - 30$).

eines der Elektronen in ein anderes Orbital gehen. Es kann sein, daß hierzu manchmal nur wenig Energie nötig ist; gewöhnlich ist dies aber nicht der Fall, und deshalb wird auch hier keine Bindung erreicht.

Zur *chemischen Aktivität* eines Atoms werden *ungepaarte äußere Elektronen* benötigt. Ein Beispiel hierfür ist, daß das HeH-Molekül nicht existiert: In He haben wir zwei $1s$-Elektronen; die Anhebung eines davon nach $2s$ erfordert sehr viel Energie. Aus diesem Grund sind Atome mit gefüllten äußeren Schalen *chemisch inert.* Nicht alle ungepaarten Elektronen sind für die Bindung gleich wichtig. Wie schon vorher festgestellt, tendieren die ungepaarten d- und f-Elektronen in den Übergangselementen dazu, sich näher am Kern aufzuhalten, und damit inaktiv zu sein; somit tragen hauptsächlich die s- und p-Elektronen der äußeren Schalen zur chemischen Aktivität bei. Die Paarung von zwei Elektronen ist auch für die sog. "Sättigung chemischer Bindungen" verantwortlich: Sobald zwei ungepaarte Elektronen aus verschiedenen Atomen einen Sigulettzustand bilden (und damit Bindung bewirken), bilden sie ein Elektronenpaar; ein weiteres Elektron aus einem dritten Atom muß nun ein anderes ungepaartes Elektron suchen, sich also an einer anderen Bindung beteiligen. Eine weitere Konsequenz der Paarung ist, daß Moleküle in den meisten Fällen Spin 0 haben.

Wir wollen nun einen Aufbauprozeß durchlaufen wie bei der Konstruktion der Elektronenschalen im Atom. Bild 21-3 zeigt Atomorbitale, speziell das Orbital $s(Y_{00})$ und die p-Orbitale. Bei letzteren zeigt es neben $p_z(Y_{10})$ die Linearkombinationen $p_x(Y_{11} + Y_{1,-1})$ und $p_y(Y_{11} - Y_{1,-1})$. Die entsprechenden d-Orbitale, nämlich d_{xy}, d_{xz}, d_{yz}, d_{zz} und $d_{xx} - d_{yy}$ sind nicht dargestellt, denn diese werden in unserer Diskussion keine Rolle spielen.

Bild 21.4 zeigt, was geschieht, wenn Atomorbitale unter Austauschwechselwirkung zusammengebracht werden. Demgemäß kann man zwei $1s$-Atomorbitale zu einem räumlich symmetrischen Molekülorbital (*MO*), und damit zum Spin 0 kombinieren, ebenso aber auch zu einem räumlich antisymmetrischen *MO*, welcher aber antibindend (also abstoßend) wirkt, da die Wellenfunktion im Gebiet zwischen den Kernen klein ist. In ähnlicher Weise ist die Bildung von bindenden und antibindenden *MO* aus p-Orbitalen dargestellt. Man beachte a) die Parität "g" oder "u" kann aus den Figuren abgelesen werden, da das Vorzeichen der Wellenfunktionen angegeben ist; diejenigen Verteilungen, welche bei Reflexion in der xy-Ebene (Anm. d. Übers.: Diese erschiene in Bild 21.4 als vertikale Linie) einen Vorzeichenwechsel erfahren, sind ungerade; b) da für die p_x- und p_y-Orbitale gilt $m_l = \pm 1$, so ist der daraus gebildete Molekularorbital ein π-Orbital. Besonders sei betont, daß wir in der Skizze *nicht* einfach zwei Ladungsverteilungen zusammenbringen, sondern versuchen zu zeigen, welche Wahrscheinlichkeitsamplitude sich ergibt, wenn beide Funktionen zu einem *MO* kombiniert werden entsprechend $\psi_{1s}(\mathbf{r}_A) \pm \psi_{1s}(\mathbf{r}_{Bz})$ und $\psi_{2p_y}(\mathbf{r}_A) \pm \psi_{2p_y}(\mathbf{r}_B)$, und zwar für große und kleine R_{AB}.

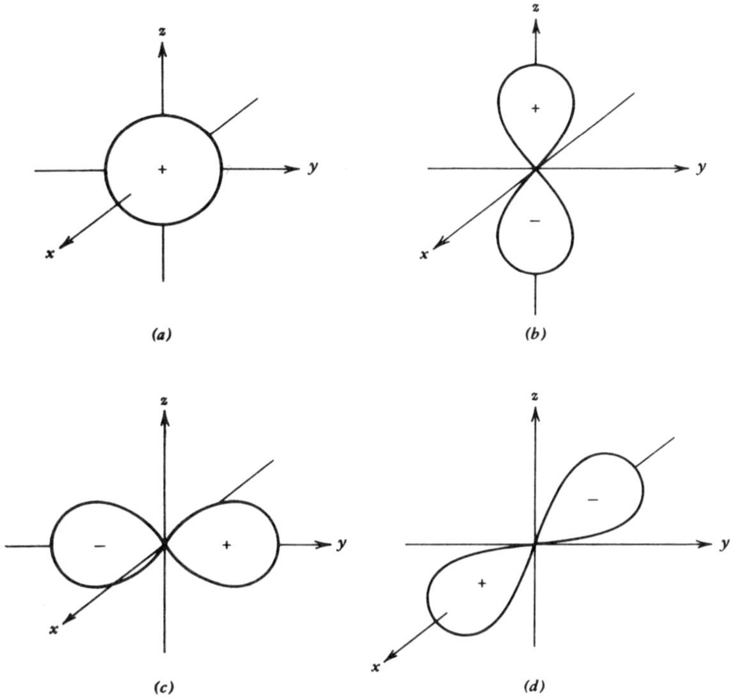

Bild 21–3 Darstellung verschiedener Orbitale: a) s-Orbital, b) $p_z(Y_{10})$, c) $p_y(Y_{11} - Y_{1,-1})$, d) $p_x(Y_{11} + Y_{1,-1})$. Die Vorzeichen in der Figur zeigen das Vorzeichen der Wellenfunktion in dem betreffenden Bereich. (Anm. d. Übers.: Zur Vermeidung von Fehlvorstellungen sei darauf hingewiesen, daß diese Kurven natürlich nicht als Bahnkurven zu verstehen sind).

Benutzen wir die *MO*, um die Eigenschaften einiger zweiatomiger homonuklearer Moleküle zu diskutieren.

H_2. Dieses Molekül haben wir schon in einiger Ausführlichkeit besprochen. Es sei nur wiederholt, daß die beiden Elektronen das Molekülorbital $1s\sigma_g$ bilden, und weil dieses Orbital energetisch tiefer als die einzelnen Atomorbitale $1s$ liegt, deshalb ist H_2 stabil.

He_2. Von den vier Elektronen können nur zwei in das bindende $1s\sigma_g$-Orbital gehen, die beiden anderen müssen das antibindende $1s\sigma_u{}^*$-Orbital bilden. Die Gesamtenergie liegt höher als bei getrennten He-Atomen, und deshalb wird ein Molekül nicht gebildet. Auch im Sinn der Bindungsvalenzen kommen wir zum gleichen Schluß, denn beide Atome haben gepaarte Elektronen. Im allgemeinen tendiert die Wirkung von bindenden und antibindenden Orbitalen gegeneinander. Man kann von einer *Anzahl der Molekülbindungen* sprechen, die wegen des Zusammenwirkens zweier Elektronen zu einer ganzen Bindung sehr einfach folgendermaßen definiert ist

$$\text{Anzahl der Molekülbindungen} = \frac{1}{2}\left[\begin{pmatrix}\text{Elektronen in}\\ \text{bindenden}\\ \text{Orbitalen}\end{pmatrix} - \begin{pmatrix}\text{Elektronen in}\\ \text{antibindenden}\\ \text{Orbitalen}\end{pmatrix}\right].$$

Für He_2 verschwindet also die Anzahl der Molekülbindungen.

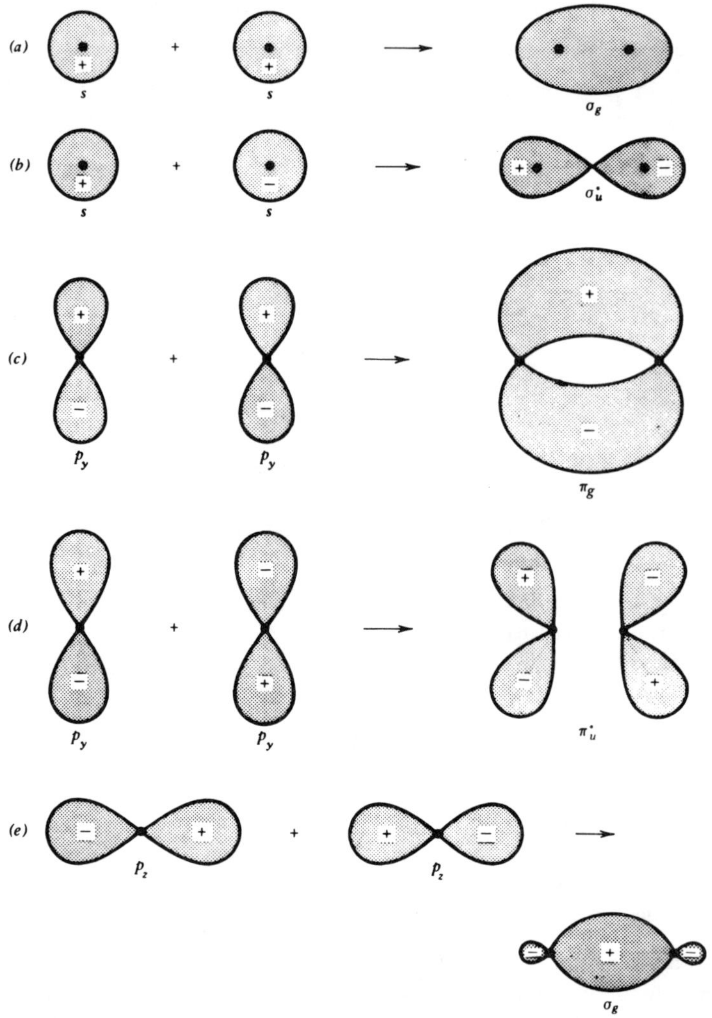

Bild 21–4 Molekülorbitale, wie sie sich ergeben, wenn zwei Atomorbitale zusammenkommen. a) Zwei s-Orbitale ergeben das räumlich symmetrische Molekülorbital σ_g mit bindender Wirkung. b) Zwei s-Orbitale können aber auch das räumlich antisymmetrische, antibindende MO $\sigma_u{}^*$ ergeben. c) und d) zeigt Bindung und Antibindung, wie sie aus p_y Atomorbitalen entsteht. e) und f) zeigen Bindung und Antibindung aus p_z Orbitalen. Die Lage der Atomkerne ist jeweils durch die dicken schwarzen Punkte gegeben; die Verbindungslinie zwischen beiden ist zugleich die z-Achse.

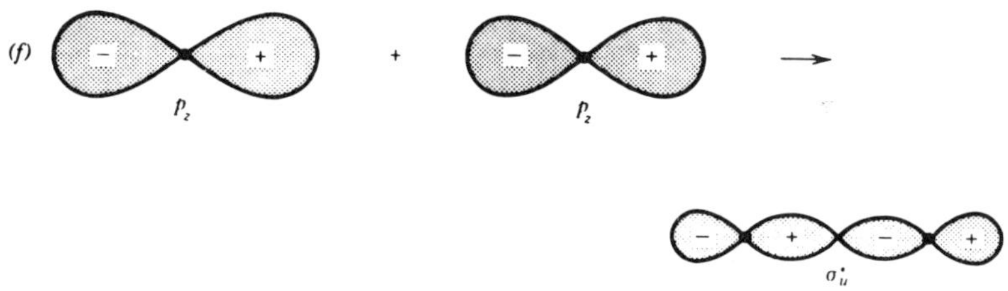

Bild 21–4 Fortsetzung

Li_2. Die atomare Konfiguration von Li ist $(1s)^2(2s)$. Somit sind die $2s$-Elektronen ungepaart und können das bindende $2s\sigma_g$-Orbital bilden. Wir erwarten also, daß dieses Molekül möglich ist, aber wegen $n = 2$ müssen wir eine wesentlich geringere Bindungsenergie als in H_2 erwarten.

Be_2. Wegen der atomaren Konfiguration $(1s)^2(2s)^2$ erwarten wir, daß es dieses Molekül nicht gibt, denn im Atom sind keine ungepaarten Elektronen. Diese Vermutung kann bestätigt werden.

B_2. In jedem der beiden B-Atome haben wir ein ungepaartes $2p$-Elektron; es kann in jedem der Zustände $2p_x$, $2p_y$ und $2p_z$ sein. Beide Elektronen können kombinieren zu den *MO* $2p\pi_u$ oder $2p\sigma_g$. Ersterer liegt tiefer, d.h. der Grundzustand ist ein Triplett. Dies ist in Übereinstimmung mit der Hundschen Regel: Der Zustand von der höchsten Multiplizität liegt am tiefsten.

Der Grund für das Höherliegen von $2p\sigma_g$ liegt in der Existenz von $2s\sigma_g$-Orbitalen. Immer wenn Zustände eine gleiche Quantenzahl haben, tritt "Mischung" auf, und fast völlig entartete Zustände zeigen die Tendenz, einander "abzustoßen". Der Zustand mit überwiegendem Anteil $2p\sigma_g$ wird deshalb nach oben gedrückt. Wir beginnen hier ähnliche Komplikationen wie bei der Diskussion der atomaren Struktur zu sehen!

C_2. Die atomare Struktur ist $(1s)^2(2s)^2(2p)^2$, d.h. jedes Atom hat zwei ungepaarte Elektronen. Da sich jedes dieser Elektronen in einem der drei p-Zustände befinden kann, können zwei bindende *MO* gebildet werden; es ergibt sich $(2p\sigma_g)(2p\pi_u)$.

N_2. Die Lage ist hier ähnlich der bei C_2, nur daß drei bindende *MO* gebildet werden können; es ergibt sich $(2p\sigma_g)(2p\pi_u)^2$.

O_2. Hier werden die Verhältnisse interessanter, denn wegen der atomaren Struktur $(1s)^2(2s)^2(2p)^4$ haben wir hier vier Valenzelektronen. Mit den Molekülorbitalen können drei Bindungen (wie in N_2) gebildet werden, aber zwei Elektronen bleiben übrig, und diese können kein bindendes Orbital bilden. Welches ist nun das schwächste antibindende Orbital? Die beiden Elektronen sollten sich so weit als möglich ausweichen; dies ist in einem Triplettzustand möglich, wobei die Elektronen in orthogonalen und räumlich antisymmetrischen Orbitalen sind, z.B. eines in einem p_x-, das andere in einem p_y-Zustand. In diesem Fall hat O_2 den Spin 1, was eine Ausnahme zur früher erwähnten starken Tendenz ist, wonach bevorzugt Spin 0 zu erreichen versucht wird.

Im Bild der Valenzbindung müssen zwei der vier Valenzelektronen des Sauerstoffs gepaart sein, d.h. die beiden Bindungen werden senkrecht zueinander liegen, so wie z.B. p_x und p_z. Diesen Effekt der gerichteten Bindung kann man in Molekülen wie z.B. H_2O sehen: Jedes H verbraucht eine Bindung und wir würden deshalb als Molekülform ein L erwarten, wobei der Winkel zwischen beiden Bindungsrichtungen 90° ist. Hinzu kommt aber, daß sich die beiden Wasserstoffkerne gegenseitig abstoßen, und deshalb dürfen wir diesen Winkel ein wenig größer als 90° erwarten. Experimentell findet man ca. 105°! Es ist der Richtungscharakter der p-Orbitale, der die Form einfacher Moleküle bewirkt.

Damit für den Leser nicht der Eindruck entsteht, die gesamte Chemie könne aus dem uns bisher vorliegenden Material erklärt werden, wollen wir aus der Vielzahl der möglichen Komplikationen einige wenige weiterverfolgen, um die feingesponnenen Ursachen der unglaublichen Vielfalt in der Struktur der Materie aufzuzeigen. So hat z.B. das Kohlenstoffatom zwei Valenzelektronen, und man könnte deshalb erwarten, daß es ein CH_2-Molekül mit einer Form ähnlich der des H_2O gibt. Tatsächlich verhält sich C aber vierwertig und nicht zweiwertig, und damit ist es CH_4, was gebildet wird. Der Grund dafür liegt darin, daß der angeregte Zustand $(1s)^2(2s)^2(2p)^2$ und der Grundzustand $(1s)^2(2s)(2p)^3$ von C sich energetisch nur sehr wenig unterscheiden. Der angeregte Zustand aber hat 4 Valenzelektronen, und die Molekülbindung mit 4 Bindungen ist in genügendem Ausmaß stärker als diejenige mit 2 Bindungen, woraus der geringe Energiebedarf für die elektronische Anregung gedeckt werden kann. Genauer gesagt, die angenäherte Entartung der atomaren $2s$-und $2p$-Orbitale ermöglicht die Bildung von Linearkombinationen, die zu größerem Überlapp führen. Bild 21.5 zeigt, wie eine Linearkombination eines s- und p-Orbitals zu einer einseitig überwiegenden Wellenfunktion führt, die einen größeren Überlapp ermöglicht. Diese "Mischung" tritt sehr häufig auf. Wir können eine weiter detaillierte Beschreibung des Wassermoleküls geben, indem wir mit solchen *Hybrid-Orbitalen*, die aus s- und p-Orbitalen zusammengesetzt sind, arbeiten.

Bild 21–5 Kombination von s-und p_z-Orbitalen, wodurch eine einseitig überwiegende unsymmetrisch verteilte Wellenfunktion zustandekommt.

Vernachlässigen wir den Unterschied zwischen den $2s$- und $2p$-Orbitalen in Sauerstoff, so müssen wir statt mit $\phi_{2s}, \phi_{2p_x}, \phi_{2p_y}$ und ϕ_{2p_z} mit der allgemeineren Form

$$\chi^{(i)} = \alpha^{(i)}\phi_{2s} + \beta_x^{(i)}\phi_{2p_x} + \beta_y^{(i)}\phi_{2p_y} + \beta_z^{(i)}\phi_{2p_z} \tag{21-12}$$

arbeiten, wobei eine Zusatzbedingung für die Bestimmung der Koeffizienten

$$\langle\chi^{(i)}|\chi^{(j)}\rangle = \delta_{ij} \tag{21-13}$$

ist; die als Probefunktionen für das Variationsverfahren konstruierten Molekül- oder Valenzorbitale sollen aus den $\chi^{(i)}$ konstruiert sein. Die Energie-Minimalisierung bestimmt die Koeffizienten $\alpha^{(i)}$ und $\beta^{(i)}$. Für das H_2O-Molekül ergeben sich die vier orthonormierten Kombinationen zu

$$\begin{aligned}
\chi^{(1)} &= \frac{1}{\sqrt{4}}(\phi_{2s} + \phi_{2p_x} + \phi_{2p_y} + \phi_{2p_z})\\
\chi^{(2)} &= \frac{1}{\sqrt{4}}(\phi_{2s} + \phi_{2p_x} - \phi_{2p_y} - \phi_{2p_z})\\
\chi^{(3)} &= \frac{1}{\sqrt{4}}(\phi_{2s} - \phi_{2p_x} + \phi_{2p_y} - \phi_{2p_z})\\
\chi^{(4)} &= \frac{1}{\sqrt{4}}(\phi_{2s} - \phi_{2p_x} - \phi_{2p_y} + \phi_{2p_z}).
\end{aligned} \tag{21-14}$$

Betrachten wir nun die 10 Elektronen in H_2O. Zwei $1s$-Elektronen bleiben stark an das Sauerstoffatom gebunden. (Aus Gründen der Konsistenz könnte man diese als *MO* $1s\sigma_g$ und $1s\sigma_u$ analog zum H_2^+ beschreiben, dies ändert aber nichts.) Die restlichen acht Elektronen gehen je zu zweit in die Hybridorbitale $\chi^{(1)}, \ldots \chi^{(4)}$. Die geometrische Gestalt des Moleküls kann aus der Form dieser Hybridorbitale bestimmt werden. Versuchen wir uns ein Bild darüber zu machen, wie $\chi^{(1)}$ aussieht, so sehen wir, daß im Oktanten $(x, y, z < 0)$ dessen letzte drei Glieder negativ sind und im wesentlichen gegen das erste wegfallen. Grob ausgedrückt gleicht $\chi^{(1)}$ etwa einer dicken Zigarre, die vom Koordinatenursprung zum Punkt $(1, 1, 1)$ zeigt. Ähnlich zeigt $\chi^{(2)}$ vom Ursprung zum Punkt $(1, -1, -1)$ usw. Insgesamt ergibt sich ein Tetraeder, und mit einfachen geometrischen Betrachtungen findet man, daß für den Winkel θ zwischen den Bindungsrichtungen gilt $\sin\theta/2 = \sqrt{2/3}$, also $\theta \cong 109°$. Ohne Hybridisierung fanden wir 90°; der tatsächlich richtige Wert liegt zwischen beiden. Mit genaueren Rechnungen wird (21-14) ein wenig modifiziert, so daß nur drei der vier Orbitale so ausgesprochen "p-ähnlich" sind, und der letzte weniger Richtungssinn aufweist, also mehr "s-ähnlich" ist.

Dieses verfeinerte Bild versetzt uns in die Lage, einige der Eigenschaften von Wasser zu verstehen. Stellen wir uns das Wassermolekül vor als Sauerstoff (O^{--}) mit vier tetraedrisch orientierten geladenen Armen, und zwei (von den Wasserstoffatomen herrührenden) Protonen, die durch Coulombkräfte an zwei dieser Arme gebunden sind. Wir sehen hieran zunächst, daß wir für das Wassermolekül ein großes Dipolmoment erwarten dürfen, das von den restlichen zwei geladenen Armen herrührt. Erinnern wir uns nun daran, daß ein Grundzustand nur dann ein elektrisches Dipolmoment aufweisen kann, wenn er entartet ist (siehe 16. Kapitel). Die $\chi^{(i)}$ sind keine Eigenzustände des Paritätsoperators, da die ϕ_{2p} Vorzeichenwechsel unter Reflexion zeigen, ϕ_{2s} aber nicht. Die reflektierten Orbitale, z. B.

$$\chi^{(1)\prime} = \frac{1}{\sqrt{4}}(\phi_{2s} - \phi_{2p_x} - \phi_{2p_y} - \phi_{2p_z}), \tag{21-15}$$

haben genau die gleiche Energie bei reflektierter Form. Der Grundzustand ist also entartet, und damit ist ein Dipolmoment möglich.

Wenn Wassermoleküle einander angenähert werden (Flüssigkeit), so kann ein negativer Arm eines Moleküls einem Proton eines anderen Moleküls nahekommen. Die elektrostatische Anziehung wird die Energie erniedrigen, und so entsteht eine Tendenz zu einer Bindung zwischen den beiden Molekülen. Diese Bindung ist sehr schwach (0,2 eV), und man nennt sie *Wasserstoffbrückenbindung*. Jedes Wassermolekül kann sofort zwei andere binden, und so ist zu erwarten, daß sich in Wasser große zusammenhängende Gebilde ("cluster") von Wassermolekülen der Form $H_{2n}O_n$ bilden. Dies führt zu einer starken Temperaturabhängigkeit der Viskosität von Wasser. In kaltem Wasser wird die Bildung großer Cluster erleichtert; bei steigender Temperatur werden die Cluster aufgebrochen, verkleinert, und damit nimmt auch die Viskosität ab.

Viele andere Moleküle bilden auch Wasserstoffbrückenbindung, und darin ist deren Löslichkeit in Wasser begründet: Die Moleküle der zu lösenden Substanz gehen Wasserstoffbrückenbindung ein, und zwar bevorzugen sie dabei die Wassermoleküle gegenüber ihresgleichen. Öle bilden keine guten Wasserstoffbrücken, und sie lösen sich auch nicht in Wasser.

Nicht alle Hybridorbitale sind von der Form (21-14). CH_4 als Molekül *ist* tetraedrisch (der Winkel zwischen den Bindungsrichtungen beträgt 109,6°), aber C_2H_4 hat ebene Struktur. Hierbei ergeben sich folgende hybridisierte Kohlenstofforbitale:

$$\begin{aligned}
\chi^{(1)} &= \phi_{2p_z} \\
\chi^{(2)} &= \frac{1}{\sqrt{3}}\phi_{2s} + \sqrt{\frac{2}{3}}\phi_{2p_x} \\
\chi^{(3)} &= \frac{1}{\sqrt{3}}\phi_{2s} - \frac{1}{\sqrt{6}}\phi_{2p_x} + \frac{1}{\sqrt{2}}\phi_{2p_y} \\
\chi^{(4)} &= \frac{1}{\sqrt{3}}\phi_{2s} - \frac{1}{\sqrt{6}}\phi_{2p_x} - \frac{1}{\sqrt{2}}\phi_{2p_y}.
\end{aligned} \tag{21-16}$$

Der erste weist in Richtung der z-Achse, die restlichen drei unter gegenseitig 120° in die xy-Ebene. Die vier äußeren Elektronen des Kohlenstoffs $(2s)^2(2p)^2$ gehen in diese Orbitale. Geben wir uns nun zwei Kohlenstoffatome, so binden die beiden Elektronen in den $\chi^{(3)}$ und $\chi^{(4)}$-Orbitalen immer noch je ein Wasserstoffatom, die $\chi^{(1)}$- und $\chi^{(2)}$-Orbitale binden aber die beiden Kohlenstoffatome gegenseitig (Bild 21.6). Die durch $\chi^{(2)}$ beschriebenen Elektronen bilden dabei eine σ-Bindung, die durch $\chi^{(1)}$ beschriebenen liegen rechtwinkelig zur Bindungsachse und bilden eine π-Bindung. Diese zwingt die beiden p_z-Orbitale zur Parallelausrichtung, und bewirkt so, daß die gesamte Molekülstruktur eben wird.

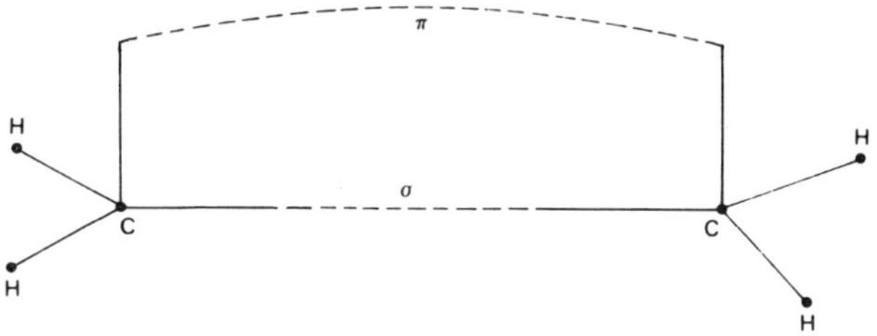

Bild 21–6 Bindungen im C_2H_4-Molekül.

Zum Schluß sei bemerkt, daß wir bei den sog. "aromatischen" Verbindungen, wie z.B. Benzol, nicht von so gut lokalisierten Orbitalen sprechen können. Die Kohlenstoffatome sind hybridisiert wie in C_2H_4 und liegen in einer Ebene, wobei die p_z aus der Ebene herauszeigen (Bild 21.7). Die σ-Orbitale bilden einen Molekülrumpf, aber die π-Orbitale können gepaart sein entsprechend (1,2) (3,4) (5,6) oder (2,3) (4,5) (6,1), wobei in beiden Fällen die gleiche Energie vorliegt (Anm. d. Übers.: Die Ziffern bezeichnen die einzelnen C-Atome im Benzolmolekül). Wie üblich bewirken Linearkombinationen dieser entarteten Zustände eine Energieabsenkung, und damit hat der stabile, tiefste Zustand keine lokalisierten Orbitale. Dieser zusätzliche Austauscheffekt beeinflußt die physikalischen Eigenschaften dieser Verbindungen stark; deren Diskussion würde aber zu weit abliegen. Weiteres hierzu findet der Leser in Büchern über Quantenchemie.

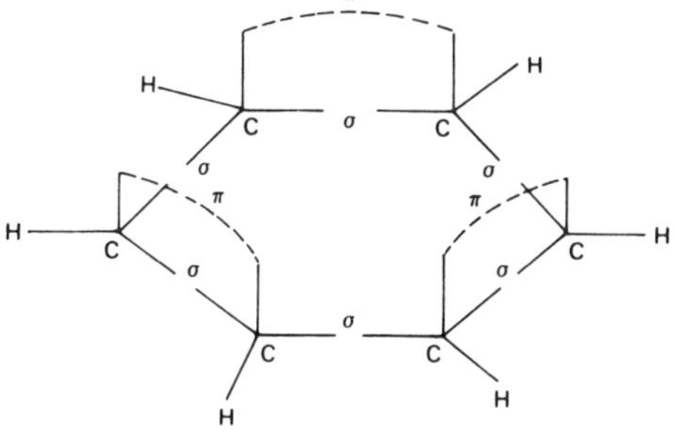

Bild 21–7 Räumliche schematische Skizze des Benzolmoleküls (C_6H_6).

Literatur

Der kurzen Diskussion über Moleküle im Buch von G. Baym "Lectures on Quantum Mechanics" W.A. Benjamin, Inc., New York, 1969 verdankt dieses Kapitel viel. Der weiter interessierte Leser könnte folgende Bücher zu Rate ziehen

M. Karplus and R.N. Porter "Atoms and Molecules" W.A. Benjamin, Inc., New York, 1970

M.W. Hanna "Quantum Mechanics in Chemistry" W.A. Benjamin, Inc., New York, 1969

U. Fano and L. Fano "Physics of Atoms and Molecules" Chicago University Press, Chicago, 1972

G.W. King "Spectroscopy and Molecular Structure" Holt, Rinehart, and Winston, Inc., New York, 1964

Natürlich gibt es Hunderte von Büchern über Quantenchemie, Struktur der Moleküle, und Molekularspektroskopie; obige Liste gibt gerade die Bücher hierzu, die dem Autor vertraut sind. Eine bessere Referenzliste kann der Leser von physikalischen Chemikern erfragen.

22. Die Strahlung der Atome

Beim Studium der von Strahlungsemission oder -absorption begleiteten Übergänge zwischen verschiedenen atomaren Energieniveaus, also beim Studium der Spektren, interessiert die Wechselwirkung zwischen Atomen und dem elektromagnetischen Feld; das Feld aber schwingt und ist damit zeitabhängig. Es ist deshalb nötig, den Einfluß zeitabhängiger Störungen zu studieren.

A. Zeitabhängige Störungstheorie

Gegeben sei der vollständige Satz der Lösungen von

(22-1) $$H_0\phi_n = E_n{}^0\phi_n \,.$$

Die Aufgabe besteht nun darin, die Lösungen $\psi(t)$ zu suchen, welche

(22-2) $$i\hbar \frac{\partial\psi(t)}{\partial t} = [H_0 + \lambda V(t)]\,\psi(t)$$

erfüllen. Die übliche Prozedur besteht in der Entwicklung von $\psi(t)$ nach dem vollständigen Satz ϕ_n

(22-3) $$\psi(t) = \sum_n c_n(t)\, e^{-iE_n{}^0t/\hbar}\, \phi_n \,.$$

Hierbei ist die mit ϕ_n verknüpfte Zeitabhängigkeit explizit angeschrieben, d.h. im Fall $V(t) = 0$ würden sich die Entwicklungskoeffizienten $c_n(t)$ als Konstanten ergeben. Die $c_n(t)$ erfüllen einen Satz von Gleichungen, der durch Einsetzen von (22-3) in die zeitabhängige Schrödinger-Gleichung (22-2) zu erhalten ist: Wir finden

$$\sum_n \left[i\hbar \frac{dc_n(t)}{dt} + E_n{}^0 c_n(t) \right] e^{-iE_n{}^0t/\hbar}\, \phi_n = H\psi(t)$$

$$= \sum_n \left[E_n{}^0 + \lambda V(t) \right] c_n(t)\, e^{-iE_n{}^0t/\hbar}\, \phi_n$$

und damit

(22-4) $$i\hbar \sum_n \frac{dc_n(t)}{dt} e^{-iE_n{}^0t/\hbar}\, \phi_n = \lambda \sum_n V(t) c_n(t)\, e^{-iE_n{}^0t/\hbar}\, \phi_n \,.$$

Multiplizieren wir skalar mit ϕ_m und verwenden die Orthonormiertheit der ϕ_m

(22-5) $\langle\phi_m|\phi_n\rangle = \delta_{mn}$,

so ergibt sich nach Kürzen des Faktors $e^{-iE_m^0t/\hbar}$ folgender Satz von Gleichungen

(22-6) $$i\hbar\frac{dc_m(t)}{dt} = \lambda\sum_n c_n(t)\, e^{i(E_m^0-E_n^0)t/\hbar}\,\langle\phi_m|V(t)|\phi_n\rangle.$$

Wir wollen diesen näherungsweise lösen, indem wir λ nur in erster Ordnung berücksichtigen. Als Anfangsbedingung bei $t = 0$ sei das System in einem bestimmten Zustand ϕ_k, d.h. $\psi(0) = \phi_k$ und damit gilt

(22-7) $c_{nk}(0) = \delta_{nk}$.

Da Abweichungen hiervon zu späteren Zeiten von λ abhängen werden, dürfen wir für eine Näherung erster Ordnung auch für $c(t)$ in die rechte Seite von (22-6) einsetzen. Damit erhalten wir die Differentialgleichung ($m \neq k$)

(22-8) $$i\hbar\frac{dc_m(t)}{dt} = \lambda\, e^{i(E_m^0-E_k^0)t/\hbar}\,\langle\phi_m|V(t)|\phi_k\rangle,$$

welche leicht zu lösen ist:

(22-9) $$c_m(t) = \frac{\lambda}{i\hbar}\int_0^t dt'\, e^{i(E_m^0-E_k^0)t'/\hbar}\langle\phi_m|V(t')|\phi_k\rangle.$$

Die Wahrscheinlichkeit dafür, daß $\psi(t)$ einen Eigenzustand von H_0 (Energieeigenwert E_n^0) liefert, also mit ϕ_n übereinstimmt, ergibt sich nach dem Entwicklungssatz zu

(22-10) $$P_n(t) = |\langle\phi_n|\psi(t)\rangle|^2 = |c_n(t)|^2.$$

Dieses allgemeine Ergebnis kann nur dann weiter spezifiziert werden, wenn mehr über die Störung $V(t)$ bekannt ist. Im folgenden spezifizieren wir die Störung[1]).

B. Die elektromagnetische Wechselwirkung

Der Hamilton-Operator für die Wechselwirkung eines Elektrons im statischen Potential $V(r)$ mit einem durch das Vektorpotential $\mathbf{A}(\mathbf{r},t)$ beschriebenen elektromagnetischen Feld ist

(22-11) $$H = \frac{[\mathbf{p} + (e/c)\,\mathbf{A}(\mathbf{r},t)]^2}{2m} + V(r),$$

wie wir schon im 13. Kapitel gesehen haben. Schreiben wir also

(22-12) $$H_0 = \frac{\mathbf{p}^2}{2m} + V(r),$$

[1]) Tatsächlich kann mehr ausgesagt werden, wenn bekannt ist, daß $V(t)$ entweder sehr langsam variiert, oder sich sehr schnell verglichen mit typischen Frequenzen (also $E_n^0/\hbar$) des Systems ändert. Die dazugehörigen sog. "adiabatischen" und "plötzlichen" Näherungen werden in weiter fortgeschrittenen Lehrbüchern diskutiert.

so finden wir, daß

(22-13) $$\lambda V(t) = \frac{e}{mc}\,\mathbf{A}(\mathbf{r},t)\cdot\mathbf{p}\,.$$

Hierbei haben wir den quadratischen Term von $\mathbf{A}(\mathbf{r},t)$ fallengelassen, und die Eichung so vorgenommen, daß

(22-14) $$\nabla\cdot\mathbf{A}(\mathbf{r},t) = 0$$

dabei ist $\mathbf{p}\cdot\mathbf{A} = \mathbf{A}\cdot\mathbf{p}$. Betrachten wir die Elektronenladung e als den kleinen Parameter λ, so ist der in $\mathbf{A}$ quadratische Term von zweiter Ordnung klein. Wir werden sehen, daß dieser $\mathbf{A}^2$-Term zwar beiträgt zur Streuung von Licht am Atom und zum Übergang unter Emission von zwei Photonen, aber nicht zu Übergängen unter Emission oder Absorption eines einzigen Photons. Die Wahrscheinlichkeit für einen Übergang mit *zwei* Photonen beinhaltet den Faktor $(e^2)^2$, mit einem Photon jedoch e^2. Erinnern wir uns an frühere Betrachtungen, wo wir als dimensionslose Maßzahl, die e^2 enthält, die Feinstrukturkonstante $\alpha = e^2/\hbar c \cong 1/137$ erkannt haben, so wird klar, daß wir uns zunächst nur auf Übergänge mit einem einzigen Photon zu beschränken brauchen.

Um aber eine wirkliche Berechtigung dafür zu sehen, daß wir jeden Faktor $\mathbf{A}(\mathbf{r},t)$ mit der Emission oder Absorption nur eines einzigen Photons assoziieren - so daß höhere Potenzen von $\mathbf{A}(\mathbf{r},t)$ die Mitwirkung mehrerer Photonen bedeuten - muß das elektromagnetische Feld quantenmechanisch behandelt werden, d.h. das Feld an jeder Stelle $\mathbf{r}$ ist als Operator aufzufassen. Dies ist zwar im Grunde nicht schrecklich kompliziert, aber trotzdem liegt es außerhalb des Rahmens dieses Buches. Der Leser wird deshalb die folgenden Behauptungen einfach glauben müssen.

Schreiben wir

(22-15) $$\mathbf{A}(\mathbf{r},t) = \mathbf{A}_0^*(\mathbf{r})\,e^{i\omega t} + \mathbf{A}_0(\mathbf{r})\,e^{-i\omega t},$$

so braucht für die *Photonenemission* nur der erste Term mit der Zeitabhängigkeit $e^{i\omega t}$ für $V(t)$ verwendet zu werden, während für die *Photonenabsorption* nur der zweite Term mit der Zeitabhängigkeit $e^{-i\omega t}$ nötig ist. Dies ist eine Folge der allgemeinen Zuordnung von $\mathbf{A}_0^*(\mathbf{r})$ zur Photonenerzeugung, und von $\mathbf{A}_0(\mathbf{r})$ zur Photonenvernichtung, und die Zeitabhängigkeit ist genauso, wie wir sie aus den Betrachtungen zum harmonischen Oszillator (7-51) erwarten. Diese Ähnlichkeit zum Problem des harmonischen Oszillators ist kein Zufall, denn was man bei der Quantisierung des elektromagnetischen Feldes vornimmt, ist eine Aufteilung in einzelne Moden, und dabei findet man, daß das Feld eine Ansammlung einfacher harmonischer Oszillatoren ist; diese sind quantisiert. Die "Besetzungszahl" n, die den Zustandsvektor des harmonischen Oszillators bezeichnet, kann mit der Anzahl der Photonen assoziiert werden, und damit erhöht $\mathbf{A}_0^*$ die Photonenzahl um eins, $\mathbf{A}_0$ erniedrigt die Photonenzahl um eins.

Glücklicherweise benötigt die quantitative Beschreibung von $\mathbf{A}_0^*(\mathbf{r})$ und $\mathbf{A}_0(\mathbf{r})$ nicht das ganze Gebäude der Quantenelektrodynamik. Wir dürfen, um weiterzukommen, nach dem Korrespondenzprinzip argumentieren und dann dazu die quantenmechanischen Modifikationen anführen. In großer Entfernung von seinen Quellen zeigt das elektromagnetische Feld ein sehr einfaches räumliches Verhalten. Gehen wir zurück zu (13-12) und setzen (22-15) ein, so finden wir

$$(22\text{-}16) \qquad -\nabla^2\mathbf{A}_0(\mathbf{r}) - \frac{\omega^2}{c^2}\mathbf{A}_0(\mathbf{r}) = 0$$

mit der Lösung

$$(22\text{-}17) \qquad \mathbf{A}_0(\mathbf{r}) = \mathbf{A}_0\, e^{i\mathbf{k}\cdot\mathbf{r}},$$

wobei

$$(22\text{-}18) \qquad \mathbf{k}^2 = \frac{\omega^2}{c^2}.$$

Die in (22-14) gewählte Eichung hat zur Folge

$$(22\text{-}19) \qquad \mathbf{k}\cdot\mathbf{A}_0 = 0.$$

Das diesem Vektorpotential entsprechende elektrische und magnetische Feld ist

$$(22\text{-}20) \qquad \begin{aligned} \mathbf{E} &= -\frac{1}{c}\frac{\partial\mathbf{A}}{\partial t} = \frac{i\omega}{c}\mathbf{A}_0\, e^{i(\mathbf{k}\cdot\mathbf{r}-\omega t)} + \text{konjugiert komplexer Ausdruck} \\ \mathbf{B} &= \nabla\times\mathbf{A} = i\mathbf{k}\times\mathbf{A}_0\, e^{i(\mathbf{k}\cdot\mathbf{r}-\omega t)} + \text{konjugiert komplexer Ausdruck.} \end{aligned}$$

Die Energiedichte des elektromagnetischen Feldes ergibt sich zu

$$(22\text{-}21) \qquad \frac{1}{8\pi}(\mathbf{E}^2+\mathbf{B}^2) = \frac{1}{8\pi}\left[2\frac{\omega^2}{c^2}\mathbf{A}_0\cdot\mathbf{A}_0^* + 2(\mathbf{k}\times\mathbf{A}_0)\cdot(\mathbf{k}\times\mathbf{A}_0^*) + \text{oszillierende Terme}\right].$$

Mitteln wir nun über die Zeit, wobei die oszillierenden Terme wegfallen, und verwenden wir dazu, daß mit (22-19)

$$(22\text{-}22) \qquad (\mathbf{k}\times\mathbf{A}_0)\cdot(\mathbf{k}\times\mathbf{A}_0^*) = k^2\mathbf{A}_0\cdot\mathbf{A}_0^*$$

und daß $k^2 = \omega^2/c^2$, so erhalten wir

$$(22\text{-}23) \qquad \frac{1}{8\pi}(\mathbf{E}^2+\mathbf{B}^2) = \frac{\omega^2}{2\pi c^2}\mathbf{A}_0\cdot\mathbf{A}_0^*.$$

Füllt das System einen Kasten vom Volumen V aus, so ist die gesamte im elektromagnetischen Feld steckende Energie

$$(22\text{-}24) \qquad \int d^3r\,\frac{1}{8\pi}(\mathbf{E}^2+\mathbf{B}^2) = \frac{\omega^2 V}{2\pi c^2}|\mathbf{A}_0|^2.$$

(Anm. d. Übers.: Die Unterscheidung der verschiedenen V in diesem Kapitel bleibt dem Leser überlassen.) Soll diese von N Photonen der Energie $\hbar\omega$ getragen sein, so haben wir

$$\frac{\omega^2 V}{2\pi c^2} |\mathbf{A}_0|^2 = N\hbar\omega. \tag{22-25}$$

Die Richtung von $\mathbf{A}_0$ ist durch die Polarisationsrichtung des elektrischen Feldes bestimmt, und sie sei durch den Einheitsvektor $\boldsymbol{\varepsilon}$ gekennzeichnet. Dieser muß folgenden Beziehungen genügen

$$\begin{aligned} \boldsymbol{\varepsilon}\cdot\boldsymbol{\varepsilon} &= 1 \\ \boldsymbol{\varepsilon}\cdot\mathbf{k} &= 0. \end{aligned} \tag{22-26}$$

Wir erhalten damit:

$$\mathbf{A}(\mathbf{r},t) = \left(\frac{2\pi c^2 N\hbar}{\omega V}\right)^{1/2} \boldsymbol{\varepsilon}\, e^{i(\mathbf{k}\cdot\mathbf{r}-\omega t)}. \tag{22-27}$$

Die hierzu im Sinn der Quantenelektrodynamik vorzunehmende Modifikation ist folgende: Bei einem Anfangszustand, der bereits N Photonen der Frequenz ω hat, gilt für die Absorption eines Lichtquants durch ein geladenes Teilchen

$$\mathbf{A}(\mathbf{r},t) = \left(\frac{2\pi c^2 N\hbar}{\omega V}\right)^{1/2} \boldsymbol{\varepsilon}\, e^{i(\mathbf{k}\cdot\mathbf{r}-\omega t)}. \tag{22-28}$$

Für die Emission eines Lichtquants durch ein geladenes Teilchen in einen Endzustand mit $N+1$ Quanten (also ebenfalls Anfangszustand N Quanten) der Frequenz ω gilt

$$\mathbf{A}(\mathbf{r},t) = \left[\frac{2\pi c^2 (N+1)\hbar}{\omega V}\right]^{1/2} \boldsymbol{\varepsilon}\, e^{-i(\mathbf{k}\cdot\mathbf{r}-\omega t)}. \tag{22-29}$$

Für die Emission eines einzelnen Photons aus einem Zustand, der keine Photonen hat, erhalten wir also mit (22-13)

$$\lambda V(t) = \frac{e}{mc}\left(\frac{2\pi c^2\hbar}{\omega V}\right)^{1/2} \boldsymbol{\varepsilon}\cdot\mathbf{p}\, e^{-i(\mathbf{k}\cdot\mathbf{r}-\omega t)}. \tag{22-30}$$

Die Entwicklungskoeffizienten werden also

$$c_m(t) = \frac{-ie}{mc\hbar}\left(\frac{2\pi c^2\hbar}{\omega V}\right)^{1/2} \langle\phi_m| e^{-i\mathbf{k}\cdot\mathbf{r}}\, \boldsymbol{\varepsilon}\cdot\mathbf{p}|\phi_k\rangle \int_0^t dt'\, e^{i(E_m{}^0 - E_k{}^0 + \hbar\omega)t'/\hbar} \tag{22-31}$$

und somit ist die Wahrscheinlichkeit für den Übergang vom Anfangszustand k in den Zustand m

$$P_{k\to m}(t) = \frac{2\pi e^2}{m^2\hbar\omega V} |\langle\phi_m| e^{-i\mathbf{k}\cdot\mathbf{r}}\, \boldsymbol{\varepsilon}\cdot\mathbf{p}|\phi_k\rangle|^2 \left|\int_0^t dt'\, e^{i(E_m{}^0 - E_k{}^0 + \hbar\omega)t'/\hbar}\right|^2. \tag{22-32}$$

Der zeitabhängige Faktor ist

$$\left|\int_0^t dt'\, e^{i\Delta t'}\right|^2 = \left|\frac{(e^{i\Delta t}-1)}{i\Delta}\right|^2 = \left|\frac{2}{\Delta} e^{i\Delta t/2} \sin\frac{\Delta t}{2}\right|^2 = \frac{4}{\Delta^2}\sin^2\frac{t\Delta}{2}, \tag{22-33}$$

wobei

$$\Delta = \frac{E_m^0 - E_k^0 + \hbar\omega}{\hbar}. \tag{22-34}$$

Bild 22.1 zeigt diese Funktion. Der Funktionswert für $\Delta = 0$ wird für große t sehr groß, was zu einem sehr ausgeprägten zentralen Maximum führt, und für wachsendes Δ oszilliert er rasch. Dieses Verhalten können wir dem einer Deltafunktion verknüpfen: Ist nämlich $f(\Delta)$ eine stetige Funktion von Δ, so ist für großes t

$$\begin{aligned}\int_{-\infty}^{\infty} f(\Delta)\frac{4}{\Delta^2}\sin^2\frac{t\Delta}{2}\,d\Delta &\approx f(0)\int_{-\infty}^{\infty} d\Delta\,\frac{4}{\Delta^2}\sin^2\frac{t\Delta}{2} \\ &= 2tf(0)\int_{-\infty}^{\infty} dy\,\frac{1}{y^2}\sin^2 y = 2\pi t f(0)\end{aligned} \tag{22-35}$$

und damit

$$\frac{4}{\Delta^2}\sin^2\frac{t\Delta}{2} \to 2\pi t\,\delta(\Delta) = 2\pi\hbar t\delta(E_m^0 + \hbar\omega - E_k^0). \tag{22-36}$$

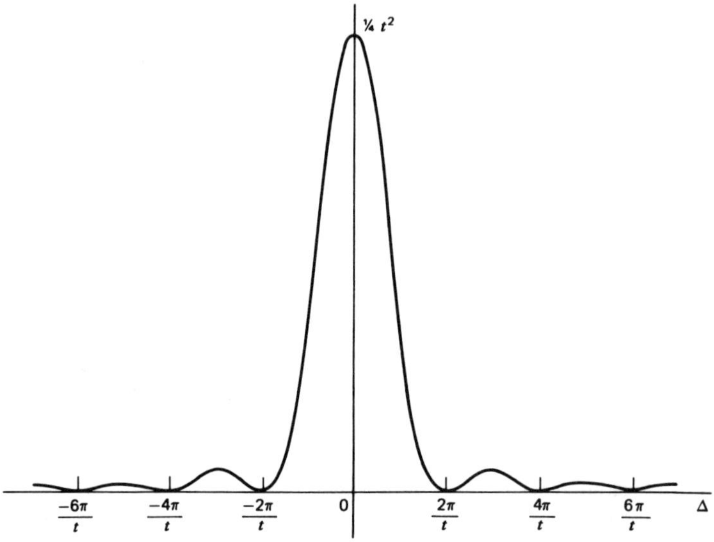

Bild 22–1 $1/\Delta^2 \sin^2 t\Delta/2$ als Funktion von Δ.

Die Übergangswahrscheinlichkeit (22-32) wächst also linear mit der Zeit, d. h. die *Übergangsrate* (d. i. Wahrscheinlichkeit für einen Übergang pro Zeiteinheit) ist

$$\Gamma_{k\to m} = 2\pi\hbar\,\frac{2\pi e^2}{m^2\hbar\omega V}\,|\langle\phi_m|e^{-i\mathbf{k}\cdot\mathbf{r}}\,\boldsymbol{\varepsilon}\cdot\mathbf{p}|\phi_k\rangle|^2\,\delta(E_k^0 - E_m^0 - \hbar\omega). \tag{22-37}$$

Wir wollen uns merken, daß die zeitabhängige Störung folgende Form hat

(22-38) $V(t) = V^* e^{-i\omega t}$

und damit wird der Ausdruck für die Übergangsrate

(22-39) $$\Gamma_{k\to m} = \frac{2\pi}{\hbar} \, |\langle\phi_m|V^*|\phi_k\rangle|^2 \, \delta(E_k{}^0 - E_m{}^0 - \hbar\omega).$$

Der Leser wird sich durch einige dieser Punkte zweifellos ein wenig beschwindelt fühlen. Zunächst sind die in (22-33) bis (22-36) enthaltenen Manipulationen sicher nicht durchgehend geradsinnig. Sie beinhalten verschwommene Vorstellungen wie "großes t", deren Folgen nicht zu ernst genommen werden können, denn eine linear mit der Zeit wachsende Übergangswahrscheinlichkeit muß früher oder später den Wert 1 überschreiten. Ferner führen sie zu einer unsinnigen Formel, in der eine völlig vernünftige Größe, die Übergangsrate, proportional zur Deltafunktion ist. Es erübrigt sich zu sagen, daß diese Schwierigkeiten miteinander verknüpft sind; später werden wir eine besser befriedigende Diskussion skizzieren. Hier sei lediglich festgestellt, daß der Fehler in der Verwendung der Störungstheorie liegt, und daß sowohl (22-37) als auch (22-39) bei richtiger Anwendung korrekt sind.

In diesem Sinn wollen wir festhalten, daß $\Gamma_{k\to m}$ wirklich die Wahrscheinlichkeit pro Zeiteinheit für einen Übergang des Atoms von Zustand ϕ_k in den Zustand ϕ_m ist, welcher von der Emission eines Photons der Energie $\hbar\omega$ begleitet ist. Die Deltafunktion, so wenig reizvoll sie uns erscheint, drückt immerhin die Forderung nach Energieerhaltung aus, also

(22-40) $\hbar\omega = E_k{}^0 - E_m{}^0.$

In Wirklichkeit wird über die Deltafunktion integriert, wenn wir berücksichtigen, daß die Photonenenergie $\hbar\omega$ den Photonenzustand nicht eindeutig spezifiziert. Im allgemeinen wird das Photon im Impulsintervall $(\mathbf{k}, \mathbf{k} + \Delta\mathbf{k})$ nachgewiesen ($|\mathbf{k}| = \omega/c$), und die Übergangsrate ist in Wirklichkeit über alle möglichen Photonenzustände in diesem Intervall summiert:

(22-41) $$R_{k\to m} = \sum_{\Delta\mathbf{k}} \Gamma_{k\to m}.$$

Man beachte, daß die Endzustände im Intervall $\Delta\mathbf{k}$ im Prinzip unterscheidbar sind, so daß also die Wahrscheinlichkeiten es sind, die summiert werden müssen. Wir werden sehen, daß die Summe (22-41) wohldefiniert ist, da sie in Wirklichkeit das Integral über eine Deltafunktion und eine stetige Funktion beinhaltet. Die Summation wird im nächsten Abschnitt behandelt.

C. Phasenraum

Wir wollen nun die Anzahl der Photonenzustände im Impulsintervall $(\mathbf{k}, \mathbf{k}+\Delta\mathbf{k})$, also die Dichte der Photonenzustände berechnen. Für unser Problem schreiben wir das Vektorpotential $\mathbf{A}(\mathbf{r},t)$ in der Form

(22-42) $$\mathbf{A}(\mathbf{r},t) = \frac{1}{\sqrt{V}}\, \mathbf{a}\, e^{i(\mathbf{k}\cdot\mathbf{r}-\omega t)} + \text{konjugiert komplexer Ausdruck.}$$

Hierbei ist V das Volumen des der Berechnung zugrundegelegten "Kastens"; diesen Kasten brauchen wir nur der Einfachheit halber, denn er erspart uns die mit den Wellenpaketen des freien Teilchens (hier der Photonen) auftretenden Probleme (siehe 4. Kapitel). Die Form des Kastens und die Randbedingungen können frei gewählt werden, aber er muß groß sein; am Ende machen wir natürlich den Übergang $V \to \infty$. Es ist praktisch, den Kasten als Kubus der Seitenlänge L zu wählen, und periodische Randbedingungen

(22-43) $$\mathbf{A}(x+L, y, z, t) = \mathbf{A}(x, y, z, t)$$

usw. vorzugeben. Genauso wie beim Teilchen im eindimensionalen Potentialgraben beinhaltet dies, daß die Wellenzahlen, also der Impuls quantisiert ist. (22-42) erfordert

(22-44) $$e^{ik_xL} = e^{ik_yL} = e^{ik_zL} = 1,$$

d.h. die Wellenzahlen müssen sein

(22-45) $$k_x = \frac{2\pi}{L}\, n_x \qquad k_y = \frac{2\pi}{L}\, n_y \qquad k_z = \frac{2\pi}{L}\, n_z\,,$$

wobei n_x, n_y und n_z ganze Zahlen sind. Ebenso haben wir

(22-46) $$\Delta\mathbf{k} = \Delta k_x\, \Delta k_y\, \Delta k_z = \left(\frac{2\pi}{L}\right)^3 \Delta n_x\, \Delta n_y\, \Delta n_z$$

und

(22-47) $$\omega = |\mathbf{k}|c = \frac{2\pi c}{L}\,(n_x^2 + n_y^2 + n_z^2)^{1/2}.$$

Führen wir die Summe in (22-41) aus, so summieren wir über alle Werte von (n_x, n_y, n_z) in dem durch (22-46) gegebenen Bereich und berücksichtigen damit die Einschränkung durch die Deltafunktion.

(22-48) $$\begin{aligned} R_{k\to m} &= \sum_{\Delta\mathbf{k}} \Gamma_{k\to m} \\ &= \int d^3\mathbf{n}\, \Gamma_{k\to m} \\ &= \int \frac{L^3}{(2\pi)^3}\, d^3\mathbf{k}\, \Gamma_{k\to m} \\ &= \int \frac{V d^3\mathbf{p}}{(2\pi\hbar)^3}\, \Gamma_{k\to m} \end{aligned}$$

In der zweiten Zeile haben wir verwendet, daß bei großem V die Zustände sehr dicht beisammen liegen, und deshalb die Summe in ein Integral überführt werden kann; zur dritten Zeile haben wir (22-46) verwendet, und zur letzten die Beziehung

(22-49) $\quad \mathbf{p} = \hbar\mathbf{k}\,.$

Die Integration läuft über das durch die experimentellen Umstände gegebene Volumen des Impulsraumes. Schreiben wir

(22-50) $$d^3\mathbf{p} = d\Omega_{\mathbf{p}}\, p^2 dp = d\Omega_{\mathbf{p}} \left(\frac{\omega}{c}\right)^2 d\left(\frac{\omega}{c}\right) \hbar^3,$$

wobei $d\Omega_{\mathbf{p}}$ das Differential des Raumwinkels im Impulsraum bedeutet, so liefert die Integration unter Berücksichtigung der für die Energieerhaltung sorgenden Deltafunktion

(22-51) $$\begin{aligned} R_{k\to m} &= \int \frac{4\pi^2 e^2}{m^2\omega V} \,|\langle\phi_m|e^{-i\mathbf{k}\cdot\mathbf{r}}\, \boldsymbol{\varepsilon}\cdot\mathbf{p}|\phi_k\rangle|^2 \, d\Omega_{\mathbf{p}} \frac{V}{(2\pi\hbar)^3} \\ &\quad \times \hbar^3 \frac{\omega^2}{c^3} \frac{d(\hbar\omega)}{\hbar}\, \delta(E_k{}^0 - E_m{}^0 - \hbar\omega) \\ &= \int d\Omega_{\mathbf{p}} \frac{\alpha}{2\pi}\, \omega_{km} \left| \frac{1}{mc} \langle\phi_m|e^{-i\mathbf{k}\cdot\mathbf{r}}\, \boldsymbol{\varepsilon}\cdot\mathbf{p}|\phi_k\rangle \right|^2 , \end{aligned}$$

wobei

(22-52) $$\omega_{km} = \frac{E_k{}^0 - E_m{}^0}{\hbar}.$$

Wenn das Experiment nicht unterscheidet zwischen den Polarisationszuständen des Photons, so muß in dieser Rechnung eine Summation über diese beiden voneinander unabhängigen Endzustände ausgeführt werden; außerdem sollte die Summe ebenso alle Endzustände des Atoms beinhalten.

Der Phasenraum

(22-53) $$d^3\mathbf{n} = \frac{V\, d^3\mathbf{p}}{(2\pi\hbar)^3}$$

ist nicht beschränkt auf Photonen. Für ein freies, durch die Wellenfunktion $1/\sqrt{V}\, e^{i\mathbf{p}\cdot\mathbf{r}/\hbar}$ beschriebenes Elektron gilt die gleiche Zustandsdichte. Der einzige Unterschied ist, daß die Beziehung zwischen Energie (sie erscheint in der Deltafunktion) und Impuls beim Elektron $E = \mathbf{p}^2/2m$ ist (oder relativistisch $E = (\mathbf{p}^2c^2 + m^2c^4)^{1/2}$), beim Photon aber $E = pc$.

Haben wir mehrere freie Teilchen im Endzustand, so ist die Dichte der Zustände das Produkt

(22-54) $$\prod_k \frac{V\, d^3\mathbf{p}_k}{(2\pi\hbar)^3}.$$

Ausdruck (22-48), zusammen mit (22-39) wird also verallgemeinert zu

$$R_{i\to f} = \frac{2\pi}{\hbar} \int\limits_{\substack{\text{unabhängige}\\ \text{Impulse}}} \prod_k \frac{V\, d^3\mathbf{p}_k}{(2\pi\hbar)^3}\, |M_{fi}|^2\, \delta\left(E_f^0 + \sum_k E_k - E_i^0\right). \tag{22-55}$$

Dabei ist M_{fi} das Matrixelement der Störung zwischen Anfangszustand (Index i) und Endzustand (Index f). Die Deltafunktion drückt wieder die Energieerhaltung aus, d.h. die von den freien Teilchen abgeführte Energie ist gleich der Energieänderung im System, und die *Integration erstreckt sich über unabhängige Impulse.* Mit unabhängigen Impulsen ist folgendes gemeint: Wenn ein System z.B. in drei Teilchen zerfällt, so gibt es nur zwei unabhängige Impulse, der dritte ist schon durch die Impulserhaltung festgelegt. Man beachte jedoch, daß das Produkt der Faktoren in (22-54) über *alle* Teilchen des Endzustandes läuft, d.h. es beinhaltet V^n, falls n Teilchen im Endzustand vorliegen. Wir könnten (22-55) auch als ein Integral über *alle* Impulse schreiben, und dafür eine Deltafunktion hinzufügen, die den Impulserhaltungssatz beinhaltet. Diese Deltafunktion erschien in unserer Ableitung aber deshalb nicht, weil wir Atome verwenden, und deren Masse soviel größer als die Photonenmasse ist ($M_{\text{Atom}}\, c^2 \gg \hbar\omega$), daß der atomare Rückstoß nie in der Rechnung berücksichtigt zu werden brauchte. Jedenfalls haben wir ein fundamentales Ergebnis

$$\begin{aligned} R_{i\to f} &= \frac{2\pi}{\hbar} \int \prod_k \frac{V\, d^3\mathbf{p}_k}{(2\pi\hbar)^3} \\ &\times |M_{fi}|^2\, \delta\left(E_i^0 - E_f^0 - \sum E_k\right) \delta\left(\mathbf{p}_i - \mathbf{p}_f - \sum \mathbf{p}_k\right), \end{aligned} \tag{22-56}$$

welches auch in folgender Form abgekürzt geschrieben werden kann

$$R_{i\to f} = \frac{2\pi}{\hbar}\, |M_{fi}|^2\, \rho(E) \tag{22-57}$$

und dieses Ergebnis bekam von Fermi den Namen *Goldene Regel der Quantenmechanik.*

Man beachte, daß das Volumen des Kastens immer wegfällt: Bei n freien Teilchen im Endzustand steht zunächst ein Faktor V^n, der von der Dichte der Zustände (Phasenraum) kommt, und außerdem steht für jedes freie Teilchen $1/\sqrt{V}$ im Matrixelement, und zwar wegen der Wellenfunktion

$$\prod_k \frac{e^{i\mathbf{p}_k \cdot \mathbf{r}/\hbar}}{\sqrt{V}}. \tag{22-58}$$

Es gibt n solcher Faktoren, und somit hebt sich die V-Abhängigkeit im Quadrat des Matrixelements gegen das V^n aus dem Phasenraum weg. Wir werden später noch Gelegenheit haben, die Goldene Regel anzuwenden, aber zunächst wollen wir das Matrixelement für den strahlenden Übergang auswerten.

D. Das Matrixelement und Auswahlregeln

Unsere nächste Aufgabe ist, den Ausdruck

(22-59) $$\langle\phi_m|e^{-i\mathbf{k}\cdot\mathbf{r}}\,\boldsymbol{\varepsilon}\cdot\mathbf{p}|\phi_k\rangle$$

zu berechnen. Wir beginnen mit einer Abschätzung seiner Größenordnung. Typisch für atomare Übergänge ist die Größenordnung

(22-60) $$\boldsymbol{\varepsilon}\cdot\mathbf{p}\sim|\mathbf{p}|\sim Zmc\alpha\,.$$

Wir müssen aber auch den Exponenten abschätzen, da er oszilliert und damit erheblichen Einfluß auf den gesamten Ausdruck haben kann. Mit

(22-61) $$r\sim\frac{\hbar}{mcZ\alpha}$$

und

(22-62) $$|k|\sim\frac{\hbar\omega}{\hbar c}\sim\frac{\frac{1}{2}mc^2(Z\alpha)^2}{\hbar c}\sim\frac{mc}{2\hbar}(Z\alpha)^2$$

haben wir

(22-63) $$kr\sim\tfrac{1}{2}Z\alpha\,.$$

Für $Z\alpha\ll 1$ ist also die Größenordnung des Matrixelements tatsächlich $Zmc\alpha$, und somit wird

(22-64) $$\begin{aligned}R_{k\to m}&\sim 2\alpha\omega(Z\alpha)^2\sim\alpha(Z\alpha)^2\,\frac{mc^2(Z\alpha)^2}{\hbar}\\&\sim\alpha(Z\alpha)^4\,\frac{mc^2}{\hbar}\sim 2\times10^{10}\,Z^4\,\mathrm{s}^{-1}\,.\end{aligned}$$

Für die Entwicklung

(22-65) $$e^{-i\mathbf{k}\cdot\mathbf{r}}=\sum_{n=0}^{\infty}\frac{(-i)^n}{n!}(\mathbf{k}\cdot\mathbf{r})^n$$

haben wir schon die Abschätzung, daß die aufeinanderfolgenden Glieder jeweils um den Faktor $Z\alpha$ kleiner werden. In der Ordnung $Z\alpha$ ist also

(22-66) $$\langle\phi_m|e^{-i\mathbf{k}\cdot\mathbf{r}}\,\boldsymbol{\varepsilon}\cdot\mathbf{p}|\phi_k\rangle\simeq\langle\phi_m|\boldsymbol{\varepsilon}\cdot\mathbf{p}|\phi_k\rangle\,.$$

Wir können dies schreiben als

(22-67) $$\begin{aligned}\boldsymbol{\varepsilon}\cdot\langle\phi_m|\mathbf{p}|\phi_k\rangle&=m\boldsymbol{\varepsilon}\cdot\langle\phi_m|d\mathbf{r}/dt|\phi_k\rangle\\&=\frac{im}{\hbar}\,\boldsymbol{\varepsilon}\cdot\langle\phi_m|[H,\mathbf{r}]|\phi_k\rangle\\&=im\,\frac{(E_m^0-E_k^0)}{\hbar}\,\boldsymbol{\varepsilon}\cdot\langle\phi_m|\mathbf{r}|\phi_k\rangle\\&=im\omega\,\boldsymbol{\varepsilon}\cdot\langle\phi_m|\mathbf{r}|\phi_k\rangle\,.\end{aligned}$$

Damit müssen wir uns für die Berechnung des Matrixelements des Operators $\mathbf{r}$ interessieren; unsere Näherung nennt man die *Dipolnäherung*, die Begründung für diese Bezeichnung liefert (22-66). (Anm. d. Übers.: Der Leser wird die verschiedene Bedeutung der m hier und weiter unten selbst unterscheiden können.)

Ist der Anfangszustand ϕ_k wasserstoffähnlich und durch die Quantenzahlen n_i, l_i und m_i, der Endzustand ϕ_m durch die Quantenzahlen n_f, l_f und m_f charakterisiert, so müssen wir berechnen

$$\begin{aligned}\langle\phi_m|\boldsymbol{\varepsilon}\cdot\mathbf{r}|\phi_k\rangle &= \int_0^\infty r^2\,dr \int d\Omega R^*_{n_f l_f}(r)\; Y^*_{l_f m_f}(\theta,\phi)\; \boldsymbol{\varepsilon}\cdot\mathbf{r} R_{n_i l_i}(r)\; Y_{l_i m_i}(\theta,\phi) \\ &= \int_0^\infty r^2\, dr R^*_{n_f l_f}(r)\; r R_{n_i l_i}(r) \\ &\times \int d\Omega Y^*_{l_f m_f}(\theta,\phi)\; \boldsymbol{\varepsilon}\cdot\hat{\mathbf{r}} Y_{l_i m_i}(\theta,\phi). \end{aligned} \tag{22-68}$$

Das Integral über den Radialteil wird für einen Spezialfall im nächsten Abschnitt diskutiert. Hier konzentrieren wir uns auf den Winkelanteil. Wir haben

$$\boldsymbol{\varepsilon}\cdot\hat{\mathbf{r}} = \epsilon_x \sin\theta\cos\phi + \epsilon_y \sin\theta\sin\phi + \epsilon_z\cos\theta\,.$$

Benützen wir

$$\sqrt{\frac{3}{4\pi}}\, Y_{1,0}(\theta,\phi) = \cos\theta \qquad \sqrt{\frac{3}{8\pi}}\, Y_{1,\pm1}(\theta,\phi) = \mp\sin\theta\, e^{\pm i\phi}, \tag{22-69}$$

so ergibt sich nach einiger Zwischenrechnung

$$\boldsymbol{\varepsilon}\cdot\hat{\mathbf{r}} = \sqrt{\frac{4\pi}{3}}\left(\epsilon_z Y_{1,0} + \frac{-\epsilon_x + i\epsilon_y}{\sqrt{2}}\, Y_{1,1} + \frac{\epsilon_x + i\epsilon_y}{\sqrt{2}}\, Y_{1,-1}\right). \tag{22-70}$$

Das Winkelintegral (22-68) enthält also Glieder vom Typ

$$\int d\Omega Y^*_{l_f m_f}(\theta,\phi)\; Y_{1,m}(\theta,\phi)\; Y_{l_i m_i}(\theta,\phi)\,. \tag{22-71}$$

Betrachten wir zunächst die azimutale Integration. Sie liefert

$$\int_0^{2\pi} d\phi\, e^{-im_f\phi}\, e^{im\phi}\, e^{im_i\phi} = 2\pi\, \delta_{m=m_f-m_i} \tag{22-72}$$

und damit haben wir die erste *Auswahlregel*

$$m_f - m_i = m = 1, 0, -1\,. \tag{22-73}$$

Diese Auswahlregel haben wir bei der Diskussion des Zeeman-Effektes schon erwähnt. Wenn wir speziell die z-Achse in Richtung der Photonenimpulsrichtung $\mathbf{k}$ wählen, so beinhaltet (22-26) $\epsilon_z = 0$, und damit erscheint in (22-70) nur $m = \pm1$, und dann wird

$$m_f - m_i = \pm 1. \tag{22-74}$$

Für den Sonderfall, daß der Endzustand der Grundzustand mit $l_f = m_f = 0$ ist, wird $m = -m_i$. Ist z.B. $m_i = 1$, dann ist $m = -1$ und somit wird der Polarisationsvektor für die auslaufende Strahlung $(\epsilon_x + i\epsilon_y)/\sqrt{2}$. Hieraus folgt: Wenn das Atom im Anfangszustand in Richtung der z-Achse ausgerichtet ist ($m_i = 1$), so erfordert die Erhaltung der z-Komponente des Drehimpulses bei einem Zerfall in einen Zustand mit Drehimpuls Null, daß der Drehimpuls vom Photon mitgenommen wird. Der Drehimpuls des Photons muß also in Richtung der positiven z-Achse orientiert sein, d.h. es muß die Helizität $+1$ haben, oder anders ausgedrückt, es muß linkszirkular polarisiert sein. Genau das bedeutet der Term $(\epsilon_x + i\epsilon_y)/\sqrt{2}$.

Die Integration über θ liefert eine weitere Auswahlregel. Man betrachte zunächst den Spezialfall $l_f = 0$. Da $Y_{0,0} = 1/\sqrt{4\pi}$, ergibt die Winkelintegration (22-71)

(22-75) $$\frac{1}{\sqrt{4\pi}} \int d\Omega Y_{1,m}(\theta,\phi)\, Y_{l_i m_i}(\theta,\phi) = \frac{1}{\sqrt{4\pi}}\, \delta_{l_i 1}\, \delta_{m_i,-m}\,.$$

Dies bedeutet, daß dann *der Anfangszustand $l_i = 1$ haben muß.* In Wasserstoff werden die vorherrschenden Übergänge in den Grundzustand vom Typ $np \rightarrow 1s$ sein.

Auch für den allgemeinen Fall, daß l_i und l_f nicht verschwinden, erhalten wir noch eine Auswahlregel. Die Herleitung, welche allerdings mehr mathematische Kenntnisse über spezielle Funktionen erfordert als für dieses Buch vorausgesetzt ist, benützt das *Additionstheorem* für sphärische Harmonische

(22-76) $$Y_{l_1 m_1}(\theta,\phi)\, Y_{l_2 m_2}(\theta,\phi) = \sum_{L=|l_1-l_2|}^{l_1+l_2} C(L, m_1 + m_2; l_1, l_2, m_1, m_2)\, Y_{L,m_1+m_2}(\theta,\phi)\,.$$

Die Koeffizienten $C(L, m_1 + m_2; l_1, l_2, m_1, m_2)$ sind die Wigner-Koeffizienten, wie sie auch in (15-44) vorkommen. Die möglichen Drehimpulse (L) auf der rechten Seite sind gerade diejenigen, welche aus der Addition von $\mathbf{l}_1$ und $\mathbf{l}_2$ zu erhalten sind. Einsetzen in (22-71) liefert

$$\int d\Omega Y^*_{l_f m_f}(\theta,\phi) \sum_{L=|l_i-1|}^{l_i+1} C(L, m + m_i; 1, l_i, m, m_i)\, Y_{L,m+m_i}(\theta,\phi) = 0\,,$$

außer wenn

(22-77) $$l_f = l_i + 1,\ l_i,\ |l_i - 1|\,.$$

Die allgemeine Form der Auswahlregel für elektrische Dipolübergänge ist also

(22-78) $$\Delta l = 1, 0, -1\,,$$

mit dem aus (22-75) hervorgehenden Zusatz, daß es *keine Null-Null-Übergänge* gibt. Es existiert aber noch eine weitere Zusatzbedingung, die aus der Paritätserhaltung kommt: Da $\mathbf{r}$ unter Reflexion das Vorzeichen wechselt, erhalten wir als zusätzliche Auswahlregel für die elektrischen Dipolübergänge:

$$\text{(22-79)} \qquad \textit{Die Parität des Atomzustandes muß wechseln.}$$

Da die Parität durch $(-1)^l$ gegeben ist, muß sich also der l-Wert beim Übergang ändern (Anm. d. Übers.: d.h. $\Delta l = 0$ in (22-78) ist damit ausgeschlossen). Es ist also z. B. der Übergang $3p \to 2p$ nicht erlaubt, wenn man nur lineare Glieder in $Z\alpha$ berücksichtigt.

Ist die einzige vorhandene Störung die Kopplung

$$\text{(22-80)} \qquad \frac{e}{mc}\,\mathbf{p}\cdot\mathbf{A}(\mathbf{r},t),$$

so steckt keine Spinabhängigkeit in ihr, d.h. die Spins können in dem durch diese Störung bewirkten Übergang nicht umklappen. Dies führt zur zusätzlichen Auswahlregel

$$\text{(22-81)} \qquad \Delta S = 0\,,$$

welche schon früher in Zusammenhang mit dem Heliumspektrum erwähnt wurde.

Die oben formulierten Auswahlregeln sind nicht als etwas Absolutes zu verstehen. Die Erhaltungssätze für Drehimpuls und Parität (bei elektromagnetischen Prozessen) sind absolut, aber (22-78) ist nur näherungsweise erfüllt. Übergänge zwischen Zuständen mit $\Delta l > 1$ können zwar über den elektrischen Dipolmechanismus nicht stattfinden, sie können aber stattfinden, vorausgesetzt, es liegt ein nichtverschwindendes Matrixelement

$$\text{(22-82)} \qquad \langle\phi_f|e^{-i\mathbf{k}\cdot\mathbf{r}}\,\boldsymbol{\varepsilon}\cdot\mathbf{p}|\phi_i\rangle$$

vor. Für $\Delta l = 2$ liefert das in $\mathbf{k}\cdot\mathbf{r}$ lineare Entwicklungsglied einen nichtverschwindenden Beitrag. Hierfür können wir schreiben

$$\text{(22-83)} \qquad \begin{aligned} \mathbf{k}\cdot\mathbf{r}\boldsymbol{\varepsilon}\cdot\mathbf{p} &= \tfrac{1}{2}\,(\boldsymbol{\varepsilon}\cdot\mathbf{p}\mathbf{k}\cdot\mathbf{r} + \boldsymbol{\varepsilon}\cdot\mathbf{r}\mathbf{p}\cdot\mathbf{k}) + \tfrac{1}{2}\,(\boldsymbol{\varepsilon}\cdot\mathbf{p}\mathbf{k}\cdot\mathbf{r} - \boldsymbol{\varepsilon}\cdot\mathbf{r}\mathbf{p}\cdot\mathbf{k}) \\ &= \tfrac{1}{2}\,(\boldsymbol{\varepsilon}\cdot\mathbf{p}\mathbf{k}\cdot\mathbf{r} + \boldsymbol{\varepsilon}\cdot\mathbf{r}\mathbf{p}\cdot\mathbf{k}) + \tfrac{1}{2}\,(\mathbf{k}\times\boldsymbol{\varepsilon})\cdot(\mathbf{r}\times\mathbf{p}). \end{aligned}$$

Das erste dieser Glieder heißt der elektrische Quadrupolterm, und der zweite, welcher klar in Beziehung zu einem $\mathbf{L}\cdot\mathbf{B}$-Term steht, heißt der magnetische Dipolterm. Für diese Übergänge, deren Matrixelemente wir um den Faktor $Z\alpha$ kleiner als den Dipolterm abgeschätzt haben, ist $\Delta l = 2$, und da die Operatoren (22-83) gerade sind, erwarten wir bei ihnen keinen Paritätswechsel. Z. B. der Übergang $3d \to 1s$ kann nicht über den elektrischen Dipolmechanismus, wohl aber über den elektrischen Quadrupolmechanismus gehen. Es ergibt sich jedoch, daß es viel wahrscheinlicher ist, daß der $3d$-Zustand zuerst nach $2p$, und dieser dann nach $1s$ übergeht.

Auch die Spinauswahlregel $\Delta S = 0$ ist nicht unverletzlich. Zusätzlich zur Kopplung (22-80) gibt es eine weitere, die in Zusammenhng mit dem anomalen Zeeman-Effekt diskutiert wurde:

(22-84) $\lambda V(t) = \frac{ge}{2mc} \mathbf{S}\cdot\mathbf{B}(\mathbf{r},t).$

Das Matrixelement für einen Übergang mit $\Delta S \neq 0$ kann abgeschätzt werden. Wir vergleichen es mit dem elektrischen Dipolmatrixelement

(22-85) $$\frac{(eg/2mc)\,\hbar|\mathbf{k}\times\boldsymbol{\varepsilon}|}{(2e/mc)|\mathbf{p}\cdot\boldsymbol{\varepsilon}|} \simeq \frac{\hbar|\mathbf{k}|}{|\mathbf{p}|} \simeq \frac{\hbar\omega}{|\mathbf{p}|c} \simeq \frac{mc^2(Z\alpha)^2}{mc^2(Z\alpha)} \simeq Z\alpha$$

und sehen daran, daß es um die Größenordnung $Z\alpha$ kleiner ist, genauso wie das magnetische Dipolmatrixelement, welches diesem in der Form stark ähnelt. Als Beispiel für einen Fall, bei dem die Kopplung (22-84) eine wichtige Rolle spielt, betrachten wir einen Kernprozeß, den photoinduzierten Zerfall des Deuterons

(22-86) $\gamma + d \rightarrow n + p.$

In sehr guter Näherung befindet sich das Deuteron im Zustand $^3S_1$. Ein elektrischer Dipolübergang muß das entstehende np-System in einen ^3P-Zustand bringen, da $\Delta l = 1$ und $\Delta S = 0$. Es ergibt sich jedoch, daß es gerade oberhalb der Reaktionsschwelle unwahrscheinlich ist, daß beide Nukleonen gegenseitig in einem P-Zustand sind: Im allgemeinen werden Teilchen nur dann mit einer nennenswerten Wahrscheinlichkeit gegenseitig den Drehimpuls L haben, wenn

(22-87) $|\mathbf{p}|a \gtrsim \hbar L,$

wobei $\mathbf{p}$ der relative Teilchenimpuls ist und a die Dimension des Teilchensystems. Für das Deuteron ergibt sich bei γ-Energien unterhalb 10 MeV, daß der P-Zustand für das np-System unwahrscheinlich ist. Die zusätzliche Kopplung

(22-88) $-\frac{e}{2Mc}(g_p\mathbf{s}_p + g_n\mathbf{s}_n)\cdot\mathbf{B}$

kann jedoch zu einem Übergang zwischen dem $^3S_1$-Zustand und dem ungebundenen Zustand $^1S_0$ führen. Die Kopplung kann folgendermaßen umgeschrieben werden

(22-89) $$-\frac{e}{2Mc}[\tfrac{1}{2}(g_p + g_n)(\mathbf{s}_p + \mathbf{s}_n) + \tfrac{1}{2}(g_p - g_n)(\mathbf{s}_p - \mathbf{s}_n)]\cdot\mathbf{B}.$$

Das erste Glied ist symmetrisch gegen den Austausch $n \leftrightarrow p$, dieses kann also nicht zu einem Übergang zwischen einem symmetrischen und antisymmetrischen Spinzustand beitragen. Das zweite Glied jedoch trägt zu einem solchen Übergang bei. Die Koeffizienten sind ziemlich groß, da $g_p \cong 5{,}56$ und $g_n = -3{,}81$.

Es gibt eine Auswahlregel, die nicht verletzt wird: Es ist das Verbot von Null-Null-Übergängen (bei *Gesamt*drehimpuls $j = 0$) in Einphotonenprozessen. Diese strenge Auswahlregel kann man auf allgemeine Weise folgendermaßen belegen: Das Matrixelement als skalare Größe muß die Photonenpolarisation in linearer Weise enthalten, und es muß deshalb von der Form $\boldsymbol{\varepsilon}\cdot\mathbf{V}$ sein, wobei $\mathbf{V}$ ein in das Problem eingehender Vektor ist. Wenn nun für Anfangs- und Endzustand $j = 0$ gilt, also keine Richtungsqualität vorkommt, so bleibt als einziger Vektor der Photonenimpuls $\mathbf{k}$. Es ist jedoch $\boldsymbol{\varepsilon}\cdot\mathbf{k} = 0$, also gibt es keine Möglichkeit, ein Matrixelement zu konstruieren; ein solches darf also nicht existieren [2]).

E. Der Übergang 2p → 1s

Wir wollen nun Gl. (22-68) für den Übergang $2p \rightarrow 1s$ weiter bearbeiten. Hierzu lösen wir das Integral über den Radialteil

(22-90)
$$\begin{aligned}
&\int_0^\infty dr\, r^3 R_{10}^*(r)\, R_{21}(r)\\
&= \int_0^\infty dr\, r^3 \left[2\left(\frac{Z}{a_0}\right)^{3/2} e^{-Zr/a_0}\right]\left[\frac{1}{\sqrt{24}}\left(\frac{Z}{a_0}\right)^{5/2} r\, e^{-Zr/2a_0}\right]\\
&= \frac{1}{\sqrt{6}}\left(\frac{Z}{a_0}\right)^4 \int_0^\infty dr\, r^4\, e^{-3Zr/2a_0}\\
&= \frac{1}{\sqrt{6}}\left(\frac{Z}{a_0}\right)^4 \left(\frac{2a_0}{3Z}\right)^5 \int_0^\infty dx\, x^4 e^{-x} = \frac{24}{\sqrt{6}}\left(\frac{2}{3}\right)^5 Z^{-1} a_0 .
\end{aligned}$$

Das Integral über den Winkelanteil ist

(22-91)
$$\begin{aligned}
\int d\Omega\, Y_{0,0}^*\, \boldsymbol{\varepsilon}\cdot\hat{\mathbf{r}}\, Y_{1,m} &= \frac{1}{\sqrt{4\pi}} \int d\Omega \sqrt{\frac{4\pi}{3}} \left(\epsilon_z Y_{1,0} + \frac{-\epsilon_x + i\epsilon_y}{\sqrt{2}} Y_{1,1}\right.\\
&\qquad \left. + \frac{\epsilon_x + i\epsilon_y}{\sqrt{2}} Y_{1,-1}\right) Y_{1,m}\\
&= \frac{1}{\sqrt{3}}\left(\epsilon_z\, \delta_{m,0} + \frac{-\epsilon_x + i\epsilon_y}{\sqrt{2}}\, \delta_{m,-1} + \frac{\epsilon_x + i\epsilon_y}{\sqrt{2}}\, \delta_{m,1}\right).
\end{aligned}$$

Das Absolutquadrat des Produkts aus (22-90) und (22-91) ist

(22-92)
$$96\left(\frac{2}{3}\right)^{10}\left(\frac{a_0}{Z}\right)^2 \frac{1}{3}\left[\delta_{m0}\epsilon_z^2 + \tfrac{1}{2}\left(\delta_{m,1} + \delta_{m,-1}\right)\left(\epsilon_x^2 + \epsilon_y^2\right)\right],$$

und damit wird die Übergangsrate für einen gegebenen Wert der Quantenzahl m des angeregten Atoms (Anm. d. Übers.: Auch hier wird die Unterscheidung zur Elektronenmasse m wieder dem Leser überlassen):

(22-93)
$$\begin{aligned}
R_{2p\rightarrow 1s} &= \int d\Omega_{\mathbf{p}} \left(\frac{\alpha}{2\pi}\right) \frac{\omega}{m^2c^2}\, m^2\omega^2\, \frac{2^{15}}{3^{10}} \left(\frac{a_0}{Z}\right)^2\\
&\quad \times \left[\delta_{m,0}\epsilon_z^2 + \tfrac{1}{2}\left(\delta_{m,1} + \delta_{m,-1}\right)\left(\epsilon_x^2 + \epsilon_y^2\right)\right].
\end{aligned}$$

[2]) Die Bezeichnung $\boldsymbol{\varepsilon}\cdot\mathbf{k} = 0$ ist unabhängig von der Wahl der Eichung, und bedeutet eine Aussage über den transversalen Charakter des elektromagnetischen Feldes.

Hierbei ist die Frequenz der mit dem Übergang verknüpften Strahlung

(22-94)
$$\omega = \frac{1}{\hbar}\left[\frac{1}{2} mc^2(Z\alpha)^2\left(1-\frac{1}{4}\right)\right] = \frac{3}{8}\frac{mc^2}{\hbar}(Z\alpha)^2.$$

Die Winkelintegration in (22-93) läuft über die Photonenrichtungen, und dies ist nicht trivial, denn $\boldsymbol{\varepsilon}$ ist auf die Richtungen senkrecht zum Photonenimpuls beschränkt. Wenn im Anfangs-(p)-Zustand keine Vorzugsausrichtung vorliegt, also die drei m-Werte ($m = 1, 0, -1$) gleich wahrscheinlich sind, so ist die Integration sehr einfach. Es ergibt sich dann

(22-95)
$$R_{2p\to1s} = \frac{1}{3}\sum_{m=-1}^{1} R_{2p\to1s}(m).$$

Der Integrand wird unabhängig von der Richtung des Photons, da

(22-96)
$$\sum_{m=-1}^{1}\left[\delta_{m0}\epsilon_z^2 + \tfrac{1}{2}(\delta_{m1}+\delta_{m,-1})(\epsilon_x^2+\epsilon_y^2)\right] = \epsilon_x^2+\epsilon_y^2+\epsilon_z^2 = 1.$$

Dieses Ergebnis sollte noch mit dem Faktor 2 multipliziert werden, da es für das Photon zwei mögliche Polarisationszustände gibt, und beide gleichberechtigt nachgewiesen werden können. Gl. (22-51) wäre also korrekter ausgedrückt

(22-97)
$$\int d\Omega_{\mathbf{p}}\,\frac{\alpha}{2\pi}\,\frac{\omega_{km}}{m^2c^2}\sum_{\lambda=1}^{2}\left|\langle\phi_m|e^{-i\mathbf{k}\cdot\mathbf{r}}\,\boldsymbol{\varepsilon}^{(\lambda)}\cdot\mathbf{p}|\phi_k\rangle\right|^2,$$

wobei λ die Polarisation kennzeichnet. Die beiden Polarisationszustände sind zueinander orthogonal,

(22-98)
$$\boldsymbol{\varepsilon}^{(\lambda)}\cdot\boldsymbol{\varepsilon}^{(\lambda')} = \delta_{\lambda\lambda'}$$

Alles zusammengenommen erhalten wir

(22-99)
$$R_{2p\to1s} = 2\cdot4\pi\,\frac{\alpha}{2\pi}\,\frac{1}{c^2}\left(\frac{3}{8}\frac{mc^2}{\hbar}Z^2\alpha^2\right)^3\frac{2^{15}}{3^{10}}\left(\frac{\hbar}{mcZ\alpha}\right)^2\frac{1}{3} = \frac{2^8}{3^8}\frac{mc^2}{\hbar}\alpha(Z\alpha)^4 \cong 0{,}6\times10^9\,Z^4\,\mathrm{s}^{-1}.$$

Dies unterscheidet sich von der in (22-64) gemachten Abschätzung um den Faktor 25. Man sieht, daß einzelne Faktoren in den Matrixelementen wichtig sind, und daß Schätzungen natürlich nicht eine Rechnung ersetzen können. Trotzdem, Dimensionsargumente und Abzählen der Potenzen von α helfen uns, eine Vorstellung über die Größenordnung von Zahlenwerten der Atomphysik zu entwickeln.

Unser Ausdruck für die Übergangsrate

(22-100)
$$R_{fi} = \frac{d\Omega_{\mathbf{p}}}{2\pi}\,\frac{e^2}{\hbar c}\,\frac{\omega^3}{c^2}\sum_{\lambda=1}^{2}\left|\langle f|\mathbf{r}|i\rangle\cdot\boldsymbol{\varepsilon}^{(\lambda)}\right|^2$$

wird durch Multiplikation mit der Energie des Lichtquants zur Strahlungs-intensität

(22-101) $$I_{fi} = d\Omega_{\mathbf{p}} \frac{e^2}{2\pi c^3} \omega^4 \sum_{\lambda=1}^{2} |\langle f|\mathbf{r}|i\rangle \cdot \boldsymbol{\varepsilon}^{(\lambda)}|^2 .$$

Dies ist jedoch genau auch der *klassische* Ausdruck für die von einem oszillierenden Dipol emittierte Lichtintensität, wenn das Dipolmoment gegeben ist durch

(22-102) $$\mathbf{d} = e\langle f|\mathbf{r}|i\rangle\, e^{-i\omega t}.$$

Dies ist wieder ein Beispiel für das Korrespondenzprinzip.

F. Der Spin und Intensitätsregeln

Beziehen wir nun den Spin in die Betrachtungen ein, so ändert sich nicht sehr viel. Natürlich können die Anfangs- und Endzustände für sich beinhalten, daß der Zustand "Spin nach oben" oder "Spin nach unten" vorliegt, aber da die betrachtete Wechselwirkung (Kopplung) in den atomaren Übergängen spinunabhängig ist, sind nur Übergänge "Spin nach oben" → "nach oben" und "Spin nach unten" → "nach unten" erlaubt. Die Übergangsraten werden also nicht nur unabhängig von m_l sein (wie wir im vorigen Abschnitt gesehen haben), sondern auch von m_s und damit auch von m_j. Berücksichtigen wir nun die Spin-Bahn-Kopplung, so werden kleine Aufspaltungen der Energieniveaus auftreten (klein im Vergleich zum energetischen Abstand $2p - 1s$); die Struktur der Niveaus wird dadurch verändert, wie in Bild 22.2 gezeigt. Die aus dem Übergang $2p \rightarrow 1s$ hervorgehende Spektrallinie erfährt eine Aufspaltung in zwei Linien, die bei den Übergängen $2^2P_{3/2} \rightarrow 1^2S_{1/2}$ und $2^2P_{1/2} \rightarrow 1^2S_{1/2}$ abgestrahlt werden. Das radiale Integral und der Phasenraum werden durch diese Aufspaltung der Zustände fast unverändert bleiben, und deshalb kann *das Intensitätsverhältnis der aufgespaltenen Linien allein aus den Winkelanteilen des Integrals bestimmt werden, d.h. allein aus Betrachtungen zum Drehimpuls.*

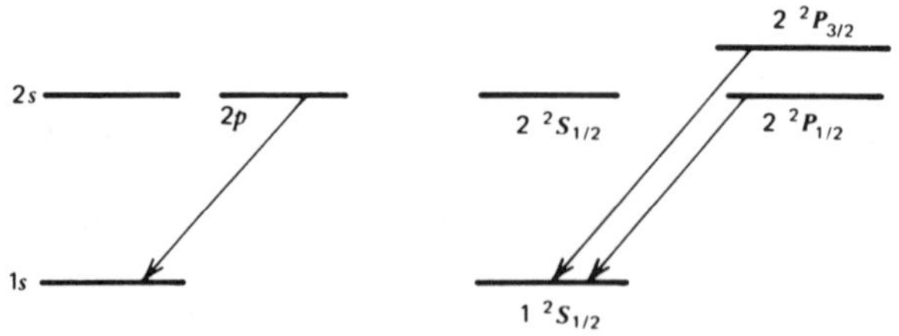

Bild 22–2 Die Aufspaltung der beim Übergang $2p - 1s$ emittierten Spektrallinie durch Spin-Bahn-Kopplung.

Tabelle der Wellenfunktionen für die betrachteten Zustände.

J	m_j	Parität ungerade $l = 1$	Parität gerade $l = 0$
3/2	3/2	$Y_{11}\chi_+$	–
3/2	1/2	$\sqrt{2/3}\, Y_{10}\chi_+ + \sqrt{1/3}\, Y_{11}\chi_-$	–
3/2	−1/2	$\sqrt{1/3}\, Y_{1,-1}\chi_+ + \sqrt{2/3}\, Y_{10}\chi_-$	–
3/2	−3/2	$Y_{1,-1}\chi_-$	–
1/2	1/2	$\sqrt{1/3}\, Y_{10}\chi_+ - \sqrt{2/3}\, Y_{11}\chi_-$	$Y_{00}\chi_+$
1/2	−1/2	$\sqrt{2/3}\, Y_{1,-1}\chi_+ - \sqrt{1/3}\, Y_{10}\chi_-$	$Y_{00}\chi_-$

Die Matrixelemente haben gemeinsame Radialteile. Für die Übergangsrate $P_{3/2} \to S_{1/2}$ summieren wir also die Quadrate der Übergangsmatrixelemente für $m_j = 3/2 \to m_j = 1/2$, $m_j = 3/2 \to m_j = -1/2, \ldots m_j = -3/2 \to m_j = -1/2$, während die Übergangsrate $P_{1/2} \to S_{1/2}$ die Summe der Quadrate der Matrixelemente für $m_j = 1/2 \to m_j = 1/2, \ldots m_j = -1/2 \to m_j = -1/2$ erfordert. Dies kann direkt ausgeführt werden, aber es erfordert spezielle Rechenmethoden, die außerhalb unseres Rahmens liegen; man kann diese Größen aber auch Schritt für Schritt ausarbeiten, wobei die Orthonormalität der Spinfunktionen eingeht.

$P_{3/2} \to S_{1/2}$		
$m_j = 3/2 \to m_j = 1/2$	$\lvert\langle Y_{11} \lvert \mathbf{r}\cdot\boldsymbol{\varepsilon} \rvert Y_{00}\rangle\rvert^2 = C$	
$3/2 \to -1/2$	0 da $\chi_+^* \chi_- = 0$	
$1/2 \to 1/2$	$\lvert\langle \sqrt{2/3}\, Y_{10} \lvert \mathbf{r}\cdot\boldsymbol{\varepsilon} \rvert Y_{00}\rangle\rvert^2 = 0$	$(\Delta m = 0)$
$1/2 \to -1/2$	$\lvert\langle \sqrt{1/3}\, Y_{11} \lvert \mathbf{r}\cdot\boldsymbol{\varepsilon} \rvert Y_{00}\rangle\rvert^2 = C/3$	
$-1/2 \to 1/2$	$\lvert\langle \sqrt{1/3}\, Y_{1,-1} \lvert \mathbf{r}\cdot\boldsymbol{\varepsilon} \rvert Y_{00}\rangle\rvert^2 = C/3$	
$-1/2 \to -1/2$	$\lvert\langle \sqrt{2/3}\, Y_{10} \lvert \mathbf{r}\cdot\boldsymbol{\varepsilon} \rvert Y_{00}\rangle\rvert^2 = 0$	$(\Delta m = 0)$
$-3/2 \to 1/2$	0	
$-3/2 \to -1/2$	$\lvert\langle Y_{1,-1} \lvert \mathbf{r}\cdot\boldsymbol{\varepsilon} \rvert Y_{00}\rangle\rvert^2 = C$	

Summation der einzelnen Glieder liefert

$$\sum R = \frac{8C}{3}. \tag{22-103}$$

Ähnlich ist

$P_{1/2} \to S_{1/2}$	
$m_j = 1/2 \to m_j = 1/2$	$\lvert\langle \sqrt{1/3}\, Y_{10} \lvert \boldsymbol{\varepsilon}\cdot\mathbf{r} \rvert Y_{00}\rangle\rvert^2 = 0$
$1/2 \to -1/2$	$\lvert\langle -\sqrt{2/3}\, Y_{11} \lvert \boldsymbol{\varepsilon}\cdot\mathbf{r} \rvert Y_{00}\rangle\rvert^2 = 2C/3$
$-1/2 \to 1/2$	$\lvert\langle \sqrt{2/3}\, Y_{1,-1} \lvert \boldsymbol{\varepsilon}\cdot\mathbf{r} \rvert Y_{00}\rangle\rvert^2 = 2C/3$
$-1/2 \to -1/2$	$\lvert\langle -\sqrt{1/3}\, Y_{10} \lvert \boldsymbol{\varepsilon}\cdot\mathbf{r} \rvert Y_{00}\rangle\rvert^2 = 0$

und

$$\sum R = \frac{4C}{3}. \tag{22-104}$$

Für den Quotienten aus den Intensitäten erhalten wir also das Ergebnis

(22-105) $$\frac{R(P_{3/2} \to S_{1/2})}{R(P_{1/2} \to S_{1/2})} = \frac{8C/3}{4C/3} = 2.$$

Der Grund für die Summation über alle Anfangszustände liegt darin, daß bei der Anregung alle p-Niveaus gleichbesetzt sind, da deren energetischer Abstand sehr klein im Vergleich zur Energiedifferenz $2p - 1s$ ist. Wir summieren auch über alle Endzustände, wenn wir im Experiment nicht zwischen ihnen unterscheiden, wie z.B. in einer spektroskopischen Messung. In der vorhergehenden Berechnung der $2p \to 1s$ Übergangsrate haben wir über die m-Zustände des angeregten Atoms *gemittelt*; dort fragten wir: "Wenn wir N Atome im $2p$-Zustand haben, wieviele davon machen dann innerhalb einer Sekunde einen Übergang?" Die Mittelung kam zustande, weil in den meisten Fällen bei N angeregten Atomen je $N/3$ in die Zustände $m = 1, 0, -1$ gehen. Hier jedoch ist die Tatsache relevant, daß im $P_{3/2}$-Zustand mehr Niveaus vorhanden sind als im $P_{1/2}$-Zustand. Es gibt insgesamt 6 Niveaus (vier mit $j = 3/2$ und zwei mit $j = 1/2$), und es werden im Mittel $N/6$ Atome in jedem dieser Zustände sein. Die Tatsache, daß mehr Atome in der Gruppe $j = 3/2$ vorliegen bedeutet, daß auch mehr Übergänge vorkommen, also auch die Intensität größer ist.

Aufgaben

1. Ein Wasserstoffatom wird in ein homogenes elektrisches Feld $\mathbf{E}(t)$ gebracht, welches folgende Zeitabhängigkeit hat:

$$\begin{aligned}\mathbf{E}(t) &= 0 \qquad t < 0\\ &= \mathbf{E}_0\, e^{-\gamma t} \quad t > 0.\end{aligned}$$

Wie groß ist die Wahrscheinlichkeit dafür, daß mit $t \to \infty$ das anfänglich im Grundzustand befindliche Wasserstoffatom einen Übergang nach $2p$ macht?

2. Wiederholen Sie die vorherige Rechnung für den Fall, daß die Zeitabhängigkeit des elektrischen Feldes

$$\mathbf{E}(t) = \mathbf{E}_0\, e^{-\alpha^2 t^2}$$

ist; außerdem soll sich das Wasserstoffatom bei $t = -\infty$ im Grundzustand befinden. [Hinweis: Formen Sie zunächst (22-9) passend um.] Diskutieren Sie ihr Ergebnis für den Fall, daß sich das $\mathbf{E}$-Feld extrem langsam verändert!

3. Betrachten Sie einen durch

$$H = \frac{1}{2m} p_x^2 + \tfrac{1}{2} m\omega^2(t)\, x^2$$

beschriebenen harmonischen Oszillator, wobei

$$\omega(t) = \omega_0 + \delta\omega \cos ft$$

und $\delta\omega \ll \omega_0$.

Das System sei bei $t = 0$ im Grundzustand. Berechnen Sie die Wahrscheinlichkeit für einen Übergang aus dem Grundzustand als Funktion der Zeit; verwenden Sie hierzu Störungstheorie, und die Tatsache, daß für $n \neq 0$

$$\begin{aligned} \langle n \mid x^2 \mid 0 \rangle &= \hbar/2\sqrt{2}m\omega \quad \text{für } n = 2 \\ &= 0 \qquad \text{ansonsten.} \end{aligned}$$

Können Sie diese Formel aus den Inhalten des 7. Kapitels ableiten?

4. Angenommen, ein Teilchen der Ruhemasse M zerfällt in zwei Teilchen der Ruhemasse m_1 und m_2. Verwenden Sie die relativistische Energie-Impulsbeziehung, um die in (22-57) auftretende Dichte der Zustände ρ zu berechnen (Hinweis: Es gibt nur einen unabhängigen Impuls, der mit $\mathbf{p}$ bezeichnet sei, und benötigt wird.)

$$\int \frac{d^3\mathbf{p}}{(2\pi\hbar)^6}\, \delta\left(E_{\text{Anfang}} - \sum_{\substack{\text{Endzu-}\\ \text{stände}}} E\right).$$

5. Betrachten Sie die Rechnung aus 4. für den Fall, daß der Zerfall von der Form

$$A \to B + C + D$$

ist, wobei Teilchen C und D masselos seien. (Hinweis: Nun gibt es zwei unabhängige Impulse.)

6. In dieser Aufgabe soll das *Adiabatentheorem* illustriert werden. Dieses Theorem sagt aus, daß bei einer sehr langsamen Veränderung des Hamilton-Operators von H_0 nach H folgendes gilt: Die Eigenzustände von H_0 werden in die entsprechenden Eigenzustände von H überführt, aber ohne irgendwelche Übergänge. Im speziellen wollen wir den Grundzustand betrachten, also

$$H_0\phi_0 = E_0\phi_0 .$$

Es sei $V(t) = f(t)V$, wobei $f(t)$ eine langsam sich ändernde Funktion sei, wie in der Skizze dargestellt. Bezeichnen wir die Wellenfunktion des Grundzustandes von $H = H_0 + V$ mit w_0, so sagt das Theorem aus:

$$|\langle w_0 | \psi(t) \rangle| \to 1$$

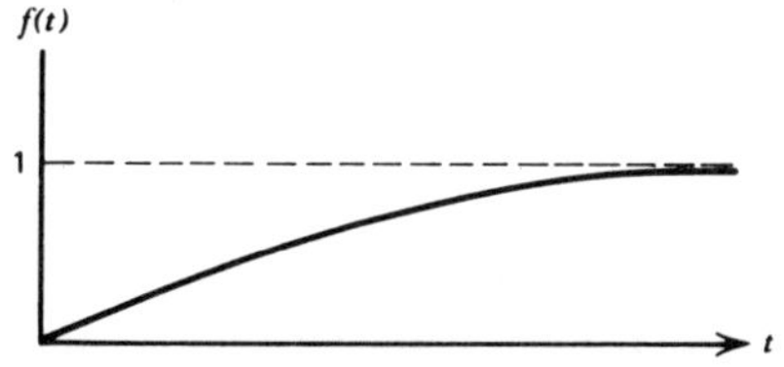

Die einzelnen nötigen Rechenschritte sind nun folgende:

a) Man zeige, daß für solche Zeiten t, für die $f(t) = 1$, folgendes gilt:

$$\frac{1}{i\hbar}\int_0^t dt'\, e^{i(E_m{}^0-E_0{}^0)t'/\hbar} f(t') \rightarrow \frac{e^{i(E_m{}^0-E_0{}^0)t/\hbar}}{E_m{}^0 - E_0{}^0} \,.$$

Man verwende hierzu

$$\frac{df(t')}{dt'} \ll \frac{E_m{}^0 - E_0{}^0}{\hbar} f(t')$$

Hierzu kann man entweder als Beispiel eine Funktion $f(t)$ konstruieren oder unter Verwendung von

$$e^{i\omega t'} = \frac{1}{i\omega}\frac{d}{dt'} e^{i\omega t'}$$

partielle Integration vornehmen.

b) Man berechne $\psi(t)$ unter Verwendung von (22-3) und (22-9), und vergleiche mit (16-19), welche für diesen Fall lautet

$$w_0 = \phi_0 + \sum_{m\neq 0} \frac{\langle\phi_m|V|\phi_0\rangle}{E_0{}^0 - E_m{}^0}\phi_m$$

und zeige damit

$$|\langle w_0|\psi(t)\rangle| \rightarrow 1.$$

7. Suchen Sie die Rate für den Übergang $2p \rightarrow 1s$ des dreidimensionalen Oszillators, und zwar indem Sie den in diesem Kapitel durchgeführten Rechenschritten folgen.

8. Angeregte Zustände von Atomkernen gehen manchmal in den Grundzustand durch *Innere Umwandlung* ("Konversion") über; dies ist ein Prozeß, bei dem eines der $1s$-Elektronen anstatt eines Photons emittiert wird. Die Wellenfunktion für den angeregten Zustand und den Grundzustand seien

$$\phi_I(\mathbf{r}_1, \mathbf{r}_2, \ldots, \mathbf{r}_A) \qquad \text{und} \qquad \phi_F(\mathbf{r}_1, \mathbf{r}_2, \ldots, \mathbf{r}_A),$$

wobei $\mathbf{r}_i$ $(i = 1, 2, \ldots Z)$ für die Protonen gilt. Die den Übergang hervorrufende Störung ist die Kern-Elektron-Wechselwirkung

$$V = -\sum_{i=1}^{Z} \frac{e^2}{|\mathbf{r} - \mathbf{r}_i|} \,,$$

wobei $\mathbf{r}$ die Elektronenkoordinaten sind. Das Matrixelement ist also

$$-\int d^3\mathbf{r} \int d^3\mathbf{r}_1 \ldots d^3\mathbf{r}_A \phi_F^* \frac{e^{-i\mathbf{p}\cdot\mathbf{r}/\hbar}}{\sqrt{V}} \sum_{i=1}^{Z} \frac{e^2}{|\mathbf{r} - \mathbf{r}_i|} \phi_I \psi_{100}(\mathbf{r}) \,.$$

a) Wie groß ist der Impuls $\mathbf{p}$ des freien Elektrons,

b) Berechnen Sie die Zerfallsrate für diesen Prozeß als Dipolübergang, ausgedrückt durch

$$\mathbf{d} = \sum \int d^3\mathbf{r}_1 \ldots d^3\mathbf{r}_A \phi_F^* \mathbf{r}_i \phi_I$$

und zwar unter Verwendung der Entwicklung

$$\frac{1}{|\mathbf{r} - \mathbf{r}_i|} \simeq \frac{1}{r} + \frac{\mathbf{r} \cdot \mathbf{r}_i}{r^3}.$$

Hinweis: Das Integral kann gelöst werden mit

$$\int d^3\mathbf{r}\, e^{-i\mathbf{p}\cdot\mathbf{r}/\hbar}\, \mathbf{r} \cdot \mathbf{r}_i \psi_{100}(\mathbf{r}) = i\hbar \mathbf{r}_i \cdot \nabla_{\mathbf{p}} \int d^3\mathbf{r}\, e^{-i\mathbf{p}\cdot\mathbf{r}/\hbar}\, \psi_{100}(\mathbf{r}).$$

Siehe auch: Diskussion des Photoelektrischen Effektes im 25. Kapitel.

Literatur

Das Additionstheorem, welches eine allgemeinere Ableitung der Auswahlregeln ermöglicht, ist in allen der am Ende dieses Buches aufgeführten fortgeschrittenen Lehrbüchern enthalten, ebenso aber auch in

M. E. Rose "Elementary Theory of Angular Momentum" John Wiley & Sons, 1957

Die radialen Integrale für den allgemeineren Fall sind diskutiert in

H.A. Bethe and R.W. Jackiw "Intermediate Quantum Mechanics" W.A. Benjamin, Inc., 1968

H.A. Bethe and E.E. Salpeter "Quantenmechanik der Ein- und Zweielektronenatome" Springer Verlag, 1957

E.U. Condon and G.H. Shortley "The Theory of Atomic Spectra", Cambridge University Press, Cambridge, 1959

23. Ausgewähltes über strahlende Übergänge

A. Lebensdauer und Linienbreite

Die Größe $R(i \to f)$, die wir im 22. Kapitel zu berechnen gelernt haben, ist die durch die Zeitdauer der Störung dividierte Wahrscheinlichkeit für den Übergang $i \to f$. Die Zeitdauer der Störung muß groß sein im Vergleich zu $\hbar/(E_m^0 - E_k^0 + \hbar\omega)$, damit die Übergangswahrscheinlichkeit proportional zu t ist; sie kann aber natürlich nicht zu lang sein. Fragen wir nach der Wahrscheinlichkeit für das Bestehenbleiben des Anfangszustandes, so erhalten wir

$$P_i(t) = 1 - \left[\sum_{f \neq i} R(i \to f)\right] t, \tag{23-1}$$

wobei sich die Summe über alle erreichbaren Endzustände zu erstrecken hat. Dieser Ausdruck scheint aber für allzulange Zeiten t nicht sinnvoll zu sein, da Wahrscheinlichkeiten immer positiv sein müssen. Bei sorgfältiger Berechnung der zeitlichen Entwicklung des Systems kann gezeigt werden[1]), daß die rechte Seite von (23-1) nur eine Näherung (Störungsrechnung erster Ordnung) an den korrekten Wert darstellt:

$$P_i(t) = \exp\left[-t \sum_{f \neq i} R(i \to f)\right]. \tag{23-2}$$

Man kann also von einer *Lebensdauer* des Anfangszustandes sprechen:

$$\tau = \frac{1}{R} = \frac{1}{\sum_{f \neq i} R(i \to f)}. \tag{23-3}$$

Die gesamte Übergangsrate R besteht aus der Summe der Teilübergangsraten in die einzelnen *Zerfallskanäle* f. In dem ausführlich diskutierten Beispiel, dem Übergang $2p \to 1s$ in wasserstoffähnlichen Atomen existiert nur ein Zerfallskanal, und damit ergibt sich die Lebensdauer des $2p$-Zustands zu

$$\tau = 1{,}6 \times 10^{-9}\, Z^{-4}\ \mathrm{s}. \tag{23-4}$$

Dieses Rechenergebnis stimmt außergewöhnlich gut mit den experimentell gewonnenen Werten überein. Vergleichen wir es (für $Z = 1$) mit der Zeit, die das Elektron zu einem "Umlauf um den Kern" benötigt. Seine Geschwin-

---

1) Dies wird ausgeführt am Schluß des Buches im Abschnitt "Spezielle Probleme", unter "Lebensdauer, Linienbreite und Resonanzen".

digkeit ist αc, der Bahnradius von der Größenordnung 3×10^{-8} cm, und so liegt diese charakteristische Zeit in der Größenordnung $1{,}4 \times 10^{-16}$ s. Verglichen mit dieser Zeit ist der $2p$-Zustand sehr langlebig.

Da der $2p$-Zustand eine endliche Lebensdauer hat, sollte er wegen des Unschärfeprinzips auch eine energetische Unschärfe haben, und zwar von der Größenordnung

(23-5) $$\Delta E \sim \frac{\hbar}{\tau}.$$

Diese energetische Unschärfe offenbart sich darin, daß die Intensität als Funktion der Frequenz (die "Form" der Spektrallinie) nicht eine beliebig scharfe Spitze an der Stelle $\omega_0 = (E_{2p} - E_{1s})/\hbar$ ist, sondern folgenden Verlauf hat:

(23-6) $$I(\omega) \propto \frac{R/2}{(\omega - \omega_0)^2 + R^2/4}\ .$$

Man beachte, daß im Grenzfall $R \to 0$, wenn also die Störungstheorie sicher anwendbar ist, als Folge der Formel

(23-7) $$\lim_{\epsilon \to 0} \frac{\epsilon}{(\omega - \omega_0)^2 + \epsilon^2} = \pi\, \delta(\omega - \omega_0)$$

sich als Linienform die energieerhaltende Deltafunktion ergibt. Die Breite der Kurve (23-6) ist R, und dies ist ein Maß für die Energieunschärfe. (Anm. d. Übers.: Unter "Breite der Kurve" wird die Differenz zwischen denjenigen Frequenzwerten verstanden, bei denen die Funktion $I(\omega)$ die Hälfte des Maximalwerts annimmt; hiervor kann sich der Leser leicht selbst überzeugen.)

Diese Kurve, manchmal Lorentz-Kurve genannt, kann aber in dieser Form im allgemeinen nicht beobachtet werden, denn es gibt noch andere Effekte, die eine weitere Verbreitung bewirken. Diese sind:

a) *Stoßverbreiterung.* Man beobachtet nicht ein einzelnes völlig isoliertes Atom, sondern ein heißes Gas, in dem sich die Atome befinden. Im Gas finden Stöße zwischen den Atomen statt. Definieren wir eine Stoßzeit τ_c etwa als mittlere Zeit zwischen zwei Stößen. Ist nun $\tau_c < \tau$, so wird sich die Lebensdauer des Zustands praktisch zu τ_c ergeben, und damit wird die Energieunschärfe $\hbar/\tau_c$.

Um eine grobe Abschätzung der Stoßrate R_c $(= 1/\tau_c)$ zu erhalten, betrachten wir ein Atom in Ruhe. Ist sein effektiver Querschnitt σ (dies ist der Wirkungsquerschnitt für einen Stoß, und wird im 24. Kapitel diskutiert), so wird es von einem anderen Atom innerhalb einer Sekunde gestoßen werden, wenn sich dieses Atom innerhalb eines Zylinders vom Volumen $v\sigma$ befindet (Bild 23.1). Haben wir n Atome/cm^3, so wird die Stoßrate

(23-8) $$R_c = nv\sigma \qquad s^{-1}.$$

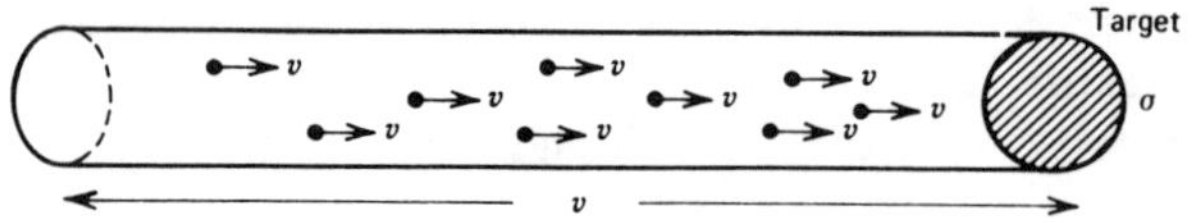

Bild 23–1 Zur Berechnung der Anzahl von Stößen pro Sekunde für Teilchen, die sich mit der Relativgeschwindigkeit v senkrecht auf den Querschnitt σ des Stoßpartners ("Target") zubewegen.

Um deren Abhängigkeit von Gasdruck und Temperatur zu sehen, verwenden wir die Beziehung aus der kinetischen Gastheorie

$$m\overline{v^2} = 3kT \tag{23-9}$$

und die Zustandsgleichung des idealen Gases

$$n = \frac{p}{kT}, \tag{23-10}$$

wobei $k = 1{,}381 \times 10^{-16}$ erg/Grad die Boltzmann-Konstante ist. Setzen wir für v in (23-8) die Größe $(\overline{v^2})^{1/2}$, so erhalten wir

$$R_c = \frac{p\sigma}{kT}\left(\frac{3kT}{m}\right)^{1/2}. \tag{23-11}$$

Schreiben wir nun

$m = 1{,}6 \times 10^{-24}\, M$, wobei M das Molekulargewicht in Gramm bedeutet,

$p = 10^6\, p_a$, wobei p_a der Gasdruck in Atmosphären ist,

$\sigma = \pi \times 10^{-16}\, D^2$, wobei D der Durchmesser des Atoms oder Moleküls in Angström ist,

so erhalten wir

$$R_c = 3{,}4 \times 10^{10}\,\frac{p_a D^2}{\sqrt{MT}}. \tag{23-12}$$

Die Stoßrate kann also durch Verkleinerung des Gasdruckes verkleinert werden. Im Labor ist die Stoßverbreiterung also zu beherrschen, an stellaren Objekten leider nicht.

b) *Dopplerverbreiterung.* Auch bei niedrigen Drucken bewegt sich das strahlende Atom ziemlich schnell (Temperatur des Gases), und damit wird die beobachtete Strahlungsfrequenz verschoben. Ist v_x die Geschwindigkeit des Atoms in Beobachtungsrichtung, so beträgt die Frequenzverschiebung

$$\Delta\omega = \omega\,\frac{v_x}{c}. \tag{23-13}$$

Die Temperatur führen wir ein über die bekannte Beziehung

(23-14) $$\overline{v_x^2} = \frac{kT}{m}$$

und so erhalten wir

(23-15) $$\frac{\Delta\omega}{\omega} \simeq 0{,}3 \times 10^{-6}\left(\frac{T}{M}\right)^{1/2}.$$

M ist wieder das Atom- oder Molekulargewicht (Wasserstoff $M = 1$; Helium $M = 4$, usw.). Damit erhält man durch den Dopplereffekt eine relative Linienbreite von der Größenordnung

(23-16) $$\frac{\Delta\omega}{\omega} \sim 10^{-6}.$$

Die relative natürliche Linienbreite dagegen ist 3×10^{-8}.

B. Der Mößbauer-Effekt

Ein Atom (oder jedes andere quantenmechanische System) kann als sehr genaues Zeitnormal dienen, da dessen Übergänge von Strahlung sehr scharf definierter Frequenz begleitet sind. Wäre die einzige Begrenzung die natürliche Linienbreite, so könnte mit atomaren Übergängen die Genauigkeit $1:10^8$ erreicht werden. Wie oben festgestellt, wird diese durch den Dopplereffekt auf $1:10^6$ verringert. Man könnte vermuten, daß diese Verschlechterung durch Verwendung einer flüssigen oder festen Strahlungsquelle verhindert wird, aber die durch Nachbaratome verursachte Verbreiterung ist genauso schädlich. Man kann aber auch Kernübergänge untersuchen. Z.B. der Kern ${}_{77}Ir^{191}$ emittiert γ-Quanten der Energie ~ 100 keV bei einer Lebensdauer von 10^{-10} s. Dies ergibt

(23-17) $$\frac{\Delta\omega}{\omega} = \frac{\Delta E}{E} = \frac{\hbar/\tau}{E} \cong \frac{10^{-27}/10^{-10}}{10^5 \times 1{,}6 \times 10^{-12}} \simeq 0{,}6 \times 10^{-10}.$$

Unglücklicherweise ist aber eine Energieverschiebung durch Rückstoß zu erwarten: Die γ-Strahlung (Photon) führt den Impuls $\hbar\omega/c$ ab, und wegen der Impulserhaltung erfährt der Atomkern einen Rückstoßimpuls vom gleichen Betrag. Dabei ist die kinetische Energie des Kernes

(23-18) $$\Delta E = \frac{P^2_{\text{Rückstoß}}}{2M} = \frac{1}{2M}\left(\frac{\hbar\omega}{c}\right)^2,$$

und dieser Betrag wird dem abgestrahlten Photon entzogen. Die relative Energieverschiebung ist

(23-19) $$\frac{\Delta E}{\hbar\omega} \simeq \frac{\hbar\omega}{2Mc^2} \simeq \frac{10^{-1}(\text{MeV})}{2 \times 940 \times 191(\text{MeV})} \simeq 3 \times 10^{-7}.$$

Zur Energiemessung der γ-Strahlung stehen nicht die extrem scharfen Methoden der optischen Spektroskopie zur Verfügung. Statt dessen kann ein

Strahlungsdetektor verwendet werden, der sehr scharf auf die γ-Strahlung "abgestimmt" ist. Natürlich ist es das Beste, hierzu das gleiche Material (also $_{77}Ir^{191}$) als Absorber zu verwenden. Die Absorption wird bei einer bestimmten Frequenz sehr stark sein, nämlich wenn der Absorber und die einfallende Strahlung in Resonanz miteinander sind; aber auch beim Absorptionsprozeß wird sich eine Energieverschiebung wegen des Rückstoßes einstellen. Die gesamte Energieverschiebung beträgt also $\Delta\omega/\omega \simeq 6 \times 10^{-7}$. Nun wird klar, daß die scharfe "Abstimmung" des emittierenden und absorbierenden Kerns gar nicht vorliegt, denn die Linienverschiebung ist weit größer als die Linienbreite, welche in der Größenordnung $10^{-10}\,\omega$ liegt. Man könnte versuchen, den Rückstoß durch Bewegung der ganzen Quelle mit der Rückstoßgeschwindigkeit zu kompensieren. Wir erhalten diese Geschwindigkeit aus

$$\frac{v}{c} = \frac{p_{\text{Rückstoß}}}{Mc} = \frac{\hbar\omega/c}{Mc} = 2\,\frac{\hbar\omega}{2Mc^2} \simeq 6 \times 10^{-7} \tag{23-20}$$

zu $v = 1{,}7 \times 10^4$ cm/s. Diese Geschwindigkeit bereitet zwar technische Schwierigkeiten, wurde aber mit einer Ultrazentrifuge erreicht.

Der entscheidende Durchbruch kam 1958 mit Mößbauers Entdeckung, wonach unter bestimmten Bedingungen eine hohe Wahrscheinlichkeit für *rückstoßfreie Emission* des Photons vorliegt. Natürlich soll das nicht heißen, daß damit die Impulserhaltung verletzt ist; der Rückstoß wird einfach nicht allein vom emittierenden Kern, sondern von einem großen Teil des ganzen Kristalles, in den dieser eingebaut ist, aufgenommen. Die im Rückstoß steckende Energie ist nun völlig vernachlässigbar, da die Kristallmasse ca. 10^{22} mal größer ist als die Kernmasse. Um eine ungefähre Vorstellung über das Geschehnis zu erhalten, wollen wir einen Kern betrachten, der sich im Potential eines harmonischen Oszillators bewegt, und dabei die charakteristische Frequenz ω_0 hat. Die Energieniveaus des Oszillators sind

$$E_n = \hbar\omega_0\left(n_x + n_y + n_z + \frac{3}{2}\right). \tag{23-21}$$

Das verwendete Potential ist lediglich eine näherungsweise Beschreibung der Kristallkräfte, welche die Gittereigenschaften ausmachen. Wenn unser Kern fest an seine Nachbarn gebunden ist - d.h. die bindenden "Federn" sind steif - dann ist ω_0 groß. Wenn "die Federn" weich sind, dann ist ω_0 klein. Der energetische Abstand der Niveaus ist bei "steifer Feder" groß, d.h. die Dichte der Zustände ist gering. Bei "weicher Feder" dagegen ist die Dichte der Zustände groß. Betrachten wir nun das Matrixelement für den Übergang aus einem mit $\Psi_i(\mathbf{r}_1, \mathbf{r}_2, \ldots \mathbf{r}_N)$ beschriebenen Kernzustand in den mit $\Psi_f(\mathbf{r}_1, \mathbf{r}_2, \ldots \mathbf{r}_N)$ beschriebenen, und verwenden wir die Wechselwirkung

$$-\frac{e}{Mc}\sum_{\text{Protonen}} \mathbf{p}_k \cdot \mathbf{A}_k(\mathbf{r}_k, t). \tag{23-22}$$

Das Matrixelement ist dann proportional zu

(23-23) $$-\frac{e}{Mc}\int\ldots\int d^3\mathbf{r}_1\ldots d^3\mathbf{r}_N\Psi_f^*(\mathbf{r}_1\ldots\mathbf{r}_N)\sum_k \boldsymbol{\varepsilon}\cdot\mathbf{p}_k\, e^{-i\mathbf{k}\cdot\mathbf{r}_k}\,\Psi_i(\mathbf{r}_1,\ldots\mathbf{r}_N).$$

Führen wir die Koordinate des Kernschwerpunktes $\mathbf{R} = (1/N)\sum_i \mathbf{r}_i$ ein, so erhält die Wechselwirkung die Form

(23-24) $$-\frac{e}{Mc}e^{-i\mathbf{k}\cdot\mathbf{R}}\sum_{\text{Protonen}}\boldsymbol{\varepsilon}\cdot\mathbf{p}_k\, e^{-i\mathbf{k}\cdot\boldsymbol{\varrho}_k},$$

wobei $\boldsymbol{\varrho}_i = \mathbf{r}_i - \mathbf{R}$, und außerdem faktorisiert die Kernwellenfunktion in ein Produkt, dessen einzelne Faktoren die Schwerpunktsbewegung im gegebenen Potential und die innere Bewegung beschreiben

(23-25) $$\Psi(\mathbf{r}_1,\ldots\mathbf{r}_N) = \psi_{n_x n_y n_z}(\mathbf{R})\,\phi(\boldsymbol{\varrho}_1,\ldots\boldsymbol{\varrho}_{N-1}).$$

Das Matrixelement wird somit zu

(23-26) $$\begin{aligned}&-\frac{e}{Mc}\int d^3\mathbf{R}\psi_{n_f}^*(\mathbf{R})\,e^{-i\mathbf{k}\cdot\mathbf{R}}\psi_{n_i}(\mathbf{R})\\ &\times\int d^3\boldsymbol{\varrho}_1\ldots d^3\boldsymbol{\varrho}_{N-1}\phi_f^*(\boldsymbol{\varrho}_1\ldots\boldsymbol{\varrho}_{N-1})\sum_{\text{Protonen}}\boldsymbol{\varepsilon}\cdot\mathbf{p}_k\,e^{-i\mathbf{k}\cdot\boldsymbol{\varrho}_k}\phi_i(\boldsymbol{\varrho}_1,\ldots\boldsymbol{\varrho}_{N-1}).\end{aligned}$$

Dies können wir umformen zu

(23-27) $$M = M_{\text{intern}}\int d^3\mathbf{R}\psi_{n_f}^*(\mathbf{R})\,e^{-i\mathbf{k}\cdot\mathbf{R}}\psi_0(\mathbf{R}),$$

wobei $n_i = 0$ eingesetzt wurde, da am Anfang der Gittergrundzustand vorliegen soll. Die Wahrscheinlichkeit dafür, daß der strahlende Übergang den Kern im Gittergrundzustand verbleiben läßt, ist

(23-28) $$\begin{aligned}P_0(k) &= \frac{|\mathbf{M}_{\text{int}}|^2\left|\int d^3\mathbf{R}\psi_0^*(\mathbf{R})\,e^{-i\mathbf{k}\cdot\mathbf{R}}\psi_0(\mathbf{R})\right|^2}{|\mathbf{M}_{\text{int}}|^2\sum_{n_f}\left|\int d^3\mathbf{R}\psi_{n_f}^*(\mathbf{R})\,e^{-i\mathbf{k}\cdot\mathbf{R}}\psi_0(\mathbf{R})\right|^2}\\ &= \left|\int d^3\mathbf{R}\psi_0^*(\mathbf{R})\,e^{-i\mathbf{k}\cdot\mathbf{R}}\psi_0(\mathbf{R})\right|^2.\end{aligned}$$

Beim letzten Rechenschritt haben wir die Summe im Nenner wegen des Vollständigkeitssatzes durch 1 ersetzt[2]). Zur weiteren Rechnung verwenden wir die normierten Grundzustandswellenfunktionen des Oszillators. Im 7. Kapi-

[2]) Der formale Beweis geht am schnellsten. Wir haben

$$\sum_{n_f}|\langle n_f|e^{i\mathbf{k}\cdot\mathbf{R}}|0\rangle|^2 = \sum_{n_f}\langle 0|e^{-i\mathbf{k}\cdot\mathbf{R}}|n_f\rangle\,\langle n_f|e^{i\mathbf{k}\cdot\mathbf{R}}|0\rangle.$$

Mit

$$1 = \sum|n_f\rangle\langle n_f|$$

erhält man

$$\langle 0|e^{-i\mathbf{k}\cdot\mathbf{R}}\,e^{i\mathbf{k}\cdot\mathbf{R}}|0\rangle = 1.$$

tel haben wir die eindimensionale Grundzustandsfunktion gefunden

$$\psi_0(x) = \left(\frac{m\omega_0}{\pi\hbar}\right)^{1/4} e^{-m\omega_0 x^2/2\hbar}.$$

Für drei Dimensionen haben wir

$$\psi_0(R) = \psi_0(x)\,\psi_0(y)\,\psi_0(z) = \left(\frac{m\omega_0}{\pi\hbar}\right)^{3/4} e^{-m\omega_0 \mathbf{R}^2/2\hbar}. \tag{23-29}$$

Wir berechnen also

$$\left|\left(\frac{M_N\omega_0}{\pi\hbar}\right)^{3/2} \int d^3\mathbf{R}\, e^{-M_N\omega_0\mathbf{R}^2/\hbar}\, e^{-i\mathbf{k}\cdot\mathbf{R}}\right|^2,$$

wobei M_N die Kernmasse bedeutet. Wir erhalten

$$\begin{aligned} P_0 &= \left(\frac{M_N\omega_0}{\pi\hbar}\right)^3 \left|\int d^3\mathbf{R}\, e^{-(M_N\omega_0/\hbar[\mathbf{R}+i\mathbf{k}(\hbar/2M_N\omega_0]^2}\, e^{-k^2\hbar/4M_N\omega_0}\right|^2 \\ &= e^{-\hbar^2k^2/2M_N\hbar\omega_0} \qquad (23\text{-}30) \\ &= \exp\left(-\frac{\text{Rückstoßenergie}}{\text{Niveauabstand}}\right), \end{aligned}$$

da $P_{\text{Rückstoß}} = \hbar k$, und $\hbar\omega_0$ der Niveauabstand für die Gitterschwingungen ist. Wenn also der Niveauabstand groß ist, also "steife Federn" vorliegen, so wird die Wahrscheinlichkeit für die rückstoßfreie Emission groß. Das hier benützte Gittermodell, in dem sich jeder Kern in seinem eigenen Oszillatorpotential bewegt, ist das Einsteinsche Gittermodell, und ω_0 ist die sog. *Debye-Frequenz*, welche wir im folgenden mit ω_D bezeichnen. ω_D ist mit der Debye-Temperatur T_D verknüpft gemäß

$$\hbar\omega_D = kT_D. \tag{23-31}$$

Das Gitter wird anstelle des Einstein-Modells genauer durch das Debye-Modell beschrieben; dabei ändert sich aber hier nicht viel, nur der Exponent erhält den Faktor 3/2.

Es ist nicht ganz korrekt zu sagen, der *ganze* Kristall nehme den Rückstoß auf; richtiger ist, daß in der Zeit τ, die der Lebensdauer des angeregten Zustands entspricht (bei Fe^{57} ist dies $1{,}4 \times 10^{-7}$ s), nur ein Kristallbereich der Längendimension $L = v_s\tau$ den Rückstoß aufnimmt; v_s ist hierbei die Ausbreitungsgeschwindigkeit einer Störung im Gitter (die Schallgeschwindigkeit). Eine vernünftige Abschätzung für v_s ist

$$v_s \simeq \frac{a\omega_D}{2\pi},$$

wobei a ein Gitterparameter ist. Damit wird

$$\frac{L}{a} \simeq \frac{\omega_D\tau}{2\pi}.$$

Mit $\omega_D \simeq 10^{13}\,\mathrm{s}^{-1}$ wird die Anzahl der den Rückstoß aufnehmenden Kerne $\sim (L/a)^3$, immer noch eine enorm große Zahl.

Obige Abschätzungen können zusammen mit der Unschärfebeziehung verwendet werden, um zu zeigen, daß man beim Mößbauer-Effekt im Prinzip nicht entscheiden könnte, ob es wirklich ein einziger Kern ist, der den Rückstoß aufnimmt: Um die Rückstoßenergie $\hbar^2 k^2/2M_N$ zu messen, benötigt man eine Zeitspanne der Größenordnung

$$\Delta t \gg \frac{\hbar}{(\hbar^2 k^2/2M_N)}.$$

Mit der Bedingung für das Auftreten des Mößbauer-Effekts

$$\frac{\hbar^2 k^2}{2M_N} < \hbar\omega_D$$

erhalten wir

$$\Delta t \gg \frac{1}{\omega_D}.$$

Während dieser Zeit ist aber die Störung schon gewandert, und zwar über eine Entfernung

$$d \simeq v_s\,\Delta t \sim \frac{a\omega_D}{2\pi}\,\Delta t \gg \frac{a}{2\pi}\,,$$

also über viele Gitterbausteine.

Es erhebt sich die Frage, wie es möglich war, über das Problem der Impulserhaltung hinwegzukommen, indem wir Betrachtungen über die Energiezustände des Kerns im Kristallgitter anstellten. Wo steht es wirklich, daß der ganze Kristall den Impuls aufnimmt? Die quantenmechanische Antwort liegt darin, daß wir in der Impulsdarstellung arbeiten sollen, wenn wir über den Impuls reden. Es ist jedoch schwierig, die Kristallkräfte in dieser Darstellung zu beschreiben. Was man tun muß, ist die Bewegung im Kristall, welchen wir als große Menge von nachbarschaftlich durch Federkräfte verbundenen Oszillatoren sehen wollen, in Moden aufzuteilen, und diese zu quantisieren. In Analogie zu den Photonen nennen wir die Quanten der Gitterbewegung *Phononen*. Rückstoßfreie Emission bedeutet damit einen Übergang, bei dem keine Phononen produziert werden. Der so zu erhaltende Ausdruck ist sehr ähnlich zu (23-30). Die Linienverbreiterung durch Rückstoß wird so im Vergleich zur natürlichen Linienbreite verschwindend klein. Als Folge der thermischen Bewegung gibt es natürlich noch Dopplerverbreiterung, aber diese kann durch Kühlen des Emitters und Absorbers beeinflußt werden.

Rückstoßfreie Emitter liefern uns Frequenznormale von hervorragender Schärfe, und deshalb verwendet man in der Forschung auf vielen Gebieten den Mößbauer-Effekt, so z. B. in der Festkörperphysik und der Chemie. Wir wollen nur eine Anwendung erwähnen, nämlich die terrestrische Messung der Rotverschiebung im Gravitationsfeld. Wir haben schon bemerkt[3]), daß ein Photon beim Durchfallen einer Höhe h im Gravitationsfeld eine Energieverschiebung erfährt, die wir natürlich auch in Frequenzverschiebung $\Delta\omega$ umrechnen können

(23-32) $$\frac{\Delta\omega}{\omega} = \frac{gx}{c^2} .$$

Diese kann durch Dopplerverschiebung[4]) z.B. des Absorbers mit der Geschwindigkeit v kompensiert werden; Resonanz ergibt sich also für

(23-33) $$v^2 = 2gx .$$

(Man sieht an diesem Ergebnis, daß die Rotverschiebung, die ein rückstoßfrei emittiertes Photon beim Durchfallen der Höhe x erfährt, gerade durch den entsprechenden freien Fall des Absorbers kompensiert werden könnte!) Läßt man den Absorber oder Emitter Schwingungen ausführen (Anm. d. Übers.: wobei in dieser Schwingung die Geschwindigkeit v, und damit auch die Resonanz immer wieder durchlaufen wird), so erhält man eine oszillierende Absorption und damit Information über die Rotverschiebung. Für einen Abstand zwischen Quelle und Absorber von $x = 20$ m muß die Geschwindigkeit von der Größenordnung ~ 20 m/s sein; damit ist dieses Experiment praktisch realisierbar, und es wurde auch von mehreren Gruppen durchgeführt. Innerhalb der Fehlergrenzen wurde so die Rotverschiebung im Gravitationsfeld experimentell bestätigt. Z.B. Pound und Rebka fanden mit Fe^{57} als Quelle $\Delta\omega/\omega = (5{,}13 \pm 0{,}51) \times 10^{-15}$, wobei die theoretische Vorhersage $4{,}92 \times 10^{-15}$ betrug. Auch ein ähnliches Experiment, bei dem die Fe^{57}-Quelle auf einer rasch rotierenden Scheibe montiert war (Anm. d. Übers.: Zentrifugalkraft), lieferte Ergebnisse in Übereinstimmung mit dem Äquivalenzprinzip.

C. Induzierte Absorption und Emission

In unserer Diskussion zu der für die Strahlung eines Atoms richtigen Normierung des Vektorpotentials in (22-28) und (22-29) haben wir gesehen, daß das Matrixelement für Photonenemission proportional zu $(N + 1)^{1/2}$, und für Absorption proportional $N^{1/2}$ war. N war hierbei die Anzahl im Anfangszustand. Da diese Zahl sich auf Quanten eines speziellen Typs bezieht, sollte N eigentlich mit dem Impuls $\hbar\mathbf{k}$ und dem Polarisationszustand λ des Photons indiziert werden, d.h. N sollte ersetzt werden durch $N_\lambda(\mathbf{k})$. Wir wol-

[3]) Siehe "Spezielle Themen" unter "Das Äquivalenzprinzip".

[4]) Es ist eine der Feinheiten in der Beschreibung der Strahlung im Gravitationsfeld, daß es der *transversale* Dopplereffekt ist, der die Frequenzverschiebung bewirkt: $\nu' = \nu(1 - v^2/c^2)^{1/2}$. Nur dadurch wird die Verschiebung in einem beschleunigten System unabhängig davon, ob der Absorber frei fällt, oder exzentrisch auf einer rotierenden Scheibe (Emitter im Zentrum der Scheibe) sitzt.

len die N-Abhängigkeit zur Ableitung der Planckschen Strahlungsformel verwenden; damit ist sie dann im Sinn der Quantenmechanik gerechtfertigt.

Betrachten wir einen strahlungserfüllten Hohlraum. Dessen Wände enthalten Atome, welche Strahlung absorbieren und emittieren. Da hierzu eine Vielfalt von Atomen mit einer Vielfalt von Energieniveaus vorliegen, wird es ein kontinuierliches Spektrum von Frequenzen geben. Wir wollen uns eine bestimmte Frequenz herausgreifen, die einem Übergang zwischen zwei bestimmten Niveaus einer bestimmten Atomsorte entspricht, d.h. wir beschreiben das Atom als habe es zwei Energiezustände E_1 und E_2, wobei $E_1 < E_2$. Im Gleichgewichtszustand werden gleich viel Photonenabsorptions- wie Photonenemissionsprozesse vorliegen[5]. Die Anzahl der pro Zeit von den Wänden abgestrahlten Photonen ist (Anzahl der Atome im oberen Zustand 2)$\times$(Übergangsrate 2 $\rightarrow$ 1); für den Absorptionsprozeß ist der analoge Ausdruck (Anzahl der Atome im Zustand 1) $\times$ (Übergangsrate 1 $\rightarrow$ 2). Für das Strahlungsgleichgewicht ist also

(23-34) $$N_2 R_{\text{emission}} = N_1 R_{\text{absorption}} \,.$$

Ebenso haben wir

(23-35) $$R_{\text{emission}} = [N_\lambda(\mathbf{k}) + 1]\, R_{21} \,,$$

wobei R_{21} die Emissionsrate in einen Zustand mit einem Photon ist. Wir verwenden (22-57), um zu erhalten

(23-36) $$R_{21} = \frac{1}{2J_2 + 1} \frac{2\pi}{\hbar} \sum |\langle 1|V^+|2\rangle|^2 \rho.$$

Hierin steht ρ, die Zustandsdichte der Photonen, und das Quadrat des Matrixelements; die Summation läuft über die Endzustände des Atoms, also die $2J_1 + 1$ Möglichkeiten des Drehimpulses, und gemittelt wird über die Anfangszustände: Die Summe wird durch die Anzahl der möglichen Drehimpulszustände $2J_2 + 1$ dividiert. Der Grund für die Mittelung über die Anfangszustände liegt darin, daß alle nur durch den m-Wert unterschiedenen angeregten Zustände mit gleicher Wahrscheinlichkeit erreicht werden. Natürlich wird pro Atom jeweils immer nur einer von diesen angeregt, und deshalb muß nach der Summation über die $2J_2 + 1$ Zustände durch deren Anzahl dividiert werden. Man beachte auch, daß wir die Störung mit V^+ bezeichnet haben, und hierin die Zeitabhängigkeit $e^{i\omega t}$ enthalten ist. Für Absorption haben wir

(23-37) $$R_{\text{absorption}} = N_\lambda(\mathbf{k})\, R_{12} \,,$$

wobei

[5]) Man überzeuge sich, daß es erlaubt ist, das Gleichgewicht immer für eine Frequenz allein zu betrachten, wie wir es hier machen. Dies wird plausibel, wenn wir sehen, daß die Wahrscheinlichkeit für gleichzeitige Emission von zwei Photonen sehr klein ist, d.h. das Strahlungsfeld im Hohlraum unterliegt linearen Gleichungen.

(23-38) $$R_{12} = \frac{1}{2J_1+1}\frac{2\pi}{\hbar}\sum |\langle 2|V|1\rangle|^2 \rho .$$

Die Zustandsdichte ist hier die gleiche wie vorher in (23-36), denn wir haben es mit nur einer Strahlungsfrequenz zu tun. Weiterhin ist

(23-39) $$\begin{aligned}\sum |\langle 2|V|1\rangle|^2 &= \sum_{m_1}\sum_{m_2} \langle 2|V|1\rangle\langle 2|V|1\rangle^* \\ &= \sum_{m_1}\sum_{m_2} \langle 1|V^+|2\rangle^*\langle 1|V^+|2\rangle \\ &= \sum |\langle 1|V^+|2\rangle|^2.\end{aligned}$$

Diese Aussage bezeichnet man als das *Prinzip des detaillierten Gleichgewichts.* Sie erscheint als Identität. Man könnte sich aber vorstellen, daß die zum Übergang 1 → 2 führende Störung nicht hermitisch konjugiert ist zur Störung, die zum Übergang 2 → 1 führt; in diesem Fall würde obige Herleitung nicht möglich sein. Es stellt sich heraus, daß dieses Prinzip vom detaillierten Gleichgewicht unter folgender Voraussetzung stimmt: Der gesamte Hamilton-Operator muß gegen Zeitumkehr invariant sein [6]). Die Wechselwirkung von Ladungen mit dem elektromagnetischen Feld erfüllt diese Voraussetzung.

Als Folge von (23-39) haben wir

(23-40) $$\begin{aligned}\frac{R_{\text{emission}}}{R_{\text{absorption}}} &= \frac{N_\lambda(\mathbf{k})+1}{N_\lambda(\mathbf{k})}\cdot\frac{2J_1+1}{2J_2+1} \\ &= \frac{N_\lambda(\mathbf{k})+1}{N_\lambda(\mathbf{k})}\cdot\frac{g_1}{g_2},\end{aligned}$$

wobei g_i die übliche Bezeichnungsweise für den Entartungsgrad im Zustand i ist. Nun wissen wir aber aus der statistischen Mechanik, daß die Besetzungszahlen N_2 und N_1 der Zustände 2 und 1 durch den Boltzmannfaktor verknüpft sind:

(23-41) $$\frac{N_2}{N_1} = \frac{g_2\, e^{-E_2/kT}}{g_1\, e^{-E_1/kT}} = \frac{g_2}{g_1}\, e^{-\hbar\omega/kT}.$$

Somit

$$\frac{g_2}{g_1}\, e^{-\hbar\omega/kT} = \frac{N_2}{N_1} = \frac{R_{\text{absorption}}}{R_{\text{emission}}} = \frac{N_\lambda(\mathbf{k})}{N_\lambda(\mathbf{k})+1}\,\frac{g_2}{g_1}$$

und

(23-42) $$N_\lambda(\mathbf{k}) = \frac{1}{e^{\hbar\omega/kT}-1}.$$

Die in den Photonen bei gegebener Frequenz steckende Energie ist gegeben durch folgendes Produkt: (Anzahl Photonenzustände im Intervall $d\omega$) × (Photonenanzahl) × (Energie pro Photon) × (2 wegen der beiden unabhängigen Polarisationen). Somit

[6]) In Störungstheorie niederster Ordnung gilt (23-39) immer.

$$dU(\omega) = \frac{V\,d^3\mathbf{p}}{(2\pi\hbar)^3}\cdot\frac{2\hbar\omega}{e^{\hbar\omega/kT}-1}$$

$$(23\text{-}43)\qquad = \frac{V\cdot 4\pi k^2}{(2\pi)^3}\,\frac{dk}{d\omega}\,d\omega\,\frac{2\hbar\omega}{e^{\hbar\omega/kT}-1}$$

$$= \frac{8\pi\hbar}{c^3}\left(\frac{\omega}{2\pi}\right)^3\frac{V}{e^{\hbar\omega/kT}-1}\,d\omega.$$

Um die Energiedichte zu erhalten, dividieren wir durch das Volumen V des Hohlraums. Verwenden wir noch $\nu = \omega/2\pi$, so erhalten wir das Ergebnis

$$(23\text{-}44)\qquad U(\nu) = \frac{8\pi h}{c^3}\,\frac{\nu^3}{e^{h\nu/kT}-1}.$$

In Gegenwart einer großen Anzahl von Photonen einer Wellenlänge (d.h. $N_\lambda(\mathbf{k})$ groß) wird die Rate für Übergänge, die zu dieser Wellenlänge führen, stark erhöht sein. Wenn also viele Atome in einen bestimmten angeregten Zustand gebracht werden können, und außerdem "richtige" Photonen dazugebracht werden, so werden die angeregten Zustände in sehr kurzer Zeit zerfallen, und damit einen intensiven, kohärenten und monochromatischen Strahlungsimpuls liefern. Genau das geschieht im Laser (*L*ight *A*mplification by *S*timulated *E*mission, Lichtverstärkung durch erzwungene Emission). Im Strahlungsgleichgewicht ist es sehr schwierig, eine große Anzahl von Atomen in solche angeregte Zustände zu bringen, von denen aus die Übergänge stattfinden sollen, denn der Boltzmann-Faktor $e^{-\hbar\omega/kT}$ ist sehr klein, selbst bei hohen Temperaturen, und deshalb müssen spezielle Methoden verwendet werden, um diese Besetzung zu erreichen.

Betrachten wir als Beispiel den Helium-Neon-Laser. Hierbei wird ausgenützt, daß die 2^1S_0- und 2^3S_1-Niveaus von Helium fast genau mit Niveaugruppen des Neon zusammenfallen, und zwar der Konfigurationen $(2p)^5(5s)$ und $(2p)^5(4s)$ (Bild 23.2). Die Helium-Niveaus können leicht angeregt werden, denn eine Gasentladung regt viele Niveaus von Helium an, und diese zerfallen alle schließlich in die genannten. (Diese Zustände sind metastabil gegenüber strahlenden Übergang in den Grundzustand - vgl. Auswahlregeln, Anm. d. Übers.) Die so angeregten Heliumatome erleiden Stöße mit beigemischten Neonatomen, und übertragen dabei Energie auf diese. Auf diese Weise finden sich die Neonatome sehr häufig in Zuständen, die sonst nur sehr schwach besetzt wären. So wird im Neon eine ***Besetzungsinversion*** hergestellt (d.h. die übliche Boltzmann-Verteilung ist umgekehrt worden, Anm. d. Übers.). Diese angeregten Zustände zerfallen nach $(2p)^5(4p)$ und $(2p)^5(3p)$, wobei Photonen bestimmter Wellenlänge emittiert werden. Diese Photonen werden von Spiegeln durch das Gas hin- und zurückgeschickt und damit liegen die "richtigen" Photonen zur weiteren stimulierten Emission vor (Bild 23.3). Auf diese Weise werden intensive monochromatische und kohärente Photonenbündel erzeugt.

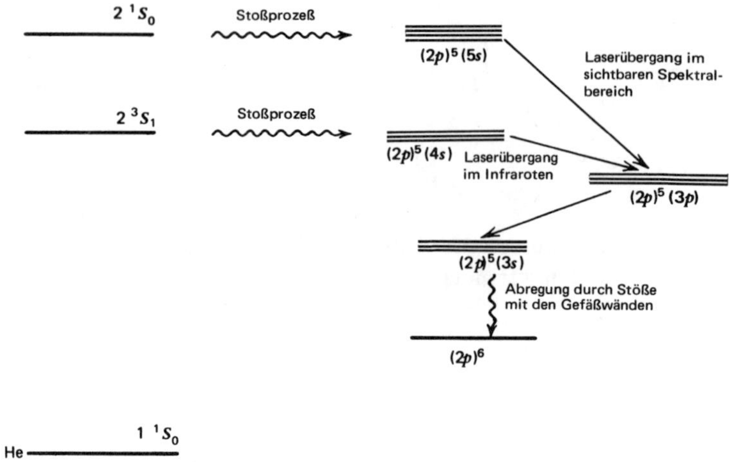

Bild 23–2 Schematische Darstellung der wichtigen Energieniveaus im He-Ne-Laser.

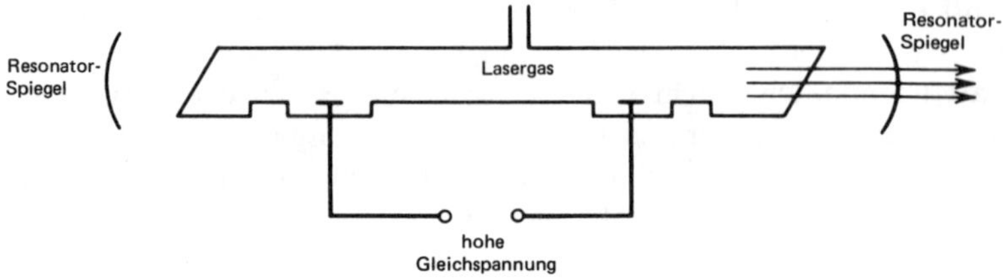

Bild 23–3 Schematische Skizze eines Gaslasers.

Es gibt vielerlei technologische Anwendungen des Lasers; seine Entwicklung ist nur eines der vielen Beispiele für die Nützlichkeit der Quantentheorie, sowohl zum Verständnis von Naturerscheinungen, als auch als Quelle für neue und durchdachte technologische Werkzeuge.

Literatur

Der Mößbauer-Effekt ist ausführlich diskutiert in

H. Frauenfelder "The Mössbauer Effect" (A Review with a Collection of Reprints), W.A. Benjamin, Inc., New York, 1962

Eine qualitative Diskussion ist zu finden in

V.F. Weisskopf "Selected Topics in Theoretical Physics" in "Lectures in Theoretical Physics", Vol. III, W.E. Brittin, B.W. Downs, J. Downs, Editors, Interscience Publishers, New York, 1961

24. Theorie der Stoßprozesse

Die Struktur der Atome und Moleküle wurde hauptsächlich spektroskopisch erforscht. Wenn wir aber Kernkräfte und die Gesetze der Wechselwirkung von Elementarteilchen untersuchen wollen, so bleibt uns als Untersuchungsmethode nur die Beobachtung von Streuprozessen verschiedener Teilchen an verschiedenen Targets (ein Target ist das Objekt, das von Teilchen beschossen wird). In gewissem Sinn ist auch die optische Spektroskopie eine Streumethode: Das Atom im Grundzustand wird durch irgendein Geschoß angeregt (z. B. durch Elektronen in der Entladungsröhre, oder auch durch andere Targetteilchen wie z. B. in hocherhitztem Gas), und dann wird als Folge davon ein herauskommendes Photon beobachtet, wobei das Atom wieder in den Grundzustand, oder auch in einen anderen angeregten Zustand übergeht. Gewöhnlich beschreibt man diese Vorgänge aber nicht als "Stoßprozeß", denn das Atom hat scharf definierte Energieniveaus, in denen es über Zeitspannen verbleibt, die sehr groß sind verglichen mit der Stoßdauer [1]), und damit ist es möglich, den Emissionsprozeß (Zerfallsprozeß) und den Anregungsprozeß getrennt zu betrachten: Im einzelnen sind charakteristische Züge des Zerfallsprozesses unabhängig vom speziellen Anregungsprozeß. Bei Kernen und Elementarteilchen existieren ebenfalls Energieniveaus, aber häufig ist die Lebensdauer nicht genügend groß, um die Separierbarkeit in Anregungs- und Zerfallsprozeß zu garantieren; speziell gibt es zugleich neben der "Resonanzstreuung" auch einen nichtresonanten Streuuntergrund, und es ist manchmal kompliziert, beide auseinanderzuhalten. Deshalb werden wir in diesem Kapitel den Streuprozeß als Ganzes diskutieren.

A. Der Wirkungsquerschnitt für den Stoß

Der ideale Weg zur Beschreibung der Streuung beginnt mit der Aufstellung von Gleichungen, die genau das aussagen, was passiert: Ein einfallendes Teilchen, beschrieben als Wellenpaket, nähert sich dem Target. Das Wellenpaket muß räumlich weit ausgedehnt sein, so daß es im Verlauf des Prozesses nicht merklich auseinanderläuft, und es muß groß sein im Vergleich zum Targetteilchen (dies ist das im Target befindliche Teilchen, welches als Stoßpartner wirkt, Anm. d. Übers.), aber im Vergleich zu Labordimen-

---

1) Man erinnere sich, daß die Lebensdauer eines $2p$-Wasserstoffzustands $1{,}6 \cdot 10^{-9}$ s ist; diese ist groß im Vergleich zur charakteristischen Zeit $a_0/\alpha c \simeq 2 \times 10^{-17}$ s.

sionen soll es klein sein, d.h. es darf sich nicht zugleich über Target und Detektor erstrecken; die seitlichen Dimensionen sind durch die Strahlbreite im Teilchenbeschleuniger bestimmt. Nun kommt die Wechselwirkung mit dem Target, und danach haben wir zwei Wellenpakete. Eines davon läuft weiter in der Einfallsrichtung (Vorwärtsrichtung) und beschreibt den nichtgestreuten Teil des einfallenden Teilchenstrahls, das andere beschreibt die gestreuten Teilchen. Die Anzahl von Teilchen, welche pro Zeiteinheit und pro Einheit des einfallenden Teilchenflusses in einen (infinitesimalen) Raumwinkel gestreut wird, definiert den *differentiellen Streuquerschnitt* des betrachteten Stoßprozesses. Wir wollen diesem Weg nicht direkt folgen[2], sondern statt dessen einiges im 11. Kapitel entwickelte Material verwenden, um den differentiellen Streuquerschnitt zu erhalten. Wir wollen jedoch obige Behandlung mit dem Wellenpaket zur Deutung unserer formalen Ergebnisse im Auge behalten.

In unserer Diskussion der Kontinuumslösungen der Schrödinger-Gleichung im 11. Kapitel fanden wir: a) Eine Lösung der Schrödinger-Gleichung im Potential Null ist die ebene Welle $e^{i\mathbf{k}\cdot\mathbf{r}}$ und diese beschreibt die Teilchenstromdichte

$$\text{(24-1)} \qquad \mathbf{j} = \frac{\hbar}{2im}(\psi^*\nabla\psi - \psi\nabla\psi^*) = \frac{\hbar\mathbf{k}}{m}\,.$$

Definieren wir die z-Achse als die Richtung von $\mathbf{k}$, so kann das Verhalten dieser Lösung für große r geschrieben werden (siehe 11-31) als einlaufende und auslaufende Kugelwelle

$$\text{(24-2)} \qquad e^{i\mathbf{k}\cdot\mathbf{r}} \Rightarrow \frac{i}{2k}\sum_{l=0}^{\infty}(2l+1)\,i^l\left[\frac{e^{-i(kr-l\pi/2)}}{r} - \frac{e^{i(kr-l\pi/2)}}{r}\right]P_l(\cos\theta)\,.$$

b) Die Erhaltung der Teilchenzahl zwingt uns zu dem Schluß, daß diese Funktion durch die Gegenwart eines radialen Potentials nur derart geändert werden kann, daß deren asymptotische Form

$$\text{(24-3)} \qquad \psi(\mathbf{r}) \Rightarrow \frac{i}{2k}\sum_{l=0}^{\infty}(2l+1)\,i^l\left[\frac{e^{-i(kr-l\pi/2)}}{r} - S_l(k)\,\frac{e^{i(kr-l\pi/2)}}{r}\right]P_l(\cos\theta)$$

folgender Bedingung unterliegt

$$\text{(24-4)} \qquad |S_l(k)| = 1\,.$$

Die asymptotische Form (24-3) kann mit (24-2) umgeschrieben werden in

$$\text{(24-5)} \qquad \psi(\mathbf{r}) \Rightarrow e^{i\mathbf{k}\cdot\mathbf{r}} + \left[\sum_{l=0}^{\infty}(2l+1)\,\frac{S_l(k)-1}{2ik}\,P_l(\cos\theta)\right]\frac{e^{ikr}}{r}\,,$$

was einer ebenen Welle und einer auslaufenden Kugelwelle entspricht[3]. Man beachte, daß wir mit der effektiven Einteilchen-Schrödinger-Gleichung ar-

---

[2]) Dies ist auf dem hier verwendeten mathematischen Niveau sehr schön ausgeführt in der Arbeit von R. Hobbie, *American Journal of Physics*, *30*, 857 (1962).

[3]) Siehe (11-36); dort wird erklärt, warum dies als *auslaufende* Kugelwelle bezeichnet wird.

beiten, d.h. m ist die reduzierte Masse, θ ist der Winkel im Schwerpunktsystem zwischen der $\mathbf{k}$-Richtung (z-Achse) und dem asymptotischen Punkt $\mathbf{r}$, wo wir uns den Teilchendetektor denken wollen. Hat das Targetteilchen wesentlich größere Masse als das einfallende Teilchen, so besteht kein Unterschied zwischen dem Winkel im Schwerpunktsystem und dem Winkel im Laborsystem. Die Kinematik kann mit Hilfe von Material aus "Spezielle Themen" (1. Teil) leicht ausgearbeitet werden. Wir könnten natürlich auch eine Lösung von der asymptotischen Form einer ebenen Welle und einer *einlaufenden* Kugelwelle konstruieren, denn der erste Term in (24-3) könnte durch einen Koeffizienten entsprechend (24-4) modifiziert werden. Zur Beschreibung unserer Streuung brauchen wir aber natürlich die auslaufende Welle. Berechnen wir nun den Teilchenfluß für die asymptotische Lösung (24-5).

(24-6)
$$\mathbf{j} = \frac{\hbar}{2im}\left\{\left[e^{i\mathbf{k}\cdot\mathbf{r}} + f(\theta)\frac{e^{ikr}}{r}\right]^* \nabla \left[e^{i\mathbf{k}\cdot\mathbf{r}} + f(\theta)\frac{e^{ikr}}{r}\right] - \right.$$
$$\left. - \text{konjugiert komplexer Ausdruck}\right\}.$$

Hierbei bedeutet

(24-7)
$$f(\theta) = \sum_{l=0}^{\infty} (2l+1)\, f_l(k)\, P_l(\cos\theta)$$

mit

(24-8)
$$f_l(k) = [S_l(k) - 1]/2ik.$$

(Anm. d. Übers.: $f_l(k)$ ist als Teil der auslaufenden Kugelwelle zu sehen und wird deshalb auch als "Partialwellenamplitude" bezeichnet. Später im Text erscheint diese Bezeichnung.) Ausrechnen des Gradienten liefert

$$\mathbf{j} = \frac{\hbar}{2im}\left\{\left[e^{-i\mathbf{k}\cdot\mathbf{r}} + f^*(\theta)\frac{e^{-ikr}}{r}\right]\left[i\mathbf{k}\, e^{i\mathbf{k}\cdot\mathbf{r}} + \hat{\imath}_\theta \frac{1}{r}\frac{\partial f(\theta)}{\partial\theta}\frac{e^{ikr}}{r}\right.\right.$$
$$\left.\left. + \hat{\imath}_r f(\theta)\left(ik\frac{e^{ikr}}{r} - \frac{e^{ikr}}{r^2}\right)\right] - \text{konjugiert komplexer Ausdruck}\right\}$$
$$= \frac{\hbar}{2im}\left[i\mathbf{k} + i\mathbf{k}f^*(\theta)\frac{e^{-ikr(1-\cos\theta)}}{r} + ik\hat{\imath}_r f(\theta)\frac{e^{ikr(1-\cos\theta)}}{r} + ik\hat{\imath}_r|f(\theta)|^2\frac{1}{r^2}\right.$$
$$- \hat{\imath}_r f(\theta)\frac{e^{ikr(1-\cos\theta)}}{r^2} + \hat{\imath}_\theta\frac{\partial f(\theta)}{\partial\theta}\frac{e^{ikr(1-\cos\theta)}}{r^2} -$$
$$\left. - \text{konjugiert komplexer Ausdruck}\right\}.$$

Hierbei haben wir die Glieder mit $1/r^3$ weggelassen, und außerdem in den Exponenten verwendet $\mathbf{k}\cdot\mathbf{r} = kr\cos\theta$. Damit wird die Teilchenstromdichte

$$\mathbf{j} = \frac{\hbar\mathbf{k}}{m} + \frac{\hbar k}{m}\hat{\imath}_r|f(\theta)|^2\frac{1}{r^2}$$
$$+ \frac{\hbar\mathbf{k}}{2m}\frac{1}{r}\left[f^*(\theta)\, e^{-ikr(1-\cos\theta)} + f(\theta)\, e^{ikr(1-\cos\theta)}\right]$$

(24-9)
$$+\frac{\hbar k}{2m}\frac{\iota_r}{r}\left[f^*(\theta)\, e^{-ikr(1-\cos\theta)} + f(\theta)\, e^{ikr(1-\cos\theta)}\right]$$
$$-\frac{\hbar}{2im}\frac{\iota_r}{r^2}\left[f(\theta)\, e^{ikr(1-\cos\theta)} - f^*(\theta)\, e^{-ikr(1-\cos\theta)}\right]$$
$$+\frac{\hbar}{2im}\frac{\iota_\theta}{r^2}\left[\frac{\partial f(\theta)}{\partial\theta}\, e^{ikr(1-\cos\theta)} - \frac{\partial f^*(\theta)}{\partial\theta}\, e^{-ikr(1-\cos\theta)}\right].$$

Dieser ziemlich komplizierte Ausdruck vereinfacht sich beträchtlich, wenn wir berücksichtigen, daß $\theta \neq 0$, denn man macht ein Streuexperiment natürlich nie direkt in Vorwärtsrichtung [4]), und ferner, daß der Teilchenfluß in einer Messung immer über einen kleinen, aber endlichen Winkel integriert wird. In den letzten vier Gliedern dieses Ausdrucks sollte also $e^{ikr(1-\cos\theta)}$ ersetzt werden durch

(24-10)
$$\int \sin\theta\, d\theta d\phi\, g(\theta,\phi)\, e^{ikr(1-\cos\theta)},$$

wobei $g(\theta,\phi)$ irgendeine schwach variierende Funktion ist, welche die Richtungsempfindlichkeit des Detektors beschreibt. Mit $r \to \infty$ haben wir ein Integral über ein Produkt aus einer wenig variierenden und einer extrem rasch variierenden Funktion, und dieses geht rascher als jede Potenz von $1/r$ gegen Null. In der mathematischen Literatur ist diese Aussage bekannt als das Riemann-Lesbegue-Lemma, und der Leser kann sich davon überzeugen, daß dies wirklich zutrifft, indem er ein Beispiel, z.B. mit einer Gaußschen Verteilungsfunktion für $g(\theta,\phi)$ ausarbeitet. Somit bleiben nur die beiden ersten Glieder in (24-9) übrig:

(24-11)
$$\mathbf{j} = \frac{\hbar\mathbf{k}}{m} + \frac{\hbar k}{m}\,\iota_r\,\frac{|f(\theta)|^2}{r^2}.$$

Liegt kein Potential vor, so bleibt nur das erste Glied: dieses bedeutet den einfallenden Teilchenfluß. In einer Behandlung nach der Wellenpaket-Methode würde $\hbar\mathbf{k}/m$ mit einer Funktion multipliziert werden, welche die laterale Strahlausdehnung beschreibt. Fragen wir nun nach der *radialen* Komponente des Teilchenflusses, $\iota_r\cdot\mathbf{j}$, so gibt dieses Glied den Beitrag $\hbar\mathbf{k}\cdot\iota_r/m = \hbar k\cos\theta/m$, aber nur innerhalb des lateralen Strahlbereichs um die z-Achse (siehe Bild 24.1). Der Detektor liegt außerhalb dieses Bereichs, und so trägt das erste Glied zum radialen Teilchenstrom im asymptotischen Bereich nichts bei; dieser wird also

(24-12)
$$\mathbf{j}\cdot\iota_r = \frac{\hbar k}{m}\cdot\frac{|f(\theta)|^2}{r^2}.$$

Die Anzahl von Teilchen, die durch die Fläche dA gehen - durch diese Fläche wird vom Target aus gesehen der Raumwinkel $d\Omega$ aufgespannt - ist

[4]) Wie könnte man dabei denn unterscheiden, ob Streuung stattgefunden hat oder nicht?

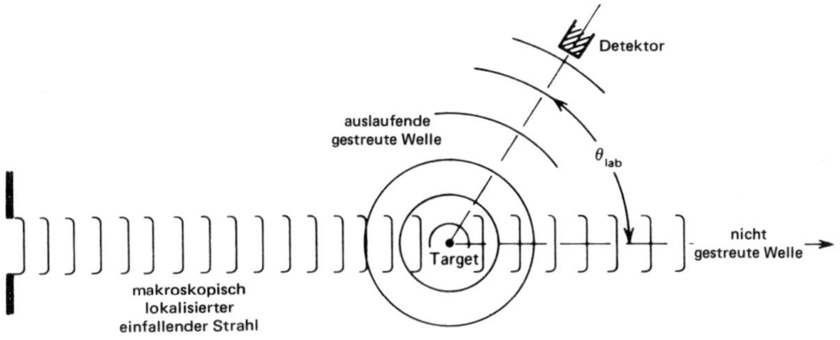

Bild 24–1 Schematische Anordnung für ein Streuexperiment. Der Streuwinkel bezieht sich auf das Labor.

$$\mathbf{j} \cdot \iota_r \, dA = \frac{\hbar k}{m} \cdot \frac{|f(\theta)|^2}{r^2} r^2 d\Omega. \tag{24-13}$$

Diese Anzahl, dividiert durch den einfallenden Teilchenfluß, $\hbar k/m$, ist der differentielle Wirkungsquerschnitt

$$d\sigma = |f(\theta)|^2 \, d\Omega. \tag{24-14}$$

Für den Fall, daß eine Spinabhängigkeit im Streupotential steckt, kann sich dazu eine azimutale Abhängigkeit ergeben. Allgemeiner ist also

$$\frac{d\sigma}{d\Omega} = |f(\theta,\phi)|^2. \tag{24-15}$$

Der totale Wirkungsquerschnitt ist

$$\sigma_{\text{tot}}(k) = \int d\Omega \frac{d\sigma}{d\Omega}. \tag{24-16}$$

Verwenden wir nun $f(\theta)$, wie es durch $S_l(k)$ ausgedrückt ist, und drücken $S_l(k)$ durch die sog. Streuphase $\delta_l(k)$ (siehe 11-41) aus, $S_l(k) = e^{2i\delta_l(k)}$, so ist also

$$f(\theta) = \frac{1}{k} \sum_{l=0}^{\infty} (2l+1) \, e^{i\delta_l(k)} \sin \delta_l(k) \, P_l(\cos \theta). \tag{24-17}$$

Damit wird

$$\sigma_{\text{tot}} = \int d\Omega \left[\frac{1}{k} \sum_l (2l+1) \, e^{i\delta_l(k)} \sin \delta_l(k) \, P_l(\cos \theta) \right] \left[\frac{1}{k} \sum_{l'} (2l'+1) \, e^{-i\delta_{l'}(k)} \sin \delta_{l'}(k) \, P_{l'}(\cos \theta) \right].$$

Unter Verwendung von

$$\int d\Omega P_l(\cos \theta) \, P_{l'}(\cos \theta) = \frac{4\pi}{2l+1} \delta_{ll'} \tag{24-18}$$

erhalten wir

(24-19) $$\sigma_{\text{tot}} = \frac{4\pi}{k^2} \sum_{l=0}^{\infty} (2l+1) \sin^2\delta_l(k).$$

Ein interessanter Zusammenhang ist

(24-20) $$\begin{aligned}\operatorname{Im} f(0) &= \frac{1}{k} \sum_{l=0}^{\infty} (2l+1) \operatorname{Im}[e^{i\delta_l(k)} \sin \delta_l(k)]\, P_l(1) \\ &= \frac{1}{k} \sum_{l=0}^{\infty} (2l+1) \sin^2 \delta_l(k) = \frac{k}{4\pi}\, \sigma_{\text{tot}}.\end{aligned}$$

(Im $f(0)$ heißt Imaginärteil von $f(0)$). Dieser Zusammenhang ist bekannt unter dem Namen *optisches Theorem*, und er trifft sogar auch dann zu, wenn inelastische Prozesse auftreten können, was bei Streuvorgängen in Kern- und Teilchenphysik der Fall ist. Das optische Theorem ist sehr nützlich, und im Wellenbild folgt es aus der Tatsache, daß der totale Wirkungsquerschnitt einen Teil des Teilchenflusses aus dem einfallenden Strahl wegnimmt. Diese Wegnahme kann nur als Ergebnis von destruktiver Interferenz entstehen, und diese wiederum kann nur zwischen der einfallenden und elastisch in Vorwärtsrichtung gestreuten Welle geschehen. Damit ist erklärt, warum $f(0)$ linear eingeht. Eine weiter detaillierte Untersuchung zeigt, warum der Imaginäranteil eingeht [5]).

Die Forderung $|S_l(k)| = 1$ folgte aus der Forderung nach Teilchenflußerhaltung. Tatsächlich aber tritt in vielen Streuexperimenten eine Absorption aus dem einfallenden Strahl auf; der Targetkern kann dabei entweder nur angeregt werden, also in einen anderen Zustand übergehen, oder auch ein anderes Teilchen kann entstehen. In unserer Diskussion ändert sich dabei nichts, außer daß wir verwenden müssen

(24-21) $$S_l(k) = \eta_l(k)\, e^{2i\delta_l(k)},$$

wobei

(24-22) $$0 \leq \eta_l(k) \leq 1,$$

da wir es mit Absorption zu tun haben. Die Amplitude der gestreuten Partialwelle $f_l(k)$ ist nun

(24-23) $$f_l(k) = \frac{S_l(k) - 1}{2ik} = \frac{\eta_l(k)\, e^{2i\delta_l(k)} - 1}{2ik} = \frac{\eta_l \sin 2\delta_l}{2k} + i\,\frac{1 - \eta_l \cos 2\delta_l}{2k},$$

und der *totale elastische Wirkungsquerschnitt* ist

(24-24) $$\begin{aligned}\sigma_{el} &= 4\pi \sum_l (2l+1)\,|f_l(k)|^2 \\ &= 4\pi \sum_l (2l+1)\, \frac{1 + \eta_l^2 - 2\eta_l \cos 2\delta_l}{4k^2}.\end{aligned}$$

---

[5]) Siehe L. I. Schiff, *Prog. Theo. Phys.*, (Kyoto), *11*, 288 (1954).

Es gibt auch einen Wirkungsquerschnitt für die *inelastischen* Prozesse. Da wir diese inelastischen Prozesse nicht näher spezifizieren, können wir nur Aussagen über den *totalen inelastischen* Wirkungsquerschnitt machen, welcher den Verlust an Teilchenfluß beschreibt. Betrachten wir ein bestimmtes Glied in (24-3), so sehen wir, daß der durch

$$\frac{i}{2k}\frac{e^{-ikr}}{r}P_l(\cos\theta)$$

getragene radiale Teilchenfluß nach innen sich ergibt zu

$$\left(\frac{\hbar k}{m}\right)\left[\frac{4\pi}{(2k)^2}\right]$$

(siehe (11-36), und wegen $Y_{l0} = P_l(\cos\theta)/\sqrt{4\pi}$). Der nach außen gerichtete radiale Teilchenfluß wird $(\hbar k/m)(|S_l(k)|^2\, 4\pi/4k^2)$, und damit ergibt sich netto als Verlust an Teilchenfluß für jeden l-Wert $(\hbar k/m)(\pi/k^2)[1-\eta_l^2(k)]$. Dividieren wir dies durch den einfallenden Teilchenfluß, so erhalten wir den totalen inelastischen Wirkungsquerschnitt

$$\sigma_{\text{inel}} = \frac{\pi}{k^2}\sum_l (2l+1)\,[1-\eta_l^2(k)]. \tag{24-25}$$

Der gesamte Wirkungsquerschnitt (für elastische und inelastische Prozesse zusammen) ist

$$\begin{aligned}\sigma_{\text{tot}} &= \sigma_{\text{el}} + \sigma_{\text{inel}}\\ &= \frac{\pi}{k^2}\sum_l (2l+1)\,(1+\eta_l^2 - 2\eta_l\cos 2\,\delta_l + 1 - \eta_l^2)\\ &= \frac{2\pi}{k^2}\sum_l (2l+1)\,(1-\eta_l\cos 2\,\delta_l).\end{aligned} \tag{24-26}$$

Aus (24-23) folgt ferner

$$\begin{aligned}\operatorname{Im} f(0) &= \sum_l (2l+1)\operatorname{Im} f_l(k)\\ &= \sum_l (2l+1)\,\frac{1-\eta_l\cos 2\delta_l}{2k} = \frac{k}{4\pi}\sigma_{\text{tot}}\,,\end{aligned} \tag{24-27}$$

d.h. das optische Theorem ist auch bei Anwesenheit inelastischer Prozesse erfüllt.

Ist $\eta_l(k) = 1$, so haben wir keine Absorption, und der inelastische Wirkungsquerschnitt verschwindet. Ist $\eta_l(k) = 0$, so haben wir vollständige Absorption. Trotzdem ist aber in dieser Partialwelle eine elastische Streuung enthalten. An der *Streuung an einem schwarzen Scheibchen* wird dies klar. Das schwarze Scheibchen habe folgende Eigenschaften: (a) Es hat eine scharf definierte Kante, und (b) es absorbiert vollständig. Da wir Streuung bei kleinen Wellenlängen, also bei großen k-Werten betrachten wollen, bedeutet

Eigenschaft (a), daß wir nur Partialwellen mit $l \lesssim L$ zu betrachten brauchen, wobei

(24-28) $$L = ka$$

und a den Radius des Scheibchens bedeutet. Eigenschaft (b) bedeutet, daß für die relevanten Werte $l \leq L$ gilt $\eta_l(k) = 0$. Somit ist

(24-29) $$\sigma_{\text{inel}} = \frac{\pi}{k^2} \sum_{l=0}^{L} (2l+1) = \frac{\pi}{k^2} L^2 = \pi a^2$$

und

(24-30) $$\sigma_{\text{el}} = \frac{\pi}{k^2} \sum_{l=0}^{L} (2l+1) = \pi a^2.$$

Damit wird der gesamte Wirkungsquerschnitt

(24-31) $$\sigma_{\text{tot}} = \sigma_{\text{el}} + \sigma_{\text{inel}} = 2\pi a^2.$$

Dieses Ergebnis sieht sonderbar aus; nach rein klassischen Überlegungen könnten wir vielleicht erwarten, daß der gesamte Wirkungsquerschnitt nicht größer werden kann als die Fläche des Scheibchens; ebenso könnten wir erwarten, daß bei völliger Absorption keine elastische Streuung zu sehen ist. Dies ist aber falsch; das absorbierende Scheibchen entfernt aus dem einfallenden Strahl einen zu πa^2 proportionalen Teilchenfluß (Bild 24.2), und dies führt hinter dem Scheibchen zu einer Schattenzone. In größerer Entfernung jedoch verliert sich die Schattenzone - aus genügend großer Entfernung ist das Scheibchen nicht sichtbar - und der einzige Prozeß, wodurch dies geschehen kann, ist die Beugung der einfallenden Welle an der Kante des Scheibchens. Der Anteil aus der einfallenden Welle, welcher gebeugt werden muß, ist genauso groß, wie der zur Erzeugung des Schattens entfernte Anteil; der elastisch gestreute Teilchenfluß muß also ebenfalls proportional πa^2 sein. Aus diesem Grund nennt man den elastisch gestreuten Anteil, der die Absorption begleitet, die *Schattenstreuung*. Sie ist stark vorwärtsgerich-

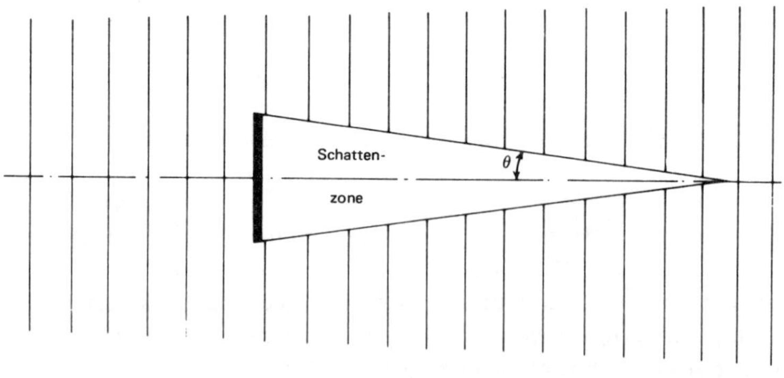

Bild 24–2 Streuung am schwarzen Scheibchen mit Schattenzone.

tet. Der Winkelbereich, auf den sie beschränkt ist, kann aus der Unschärfebeziehung abgeschätzt werden: Eine Unschärfe in die laterale Richtung (d.h. senkrecht zur Einfallsrichtung) vom Ausmaß a wird durch einen unkontrollierbaren lateralen Impulsübertrag der Größenordnung $p_\perp \sim \hbar/a$ begleitet. Dieser ist aber gleich $p\theta$, so daß

(24-32) $$\theta \sim \frac{\hbar}{ap} \sim \frac{1}{ak}.$$

Dies stimmt überein mit dem aus der optischen Beugung bekannten Ergebnis $\theta \sim \lambda/a$. Man beobachtet dieses Verhalten sowohl bei Streuung an Kernen als auch an Teilchen bei hohen Energien, denn die zentralen Regionen von Kernen und Protonen absorbieren stark, und deren Kanten sind einigermaßen scharf (Bild 24.3).

B. Streuung bei geringen Energien

Die Entwicklung (24-17) nach der Streuphase kann verwendet werden, um den differentiellen Wirkungsquerschnitt durch diese auszudrücken: zudrücken:

(24-33) $$\frac{d\sigma}{d\Omega} = \frac{1}{k^2}\left|\sum_l (2l+1)\, e^{i\delta_l(k)} \sin\delta_l(k)\, P_l(\cos\theta)\right|^2.$$

Aus Gründen der Korrespondenz zur klassischen Theorie erwarten wir, daß der bei der Streuung übertragene Drehimpuls begrenzt ist durch den Wert pa, wobei p der Schwerpunktimpuls und a die Reichweite der streuenden Kraft ist:

(24-34) $$l \lesssim \frac{pa}{\hbar} = ka.$$

Mit der nun endlichen Summe (24-33) kann man versuchen, die Streuphasen für eine endliche Anzahl von l-Werten auszurechnen, und zwar durch Anpassung ("fitten") des für verschiedene Winkel gemessenen differentiellen Wirkungsquerschnitts an den Ausdruck

(24-35) $$\frac{d\sigma}{d\Omega} = \sum_{n=0}^{N} A_n(\cos\theta)^n.$$

Hierbei gibt es Mehrdeutigkeiten, z.B. ändert sich bei Vorzeichenwechsel aller Streuphasen der Wirkungsquerschnitte nicht; diese können aber gelöst werden, und zwar z.B. mit Hilfe der Theorie, ferner mit aus der Kontinuität, wenn man von niederen Energien kommt, und mit anderen speziellen Tricks. Man macht diese Berechnung der Streuphasen deshalb, weil man hofft, daraus etwas über die Wechselwirkung bei der Streuung zu erfahren; die Streuphasen sind empirische Daten, die ein wenig näher bei der Theorie liegen als die Wirkungsquerschnitte.

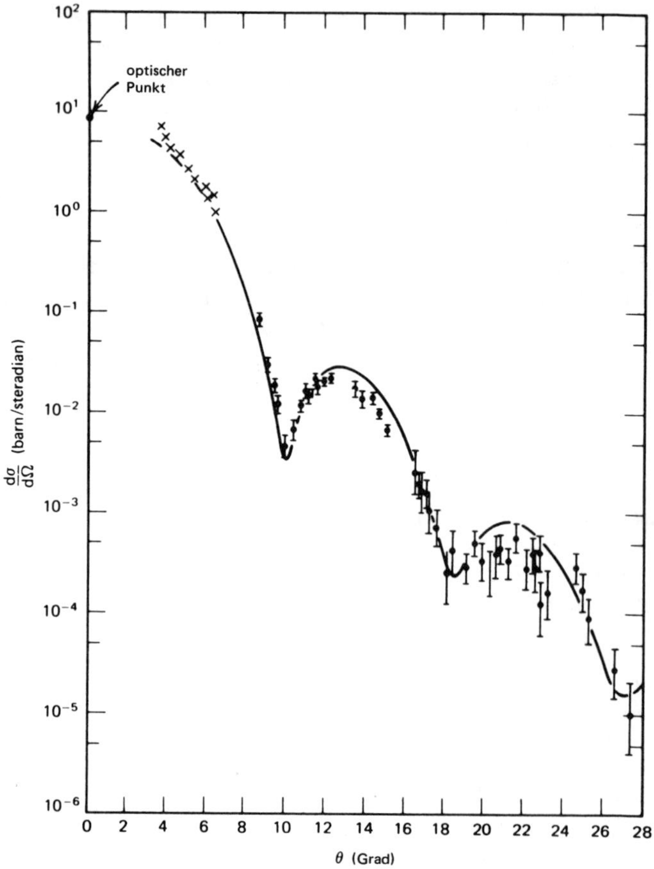

Bild 24–3 Winkelverteilung der Protonenstreuung (Einfallsenergie 100 MeV = 1 BeV) an ^{16}O - Kernen. Die Winkelverteilung zeigt die für Beugung charakteristischen Minima. Die Abweichungen von der aus der Optik bekannten Fraunhoferschen Form kommen daher, daß die Kerne keine scharfen Ränder haben, und auch nicht völlig absorbieren. Die eingezogene Kurve folgt aus einer theoretischen Rechnung, bei der diese Effekte berücksichtigt sind. (Mit Genehmigung nach H. Palevsky et al., *Phys. Rev. Letters, 18,* 1200 (1967).

Den Zusammenhang zwischen den Streuphasen $\delta_l(k)$ und dem Streupotential $V(r)$ liefert uns die Schrödinger-Gleichung; die Radialgleichung hat eine asymptotische Lösung, die bis auf einen Amplitudenfaktor lautet

(24-36) $$R_l(r) \sim \frac{1}{r} \sin\left[kr - \frac{l\pi}{2} + \delta_l(k)\right].$$

Für gegebnes $V(r)$ führt also ein direkter Weg zu $\delta_l(k)$ über die numerische Integration der Radialgleichung bis zu r-Werten, die weit außerhalb der "Reichweite" des Potentials liegen, wobei dann das asymptotische Verhalten zu studieren ist. Zwar kann man das tatsächlich ausführen, aber man gewinnt deshalb keine Einsicht in die Eigenschaften dieser Streuphasen. Um mehr darüber zu erfahren, wollen wir den Potentialgraben betrachten. Im 11. Kapitel, Teil C, haben wir gefunden

$$\tan \delta_l(k) = -\frac{C}{B}. \tag{24-37}$$

C/D erhalten wir aus der Forderung nach Stetigkeit der Radialfunktion am Rand des Grabens, (11-63),

$$\kappa \frac{j_l'(\kappa a)}{j_l(\kappa a)} = k \frac{j_l'(ka) + (C/B)\, n_l'(ka)}{j_l(ka) + (C/B)\, n_l(ka)}, \tag{24-38}$$

wobei

$$\kappa^2 = \frac{2m}{\hbar^2}(E + V_0) \qquad k^2 = \frac{2mE}{\hbar^2}. \tag{24-39}$$

Der Strich $'$ bedeutet Differentiation nach dem Argument der Funktion; außerdem ist bei bindendem Potential $V_0 > 0$. Somit

$$\tan \delta_l(k) = \frac{kj_l'(ka)\, j_l(\kappa a) - \kappa j_l(ka)\, j_l'(\kappa a)}{kn_l'(ka)\, j_l(\kappa a) - \kappa n_l(ka)\, j_l'(\kappa a)}. \tag{24-40}$$

Dies ist zwar kein besonders durchsichtiger Ausdruck, aber er vereinfacht sich für einige Grenzfälle.

a) Wir betrachten den Fall

$$ka \ll l, \tag{24-41}$$

fordern aber nicht $\kappa a \ll l$. Mit Hilfe von (11-25) und (11-26) erhalten wir nach einiger Zwischenrechnung

$$\tan \delta_l(k) \simeq \frac{2l+1}{[1.3.5\ldots(2l+1)]^2}(ka)^{2l+1} \frac{lj_l(\kappa a) - \kappa a j_l'(\kappa a)}{(l+1)\, j_l(\kappa a) + \kappa a j_l'(\kappa a)}. \tag{24-42}$$

Man kann zeigen, daß dieser Ausdruck für große l rascher abnimmt als e^{-l}, sogar wenn $ka \gg 1$. Das Verhalten

$$\tan \delta_l(k) \sim k^{2l+1} \tag{24-43}$$

für $ka \to 0$ ist nicht auf den Potentialgraben beschränkt, es trifft auch für alle einigermaßen glatte Potentialverläufe zu; es ist eine Folge der Zentrifugalbarriere, welche dafür sorgt, daß Wellen mit Energien weit unterhalb der Barriere den Einfluß des Potentials nicht spüren.

b) Für gewisse Energiewerte verschwindet der Nenner in (24-40). Bei diesen Energien geht die Streuphase durch $\pi/2$, oder allgemeiner durch $(n + 1/2)\,\pi$. Beim Wert $\pi/2$ hat der Wirkungsquerschnitt für diese Partialwelle den größtmöglichen Wert

$$\sigma_l(k) = \frac{4\pi(2l+1)}{k^2}\sin^2 \delta_l(k). \tag{24-44}$$

Für den Fall, daß $\tan \delta_l(k)$ rasch nach Unendlich geht, und dann von $-\infty$ aus weiter ansteigt, spricht man von *Resonanzstreuung.* Um diese Bezeichnung zu rechtfertigen, und um zu erklären, wann die Resonanzstreuung auftritt, wollen wir ein sehr tiefes Potential und dabei große l betrachten, so daß

(24-45) $\kappa a \gg l \gg ka .$

Wir können dann (24-42) für $\tan \delta_l(k)$ verwenden, und dies wird unendlich für

(24-46) $(l+1)\, j_l(\kappa a) + \kappa a j_l'(\kappa a) = 0 .$

Da $\kappa a \gg l$, ist diese Bedingung näherungsweise zu folgendem Ausdruck äquivalent

$$\frac{(l+1)}{\kappa a} \cos\left(\kappa a - \frac{l+1}{2}\pi\right) - \sin\left(\kappa a - \frac{l+1}{2}\pi\right) = 0$$

und somit

(24-47) $\tan\left(\kappa a - \frac{l+1}{2}\pi\right) \simeq \frac{l+1}{\kappa a} .$

Da die rechte Seite sehr klein ist, erhalten wir als Bedingung für das Auftreten der Resonanzstreuung

(24-48) $\kappa a - \frac{l+1}{2}\pi \cong n\pi + \frac{l+1}{\kappa a} .$

Dies ist aber gerade die in (11-50) gegebene Bedingung für das Auftreten von diskreten Niveaus im dreidimensionalen Potentialkasten; Resonanzstreuung tritt also gerade dann auf, wenn die Energie des einfallenden Teilchens einem solchen diskreten Niveau entspricht. Da $E > 0$, bedeuten diese Niveaus nicht wirklich gebundene Zustände; an Bild 24.4 wird klar, daß es gebundene Zustände wären, wenn die Zentrifugalbarriere unendlich breit wäre, dies ist aber nicht der Fall. Ein Teilchen mit gerade der richtigen Energie "spürt" im Streuprozeß, daß hinter der Barriere ein passendes Niveau liegt.

Die Streuphase δ_l ist für kleines ka sehr klein, wie (24-42) zeigt. Wenn aber ka zunimmt, und durch die Resonanzstelle geht, so steigt δ_l rasch an bis zum Wert π; somit zeigt der Partialwellenstreuquerschnitt (24-44) in der Umgebung der Resonanzenergie einen sehr scharfen Anstieg zu einem Maximum (Bild 24. 5). Ein ähnliches Verhalten hatten wir beim Wirkungsquerschnitt für Streuung von Elektronen an He^+, wenn die Elektronenenergie dem angeregten Zustand $(2s)^2$ entsprach (Bild 18.4). In der Nähe der Resonanzstelle geht die Streuphase sehr rasch durch $\pi/2$. Wir können dieses Verhalten folgendermaßen darstellen

(24-49) $\tan \delta_l \approx \frac{\gamma (ka)^{2l+1}}{E - E_{\text{res}}} .$

Damit erhalten wir den Partialwellenwirkungsquerschnitt

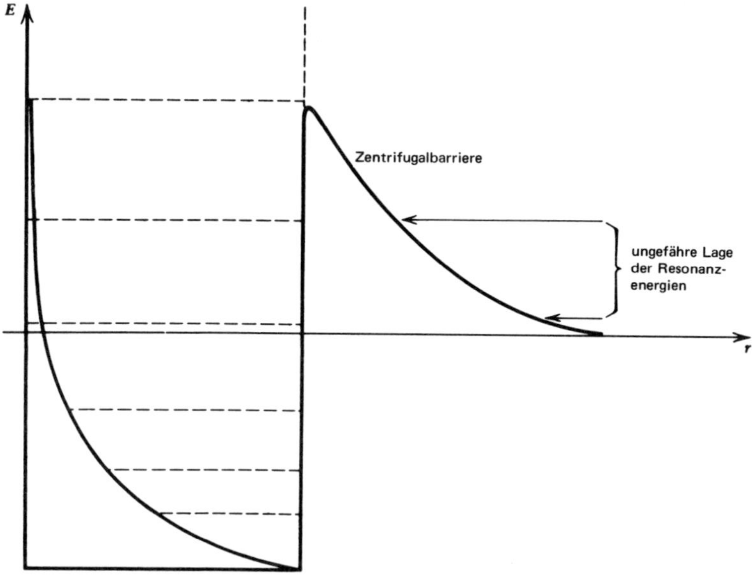

Bild 24–4 Potentialgraben mit Zentrifugalbarriere. Die gestrichelten Linien zeigen die Energieniveaus in einem unendlich hohen Graben der Breite a, und die ungefähre Lage der Resonanzenergien für die Streuung sind rechts angezeigt. Das untere ist wesentlich schärfer als das obere.

$$\sigma_l = \frac{4\pi(2l+1)}{k^2}\,\frac{\tan^2\delta_l}{1+\tan^2\delta_l} = \frac{4\pi(2l+1)}{k^2}\,\frac{[\gamma(ka)^{2l+1}]^2}{(E-E_{res})^2+[\gamma(ka)^{2l+1}]^2}\,. \tag{24-50}$$

Dies ist die bekannte ***Breit-Wigner-Formel*** für den Wirkungsquerschnitt bei Resonanzstreuung. Wiederum ist dieses Verhalten nicht eine Besonderheit des Potentialgrabens, sondern es ist charakteristisch für jeden Potentialverlauf, der es ermöglicht, gebundene Zustände in ihm oberhalb $E = 0$ zu simulieren. Der Vollständigkeit halber sei noch angefügt

$$\begin{aligned} f_l(k) &= \frac{e^{2i\delta_l(k)}-1}{2ik} = \frac{\dfrac{1+i\tan\delta_l}{1-i\tan\delta_l}-1}{2ik} \\ &= \frac{\tan\delta_l}{k(1-i\tan\delta_l)} = \frac{\gamma(ka)^{2l+1}/k}{E-E_{res}-i\gamma(ka)^{2l+1}}\,. \end{aligned} \tag{24-51}$$

Für den Fall, daß auch merkliche nichtresonante Streuung vorliegt, hat die Streuamplitude die Form

$$f_l(k) = f_l^{res}(k) + f_l^{nichtres}(k). \tag{24-52}$$

Bei geringen Energien erfolgt die Streuung bevorzugt in S-Zustände, d.h. wir dürfen uns auf $l = 0$ konzentrieren. Nun ist es einfacher, die Streu-

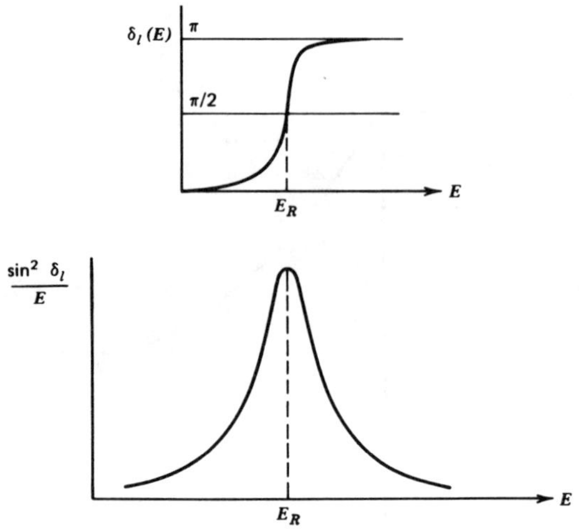

Bild 24–5 Partialwellenstreuquerschnitt, in Zusammenhang mit der Streuphase (oberer Teil).

phase direkt zu berechnen, als sie aus (24-40) zu erarbeiten. Die bei $r = 0$ reguläre Lösung innerhalb des Potentialgrabens ist

(24-53) $$u(r) = rR(r) = C \sin \kappa r,$$

und dies muß angepaßt werden an die Lösung außerhalb des Grabens

(24-54) $$u(r) = \sin(kr + \delta).$$

Der Wert von $(1/u)(du/dr)$ aus beiden Bereichen muß an der Stelle $r = a$ stetig sein; dies erfordert

$$\kappa \cot \kappa a = k \cot(ka + \delta)$$

und hieraus

(24-55) $$\tan \delta = \frac{(k/\kappa) \tan \kappa a - \tan ka}{1 + (k/\kappa) \tan \kappa a \tan ka}.$$

Definieren wir nun

$$\tan qa = \frac{k}{\kappa} \tan \kappa a,$$

so wird

$$\tan \delta = \frac{\tan qa - \tan ka}{1 + \tan qa \tan ka} = \tan(qa - ka)$$

und damit

(24-56) $$\delta = \tan^{-1}\left(\frac{k}{\kappa} \tan \kappa a\right) - ka.$$

Mit (24-39) haben wir

$$(\kappa a)^2 = (ka)^2 + \frac{2mV_0a^2}{\hbar^2}, \tag{24-57}$$

wobei $V_0 > 0$ bei bindendem Potential. Verwenden wir nun für sehr geringe Energien $\tan x \simeq x$ $(x \ll 1)$, so erhalten wir

$$\tan \delta \approx \delta \approx ka\left(\frac{\tan \kappa a}{\kappa a} - 1\right). \tag{24-58}$$

Lassen wir κa durch $\pi/2$ gehen (d.h. wir stellen uns vor, daß wir den Potentialgraben langsam tiefer machen), so wird gerade dort das Potential tief genug, um einen gebundenen Zustand zu ermöglichen (siehe 11. Kapitel, Aufgabe 1); dann wird $\tan \kappa a \to \infty$ und (24-55) liefert

$$\tan \delta = \frac{1}{\tan ka} \to \infty, \tag{24-59}$$

d.h. δ geht durch $\pi/2$. In gewissem Sinn bedeutet ein gebundener Zustand bei Teilchenenergie Null eine Resonanz.

Lassen wir den Graben ein wenig tiefer werden, so haben wir wieder $\tan \delta \sim O\,(ka)$, und die Stetigkeit erfordert

$$\begin{aligned} \delta &\approx ka\left(\frac{\tan \kappa a}{\kappa a} - 1\right) \quad \text{(ohne gebundenen Zustand)} \\ \delta &\approx \pi + ka\left(\frac{\tan \kappa a}{\kappa a} - 1\right) \quad \text{(mit gebundenem Zustand).} \end{aligned} \tag{24-60}$$

Wird das Potential noch tiefer, so erscheint ein zweiter gebundener Zustand, κa geht durch $3\pi/2$, und wir haben $\delta \approx 2\pi + ka[(\tan \kappa a/\kappa a) - 1]$, usw. Ein allgemeines Ergebnis hierzu ist das Levison-Theorem, welches besagt

$$\delta(0) - \delta(\infty) = N_B\pi. \tag{24-61}$$

N_B ist hierbei die Anzahl der gebundenen Zustände, und das Obige ist ein Beispiel hierzu. Bei sehr geringen Teilchenenergien steckt im Wirkungsquerschnitt nur ein Beitrag aus $l = 0$, und es ist

$$\sigma \cong \frac{4\pi}{k^2}\,(ka)^2\left(\frac{\tan \kappa a}{\kappa a} - 1\right)^2 = 4\pi a^2\left(\frac{\tan \kappa a}{\kappa a} - 1\right)^2 \tag{24-62}$$

also eine Konstante. Es gibt hierzu natürlich eine Korrektur der Größenordnung $(ka)^2$. Betrachten wir die Neutron-Proton-Streuung, so wissen wir schon, daß das Wechselwirkungspotential so beschaffen sein muß, daß sich die richtige Bindungsenergie für das Deuteron ergibt. Setzen wir

$$E = -\frac{\hbar^2\alpha^2}{2m}$$

und

$$\kappa = \sqrt{-\alpha^2 + \frac{2mV_0}{\hbar^2}}$$

(also für den Fall der Bindung $k^2 = -\alpha^2$), so liefert die Anpassung der Wellenfunktion des Außenraums $u(r) = A\, e^{-\alpha r}$ an die des Innenraums $B \sin \kappa r$

(24-63) $\kappa \cot \kappa a = -\alpha.$

Für $k \ll \kappa$ haben wir

(24-64) $$\left(\frac{\tan \kappa a}{\kappa a}\right)_{\text{scatt}} \cong \left(\frac{\tan \kappa a}{\kappa a}\right)_{\text{deuteron}} = -\frac{1}{a\alpha}$$

somit

(24-65) $$\sigma \cong 4\pi a^2 \left(1 + \frac{1}{a\alpha}\right)^2 \cong \frac{4\pi}{\alpha^2}(1 + 2a\alpha).$$

Die durch (24-64) ausgedrückte Niederenergienäherung ermöglichte es uns also, das Problem der Bestimmung des Potentials zu umgehen, und darauf den Wirkungsquerschnitt zu berechnen. Diese Näherung funktioniert aber nur, wenn die Bindungsenergie gering ist. Die Größe $1/\alpha$ beschreibt den Bereich, über den sich die Wellenfunktion des Deuterons ausbreitet, und dieser ist immer viel größer als die Reichweite a des Potentials, bei lockerer Bindung. Es ist $1/\alpha$, und nicht die Reichweite a, wodurch der Streuquerschnitt bei niederen Energien bestimmt wird.

In den Jahren nach 1930 bestand großes Interesse an der Form des Neutron-Proton-Potentials, denn man hoffte, daraus einige fundamentale Hinweise über Kernkräfte zu erhalten. Die experimentellen bei niederen Energien gewonnenen Ergebnisse dieser Anfangsphase wurden an verschiedene Potentialverläufe gefittet; nach einiger Zeit erkannte man aber, daß diese Anpassung an die experimentellen Ergebnisse fast mit jeder einigermaßen vernünftigen Potentialform möglich war, wenn man nur eine passende Potentialtiefe und -reichweite wählte. Von Schwinger wurde 1947 gezeigt (und dann von Bethe auf einfachere Weise hergeleitet), daß folgender Ausdruck für geringe Energien immer eine gute Näherung ist

(24-66) $$k \cot \delta = -\frac{1}{A} + \frac{1}{2} r_0 k^2.$$

A nennt man die Streulänge, und r_0 ist die effektive Reichweite des Potentials. Der Wert des Wirkungsquerschnitts bei der Energie Null bestimmt die Streulänge

(24-67) $\sigma \cong 4\pi A^2,$

und die Energieabhängigkeit bestimmt die effektive Reichweite. Der Zusammenhang zwischen diesen Parametern und denen, die den Potentialverlauf bestimmen, variiert zwar mit der Potentialform, aber ein Fit an die experimentellen Daten mit zwei Parametern ist immer möglich. Wollen wir die Form des Potentialverlaufs abtasten, so müssen wir zu höheren Energien übergehen, wie die Formel für die effektive Reichweite zeigt.

Die Bindungsenergie des Deuterons ist 2,23 MeV. Erinnern wir uns daran, daß m die reduzierte Masse bedeutet, also $M_p/2$, so ist

$$\frac{1}{\alpha} = \sqrt{\frac{\hbar^2}{2mE}} = \frac{\hbar c}{\sqrt{M_p c^2 E}} = \frac{\hbar}{M_p c}\sqrt{\frac{M_p c^2}{E}}$$

$$\cong \frac{10^{-27}}{1{,}6 \times 10^{-24} \times 3 \times 10^{10}}\sqrt{\frac{940}{2{,}23}} = 4{,}3 \times 10^{-13}\ \text{cm}$$

und damit

$$\frac{4\pi}{\alpha^2} \simeq 2{,}5 \times 10^{-24}\ \text{cm}^2 \simeq 2{,}5\ \text{barn}.$$

Eine genauere Berechnung liefert für den Schwellenwert des Wirkungsquerschnitts 4 barn. Das mit thermischen Neutronen ausgeführte Experiment liefert jedoch 21 barn!

Die Erklärung für diese Diskrepanz kam mit der Erkenntnis, daß bei der Rechnung der Spin des Neutrons und Protons nicht berücksichtigt worden war. Wäre das Potential spinunabhängig, so würden alle Spinzustände in gleicher Weise streuen, d.h. es wäre belanglos, ob die Spins der Teilchen "aufwärts" oder "abwärts" gerichtet sind. Hängt das Potential jedoch tatsächlich vom Spin ab, so könnte es folgende Form haben

(24-68) $$V(r) = V_1(r) + \boldsymbol{\sigma}_p \cdot \boldsymbol{\sigma}_n V_2(r).$$

In diesem Fall ist der Spin keine gute Quantenzahl mehr, und die Zustände müssen nach dem gesamten Drehimpuls und Gesamtspin klassifiziert werden; für $l = 0$ spalten die vier Zustände auf in ein Triplett $^3S_1$ und ein Singulett $^1S_0$. Diese brauchen nicht in gleicher Weise zu streuen und damit benötigen wir zwei Streuphasen, δ_t für das Triplett, und δ_s für das Singulett. Da der gesamte Drehimpuls J im Anfangs- und Endzustand gleich sein muß, gibt es keine Triplett-Singulett Übergänge. Der gesamte Wirkungsquerschnitt wird mit der Anzahl der Endzustände gewichtet (der Wirkungsquerschnitt beinhaltet eine *Summe* über Endzustände und ist unabhängig vom Wert der z-Komponente des Drehimpulses), und so wird

(24-69) $$\sigma = \frac{3}{4}\sigma_t + \frac{1}{4}\sigma_s.$$

Für spinunabhängiges Potential ist $\sigma = \sigma_t = \sigma_s$.

Das Deuteron hat den Zustand $^3S_1$; die vorhergesagten 4 barn beziehen sich also auf σ_t. Dies bedeutet

(24-70) $$\sigma_s = 4\sigma - 3\sigma_t = 72\ \text{barn}$$

und da wir bei der Energie null sind,

(24-71) $$|A_s| = \sqrt{\frac{72 \times 10^{-24}}{4\pi}} \cong 2{,}4 \times 10^{-12}\ \text{cm}.$$

Das weiter oben genannte Ergebnis bedeutet

$$(24\text{-}72)\qquad |A_t| = \sqrt{\frac{4\times 10^{-24}}{4\pi}} \cong 4{,}7 \times 10^{-13}\ \text{cm}.$$

Nun erhebt sich die Frage nach den Vorzeichen von A_t und A_s. Bei Energie null haben wir $k \cot \delta \approx k/\delta \simeq -1/A$, so daß $\delta_s = -A_s k$ und $\delta_t = -A_t k$. Die Wellenfunktionen haben also folgende asymptotische Form

$$(24\text{-}73)\qquad \sin(kr + \delta_{t,s}) \simeq \sin k(r - A_{t,s}) \simeq k(r - A_{t,s}).$$

Die zwei möglichen Fälle zeigt Bild 24.6. Wir wissen, daß im Triplettzustand die Wellenfunktion gerade vor der Potentialgrabenkante ihre Neigung umkehrt (weil ein gebundener Zustand vorliegt), woraus $A_t > 0$ folgt. Wäre auch A_s positiv, so würde man einen gebundenen Singulettzustand erwarten, aber mit viel geringerer Bindungsenergie, da die Wellenfunktion im Innenbereich eine wesentlich flachere Form aufweist. Diese Bindungsenergie müßte 70 keV sein; dieser Wert wurde aber nie gefunden, womit $A_s < 0$ naheliegt.

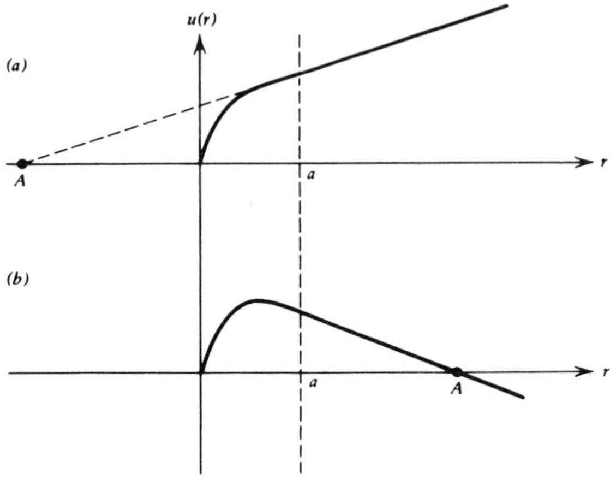

Bild 24–6 Skizze zur Lösung $u(r)$ für die s-Welle. Außerhalb der Potentialreichweite $r = a$ hat die Wellenfunktion die Form $C(r - A)$. [Dies widerspricht nicht (24–73), welches eine Entwicklung von $\sin(kr + \delta)$ ist. Wir hätten für $u(r)$ ebenso die Form (C/k) $\sin(kr + \delta)$ wählen können, denn die Normierung ist willkürlich. In Wirklichkeit ist es die Wellenfunktion im Innenraum, und die Lage von A, welche die Neigung der Geraden bestimmen]. Das Vorzeichen von A hängt davon ab, ob die Wellenfunktion im Innenraum ein Maximum durchläuft oder nicht [a) bzw. b)]. Da bei einem schwach gebundenen Zustand Fall b) vorliegen muß (so daß Übergang in eine langsam fallende Exponentialfunktion möglich ist), und da nicht zu erwarten ist, daß die Wellenfunktion im Innenraum sehr empfindlich ist auf Variation von E um Null, deshalb darf man erwarten, daß sich für ein zu geringer Bindungsenergie führendes Potential ergibt $A > 0$.

Dieses Ergebnis der Vorzeichenwahl wurde durch Neutronenstreuung am H_2-Molekül bestätigt. Wie wir wissen, müssen wir zwischen Ortho- (Protonenspins bilden Triplett) und Parawasserstoff (Singulett) unterscheiden. Für Neutronen sehr geringer Energie wird deren Wellenlänge viel größer als der Abstand Proton-Proton im H_2-Molekül, und damit ist die Neutron-H_2-Streuamplitude einfach die Summe der Amplituden für die Streuung an den einzelnen Protonen. Man kann aber zeigen, daß die Streuamplitude am Parawasserstoff verschieden von der des Orthowasserstoffs ist, und daß sie Linearkombinationen von A_s und A_t enthalten. So ist zu erklären, daß $\sigma_{\text{para}} \cong 3,9$ barn und $\sigma_{\text{ortho}} \cong 125$ barn. Die Rechnung wird durch eine Anzahl von zu berücksichtigenden Effekten kompliziert. Z.B. ist die effektive Masse des Protons im Molekül verschieden von der des freien Protons; auch sind die Moleküle nicht in Ruhe, sondern unterliegen einer Geschwindigkeitsverteilung entsprechend der (natürlich möglichst tief zu wählenden) Temperatur (20K). Der große Unterschied zwischen den beiden Wirkungsquerschnitten wird aber durch diese Korrekturen praktisch nicht verändert, und er ist nur zu verstehen, wenn A_s wirklich negativ ist.

C. Die Bornsche Näherung

Bei höheren Energien tragen viele Partialwellen zur Streuung bei, und deshalb ist es besser, die Aufteilung nach verschiedenen Drehimpulsen zu vermeiden. Ein sehr praktischer Weg für den Fall, daß das Potential sehr schwach und die Energie sehr hoch ist, ist die Bornsche Näherung; der Streuprozeß wird dabei als Übergang betrachtet, genau wie im 22. Kapitel, aber mit dem Unterschied, daß es sich hier um Übergänge vom Kontinuum zum Kontinuum handelt.

Arbeiten wir im Schwerpunktsystem, so haben wir ein Einteilchenproblem, und dieses eine Teilchen macht einen Übergang vom Anfangszustand

$$\psi_i(\mathbf{r}) = \frac{1}{\sqrt{V}}\, e^{i\mathbf{p}_i \cdot \mathbf{r}/\hbar} \tag{24-74}$$

zum Endzustand

$$\psi_f(\mathbf{r}) = \frac{1}{\sqrt{V}}\, e^{i\mathbf{p}_f \cdot \mathbf{r}/\hbar}. \tag{24-75}$$

Hierbei sind $\mathbf{p}_i$ und $\mathbf{p}_f$ der Impuls im Anfangs- und im Endzustand. Die Übergangsrate entsprechend der goldenen Regel (22-55) wird damit

$$R_{i\to f} = \frac{2\pi}{\hbar}\int \frac{V\, d^3\mathbf{p}_f}{(2\pi\hbar)^3}\, |M_{fi}|^2\, \delta\left(\frac{p_f^2}{2m} - \frac{p_i^2}{2m}\right). \tag{24-76}$$

Durch die Deltafunktion wird die Energieerhaltung ausgedrückt. Diese nimmt eine etwas andere Form an, wenn das Teilchen nach der Streuung eine andere Masse wie das Teilchen vor der Streuung hat, oder auch wenn der Stoßpartner angeregt wird. Sie wird jedoch immer von der Form $\delta[p_f^2/2m) - E]$ sein, wobei E als kinetische Energie für das auslaufende Teilchen verfügbar ist. Das Matrixelement M_{fi} ist gegeben durch

$$
\begin{aligned}
M_{fi} = \langle\psi_f|V|\psi_i\rangle &= \int d^3\mathbf{r}\,\frac{e^{-i\mathbf{p}_f\cdot\mathbf{r}/\hbar}}{\sqrt{V}}\,V(\mathbf{r})\,\frac{e^{i\mathbf{p}_i\cdot\mathbf{r}/\hbar}}{\sqrt{V}} \\
&= \frac{1}{V}\int d^3\mathbf{r}\,e^{-i\Delta\cdot\mathbf{r}}\,V(\mathbf{r}).
\end{aligned}
\tag{24-77}
$$

$\boldsymbol{\Delta} = \frac{1}{\hbar}(\mathbf{p}_f - \mathbf{p}_i)$ ist der beim Stoß übertragene Impuls, der *Impulsübertrag.* (Anm. d. Übers.: Der Leser unterscheide sorgfältig zwischen den zwei verschiedenen Bedeutungen des Buchstaben V). Das Matrixelement schreiben wir nun abgekürzt als

$$
M_{fi} = \frac{1}{V}\,\tilde{V}(\boldsymbol{\Delta}).
\tag{24-78}
$$

Das Integral (24-76) kann nun umgeschrieben werden

$$
\begin{aligned}
R_{i\to f} &= \frac{2\pi}{\hbar}\int d\Omega\,\frac{Vp_f^2dp_f}{(2\pi\hbar)^3}\,\frac{1}{V^2}\,|\tilde{V}(\boldsymbol{\Delta})|^2\,\delta\left(\frac{p_f^2}{2m} - E\right) \\
&= \frac{2\pi}{\hbar}\,\frac{1}{(2\pi\hbar)^3}\,\frac{1}{V}\int d\Omega p_f m\,\frac{p_f dp_f}{m}\,\delta\left(\frac{p_f^2}{2m} - E\right)|\tilde{V}(\boldsymbol{\Delta})|^2 \\
&= \frac{1}{4\pi^2\hbar^4}\,\frac{1}{V}\int d\Omega p_f m|\tilde{V}(\boldsymbol{\Delta})|^2.
\end{aligned}
\tag{24-79}
$$

Vor der letzten Zeile wurde $p_f dp_f/m = d(p_f^2/2m)$ verwendet und die Integration über die Deltafunktion ausgeführt. p_f muß also genommen werden bei $p_f = (2mE)^{1/2}$, und außerdem dürfen wir nicht vergessen, daß m die reduzierte Masse im Endzustand ist.

Dieser Ausdruck hat eine unerwünschte Abhängigkeit vom Potentialkastenvolumen V, aber dies überrascht nicht wirklich. Unsere Wellenfunktionen waren normiert auf 1 Teilchen im Kastenvolumen V, und damit sollte die Anzahl der Übergänge mit wachsendem V abnehmen. Diese Schwierigkeit kommt daher, daß wir eine Frage stellen, die nicht dem Experiment entspricht, denn dabei schickt man zwei Strahlen von einfallenden Teilchen gegeneinander (im Schwerpunktsystem; im Laborsystem ist natürlich einer der Teilchenstrahlen als Target in Ruhe). Wünschen wir eine Teilchenstromdichte von 1 Teilchen/cm^2 s, so müssen wir obigen Ausdruck mit V multiplizieren, und durch das Volumen eines in einer Sekunde durchlaufenen Zylinders vom Querschnitt 1 cm^2 dividieren; hierzu brauchen wir die Relativgeschwindigkeit der Teilchen (Anfangszustand) im Schwerpunktsystem. Die Anzahl der Übergänge für die Teilchenstromdichte 1 ist gerade der Wirkungsquerschnitt. Wir haben also

$$
d\sigma = \frac{1}{4\pi^2\hbar^4}\,\frac{1}{|v_{\text{rel}}|}\,d\Omega p_f m|\tilde{V}(\boldsymbol{\Delta})|^2.
\tag{24-80}
$$

Da die beiden einfallenden Teilchen sich im Schwerpunktsystem mit entgegengesetzt gleichen Impulsen p_i aufeinander zubewegen, ist deren Relativgeschwindigkeit

$$(24\text{-}81)\qquad |v_{\rm rel}| = \frac{p_i}{m_1} + \frac{p_i}{m_2} = p_i\left(\frac{1}{m_1} + \frac{1}{m_2}\right) = \frac{p_i}{m_{\rm red}^{(i)}},$$

wobei m_1 und m_2 deren Massen bezeichnen. Wenn die reduzierten Massen und die Impulse im Anfangs- und Endzustand nicht gleich sind, so haben wir

$$(24\text{-}82)\qquad \frac{d\sigma}{d\Omega} = \frac{1}{4\pi^2}\frac{p_f}{p_i}\, m_{\rm red}^{(f)}\, m_{\rm red}^{(i)} \left|\frac{1}{\hbar^2}\,\tilde{V}(\boldsymbol{\Delta})\right|^2.$$

Sind die einfallenden und auslaufenden Teilchen die gleichen, so wird hieraus

$$(24\text{-}83)\qquad \frac{d\sigma}{d\Omega} = \frac{m_{\rm red}^2}{4\pi^2}\left|\frac{1}{\hbar^2}\,\tilde{V}(\boldsymbol{\Delta})\right|^2.$$

Hat eines der Teilchen erheblich größere Masse als das andere, so wird $m_{\rm red} \to m$, wobei m die kleinere Teilchenmasse ist. Vergleichen wir (24-83) mit (24-15), so sehen wir

$$(24\text{-}84)\qquad f(\theta,\phi) = -\frac{m_{\rm red}}{2\pi\hbar^2}\,\tilde{V}(\boldsymbol{\Delta}).$$

Um dieses Vorzeichen wirklich bestimmen zu können, muß man weiter detaillierte Betrachtungen mit der Partialwellenentwicklung anstellen. Wir wollen uns damit aber hier nicht befassen.

Als Anwendungsbeispiel für die Bornsche Näherung wollen wir den Wirkungsquerschnitt für die Streuung eines Teilchens der Masse m und der Ladung $Z_1 e$ am abgeschirmten Coulombpotential der Ladung $Z_2 e$ berechnen. Das Streuzentrum $Z_2 e$ habe unendlich große Masse, so daß die in (24-83) eingehende Masse die des einfallenden Teilchens ist. Das abgeschirmte Coulombpotential verwenden wir, um möglichst allgemein zu bleiben, aber auch aus technischen Gründen, wie bald zu sehen sein wird.

$$(24\text{-}85)\qquad V(\mathbf{r}) = Z_1 Z_2\, e^2\,\frac{e^{-r/a}}{r}.$$

a ist der Abschirmradius. Wir müssen nun berechnen (siehe 24-77)

$$(24\text{-}86)\qquad \tilde{V}(\boldsymbol{\Delta}) = Z_1 Z_2\, e^2 \int d^3\mathbf{r}\; e^{-i\boldsymbol{\Delta}\cdot\mathbf{r}}\,\frac{e^{-r/a}}{r}.$$

Die Richtung von $\boldsymbol{\Delta}$ wählen wir als z-Achse, und damit erhalten wir

$$\int d^3\mathbf{r}\; e^{-i\boldsymbol{\Delta}\cdot\mathbf{r}}\,\frac{e^{-r/a}}{r} = \int_0^{2\pi} d\phi \int_0^{\pi} \sin\theta\, d\theta \int_0^{\infty} r^2 dr\; e^{-i\Delta r\cos\theta}\,\frac{e^{-r/a}}{r}$$

$$(24\text{-}87)\qquad = 2\pi \int_0^{\infty} r\,dr\; e^{-r/a} \int_{-1}^{1} d(\cos\theta)\; e^{-i\Delta r\cos\theta}$$

$$= \frac{2\pi}{i\Delta}\int_0^\infty dr\, e^{-r/a}\,(e^{i\Delta r} - e^{-i\Delta r})$$

$$= \frac{2\pi}{i\Delta}\left(\frac{1}{(1/a) - i\Delta} - \frac{1}{(1/a) + i\Delta}\right) = \frac{4\pi}{(1/a^2) + \Delta^2}\,.$$

Nun ist

(24-88) $$\Delta^2 = \frac{1}{\hbar^2}(\mathbf{p}_f - \mathbf{p}_i)^2 = \frac{1}{\hbar^2}(2p^2 - 2\mathbf{p}_f\cdot\mathbf{p}_i) = \frac{2p^2}{\hbar^2}(1 - \cos\theta).$$

Der differentielle Wirkungsquerschnitt wird also

$$\frac{d\sigma}{d\Omega} = \frac{m^2}{4\pi^2}\,\frac{1}{\hbar^4}\,(Z_1Z_2e^2)^2\,\frac{16\pi^2}{[(2p^2/\hbar^2)(1 - \cos\theta) + (1/a^2)]^2}$$

(24-89) $$= \left(\frac{2mZ_1Z_2e^2}{4p^2\sin^2(\theta/2) + (\hbar^2/a^2)}\right)^2$$

$$= \left(\frac{Z_1Z_2e^2}{4E\sin^2(\theta/2) + (\hbar^2/2ma^2)}\right)^2.$$

In der letzten Zeile ersetzten wir $p^2/2m$ durch E, und verwendeten außerdem $\frac{1}{2}(1 - \cos\theta) = \sin^2(\theta/2)$. Der in (24-88) definierte Winkel θ ist der Streuwinkel im Schwerpunktsystem. Bei fehlender Abschirmung ($a \to \infty$) geht dieses Ergebnis in die bekannte Rutherfordsche Streuformel über. $\hbar$ kommt darin nicht vor, und sie ist identisch mit der klassisch erhaltenen Streuformel. Hätten wir den Abschirmfaktor in (24-86) von vorneherein weggelassen, so hätten wir ein nicht konvergierendes Integral gehabt. Einen solchen Konvergenzfaktor wendet man in vielen solchen Fällen als Integrationshilfe an.

Die Bornsche Näherung hat ihre Grenzen. Z.B. ergab sich $\tilde{V}(\mathbf{\Delta})$ als rein reell, und damit wird in dieser Näherung auch $f(\theta)$ reell. Dies bedeutet aber wegen des optischen Theorems, daß der Wirkungsquerschnitt Null ist. Tatsächlich ist die Bornsche Näherung nur gut, wenn entweder a) das Potential schwach ist, so daß der Wirkungsquerschnitt klein ist in zweiter Ordnung, und damit wird ihre Anwendung konsistent mit dem optischen Theorem, oder b) bei vergleichsweise hohen Energien, wobei der Wirkungsquerschnitt gegen Null geht. Dies trifft zu für die meisten glatten Potentialverläufe. Es trifft nicht zu für reale Teilchen, denn es scheint, daß deren Wirkungsquerschnitte bei sehr hohen Energien konstant bleiben, und man kann dabei von der Bornschen Näherung nicht erwarten, daß sie mehr als ein Anhaltspunkt für das Verhalten der Streuamplitude ist.

Noch eine abschließende Bemerkung: Wenn das Potential V eine Spinabhängigkeit hat, so wird (24-77) dadurch modifiziert, daß Anfangs- und Endzustand zusätzlich zu den räumlichen Wellenfunktionen noch durch die Spinwellenfunktionen beschrieben sein müssen. Z.B. beim Neutron-Proton-Potential der Form

$$V(r) = V_1(r) + \boldsymbol{\sigma}_P\cdot\boldsymbol{\sigma}_N V_2(r)$$

lautet die Bornsche Näherung

$$M_{fi} = \frac{1}{V} \int d^3r \, e^{-i\Delta \cdot \mathbf{r}} \, \xi_f^+ \, V(r) \, \xi_i ,$$

wobei ξ_i und ξ_f der Anfangs- bzw. Endspinzustand des Systems Neutron-Proton sind.

D. Streuung identischer Teilchen

Falls zwei identische Teilchen aneinander streuen, so gibt es keine Möglichkeit, die Ablenkung eines Teilchens um θ von der Ablenkung um $\pi - \theta$ (Schwerpunktsystem) zu unterscheiden. Die Impulserhaltung erfordert nämlich, daß bei Ablenkung des einen Teilchens um θ das andere die Ablenkung $\pi - \theta$ erfährt (Bild 24.7). Auch klassisch gesehen beeinflußt die Identität beider Teilchen den Streuquerschnitt, da die Zählrate in einem bestimmten Detektor von beiden Teilchen herrührt. Somit

(24-90) $$\sigma_{\text{cl}}(\theta) = \sigma(\theta) + \sigma(\pi - \theta) .$$

Quantenmechanisch gesehen gibt es keine Möglichkeit, die beiden Endzustände zu unterscheiden, und damit können die beiden *Amplituden* $f(\theta)$ und $f(\pi - \theta)$ interferieren. So wird der Streuquerschnitt für zwei identische Teilchen vom Spin 0 (Bosonen), also z. B. für zwei α-Teilchen

(24-91) $$\frac{d\sigma}{d\Omega} = |f(\theta) + f(\pi - \theta)|^2 .$$

Dies unterscheidet sich vom klassischen Ergebnis durch den Interferenzterm

(24-92) $$\frac{d\sigma}{d\Omega} = |f(\theta)|^2 + |f(\pi - \theta)|^2 + [f^*(\theta) \, f(\pi - \theta) + f(\theta) \, f^*(\pi - \theta)] ,$$

und dieser führt z. B. beim Streuwinkel $\pi/2$ zu einer Verstärkung. Es ergibt sich

(24-93) $$\left(\frac{d\sigma}{d\Omega}\right)_{\pi/2} = 4 \left| f\left(\frac{\pi}{2}\right)\right|^2 .$$

Im Vergleich dazu wäre ohne Interferenz

(24-94) $$\left(\frac{d\sigma}{d\Omega}\right)_{\pi/2} = 2 \left| f\left(\frac{\pi}{2}\right)\right|^2 .$$

Bei der gegenseitigen Streuung von zwei identischen Teilchen vom Spin 1/2, z. B. Proton-Proton, oder Elektron-Elektron, muß sich die Antisymmetrie der gesamten Wellenfunktion bei Teilchenvertauschung zeigen. Sind die beiden Teilchen im Singulettzustand, so ist die Ortswellenfunktion symmetrisch und

(24-95) $$\frac{d\sigma_s}{d\Omega} = |f(\theta) + f(\pi - \theta)|^2 .$$

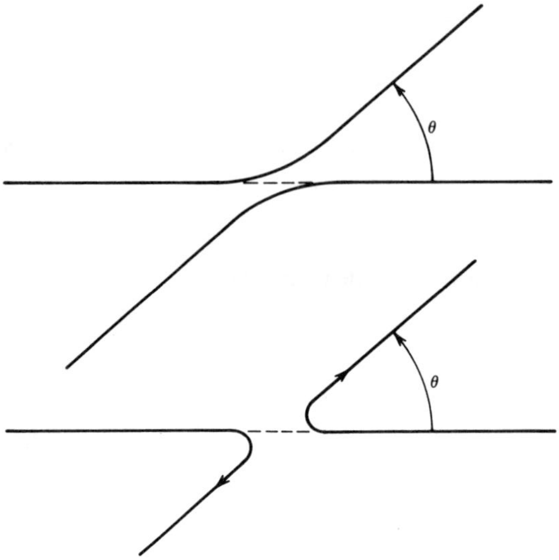

Bild 24–7 Streuung und asymptotische Laufrichtung zweier identischer Teilchen; Streuwinkel θ im Schwerpunktsystem.

Bilden beide Teilchen jedoch einen Triplettzustand, so ist die Ortswellenfunktion antisymmetrisch, und

$$\frac{d\sigma_t}{d\Omega} = |f(\theta) - f(\pi - \theta)|^2. \tag{24-96}$$

Streuen zwei unpolarisierte Protonen, so sind alle Spineinstellungen gleich wahrscheinlich, und so wird die Wahrscheinlichkeit für einen Triplettzustand dreimal so groß wie die für einen Singulettzustand. Damit wird für diesen Fall

$$\begin{aligned} \frac{d\sigma}{d\Omega} &= \frac{3}{4}\frac{d\sigma_t}{d\Omega} + \frac{1}{4}\frac{d\sigma_s}{d\Omega} \\ &= \tfrac{3}{4}|f(\theta) - f(\pi - \theta)|^2 + \tfrac{1}{4}|f(\theta) + f(\pi - \theta)|^2 \\ &= |f(\theta)|^2 + |f(\pi - \theta)|^2 - \tfrac{1}{2}[f(\theta)f^*(\pi - \theta) + f^*(\theta)f(\pi - \theta)]\,. \end{aligned} \tag{24-97}$$

Für Proton-Proton-Streuung, und für $\alpha - \alpha$-Streuung ist $f(\theta)$ die Summe aus einem nuklearen Term (für nicht zu kleine Energien) und einem Coulombterm. Ob die identischen Teilchen Bosonen oder Fermionen sind, es besteht immer Symmetrie unter dem Austausch $\theta \to \pi - \theta$.

Symmetriebetrachtungen spielen auch bei der Streuung von Teilchen an einem Kristallgitter eine Rolle. Wir wollen Spinbetrachtungen ausschließen, brauchen uns also nicht darum kümmern, ob bei der Streuung der Spin umklappt oder nicht (aufwärts → abwärts oder umgekehrt). Bei geringen Energien ist damit die Streuamplitude $f(\theta)$ winkelunabhängig (S-Wellenstreuung) und die Lösung der Schrödinger-Gleichung für den Fall, daß ein einzelnes Atom am Gitterpunkt $\mathbf{a}_i$ liegt, hat die asymptotische Form

$$\psi(\mathbf{r}) \sim e^{i\mathbf{k}\cdot(\mathbf{r}-\mathbf{a}_i)} + f\frac{e^{ik|\mathbf{r}-\mathbf{a}_i|}}{|\mathbf{r}-\mathbf{a}_i|}\,. \tag{24-98}$$

Nun ist

$$\begin{aligned} k|\mathbf{r}-\mathbf{a}_i| &= k(\mathbf{r}^2 - 2\mathbf{r}\cdot\mathbf{a}_i + \mathbf{a}_i{}^2)^{1/2} \\ &\cong kr\left(1 - \frac{2\mathbf{r}\cdot\mathbf{a}_i}{r^2}\right)^{1/2} \\ &\cong kr - k\hat{\mathbf{e}}_r\cdot\mathbf{a}_i\,. \end{aligned} \tag{24-99}$$

$k\hat{\mathbf{e}}_r$ ist ein Vektor vom Betrag k und der Richtung von $\mathbf{r}$ (Beobachtungspunkt), d.h. dies ist der Impuls nach der Streuung, $\mathbf{k}'$. Dividieren wir mit dem Phasenfaktor $e^{-i\mathbf{k}\cdot\mathbf{a}_i}$, so erhalten wir die asymptotische Form

$$\psi \sim e^{i\mathbf{k}\cdot\mathbf{r}} + f\,e^{-i\mathbf{k}'\cdot\mathbf{a}_i}\,e^{i\mathbf{k}\cdot\mathbf{a}_i}\frac{e^{ikr}}{r} + 0\left(\frac{1}{r^2}\right). \tag{24-100}$$

Die Streuamplitude ist

$$f(\theta) = f\,e^{-i\boldsymbol{\Delta}\cdot\mathbf{a}_i} \qquad \boldsymbol{\Delta} = \mathbf{k}' - \mathbf{k}. \tag{24-101}$$

Die gesamte Streuamplitude ergibt sich als Summe aller von der Streuung am einzelnen Atom herrührenden Streuamplituden; dies gilt aber nur, falls man eine Situation hat, in der man nicht unterscheiden kann, an welchem einzelnen Atom die Streuung stattgefunden hat. Dies trifft zu bei elastischer Streuung und niederen Energien, wenn Rückstoß und Spin nicht beobachtet werden. Für diese *kohärente* Streuung haben wir also

$$\frac{d\sigma}{d\Omega} = \left| f\sum_{\text{Atome}} e^{-i\boldsymbol{\Delta}\cdot\mathbf{a}_i}\right|^2. \tag{24-102}$$

Liegt eine einfache kubische Anordnung von Gitterpunkten vor, also

$$\mathbf{a}_i = a(n_x\hat{\mathbf{e}}_x + n_y\hat{\mathbf{e}}_y + n_z\hat{\mathbf{e}}_z) \qquad -N \le n_x, n_y, n_z \le N\,, \tag{24-103}$$

d.h. in jeder Koordinatenrichtung sind die Abstände der Gitterpunkte ganzzahlige Vielfache von a, so ist

$$\sum e^{-i\boldsymbol{\Delta}\cdot\mathbf{a}_i} = \sum_{n_x=-N}^{N}\sum_{n_y=-N}^{N}\sum_{n_z=-N}^{N} e^{-ia\Delta_x n_x}\,e^{-ia\Delta_y n_y}\,e^{-ia\Delta_z n_z}.$$

Wir berechnen eine Summe

$$\begin{aligned} \sum_{n=-N}^{N} e^{i\alpha n} &= e^{-i\alpha N}(1 + e^{i\alpha} + e^{2i\alpha} + \ldots e^{2i\alpha N}) \\ &= e^{-i\alpha N}\frac{e^{i\alpha(2N+1)} - 1}{e^{i\alpha} - 1} = \frac{e^{i\alpha(N+1)} - e^{-i\alpha N}}{e^{i\alpha} - 1} \\ &= \frac{e^{i\alpha(N+1/2)} - e^{-i\alpha(N+1/2)}}{e^{i\alpha/2} - e^{-i\alpha/2}} = \frac{\sin\alpha\,(N+\frac{1}{2})}{\sin\alpha/2}\,, \end{aligned} \tag{24-104}$$

und damit erhalten wir das Ergebnis

(24-105) $$\frac{d\sigma}{d\Omega} = |f|^2 \frac{\sin^2 \alpha_x(N+\frac{1}{2})}{\sin^2 \alpha_x/2} \cdot \frac{\sin^2 \alpha_y(N+\frac{1}{2})}{\sin^2 \alpha_y/2} \cdot \frac{\sin^2 \alpha_z(N+\frac{1}{2})}{\sin^2 \alpha_z/2}.$$

Hierbei ist

(24-106) $\alpha_x = a\,\Delta_x - 2\pi\nu_x$ $\quad (\nu_x = \text{ganze Zahl})$, usw.

Diese Verallgemeinerung (d.h. das Zusatzglied $-2\pi\nu_x$) dürfen wir machen, da durch $\alpha \to \alpha - 2\pi\nu$ (ν ganzzahlig) an (24-105) nichts geändert wird. Der Ausdruck (24-105) ist leider nicht sehr durchsichtig. Ist N jedoch sehr groß, so durchläuft jeder der Faktoren eine scharfe Spitze wenn $\alpha_x, \ldots$ durch Null geht. Aus (22-36) sieht man nach Verwendung der passenden Variablen

(24-107) $$\frac{\sin^2 Nu}{u^2/4} \to 4\pi N\,\delta(u).$$

Hiermit erhalten wir

(24-108) $$\frac{d\sigma}{d\Omega} = |f|^2 (2\pi)^3 (2N)^3 \delta(a\mathbf{\Delta} - 2\pi\mathbf{v}).$$

Die Gesamtzahl der Gitterbausteine ist $(2N)^3$, und damit wird der differentielle Wirkungsquerschnitt pro Atom

(24-109) $$\frac{d\sigma}{d\Omega} = |f|^2 \frac{(2\pi)^3}{a^3}\,\delta\left(\mathbf{k}' - \mathbf{k} - \frac{2\pi\mathbf{v}}{a}\right).$$

Dieser ist für die meisten Richtungen sehr klein, außer für die Richtungen

(24-110) $$\mathbf{k}' - \mathbf{k} = \frac{2\pi}{a}\mathbf{v},$$

wo er scharfe Maxima aufweist. Dies sind die *Bragg-Bedingungen,* und die ganzen Zahlen ν_x, ν_y, ν_z heißen die *Millerschen Indizes der Netzebenen.*

Diese Beziehungen können auch verallgemeinert werden auf kompliziertere Kristalle. Man verwendet sie, um die Kristallstruktur durch Beschuß mit Neutronen oder mit γ-Strahlen (Photonen) zu untersuchen. Umgekehrt kann man einen bekannten Kristall verwenden, um das bei atomaren Übergängen emittierte Röntgenspektrum zu untersuchen.

Aufgaben

1. Zeigen Sie, daß das Matrixelement M_{fi} (24-77) bei einem Zentralpotential $V(\mathbf{r}) = V(r)$ in folgender Form geschrieben werden kann:

$$M_{fi} = \frac{1}{V}\frac{4\pi\hbar}{\Delta}\int_0^\infty r\,dr V(r)\,\sin r\Delta.$$

Beachten Sie, daß dies eine gerade Funktion von Δ ist, also eine Funktion von

$$\mathbf{\Delta}^2 = (\mathbf{p}_f - \mathbf{p}_i)^2/\hbar^2 .$$

2. Betrachten Sie ein Potential der Form

$$V(r) = V_G\, e^{-r^2/a^2}.$$

Berechnen Sie unter Verwendung der Bornschen Näherung den differentiellen Wirkungsquerschnitt $d\sigma/d\Omega$ als Funktion des auf das Schwerpunktsystem bezogenen Streuwinkels θ. Vergleichen Sie Ihr Ergebnis mit dem aus dem Yukawa-Potential

$$V(r) = V_0 b\, \frac{e^{-r/b}}{r}$$

erhaltenen differentiellen Wirkungsquerschnitt (siehe 24-85 bis 24-89). Die Parameter der beiden Fälle sollen zum Vergleich so gewählt werden, daß der differentielle Wirkungsquerschnitt in Vorwärtsrichtung $\mathbf{\Delta} = 0$ in beiden Fällen den gleichen Wert und die gleiche Steigung hat. Es könnte günstig sein, einige numerische Werte für V_G, V_0, a und b zu wählen, um das Ergebnis graphisch darzustellen. Können Sie eine qualitative Erklärung für die großen Unterschiede bei großem Impulsübertrag geben?

3. Betrachten Sie das Potential

$$V(r) = V_0 a\, \frac{e^{-r/a}}{r}.$$

Der Reichweiteparameter a sei 1,2 fm = $1{,}2 \times 10^{-13}$ cm und $V_0 = 100$ MeV. Wie groß ist der gesamte Wirkungsquerschnitt für Proton-Proton-Streuung in Bornscher Näherung, wenn die Energie im Schwerpunktsystem 100 MeV beträgt. (Hinweis: Die Rechnung erfordert hier eine numerische Integration. Es ist nützlich, die Beziehungen

$$\hbar^2\Delta^2 = (\mathbf{p}_f - \mathbf{p}_i)^2 = 2p^2(1 - \cos\theta)$$

und

$$d\Omega = 2\pi\, d(\cos\theta) = \frac{\hbar^2\pi}{p^2}\, d(\Delta^2)$$

zu verwenden, und die Integration zwischen den Grenzen $\Delta^2 = 0$ und $\Delta^2 = 4p^2/\hbar^2$ auszuführen.) Geben Sie das Ergebnis in der Einheit Millibarn (1 mb = 10^{-27} cm²).

4. Angenommen, die Streuamplitude für Neutron-Proton-Streuung ist in folgender Form gegeben

$$f(\theta) = \xi_f^\dagger\, (A + B\boldsymbol{\sigma}_P \cdot \boldsymbol{\sigma}_N)\, \xi_i ,$$

wobei ξ_i und ξ_f die Anfangs- und Endzustände des Spins im System Neutron-Proton sind. Die möglichen Zustände sind

$$\xi_i = \chi_\uparrow^{(P)}\chi_\uparrow^{(N)} \qquad \xi_f = \chi_\uparrow^{(P)}\chi_\uparrow^{(N)}$$
$$\chi_\uparrow^{(P)}\chi_\downarrow^{(N)} \qquad \chi_\uparrow^{(P)}\chi_\downarrow^{(N)}$$
$$\chi_\downarrow^{(P)}\chi_\uparrow^{(N)} \qquad \chi_\downarrow^{(P)}\chi_\uparrow^{(N)}$$
$$\chi_\downarrow^{(P)}\chi_\downarrow^{(N)} \qquad \chi_\downarrow^{(P)}\chi_\downarrow^{(N)}.$$

Berechnen Sie nun alle 16 Streuamplituden unter Verwendung von

$$\boldsymbol{\sigma}_P \cdot \boldsymbol{\sigma}_N = \sigma_z^{(P)}\sigma_z^{(N)} + 2(\sigma_+^{(P)}\sigma_-^{(N)} + \sigma_-^{(P)}\sigma_+^{(N)}) ,$$

wobei

$$\sigma_+ = \frac{\sigma_x + i\sigma_y}{2} = \begin{pmatrix} 0 & 1 \\ 0 & 0 \end{pmatrix} \qquad \sigma_- = \frac{\sigma_x - i\sigma_y}{2} = \begin{pmatrix} 0 & 0 \\ 1 & 0 \end{pmatrix}$$

und

$$\sigma_z = \begin{pmatrix} 1 & 0 \\ 0 & -1 \end{pmatrix} \quad \text{und} \quad \chi_\uparrow = \begin{pmatrix} 1 \\ 0 \end{pmatrix}, \chi_\downarrow = \begin{pmatrix} 0 \\ 1 \end{pmatrix}.$$

Tabellieren Sie die verschiedenen Streuamplituden und die daraus hervorgehenden Wirkungsquerschnitte.

5. Wenn einer der Spinzustände nicht gemessen wird (z. B. Anfangszustand des Protons, des Neutrons etc.), so besteht der Wirkungsquerschnitt in der Summe über die nicht gemessenen Spinzustände. Angenommen, Anfangs- und Endspin des Protons seien nicht gemessen. Unter der Voraussetzung, daß der Neutronenanfangszustand Spin "aufwärts" ist, sollen Sie nun Ausdrücke für die Wirkungsquerschnitte für den Neutronenendzustand Spin "aufwärts" und Spin "abwärts" geben. Wie groß ist der Polarisationsgrad P, welcher durch

$$P = \frac{\sigma\uparrow - \sigma\downarrow}{\sigma\uparrow + \sigma\downarrow}$$

definiert ist? $\sigma_\uparrow$ bedeutet hierbei den Wirkungsquerschnitt dafür, daß der Spin im Neutronenendzustand "aufwärts" ist, usw.

6. Verwenden Sie die in Aufgabe 4 erarbeitete Tabelle, um den Wirkungsquerschnitt für Triplett-Triplett-Streuung und Singulett-Singulett-Streuung zu berechnen. Zeigen Sie, daß der Wirkungsquerschnitt für Triplett-Singulett-Streuung verschwindet. Überprüfen Sie Ihr Ergebnis anhand der Beziehung

$$\boldsymbol{\sigma}_P \cdot \boldsymbol{\sigma}_N = 2\mathbf{S}^2 - 3$$
$$= 1 \qquad \text{für Triplett-Zustand}$$
$$-3 \qquad \text{für Singulett-Zustand}$$

(wegen $\frac{1}{2}\boldsymbol{\sigma}_P + \frac{1}{2}\boldsymbol{\sigma}_N = \mathbf{S}$ in Einheiten von $\hbar$).
Beachten Sie, daß die Amplitude unabhängig von m_S ist, dieses also im Anfangs- und Endzustand gleich sein muß. Es gibt drei Zustände im Triplett, die alle gleichen Beitrag zum Wirkungsquerschnitt liefern, und nur einen im Singulett.
(Vorsicht: Bei Amplitudenberechnungen wie z. B.

$$\frac{1}{\sqrt{2}}(\chi_\uparrow^{(P)}\chi_\downarrow^{(N)} - \chi_\downarrow^{(P)}\chi_\uparrow^{(N)})(A + B\boldsymbol{\sigma}_P \cdot \boldsymbol{\sigma}_N)\frac{1}{\sqrt{2}}(\chi_\uparrow^{(P)}\chi_\downarrow^{(N)} - \chi_\downarrow^{(P)}\chi_\uparrow^{(N)})$$

werden die Amplituden für die vier Terme addiert, bevor das Quadrat gebildet wird. Können Sie erklären weshalb?)

7. Gegeben sei das Potential

$$V(r) = -2\beta\lambda^2 \frac{e^{-\lambda r}}{(\beta\, e^{-\lambda r} + 1)^2}\,.$$

Man kann zeigen, daß die Lösung der Schrödinger-Gleichung (für $l = 0$), welche das asymptotische Verhalten e^{-ikr} hat, folgende ist:

$$F(k,r) = e^{-ikr} \cdot \frac{2k(\beta\, e^{-\lambda r} + 1) + i\lambda(\beta\, e^{-\lambda r} - 1)}{(\beta\, e^{-\lambda r} + 1)(2k - i\lambda)}\,.$$

Die Lösung mit dem asymptotischen Verhalten e^{+ikr} ist $F(-k,r)$. Die reguläre Lösung, welche an der Stelle $r = 0$ verschwindet, ist also

$$u(r) = [F(k,0)\, F(-k,r) - F(-k,0)\, F(k,r)]\,.$$

Verwenden Sie diese Information, um die Streuamplitude $F(k)=[S(k) - 1]/2ik\cdot$ zu erhalten. Diskutieren Sie die Lösung für verschiedene Grenzfälle.

Literatur

Streutheorie wird in allen am Schluß dieses Buches angegebenen Lehrbüchern diskutiert. Dazu gibt es eine Reihe fortgeschrittener Werke, die allein der Streutheorie gewidmet sind. Für Leser dieses Buches ermöglichen folgende Bücher am ehesten weiteren Zugang zur Materie:

N.F. Mott and H.S.W. Massey "The Theory of Atomic Collisions" (Third Edition) Oxford, The Clarendon Press (1965)

L.S. Rodberg and R.M. Thaler "Introduction to the Quantum Theory of Scattering" Academic Press, New York, 1967

M.L. Goldberger and K.M. Watson "Collision Theory" John Wiley & Sons, 1965

R. Newton "Scattering Theory of Waves and Particles" McGraw-Hill Co., 1966

25. Die Absorption von Strahlung durch Materie

Der inverse Prozeß zum strahlenden Zerfall von Atomzuständen ist ebenfalls möglich: Dies ist der mit der Anregung eines Atoms verknüpfte Einfang von Photonen. Ist die Photonenenergie aber größer als die Ionisationsenergie des Atoms, so wird ein Elektron in das Energiekontinuum (freie Zustände des Elektrons) angeregt. Dies ist der *Lichtelektrische Effekt* (auch *Photoeffekt* genannt), ein wichtiger Mechanismus bei der Absorption von Strahlung durch Materie.

Nach der Goldenen Regel (22-55) ist die Übergangsrate für den Prozeß

(25-1) $\gamma + (\text{Atom}) \to (\text{Atom})' + e$

gegeben durch

$$R = \frac{2\pi}{\hbar} \int \frac{V\, d^3\mathbf{p}_e}{(2\pi\hbar)^3} \, |M_{fi}|^2 \, \delta\left(\hbar\omega - E_B - \frac{p_e^2}{2m}\right)$$

(25-2)
$$= \frac{2\pi}{\hbar} \int \frac{d\Omega V}{(2\pi\hbar)^3} \int m p_e \, d\left(\frac{p_e^2}{2m}\right) |M_{fi}|^2 \, \delta\left(\hbar\omega - E_B - \frac{p_e^2}{2m}\right)$$

$$= \frac{2\pi V}{\hbar} \int d\Omega \, \frac{m p_e}{(2\pi\hbar)^3} \, |M_{fi}|^2 .$$

Hierbei ist m die Elektronenmasse, die Deltafunktion sorgt für Erfüllung der Energieerhaltung, E_B ist der Betrag der Bindungsenergie des Elektrons an das Atom, und in der letzten Zeile bedeutet p_e den Wert, der das Argument der Deltafunktion zum Verschwinden bringt.

Das Matrixelement ist

(25-3) $$\frac{e}{mc}\left(\frac{2\pi\hbar c^2}{\omega V}\right)^{1/2} \int d^3\mathbf{r}\, \psi_f^*(\mathbf{r}) \, \boldsymbol{\varepsilon} \cdot \mathbf{p} \, e^{i\mathbf{k}\cdot\mathbf{r}} \, \psi_i(\mathbf{r}).$$

Das Vektorpotential ist wie im 22. Kapitel normiert auf ein Photon im Volumen V, und $\psi_f(\mathbf{r})$ bzw. $\psi_i(\mathbf{r})$ sind die Wellenfunktionen des Elektrons im Anfangs- bzw. Endzustand. Betrachten wir ein wasserstoffähnliches Atom, und nehmen wir an, es sei im Grundzustand, so haben wir

(25-4) $$\psi_i(\mathbf{r}) = \frac{1}{\sqrt{\pi}}\left(\frac{Z}{a_0}\right)^{3/2} e^{-Zr/a_0}.$$

Die Wellenfunktion für den Endzustand sollte eine Lösung der Schrödinger-Gleichung mit Coulombpotential und $E > 0$ sein; diese Lösungen haben wir im Zusammenhang mit dem Wasserstoffatom aber nicht diskutiert. Sie können zwar in geschlossener Form angeschrieben werden, sind aber sehr kompliziert, und auch (25-3) wird damit kompliziert. Ist die Photonenenergie wesentlich größer als die Ionisationsenergie, so ist die restliche Wechselwirkung des Elektrons mit dem zurückbleibenden Ion ziemlich unbedeutend, und damit dürfen wir $\psi_f(\mathbf{r})$ als ebene Welle annähern. Da wir schon angenommen haben, nur ein Atom im Volumen V zu haben, so werden wir auch nur ein Elektron haben, und damit ist die richtige Normierung

$$\psi_f(\mathbf{r}) = \frac{1}{\sqrt{V}} e^{i\mathbf{p}_e\cdot\mathbf{r}/\hbar}. \tag{25-5}$$

Der Faktor V, der auch im Phasenraum $[V\,d^3\mathbf{p}/(2\pi\hbar)^3]$ erscheint, bedeutet dort die gleiche Normierung, d.h. diese beiden Faktoren sind nicht voneinander unabhängig. Das Quadrat des Matrixelements wird ein wenig vereinfacht, da der Endzustand ein Impulseigenzustand ist

$$\langle f|\,\boldsymbol{\varepsilon}\cdot\mathbf{p}_{op}\, e^{i\mathbf{k}\cdot\mathbf{r}}|i\rangle = \boldsymbol{\varepsilon}\cdot\mathbf{p}_e\langle f|e^{i\mathbf{k}\cdot\mathbf{r}}|i\rangle. \tag{25-6}$$

Damit wird

$$\begin{aligned}|M_{fi}|^2 \simeq {} & \left(\frac{e}{mc}\right)^2 \frac{2\pi\hbar c^2}{\omega V}\cdot\frac{1}{V}\frac{1}{\pi}\left(\frac{Z}{a_0}\right)^3(\boldsymbol{\varepsilon}\cdot\mathbf{p}_e)^2\\ & \times\left|\int d^3\mathbf{r}\, e^{i(\mathbf{k}-\mathbf{p}_e/\hbar)\cdot\mathbf{r}}\, e^{-Zr/a_0}\right|^2.\end{aligned} \tag{25-7}$$

Das Integral wollen wir später auswerten. Hier sei bemerkt, daß die Übergangsrate wieder den Faktor $1/V$ hat, und zwar weil wir ein einziges Photon in V haben. Wir wollen aber jetzt den Wirkungsquerschnitt für den Photoeffekt betrachten. Um eine Teilchenstromdichte von 1 Photon pro Sekunde pro cm^2 zu haben, brauchen wir eine Photonendichte von $1/c$ pro cm^3 (d.h. ein Zylinder vom Querschnitt 1 cm^2 und der Länge c enthält ein Photon), und müssen deshalb die Rate mit V/c multiplizieren. Aus (25-2) und (25-7) erhalten wir somit den differentiellen Wirkungsquerschnitt

$$\begin{aligned}\frac{d\sigma}{d\Omega} = {} & \frac{2\pi}{\hbar}\frac{mp_e}{(2\pi\hbar)^3}\left(\frac{e}{mc}\right)^2\frac{2\pi\hbar c^2}{\omega}\frac{1}{\pi}\left(\frac{Z}{a_0}\right)^3(\boldsymbol{\varepsilon}\cdot\mathbf{p}_e)^2\\ & \times\frac{1}{c}\left|\int d^3\mathbf{r}\, e^{i(\mathbf{k}-\mathbf{p}_e/\hbar)\cdot\mathbf{r}}\, e^{-Zr/a_0}\right|^2.\end{aligned} \tag{25-8}$$

$d\Omega$ ist das differentielle Raumwinkelelement in Richtung von $\mathbf{p}_e$. Das Integral über alle Elektronenrichtungen ergibt dann den gesamten Wirkungsquerschnitt σ für den Photoeffekt. Liegen die Atome im Target in einer Dichte von N Atomen pro cm^3 vor, so befinden sich in einer Targetscheibe (Dicke dx und Fläche A) gerade $NA\,dx$ Targetatome. Wenn jedes Atom den Wirkungsquerschnitt σ hat, dann findet der einfallende Strahl eine totale Wirkungsfläche $NA\,\sigma\,dx$ vor. Betrachten wir einen einfallenden Strahl mit n Teilchen, so ergibt sich die Anzahl der im oben beschriebenen Target wechselwirkenden Teilchen aus dem Verhältnis

$$\frac{\text{Anzahl wechselwirkender Teilchen}}{\text{Anzahl einfallender Teilchen}} = \frac{\text{totale Wirkungsfläche}}{\text{gesamte Targetfläche}},$$

d.h.

$$\frac{dn}{n} = -\frac{NA\sigma\, dx}{A} = -N\sigma\, dx. \tag{25-9}$$

Das Minuszeichen besagt, daß Teilchen aus dem einfallenden Strahl entfernt werden. Integration liefert

$$n(x) = n_0\, e^{-N\sigma x}. \tag{25-10}$$

Hierbei ist n_0 die Anzahl einfallender Teilchen, und $n(x)$ die Anzahl der Teilchen, die sich nach Durchlaufen der Targetdichte x noch im Strahl befinden. Die Größe $\lambda = 1/N\sigma$ hat die Dimension einer Länge und heißt *mittlere freie Weglänge*. Manchmal spricht man beim Photoeffekt, bei der Paarerzeugung usw. von dieser mittleren freien Weglänge, obwohl es eigentlich der Wirkungsquerschnitt ist, der gemessen wird.

Um eine Vorstellung von den Größenordnungen der mittleren freien Weglängen zu erhalten, beachten wir, daß $N = N_0\rho/A$, wobei $N_0 = 6{,}02 \times 10^{23}$ die Avogadrozahl (auch Loschmidtsche Zahl) ist, ρ die Dichte (g/cm^3) und A das Atomgewicht. Wirkungsquerschnitte für Stöße zwischen Molekülen können aus Eigenschaften der Gase abgeschätzt werden, und dabei ergibt sich die Größenordnung 10^{-16} cm^2, was sehr gut zur Tatsache paßt, daß Atomdimensionen von der Größenordnung 10^{-8} cm sind[1]). Wäre es vernünftig, für den Wirkungsquerschnitt beim Photoeffekt auch diese Größenordnung anzunehmen? Wir werden bald Gründe dafür kennenlernen, daß dies nicht vernünftig wäre. Vorher wollen wir aber die mittlere freie Weglänge in cm angeben, und zwar in einem Material der Dichte ρ, des Atomgewichts A, wobei der Wirkungsquerschnitt in Einheiten von 10^{-24} cm^2 (diese Einheit hat die Bezeichnung *barn*) angegeben ist:

$$\begin{aligned} \lambda &= \frac{1}{N\sigma} = \frac{A}{\rho}\,\frac{1}{6{,}02 \times 10^{23}\,\sigma} \\ &= \frac{A}{\rho}\,\frac{1{,}67}{\sigma\,(\text{barn})}. \end{aligned} \tag{25-11}$$

Um den Wirkungsquerschnitt zu erhalten, müssen wir das in (25-8) stehende Integral ausrechnen

[1]) Auf der gleichen Linie ergibt sich, daß Wirkungsquerschnitte des Kerns zur Größenordnung 10^{-24} cm^2 (1 barn) tendieren; in der Teilchenphysik erstrecken sich die Wirkungsquerschnitte von 10^{-27} cm^2 (1 millibarn) bis hinunter zu Mikrobarn, und noch weiter bis 10^{-44} cm^2 für extrem seltene Neutrinoreaktionen bei niederen Energien.

(25-12) $$\int d^3\mathbf{r}\, e^{i(\hbar\mathbf{k}-\mathbf{p}_e)\cdot\mathbf{r}/\hbar}\, e^{-Zr/a_0}\,.$$

Verwenden wir nun das schon in (24-87) ausgewertete Integral, welches mit einem anderen Buchstaben lautet

(25-13) $$\int d^3\mathbf{r}\, e^{-i\boldsymbol{\Delta}\cdot\mathbf{r}}\, \frac{e^{-\mu r}}{r} = \frac{4\pi}{\mu^2+\boldsymbol{\Delta}^2}\,.$$

Differentiation nach μ liefert

(25-14) $$\int d^3r\, e^{-i\boldsymbol{\Delta}\cdot\mathbf{r}}\, e^{-\mu r} = \frac{8\pi\mu}{(\mu^2+\boldsymbol{\Delta}^2)^2}$$

und so erhalten wir schließlich nach vorausschauender Gruppierung der Faktoren den differentiellen Wirkungsquerschnitt

(25-15) $$\frac{d\sigma}{d\Omega} = 32Z^5a_0^2\left(\frac{p_e c}{\hbar\omega}\right)\left(\frac{\boldsymbol{\varepsilon}\cdot\mathbf{p}_e}{mc}\right)^2\frac{1}{(Z^2+a_0^2\boldsymbol{\Delta}^2)^4}\,,$$

wobei

$$\boldsymbol{\Delta} = \frac{(\hbar\mathbf{k}-\mathbf{p}_e)}{\hbar} = \frac{(\mathbf{p}_\gamma-\mathbf{p}_e)}{\hbar}\,.$$

Die Energie des Photons hängt mit der des Elektrons zusammen

(25-16) $$\hbar\omega = E_B + \frac{p_e^2}{2m}$$

und so haben wir für Energien, die deutlich oberhalb der Bindungsenergie liegen $\hbar\omega \cong p_e^2/2m$. Damit wird

(25-17)
$$\frac{p_e c}{\hbar\omega}\left(\frac{\boldsymbol{\varepsilon}\cdot\mathbf{p}_e}{mc}\right)^2 \cong \frac{2p_e}{mc}(\boldsymbol{\varepsilon}\cdot\hat{\mathbf{p}}_e)^2$$
$$\begin{aligned}\boldsymbol{\Delta}^2 &= \frac{1}{\hbar^2}(\mathbf{p}_\gamma-\mathbf{p}_e)^2 = \frac{1}{\hbar^2}\left[\left(\frac{\hbar\omega}{c}\right)^2 - 2\frac{\hbar\omega}{c}p_e\hat{\mathbf{p}}_\gamma\cdot\hat{\mathbf{p}}_e + p_e^2\right]\\ &\cong \frac{1}{\hbar^2}\left[p_e^2 - \left(\frac{p_e^3}{mc}\right)\hat{\mathbf{p}}_\gamma\cdot\hat{\mathbf{p}}_e\right]\\ &\cong \frac{p_e^2}{\hbar^2}\left(1-\frac{v_e}{c}\hat{\mathbf{p}}_\gamma\cdot\hat{\mathbf{p}}_e\right)\end{aligned}$$

(nichtrelativistische Elektronen, $p_e \ll mc$)[2]). Für den Photonenimpuls haben wir verwendet $\mathbf{p}_\gamma = \hbar\mathbf{k}$ und wie üblich bedeutet das Zeichen ^ den Einheitsvektor. So ergibt sich weiter

$$\frac{d\sigma}{d\Omega} = 64Z^5a_0^2\left(\frac{p_e}{mc}\right)\frac{(\boldsymbol{\varepsilon}\cdot\hat{\mathbf{p}}_e)^2}{\left[Z^2+\frac{p_e^2}{\alpha^2m^2c^2}\left(1-\frac{v_e}{c}\hat{\mathbf{p}}_e\cdot\hat{\mathbf{p}}_\gamma\right)\right]^4}$$

---

[2]) Für relativistische Elektronen sollte zur richtigen Beschreibung die Dirac-Gleichung verwendet werden. Bei $E_e \gtrsim 1$ MeV werden andere Effekte wichtiger als der lichtelektrische.

(25-18)
$$= \frac{64Z^5\alpha^3 a_0^2 \left(\frac{p_e}{mc}\right)(\boldsymbol{\varepsilon}\cdot\hat{\mathbf{p}}_e)^2}{\left[(\alpha Z)^2 + \frac{p_e^2}{m^2c^2}\left(1 - \frac{v_e}{c}\hat{\mathbf{p}}_e\cdot\hat{\mathbf{p}}_\gamma\right)\right]^4}.$$

Wir wählen die Einfallrichtung der Photonen als z-Achse, und die beiden Polarisationsrichtungen $\boldsymbol{\varepsilon}^{(1)}$ und $\boldsymbol{\varepsilon}^{(2)}$ seien die x- und y-Achse. Nun ist

(25-19) $$\hat{\mathbf{p}}_e = (\sin\theta\cos\phi, \sin\theta\sin\phi, \cos\theta)$$

und damit $(\mathbf{p}_e\cdot\boldsymbol{\varepsilon}^{(1)})^2 = \sin^2\theta\cos^2\phi$ und $(\mathbf{p}_e\cdot\boldsymbol{\varepsilon}^{(2)})^2 = \sin^2\theta\sin^2\phi$, d.h. der *Mittel*wert des Zählers über die beiden Polarisationsrichtungen (wir berechnen ja den Wirkungsquerschnitt für den Photoeffekt mit nichtpolarisierten Photonen) ergibt sich zu

(25-20) $$\overline{(\hat{\mathbf{p}}_e\cdot\boldsymbol{\varepsilon})^2} = \tfrac{1}{2}(\sin^2\theta\sin^2\phi + \sin^2\theta\cos^2\phi) = \tfrac{1}{2}\sin^2\theta.$$

Ebenso ist

(25-21) $$\hat{\mathbf{p}}_e\cdot\hat{\mathbf{p}}_\gamma = \cos\theta$$

und so erhalten wir mit $p_e^2/2m = E$ das Ergebnis

(25-22) $$\frac{d\sigma}{d\Omega} = \frac{32\sqrt{2}\,Z^5\alpha^8 a_0^2(E/mc^2)^{1/2}\sin^2\theta}{\left[(\alpha Z)^2 + \frac{2E}{mc^2}\left(1 - \frac{v_e}{c}\cos\theta\right)\right]^4}.$$

Die früher aufgestellte Bedingung $\hbar\omega \gg E_B$ - sie ist äquivalent zu

(25-23) $$E \gg \tfrac{1}{2}mc^2(Z\alpha)^2$$

ist für leichte Elemente über einen genügend großen Energiebereich erfüllt. Setzen wir (25-23) in (25-22) ein, so vereinfacht sich der Nenner, und es bleibt

(25-24) $$\frac{d\sigma}{d\Omega} = 2\sqrt{2}\,Z^5\alpha^8 a_0^2\left(\frac{E}{mc^2}\right)^{-7/2}\frac{\sin^2\theta}{\left(1 - \frac{v_e}{c}\cos\theta\right)^4}.$$

Wir wollen nun die verschiedenen Aspekte dieser Formel diskutieren.

(1) Zunächst erkennen wir: die ungefähre Vermutung, daß wegen der atomaren Größenordnung von 10^{-8} cm der Wirkungsquerschnitt für den Photoeffekt von der Größenordnung $10^{-16}\,\text{cm}^2$ sein könnte, war falsch! Natürlich, der Faktor a_0^2 hat diese Größenordnung, aber dieser ist multipliziert mit $(1/137)^8$, zwar ein dimensionsloser, aber kaum vernachlässigbarer Faktor! Wir wollen versuchen zu verstehen, wieso eine vermutete Größenordnung so sehr falsch sein kann, um ein Gefühl dafür zu entwickeln, wie sorgfältig man bei Abschätzungen vorgehen muß. Zunächst sehen wir ab vom letzten Faktor (d.h. von der Winkelfunktion in 25-24), den wir später diskutieren wollen. Mit

$$E = \tfrac{1}{2}mv_e^2$$

können wir den vordersten Faktor umschreiben in

$$2\sqrt{2}\, a_0^2 Z^5 \alpha^8 \left(\frac{mc^2}{E}\right)^{7/2} = 32 a_0^2 Z^5 \alpha^8 \left(\frac{c}{v_e}\right)^7 \tag{25-25}$$

$$= 32 \left(\frac{a_0}{Z}\right)^2 \alpha \left(\frac{\alpha Z c}{v_e}\right)^7 .$$

Diese Form ist praktischer. Zunächst zeigt sich der einzelne Faktor α; dieser ist immer zugegen, wenn ein einzelnes Photon emittiert oder absorbiert wird. Die Kopplung des Vektorpotentials an die Ladung ist proportional zur Ladung e, und das Quadrat davon führt zu α. Der Faktor $(a_0/Z)^2$ ist ein besseres Maß als a_0^2 für die atomare Querschnittsfläche, da wir ein wasserstoffähnliches Atom der Kernladung Z betrachten. Der übrigbleibende Faktor ist eine ziemlich hohe Potenz des Quotienten aus "Bahngeschwindigkeit" des Elektrons und der Geschwindigkeit des auslaufenden freien Photoelektrons.

Es ist der Quotient $(\alpha Zc/v_e)$ (und nicht nur einfach die ebenfalls dimensionslose Größe c/v_e), welcher hier erscheint, denn das Matrixelement beinhaltet die Überlappung der Wellenfunktionen des freien und des gebundenen Elektrons; d.h. das Quadrat des Matrixelements beinhaltet die Wahrscheinlichkeit dafür, daß eine Impulsmessung am gebundenen Elektron den Wert p_e ergibt. Die funktionale Abhängigkeit $f(\alpha Zc/v_e)$, in diesem Fall also die achte Potenz [3]), kann auf allgemeiner qualitativer Basis nicht abgeschätzt werden. Hätte die Wellenfunktion des Elektrons z.B. die Gaußsche Form $[\psi_i(\mathbf{r}) \propto e^{-r^2/a^2}]$, so wäre die Abnahme mit zunehmender Geschwindigkeit viel rascher als von der achten Potenz. Der Grund für die Schwierigkeit einer Abschätzung liegt darin, daß die Impulsverteilung im Bereich

$$\Delta p \sim \frac{\hbar}{a_0/Z} \sim \frac{\hbar Z}{\hbar/mc\alpha} \sim Z\alpha mc \tag{25-26}$$

liegt, und für $p_e \gg Z\alpha mc$ liegt man weit außen im Ausläufer dieser Impulsverteilung. Dies kommt, wiederum wegen der Unschärfebeziehung, von der wenig verschmierten r-Verteilung der Wellenfunktion, und hängt empfindlich vom Zustand ab, speziell vom Drehimpuls. Dies macht den photoinduzierten Zerfall zu einem sehr nützlichen Prozeß für die Kernphysik.

(2) Die Winkelverteilung von $d\sigma/d\Omega$ ist gegeben durch

$$F(\theta) = \frac{\sin^2\theta}{[1 - (v_e/c)\cos\theta]^4} . \tag{25-27}$$

Zunächst stellen wir fest, daß der differentielle Wirkungsquerschnitt in Vorwärtsrichtung verschwindet. Dies ist eine Folge der transversalen Polarisation der Photonen. Das Matrixelement ist proportional zu $\mathbf{p}_e \cdot \boldsymbol{\varepsilon}$, und

---

[3]) Im Phasenraum steht ein Faktor p_e, und damit liefert das Quadrat des Matrixelements die achte Potenz von $(\alpha cZ/v_e)$.

da $\mathbf{p}_e$ parallel ist zum Photonenimpuls, so verschwindet dieser Faktor. Der Nenner von (25-27) hat wegen der vierten Potenz starken Einfluß auf die Winkelverteilung des Effekts. Falls v_e/c sich dem Wert 1 nähert, wird diese Abhängigkeit besonders drastisch, aber auch für geringeres v_e/c wird die Vorwärtsrichtung, wo der Nenner seinen Minimalwert hat, deutlich bevorzugt. Dies entspricht dem Minimalwert des Impulsübertrags zwischen Photonen und Elektronen $(\mathbf{p}_\gamma - \mathbf{p}_e)^2$.

Um auch den relativistischen Bereich überdecken zu können, müssen die Rechnungen ausführlicher sein. In ihrem Gültigkeitsbereich stimmt die oben abgeleitete Formel sehr gut [4]). Bei sehr geringen Energien muß eine genauere Wellenfunktion für das auslaufende Elektron verwendet werden; sie muß die Coulomb-Wechselwirkung zwischen Kern und auslaufendem Elektron beinhalten. Unterhalb der Ionisationsschwelle des am schwächsten gebundenen Elektrons der äußersten Schale wird es natürlich keinen Photoeffekt geben. Mit wachsender Energie unterliegen auch die Elektronen der tieferen Schalen dem Photoeffekt. Trägt man den gesamten Wirkungsquerschnitt - oder vorzugsweise den *Massenabsorptionskoeffizient* [5]) $N\sigma/\rho$ - gegen die Photonenenergie auf, so findet man Kurven wie in Bild 25.1. Die sog. K-Kante entspricht der Ablösung eines der K-Elektronen (d.h. $n = 1$) vom Atom; die L-Kanten entsprechen den verschiedenen Elektronen in den Zuständen mit $n = 2$. Die Kanten bezeichnen die Bindungsenergien der einzelnen Elektronen. Das empirische Moseley-Gesetz besagt, daß die Kanten an den Stellen

$$E = 13{,}6 \frac{(Z - \sigma_n)^2}{n^2} \text{ eV} \qquad (25\text{-}28)$$

liegen, wobei σ_n die "Abschirmkonstanten" sind; für sie gilt etwa $\sigma_n = 2n + 1$. Diese Formel gibt gerade das wieder, was man für die ns-Orbitale erwartet, wobei die Abschirmung von den anderen s-Elektronen kommt.

Im relativistischen Bereich nimmt der Wirkungsquerschnitt mit wachsender Energie weniger stark ab, und zwar mit $(E/m)^{-1}$ anstatt $(E/m)^{-7/2}$. Für Energien um 0,5 MeV aber ist der Wirkungsquerschnitt für den Photoeffekt so weit abgesunken, daß er für die Absorption von Strahlung praktisch nicht mehr ins Gewicht fällt. Etwa im Bereich 0,5 bis 5 MeV ist der *Compton-Effekt* maßgebend für die Strahlungsabsorption.

Beim Compton-Effekt betrachten wir freie Elektronen, an denen Photonen gestreut werden. Bei niedrigen Frequenzen (Photonenenergien) ist der Effekt klassisch zu verstehen: Das Elektron wird durch die einfallende elektromagnetische Strahlung beschleunigt, und die von der beschleunigten Ladung

[4]) Bei der Berechnung der Strahlungsabsorption muß das hier abgeleitete Ergebnis außer bei Wasserstoff mit 2 multipliziert werden, da zwei Elektronen im Grundzustand vorliegen.

[5]) Dieser ist $N_0\sigma/A$, wobei N_0 die Avogadrozahl und A das Atomgewicht ist.

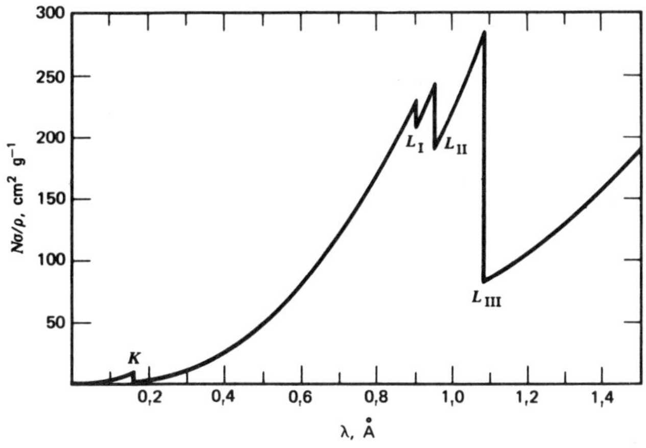

Bild 25–1 Massenabsorptionskoeffizient $N\sigma/\rho$ für Platin als Funktion der Wellenlänge der einfallenden Strahlung.

abgestrahlte Welle ist die gestreute Strahlung. Der hierfür klassisch berechnete *Thomas*-Wirkungsquerschnitt beträgt

$$\sigma_T = \frac{8\pi}{3}\left(\frac{e^2}{mc^2}\right)^2. \tag{25-29}$$

Im Bild der Quantenmechanik muß die Streuamplitude (Matrix-Element) proportional zu e^2 sein, da zwei Photonen mitspielen. Das Störglied im Hamilton-Operator ist

$$\frac{e}{mc}\mathbf{p}\cdot\mathbf{A}(\mathbf{r},t) + \frac{e^2}{2mc^2}\mathbf{A}^2(\mathbf{r},t)\,, \tag{25-30}$$

wenn wir beide Glieder aus (22-11) beibehalten; so sehen wir, daß ein e^2-Beitrag zur Streuamplitude zwei Ursachen haben kann:

(i) aus einem Beitrag erster Ordnung vom Term $e^2\mathbf{A}^2(\mathbf{r},t)/2mc^2$.

(ii) aus einem Beitrag der Störungstheorie zweiter Ordnung vom gekoppelten Term $e\mathbf{p}\cdot\mathbf{A}(\mathbf{r},t)/mc$. Da wir den Formalismus der Störungstheorie zweiter Ordnung nicht entwickelt haben, wollen wir uns darauf beschränken, den Ergebnisse anzugeben:

(a) An der Reaktionsschwelle kommt die gesamte Amplitude aus dem Term $e^2\mathbf{A}^2(\mathbf{r},t)/2mc^2$; die hierbei vorgenommene Eichung ist

$$\nabla\cdot\mathbf{A}(\mathbf{r},t) = 0.$$

(b) Das Matrixelement in zweiter Ordnung hat die Form

$$-\sum_n \frac{\langle f|e\mathbf{p}\cdot\mathbf{A}/mc|n\rangle\langle n|e\mathbf{p}\cdot\mathbf{A}/mc|i\rangle}{E_n - E_i}\,, \tag{25-31}$$

wobei die "Summe" über die Zwischenzustände "n" auch die Integration über die Kontinuumszustände "n" beinhaltet[6]. Hierbei reicht es nicht aus, alle Einelektronenzwischenzustände entsprechend

$$\gamma_i + e_i \to e' \to \gamma_f + e_f$$

einzubeziehen, und es reicht auch nicht, Zwischenzustände mit einem Elektron und zwei Photonen

$$e_i + \gamma_i \to \gamma_i + \gamma_f + e' \to \gamma_f + e_f$$

einzubeziehen. Es zeigt sich, daß es nötig ist, die "virtuelle" Paarerzeugung eines Elektron-Positron-Paares durch das einfallende Photon zu berücksichtigen, worauf dann unter Vernichtung des Positrons mit dem primären Elektron das auslaufende Photon entsteht, entsprechend

$$e_i + \gamma_i \to e_i + e_f + e^{+\prime} \to \gamma_f + e_f$$

und auch den Prozeß

$$e_i + \gamma_i \to e_i + \gamma_i + \gamma_f + e_f + e^{+\prime} \to \gamma_f + e_f .$$

Die Ausrechnung führt zur *Klein-Nishina-Formel*

(25-32)
$$\sigma = 2\pi \left(\frac{e^2}{mc^2}\right)^2 \left\{\frac{1+x}{x^2}\left[\frac{2(1+x)}{1+2x} - \frac{1}{x}\log(1+2x)\right] + \frac{1}{2x}\log(1+2x) - \frac{1+3x}{(1+2x)^2}\right\}$$

mit

$$x = \frac{\hbar\omega}{mc^2} .$$

Sie stimmt sehr gut mit den experimentellen Ergebnissen überein. Für tiefe Frequenzen geht sie über in

(25-33)
$$\sigma = \frac{8\pi}{3}\left(\frac{e^2}{mc^2}\right)^2 (1 - 2x)$$

und für hohe $(x \gg 1)$ in

(25-34)
$$\sigma = \pi \left(\frac{e^2}{mc^2}\right)^2 \frac{1}{x}\left(\log 2x + \tfrac{1}{2}\right) .$$

Der Wirkungsquerschnitt für den Compton-Effekt nimmt also bei hohen Energien mit wachsender Energie ebenfalls ab. Bei Energien oberhalb einiger MeV wird die Absorption der γ-Strahlung überwiegend nur noch durch die *Paarerzeugung* bestimmt.

Es ist eine bemerkenswerte Tatsache, daß sich ein Photon bei genügend hohen Energien, d.h. $\hbar\omega > 2mc^2$ in Materie umsetzen kann, und zwar in ein

---

[6] Die Tatsache, daß (25-31) wie ein Nichtdiagonalelement in Störungstheorie zweiter Ordnung aussieht, ist natürlich kein Zufall.

Elektron-Positron-Paar (Bild 25.2). Das Positron müßte eigentlich als "Antielektron" bezeichnet werden: Masse, Spin, Betrag der elektrischen Ladung und des magnetischen Moments sind genauso groß wie beim Elektron, das Vorzeichen von Ladung und magnetischem Moment sind jedoch *umgekehrt*; die nichtrelativistische Kopplung an das elektromagnetische Feld erhält man, indem $\mathbf{p}$ ersetzt wird durch $\mathbf{p} - e\mathbf{A}(\mathbf{r},t)/c$. Diese Umsetzung in Materie (die "Paarerzeugung") kann nur in Gegenwart eines dritten Teilchens, z.B. eines Kerns, stattfinden, denn Energie- und Impulserhaltung können im Prozeß

$$\gamma \to e + e^+$$

nicht gleichzeitig erfüllt sein. Um dies zu sehen, ohne dabei eine längere kinematische Berechnung durchführen zu müssen, betrachten wir den inversen Prozeß $e + e^+ \to \gamma$ im Schwerpunktsystem: Elektron und Positron haben entgegengesetzt gleichgerichteten Impuls; der Endzustand hat also den Impuls Null und die Energie $2(m^2c^4 + p^2c^2)^{1/2}$ (Anm. d. Übers.: Siehe den relativistischen Zusammenhang zwischen der Energie E und dem Impuls p eines Teilchens; der Faktor 2 kommt von den 2 beteiligten Teilchen). Ein Photon (als Endprodukt) der Energie E muß aber den Impuls E/c tragen! Ist nun ein Atomkern zugegen, so kann dieser Impuls und auch Energie aufnehmen (letztere ist für einen schweren Kern ziemlich klein, $p^2/2M$), und so kann Impuls und Energieerhaltung erfüllt werden.

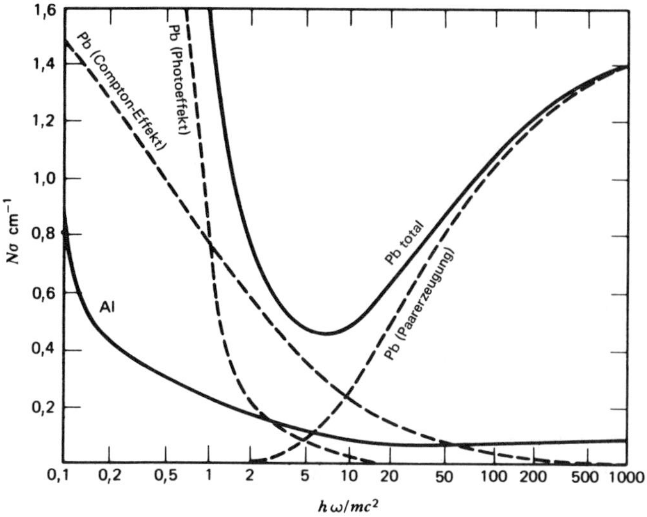

Bild 25–2 Totaler Absorptionskoeffizient für Blei und Aluminium als Funktion der Energie; Energieeinheit ist die Ruhenergie des Elektrons (0,51 MeV). Der Wirkungsquerschnitt für den Photoeffekt in Al ist auf der hier verwendeten Skala vernachlässigbar.

Die Berechnung des Prozesses

$$\gamma + \text{Kern} \rightarrow e + e^{+} + \text{Kern}$$

liegt außerhalb des Rahmens dieses Buches. Die Quantenelektrodynamik, welche für diese Berechnung ebenfalls erforderlich ist, zeigt, daß man Teilchen von einer Seite der Gleichung auf die andere übertragen darf, vorausgesetzt, man wandelt sie dabei in ihre Antiteilchen um. So kann man voraussagen, daß auch

$$\text{Kern} + e^{\pm} \rightarrow \text{Kern} + e^{\pm} + \gamma$$

möglich sein sollte, wobei das Matrixelement mit dem der Paarerzeugung eng verwandt ist. Diese Erwartung stimmt mit experimentellen Befunden überein; letzterer Prozeß ist die Ursache der *Kaskadenschauer* in der Höhenstrahlung.

Ein Photon sehr hoher Einfallsenergie (dieses kann aus dem Zerfall $\pi^{\circ} \rightarrow 2\gamma$ kommen, wobei das π° erzeugt wird, wenn ein Proton aus der primären kosmischen Strahlung auf einen Atomkern in der oberen Atmosphäre trifft) wird mit hoher Wahrscheinlichkeit Paarerzeugung machen, wobei das Elektron und das Positron jeweils etwa die Hälfte der primären Photonenenergie tragen. Jedes dieser Teilchen kann nun ein Photon erzeugen, wie oben gezeigt [7]), und hieraus können weitere Paare und Photonen entstehen. Solche Kaskadenschauer (kurz: Schauer) aus extrem hochenergetischen Ereignissen in der oberen Atmosphäre können sich über Flächen von mehreren Quadratkilometern erstrecken! Man benützt solche Schauer, aber weniger spektakuläre, in Zählinstrumenten, um hochenergetische Photonen oder Elektronen zu identifizieren. Einfallende geladene Teilchen wesentlich höherer Masse werden weniger abgelenkt und erzeugen deshalb wesentlich weniger Strahlung.

Ausführliche Rechnungen zeigen, daß die in Materie durch diese Prozesse umgesetzte Energie dem Gesetz

$$E(x) = E_{\text{einfall}}\, e^{-x/L} \tag{25-35}$$

folgt, wobei die "Strahlungslänge" L gegeben ist durch

$$L = \frac{(m^2c^2/\hbar^2)\, A}{4Z^2\alpha^3 N_0 \rho \log(183/Z^{1/3})} \tag{25-36}$$

und $N_0 = 6{,}02 \times 10^{23}$ die Avogadrozahl, m die Elektronenmasse, A das Atomgewicht, Z die Kernladung und ρ die Dichte (g/cm^3) des absorbierenden Materials ist. Die "Paarerzeugungslänge" ist

$$L_{\text{Paar}} = \frac{9}{7} L. \tag{25-37}$$

[7]) Dieser Prozeß heißt *Bremsstrahlung*, und er ist klassisch zu verstehen: Eine im Coulombfeld des Kernes abgelenkte Ladung vollführt eine beschleunigte Bewegung, und damit emittiert sie Strahlung.

Dieser Zusammenhang stimmt für niedere Z nicht sehr gut. Typische Werte von L sind

Luft	330 m
Al	9,7 cm
Pb	0,53 cm.

Die *Bremsstrahlung* ist bei hohen Energien der entscheidende Mechanismus, der den Elektronen Energie entzieht, bei geringer Energie überwiegt die Ionisation. Platzersparnisgründe verbieten uns die Behandlung dieses im wesentlichen klassischen Effekts.

Aufgaben

1. Berechnen Sie den Wirkungsquerschnitt für den Prozeß

$$\gamma + \text{Deuteron} \rightarrow N + P.$$

Der Weg ist der gleiche wie beim Photoeffekt. Zur Berechnung des Matrixelements verwende man wieder als Wellenfunktion des Endzustands

$$\psi_f(\mathbf{r}) = \frac{1}{\sqrt{V}} e^{i\mathbf{p}\cdot\mathbf{r}/\hbar},$$

wobei $\mathbf{p}$ der Impuls des Protons ist. Bei geringer Energie ist die Wellenlänge der einfallenden Strahlung viel größer als die Ausdehnung des Deuterons, so daß $e^{i\mathbf{k}\cdot\mathbf{r}} \approx 1$. Um

$$\int d^3r\, e^{-i\mathbf{p}\cdot\mathbf{r}/\hbar}\, \psi_i(\mathbf{r})$$

zu berechnen, beachte man, daß

$$\nabla^2\psi_i + \frac{M_P E_B}{\hbar^2}\psi_i - \frac{M_P}{\hbar^2} V(r)\,\psi_i = 0,$$

wobei schon die reduzierte Masse $M_P/2$ eingesetzt ist. Führen Sie nun partielle Integration durch, um zu zeigen

$$\begin{aligned} 0 &= \int d^3r\, e^{-i\mathbf{p}\cdot\mathbf{r}/\hbar}\left[\nabla^2\psi_i + \frac{M_P E_B}{\hbar^2}\psi_i - \frac{M_P V(r)}{\hbar^2}\psi_i\right] \\ &= \int d^3r\, e^{-i\mathbf{p}\cdot\mathbf{r}/\hbar}\left(-\frac{p^2}{\hbar^2} + \frac{M_P E_B}{\hbar^2}\right)\psi_i - \frac{M_P}{\hbar^2}\int d^3r\, e^{-i\mathbf{p}\cdot\mathbf{r}/\hbar}\, V(r)\,\psi_i, \end{aligned}$$

was zu

$$(E - E_B)\int d^3r\, e^{-i\mathbf{p}\cdot\mathbf{r}/\hbar}\,\psi_i = -\int d^3r\, e^{-i\mathbf{p}\cdot\mathbf{r}/\hbar}\, V(r)\,\psi_i$$

führt. Da die Integration nur über die geringe Reichweite des Potentials ausgeführt zu werden braucht, kann man hier auf der rechten Seite den Faktor $e^{-i\mathbf{p}\cdot\mathbf{r}/\hbar}$ durch 1 ersetzen. Nochmalige Verwendung der Schrödinger-Gleichung führt zu

$$-\int d^3r\, e^{-i\mathbf{p}\cdot\mathbf{r}/\hbar}\, V(r)\, \psi_i = E_B \int d^3r\, \psi_i(\mathbf{r}),$$

wobei E_B die Bindungsenergie des Deuterons (− 2,23 MeV) ist. Verwenden Sie zur Berechnung dieses Integrals die richtig normierte Funktion

$$\begin{aligned} \psi_i(\mathbf{r}) &= \frac{1}{\sqrt{4\pi}} e^{-\alpha(r-r_0)} \qquad & r > r_0 \\ &= 0 & r < r_0 . \end{aligned}$$

Für welche Photonenenergien würden Sie erwarten, daß die Wellenlänge viel größer ist als die Reichweite des Potentials $r_0 \cong 1{,}2$ fm? (Die Berechtigung für die Vernachlässigbarkeit des Integrals innerhalb des Potentialbereichs ($r < r_0$) liegt darin, daß $r_0 \ll 1/\alpha$, wobei $\alpha^2 = M_P E_B/\hbar^2$.)

2. Das Prinzip des detaillierten Gleichgewichts besagt, daß die Matrixelemente für die Reaktion I

$$A + a \rightarrow B + b$$

und die Reaktion II

$$B + b \rightarrow A + a$$

so zusammenhängen, daß

$$\sum |M_{\mathrm{I}}|^2 = \sum |M_{\mathrm{II}}|^2 ,$$

wobei sich die Summe über die Anfangs- und Endzustände des Spins erstreckt. Bedenken Sie nun, daß man zur Berechnung einer Reaktionsrate oder eines Wirkungsquerschnitts über die Anfangsspinzustände mittelt und über die Enzustände summiert; zeigen Sie unter dieser Voraussetzung, daß für die Reaktionsraten folgende Beziehung gilt

$$\frac{(2J_A + 1)(2J_a + 1)}{p_b^2(dp_b/dE_b)} \frac{dR_{\mathrm{I}}}{d\Omega_b} = \frac{(2J_B + 1)(2J_b + 1)}{p_a^2(dp_a/dE_a)} \frac{dR_{\mathrm{II}}}{d\Omega_a} .$$

Hierbei bedeuten J_a, J_A, J_b, J_B die Spins der Teilchen, p_b und p_a die Impulse von Teilchen b und a im Schwerpunktsystem, E_b und E_a sind die Energien der Teilchen und $d\Omega_b$, $d\Omega_a$ sind die infinitesimalen Raumwinkelelemente, in denen b und a beobachtet werden. Verwenden Sie dieses Ergebnis, um den Wirkungsquerschnitt für den mit γ-Strahlung verbundenen Neutroneneinfang

$$N + P \rightarrow D + \gamma$$

zu berechnen, und zwar mit Hilfe des in der 1. Aufgabe berechneten Wirkungsquerschnitts. Beachten Sie: der Faktor $(2J + 1)$ für Photonen hat den Wert 2, da es nur zwei Polarisationszustände gibt, und der Spin des Deuterons ist 1.

3. Der Wirkungsquerschnitt für die Reaktion

$$\pi^+ + D \rightarrow P + P$$

wurde zu $3{,}0 \times 10^{-27}$ cm² gemessen für den Fall, daß die Einfallsenergie des π^+ im Laborsystem 24 MeV beträgt.

a) Bei welcher Energie im Laborsystem würde man durch Messung des Wirkungsquerschnitts für

$$P + P \rightarrow \pi^+ + D$$

das Prinzip des detaillierten Gleichgewichts überprüfen können? (Die Ruhenergie des Pions ist $m_\pi c^2 = 140$ MeV; ferner: $M_p c^2 = 940$ MeV; $M_D \cong 2M_p$).

b) Welchen Wirkungsquerschnitt sagen Sie für diese Reaktion voraus, wenn der Spin des π^+ Null ist?

4. Wie groß ist die Strahlungslänge in flüssigem Xenon ($Z = 54$, $A = 131$, $\rho = 3{,}09\,\mathrm{g/cm^{-3}}$)?

5. Angenommen ein Elektron wäre an den Kern durch einen rechteckigen Potentialgraben gebunden. Berechnen Sie die Energieabhängigkeit des Wirkungsquerschnitts für den lichtelektrischen Effekt. Nehmen Sie an, daß die Photonenenergie viel größer ist als die Bindungsenergie des Elektrons, und daß das Potential eine kurze Reichweite habe (Hinweis: Siehe Aufgabe 1).

Literatur

Die bei der Absorption von Strahlung beim Durchgang durch Materie stattfindenden Prozesse werden in den meisten der am Ende des 1. Kapitels aufgeführten Lehrbüchern der modernen Physik diskutiert. Eine sehr gründliche Diskussion der zur Messung nötigen Experimentiertechnik gibt

E. Segre "Nuclei and Particles" W.A. Benjamin, Inc., New York, 1964

26. Elementarteilchen und deren Symmetrien

In diesem Kapitel diskutieren wir eine Reihe von Punkten, die mit den fundamentalen Wechselwirkungen der Elementarteilchen zusammenhängen. Jegliche Theorie hierzu beinhaltet Züge, die zu einer quantitativen Diskussion für uns auf zu hohem Niveau liegen, und deshalb ist dieses Kapitel im Vergleich zu den anderen notwendigerweise mehr qualitativer Natur. Trotzdem werden wir sehen, daß Begriffe aus der Quantenmechanik zur Analyse vieler verschiedener komplexer Phänomene wesentlich sind.

A. Elektronen und Positronen

Im 25. Kapitel haben wir erwähnt, daß sich ein Photon in Gegenwart eines Partners (dieser ist nötig zur Impulserhaltung) in ein Elektron und ein Positron, also in Materie umsetzen kann. Das Positron wird sehr bezeichnend das *Antiteilchen* des Elektrons genannt; es ist - bis auf das Ladungsvorzeichen und andere elektromagnetische Eigenschaften (z. B. das entgegengesetzte magnetische Dipolmoment) - identisch mit dem Elektron. Wird ein Elektron-Positron-Paar z. B. in einer Blasenkammer erzeugt, so zeigt sich in Gegenwart eines Magnetfeldes ein sehr charakteristisches Bild der Teilchenspuren, denn die beiden Teilchen werden entgegengesetzt abgelenkt (Bild 26.1). Antiteilchen sind eine notwendige Folge der relativistischen Quantenmechanik; das Positron wurde 1928 von Dirac vorhergesagt, zwei Jahre bevor es von Anderson experimentell nachgewiesen wurde.

Wir leben in einer Welt, die aus Protonen, Neutronen und Elektronen aufgebaut ist. Positronen sind sehr selten, denn sie müssen erst erzeugt werden, und zwar unter dem Energieaufwand von mindestens $2m_ec^2 \approx 1$ MeV, was der Ruheenergie des Paares entspricht, und deshalb werden sie immer nur unter sehr speziellen experimentellen Umständen untersucht. Trotzdem, alle experimentelle Erfahrung, und auch die Tatsache, daß es eine bemerkenswert erfolgreiche Theorie gibt (die Quantenelektrodynamik, welche unter dem Austausch $e^+ \leftrightarrow e^-$ symmetrisch ist), sprechen dafür, daß elektromagnetische Wechselwirkungen nicht zwischen Positron und Elektron unterscheiden, mit der einen Ausnahme des Ladungsvorzeichens. Von hier aus führt eine kühne Extrapolation zum allgemeinen Begriff der Invarianz der physikalischen Gesetze gegenüber Teilchenkonjugation (d. i. Austausch Teilchen - Antiteilchen), wobei nicht nur Elektronen durch Positronen ersetzt werden (und umgekehrt), sondern auch Protonen durch Antiprotonen,

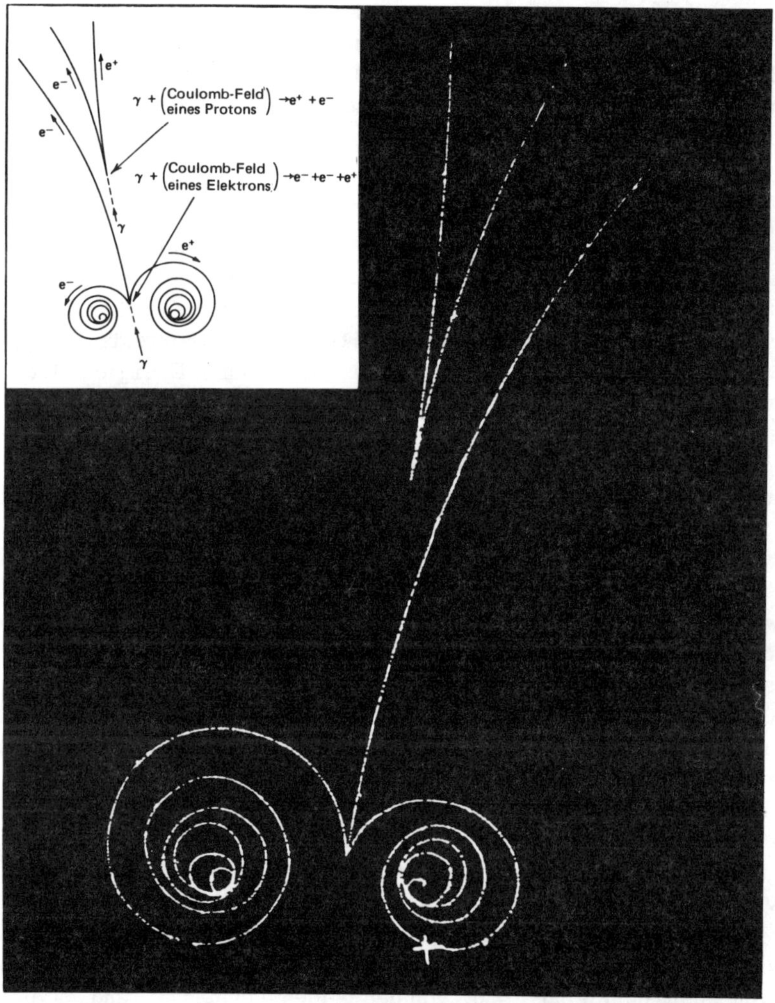

Bild 26–1 Blasenkammeraufnahme der Umwandlung von γ-Strahlen in Elektron-Positron-Paare, unter Gegenwart von Materie (Wasserstoff). In einem Fall findet die Paarerzeugung im Coulomb-Feld eines Delektrons statt, im anderen Fall im Coulomb-Feld des Protons. Die Spuren erfahren durch das angelegte Magnetfeld eine Krümmung, welche von Feld, Teilchenimpuls und Ladung abhängt. (Mit Genehmigung des Lawrence Berkeley Laboratory, University of California).

Neutronen durch Antineutronen usw. Mit dieser Verallgemeinerung können wir uns Materie auch aus Antiteilchen aufgebaut vorstellen (ergibt "Antimaterie"), also Antikerne und in deren Coulombpotential gebundene Positronen. Eine Folge dieses Invarianzprinzips ist es, daß alle physikalischen Observablen bei der Teilchen-Antiteilchen-Konjugation gleich bleiben, und damit kann ein Beobachter nicht unterscheiden, ob er und seine Umgebung aus Materie oder aus Antimaterie gebaut sind. Ob die Gesetze der Physik diesem vermuteten Invarianzprinzip folgen, muß durch das Experiment entschieden werden. Heute sieht es so aus, als ob die Gesetze der starken Wechselwirkung (Kernkräfte) und der elektromagnetischen Wechselwirkung diesem Prinzip folgen, nicht aber die Gesetze der schwachen Wechselwirkung. Allein die *Existenz* der Antiteilchen folgt aus ziemlich allgemeinen Gesetzen der relativistischen Quantenmechanik.

Wir wollen uns zunächst auf die Positronen konzentrieren und fragen, was geschieht, wenn ein solches in die Nähe von Elektronen gelangt. Früher oder später wird das Positron und ein Elektron zusammenstoßen, wobei der zur Paarerzeugung inverse Prozeß eintritt. Die gesamte dabei freiwerdende Energie setzt sich zusammen aus der kinetischen Energie beider Teilchen und deren Ruheenergie $2m_ec^2$; sie wird frei in Form von Strahlung (Dieser Prozeß heißt die Elektron-Positron-Vernichtung, Anm. d. Übers.). Um neben der Energieerhaltung auch die Impulserhaltung erfüllen zu können, muß bei Abstrahlung eines einzigen Photons ein dritter Körper (z.B. ein Atomkern) zugegen sein, oder es müssen mindestens zwei Photonen erzeugt werden, wie schon früher erläutert. Eine faszinierende Möglichkeit liegt darin, daß das Positron zunächst durch Ionisation, also durch langreichweitige Stöße mit Elektronen den größten Teil seiner Energie verlieren kann, d.h. es kann zunächst abgebremst werden, und wird nicht unbedingt schon bei hohen Energien gleichsam "im Fluge" dem Vernichtungsprozeß unterworfen. Das abgebremste Positron kann nun von einem Elektron in einen gebundenen Zustand eingefangen werden: Die sich gegenseitig anziehenden Teilchen bilden ein Atom, das man *Positronium* nennt. Dieses Atom wird in erster Näherung durch die auch für das Wasserstoffatom benützte Gleichung beschrieben, wobei nur die reduzierte Masse jetzt $\mu = m_e/2$ beträgt. Die Ionisierungsenergie des Positroniums ergibt sich damit zu 6,8 eV, der "Bahnradius" im Grundzustand ist 1 Å (anstatt 0,5 Å beim Wasserstoff) usw. Positronium ist wirklich nachgewiesen worden und alle seine beobachteten Eigenschaften entsprechen den Erwartungen[1]). Der Grundzustand von Positronium hat $l = 0$; von den beiden Termen $^1S_0$ und $^3S_1$ ist der erste der tiefere. Dies wäre aus der Hyperfeinaufspaltung (17. Kapitel) zu sehen, aber hier ist die Lage ein wenig komplizierter, weil im Gegensatz zum Wasserstoff auch die Möglichkeit der Vernichtung besteht, und dadurch die Hyperfeinwechselwirkung durch rein relativistische Effekte teilweise aufgehoben wird.

Sobald sich das Positronium in einem S-Zustand befindet, ergibt sich eine sehr merkliche Überlappung der beiden Wellenfunktionen, und damit wird die Vernichtung sehr wahrscheinlich. Der Zustand $^1S_0$ kann in zwei Photonen zerstrahlen, und die Rate für diesen Prozeß ist folgendermaßen abzu-

1) Hierin sind auch so wesentlich feinere Effekte wie Spin-Bahnkopplung, Hyperfeinstruktur und ein Imaginarteil im Potential wegen der Möglichkeit der Vernichtung in zwei Photonen enthalten.

schätzen: Für jedes emittierte Photon wird das Matrixelement einen Faktor e beinhalten, d.h. das Quadrat des Matrixelements beinhaltet e^4 bzw. α^2. Daneben muß die Rate des Vernichtungsprozesses auch proportional sein zur Wahrscheinlichkeit, daß sich die Teilchen am gleichen Ort befinden. Ein vernünftiges Maß hierfür ist $|\psi(0)|^2$, wobei $\psi(0)$ die wasserstoffähnliche Wellenfunktion im Grundzustand beim Teilchenabstand 0 ist. Hierfür ergibt sich $(1/\pi)(1/a_0)^3$, wobei $a_0 = \hbar/\mu c\alpha$. Um noch die Dimension richtig zu bekommen, müssen wir multiplizieren mit $(\text{Länge})^3 \cdot (\text{Zeit})^{-1}$, was mit den Faktoren $\hbar$, c, und μ, aber ohne e zu erreichen ist. Insgesamt ergibt die Abschätzung

$$R = \eta \frac{1}{\pi} \alpha^2 \left(\frac{\mu c\alpha}{\hbar}\right)^3 \left(\frac{\hbar}{\mu c}\right)^3 \frac{\mu c^2}{\hbar} = \left(\frac{\eta}{2\pi}\right) \alpha^5 \left(\frac{mc^2}{\hbar}\right). \tag{26-1}$$

Die Konstante η ist durch dieses Dimensionsargument nicht bestimmbar. Somit verbleibt

$$R = 0{,}26\,\eta \times 10^{10}\ \mathrm{s}^{-1}. \tag{26-2}$$

Die experimentell gefundene Vernichtungsrate ist $0{,}8 \times 10^{10}\ \mathrm{s}^{-1}$, d.h. der Vergleich mit der Abschätzung liefert $\eta \approx 3{,}0$. Eine theoretische Berechnung dieser Konstante erfordert relativistische Quantenmechanik, da man hierzu das Matrixelement für die Vernichtung eines Teilchens mit seinem Antiteilchen benötigt. Aus der nichtrelativistischen Schrödinger-Gleichung ist das nicht zu erhalten.

Positronium im Zustand $^3S_1$ unterliegt ebenfalls der Vernichtung, hierzu müssen aber drei Photonen emittiert werden. Um dies zu verstehen, betrachten wir die Eigenschaften von Positronium unter Ladungskonjugation; hierunter versteht man den Austausch von Teilchen und Antiteilchen, also $e^+ \leftrightarrow e^-$. Die Ladungskonjugation ist zu erreichen durch aufeinanderfolgende Ausführung (1) einer Inversion (Vorzeichenwechsel der Ortskoordinaten) und (2) eines Spinaustausches (s. Bild 26.2). Ein Singulettzustand ($S = 0$) verhält sich unter Spinaustausch ungerade, ein Triplettzustand ($S = 1$) verhält sich gerade, d.h. der Spinaustausch bewirkt $(-1)^{S+1}$. Für Koordinatenspiegelung kennen wir schon das Verhalten $(-1)^l$, aber es gibt noch einen weiteren Faktor (-1), der davon kommt, daß Antiteilchen vom Spin 1/2 (ebenso 3/2, 5/2, ...) entgegengesetzte Parität wie die dazugehörigen Teilchen haben[2]. Damit haben wir insgesamt für Ladungskonjugation

$$C = (-1)^{S+l}. \tag{26-3}$$

[2] Dies folgt aus allgemeinen Eigenschaften der relativistischen Quantenmechanik, und hat außer den hier genannten auch noch andere experimentelle Konsequenzen. Z. B. wird für die Polarisationsvektoren der beiden in der Positronenvernichtung entstehenden Photonen vorausgesagt, daß sie bevorzugt aufeinander senkrecht stehen, was auch vom Experiment bestätigt wird.

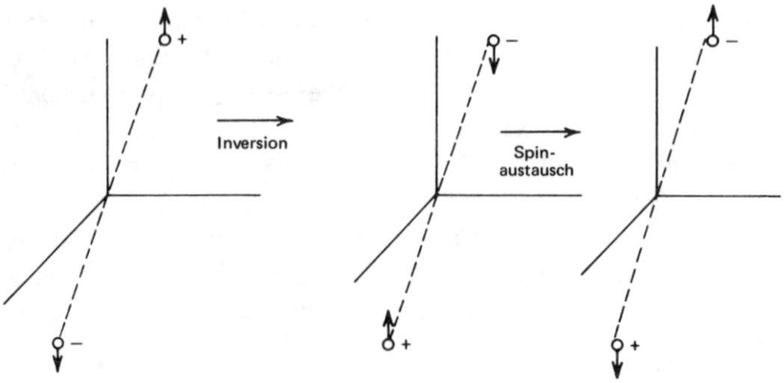

Bild 26–2 Ladungskonjugation eines Elektron-Positron-Systems. Sie ist äquivalent zu (Inversion) × (Spinaustausch).

Der Grundzustand $^1S_0$ verhält sich also unter Ladungskonjugation gerade, und der darüberliegende Zustand $^3S_1$ ungerade; $^1P_1$ verhält sich ungerade, $^3P_{2,1,0}$ gerade usw. Nun ist aber das elektromagnetische Feld unter Ladungskonjugation *ungerade*. Z.B. die Gleichung

(26-4) $\quad \nabla \cdot \mathbf{E} = 4\pi\rho$

kann nur dann invariant gegen Ladungskonjugation sein, wenn **E** das Vorzeichen wie die Ladungsdichte ändert. Tatsächlich ergibt sich bei Ladungskonjugation [3]) $\boldsymbol{\varepsilon} \to -\boldsymbol{\varepsilon}$. (Anm. d. Übers.: $\boldsymbol{\varepsilon}$ ist der Polarisationsvektor.) Dies führt zu einer Reihe von Auswahlregeln, die besagen, daß Positronium mit gegebenem S und l nur in eine gerade Photonenanzahl vernichtet werden kann, wenn $S + l$ gerade ist, und in eine ungerade Photonenanzahl, wenn $S + l$ ungerade ist. Der Positroniumzustand $^3S_1$ kann also nur eine ungerade Photonenanzahl ergeben. Da jedes zusätzliche Photon die Vernichtungsrate mindestens um den Faktor α reduziert, findet die Vernichtung bevorzugt mit der kleinstmöglichen Photonenanzahl statt.

B. Baryonen, Antibaryonen und Mesonen

Im letzten Abschnitt haben wir den Begriff der Ladungskonjugation von Elektronen auf andere Teilchen ausgedehnt, und so kamen wir zum Vorschlag des Antiprotons und Antineutrons. Die Existenz dieser Teilchen wurde tatsächlich nachgewiesen, obwohl es schwierig ist, sie zu produzieren, denn man braucht im Schwerpunktsystem mindestens die Energie $2M_pc^2 \cong 1880$ MeV,

[3]) Bei Ladungskonjugation ist $\mathbf{p} - (e/c)\,\mathbf{A} \to \mathbf{p} + (e/c)\,\mathbf{A}$. Wir ändern bei der Ladungskonjugation nicht das Vorzeichen der Zahl e/c, sondern wir ändern das Vorzeichen von **A**, oder äquivalent, von **E** und **B**. Dies bedeutet, daß der Polarisationsvektor $\boldsymbol{\varepsilon}$ sein Vorzeichen wechselt. Da Übergangsraten die Quadrate von Größen mit $\boldsymbol{\varepsilon}$ beinhalten sehen wir, daß diese observablen Größen invariant gegen Ladungskonjugation sind.

um ein solches Teilchen-Antiteilchenpaar zu produzieren. Für das Antiproton fand man die Ladung -1, seine Masse ist gleich der des Protons, sein magnetisches Moment dem Betrage nach gleich, aber entgegengerichtet dem des Protons; auch andere Größen entsprechen der theoretischen Erwartung. Beim Neutron könnte sich die Frage stellen, wodurch es sich vom Antineutron unterscheidet, da beide doch ladungsneutral sind. Die Antwort liegt darin, daß es eine Quantenzahl - analog zur Ladung - zu geben scheint, die man die ***Baryonenzahl*** N_B nennt; sie ist eine Erhaltungsgröße und hat für die Nukleonen (Neutron und Proton) den Wert $+1$ (Definition) und für die Antinukleonen (Antineutron und Antiproton) den Wert -1.

Das Konzept der Erhaltung der Baryonenzahl entstand aus dem empirischen Befund, daß es keine Reaktion zu geben scheint, in der ein Elektron (e^-) mit einem Proton (P) zerstrahlt. Könnte die Reaktion

$$e^- + P \rightarrow \text{"Stoff"}$$

oder ebenso

$$P \rightarrow e^+ + \text{"Stoff"}$$

stattfinden, so wäre die Materie nicht stabil. Wir können eine triviale untere Grenze für die Lebensdauer des Protons angeben: Sie ist größer als $4{,}5 \times 10^9$ Jahre, wie die Existenz geologisch sehr alter Materie zeigt. Man kann aber eine bessere Abschätzung machen: Jede der obengenannten Reaktionen - wir können uns vorstellen, daß sie in einem Szintillatormaterial stattfindet - würde Strahlung zur Folge haben, die vom Szintillator nachgewiesen werden kann. Schirmt man nun einen großen Szintillator sorgfältig nach außen ab, so daß von außen kommende Strahlung, z.B. die kosmische Strahlung, nicht nachgewiesen wird, und sucht man nun nach "spontanen" Strahlungspulsen, die nun aus dem Szintillator selbst kommen müssen, so kann man eine obere Grenze für die Häufigkeit der obengenannten Prozesse angeben, und zwar z.B. für die etwa 10^{25} Atome des Szintillators. Das Fehlen solcher "spontaner" Pulse innerhalb einer gewissen Beobachtungsdauer ergibt für die Lebensdauer des Protons eine untere Grenze von ca. 2×10^{28} Jahren. Es ist also billig, das Proton als stabil zu bezeichnen.

In manchen Kernen aber findet die Reaktion

$$e^- + P \rightarrow N + \nu$$

wirklich statt; es ist also nicht ganz richtig zu behaupten, daß die Protonenzahl erhalten bleibt. Die richtige Aussage ist, daß die Anzahl von Protonen plus Anzahl von Neutronen erhalten bleibt (genauso wie die elektrische Ladung). Diese erhaltene Gesamtzahl ist die Baryonenzahl. Wir postulieren, daß sie bei Ladungskonjugation einen Vorzeichenwechsel erfährt (genauso wie die elektrische Ladung). Demgemäß hat sowohl das Antiproton als auch das Antineutron die Baryonenzahl $N_B = -1$. Elektronen und Positronen haben $N_B = 0$, und dies ist die formale Erklärung für das Fehlen der Reaktion $e^- + P \rightarrow$ "Stoff" usw. Baryonen und Antibaryonen (Anm. d. Übers.: Als Baryonen, d.i. "schwere Teilchen", bezeichnet man Protonen, Neutronen und deren angeregte Zustände, s.w.u.) können sich also sehr wohl gegenseitig vernichten, wobei der entstehende "Stoff" durch $N_B = 0$ charakterisiert sein muß, seine Ladungszahl aber kann $+1, 0, -1$ sein, wie z.B. bei $P + \overline{N}$, $P + \overline{P}$, (oder $N + \overline{N}$) und $\overline{P} + N$. Was die Vernichtungsprodukte auch immer sein mögen, sie müssen eine gesamte Energie von mindestens 1880 MeV haben; dies ist eine hervorstechende Eigenschaft der Nukleon-Antinukleon-Vernichtung.

Es ist zwar konsistent mit den Symmetriegesetzen, die Reaktion

$$P + \overline{P} \rightarrow (e^+e^- \text{ Paare}) + \text{Photonen}$$

zu erwarten, aber es zeigt sich, daß bei der Proton-Antiproton-Vernichtung in den meisten Fällen andere Teilchen erzeugt werden, die π-Mesonen, welche man auch *Pionen* nennt. Diese Teilchen wurden 1935 zuerst von Yukawa vorhergesagt, und zwar um die kurzreichweitigen Kernbindungskräfte in Analogie zu den langreichweitigen elektromagnetischen Kräften zu erklären; die Pionen spielen hierbei die gleiche Rolle wie dort die Photonen[4]). Pionen sind nicht allgemeine alltägliche physikalische Erscheinungen, denn sie haben kurze Lebensdauer: π^- und π^+ hat 10^{-8} s, π^0 hat 10^{-16} s (Anm. d. Übers.: Die Vorzeichen bedeuten die elektrische Ladung der Pionen; weiter unten wird erklärt, daß es Pionen der Ladung $+1$, -1 und 0 gibt). Alle Pionen haben eine Ruheenergie der Größenordnung $m_\pi c^2 \cong 140$ MeV und die Baryonenzahl $N_B = 0$. π^- ist das Antiteilchen von π^+; ihre Massen und ihre Zerfallsmöglichkeiten sind gleich. Pionen sind die Ursache für mindestens einen Teil der Kernbindungskräfte, und somit müssen sie ziemlich stark an die Nukleonen gekoppelt sein. Die Rolle der für die elektrische Kopplung typischen Feinstrukturkonstante $e^2/\hbar c \cong 1/137$ kennen wir; sie hat ihr Analogon in einer Konstante, welche die Nukleonenkopplung beschreibt, nämlich $g^2/\hbar c \cong 15$ (daher auch die Bezeichnung "starke Kopplung"). Die Regel, daß die Reaktion mit der geringsten Photonenzahl die wahrscheinlichste ist, gilt damit für Pionen nicht. In der Vernichtung

$$P + \overline{P} \rightarrow \text{Pionen}$$

kann also die Anzahl der jeweils auftretenden Pionen sehr verschieden sein, wenn nur die Energieerhaltung erfüllt ist. Die mittlere Anzahl scheint bei 5 zu liegen, wenn Nukleon und Antinukleon sich in Ruhe befinden. Pionen haben Spin 0 und negative Parität (Bezeichnung 0^-), sie werden deshalb *pseudoskalare* Teilchen genannt. Wegen des fehlenden Spins können sie keinerlei elektrische Momente haben, also z.B. kein magnetisches Dipolmoment. Der einzige Unterschied zwischen π^+ und π^- ist deren Ladung, und das π^0 ist sein eigenes Antiteilchen, wie es auch das Photon ist.

[4]) Siehe auch im Kapitel "Spezielle Themen" den 5. Abschnitt "Die Yukawa-Theorie".

C. Erhaltung des Isospins

Das Neutron und das Proton sind sich in Wirklichkeit sehr ähnlich. Sie unterscheiden sich zwar (a) in ihrer Ladung, (b) in ihrem magnetischen Moment, und (c) in ihrer Masse, letztere jedoch nur um ca. 1 ‰. Die Kernkräfte aber scheinen nicht zwischen Neutronen und Protonen zu unterscheiden. So sind die Bindungsenergien von einem Kern und seinem Spiegelkern (vertauscht man in einem Kern seine Protonenzahl mit der Neutronenzahl, so hat man den dazugehörigen Spiegelkern) fast gleich; eine verbleibende Diskrepanz ist durch die unterschiedlichen Coulombbeiträge zu erklären. Wäre der Masseunterschied zwischen Neutron und Proton ebenso ein elektromagnetischer Effekt (die Größenordnung dieser Differenz wäre so erklärbar), dann wären alle Unterschiede zwischen Neutron und Proton allein elektromagnetisch zu erklären.

Heisenberg und Condon machten folgenden kühnen Vorschlag zur Erklärung der Natur der Nukleonen: Wäre es möglich, deren Kopplung an das elektromagnetische Feld, also die elektrischen Ladungen, "abzuschalten", so gäbe es keine Möglichkeit, zwischen Proton und Neutron zu unterscheiden; man sollte also versuchen, diese beiden Teilchen als zwei Unterzustände einer Einheit, des sog. Nukleons zu verstehen. Diese Vorstellung erwuchs aus der Tatsache, daß auch ein Elektron im Magnetfeld mit "Spin aufwärts" und mit "Spin abwärts" immer noch das gleiche Elektron ist, obwohl diese Zustände verschiedene Energie haben und damit unterscheidbar sind. In diesem Fall kann das Feld und damit auch das Aufbrechen der Symmetrie wirklich abgeschaltet werden. Bei Nukleonen kann die symmetrieaufbrechende Eigenschaft der elektromagnetischen Wechselwirkung zwar experimentell nicht genauso abgeschaltet werden, aber dies hindert uns nicht daran, uns eine Welt ohne Elektromagnetismus vorzustellen. Der obengenannte Vorschlag bestand darin, daß die Analogie mit dem Spin sehr eng sein soll, daß also das Proton und das Neutron zu beschreiben sei als die "aufwärts"- und "abwärts"-Zustände eines Teilchens vom "Isotopenspin 1/2"; dieses Teilchen heißt das Nukleon. (Anm. d. Übers.: Die dazugehörige Quantenzahl des Nukleons ist $I = 1/2$; man sagt auch kurz: das Nukleon hat den Isospin 1/2). Das Nukleon ist also ein Zustand mit $I = 1/2$; das Proton und das Neutron sind Eigenzustände von I_z mit Eigenwert $+1/2$ und $-1/2$ (Anm. d. Übers.: Man bezeichnet I_z auch als die "Isospinkomponenten" $\pm 1/2$; diese beiden Zustände bilden also ein Isospindublett). Das Antiproton und das Antineutron bilden auch ein solches Dublett, aber nun hat das Antiproton $I_z = -1/2$ und das Antineutron $I_z = +1/2$. Die Kernkräfte sind nun zu sehen als Nukleon-Nukleon-Kräfte, und die Gleichheit der Bindungskräfte bei *P-P*, *N-P* und *N-N* ist durchaus zu verstehen, wenn man annimmt, daß das Nukleon-Nukleon-Potential für die Erhaltung des gesamten Drehimpulses im Isospin-Raum sorgt; der *Isospin ist also eine Erhaltungsgröße* (Anm. d. Übers.: bei starken Wechselwirkungen).

Zwei Nukleonen (je $I = 1/2$) können also ein Triplett $I = 1$ und ein Singulett $I = 0$ bilden. Diese Zustände haben, in völliger Analogie zum Spintriplett und -singulett, die Form

$$\text{(26-5)} \qquad \text{Triplett} \begin{cases} PP \\ \frac{1}{\sqrt{2}}(PN + NP) \\ NN \end{cases} \qquad \text{Singulett} \frac{1}{\sqrt{2}}(PN - NP).$$

Die mit P und N bezeichneten Größen im Isospinraum sind analog zu den Spinoren χ_+ (Spin aufwärts) und χ_- (Spin abwärts) beim Elektron (Anm. d. Übers.: Vgl. 15-46 und 15-47).

Wegen des Pauliverbots sind die P–P-Zustände nur auf die völlig antisymmetrischen Zustände ${}^1S_0$, ${}^3P_{2,1,0}$, ${}^1D_2, \ldots$ beschränkt. Die Isospinerhaltung erfordert für das N–P-System im Zustand $I = 1$ die gleiche Aussage. Die Proton-Proton- und Neutron-Proton-Kräfte (P–P bzw. N–P) in diesen Zuständen werden also gleich sein (und gleich der N–N-Kraft), aber die Kräfte in den Zuständen ${}^3S_1$, ${}^1P_1$, ${}^3D_{3,2,1}, \ldots$ des N–P Systems können davon verschieden sein, da diese $I = 0$ entsprechen. Die Verschiedenheit dieser Kräfte zeigt sich darin, daß zwar das Deuteron existiert, aber kein entsprechender gebundener Zustand in den Systemen P–P und N–N. Diese Situation ist analog dazu, daß es spinabhängige Potentiale gibt, welche für Zustände des Tripletts eine andere Kraft wie für das Singulett liefern, obwohl der gesamte Drehimpuls Erhaltungsgröße ist. Führen wir Operatoren $\mathbf{I}$ $(=I_x, I_y, I_z)$ ein, welche den Vertauschungsregeln für den Drehimpuls gehorchen

$$\text{(26-6)} \qquad [I_x, I_y] = iI_z \qquad \text{(cycl.)},$$

so können wir für den Isospin einen Formalismus in völliger Analogie zu dem beim Drehimpuls üblichen entwickeln, mit der einen Ausnahme, daß es keine Analogie gibt zu dem mit räumlicher Bewegung zusammenhängendem Bahndrehimpuls. Isospinerhaltung bedeutet, daß der Hamilton-Operator in Abwesenheit elektromagnetischer Wechselwirkungen die Eigenschaft

$$\text{(26-7)} \qquad [H, \mathbf{I}] = 0$$

hat. Weiterhin können Eigenzustände von $\mathbf{I}^2$ und I_z mit den Eigenwerten $I(I+1)$ und $-I \le I_z \le I$ als Basiszustände verwendet werden. Die Existenz von drei Pionen, π^+, π^0 und π^-, wovon alle Spin 0, Parität -1 (Kurzbezeichnung 0^-) und fast die gleiche Masse haben, paßt sehr gut zu der entsprechenden Symmetrie; wir können sagen, *die Pionen bilden ein Triplett* $(I = 1)$, wobei die Zustände $I_z = 1, 0, -1$ durch π^+, π^0 und π^- dargestellt sind.

Allein die Existenz dieser Isospin-Multipletts kann schon als Hinweis auf die zugrundeliegende Symmetrie gesehen werden. Wir können jedoch noch auf einige andere, mehr direkte Erscheinungsformen der Symmetrie der starken Wechselwirkungen (Kernkräfte) hinweisen.

(a) Kerne mit Z Protonen und A–Z Neutronen haben

$$I_z = \frac{Z - (A - Z)}{2} = Z - A/2, \tag{26-8}$$

d.h. jeder deren Zustände gehört zu einem Multiplett des Isospins I vom Mindestwert $|Z - A/2|$ (Anm. d. Übers.: Letztere Aussage wird klar, wenn man sich überlegt, daß die Isospinkomponente I_z die ganzzahligen Werte zwischen $+I$ und $-I$ annehmen kann. Das Zustandekommen von (26-8) sieht man am besten, wenn man nachträglich zwei Sonderfälle betrachtet: Für einen Kern, der nur aus Protonen, d.h. $A = Z$, besteht erhält man $I_z = +1/2A$; für einen Kern, der nur aus Neutronen, d.h. $Z = 0$, besteht, erhält man $I_z = -1/2A$). Man könnte erwarten, Anzeichen für andere Komponenten dieses Multipletts in Nachbarkernen zu finden, und solche wurden auch wirklich gefunden. Gewisse Niveaus aus dem Termschema verschiedener Kerne von gleichem Isospin heißen Analogzustände; diese sind Gegenstand intensiver Studien der Kernphysiker. Bild 26.3 zeigt ein besonders klares Beispiel zu den Isospinmultipletts. ^{18}O, ^{18}F und ^{18}Ne haben die Protonen- bzw. Neutronenzahlen (8,10), (9,9) und (10,8). (Anm. d. Übers.: Man erkennt, daß dies Isobare sind, und deshalb nach (26-8) benachbarte Werte von I_z haben, wobei $I = 1$). Der Grundzustand des ^{18}O und des ^{18}Ne kann zu einem Isospintriplett gehören; ^{18}F hat im Grundzustand jedoch 1^+ (Kernspin, Parität) und dieser kann damit nicht zu einem Triplett mit den beiden Zuständen des ^{18}O und ^{18}Ne (jeweils 0^+) zusammengehören. Es gibt aber im Termschema von ^{18}F einen angeregten Zustand mit 0^+, und dieser könnte die Komponente $I_z = 0$ des Isospintripletts sein. Darüberhinaus sieht man in der Abbildung bemerkenswerte Zusammenhänge zwischen einer ganzen Reihe von Energieniveaus dieser drei Isobare, womit angezeigt ist, daß jeweils drei davon zu dem Isospintriplett gehören. Der Vergleich der Niveaus zeigt außerdem, daß sie jeweils eine Energiedifferenz von einigen MeV haben, was aber zu erwarten ist, da die Coulombabstoßung zwischen den Protonen nicht auf die Isospinsymmetrie Rücksicht nimmt. Diese Energiedifferenzen können sogar quantitativ durch die Coulombkraft erklärt werden.

(b) Isospinmultipletts erscheinen auch in angeregten Zuständen von Nukleonen. Über diese erhält man folgendermaßen Auskunft: Untersucht man Pionen und Nukleonen, die aus einem hochenergetischen Stoß zwischen einem Pion oder einem Proton mit einem Proton hervorgehen, so kann man deren Impuls und Energie bestimmen: Wenn nun ein bestimmtes Nukleon und ein Pion Zerfallsprodukte einer "Einheit", oder eines angeregten Nukleonenzustands sein sollen, so müßte diese Einheit charakterisiert sein durch $I = 3/2$ oder $1/2$, da nur diese Werte aus einem Nukleon ($I = 1/2$) und einem Pion ($I = 1$) kon-

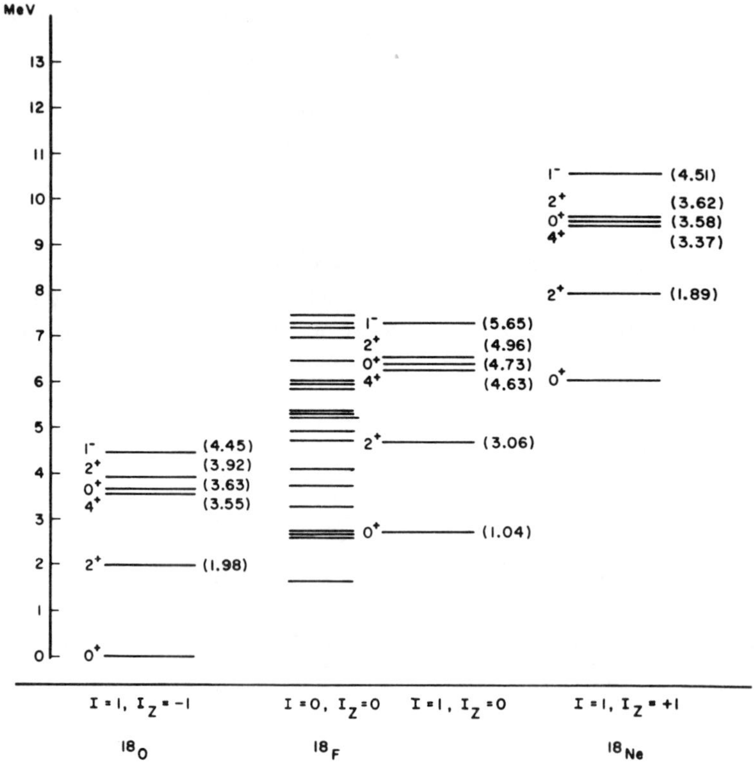

Bild 26–3 Termschema der Kernniveaus für Isobare $A = 18$. Die Niveaus mit $I = 1$ für ^{18}O ($I_z = -1$), ^{18}F ($I_z = 0$) und ^{18}Ne ($I_z = 1$) zeigen bemerkenswerte Übereinstimmung. Die Niveaus mit $I = 0$ für ^{18}F sind ebenfalls eingezeichnet. (Aus: F. Ajzenberg-Selove, *Nuclear Physics* **A190**, 1 (1972).)

struiert werden können [5]). Weiterhin, wäre diese zerfallende Einheit in Ruhe und von der Masse M, so müßte das Pion und das Nukleon gleich großen, entgegengesetzt gerichteten Impuls haben, und ihre Gesamtenergie müßte Mc^2 sein. Allgemeiner ausgedrückt: Bezeichnen wir mit $(E,\mathbf{p})$ Nukleonenenergie und -Impuls, und mit $(\epsilon,\mathbf{q})$ Pionenenergie und -Impuls, so haben wir den relativistischen Zusammenhang

$$(E + \epsilon)^2 - (\mathbf{p} + \mathbf{q})^2 c^2 = M^2 c^4 . \tag{26-9}$$

Mißt man also Energien und Impulse und studiert deren Zusammensetzung bei den entstehenden Pion-Nukleon-Paaren, so ist es also möglich, nach solchen zerfallenden Nukleonenzuständen zu suchen. Bild 26.4 zeigt zwei

[5]) Es wird natürlich angenommen, daß der Isospin in einem solchen "Zerfall" eines angeregten Zustandes erhalten bleibt. Mehr darüber später.

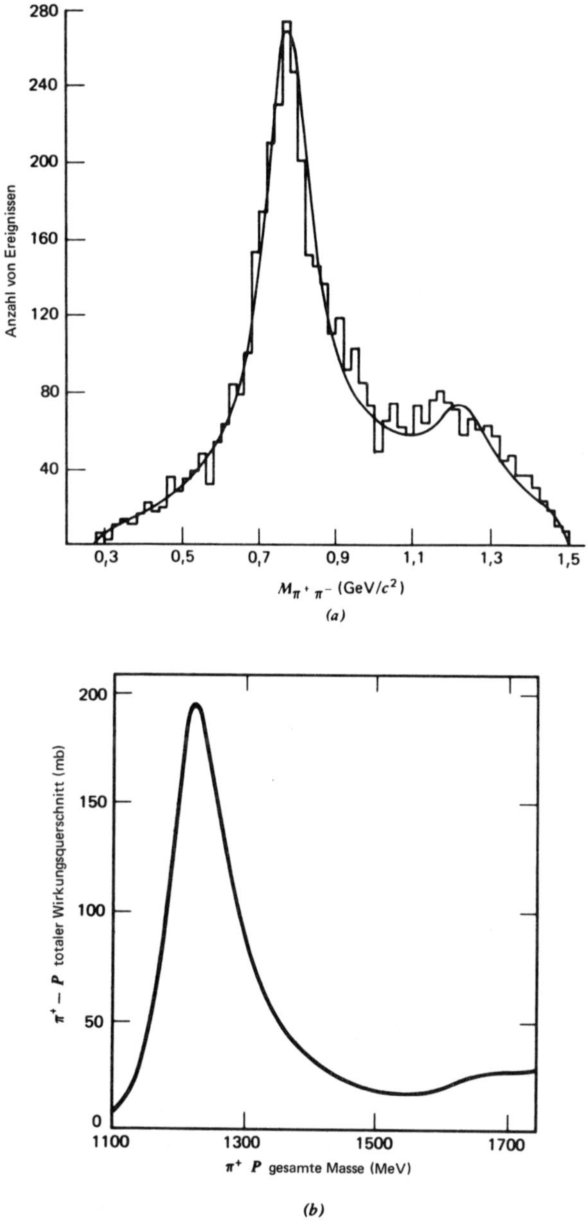

Bild 26–4 Beweis für Resonanzen. (a) Diagramm der Anzahl von Ereignissen als Funktion von $M_{\pi^+\pi^-} = (p_\mu{}^+ + p_\mu{}^-)^2$ für $\pi^+\pi^-$-Paare aus der Reaktion $\pi^- + P \rightarrow \pi^+\pi^-N$. (b) Diagramm der Anzahl von Ereignissen (π^+P) als Funktion von M_{π^+P}. Dies ist äquivalent zu einer Messung des π^+P-Wirkungsquerschnitts, da der Anfangszustand π^+P beinhaltet, und nur Zweiteilchenendzustände betrachtet wurden. π^+P ist ein reiner $I = 3/2$, $I_z = 3/2$ Zustand.

Beispiele solcher Massenspektra. Einer der am häufigsten gefundenen so zerfallenden Zustände hat $I = 3/2$ mit $Mc^2 = 1236$ MeV. Man weiß, daß es sich um $I = 3/2$ handelt, da Bild 26-4b sich auf das System $P\pi^+$ bezieht, wofür $I_z = 3/2$. (Es wurde natürlich nachgeprüft, daß dieses Maximum auch in den anderen I_z-Zuständen vorkommt.) Das Multiplett dieser so gefundenen angeregten Nukleonenzustände bezeichnet man gewöhnlich mit $\Delta(1236)$. Eine ausführliche Studie der Winkelkorrelationen zwischen Pion und Nukleon zeigt, daß man dem angeregten Nukleonenzustand Spin und Parität $3/2^+$ zuordnen kann; in diesem Sinn ist Δ als ein Teilchen zu betrachten. Die Kurve in Bild 26-4b hat eine Breite von ca. 120 MeV. Die mit dieser natürlichen Linienbreite angedeutete Lebensdauer des Zustandes $I = 3/2$ beträgt also

$$\tau \simeq \frac{\hbar}{\Delta Mc^2} \simeq \frac{10^{-27}}{120 \times 1{,}6 \times 10^{-6}} \simeq 0{,}5 \times 10^{-23}\,\mathrm{s}. \qquad (26\text{-}10)$$

Man braucht sich also nicht zu wundern, daß das Δ nicht anhand seiner Teilchenspur in der Blasenkammer nachgewiesen werden kann!

Die Erhaltung des Isospins ermöglicht es uns, Vorhersagen über die relativen Zerfallsraten von Δ^+

$$\Delta^+ \begin{cases} \rightarrow P\pi^\circ \\ \rightarrow N\pi^+ \end{cases}$$

zu machen. Der Weg hierbei ist völlig analog zu unserer Diskussion der Spin- und Intensitätsregeln am Ende des 22. Kapitels. Der Anfangszustand mit $I = 3/2$ und $I_z = 1/2$ kann ausgedrückt werden durch Wellenfunktionen für $I = 1$ und $I = 1/2$

$$Y_{3/2,1/2} = \sqrt{\frac{2}{3}}\,\pi^\circ P + \sqrt{\frac{1}{3}}\,\pi^+ N, \qquad (26\text{-}11)$$

wobei $Y_{3/2,1/2}$ das Δ^+ darstellt. Die Wahrscheinlichkeit, den Zustand $P\pi^\circ$ zu finden ist also 2/3, und für $N\pi^+$ ist sie 1/3. Diese Vorhersagen werden durch eine Analyse der experimentellen Daten bestätigt.

Die Isospinerhaltung wurde in vielen Reaktionen getestet, und es besteht kein Zweifel daran, daß sie befolgt wird, wobei aber kleine elektromagnetische Korrekturen nötig sind. Die Tatsache, daß diese so klein sind, also z.B., daß die Massendifferenz zwischen Neutron und Proton so klein ist, hat es ermöglicht, die Isospinsymmetrie aufzufinden. Dies wäre viel schwieriger gewesen, wenn die elektromagnetischen Verstöße gegen die Symmetrie größer gewesen wären.

D. Strangeness

Gegen Ende der Dekade 1940-1950 schien es so, als ob die wesentlichen Inhalte einer Theorie der *starken Wechselwirkungen*, welche für die Kernkräfte verantwortlich ist, erarbeitet gewesen waren: Die Kräfte wirkten zwischen den Nukleonen-Dubletts, und der Vermittler dieser Kräfte war das Triplett des Pions, welches von Yukawa vorhergesagt war. Es blieb zwar das unüberwindlich scheinende technische Problem, zuverlässige Berechnungen auszuführen (denn das Potential ist stark, und damit kann keine Störungstheorie verwendet werden), aber man hoffte, daß dieses Problem früher oder später doch eine Lösung erfahren würde. Aus dieser Situation heraus kamen um 1950 herum sehr aufregende neue Befunde: Aus Experimenten mit der Höhenstrahlung (kosmische Strahlung), und später mit den ersten Hochenergiebeschleunigern ergaben sich Hinweise auf die Existenz eines neuen Satzes von Teilchen. Das erste so entdeckte Teilchen war das Λ°: Man setzte eine Nebelkammer der kosmischen Strahlung aus, und fand eine Anzahl V-förmiger Teilchenspuren; in einem starken Magnetfeld wurden die Spuren gekrümmt, und zwar in entgegengesetzter Richtung. Aus der Krümmung erhielt man den Impuls, aus der Reichweite die Energie der Zerfallsprodukte dieses neuen Teilchens. Anwendung von (26-9) ergab die Masse des Λ°; die Zerfallsprodukte daraus waren P und π^- (von diesen kommen die gekrümmten V-Spuren). Es ergab sich $M_\Lambda c^2 = 1115$ MeV. Die Spitze des V, also die Stelle des Zerfalls des Λ° liegt in einem gewissen Abstand von der Stelle, wo die Produktion des Λ° durch ein einfallendes Teilchen erfolgt. Hieraus konnte die Lebensdauer des Λ° zu $2{,}5 \times 10^{-10}$ s bestimmt werden. Aus der Häufigkeit des Auftretens dieses neuen Teilchens war zu entnehmen, daß der Wirkungsquerschnitt für seine Erzeugung von der Größenordnung $10^{-27}\,\mathrm{cm}^2$ sein mußte. Zusätzlich zum Zerfallskanal

$$\Lambda^\circ \to P + \pi^-$$

(dieser Zerfall ist auch in Bild 26.5 enthalten) wurde später auch noch der Zerfallskanal

$$\Lambda^\circ \to N + \pi^\circ$$

nachgewiesen. Weiterhin wurde noch ein weiteres Teilchenpaar entdeckt, die Sigmas, $\Sigma^\pm$, mit $M_\Sigma c^2 = 1190$ MeV, den Lebensdauern $\tau_{\Sigma^+} = 0{,}8 \times 10^{-10}$s, $\tau_{\Sigma^-} = 1{,}5 \times 10^{-10}$ s und hauptsächlich folgenden Zerfallskanälen

$$\Sigma^+ \to \begin{cases} P + \pi^\circ \\ N + \pi^+ \end{cases}$$

$$\Sigma^- \longrightarrow N + \pi^-.$$

Ungefähr zur selben Zeit wurden noch andere Teilchenspuren nachgewiesen, deren Interpretation schließlich auf andere neue Teilchen mit der Baryonenzahl $N_B = 0$ führte. Deren Zerfallskanäle waren (siehe z. B. Bild 26.5)

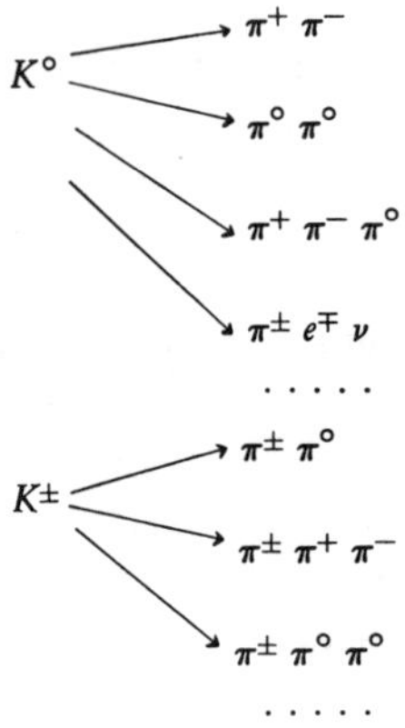

Diese vielen Zerfallskanäle wurden einzelnen Teilchen zugeschrieben, denn in jedem Fall ergab sich für die Masse $m_K c^2 = 494$ MeV; die Werte für die Lebensdauern häuften sich um die Werte $\tau_{K^\pm} = 1{,}2 \times 10^{-8}$ s und $\tau_{K^\circ} = 0{,}8 \times 10^{-10}$ s. Der Wirkungsquerschnitt für die Erzeugung dieser "K-Mesonen" lag ebenfalls in der Größenordnung $10^{-27}\,\text{cm}^2$.

Die Entdeckung dieser Teilchen bewirkte eine Krise: Die Daten waren, unmittelbar gesehen, nicht miteinander vereinbar und nahm man sie ernst, so würde das bedeuten, daß die Quantenmechanik das Verhalten dieser Teilchen nicht beschreiben konnte. Dies sei im folgenden erklärt. Wir bezeichnen das Matrixelement für den Zerfall $\Lambda^\circ \to P\pi^-$ mit G. Nach der goldenen Regel beträgt die Zerfallsrate

(26-12) $$R = \frac{2\pi}{\hbar} G^2 \frac{d^3p/dE}{(2\pi\hbar)^3} = \frac{2\pi}{\hbar} G^2 \frac{4\pi p^2\, dp/dE}{(2\pi\hbar)^3}\,.$$

Mit relativistischer Kinematik (p ist der Schwerpunktsimpuls) wird

$$E = [(M_p c^2)^2 + p^2c^2]^{1/2} + [(m_\pi c^2)^2 + p^2c^2]^{1/2}\,.$$

dp/dE an der Stelle $E = M_\Lambda c^2$ kann berechnet werden; schreiben wir noch G^2 in der dimensionslosen Form

(26-13) $$G^2 = \beta \frac{\hbar^3 c}{m_\pi}\,,$$

so erhalten wir die Zerfallsrate

(26-14) $$R = \frac{\beta}{\pi} \left(\frac{m_\pi c^2}{\hbar}\right) \left(\frac{pc}{m_\pi c^2}\right) \left(\frac{E_\pi}{m_\pi c^2}\right) \left(\frac{E_p}{M_p c^2}\right).$$

Die dimensionslose Zahl β ist das Analogon zur Feinstrukturkonstante α. Setzen wir die Zahlen ein, so wird

(26-15) $$R \cong 0{,}6\, \beta \times 10^{23}\ \text{s}^{-1}$$

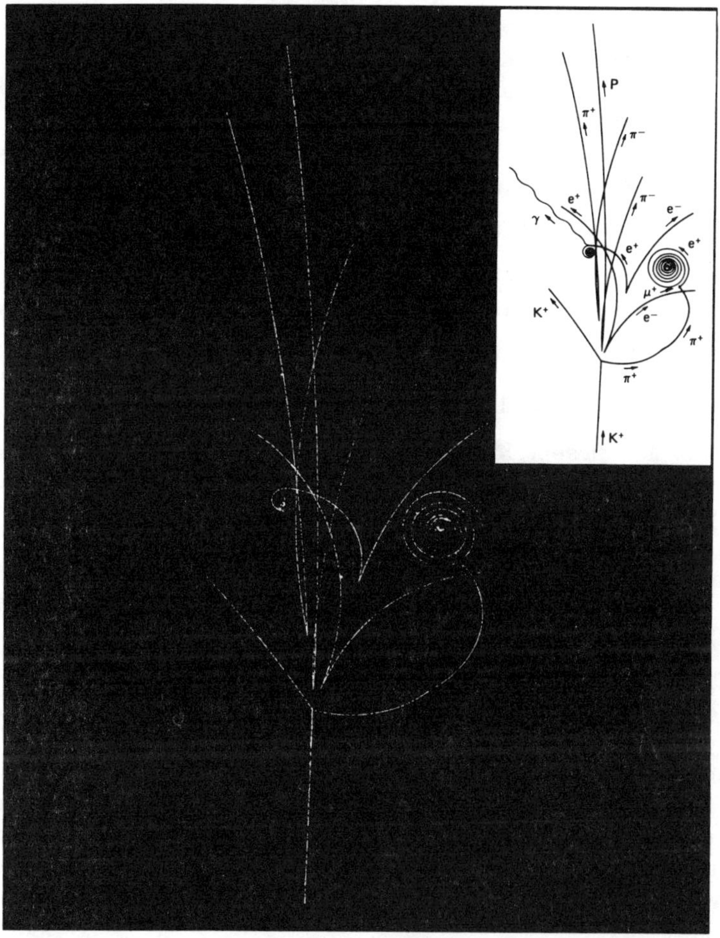

Bild 26–5 Die Reaktion $K^+ + P \rightarrow K^+ + K^0 + \Lambda^0 + \pi^+ + \pi^0$ in einer Wasserstoff-Blasenkammer. In dieser Reaktion der starken Wechselwirkung ist die Strangeness erhalten. Die Aufnahme zeigt eine große Anzahl von interessanten sekundären Reaktionen: Das π^+ streut an einem Proton und zerfällt dann entsprechend $\pi^+ \rightarrow \mu^+ + \bar{\nu}$, wobei das μ^+ weiter zerfällt $\mu^+ \rightarrow e^+ + \nu + \bar{\nu}$; das π^0 zerfällt nach $\pi^0 \rightarrow \gamma_1 + \gamma^2$, wobei $\gamma_1 \rightarrow e^+ + e^-$ und $\gamma_2 \rightarrow e^+ + e^-$; das e^+ erzeugt Bremsstrahlung $e^+ \rightarrow e^+ + \gamma$ und das Λ^0 zerfällt nach $\Lambda^0 \rightarrow P + \pi^-$; das K^0 zerfällt nach $K^0 \rightarrow \pi^+ + \pi^-$. (Mit Genehmigung des Lawrence Berkeley Laboratory, University of California).

und hieraus finden wir $\beta \cong 0{,}7 \times 10^{-13}$. Diese Zahl ist sehr viel kleiner als die Feinstrukturkonstante, und damit wird nahegelegt, daß die für den Zerfall des Λ maßgebende Wechselwirkung viel schwächer ist als die elektromagnetische. Andererseits können wir die Erzeugung des Λ^0 in der mutmaßlichen Reaktion

$$\pi^- + P \rightarrow \Lambda^\circ + \pi^\circ$$

betrachten und die $\Lambda^\circ P\pi^-$-Kopplung zur Abschätzung des Wirkungsquerschnitts heranziehen. Abschätzungen von der Art, wie wir sie zur Diskussion des Photoeffekts ausführten, legen nahe, daß der Wirkungsquerschnitt proportional zu β sein muß. Die größtmögliche "Fläche", welche die Massen der beteiligten Teilchen beinhaltet, ergibt sich mit dem obengenannten β zu

$$\text{(26-16)} \qquad \sigma \simeq \pi\beta\left(\frac{\hbar}{m_\pi c}\right)^2 = 4{,}5 \times 10^{-39}\ \text{cm}^2\,.$$

Dieser Wert unterscheidet sich vom experimentellen um mehr als den Faktor 10^{12}, und hierbei helfen kleinere Änderungen in den Abschätzungen natürlich nichts. Es scheint also, daß das Λ° über eine starke Wechselwirkung erzeugt wird, aber über eine schwache Wechselwirkung zerfällt.

Den Ausweg aus diesem Dilemma schlug Pais vor: Der Erzeugungsprozeß sollte notwendigerweise noch ein anderes der neuen Teilchen beinhalten, denn damit wäre es möglich, daß Reaktionen, die zwei der neuen Teilchen beinhalten, über die starke Wechselwirkung laufen, wogegen Reaktionen mit nur einem davon dies nicht brauchen. Die mutmaßliche Reaktion von oben

$$\pi^- + P \rightarrow \Lambda^\circ + \pi^\circ$$

sollte also nicht stattfinden, aber dafür wäre möglich

$$\pi^- + P \rightarrow \Lambda^\circ + K^\circ\,.$$

Dieser Vorschlag einer *assoziierten Teilchenerzeugung* stellte sich als richtig heraus, denn bald war erwiesen, daß die Erzeugung eines Λ° immer von der Erzeugung eines K begleitet war. Einschränkungen dieses Vorschlags von Pais waren aber zu erkennen, als noch ein anderes Teilchen, das Ξ^- (Xi-Minus) entdeckt wurde. Nach vorläufigen Befunden schien es zu zerfallen entsprechend

$$\Xi^- \rightarrow \Lambda^\circ + \pi^-,$$

wobei die Lebensdauer $1{,}7 \times 10^{-10}$ s betrug. Es zerfiel aber *nicht* entsprechend

$$\Xi^- \rightarrow N + \pi^-.$$

Seine Masse ergab sich zu $M_\Xi c^2 = 1321$ MeV. Sollte das Ξ "gemischt" sein mit Λ°, so hätte der erstgenannte Zerfall ein Paar der "neuen" Teilchen und sollte damit sehr schnell sein; wäre jedoch Ξ^- ein "normales" Teilchen, so müßte der zweitgenannte Zerfall sehr rasch sein, und nicht überhaupt entfallen.

In diese verworrene Situation wurde von Gell-Mann und von Nishijima Ordnung gebracht. Sie schlugen unabhängig voneinander vor, den Begriff des Isospins auf die neuen Teilchen auszudehnen, und führten dazu eine neue Quantenzahl ein, die *Strangeness* S ("seltsame" Teilchen, also "Seltsamkeitsquantenzahl"). Das Spektrum der Baryonen (so bezeichnet man das Nukleon und die neuen Teilchen, deren Zerfall letztendlich auf Nukleonen führt) und der Mesonen stellte man sich 1953 wie in Bild 26.6 dargestellt vor. Es ist klar, daß die Massendifferenz zwischen $\Sigma^{\pm}$ und Λ° zu groß ist, als daß man diese Teilchen in das gleiche Isospintriplett packen könnte. Wegen des Fehlens von Partnern vergleichbarer Massen mußte also das Λ° ein $I = 0$ Zustand sein. Da der Wirkungsquerschnitt zur Erzeugung des Λ° in der Reaktion $\pi^- + P \to \Lambda^{\circ} + K^{\circ}$ genügend groß war, um ihn als Prozeß der starken Wechselwirkung (im Gegensatz zur elektromagnetischen) zu sehen, so sollte der Isospin hierbei erhalten bleiben. Auf der linken Seite haben wir $I = 3/2$ oder $1/2$, und somit muß das K° zu einem dieser Multipletts gehören. Da es kein K^{++} oder K^{--} gab, was zu einem Quartett ($I = 3/2$) nötig wäre, so folgt daraus, daß das K° Teil eines Dubletts ($I = 1/2$) sein mußte, und daß $I_z = -1/2$ sein mußte, entsprechend dem I_z des Systems $P\pi^-$. Das K^+ war zweifellos der Partner des K° mit $I_z = +1/2$. Die Lebensdauern dieser beiden Teilchen konnten sehr verschieden sein, da die schwachen Wechselwirkungen den Isospin genausowenig zu erhalten brauchten wie die elektromagnetischen. Das K^- ist zweifellos das Antiteilchen von K^+, und sein Dublettpartner mit $I_z = 1/2$ ist $\overline{K^{\circ}}$. Man beachte, daß das $\overline{K^{\circ}}$ und K° nicht identisch sein können, denn sie haben verschiedenes I_z. Wie ist es möglich, daß ein *neutrales* System bei Ladungskonjugation *nicht* in sich selbst übergeht? Wir haben gesehen, daß sich das Antineutron vom Neutron unterscheidet, denn sie unterscheiden sich in ihrer Baryonenzahl N_B. Welche Quantenzahl unterscheidet zwischen $\overline{K^{\circ}}$ und K°?

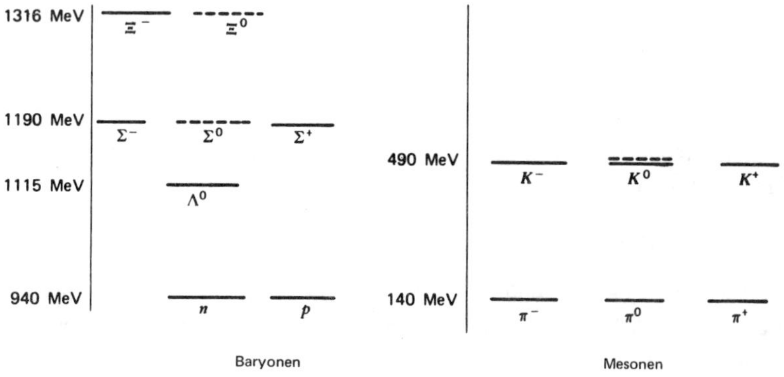

Bild 26–6 Das 1953 bekannte Hadronenspektrum vor der Entdeckung anderer von der Strangeness-Theorie vorhergesagten Teilchen. Die Energiewerte sind nur ungefähr angegeben, und die vorhergesagten Teilchen sind gestrichelt gezeichnet. (Anm. d. Übers.: Als Hadronen bezeichnet man die Teilchen mit starken Kopplungen).

Um diese Frage zu beantworten, wollen wir den Zusammenhang zwischen I_z und der elektrischen Ladung Q betrachten. Für das Nukleonsystem haben wir

$$Q = I_z + \frac{1}{2}$$

und für Pionen

$$Q = I_z \,.$$

Diese beiden Fälle und der des Antinukleons können kombiniert werden zu

$$Q = I_z + \frac{N_B}{2}\,.$$

Diese Formel aber funktioniert nicht für die neuen Teilchen. Wenn wir sie aber dadurch modifizieren, daß wir die neue Quantenzahl *Strangeness* S einführen, und zwar so, daß

$$(26\text{-}17) \qquad Q = I_z + \frac{N_B}{2} + \frac{S}{2}\,,$$

so müssen wir den Nukleonen und Pionen den Wert $S = 0$ zuschreiben, dem Λ° jedoch den Wert $S = -1$. K° und sein Partner K^+ müssen dann $S = +1$, K^- und $\overline{K^\circ}$ müssen $S = -1$ haben; hierbei haben wir angenommen, daß Ladungskonjugation auch das Vorzeichen von S ändert, wie es durch (26-17) nahegelegt wird. Dies ist der Grund für das Verschiedensein von K° und $\overline{K^\circ}$. Wie sich das ausdrückt, werden wir später sehen. (Anm. d. Übers.: Die Teilchen mit $S \neq 0$ nennt man "strange particles", seltsame Teilchen.)

Fahren wir nun mit unserer Betrachtung des Baryonenspektrums fort, so sehen wir, daß es angesichts des fehlenden Σ^{++} und/oder Σ^{--} natürlich erscheint, den Σ-Teilchen den Wert $I = 1$ zuzuschreiben. Damit wird jedoch das Σ° *vorhergesagt*, seine Masse soll nahe bei 1190 MeV liegen. Warum wurde aber der Zerfall

$$\Sigma^\circ \to P + \pi^-$$

(analog zum Λ°-Zerfall) nie gesehen? Gell-Mann wies darauf hin, daß der elektromagnetische Zerfall

$$\Sigma^\circ \to \Lambda^\circ + \gamma$$

keine Änderung der Strangeness beinhaltet, ganz im Gegensatz zum zuvorgenannten Kanal. Mit der Forderung, daß ein Zerfall "schwach" sein soll (Lebensdauer der Größenordnung 10^{-10} s), wenn die Strangeness eine Ände-

$$(26\text{-}18) \qquad |\Delta S| = 1\,,$$

wogegen strangenesserhaltende Reaktionen entweder "stark" oder elektromagnetisch sein sollen, ergab sich die Möglichkeit zu folgender Vorhersage: Der Zerfall $\Sigma^\circ \to \Lambda^\circ + \gamma$ sollte sehr rasch sein ($\tau \sim 10^{-20}$ s) und damit keine Gelegenheit für das Stattfinden des schwachen Zerfalls bestehen. Eine sorgfältige Untersuchung aller Zerfallsbilder von Λ° zeigte, daß die Λ° häufig aus einer Reaktion hervorgingen, bei der Impuls und Energie zu fehlen schienen. (Anm. d. Übers.: Ein γ-Teilchen kann man so zwar indirekt nachweisen, aber eine Spur sieht man nicht; s. z. B. Bild 26.5 und 26.10). Eine Untersuchung dieser fehlenden Größen zeigte, daß die Ruhmasse des fehlenden Teilchens Null sein konnte (Photon), und daß Photon und Λ° als Zerfallsprodukte aus der Masse 1192 MeV hervorgingen; damit war das Σ° nachgewiesen.

Wie funktionieren nun diese Vorstellungen für das Ξ^-, d.h. die Erhaltung von S bei starken und bei elektromagnetischen, dagegen $|\Delta S| = 1$ bei schwachen Wechselwirkungen? Der schwache Zerfall

$$\Xi^- \rightarrow \Lambda^\circ + \pi^-$$

läßt vermuten, daß die Strangeness des Ξ^- entweder 0 oder -2 sein muß. Erstere Vermutung paßt nicht zum völligen Fehlen von

$$\Xi^- \rightarrow \mathrm{N} + \pi^-$$

und so bleibt also nur $S = -2$. Dies wiederum bedeutet $I_z = -1/2$, und wegen des Fehlens mehrfach geladener Ξ-Teilchen schreiben wir ihm den Wert $I = 1/2$ zu. Damit ist aber ein Partner, das Ξ° vorhersagt, welches eine Masse um 1320 MeV haben und gemäß

$$\Xi^\circ \rightarrow \Lambda^\circ + \pi^\circ$$

zerfallen sollte. (Die Zerfälle $\Xi \rightarrow \Sigma + \pi$ sind wegen der Massenbilanz nicht möglich.) Das Ξ° wurde gesucht und gefunden! Die Erklärung für das Fehlen des Zerfalls

$$\Xi^- \rightarrow N + \pi^-$$

liegt darin, daß dieser $|\Delta S| = 2$ erfordern würde, und damit wohl als doppelt schwach anzunehmen ist, was durch einen β-Wert von etwa der Größenordnung 10^{-26} charakterisiert ist.

Das Konzept der Strangenesserhaltung ($\Delta S = 0$) bei starken und bei elektromagnetischen, und der einfachen Strangenessverletzung $|\Delta S| = 1$ bei schwachen Wechselwirkungen hat jeden Test bestanden. Die Klassifizierung der Teilchen durch Isospin und Strangeness, oder gleichbedeutend durch die sog. *Hyperladung* Y, welche definiert ist zu

(26-19) $\quad Y = N_B + S$

ist in folgender Tabelle zusammengestellt.

Die nachträgliche Bestimmung von Spin und Parität dieser Teilchen ergab, daß die in der ersten Spalte stehenden (die Baryonen) den Wert $1/2^+$ haben, die in der zweiten Spalte stehenden (die Mesonen) dagegen den Wert 0^-. Wenn wir aber schon Zerfallsbilder studiert haben, wo ist dann das fehlende pseudoskalare Meson $I = 0$, $Y = 0$?

Y	I	Baryonen $N_B = 1$	Mesonen $N_B = 0$	Antibaryonen $N_B = -1$
1	$\frac{1}{2}$	P, N	K^+, K^0	$\overline{\Xi^-}\ \overline{\Xi^0}$
0	1	$\Sigma^+, \Sigma^0, \Sigma^-$	π^+, π^0, π^-	$\overline{\Sigma^-}, \overline{\Sigma^0}, \overline{\Sigma^+}$
0	0	Λ^0	?	$\overline{\Lambda}{}^0$
-1	$\frac{1}{2}$	Ξ^0, Ξ^-	$\overline{K^0}, K^-$	$\overline{N}, \overline{P}$

E. Unitäre Symmetrie

Die Suche nach einer Art Verwandtschaftsbeziehung unter den Baryonen und unter den Mesonen wurde Ende der fünfziger Jahre mit großem Interesse betrieben. 1961 schließlich entdeckte Gell-Mann, und unabhängig von ihm Ne'eman eine Verallgemeinerung der Isospintheorie, die den technischen Namen SU(3) trägt. Für Forschung auf diesem Gebiet ist die Gruppentheorie ein häufig anzuwendendes Werkzeug; diese liegt aber außerhalb des Rahmens dieses Buches, und so können wir nur eine sehr qualitative Vorstellung von der Art dieser Verwandtschaftsbeziehung erwecken. In der SU(3)-Darstellung erscheinen die Zustände in Supermulitpletts. Jedes Supermultiplett besteht aus einer Anzahl von Zuständen, die durch Isospin und Hyperladung gekennzeichnet werden können. Bild 26.7 zeigt die verschiedenen Supermultipletts, das Oktett **8**, das Dekuplett **10** und das **27**. Bild 26.8 und 26.9 zeigen, wie die $1/2^+$ Baryonen (Spin, Parität) und die 0^- Mesonen in das Oktettmuster passen. Das pseudoskalare ($I = 0$, $Y = 0$)-Meson Y, das uns oben gefehlt hat, wurde gefunden, als man die Massen von $\pi^+\pi^-\pi^0$-Zuständen in Blasenkammeraufnahmen untersuchte. Auswertung gemäß

$$(m_\eta c^2)^2 = (E_+ + E_0 + E_-)^2 - c^2(\mathbf{p}_+ + \mathbf{p}_- + \mathbf{p}_0)^2$$

zeigte eine starke Häufung bei $m_\eta c^2 = 550$ MeV und eine Analyse der Zerfallsbilder nach Energie- und Impulsverteilung auf die drei Teilchen zeigte, daß das Y-Teilchen Spin und Parität 0^- hatte. Das Fehlen ähnlicher Korrelationen z.B. bei $\pi^\pm\pi^+\pi^-$ zeigte, daß sein Isospin Null zu sein hatte. Da der Zerfall offenbar nicht zur schwachen Wechselwirkung gehört, mußte seine Strangeness Null sein.

Sollte SU(3) wirklich eine stark gestörte Symmetrie sein (stark im Vergleich zur nur schwach gestörten Isospinsymmetrie), so sollte sie für die angeregten Zustände des Nukleons ebenfalls relevant sein (Anm. d. Übers.: Man erinnere sich an Abschnitt b) im Anschluß an 26-8): Die $I = 3/2$,

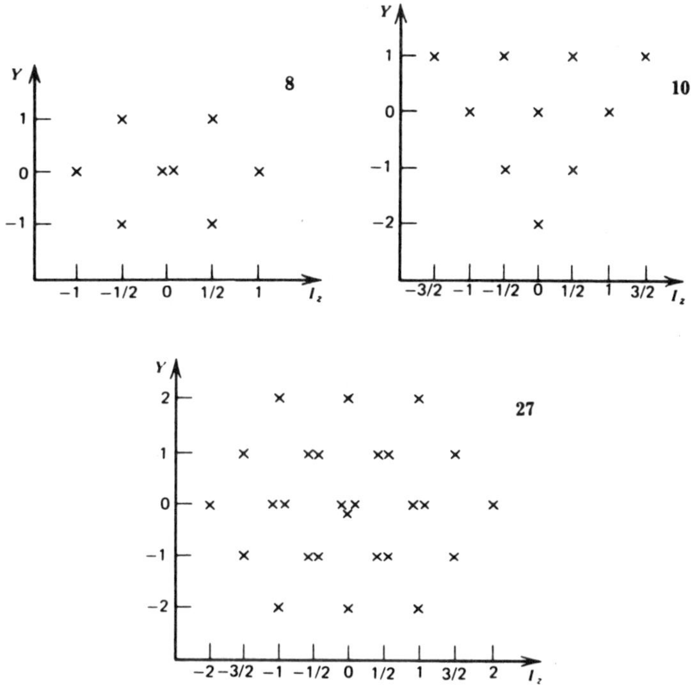

Bild 26–7 Einige SU(3)-Darstellungen. Die Anzahl der Kreuzchen an jeder Stelle bezeichnet die Anzahl der Teilchen. Die 27 besteht also aus einem Zustand $Y = 2, I = 0$, aus $Y = 1$, $I = 3/2$, $1/2$, aus $Y = 0, I = 2, 1, 0$ usw. (Anm. d. Übers.: Nach Beendigung des Teiles E möge der Leser z.B. versuchen, in das Dekuplett die Baryonen mit $3/2^+$ einzutragen).

$Y = 1$ $\Delta(1236)$-Resonanzen brauchten Partner. 1960 wurde ein Satz von $\Lambda^\circ\pi$-Resonanzen entdeckt. Der Isospin war 1 und die Hyperladung 0, und ausgedehnte Untersuchungen zeigten für Spin und Parität den Wert $3/2^+$; damit waren diese sog. $\Sigma^*(1385)$-Teilchen sehr wahrscheinlich Partner des $\Delta(1236)$ in einem Supermultiplett. Als einfachste Supermultipletts waren hierzu das Dekuplett **10** und das **27** möglich. Gell-Mann und andere schlugen als richtige Zuordnung das Dekuplett vor. 1962 wurde eine $\Xi\pi$-Resonanz der Masse 1531 MeV entdeckt, mit $I = 1/2$, wodurch diese Zuordnung stark gestützt war. Was noch fehlte, war die letzte Komponente des Dekupletts, ein negativ geladenes Teilchen mit $I = 0, Y = -2$. Was könnte man darüber noch aussagen? Die Massenverteilung der anderen Komponenten des Dekupletts, $\Delta(1236)$, $\Sigma^*(1385)$ und $\Xi^*(1531)$ ließ vermuten, daß beim Durchlaufen der Y-Achse in negativer Richtung etwa gleiche Massendifferenzen auftreten. Wenn man dies fortsetzte, so müßte die Masse des zur Vollständigkeit des Dekupletts fehlende Teilchen, welches Ω^- genannt wurde, in der Nähe von $M_\Omega c^2 = 1675$ MeV liegen. Dadurch wäre das Ω^- eindeutig gekenn-

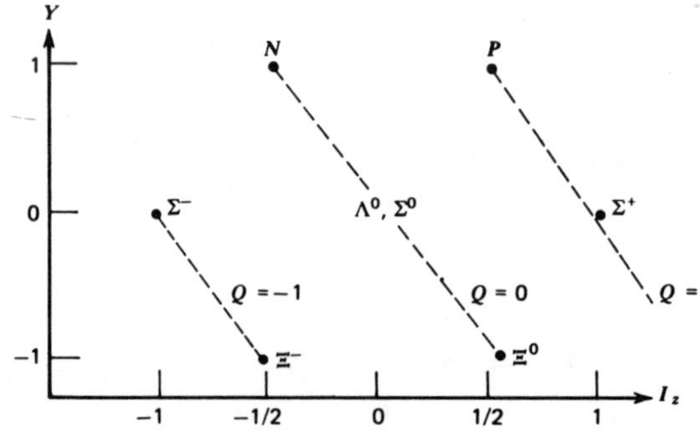

Bild 26–8 SU(3)-Oktett für die Baryonen mit Spin und Parität $1/2^+$. Die diagonalen Linien sind Linien konstanter Ladung.

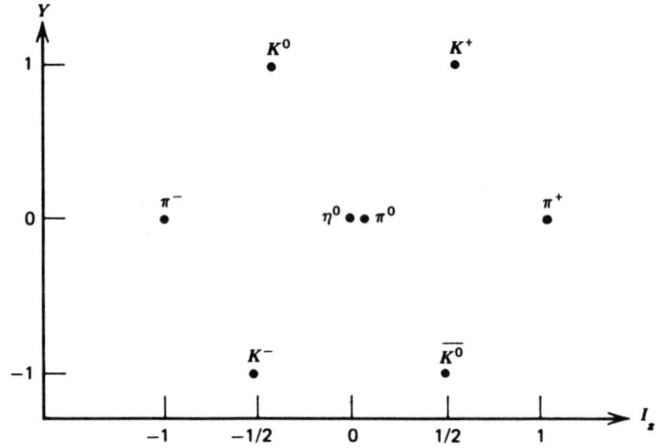

Bild 26–9 SU(3)-Oktett für Mesonen. Ebenfalls eingetragen ist das 1961 entdeckte η^0 mit $I = 0$, $Y = 0$.

zeichnet. Bezüglich seines Zerfalls: Die Masse ist zu gering zu einem starken Zerfall in $\Xi + \bar{K}$, es muß also einem $|\Delta S| = 1$ Zerfall in $\Lambda^0\bar{K}$ oder $\Xi\pi$ unterliegen. Bezüglich seiner Erzeugung: Der niedrigst mögliche Y-Wert für den Anfangszustand (linke Seite der Gleichung) ist $Y = 0$ (Stoß zwischen K^- und P); bei der Produktion des Ω^- mit $Y = -2$ müssen also auch zwei K-Mesonen (je $Y = 1$) entstehen.

Nun begann eine heftige Suche nach einem so gekennzeichneten Teilchen, und 1964 wurde die erste Blasenkammeraufnahme mit einem Ω^- veröffentlicht (Bild 26.10). Der Erzeugungsprozeß war

$$K^- + P \rightarrow \Omega^- + K^+ + K^0$$

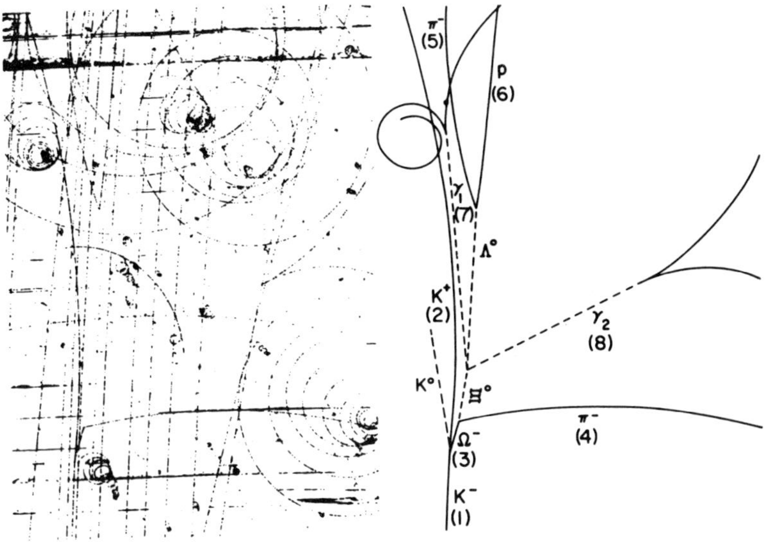

Bild 26–10 Das erste Ω^-. Dessen Masse ist geringer als die von $\Xi + \bar{K}$, so daß es einem (schwachen) Zerfall unterliegt, der die Strangenesserhaltung verletzt. Es handelt sich um ein Blasenkammerbild mit der Zerfallssequenz $\Omega^- \to \Xi^\circ + \pi^-$; $\Xi^\circ \to \Lambda^\circ + \pi^\circ(\to 2\gamma)$; $\Lambda^\circ \to P + \pi^+$. [Nach Barnes *et al.*, *Phys. Rev. Letters*, *12*, 204 (1964), mit Genehmigung des Brookhaven National Laboratory und Dr. N. P. Samios].

und der Zerfall war

$$\Omega^- \longrightarrow \pi^- + \Xi^\circ$$
$$\Xi^\circ \longrightarrow \Lambda^\circ + \pi^\circ$$
$$\pi^\circ \longrightarrow \gamma + \gamma, \quad \gamma \longrightarrow e^+e^-, \quad \gamma \longrightarrow e^+e^-$$
$$\Lambda^\circ \longrightarrow P + \pi^-$$

Bei dieser Aufnahme war es ein sehr glücklicher Zufall, daß von den beiden im π°-Zerfall

$$\pi^\circ \to \gamma + \gamma$$

erzeugten Photonen sich jedes durch einen Paarerzeugungsprozeß ($e^+ + e^-$) offenbarte, und dadurch ist diese Aufnahme ein Schulbeispiel davon, was sich Theoretiker erträumen, Experimentalphysiker aber nur selten zu sehen bekommen. Die nun bestimmte Masse des Ω^- liegt mit 1672 MeV bemerkenswert nahe am vorhergesagten Wert. Spin und Parität sind noch nicht bestimmt, da bisher nur 28 Aufnahmen mit Ω^- vorliegen, aber niemand mehr scheint Zweifel über das Ergebnis zu hegen.

Ähnlich wie die Isospinerhaltung macht auch die SU(3)-Theorie Vorhersagen über die relativen Zerfallsraten der Teilchen eines Supermultipletts, z.B. über die Zerfälle $\Delta^{++} \to P + \pi^+$, $\Sigma^{+*} \to \Lambda^\circ + \pi^+$ und $\Xi^{\circ *} \to \Xi^- + \pi^+$, welche in guter Übereinstimmung mit den experimentellen Ergebnissen stehen; hierin liegen wieder Hinweise auf eine stark gestörte Symmetrie. Allgemein wird akzeptiert, daß SU(3) eine grundlegende Symmetrie der starken Wechselwirkungen ist. Der zur Störung führende Mechanismus wird noch nicht verstanden, obwohl einige Züge davon (z.B. der oben verwendete gleichbleibende Massenabstand im Dekuplett) aus einfachen Postulaten über die Natur der Symmetriestörung folgen. Alle der vielen gefundenen Resonanzen können in Supermultipletts eingepaßt werden, häufig fehlen jedoch noch unentdeckte Partner. Eine bemerkenswerte Tatsache ist es, daß alle Mesonenresonanzen eingepaßt werden können in Oktetts (und es gibt nun die Oktetts 1^-, 1^+, 2^+ und wahrscheinlich auch 0^+) für Mesonen und alle Baryonenresonanzen in Oktetts oder Dekupletts für Baryonen. Damit fehlen höhere Supermultipletts, z.B. das **27**, und dieses Fehlen kann auf der Basis der SU(3)-Theorie allein nicht erklärt werden. Aus einem einfachen Zusammensetzungsmodell der Elementarteilchen, dem zuerst von Gell-Mann und von Zweig vorgeschlagenen *Quark-Modell*, ist das Fehlen der höheren Supermultipletts jedoch zu verstehen.

F. Das Quark-Modell

Auf diesem grundlegenden Gebiet war es nun eine sehr drängende Frage, welche der Teilchen als Elementarteilchen zu betrachten seien. Mit der Erkenntnis, daß das "Elementarteilchen" Proton und Neutron sechs Partner hatte (Anm. d. Übers.: siehe Bild 26.8) wurde klar: *falls* diese aus irgendwelchen elementaren Bausteinen aufgebaut wären, so müßten es sehr wahrscheinlich weniger als acht sein. Welche Eigenschaften könnten diese elementaren Bausteine haben? Wir haben Teilchen vom Spin 1/2, aber auch 0, 1, 3/2 usw. Hierzu passen Bausteine vom Spin 1/2, aber nicht vom Spin 0; in ähnlicher Weise sehen wir, daß wir mindestens ein Isospindublett brauchen, um daraus die Isospinzustände 0, 1/2, 1, und 3/2 aufbauen zu können. Weiterhin brauchen wir mindestens ein weiteres Teilchen, das eine andere Hyperladung als das Dublett hat, um daraus die verschiedenen Hyperladungen Y konstruieren zu können. Nun bietet SU (3) als seinen einfachsten nichttrivialen Zustand eine Dreiteilchendarstellung und dazu die Antiteilchendarstellung. Aus diesen Darstellungen, Quarks genannt, können andere SU(3)-Darstellungen aufgebaut werden, genauso wie der Drehimpuls 1/2 benutzt werden kann, um daraus Drehimpulszustände $J \neq 1/2$ aufzubauen. Die Regeln sind

$$\mathbf{3} \otimes \bar{\mathbf{3}} = \mathbf{8} + \mathbf{1}$$
$$\mathbf{3} \otimes \mathbf{3} = \mathbf{6} + \bar{\mathbf{3}}$$
$$\mathbf{3} \otimes \mathbf{3} \otimes \mathbf{3} = \mathbf{10} + \mathbf{8} + \mathbf{8} + \mathbf{1}.$$

Damit kann man erklären, daß für Mesonen ein Aufbau aus Quarks und Antiquarks, für Baryonen (Nukleon und deren angeregte Zustände) ein Aufbau aus je drei Quarks angenommen werden kann. Auf diese Weise ist auch das Fehlen der höheren Supermultipletts zu erklären. Um den Zusammenhang

$$Q = I_z + \frac{Y}{2}$$

aufrecht erhalten zu können, müssen den Quarks die in der folgenden Tabelle aufgeführten Quantenzahlen zugeschrieben werden. Die einzelnen Quarks sind durch die kleinen Buchstaben p, n und λ gekennzeichnet, und zwar wegen der Isospinanalogie mit den Teilchen P, N und Λ.

Teilchen	N_B	T	I_z	Y	Q
p	$\frac{1}{3}$	$\frac{1}{2}$	$\frac{1}{2}$	$\frac{1}{3}$	$\frac{2}{3}$
n	$\frac{1}{3}$	$\frac{1}{2}$	$-\frac{1}{2}$	$\frac{1}{3}$	$-\frac{1}{3}$
λ	$\frac{1}{3}$	0	0	$-\frac{2}{3}$	$-\frac{1}{3}$
$\bar{\lambda}$	$-\frac{1}{3}$	0	0	$\frac{2}{3}$	$\frac{1}{3}$
$\bar{n}$	$-\frac{1}{3}$	$\frac{1}{2}$	$\frac{1}{2}$	$-\frac{1}{3}$	$\frac{2}{3}$
$\bar{p}$	$-\frac{1}{3}$	$\frac{1}{2}$	$-\frac{1}{2}$	$-\frac{1}{3}$	$-\frac{2}{3}$

(Anm. d. Übers.: Man kann also z.B. das N konstruieren aus n, n, p usw. Mesonen entstehen aus der Kombination von Quarks und Antiquarks.)

Um die zusammengesetzte Wellenfunktion für ein Quark-Antiquarksystem zu konstruieren, beginnen wir mit den Zuständen von höchstem Y und I_z; Erniedrigen von I_z ist durch sukzessives Umwandeln von p in n oder $\bar{n}$ in $\bar{p}$ zu erreichen. Um einen um eine Hyperladungseinheit erniedrigten Zustand zu erhalten, wandeln wir ein p in ein λ oder ein n in ein λ um. Ist z.B.

$$K^+ = (p\bar{\lambda}),$$

so wird

$$K^\circ = (n\bar{\lambda}).$$

Um zum π^+ Zustand zu gelangen, machen wir in K^+ die Umwandlung $\bar{\lambda} \rightarrow \bar{n}$. Dies ergibt

$$\pi^+ = (p\bar{n})$$

und dann, sukzessive[6])

$$\pi^\circ = \frac{1}{\sqrt{2}}(-p\bar{p} + n\bar{n})$$

$$\pi^- = (n\bar{p}).$$

[6]) Das Minuszeichen im π° ist eine technische Feinheit. Der Antispinor zu (p, n) ist $(\bar{n}, -\bar{p})$.

K^- und $\overline{K^\circ}$ sind die Antiteilchen des K-Dubletts, und somit

$$\overline{K^\circ} = (\lambda\bar{n})$$
$$K^- = (\lambda\bar{p}).$$

Es bleibt noch der η°-Zustand ($I = 0$, $Y = 0$). Dieser ist zu erhalten durch die Umwandlung $p \to \lambda$ in K^+. Man erhält teils η° und teils π°, aber da wir den Teil π° schon kennen, finden wir η° durch die Bedingung, daß dieser orthogonal zu π° sei. Es ergibt sich

$$\eta_0 = \frac{1}{\sqrt{6}}(2\lambda\bar{\lambda} - p\bar{p} - n\bar{n}).$$

Außerdem bleibt die Möglichkeit

$$X_0 = \frac{1}{\sqrt{3}}(p\bar{p} + n\bar{n} + \lambda\bar{\lambda}),$$

was orthogonal ist zu π° und η°. Dies ist der Teil **1** in $\mathbf{3} \times \bar{\mathbf{3}} = \mathbf{8} + \mathbf{1}$ und es entspricht einem bereits identifizierten Teilchen $\eta'(958)$ mit Spin und Parität 0^-.

Die gebundenen Zustände mit $L = 0$, d.h. die ${}^1S_0$-Zustände sind die pseudoskalaren Mesonen (man erinnere sich daran, daß die Parität eines Antiteilchens ein zusätzliches Minuszeichen hat). Man kann sich auch gebundene Zustände mit $L = 1$ vorstellen, z.B. ${}^1P_1$ (d.h. 1^+) und auch ${}^3P_{2,1,0}$ (2^+, 1^+, 0^+) usw. Viele davon wurden gefunden: Das Quarkmodell ermöglicht mehr Vorhersagen (weil es spezieller als SU(3) ist); dabei werden Zerfälle von Teilchen verschiedenen Spins korreliert.

Genau wie die Quark-Antiquarkwellenfunktionen können auch Dreiquarkwellenfunktionen ausgearbeitet werden. Der Zustand mit höchstem Y und I_z ist (ppp), und kann als Δ^{++} identifiziert werden. Die Partner dazu sind wieder durch sukzessive Umwandlung $p \to n$ zu erhalten:

$$\Delta^{++} = (ppp)$$
$$\Delta^{+} = \frac{1}{\sqrt{3}}(ppn + pnp + npp)$$
$$\Delta^{\circ} = \frac{1}{\sqrt{3}}(pnn + npn + nnp)$$
$$\Delta^{-} = (nnn).$$

Σ^{*+} ist aus (ppp) durch die Umwandlung von p in λ zu erhalten. Somit

$$\Sigma^{*+} = \frac{1}{\sqrt{3}}(pp\lambda + p\lambda p + \lambda pp)$$
$$\Sigma^{*\circ} = \frac{1}{\sqrt{6}}(pn\lambda + np\lambda + p\lambda n + n\lambda p + \lambda pn + \lambda np)$$
$$\Sigma^{*-} = \frac{1}{\sqrt{3}}(nn\lambda + n\lambda n + \lambda nn).$$

Schließlich wird

$$\Xi^{*0} = \frac{1}{\sqrt{3}} (p\lambda\lambda + \lambda p\lambda + \lambda\lambda p)$$

$$\Xi^{*-} = \frac{1}{\sqrt{3}} (n\lambda\lambda + \lambda n\lambda + \lambda\lambda n)$$

und

$$\Omega^- = \lambda\lambda\lambda .$$

Diese vier Multipletts ($\Delta, \Sigma^*, \Xi^*, \Omega^-$) unterscheiden sich in der Anzahl der darin enthaltenen λ-Quarks. Nimmt man an, daß die Symmetriestörung (diese wurde schon früher angedeutet) völlig darauf beruht, daß das λ-Quark um ca. 150 MeV höhere Masse hat als das (p,n)-Dublett, so ist die Masseverteilung im Dekuplett zu verstehen. Wendet man dieses Argument auf das Mesonen-Oktett an, so paßt die 150 MeV-Massendifferenz nicht so gut. Jedoch folgende Beziehungen

$$m_\pi = 2\, m_p + \text{Bindung}$$

$$m_K = m_p + m_\lambda + \text{Bindung}$$

$$m_\eta = \frac{2}{3} (2m_\lambda) + \frac{1}{3} (2m_p) + \text{Bindung}$$

(der Faktor 2/3 kommt von der Wahrscheinlichkeit, das η° im $\lambda\lambda$ Zustand zu finden) führen zu

(26-20) $$m_K = \frac{1}{4} (3m_\eta + m_\pi) .$$

Diese Beziehung nennt man die Gell-Mann Okubo Massenformel. Sie stimmt mit einer Genauigkeit von ca. 10%, aber sie wird sehr gut, wenn man die Quadrate der Massen in diese Beziehung einschreibt. Nebenbei gesagt, die gleiche Formel paßt auch für andere Oktetts, und für die Baryonen lautet sie

(26-21) $$\frac{1}{2} (m_P + m_\Xi) = \frac{1}{4} (3m_\Lambda + m_\Sigma) .$$

Sie ist ziemlich genau, und manchmal wird sie benutzt, um die Komponenten von unvollständigen Oktetts abzuschätzen.

Das Quarkmodell führt zu vielen anderen Vorhersagen. Nimmt man z.B. an, daß bei hohen Energien alle Quarks und Antiquarks in gleicher Weise wechselwirken, was zu gleichen Wirkungsquerschnitten führt, so folgt daraus, daß für PP-Stöße (neun mögliche Wechselwirkungen) und πP-Stöße (sechs) gilt

(26-22) $$\frac{\sigma(PP)}{\sigma(\pi P)} = \frac{3}{2} .$$

Überraschenderweise funktioniert diese simple Abzählung sehr gut, sowohl hier als auch in anderen Fällen. Es ist ein drängendes und trotzdem noch ungelöstes Problem der Teilchenphysik zu verstehen, warum Quarks auf so einfachem additiven Weg wirken; es bleiben aber noch andere Fragen: Warum wirken drei Quarks bindend, zwei aber nicht? Weiterhin, obwohl man annimmt, daß Quarks den Spin 1/2 haben, zeigen detaillierte Betrachtungen, daß Quarks nicht der Fermi-Dirac-Statistik zu gehorchen scheinen. Warum ist das so? Wir wissen es nicht.

G. Nichterhaltung der Parität

Zusätzlich zu den starken und den elektromagnetischen Wechselwirkungen bietet die Natur auch die schwachen Wechselwirkungen. Letztere wurden zuerst im β-Zerfall gesehen, also in der Reaktion

$$N \rightarrow P + e^- + \bar{\nu}$$

und in verwandten Reaktionen, wie dem Positronenzerfall

$$P \rightarrow N + e^+ + \nu$$

und dem Elektroneneinfang

$$e^- + P \rightarrow N + \nu,$$

wobei die beiden letzteren nur in Atomkernen vorkommen. Der β-Zerfall wird als Kernzerfall der Form

$$(A,Z) \rightarrow (A,Z+1) + e^-$$

gesehen. Die Elektronen verlassen den Kern dabei nicht mit bestimmter Energie, wie es sein müßte, wenn es sich um einen Zweikörperzerfall handelte; die maximale Elektronenenergie aber entspricht derjenigen, die bei einem Zweikörperzerfall verfügbar ist. Vor die Frage gestellt, ob man die Energieerhaltung aufgeben, oder ein neues Teilchen vorschlagen sollte, postulierte Pauli 1931 ein neutrales Teilchen, das im β-Zerfall zusammen mit dem Elektron emittiert werden sollte. Die Eigenschaften dieses neuen Teilchens - es wurde *das Neutrino* genannt - sollten folgende sein:

1. Die Ladungserhaltung erforderte, daß es elektrisch neutral ist.

2. Die Übereinstimmung der maximalen Elektronenenergie mit der verfügbaren Zerfallsenergie verlangte, daß die Masse des Neutrinos sehr gering sei; heute glaubt man, daß sie Null ist.

3. Ein Studium des Spins der Atomkerne vor und nach dem Zerfall ergab, daß das Neutrino ein Fermion sein sollte. Heute weiß man, daß es Spin 1/2 hat.

4. Das Neutrino konnte zunächst nicht nachgewiesen werden, nachdem es postuliert war. Der Grund dafür ist, daß es nur sehr wenig mit Materie

wechselwirkt. Mit einer ausführlichen von Fermi 1932 vorgeschlagenen Theorie konnte der Wirkungsquerschnitt für Neutrinoabsorption berechnet werden, wobei sich $10^{-44}\,\mathrm{cm}^2$ bei niederen Energien ergab. Trotz seiner geheimnisvollen Natur wurde die Existenz des Neutrinos von den meisten Physikern akzeptiert, und schließlich 1954 nachgewiesen. Heutzutage werden Neutrinos aus dem Zerfall hochenergetischer Pionen verwendet, um hochenergetische Stöße zwischen Neutrinos und Kernen zu studieren.

Die Fermische Theorie des β-Zerfalls erklärte eine Klasse von schwachen Zerfällen, wobei auch ein neues Teilchen, das Müon (μ) erscheint. Dieses kann praktisch als Elektron der Masse $m_\mu c^2 = 105$ MeV betrachtet werden, und es wurde in den Jahren nach 1940 entdeckt. Man konnte damit im Prinzip, nicht aber in Einzelheiten, Zerfälle wie

$$\pi^+ \to \begin{pmatrix} e^+ \\ \mu^+ \end{pmatrix} + \nu$$

erklären, denn diese laufen mit N–$\overline{N}$ Vernichtung über die Stufen

$$\pi^+ \to P + \overline{N}$$

$$P \to N + \begin{pmatrix} e^+ \\ \mu^+ \end{pmatrix} + \nu .$$

Mit der Entdeckung der seltsamen Teilchen (Anm. d. Übers.: $S \neq 0$; man erinnere sich an die in Unterkapitel D beschriebenen Teilchen) erschienen schwache Wechselwirkungen, wobei aber keine Elektronen, Müonen und Neutrinos vorkamen, wie z. B. in

$$\Lambda^\circ \to P + \pi^-$$

und

$$K^+ \to \pi^+ + \pi^\circ$$

$$K^+ \to \pi^+ + \pi^+ + \pi^- .$$

Letztere Zerfälle erregten großes Interesse: Als die experimentellen Daten ergaben, daß das K-Meson den Spin 0 hatte, ergab sich ein Paradoxon. Der Zerfall

$$K \to 2\pi ,$$

wobei also zwei Teilchen ohne Spin erscheinen, bedeutet, daß der Bahndrehimpuls ebenfalls zu verschwinden hatte. Da beide Pionen negative Parität haben, war damit impliziert, daß das K positive Parität hat. Andererseits ergaben sich aus einem detaillierten Studium der Energieverteilung im Zerfall

$$K \to 3\pi$$

starke Hinweise darauf, daß alle drei Pionen relativ zueinander in S-Zuständen waren, was auch schon aufgrund der geringen für die Pionen zur Verfügung stehenden kinetischen Energie zu erwarten war. Dies aber bedeutete, daß die Parität $(-1)^3$ sein mußte, da drei Teilchen negativer Parität als Reaktionsprodukt vorlagen. Diese Schlußfolgerungen waren nicht in Einklang mit dem wohlbegründeten Prinzip der Invarianz physikalischer Gesetze unter Rauminversion (Vorzeichenwechsel der Ortskoordinate).

Lee und Yang stellten 1956 in einer sehr beachteten Arbeit die Frage: *Wissen wir wirklich, daß die Parität in den schwachen Wechselwirkungen erhalten ist?* Es bestand kein Zweifel über die Paritätserhaltung in den elektromagnetischen Wechselwirkungen; sie ist mit einigen Auswahlregeln verknüpft, und diese werden mit hoher Genauigkeit befolgt. Diese Genauigkeit ist aber nicht groß genug, um bezüglich der schwachen Wechselwirkung Aussagen über die Paritätserhaltung machen zu können. Man kann Auswahlregeln auch direkt an schwachen Wechselwirkungen studieren; so z. B. sollte es dem K-Meson nicht möglich sein, sowohl in 2π als auch in 3π zu zerfallen! Allgemein, zur Überprüfung der Erhaltung oder Nichterhaltung der Parität müssen wir eine physikalische Observable betrachten, die es uns ermöglicht, zu unterscheiden zwischen unserer Welt und einer "gespiegelten" Welt. Es erhebt sich sofort die Frage: Würde ein Elektronenzustand vom Impuls $\mathbf{p}$ bei Spiegelung nicht in den Zustand $-\mathbf{p}$ gelangen, und wäre dadurch nicht eine Unterscheidung zwischen diesen beiden Welten möglich? Die Antwort ist nein, vorausgesetzt, daß beide Zustände gleich wahrscheinlich sind: Wenn wir ein Elektron mit $-\mathbf{p}$ sehen, so ist das kein zwingender Grund zur Annahme, wir leben in der gespiegelten Welt. Die Existenz der elliptischen Planetenbahnen ist auch kein Argument gegen die Invarianz der Gravitationsgesetze bezüglich Rotation des Bezugssystems, außer wenn einige elliptische Bahnen gegenüber anderen bevorzugt wären. Um zwischen Welt und Spiegelwelt unterscheiden zu können, ist eine verfeinerte Betrachtung nötig.

Nehmen wir an, wir hätten ein eindimensionales Potential, das die Paritätserhaltung verletzt, d.h. wir nehmen an, es hätte die Form

$$V(x) = V_{\text{gerade}}(x) + V_{\text{unger}}(x) \tag{26-23}$$

und außerdem sei $V_{\text{unger}}(x)$ sehr viel kleiner als $V_{\text{gerade}}(x)$. Sind $u_n(x)$ die Eigenfunktionen von

$$H_0 = \frac{p^2}{2m} + V_{\text{gerade}}(x), \tag{26-24}$$

so ist die Energieverschiebung durch $V_{\text{unger}}(x)$ in Störungstheorie niederster Ordnung

$$\Delta E_n = \int_{-\infty}^{\infty} dx\, u^*(x)\, V_{\text{unger}}(x)\, u_n(x)\,. \tag{26-25}$$

Nun ist aber der Hamilton-Operator H_0 in x gerade, und somit können, wie im 4. Kapitel erläutert, die Eigenfunktionen $u_n(x)$ als Eigenfunktionen des Paritätsoperators betrachtet werden, d.h. sie sind entweder gerade oder ungerade. Folglich verschwindet ΔE_n, d.h. eine Energiemessung eignet sich nicht zur Unterscheidung zwischen Welt und Spiegelwelt. Die Energieverschiebung in Störungstheorie zweiter Ordnung verschwindet zwar nicht, da sie aber quadratisch ist in $V_{\text{unger}}(x)$, so wird dieser Beitrag in beiden Welten der gleiche sein. Diese Argumentation kann verallgemeinert werden.

Ähnlich können wir zeigen, daß mit einer Bestimmung der Zerfallsrate ebenfalls nicht zwischen Welt und Spiegelwelt unterschieden werden kann. Ist die Parität nicht erhalten, so kann das Matrixelement für einen Übergang folgende Form haben:

(26-26) $$M = M_{\text{gerade}} + M_{\text{unger}}.$$

Nach der goldenen Regel ergibt sich für die Zerfallsrate die Form

(26-27) $$R = \frac{2\pi}{\hbar}\sum\left|M_{\text{gerade}} + M_{\text{unger}}\right|^2 \rho(E).$$

In der Spiegelwelt wird dies zu

(26-28) $$R' = \frac{2\pi}{\hbar}\sum\left|M_{\text{gerade}} - M_{\text{unger}}\right|^2 \rho(E).$$

Zunächst sieht es so aus, als ob die beiden Zerfallsraten verschieden wären. Zur Beschreibung des Unterschieds beider Ausdrücke ist jedoch Sorgfalt geboten. Einerseits muß M_{gerade} ein Skalar sein; es kann kein Vektor sein, denn dadurch wäre eine bestimmte Raumrichtung bevorzugt und dies würde letztendlich zu einer Verletzung der Drehimpulserhaltung führen. Wenn also Impulse $\mathbf{p}_i$ im Prozeß vorkommen, so kann M_{gerade} eine Funktion verschiedener Produkte $\mathbf{p}_i \cdot \mathbf{p}_j$ sein. Kommen auch Spinvektoren vor, so kann M_{gerade} auch abhängen von $\mathbf{S}_i \cdot \mathbf{S}_j$ und von $(\mathbf{p}_i \cdot \mathbf{S}_j)^2$, nicht aber von $\mathbf{p}_i \cdot \mathbf{S}_j$, denn dieses ist eine pseudoskalare Größe; während der Impuls bei Inversion das Vorzeichen wechselt, tut dies der Drehimpuls nicht (d.h. $\mathbf{r} \times \mathbf{p}$ wechselt das Vorzeichen nicht, und damit auch nicht die Spins)! Andererseits muß M_{unger} eine pseudoskalare Größe linear enthalten. Gibt es also mehr als drei unabhängige Impulse im Endzustand eines Zerfalls, so ist ein mögliches Pseudoskalar $\mathbf{p}_1 \cdot \mathbf{p}_2 \times \mathbf{p}_3$. In Zwei- oder Dreikörperzerfällen muß das Pseudoskalar von der Form $\mathbf{S} \cdot \mathbf{p}$ sein, wobei $\mathbf{S}$ einer der Spinvektoren und $\mathbf{p}$ einer der Impulse ist. Wir setzen also für M deutlicher

(26-29) $$M = A + B\mathbf{S} \cdot \mathbf{p}.$$

Damit wird

(26-30) $$\begin{aligned}\sum\left|M_{\text{gerade}} \pm M_{\text{unger}}\right|^2 = \sum|A|^2 + \sum|B|^2\,(\mathbf{S} \cdot \mathbf{p})^2 \\ \pm \sum\,(AB^* + A^*B)\,\mathbf{S} \cdot \mathbf{p}.\end{aligned}$$

Bei der Messung einer Zerfallsrate wird meistens über die Spinzustände summiert, d.h. eine Messung der Korrelation zwischen Spin und Impuls wird meist nicht vorgenommen. In diesem Fall verschwindet der letzte

Term, und die Zerfallsraten für Welt und Spiegelwelt werden gleich. Nur dann, wenn eine Korrelation wie z. B. $\mathbf{S} \cdot \mathbf{p}$ meßtechnisch erfaßt wird, also eine pseudoskalare Größe gemessen wird, nur dann kann die Nichterhaltung der Parität nachgewiesen werden.

Lee und Yang schlugen damals für schwache Wechselwirkungen mehrere Experimente vor, wobei solche Korrelationen gemessen werden konnten. Innerhalb weniger Monate nach Erscheinen ihrer Arbeit waren eine Reihe von Experimenten durchgeführt, welche zeigten, daß die *Paritätserhaltung bei schwachen Wechselwirkungen wirklich verletzt war.* Welche Folge hat dies auf die sorgsam gehegte Vorstellung, daß die Naturgesetze inversionsinvariant sein sollen? Diese Invarianz hätte z. B. zur Folge, daß es uns unmöglich wäre, einem Wesen außerhalb unserer Welt zu erklären, was eine Rechtsschraube ist. Es hat den Anschein, daß die schwachen Wechselwirkungen nicht nur die Paritätserhaltung (P-Erhaltung) verletzen, sondern daß sie auch gegen Ladungskonjugation (diese nennt man C) nicht invariant sind; sie sind jedoch invariant gegen Ladungskonjugation und Inversion zugleich (CP). Aus dem routinemäßigen Versuch, die Parität des K-Mesons aus seinem Zerfall zu bestimmen entstand also: (a) die experimentelle Bestätigung der Nichterhaltung der Parität bei schwachen Wechselwirkungen, (b) die darauffolgende Klärung vieler Aspekte der schwachen Wechselwirkungen, welche vor (a) nicht möglich war, und (c) die Erkenntnis, daß die Natur mehr Phantasie als der Physiker hat, denn sie ersetzt C und P durch die Invarianz von CP.

H. Das System $K^0 - \overline{K^0}$

Zum Abschluß diskutieren wir Folgerungen aus den Ergebnissen der Strangeness-Theorie, wonach das K^0 nicht identisch ist mit seinem Antiteilchen, dem $\overline{K^0}$; zu diesen Folgerungen brauchen wir nur einfache Quantentheorie, und sie sind ziemlich aufregend. Wie schon festgestellt, unterscheidet sich das K° von $\overline{K^\circ}$ durch die Strangeness, und wir wissen deshalb, welches von beiden in bestimmten Reaktionen produziert wird. Das K° entsteht in der Reaktion

$$\pi^- + P \rightarrow \Lambda^\circ + K^\circ,$$

das $\overline{K^\circ}$ in der Reaktion

$$K^- + P \rightarrow N + \overline{K^\circ}.$$

Geben wir vor, daß die Teilchen Pseudoskalare sind, so finden wir

$$CP|K^\circ\rangle = -|\overline{K^\circ}\rangle$$
$$CP|\overline{K^\circ}\rangle = -|K^\circ\rangle.$$

Somit können wir sowohl K° als auch $\overline{K^\circ}$ als lineare Superposition von CP-Eigenzuständen betrachten; setzen wir an

(26-31) $$K^\circ = \frac{1}{\sqrt{2}}(K_1 + K_2) \qquad \overline{K}^\circ = \frac{1}{\sqrt{2}}(-K_1 + K_2)\,,$$

so folgt daraus

(26-32) $$CP|K_1\rangle = |K_1\rangle \qquad CP|K_2\rangle = -|K_2\rangle\,.$$

Da CP in den schwachen Wechselwirkungen erhalten bleibt, und das System $\pi^+\pi^-$ mit Drehimpuls Null in CP gerade ist, so ist es in den Zerfällen

$$K^\circ \to \pi^+\pi^-$$
$$\overline{K}^\circ \to \pi^+\pi^-$$

in Wirklichkeit nur K_1, was zerfällt. Ein Zerfall von K_1 und K_2 zugleich ist möglich in andere Kanäle, z. B.

$$\pi^+\pi^-\pi^\circ$$
$$\pi^\pm e^\mp \nu$$
$$\cdots\cdots$$

Im allgemeinen können wir sowohl K° und $\overline{K^\circ}$ als auch K_1 und K_2 als gleichberechtigte Basiszustände in einem Zweizustandsraum betrachten. Der Erzeugungsprozeß der starken Wechselwirkung (Anm. d. Übers.: d.h. Erhaltung von Parität, Isospin und Strangeness im Gegensatz zur schwachen Wechselwirkung) wirkt gewissermaßen als Polarisator, indem er ein spezielles Teilchen, z. B. K° erzeugt, oder gleichbedeutend: indem er eine spezielle kohärente Mischung aus K_1 und K_2 erzeugt (kohärent deshalb, weil die Phasenbeziehung festgelegt wird). Nach 10^{-10} s bedeutet die Strangeness aber nichts mehr. Nun wirkt der schwache Zerfall in $\pi^+\pi^-$ als Analysator, und holt K_1 heraus. Gell-Mann und Pais wiesen 1955 darauf hin, daß die zurückbleibende Komponente K_2 weiterbesteht, und da es nicht in den für K_1 verfügbaren Kanal 2π zerfallen kann, sollte es eine größere Lebensdauer haben, und deshalb sollte man danach suchen, und zwar in einem der obengenannten Zerfallskanäle. Man suchte und fand K_2. Es hat die Lebensdauer 5×10^{-8} s, und K_1 dagegen $0{,}8 \times 10^{-10}$ s. Aber noch andere interessante Effekte tauchen auf. Pais und Piccioni stellten folgendes fest: Beginnt man mit einem K°-Strahl, so verbleiben nach 10^{-10}s etwa $1/\sqrt{2}\,K_2$, d.h. man hat einen Strahl des Inhalts $\frac{1}{2}(K^\circ + \overline{K}^\circ)$. Bringt man nun Materie in den Strahl bevor der K_2-Zerfall stattfindet, so wird die Phasenbeziehung zwischen beiden Komponenten gestört, und zwar wegen der verschiedenen starken Wechselwirkungen dieser Komponenten K° und $\overline{K^\circ}$, z. B.

$$\begin{aligned} &K^\circ + P \to K^\circ + P && \overline{K}^\circ + P \to \overline{K}^\circ + P \\ &K^\circ + P \to K^+ + N && \overline{K}^\circ + P \to \Sigma^+ + \pi^\circ \\ &K^\circ + N \to K^\circ + N && \qquad\qquad \to \Sigma^\circ + \pi^+ \\ & && \cdots\cdots\cdots \end{aligned}$$

Die Folge ist also, daß man keinen reinen K_2-Strahl mehr hat. Es werden also wieder die Zerfallsprodukte 2π auftreten, da der Strahl eine Beimischung K_1 hat. Unter idealisierten Bedingungen (alle $\overline{K^\circ}$ sollen absorbiert werden, und die K° sollen im wesentlichen in Vorwärtsrichtung gestreut werden) wird also aus der Materieschicht (Regenerator) wieder ein K°-Strahl herauskommen (natürlich im Vergleich zur Produktion im Target mit verringertem Teilchenstrom). Dieses Phänomen, genannt Regeneration, wurde beobachtet und ausführlich studiert (s. Bild 26.11). Diese Bestätigung der Vorhersage von Gell-Mann und Pais ist eine weitere starke Stütze unseres Vertrauens in den Wert der Quantenmechanik als den richtigen Rahmen zur Beschreibung der subatomaren Phänomene.

Dies ist ein guter Punkt, um zum Ende zu kommen. Nachdem der Leser das dargebotene Material gemeistert hat, ist er nun vorbereitet, tiefer in das Studium der Quantenmechanik einzusteigen, wozu aber besseres mathematisches Handwerkszeug nötig ist. Diese vertieften Studien können den Leser bis in die vorderste Front der Wissenschaft bringen, sei es zur Untersuchung der Struktur der Elementarteilchen bei Energien von Billionen Elektrovolt, sei es zur Erforschung der Eigenschaften von Materie bei 10^{-3} K°, oder sei es das Studium der Natur der Kernmaterie an der Oberfläche oder im Inneren eines Neutronensterns. Für welches Gebiet sich der Leser auch immer entscheiden wird, es wird Spannung und Überraschung geben.

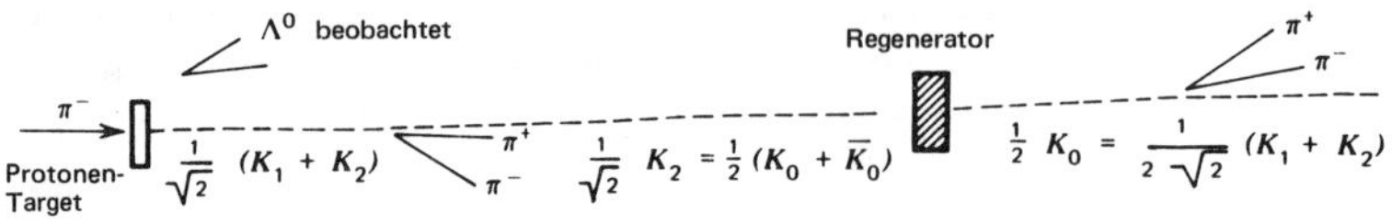

Bild 26–11 Schematische Darstellung des Regenerationsexperiments.

Aufgaben

1. Ein 10 MeV Positron stößt mit einem ruhenden Wasserstoffatom zusammen. Schreiben Sie die Beziehungen der Energie- und Impulserhaltung an! Wie groß ist die Energie des in der Reaktion $e^+ + H \rightarrow P + \gamma$ emittierten Photons, wenn für die Protonenmasse gilt $M_p c^2 = 940$ MeV?

2. Wie groß ist die Schwellenenergie (Mindestenergie) zur Erzeugung eines Antiprotons in folgender Reaktion

$$P + P \rightarrow P + \overline{P} + P + P.$$

Eines der primären Protonen sei in Ruhe.

3. He^3 (PPN) und H^3 (PNN) sind mögliche Kandidaten für ein Isospindublett (einen Kern allein mit 3 Neutronen gibt es nicht). Betrachten Sie die Reaktionen

$$P + D \begin{cases} \to \pi^\circ + He^3 \\ \to \pi^+ + H^3, \end{cases}$$

und zeigen Sie, daß aus der Isospinerhaltung folgt

$$\frac{\sigma(He^3)}{\sigma(H^3)} = 2 .$$

Hinweis: Drücken Sie den Anfangszustand (warum ist dieser ein Isospin-Eigenzustand?) aus durch verschiedene π (Analogon von $Y_{1,m}$) und He^3, H^3 (Analogon von χ_+, χ_- in Spin 1/2 Wellenfunktionen), wie in (26-11).

4. Welche der folgenden Reaktionen ist eine starke, welche eine schwache Wechselwirkung, und welche können überhaupt nicht stattfinden? Warum?

$$P + P \to P + \Lambda^\circ + K^+$$
$$P + P \to P + \Lambda^\circ + \pi^+$$
$$\pi^- + P \to \Lambda^\circ + \overline{K^\circ}$$
$$\pi^+ + P \to \Lambda^\circ + K^+$$
$$\overline{P} + P \to K^+ + \overline{K}^\circ + \pi^-$$
$$\overline{P} + P \to \Lambda^\circ + \Lambda^\circ + \overline{N}$$
$$K^+ \to \pi^+ + e^+ + e^-$$
$$K^\circ \to \pi^+ + e^-$$

5. Betrachten Sie einen Pionenstrahl, der auf ein Protonen-Target einfällt. Wie groß ist die Energieschwelle (Mindestenergie) für die Erzeugung von K°, und für die Erzeugung von K^-?
(Hinweis: Beginnen Sie im Schwerpunktsystem.)

6. Berechnen Sie den Parameter β aus dem Abschnitt D dieses Kapitels, und zwar zur Charakterisierung des Zerfalls
a) $\Sigma^+ \to N + \pi^+$
b) $K^+ \to \pi^+ + \pi^\circ$.
Die dazugehörigen Zerfallsraten sind $0{,}6 \times 10^{10}\,s^{-1}$ und $1{,}7 \times 10^7\,s^{-1}$.

7. Ein Teilchen X wird bei folgendem schwachen Zerfall (Lebensdauer der Größenordnung 10^{-10} s) beobachtet

$$X \to \pi^+ + \pi^+.$$

Was können Sie aufgrund dieser Information über das Teilchen aussagen? Betrachten Sie (a) Grenzen seiner Masse, (b) Isospin, und (c) Spin und Parität. In welches der in diesem Kapitel diskutierten SU(3) Supermultipletts könnte dieses Teilchen passen? Welche Bedeutung würde die Beobachtung eines solchen Teilchens haben?

Literatur

Die Elementarteilchenphysik ist für mittelfortgeschrittene Leser diskutiert in

D.H. Perkins "Introduction to High Energy Physics" Addison-Wesley Publishing Co., 1972

Siehe auch

E. Serge "Nuclei and Particles" W.A. Benjamin, Inc., New York, 1964

Eine elementare, nichtmathematische Diskussion ist zu finden in dem faszinierenden Bändchen

K.W. Ford "The World of Elementary Particles" Blaisdell Publishing Company, New York, 1963

Neueste Entwicklungen sind gewöhnlich in gut lesbarer Form im Scientific American zu finden.

Spezielle Themen

SPEZIELLE THEMEN 1

Relativistische Kinematik

In diesem Abschnitt stellen wir einige Formeln zusammen, die sich zur Vereinfachung der relativistischen Transformationen zwischen verschiedenen Bezugssystemen gut eignen. Eine typische Anwendung ergibt sich bei der Streuung: Die Theorie arbeitet im Schwerpunktsystem, das Experiment aber im Laborsystem, und beide Ergebnisse müssen miteinander verglichen werden. Die zur Vereinfachung anzuwendende Rechentechnik beruht auf zwei Ergebnissen aus der speziellen Relativitätstheorie:

a) Das Skalarprodukt zweier Vierervektoren $A_\mu = (A_0, \mathbf{A})$ und $B_\mu = (B_0, \mathbf{B})$, welches definiert ist durch

(ST 1-1) $$A \cdot B = A_\mu B_\mu \equiv (A_0 B_0 - \mathbf{A} \cdot \mathbf{B})$$

ist invariant unter Lorentztransformation (lorentzinvariant).

b) Energie und Impuls eines Teilchens transformieren als Vierervektor

(ST 1-2) $$p_\mu = \left(\frac{E}{c}, \mathbf{p}\right).$$

Das Quadrat der "Länge" dieses Vektors ist durch die Ruhemasse des Teilchens auszudrücken

(ST 1-3) $$p^2 = p_\mu p_\mu = \frac{E^2}{c^2} - \mathbf{p}^2 = m^2c^2.$$

Allgemein wird ein Stoß zwischen zwei Teilchen, der im Endzustand wieder zu zwei Teilchen führt, also z. B.

$$A(p_A) + B(p_B) \to C(p_C) + D(p_D)$$

nur durch zwei Zahlen gekennzeichnet. Begründung: Es gibt $4 \times 4 = 16$ verschiedene Komponenten der Vierervektoren (ST 1-2); diese werden eingeschränkt durch die vier Massebedingungen (ST 1-3), und durch vier Bedingungen der Energie- und Impulserhaltung; weiterhin sind wegen der Invarianz unter Translation und Rotation schon sechs weitere Koordinaten vergeben, der Schwerpunktimpuls, die Orientierung der Streuebene und die Wahl der Koordinatenachsen.

Als die beiden den Stoß charakterisierenden Invarianten nehmen wir

(ST 1-4) $$s = (p_A + p_B)^2 = (p_C + p_D)^2,$$

wobei der zweite Term aus der Erhaltung des Viererimpulses folgt, und

(ST 1-5) $$t = (p_C - p_A)^2 = (p_D - p_B)^2.$$

Eine andere mögliche Wahl ist

(ST 1-6) $$u = (p_D - p_A)^2 = (p_C - p_B)^2.$$

Diese drei sind aber nicht unabhängig voneinander, denn die Energie-Impulserhaltung $p_{A\mu} + p_{B\mu} = p_{C\mu} + p_{D\mu}$ beinhaltet

(ST 1-7) $$s + t + u = m_A{}^2c^2 + m_B{}^2c^2 + m_C{}^2c^2 + m_D{}^2c^2.$$

Die Invarianten haben folgende Bedeutung:

s: Betrachten wir das Schwerpunktsystem, wo gilt

(ST 1-8) $$\mathbf{p}_A^* + \mathbf{p}_B^* = 0.$$

Allgemeinem Brauch entsprechend kennzeichnen wir Größen, die sich auf das Schwerpunktsystem beziehen, mit einem Asterisk. Dort ist also

(ST 1-9) $$\begin{aligned} s &= (p_{0A}^* + p_{0B}^*)^2 - (\mathbf{p}_A^* + \mathbf{p}_B^*)^2 \\ &= \left(\frac{E_A^*}{c} + \frac{E_B^*}{c}\right)^2 \\ &= \frac{1}{c^2}(E_A^* + E_B^*)^2, \end{aligned}$$

d.h. bis auf den Faktor c^2 gibt s das Quadrat der gesamten Energie im Schwerpunktsystem.

t: Die Bedeutung von t wird ein wenig klarer für den speziellen, aber sehr häufigen Fall, daß A und C, sowie B und D gleich sind, wie z. B. in den Reaktionen

$$\pi + P \to \pi + P$$

und

$$\gamma + e \to \gamma + e.$$

In diesem Fall ist im Schwerpunktsystem

(ST 1-10) $$\overset{*}{\mathbf{p}}_B = -\overset{*}{\mathbf{p}}_A \qquad \overset{*}{\mathbf{p}}_D = -\overset{*}{\mathbf{p}}_C$$
$$\overset{*}{E}_A + \overset{*}{E}_B = \overset{*}{E}_C + \overset{*}{E}_D$$

und

(ST 1-11) $$m_A = m_C \qquad m_B = m_D.$$

Dies beinhaltet

$$(\overset{*}{\mathbf{p}}_A{}^2 c^2 + m_A^2 c^4)^{1/2} + (\overset{*}{\mathbf{p}}_A{}^2 c^2 + m_B^2 c^4)^{1/2}$$
$$= (\overset{*}{\mathbf{p}}_C{}^2 c^2 + m_A^2 c^4)^{1/2} + (\overset{*}{\mathbf{p}}_C{}^2 c^2 + m_B^2 c^4)^{1/2}$$

und damit

(ST 1-12) $$\overset{*}{E}_A = \overset{*}{E}_C \qquad \overset{*}{E}_B = \overset{*}{E}_D.$$

Somit erhalten wir für t

(ST 1-13) $$t = (p_A - p_C)^2 = \left(\frac{\overset{*}{E}_A}{c} - \frac{\overset{*}{E}_C}{c}\right)^2 - (\overset{*}{\mathbf{p}}_A - \overset{*}{\mathbf{p}}_C)^2$$
$$= -(\overset{*}{\mathbf{p}}_A - \overset{*}{\mathbf{p}}_C)^2,$$

d.h. t bedeutet den negativen Wert des Quadrats des Impulsübertrags im Schwerpunktsystem.

Man beachte, daß t in Beziehung steht zum Streuwinkel im Schwerpunktsystem. Rechnen wir mit obiger Formel weiter, so ergibt sich

(ST 1-14) $$t = -\overset{*}{\mathbf{p}}_A{}^2 - \overset{*}{\mathbf{p}}_C{}^2 + 2\overset{*}{\mathbf{p}}_A \cdot \overset{*}{\mathbf{p}}_C$$
$$= -\overset{*}{\mathbf{p}}_A{}^2 - \overset{*}{\mathbf{p}}_C{}^2 + 2|\overset{*}{\mathbf{p}}_A|\,|\overset{*}{\mathbf{p}}_C| \cos\theta^*.$$

Das Laborsystem ist charakterisiert durch $\mathbf{p}_B{}^L = 0$, d.h.

(ST 1-15) $$p_{B\mu} = (m_B c, \mathbf{0}).$$

Damit wird

(ST 1-16) $$s = (p_A + p_B)^2 = p_A{}^2 + p_B{}^2 + 2p_A \cdot p_B$$
$$= m_A{}^2c^2 + m_B{}^2c^2 + 2m_B E_A{}^L$$

und

(ST 1-17) $$t = (p_D - p_B)^2$$
$$= m_D{}^2c^2 + m_B{}^2c^2 - 2m_B E_D{}^L$$
$$= (p_A - p_C)^2$$
$$= m_A{}^2c^2 + m_C{}^2c^2 - 2E_A{}^L E_C{}^L/c^2 + 2\mathbf{p}_A{}^L \cdot \mathbf{p}_C{}^L$$
$$= m_A{}^2c^2 + m_C{}^2c^2 - 2E_A{}^L E_C{}^L/c^2 + 2|\mathbf{p}_A{}^L|\,|\mathbf{p}_C{}^L| \cos\theta^L.$$

Hiermit, und mit

(ST 1-18) $$E_A{}^L + m_B c^2 = E_C{}^L + E_D{}^L$$

sowie mit der *Invarianz von s und t* (d.h. s und t haben im Schwerpunktsystem und im Laborsystem, wie in jedem anderen System unveränderte Werte) können wir die Beziehungen zwischen den Streuwinkeln und zwischen den Energien im Schwerpunktsystem und im Laborsystem berechnen.

Die Transformationseigenschaften des differentiellen Wirkungsquerschnitts, $d\sigma/d\,(\cos\theta)$ sind zu erhalten, wenn man verwendet, daß $d\sigma$ invariant ist. Diese Invarianz folgt aus der relativistischen Formulierung der Streutheorie. Damit ist

(ST 1-19) $$\frac{d\sigma}{dt}$$

ebenfalls invariant, und um den differentiellen Wirkungsquerschnitt in einer Form darzustellen, in der die Transformation von einem Bezugssystem ins andere möglichst leicht wird, schreibt man ihn am besten als Funktion von s und t. Wir wollen dies aber hier nicht ausführen. Als abschließende Randbemerkung stellen wir fest, daß der Ausdruck

$$\int \frac{d^3\mathbf{p}}{(2\pi\hbar)^3}$$

nicht relativistisch invariant ist. Jedoch die offenkundige Invarianz von

(ST 1-20) $$\begin{aligned}\int..\int d^4p\,\delta(p^2 - m^2c^2) &= \int d^3\mathbf{p} \int_{p_0>0} dp_0\delta(p_0{}^2 - \mathbf{p}^2 - m^2c^2)\\ &= \int d^3\mathbf{p}\,\frac{1}{2\sqrt{\mathbf{p}^2 + m^2c^2}} = \frac{c}{2}\int \frac{d^3\mathbf{p}}{(\mathbf{p}^2c^2 + m^2c^4)^{1/2}}\end{aligned}$$

zeigt, daß

(ST 1-21) $$\int \frac{d^3\mathbf{p}}{E}\,\frac{1}{(2\pi\hbar)^3}$$

invariant ist. In Matrixelementen relativistischer Theorien erfolgt die Teilchennormierung nicht gemäß

$$\frac{1}{\sqrt{V}}\,e^{i\mathbf{p}\cdot\mathbf{r}/\hbar},$$

sondern gemäß

$$\frac{1}{\sqrt{V}}\,\frac{1}{\sqrt{E}}\,e^{i\mathbf{p}\cdot\mathbf{r}/\hbar}$$

und damit erhält man die nötigen Faktoren aus dem Quadrat des Matrixelements.

SPEZIELLE THEMEN 2

Das Äquivalenzprinzip

Nach dem Relativitätsprinzip müssen die Gesetze der Physik so gestaltet sein, daß es unmöglich ist, zwischen zwei Inertialsystemen, die sich mit konstanter Geschwindigkeit gegeneinander bewegen, zu unterscheiden. Die allgemeine Erfahrung legt eine weitere Äquivalenz nahe: mit der Beobachtung einfacher mechanischer Effekte ist es nicht möglich zu unterscheiden, ob sich ein System in einem homogenen Gravitationsfeld befindet, oder ob es eine konstante Beschleunigung entsprechender Richtung und Größe erfährt. In realen Gravitationsfeldern stimmt diese Äquivalenz nur in Maßstäben, die so klein sind, daß die zwischen zwei Punkten $\mathbf{r}_1$ und $\mathbf{r}_2$ bestehende Differenz des Gravitationspotentials linear ist in $|\mathbf{r}_1 - \mathbf{r}_2|$. Einstein schlug vor, daß diese Äquivalenz ein fundamentales Prinzip der Natur sei, und daß *alle* physikalischen Gesetze damit übereinstimmen sollen.

Akzeptiert man diesen Vorschlag, so ergeben sich einige weitreichende Konsequenzen. Zunächst stellen wir fest, daß eine Beschleunigung $\mathbf{a}$ durch eine Kraft $\mathbf{F}$ hervorgerufen sein muß; diese beiden Größen hängen zusammen gemäß

(ST 2-1) $$\mathbf{F} = m\mathbf{a}.$$

Das hierzu äquivalente Gravitationsfeld kann erzeugt werden durch eine Masse (Anm. d. Übers.: Punktmasse oder kugelsymmetrische Masseverteilung) im Abstand R, vorausgesetzt die Gravitationskraft

(ST 2-2) $$\mathbf{F} = G\frac{mM}{R^3}\mathbf{R}$$

wird durch passende Wahl von M und R (groß) gleich $m\mathbf{a}$ gemacht. Es gibt jedoch keine apriori Begründung dafür, daß die träge Masse, welche in (ST 2-1) steht, gleich sein soll der schweren Masse, die in die potentielle Energie im Gravitationsfeld eingeht:

(ST 2-3) $$V(\mathbf{r}) = -G\frac{Mm}{r}.$$

Die schwere Masse geht hierin als "Kopplungskonstante" ein, genauso wie die elektrische Ladung ins Coulombpotential, und man könnte sich z.B. vorstellen, daß die in (ST 2-3) eingehende Masse verschieden ist von der trägen Masse, wie sie in (ST 2-1) eingeht. Diese Vorstellung ist aber nicht möglich, wenn das Äquivalenzprinzip gilt. Nehmen wir z.B. an, folgende ziemlich extreme Aussage würde stimmen: Elektronen erfahren keine Gravitationskräfte. Die träge Masse eines Atoms ist (näherungsweise) $M(A,Z) = AM + Zm$, wobei M und m die Nukleonen- bzw. Elektronenmasse ist; die schwere Masse (für ST 2-3) dagegen wäre (in der gleichen Näherung) nur AM. Damit könnte z.B. im Inneren eines kräftefreien Satelliten ein Stückchen Blei schweben, dagegen ein Stückchen Materie mit anderem Z/A würde im Satelliten fallen (in der einen oder anderen Richtung). Damit ist ein experimenteller Test des Äquivalenzprinzips vorgeschlagen: Gilt das Äquivalenzprinzip, so sollte sich jegliche Materie unter einer bestimmten Kombination von Gravitations- und Zentrifugalkräften gleich verhalten. Dieser Test zur Bestätigung der Äquivalenz zwischen träger und schwerer Masse wurde von Roll, Krotkov und Dicke [1]) ausgeführt, wobei Übereinstimmung bis auf die Fehlergrenze $1:10^{11}$ festgestellt wurde; schon frühere Experimente von Eötvös (1890, 1922) erreichten eine um etwa zwei Zehnerpotenzen geringere Genauigkeit. Die Messung bestand darin, daß zwei Materiestücke von gleicher Masse, aber verschiedenem Z/A (Gold und Aluminium) auf einer Torsionswaage aufgehängt wurden. Der Satellit war die Erde auf seiner Bahn um die Sonne. Ein kleiner Unterschied zwischen beiden Körpern in ihrer Beschleunigung in Richtung Sonne hätte eine Torsion des Pendels ergeben. Eine solche Torsion wurde aber nicht beobachtet.

Eine andere Konsequenz des Äquivalenzprinzips wurde im 2. Kapitel und im 22. Kapitel (Abschnitt B) erwähnt. Ein Photon der Energie E hat die schwere Masse E/c^2. Um dies zu beweisen, betrachten wir ein angeregtes Atom der Masse M^*, welches sich in der Höhe x über einem Referenzniveau befinde. Die zum Hochheben erforderliche Arbeit ist M^*gx. Wenn das Atom in den Grundzustand (Masse M) übergeht, so wird ein Photon der Energie $M^*c^2 - Mc^2$ emittiert.

Nehmen wir nun an, das Photon werde in Höhe des Referenzniveaus wieder absorbiert. Die absorbierte Energie ist $E + E_g$, wobei E_g die vom Photon durch den Fall zugewonnene Energie ist. Wenn das Atom im Grundzustand ebenfalls auf das Referenzniveau herunterfällt, so ist die vom Gravitationsfeld am Atom aufgewendete Arbeit Mgx. Wird nun die absorbierte Photonenenergie verwendet, um das Atom wieder auf den Zustand der Masse M^* anzuregen, so können wir zur Ausgangssituation zurückkehren, falls

(ST 2-4) $$M^*gx = E_g + Mgx.$$

Hieraus

(ST 2-5) $$E_g = (M^* - M)\,gx = \frac{E}{c^2}\,gx.$$

Betrachten wir nun ein Photon in der Höhe x. Die Frequenz sei ν, d.h.

(ST 2-6) $$E = h\nu.$$

Die Photonenenergie auf dem Referenzniveau ist

---

[1]) Eine detaillierte Beschreibung der Experimente gibt R. H. Dicke, *The Theoretical Significance of Experimental Relativity*, Gordon and Breach, Science Publishers, New York (1964).

$$E + E_g = E\left(1 + \frac{gx}{c^2}\right)$$

(ST 2-7)

$$= h\nu\left(1 + \frac{gx}{c^2}\right).$$

Dies muß auf $h\nu'$ führen, wobei ν' die auf dem Referenzniveau zu beobachtende Frequenz ist. Damit haben wir

(ST 2-8) $$\nu' = \nu\left(1 + \frac{gx}{c^2}\right).$$

Dies bedeutet, daß die Frequenz erhöht wurde, wobei

(ST 2-9) $$\frac{\Delta\nu}{\nu} = \frac{gx}{c^2}.$$

Die Schwingungsdauer, welche reziprok zu ν ist, wird entsprechend geändert:

(ST 2-10) $$\frac{\Delta T}{T} = -\frac{gx}{c^2}.$$

Diese Vorhersage wurde in einem terrestrischen Experiment mit Hilfe des Mößbauereffekts bestätigt (22. Kapitel, Abschnitt B). Dieser Effekt wird spannender, wenn wir die bei einem atomaren Übergang auf der Erde und auf einem Stern großer Masse emittierten Frequenzen miteinander vergleichen. Es gilt

(ST 2-11) $$\frac{\Delta\nu}{\nu} = \frac{GM}{Rc^2}.$$

Für die Sonnenoberfläche (d.h. $M = 1{,}99 \times 10^{33}$ g, $R = 6{,}96 \times 10^{10}$ cm) ist die Verschiebung noch klein: $\Delta\nu/\nu = 2{,}12 \times 10^{-6}$. Dies wurde experimentell anhand der Natriumlinie im Sonnenlicht überprüft (Dicke, loc. cit.), und das Ergebnis stimmt mit dem vorhergesagten Wert innerhalb einer Fehlergrenze von 5% überein. Diese Verschiebung nennt man die *Gravitationsrotverschiebung*, da die Erde relativ zur Sonne "hochliegt".

Eine andere Vorhersage folgt aus einer Analogie zur Elektrostatik. Genauso wie eine elektrische Ladung im Coulombfeld abgelenkt wird, wobei für den Ablenkungswinkel gilt

(ST 2-12) $$\tan\frac{\theta}{2} = \frac{Ze^2}{mv^2}\,\frac{1}{b},$$

so wird ein Photon von einer großen Masse, z.B. der Sonne, abgelenkt (Ze und e sind die beiden Ladungen, m die Masse der bewegten Ladung, v die asymptotische Geschwindigkeit, und b der Stoßparameter). Da das Kraftgesetz in beiden Fällen die gleiche Form hat, brauchen wir nur die Substitution $Ze^2 \rightarrow GMm$ und $v \rightarrow c$ zu machen. Der Stoßparameter ist etwa der Sonnenradius (Anm. d. Übers.: Wenn man von der Erde aus einen Stern in der Nähe des Sonnenrandes beobachtet, so laufen alle zum Detektor gelangenden Photonen etwa im Abstand R von der Sonnenmitte vorbei) und damit wird der Ablenkwinkel (Anm. d. Übers.: Dies ist die Winkeldifferenz zwischen den Positionen des Sterns, die man mißt, wenn der Stoßparameter einmal dem Sonnenradius entspricht, und einmal wesentlich größer ist):

(ST 2-13) $$\delta\theta \simeq \frac{GM}{Rc^2}.$$

Numerisch ergibt sich hierfür 0,83″. Der tatsächliche Meßwert (den Fall $b = R$ kann man natürlich nur bei totaler Sonnenfinsternis beobachten) ist gerade doppelt so groß. Die Erklärung dieser Diskrepanz liegt in der Einsteinschen Theorie der Gravitation, welche aber außerhalb des Rahmens dieses Buches liegt.

Es sollte betont werden, daß das Plancksche Wirkungsquantum nicht in (ST 2-8) eingeht. Das Ergebnis ist rein klassisch, und es kann ohne Verwendung des Zusammenhangs $E = h\nu$ abgeleitet werden: Dieser ist hierfür zwar günstig, aber nicht notwendig [2]).

[2]) Einsteins Originalarbeit ist gut lesbar, und sie ist abgedruckt in *The Principle of Relativity*, a collection of original papers, published by Dover Publications, Inc.

Die Wentzel-Kramers-Brillouin-Näherung

Dieses Näherungsverfahren ist besonders nützlich, wenn man ein schwach veränderliches Potential hat. Was das genau bedeutet, wird später klar. Man will folgende Gleichung lösen

(ST 3-1) $$\frac{d^2\psi(x)}{dx^2} + \frac{2m}{\hbar^2}[E - V(x)]\,\psi(x) = 0,$$

und hierzu verwenden wir den Ansatz

(ST 3-2) $$\psi(x) = R(x)\, e^{iS(x)/\hbar}$$

Die zweite Ableitung ist

(ST 3-3) $$\frac{d^2\psi}{dx^2} = \left[\frac{d^2R}{dx^2} + \frac{2i}{\hbar}\frac{dR}{dx}\frac{dS}{dx} + \frac{i}{\hbar}R\frac{d^2S}{dx^2} - \frac{1}{\hbar^2}R\left(\frac{dS}{dx}\right)^2\right] e^{iS(x)/\hbar}.$$

Dies setzen wir in (ST 3-1) ein, und sehen, daß die Differentialgleichung in einen Real- und einen Imaginarteil aufspaltet. Als Imaginarteil erhalten wir

(ST 3-4) $$R\frac{d^2S}{dx^2} + 2\frac{dR}{dx}\frac{dS}{dx} = 0$$

und damit

$$\frac{d}{dx}\left(\log\frac{dS}{dx} + 2\log R\right) = 0.$$

Dessen Lösung ist

(ST 3-5) $$\frac{dS}{dx} = \frac{C}{R^2}.$$

Der Realteil ist

$$\frac{d^2R}{dx^2} - \frac{1}{\hbar^2}R\left(\frac{dS}{dx}\right)^2 + \frac{2m[E - V(x)]}{\hbar^2}R = 0.$$

Dies wird nach Einsetzen von (ST 3-5) zu

(ST 3-6) $$\frac{d^2R}{dx^2} - \frac{C^2}{\hbar^2}\frac{1}{R^3} + \frac{2m[E - V(x)]}{\hbar^2}R = 0.$$

Nun machen wir die Näherung

(ST 3-7) $$\frac{1}{R}\frac{d^2R}{dx^2} \ll \frac{C^2}{\hbar^2}\frac{1}{R^4} = \frac{1}{\hbar^2}\left(\frac{dS}{dx}\right)^2$$

und damit wird (ST 3-6) zu

(ST 3-8) $$\frac{C^2}{R^4} = 2m[E - V(x)].$$

Es folgt

(ST 3-9) $$\frac{C}{R^2} = \frac{dS}{dx} = \sqrt{2m[E - V(x)]}$$

und damit als Ergebnis der Näherung

(ST 3-10) $$S(x) = \int_{x_1}^{x} dx \sqrt{2m[E - V(x)]}\,.$$

Die obengenannte Näherungsbedingung kann umgeformt werden in eine Aussage über die Variation von $V(x)$: Die Näherung ist erfüllt, wenn sich $V(x)$ langsam verändert, und zwar in einer Wellenlänge (diese kann sich von Ort zu Ort ändern) welche bei langsam variierendem $V(x)$ definiert ist zu

(ST 3-11) $$\lambda\!\!\!^{-}(x) = \frac{\hbar}{p(x)} = \frac{\hbar}{\{2m[E - V(x)]\}^{1/2}}\,.$$

(Anm. d. Übers.: Um dieser Aussage näherzukommen, stelle man sich als ersten Schritt den kräftefreien Fall $p(x) = \text{const}$ vor. Damit wird $\frac{dS}{dx} = c_1$ und wegen (ST 3-5) verschwinden $\frac{dR}{dx}$ und $\frac{d^2R}{dx^2}$, d.h. (ST 3-7) ist erfüllt. Auch noch für $p(x) \approx \text{const}$ ist (ST 3-7) erfüllt; oder andersherum ausgedrückt: Solange sich $V(x)$ in (ST 3-11) nur wenig ändert, und zwar innerhalb des Bereichs $\lambda\!\!\!^{-}(x)$, ist die Näherung erfüllt.)

An den Stellen, wo

(ST 3-12) $$E - V(x) = 0\,,$$

wird eine spezielle Behandlung erforderlich, denn in der genäherten Gleichung (ST 3-8) erscheint dort für $R(x)$ eine Singularität. Wir erkennen, daß hier die Näherung (ST 3-7) schlecht ist. Die speziellen Punkte, wo (ST 3-12) erfüllt ist, nennt man *Umkehrpunkte*, denn dort müßte ein klassisches Teilchen umkehren; es kann sich nur dort bewegen, wo $E - V(x) > 0$. Die Möglichkeiten zur Bearbeitung der Lösungen in der Nähe der Umkehrpunkte erfordern ein wenig zuviele rechnerische Einzelheiten, weshalb wir sie hier nicht bringen. Die Grundidee ist folgende: Haben wir z.B. links vom Umkehrpunkt [Bereich, in dem $E > V(x)$] eine Lösung der Form

(ST 3-13) $$\psi(x) = R\, e^{i\int_{x_1}^{x} dx \sqrt{(2m/\hbar^2)[E - V(x)]}}$$

und eine Lösung rechts vom Umkehrpunkt [$E < V(x)$], so brauchen wir noch eine Formel, die zwischen beiden interpoliert. In der Umgebung des Umkehrpunkts kann man $\sqrt{(2m/\hbar^2)[E - V(x)]}$ über einen kleinen Bereich durch eine Gerade ersetzen, und die Schrödinger-Gleichung exakt lösen. Da sie eine Differentialgleichung zweiter Ordnung ist, haben wir dabei zwei frei wählbare Konstanten. Eine davon wird festgelegt durch Anpassung der Lösung an (ST 3-13), und die andere durch Anpassung an die Lösung rechts vom Umkehrpunkt [1]):

(ST 3-14) $$\psi(x) = R\, e^{-\int_{x_1}^{x} dx \sqrt{(2m/\hbar^2)[V(x)-E]}}\,.$$

Diese Lösung liefert mit wachsendem x abnehmende Amplitude. Die Abschwächung bis zum nächsten Umkehrpunkt, wo wieder $E \geq V(x)$ ergibt sich aus

(ST 3-15) $$\frac{\psi(x_{II})}{\psi(x_I)} \simeq \exp\left\{-\int_{x_I}^{x_{II}} dx \sqrt{(2m/\hbar^2)[V(x)-E]}\right\}.$$

Dieser Ausdruck ist gerade die Wurzel aus der Transmissionswahrscheinlichkeit, wie wir sie im 5. Kapitel gefunden haben.

[1]) Mehr Details findet man in fast jedem der weiter fortgeschrittenen Bücher über Quantenmechanik, z. B. J. L. Powell und B. Crasemann, *Quantum Mechanics*, Addison-Wesley Publishing Co. (1961); L. I. Schiff, *Quantum Mechanics*, McGraw-Hill Book Co. (1968).

Lebensdauern, Linienbreiten und Resonanzen

In diesem Abschnitt wollen wir eine etwas vertiefte Behandlung der Übergangsraten diskutieren; dabei wird sich zeigen, wie das Exponentialverhalten im Abklingen zustande kommt [1]. Weil vom Leser nicht allzu hohe mathematische Vorbildung verlangt wird, kann dies jedoch nur auf eine etwas weniger elegante Weise geschehen.

Um das Problem so weit als möglich zu vereinfachen, betrachten wir ein Atom mit nur zwei Niveaus, dem Grundzustand (Energie 0) und einem einzigen angeregten Zustand (Energie E). Die beiden Zustände sind an das elektromagnetische Feld gekoppelt; wir wollen dieses als Skalar annehmen, so daß keine Polarisationsvektoren auftreten. Als Untergruppe der Eigenzustände von H_0 betrachten wir nur den angeregten Zustand ϕ_1, und den Grundzustand plus ein Photon, $\phi(\mathbf{k})$. Hierfür gilt

(ST 4-1) $$H_0\phi_1 = E\phi_1$$

und

(ST 4-2) $$H_0\phi(\mathbf{k}) = \epsilon(\mathbf{k})\,\phi(\mathbf{k})\,.$$

In der Entwicklung einer beliebigen Funktion beschränken wir uns auf diese beiden Zustände. Diese Annahmen sind sicher erlaubt, sobald die Kopplung zwischen den beiden Zuständen ϕ_1 und $\phi(\mathbf{k})$ durch das Potential V klein ist, was für elektromagnetische Kopplung gilt, denn dann ist der Einfluß von Zwei- und Mehrphotonenzuständen vernachlässigbar. Man beachte, daß

(ST 4-3) $$\langle\phi_1|\phi(\mathbf{k})\rangle = 0\,,$$

selbst für den Wert von $\mathbf{k}$, welcher die Energien $\epsilon(\mathbf{k})$ und E gleich werden läßt. Die Zustände sind deshalb orthogonal, weil zum einen ein Photon gehört und zum anderen nicht, und weil im einen das Atom im angeregten Zustand ist, im anderen aber nicht.

Die Lösung der Gleichung

(ST 4-4) $$i\hbar\frac{d\psi(t)}{dt} = (H_0 + V)\,\psi(t)$$

kann durch die beiden Zustände ausgedrückt werden

(ST 4-5) $$\psi(t) = a(t)\,\phi_1\,e^{-iEt/\hbar} + \int d^3\mathbf{k}\,b(\mathbf{k},t)\,\phi(\mathbf{k})\,e^{-i\epsilon(\mathbf{k})t/\hbar}.$$

[1] Dies wurde 1930 von Weißkopf und Wigner als ersten abgeleitet.

Setzen wir dies in (ST 4-4) ein, so ergibt sich

$$i\hbar \frac{da}{dt} e^{-iEt/\hbar} \phi_1 + Ea\, e^{-iEt/\hbar} \phi_1$$

$$+ i\hbar \int d^3\mathbf{k} \frac{db(\mathbf{k},t)}{dt} e^{-i\epsilon(\mathbf{k})t/\hbar} \phi(\mathbf{k}) + \int d^3\mathbf{k}\epsilon(\mathbf{k})\, b(\mathbf{k},t)\, e^{-i\epsilon(\mathbf{k})t/\hbar} \phi(\mathbf{k})$$

$$= Ea(t)\, e^{-iEt/\hbar} \phi_1 + \int d^3\mathbf{k}\epsilon(\mathbf{k})\, b(\mathbf{k},t)\, e^{-i\epsilon(\mathbf{k})t/\hbar} \phi(\mathbf{k})$$

$$+ a(t)\, e^{-iEt/\hbar} V\phi_1 + \int d^3\mathbf{k} b(\mathbf{k},t)\, e^{-i\epsilon(\mathbf{k})t/\hbar} V\phi(\mathbf{k}).$$

Bilden wir hierzu das Skalarprodukt mit ϕ_1, so erhalten wir

$$i\hbar \frac{da}{dt} = a(t)\langle\phi_1|V|\phi_1\rangle + \int d^3\mathbf{k} b(\mathbf{k},t)\, e^{-i[\epsilon(\mathbf{k})-E]t/\hbar} \langle\phi_1|V|\phi(\mathbf{k})\rangle.$$

Da V in seiner Wirkung auf einen Zustand die Photonenzahl um 1 ändern soll, ist $\langle\phi_1|V|\phi_1\rangle = 0$; hiermit und mit den Abkürzungen

$$\text{(ST 4-6)} \qquad \begin{aligned} \epsilon(\mathbf{k}) - E &= \hbar\omega(\mathbf{k}) \\ \langle\phi_1|V|\phi(\mathbf{k})\rangle &= M(\mathbf{k}) \end{aligned}$$

wird die letzte Gleichung zu

$$\text{(ST 4-7)} \qquad i\hbar \frac{da(t)}{dt} = \int d^3\mathbf{k} b(\mathbf{k},t)\, e^{-i\omega(\mathbf{k})t} M(\mathbf{k}).$$

Bilden wir nun das Skalarprodukt mit $\phi(\mathbf{q})$ und verwenden wir wieder das Argument mit der um 1 veränderten Photonenzahl, so erhalten wir $\langle\phi(\mathbf{q})|V|\phi(\mathbf{k})\rangle = 0$; nach einiger Umrechnung und der Normierung

$$\text{(ST 4-8)} \qquad \langle\phi(\mathbf{q})|\phi(\mathbf{k})\rangle = \delta(\mathbf{k} - \mathbf{q})$$

gelangen wir zu

$$\text{(ST 4-9)} \qquad i\hbar \frac{db(\mathbf{q},t)}{dt} = a(t)\, e^{i\omega(\mathbf{q})t} M^*(\mathbf{q}).$$

Da $b(\mathbf{k},0) = 0$, falls der angeregte Zustand zur Zeit $t = 0$ besetzt ist, erhalten wir als Lösung von (ST 4-9)

$$\text{(ST 4-10)} \qquad b(\mathbf{k},t) = \frac{1}{i\hbar} M^*(\mathbf{k}) \int_0^t dt'\, e^{i\omega(\mathbf{k})t'} a(t').$$

Nun setzen wir dies in (ST 4-7) ein:

$$\text{(ST 4-11)} \qquad \frac{da(t)}{dt} = -\frac{1}{\hbar^2} \int d^3\mathbf{k} |M(\mathbf{k})|^2 e^{-i\omega(\mathbf{k})t} \int_0^t dt'\, a(t')\, e^{i\omega(\mathbf{k})t'},$$

und schließlich multiplizieren wir beide Seiten mit $e^{-\lambda t}$ und integrieren über die Zeit von 0 bis ∞. Die linke Seite wird dadurch zu

$$\text{(ST 4-12)}\quad \begin{aligned} \int_0^\infty dt\, e^{-\lambda t}\,\frac{da(t)}{dt} &= \int_0^\infty dt\,\frac{d}{dt}\,[e^{-\lambda t}\,a(t)] + \lambda \int_\infty^\infty dt\, e^{-\lambda t}\,a(t) \\ &= \lambda \int_0^\infty dt\, e^{-\lambda t}\,a(t) - 1, \end{aligned}$$

hierbei wurde verwendet

$$\text{(ST 4-13)}\qquad a(0) = 1.$$

Auf der rechten Seite erhalten wir

$$-\frac{1}{\hbar^2}\int d^3\mathbf{k}\,|M(\mathbf{k})|^2 \int_0^\infty dt\, e^{-\lambda t}\, e^{-i\omega(\mathbf{k})t} \int_0^t dt'\,a(t')\, e^{i\omega(\mathbf{k})t'}.$$

Das Integral

$$\int_0^\infty dt\, e^{-[\lambda + i\omega(\mathbf{k})]t} \int_0^t dt'\,a(t')\, e^{i\omega(\mathbf{k})t'}$$

über den ersten Oktanten in der $(t$–$t')$-Ebene kann auch geschrieben werden (siehe Bild ST 4.1)

$$\int_0^\infty dt'\,a(t')\, e^{i\omega(\mathbf{k})t'} \int_{t'}^\infty dt\, e^{-[\lambda + i\omega(\mathbf{k})]t}.$$

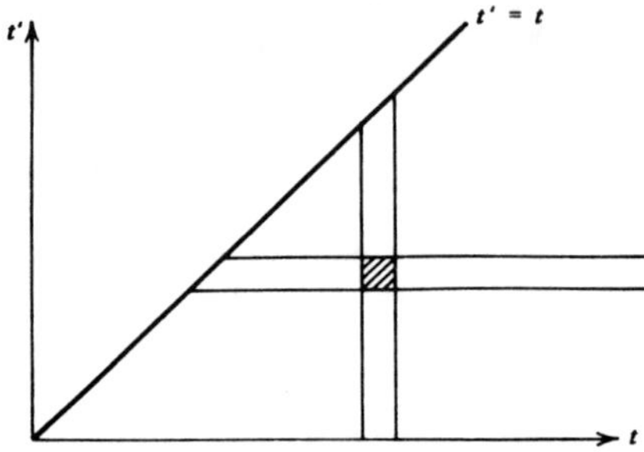

Bild ST 4–1 Die Integration über den ersten Oktanten kann auf zwei Wegen durchgeführt werden. Entweder: Man hält t fest, berechnet die Fläche des vertikalen Streifens, und summiert dann alle Streifen von $t = 0$ bis $t = \infty$, oder: Zuerst Berechnung des horizontalen Streifens von $t = t'$ bis $t = \infty$, und dann Summation aller horizontaler Streifen von $t' = 0$ bis $t' = \infty$.

Das letztere Integral kann ausgerechnet werden, und so ergibt sich

$$\text{(ST 4-14)}\quad \begin{aligned} \lambda \int_0^\infty dt\, e^{-\lambda t}\,a(t) - 1 &= -\frac{1}{\hbar^2}\int d^3\mathbf{k}\,|M(\mathbf{k})|^2 \int_0^\infty dt'\; a(t') e^{i\omega(\mathbf{k})t'}\,\frac{e^{-[\lambda + i\omega(\mathbf{k})]t'}}{\lambda + i\omega(\mathbf{k})} \\ &= -\frac{1}{\hbar^2}\int d^3\mathbf{k}\,\frac{|M(\mathbf{k})|^2}{\lambda + i\omega(\mathbf{k})}\int_0^\infty dt'\,a(t')\, e^{-\lambda t'}. \end{aligned}$$

Wir lösen nach $\int_0^\infty dta(t)\, e^{-\lambda t}$ auf und erhalten

(ST 4-15) $$\int_0^\infty dta(t)\, e^{-\lambda t} = \frac{1}{\lambda + \frac{1}{\hbar^2}\int d^3\mathbf{k}\, \frac{|M(\mathbf{k})|^2}{\lambda + i\omega(\mathbf{k})}}\,.$$

Der mit der Theorie der Laplace-Transformation vertraute Leser wird diesen Ausdruck als eine solche erkennen. Die Umkehrung dieser Transformation erfordert einige Diskussion, welche in der Literatur für weiter Fortgeschrittene zu finden ist. Hier wollen wir folgendermaßen argumentieren: Obwohl wir nicht wissen, wie $a(t)$ aus (ST 4-14) zu extrahieren ist, können wir diese Beziehung für den Grenzfall $\lambda \to 0$ untersuchen. Machen wir den Ansatz

(ST 4-16) $$a(t) = e^{-zt},$$

so erhalten wir

$$\frac{1}{z+\lambda} = \frac{1}{\lambda - \frac{i}{\hbar^2}\int d^3\mathbf{k}\, \frac{|M(\mathbf{k})|^2}{\omega(\mathbf{k}) - i\lambda}}$$

und dies ergibt für den Grenzfall $\lambda \to 0$

(ST 4-17) $$z = \lim_{\lambda\to 0+} -\frac{i}{\hbar^2}\int d^3\mathbf{k}\, \frac{|M(\mathbf{k})|^2}{\omega(\mathbf{k}) - i\lambda}.$$

Dies können wir anders schreiben:

(ST 4-18) $$\begin{aligned} z &= \lim_{\lambda\to 0+} -\frac{i}{\hbar^2}\int d^3\mathbf{k}\, \frac{|M(\mathbf{k})|^2}{\omega^2(\mathbf{k}) + \lambda^2}(\omega(\mathbf{k}) + i\lambda) \\ &= \lim_{\lambda\to 0+} -\frac{i}{\hbar^2}\int d^3\mathbf{k}\, \frac{|M(\mathbf{k})|^2\,\omega(\mathbf{k})}{\omega^2(\mathbf{k}) + \lambda^2} \\ &\quad + \frac{1}{\hbar^2}\int d^3\mathbf{k}\,|M(\mathbf{k})|^2 \frac{\lambda}{\omega^2(\mathbf{k}) + \lambda^2}. \end{aligned}$$

Zur Auswertung des Realteils von z benutzen wir die Beziehung

(ST 4-19) $$\lim_{\lambda\to 0+} \frac{\lambda}{\omega^2(\mathbf{k}) + \lambda^2} = \pi\,\delta[\omega(\mathbf{k})]$$

und somit wird

(ST 4-20) $$z = -\frac{i}{\hbar^2}\int d^3\mathbf{k}\, \frac{|M(\mathbf{k})|^2}{\omega(\mathbf{k})} + \frac{\pi}{\hbar}\int d^3\mathbf{k}\,|M(\mathbf{k})|^2\,\delta[\hbar\omega(\mathbf{k})]\,.$$

Nun brauchen wir z als Exponent zur Basis e (siehe ST 4-16), und so finden wir für den Koeffizient von ϕ_1 im Ausdruck für $\psi(t)$ (siehe ST 4-5)

(ST 4-21) $$e^{-\gamma t/2}\, e^{-iE't/\hbar},$$

wobei

(ST 4-22)
$$\gamma = \frac{2\pi}{\hbar}\int d^3\mathbf{k}\,|\langle\phi_1|V|\phi(\mathbf{k})\rangle|^2\,\delta[\epsilon(\mathbf{k}) - E]$$
$$E' = E + \int d^3\mathbf{k}\,|\langle\phi_1|V|\phi(\mathbf{k})\rangle|^2\,\frac{1}{E - \epsilon(\mathbf{k})}\,.$$

Die Wahrscheinlichkeit für das Auffinden des Zustandes ϕ_1 nach der Zeit t ist also im Rahmen unserer Näherung

(ST 4-23) $\quad |a(t)|^2 = e^{-\gamma t}.$

γ ist hierbei die mit der Störungstheorie berechnete Übergangsrate (Zerfallsrate). Weiterhin sehen wir, daß das oszillatorische Verhalten von $a(t)$ durch die Energie E des Zustands ϕ_1 charakterisiert ist, *welche aber um einen Term aus der Störungstheorie zweiter Ordnung verschoben ist*, wie ein Vergleich mit (16-16) zeigt (Anm. d. Übers.: Das oszillatorische Verhalten bildet der zweite Faktor von (ST 4-21), und die Energieverschiebung ist in (ST 4-22) ausgedrückt). Der einzige Unterschied zu (16-16) liegt darin, daß hier über ein Kontinuum von Zwischenzuständen integriert wird, und die Grenzwertbildung in (ST 4-18) zur Definition des Integrals bei verschwindendem Nenner herangezogen werden muß.

Eine andere Größe von Interesse ist die Wahrscheinlichkeit dafür, daß $\psi(t)$ bei $t = \infty$ in $\phi(\mathbf{k})$ übergegangen ist. Dies ist $|b(\mathbf{k},\infty)|^2$, wobei wir nach (ST 4-10) und (ST 4-16) haben

$$b(\mathbf{k},\infty) = \frac{1}{i\hbar}\,M^*(\mathbf{k})\int_0^\infty dt'\,e^{-[z - i\omega(\mathbf{k})]t'}$$
$$= \frac{M^*(\mathbf{k})}{i\hbar}\,\frac{1}{\dfrac{\pi}{\hbar}\displaystyle\int d^3\mathbf{k}\,|M(\mathbf{k})|^2\,\delta[\hbar\omega(\mathbf{k})] - i\,\Delta}\,.$$

Hierin ist

$$\Delta = \frac{[\epsilon(\mathbf{k}) - E]}{\hbar} - \frac{1}{\hbar}\int d^3\mathbf{k}'\,\frac{|M(\mathbf{k}')|^2}{E - \epsilon(\mathbf{k}')}\,.$$

Somit wird

(ST 4-24)
$$b(\mathbf{k},\infty) = \frac{M^*(\mathbf{k})}{\epsilon(\mathbf{k}) - E - \displaystyle\int d^3\mathbf{k}'\,\frac{|M(\mathbf{k}')|^2}{E - \epsilon(\mathbf{k}')} + i\hbar\gamma/2}$$

und das Absolutquadrat davon

(ST 4-25)
$$|b(\mathbf{k},\infty)|^2 = \frac{|M(\mathbf{k})|^2}{[\epsilon(\mathbf{k}) - E - \Delta E]^2 + (\hbar\gamma/2)^2}$$

ergibt die Lorentzsche Linienform und -breite; das Zentrum liegt bei der (verschobenen) Energie des angeregten Zustandes, und die Breite der Kurve ist durch $\hbar\gamma/2$ gegeben. Die Energieverschiebung ist klein, und wird üblicherweise vernachlässigt.

Die gleiche Formel erscheint im Streuproblem. Betrachten wir die Streuung eines Photons vom Impuls $\mathbf{k}_i$ durch ein Atom im Grundzustand. Der Zustand des Gesamtsystems ist wieder beschrieben durch die Gleichungen (ST 4-1, ST 4-2, ST 4-7 und ST 4-9), außer daß der Anfangszustand (d.h. hier zur Zeit $t = -\infty$) speziell als $\phi(\mathbf{k}_i)$ gegeben ist; es ist also

(ST 4-26) $$b(\mathbf{q},t) = \delta(\mathbf{q} - \mathbf{k}_i) \qquad \text{bei} \quad t = -\infty.$$

Damit ergibt die Integration von (ST 4-9)

(ST 4-27) $$b(\mathbf{q},t) = \delta(\mathbf{q} - \mathbf{k}_i) + \frac{1}{i\hbar} M^*(\mathbf{q}) \int_{-\infty}^{t} dt' a(t')\, e^{i\omega(\mathbf{q})t'}.$$

Die interessierende Größe ist die Amplitude für einen Übergang in einen Endzustand, in dem das Photon den Impuls $\mathbf{k}_f$ zur Zeit $t = +\infty$ hat; mit der vorigen Gleichung ist dies

(ST 4-28) $$\begin{aligned} \langle\phi(\mathbf{k}_f)|\psi(+\infty)\rangle &= b(\mathbf{k}_f, +\infty) \\ &= \delta(\mathbf{k}_f - \mathbf{k}_i) - \frac{i}{\hbar} M^*(\mathbf{k}_f) \int_{-\infty}^{\infty} dt' a(t')\, e^{i\omega_f t'} \\ (\omega_f &\equiv \omega(\mathbf{k}_f)). \end{aligned}$$

Setzen wir (ST 4-27) in (ST 4-7) ein, so ergibt sich

(ST 4-29) $$\frac{da(t)}{dt} = \frac{1}{i\hbar} e^{-i\omega_i t} M(\mathbf{k}_i) - \frac{1}{\hbar^2} \int d^3\mathbf{k}\, |M(\mathbf{k})|^2 e^{-i\omega(\mathbf{k})t} \int_{-\infty}^{t} dt' a(t')\, e^{i\omega(\mathbf{k})t'}.$$

Integration und Verwendung von $a(-\infty) = 0$ liefert

(ST 4-30) $$\begin{aligned} a(t) = {}& \frac{M(\mathbf{k}_i)}{i\hbar} \int_{-\infty}^{t} dt'\, e^{-i\omega_i t'} \\ & - \frac{1}{\hbar^2} \int d^3\mathbf{k}\, |M(\mathbf{k})|^2 \int_{-\infty}^{t} dt'\, e^{-i\omega(\mathbf{k})t'} \int_{-\infty}^{t'} dt'' a(t'')\, e^{i\omega(\mathbf{k})t''}. \end{aligned}$$

Das Integral $\int_{-\infty}^{t} dt'\, e^{-i\omega_i t'}$ ist nicht wohldefiniert. Üblicherweise drückt man es in folgender Form aus:

(ST 4-31) $$\operatorname*{Lim}_{\epsilon\to 0} \int_{-\infty}^{t} dt'\, e^{-i(\omega_i + i\epsilon)t'} = \operatorname*{Lim}_{\epsilon\to 0} i\, \frac{e^{-i(\omega_i + i\epsilon)t}}{\omega_i + i\epsilon}.$$

Die Verwendung eines die Konvergenz herstellenden Faktors, welcher dann in wohldefinierter Weise gegen Null gehen kann, hat eine gewisse Ähnlichkeit mit der Behandlung des Coulombpotentials als den Grenzfall eines abgeschirmten Coulombpotentials (wie z.B. im 24. Kapitel durchgeführt). Weiterhin wird, wie aus Bild ST 4.2 abgelesen werden kann

$$\begin{aligned} \int_{-\infty}^{t} dt'\, e^{-i\omega(\mathbf{k})t'} \int_{-\infty}^{t'} dt'' a(t'')\, e^{i\omega(\mathbf{k})t''} &= \int_{-\infty}^{t} dt'' a(t'')\, e^{i\omega(\mathbf{k})t''} \int_{t''}^{t} dt'\, e^{-i\omega(\mathbf{k})t'} \\ &= \frac{i}{\omega(\mathbf{k})} \int_{-\infty}^{t} dt'' a(t'') [e^{-i\omega(\mathbf{k})(t-t'')} - 1] \end{aligned}$$

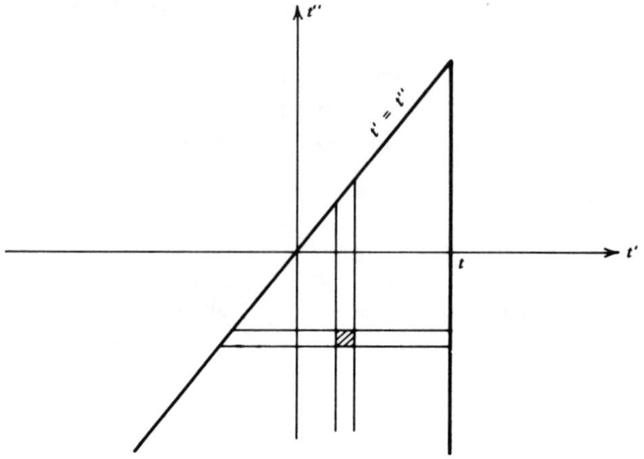

Bild ST 4–2 Das Integral in (ST 4–30) kann geschrieben werden entweder als Summe der vertikalen Streifen (so steht es in ST 4–30), oder als Summe der horizontalen Streifen (so steht es in ST 4–32). Der gleiche Tausch in der Reihenfolge ist in (ST 4–33) angewendet, wobei die vertikale Linie $t' = t$ nach $+\infty$ verschoben ist.

und damit

$$a(t) = \frac{M(\mathbf{k}_i)\, e^{-i\omega_i t}}{\hbar(\omega_i + i\epsilon)} - \frac{i}{\hbar^2}\int d^3\mathbf{k}\, \frac{|M(\mathbf{k})|^2}{\omega(\mathbf{k})}\int_{-\infty}^{t} dt''a(t'')[e^{-i\omega(\mathbf{k})(t-t'')} - 1]. \tag{ST 4-32}$$

Die interessierende Größe für die Streuung nach (ST 4-28) (ohne die Vorwärtsrichtung, so daß der erste Term vernachlässigt werden kann) ist

$$\begin{aligned}\int_{-\infty}^{\infty} dta(t)\, e^{i\omega_f t} &= \frac{M(\mathbf{k}_i)}{\hbar(\omega_i + i\epsilon)}\int_{-\infty}^{\infty} dt\, e^{i(\omega_f - \omega_i)t} \\ &\quad - \frac{i}{\hbar^2}\int d^3\mathbf{k}\, \frac{|M(\mathbf{k})|^2}{\omega(\mathbf{k})}\int_{-\infty}^{\infty} dt\, e^{i\omega_f t}\int_{-\infty}^{t} dt''a(t'')\, [e^{-i\omega(\mathbf{k})(t-t'')} - 1] \\ &= \frac{2\pi M(\mathbf{k}_i)}{\hbar(\omega_i + i\epsilon)}\,\delta(\omega_f - \omega_i) \\ &\quad - \frac{i}{\hbar^2}\int d^3\mathbf{k}\, \frac{|M(\mathbf{k})|^2}{\omega(\mathbf{k})}\int_{-\infty}^{\infty} dt''a(t'')\int_{t''}^{\infty} dt\, \{e^{i\omega(\mathbf{k})t''}\, e^{i[\omega_f - \omega(\mathbf{k})]t} - e^{i\omega_f t}\}.\end{aligned} \tag{ST 4-33}$$

Im letzten Term wurde das Integral wieder mit Hilfe des Bildes ST 4.2 umgeformt. Die Integration über t kann wieder mit Hilfe des Tricks mit dem Konvergenzfaktor durchgeführt werden, und damit lautet (ST 4-33) nun

$$\begin{aligned}\int_{-\infty}^{\infty} dta(t)\, e^{i\omega_f t} &= \frac{2\pi M(\mathbf{k}_i)\,\delta(\omega_f - \omega_i)}{\hbar(\omega_i + i\epsilon)} \\ &\quad + \frac{1}{\hbar^2}\int d^3\mathbf{k}\, \frac{|M(\mathbf{k})|^2}{\omega(\mathbf{k})}\int_{-\infty}^{\infty} dt''a(t'')\, e^{i\omega_f t''} \\ &\quad \times \left[\frac{1}{\omega_f - \omega(\mathbf{k}) + i\epsilon} - \frac{1}{\omega_f + i\epsilon}\right].\end{aligned}$$

Diese Gleichung für die Unbekannte kann gelöst werden und gibt

$$\int_{-\infty}^{\infty} dt a(t)\, e^{i\omega_f t} = \frac{2\pi M(\mathbf{k}_i)\, \delta(\omega_f - \omega_i)}{\hbar(\omega_i + i\epsilon)}$$

(ST 4-34)
$$\times \frac{1}{1 - \dfrac{1}{\hbar^2\omega_f}\displaystyle\int d^3\mathbf{k}\, \frac{|M(\mathbf{k})|^2}{\omega_f - \omega(\mathbf{k}) + i\epsilon}}\,.$$

Damit erhalten wir, unter Ausschluß der Vorwärtsrichtung

$$b(\mathbf{k}_f, \infty) = -\frac{i}{\hbar} M^*(\mathbf{k}_f) \cdot 2\pi M(\mathbf{k}_i)\, \delta(\omega_f - \omega_i)$$

(ST 4-35)
$$\times \frac{1}{\hbar\omega_i + i\epsilon - \displaystyle\int d^3\mathbf{k}\, \frac{|M(\mathbf{k})|^2}{\hbar\omega_f - \hbar\omega(\mathbf{k}) + i\epsilon}}$$

$$= \frac{-2\pi i\, \delta(\hbar\omega_f - \hbar\omega_i)\, M(\mathbf{k}_i)\, M^*(\mathbf{k}_f)}{\epsilon(\mathbf{k}_i) - E - \displaystyle\int d^3\mathbf{k}\, \frac{|M(\mathbf{k})|^2}{\epsilon(\mathbf{k}_i) - \epsilon(\mathbf{k})} + i\pi \int d^3\mathbf{k}\, |M(\mathbf{k})|^2\, \delta[\epsilon(\mathbf{k}_i) - \epsilon(\mathbf{k})]}\,.$$

Die Amplitude durchläuft ein scharfes Maximum, wenn die Anfangs- (und End-) energie ϵ_i $(=\epsilon_f)$ in die Nähe der Energie des angeregten Atomzustandes kommt; aber wieder tritt eine Verschiebung um ΔE auf, wie in (ST 4-25). Damit sind die am Ende des 18. Kapitels gemachten Bemerkungen gerechtfertigt.

Die Yukawa-Theorie

Die frühesten kernphysikalischen Experimente, wie z.B. die Streuung von α-Teilchen an leichten Kernen, und das Studium der Lebensdauern gegenüber α-Zerfall[1]) zeigten, daß der Kernradius bei A Nukleonen

(ST 5-1) $$R = r_0 A^{1/3}$$

beträgt, wobei $r_0 \simeq 1{,}1 \times 10^{-13}$ cm; hieraus waren wichtige Schlüsse über die Kernkräfte zu ziehen. Die Dichte der Kernmaterie (Anzahl Nukleonen pro Volumen) ergibt sich daraus als konstant und hängt also nicht von A ab. Wären die Kernkräfte langreichweitig wie z. B. die elektrostatischen, so würden $A(A-1)/2$ "Bindungen" zwischen den Nukleonen vorliegen, und man würde eine Zunahme der Kerndichte mit wachsendem A erwarten. Die Konstanz der Kerndichte ist also ein starker Hinweis auf die kurze Reichweite der Kernkräfte. Diese Kräfte, welche zu Bindungsenergien der Größenordnung von MeV (und nicht etwa eV) führen, mußten von deutlich stärkerer Natur als die elektromagnetischen sein.

Auf der Suche nach einem Mechanismus, der Ursache solcher Kräfte sein konnte, schlug Yukawa 1935 seine *Mesonentheorie der Kernkräfte* vor, und zwar aufgrund gewisser Einsichten, die aus dem Erfolg der Quantenelektrodynamik zu gewinnen waren. Auf dem Niveau dieses Buches kann nur eine qualitative Beschreibung dieser Theorie gegeben werden. Die Wechselwirkung zwischen zwei geladenen Teilchen in Ruhe (oder sehr geringen Geschwindigkeiten) kann beschrieben werden als "Fernwirkungs-Coulombwechselwirkung". Eine genauere Beschreibung beinhaltet den Feldbegriff; die geladenen Teilchen sind Quellen des Feldes und sie wechselwirken mit elektromagnetischen Feldern (**E**,**B**). Man kann auch sagen, die geladenen Teilchen wechselwirken mit sich selber durch Vermittlung des Feldes. In einer im Sinn der Quantenmechanik genauen Beschreibung ist das elektromagnetische Feld quantisiert, und die Quanten, die Photonen, sind die Träger des Feldes[2]). Zwei Ladungen können über folgenden Mechanismus in Wechselwirkung treten: Ladung "1" emittiere ein Photon. Aus Energie und Impulserhaltung wissen wir, daß dies nicht ein reales Photon, oder ein realer Prozeß sein kann: entweder das Photon hat eine Energie, die nicht

[1]) Siehe die Diskussion des Tunneleffekts im 5. Kapitel.

[2]) Dies ist eine etwas verschwommene Ausdrucksweise, die nicht zu ernst genommen werden soll. Es wäre natürlich falsch, sich ein Photon vorzustellen so als ob es irgendwie eine Feldwolke mit sich führte.

seinem Impuls entspricht ($E = pc$), oder das Photon ist real, aber dann ist in der Reaktion[3])

$$e_1 \rightarrow e_1 + \gamma$$

die Energie nicht erhalten. (Anm. d. Übers.: Der Inhalt dieser Aussagen wird an einem Sonderfall klarer: Ein Elektron der kinetischen Energie E_{kin} hat den Impuls $p_{\text{el}} = \frac{1}{c}\sqrt{E_{\text{kin}}^2 + 2\,E_{\text{kin}}\,m_0\,c^2}$; der Impuls des Photons ist $p_{\text{phot}} = E_{\text{phot}}/c$. Soll nun der gesamte Elektronenimpuls umgesetzt werden in Photonenimpuls, so wäre $E_{\text{phot}} > E_{\text{kin}}$, also die Energie nicht erhalten). Wenn das oben von Ladung "1" emittierte Photon aber von einer Ladung "2" wieder absorbiert wird, so ist im Prozeß

$$\gamma + e_2 \rightarrow e_2$$

die Energie ebenfalls nicht erhalten; wirken aber beide Prozesse zusammen, so kompensieren sich die beiden Verletzungen der Energieerhaltung. Die Frage ist nun, warum ein solcher "Austausch" von Photonen die Ursache zu einer Anziehung oder Abstoßung zwischen den elektrischen Ladungen sein soll. Die Antwort ist, daß unsere bildliche Beschreibung des Photonenaustausches nur eine Interpretation der aus dem Störpotential H_1 kommenden Energieverschiebung in Störungstheorie zweiter Ordnung ist. Gl. 16-16 gibt die Energieverschiebung gegenüber der wechselwirkungsfreien Energie zweier Ladungen e_1 und e_2

(ST 5-2) $$E_{e_1e_2}^{(2)} = -\sum_{n \neq e_1e_2} \frac{\langle e_1e_2|H_1|n\rangle\langle n|H_1|e_1e_2\rangle}{E_n - E_{e_1e_2}^{(0)}}.$$

Die Summe läuft über alle Zwischenzustände, die aus der Wirkung von H_1 auf den Zustand $|e_1e_2\rangle$ zu erhalten sind. Unsere obige Beschreibung entspricht dem Zwischenzustand, wo e_2 in seinem Anfangszustand ist, und e_1 durch die Wirkung von H_1 ein Photon emittiert hat, so daß $|n\rangle = |e_1'\gamma,e_2\rangle$. Die Energie des Zwischenzustandes ist die auf e_1 übertragene Rückstoßenergie $\sqrt{(pc)^2 + (m_ec^2)^2}$ plus der Photonenenergie pc. Die Summe über alle Zwischenzustände entspricht einer Integration über alle mit der Impulserhaltung konsistenten Photonenimpulse, d.h. einer Integration über alle Richtungen. Da die Ladung e_2 aber auch diejenige sein könnte, welche das Photon emittiert, muß man auch den Beitrag aus der Photonenemission durch e_2 und Photonenabsorption durch e_1 berücksichtigen. Wir wollen diese Rechnung - sie liefert das Coulombpotential - nicht ausführen, denn die Elektrodynamik hierzu ist ziemlich trickreich. Wir wollen die Berechnung für Mesonen durchführen.

Von Yukawa wurde in seiner äußerst bedeutsamen Arbeit folgendes vorgeschlagen: Es existiert ein Mesonenfeld, d.h. ein Feld anders als das elektromagnetische, dessen Quanten die *Mesonen* sind; die Mesonen sollten

[3]) Wir nehmen Impulserhaltung für beide Fälle an. Sie erweisen sich als völlig äquivalent.

endliche Masse haben und an Protonen und Neutronen gekoppelt sein, und zwar analog dazu, wie die Photonen (als Quanten des elektromagnetischen Feldes) an elektrische Ladungen gekoppelt sind. Der Austausch dieser Quanten (Mesonen) ist dann Ursache für eine Wechselwirkung zwischen den Nukleonen. Auf diese Weise würden so sehr verschiedene Wechselwirkungen, wie es der Elektromagnetismus einerseits und die Kernkräfte andererseits sind, wenigstens einen gemeinsamen allgemeinen Mechanismus miteinander teilen [4]). Wir wollen eine sehr einfache Rechnung durchführen und dazu annehmen, daß das Mesonenfeld eine skalare Größe ist, und daß der Hamilton-Operator für das in Wechselwirkung stehende Nukleon in dieser einfachen Form geschrieben werden kann:

(ST 5-3) $$H = \frac{p^2}{2m} - g\phi(\mathbf{r},t).$$

Das Mesonenfeld wird in Analogie zum Vektorpotential (22-27) geschrieben als

(ST 5-4) $$\phi(\mathbf{r},t) = \left(\frac{2\pi c^2\hbar}{\omega V}\right)^{1/2} e^{i\mathbf{k}\cdot\mathbf{r}}\, e^{-i\omega t} \quad \text{(Absorption)}$$
$$+ \left(\frac{2\pi c^2\hbar}{\omega V}\right)^{1/2} e^{-i\mathbf{k}\cdot\mathbf{r}}\, e^{i\omega t} \quad \text{(Emission)}.$$

Wir sind nicht in der Lage, alle Faktoren rechtfertigen zu können. Das Auftreten von ω im Normierungsfaktor hat denselben Grund wie im analogen Photonenproblem, und kommt daher, daß die Energie des Mesonenquants $\hbar\omega$ ist. Der Impuls des Mesons ist $\hbar\mathbf{k}$, und da es auch eine Masse μ hat (Ruhemasse), so wird die bekannte Energie-Impulsbeziehung

(ST 5-5) $$(\hbar\omega)^2 = (\hbar\mathbf{k}c)^2 + (\mu c^2)^2.$$

Nun wollen wir die verschiedenen Glieder zur Energieverschiebung zweiter Ordnung in (ST 5-2) berechnen. Wenn das Nukleon "1" das Meson emittiert, haben wir

(ST 5-6) $$\langle N_1 + \text{Meson}\, | g\phi | N_1 \rangle = g\left(\frac{2\pi c^2\hbar}{\omega V}\right)^{1/2} e^{-i\mathbf{k}\cdot\mathbf{r}_1}\, e^{i\omega t}.$$

Hierin erscheint Nukleon "2" noch nicht, da dieses während der Emission durch "1" von H_1 nicht berührt wird. Die Absorption durch "2" läßt "1" unverändert, und damit geht ein

(ST 5-7) $$\langle N_2 | g\phi | N_2 + \text{Meson} \rangle = g\left(\frac{2\pi c^2\hbar}{\omega V}\right)^{1/2} e^{i\mathbf{k}\cdot\mathbf{r}_2}\, e^{-i\omega t}.$$

[4]) Die Vorstellung, daß alle Wechselwirkungen über einen "Austausch" von Teilchen laufen ist so weitgehend akzeptiert worden, daß manche Leute sogar glauben, auch die schwache Wechselwirkung werde durch ein "schwaches intermediäres Vektormeson" vermittelt; dessen Eigenschaften sind aus den bekannten Fakten der schwachen Wechselwirkung abzuleiten. Ein solches Teilchen wurde zwar noch nicht entdeckt, aber es wäre konsistent anzunehmen, daß es sehr hohe Masse hat, womit erklärt wäre, warum es an den heutigen Beschleunigern noch nicht gesehen wurde.

Der Energienenner von (ST 5-2) wird

(ST 5-8) $$E_{\text{Zwischen}} - E_{\text{Anfang}} = (E'_{N1} + E_{N2} + \hbar\omega) - (E_{N1} + E_{N2}) \simeq \hbar\omega.$$

E'_{N1} unterscheidet sich von E_{N1}, da Nukleon "1" durch die Emission des Mesons einen Rückstoß erfährt. Jedoch ist die Rückstoßenergie $(\hbar\mathbf{k})^2/2M_N$ im allgemeinen in nichtrelativistischer Näherung klein, da die Nukleonenmasse so groß ist. Der Energienenner ist also einfach $\hbar\omega$. Die Energieverschiebung ist damit gegeben durch

$$\Delta E = -\sum \frac{2\pi c^2\hbar}{\omega V} g^2 e^{i\mathbf{k}\cdot\mathbf{r}_2} e^{-i\mathbf{k}\cdot\mathbf{r}_1} \frac{1}{\hbar\omega}.$$

Die Summe erstreckt sich über alle Impulszustände des Mesons, und dies bedeutet wie üblich Integration über den Phasenraum

(ST 5-10) $$\sum = \int \frac{V\,d^3\mathbf{p}}{(2\pi\hbar)^3} = \int \frac{V\,d^3\mathbf{k}}{(2\pi)^3}.$$

Damit wird

$$\Delta E = -\frac{2\pi c^2}{V}\frac{g^2}{(2\pi)^3} V \int d^3\mathbf{k}\, \frac{e^{i\mathbf{k}\cdot(\mathbf{r}_2-\mathbf{r}_1)}}{\omega^2}$$

(ST 5-11) $$= -\frac{g^2c^2}{4\pi^2}\int d^3\mathbf{k}\,\frac{e^{i\mathbf{k}\cdot(\mathbf{r}_2-\mathbf{r}_1)}}{\mathbf{k}^2c^2 + (\mu c^2/\hbar)^2}$$

$$= -\frac{g^2}{4\pi^2}\int d^3\mathbf{k}\,\frac{e^{i\mathbf{k}\cdot(\mathbf{r}_2-\mathbf{r}_1)}}{\mathbf{k}^2 + (\mu c/\hbar)^2}.$$

Man beachte, daß wir die Impulserhaltung nicht berücksichtig haben, aber über alle Impulse des Mesons integriert haben. Der Grund dafür ist, daß wir die Nukleonenmasse als unendlich groß betrachten (die Nukleonen erleiden also keinen Rückstoß und liegen immer bei $\mathbf{r}_1$ und $\mathbf{r}_2$), und deshalb ist im Zwischenzustand jeder Mesonenimpuls erlaubt. Man bedenke, daß dies eine sehr grobe Rechnung ist!

Das Integral kann berechnet werden (es ist die dreidimensionale Fouriertransformation aus (24-87)) und es liefert

$$\Delta E = -\frac{g^2}{4\pi^2}\frac{(2\pi)^3}{4\pi}\frac{e^{-\mu c|\mathbf{r}_1-\mathbf{r}_2|/\hbar}}{|\mathbf{r}_1 - \mathbf{r}_2|}.$$

Dieser Wert muß noch verdoppelt werden, denn auch Nukleon "2" könnte die Emission machen. Damit wird die durch das Mesonenfeld hervorgerufene Energieverschiebung

(ST 5-12) $$\Delta E = -g^2\frac{e^{-\mu c|\mathbf{r}_1-\mathbf{r}_2|/\hbar}}{|\mathbf{r}_1 - \mathbf{r}_2|}.$$

Sie hängt ab vom Nukleonenabstand $|\mathbf{r}_1 - \mathbf{r}_2|$ und nimmt mit wachsendem $\mathbf{r}$ stark ab; die entscheidende Größe ist $\hbar/\mu c$. Die "Reichweite" der hier besprochenen Kraft ist also

(ST 5-13) $$a = \frac{\hbar}{\mu c}.$$

Mit $a \simeq 1{,}4 \times 10^{-13}$ cm erhalten wir

$$\mu c^2 = \frac{\hbar c}{a} \simeq \frac{10^{-27} \times 3 \times 10^{10}}{1{,}4 \times 10^{-13}} \text{ ergs}$$

(ST 5-14) $$\simeq \frac{3 \times 10^{-17}}{1{,}4 \times 10^{-13}} \frac{1}{1{,}6 \times 10^{-6}} \text{ MeV}$$

$$\simeq 130 \text{ MeV}.$$

Wenn die Mesonen nicht Skalare sind, sondern Pseudoskalare, so wird eine Kopplung vom Typ der Gl. (ST 5-3) die Parität nicht erhalten, denn die kinetische Energie ist unter Inversion gerade und das Potential ungerade. Man muß dann aus dem pseudoskalaren Mesonenfeld oder seinen Abkömmlingen ein Skalar konstruieren. Es gibt dazu zwei Alternativen. Eine davon ist, daß die Mesonen immer paarweise emittiert werden, wobei die Kopplung sein muß

(ST 5-15) $$g_1 \phi^2(\mathbf{r},t),$$

so wie wir es von der paarweisen Emission von Photonen aufgrund des Terms $(e^2/2mc^2)\mathbf{A}^2$ kennen. Die andere ist, einen axialen Vektor (wie z. B. ein Magnetfeld) zu konstruieren, und ihn skalar zum Spinoperator des Nukleons zu multiplizieren, so daß sich als Kopplung [5]) ergibt

(ST 5-16) $$f \frac{\hbar}{\mu c} \boldsymbol{\sigma} \cdot \nabla \phi(\mathbf{r},t).$$

Damit wäre die Einzelemission der Mesonen möglich. Natürlich könnten beide der genannten Alternativen zugleich vorkommen. Wären die Mesonen Vektorgrößen, also im wesentlichen "schwere Photonen", so wäre die Kopplung

(ST 5-17) $$-\frac{g}{Mc} \mathbf{p} \cdot \boldsymbol{\phi}(\mathbf{r},t).$$

In allen Fällen bleibt die Reichweite der Kopplung $\hbar/\mu c$.

Die von Yukawa vorhergesagten Mesonen wurden schließlich im Jahre 1947 gefunden. Der langreichweitige Teil der Nukleon-Nukleon-Kraft ist den π-Mesonen zuzuschreiben, deren Masse zu 140 meV gemessen wurde! Man fand, daß sie Pseudoskalare sind, und wie Photonen bei Stößen oder Übergängen emittiert werden können. Die Kopplung (ST 5-16) erklärt viel zur Pion-Nukleon-Streuung (das Analogon zum Compton-Effekt) im Niederenergiebereich, und Yukawas Idee ist grundlegend für all unser Verständnis der starken Wechselwirkungen. Im einzelnen hat sich natürlich viel mehr ereignet. Es gibt auch Vektormesonen (Spin Parität 1^-) und Meso-

[5]) Der Faktor $\hbar/\mu c$ steht nur da, um f dimensionslos zu machen.

nen vom Spin 2, und viele andere. Sie alle können emittiert und ausgetauscht werden, und da die Kopplung an die Nukleonen stark ist, können sie statt einmal auch mehrmals ausgetauscht werden. Die Rechenprobleme übersteigen die heutigen Möglichkeiten der Mathematik, und es scheint seltsam, daß das Problem der Kernkräfte, womit diese Diskussion begonnen hat, heute weniger gut verstanden wird als z.B. die Hochenergiestreuung. Es ist aber eine wichtige Feststellung, daß von unserem Standpunkt aus kein Grund zur Annahme besteht, daß die Quantenmechanik nicht der korrekte Weg zur Naturbeschreibung sei, nicht einmal auf diesem neuen Gebiet der kurzreichweitigen starken Kräfte.

Anhang

Anhang A

Das Fourierintegral und die Deltafunktion

Betrachten wir eine periodische Funktion $f(x)$, deren Periode $2L$ sei:

(A-1) $$f(x) = f(x + 2L).$$

Eine solche Funktion kann als Fourier-Reihe entwickelt werden:

(A-2) $$f(x) = \sum_{n=0}^{\infty} A_n \cos\frac{n\pi x}{L} + \sum_{n=1}^{\infty} B_n \sin\frac{n\pi x}{L}.$$

Wir können diese Reihe auch folgendermaßen schreiben

(A-3) $$f(x) = \sum_{n=-\infty}^{\infty} a_n\, e^{in\pi x/L},$$

denn es ist ja

$$\cos\frac{n\pi x}{L} = \frac{1}{2}\left(e^{in\pi x/L} + e^{-in\pi x/L}\right)$$

$$\sin\frac{n\pi x}{L} = \frac{1}{2i}\left(e^{in\pi x/L} - e^{-in\pi x/L}\right).$$

Die Entwicklungskoeffizienten können mit Hilfe der Orthonormierungsbedingung bestimmt werden:

(A-4) $$\frac{1}{2L}\int_{-L}^{L} dx\, e^{in\pi x/L}\, e^{-im\pi x/L} = \delta_{mn} = \begin{matrix} 1 & \text{für} & m = n \\ 0 & \text{für} & m \neq n. \end{matrix}$$

Damit wird

(A-5) $$a_n = \frac{1}{2L}\int_{-L}^{L} dx f(x)\, e^{-in\pi x/L}.$$

Wir wollen nun (A-3) durch Einführen von Δn, der Differenz zwischen zwei aufeinanderfolgenden ganzen Zahlen, umformen. Δn ist natürlich 1, und so haben wir

(A-6) $$\begin{aligned} f(x) &= \sum_n a_n\, e^{in\pi x/L}\, \Delta n \\ &= \frac{L}{\pi}\sum_n a_n\, e^{in\pi x/L}\, \frac{\pi\, \Delta n}{L}. \end{aligned}$$

Außerdem führen wir als neue Bezeichnung ein

(A-7) $$\frac{\pi n}{L} = k$$

und

(A-8) $$\frac{\pi\, \Delta n}{L} = \Delta k$$

und schließlich

(A-9) $$\frac{La_n}{\pi} = \frac{A(k)}{\sqrt{2\pi}}.$$

Damit wird aus (A-6)

(A-10) $$f(x) = \sum \frac{A(k)}{\sqrt{2\pi}}\, e^{ikx}\, \Delta k.$$

Vergrößern wir nun die Periode immer weiter, so daß $L \to \infty$, dann wird k eine kontinuierliche Variable, denn Δk wird infinitesimal klein. Erinnern wir uns an die Riemannsche Definition eines Integrals, so sehen wir, daß bei diesem Grenzübergang aus (A-10) ein Integral wird

(A-11) $$f(x) = \frac{1}{\sqrt{2\pi}}\int_{-\infty}^{\infty} A(k)\, e^{ikx}\, dk.$$

Der Koeffizient $A(k)$ ist gegeben durch

(A-12) $$\begin{aligned} A(k) &= \sqrt{2\pi}\,\frac{L}{\pi}\cdot\frac{1}{2L}\int_{-L}^{L} dx f(x)\, e^{-in\pi x/L} \\ &\to \frac{1}{\sqrt{2\pi}}\int_{-\infty}^{\infty} dx f(x)\, e^{-ikx}. \end{aligned}$$

Die Gleichungen (A-11) und (A-12) definieren die Fourierschen Integraltransformationen. Setzen wir die zweite davon in die erste ein, so erhalten wir

(A-13) $$f(x) = \frac{1}{2\pi}\int_{-\infty}^{\infty} dk\, e^{ikx}\int_{-\infty}^{\infty} dy f(y)\, e^{-iky}.$$

Angenommen wir vertauschen nun die Reihenfolge der Integrationen ohne weitere Fragen zu stellen. Auf diese Weise erhalten wir

(A-14) $$f(x) = \int_{-\infty}^{\infty} dy f(y) \left[\frac{1}{2\pi}\int_{-\infty}^{\infty} dk\, e^{ik(x-y)}\right].$$

Damit dies stimmt, muß die durch

(A-15) $$\delta(x-y) = \frac{1}{2\pi}\int_{-\infty}^{\infty} dk\, e^{ik(x-y)}$$

definierte sog. *Diracsche Deltafunktion* $\delta(x-y)$ sehr merkwürdige Eigenschaften haben: Sie muß verschwinden für $x \neq y$, und sie muß für $x - y = 0$ in passender Weise gegen Unendlich gehen, da der Bereich, in dem die Exponentialfunktion nicht oszilliert, infinitesimal schmal ist. Die Diracsche Deltafunktion ist also keine Funktion im üblichen mathematischen Sinn, sie ist eher eine "verallgemeinerte Funktion", oder eine "Distribution".[1] Sie hat für sich allein keine Bedeutung, aber sie kann definiert werden, vorausgesetzt sie erscheint immer in der Form

$$\int dx f(x)\, \delta(x-a),$$

wobei $f(x)$ im Wertebereich des Arguments der Deltafunktion stetig ist. Wir wollen uns aber weiter darum nicht kümmern, und mit der Deltafunktion allein manipulieren, sollten uns aber immer vor Augen halten, daß letzten Endes alle Beziehungen, die wir anschreiben, eigentlich als Integral ausgedrückt sein müßten.

Die folgenden Eigenschaften der Deltafunktion seien demonstriert:

(i)

(A-16) $$\delta(ax) = \frac{1}{|a|}\delta(x).$$

Dies folgt aus

(A-17) $$f(x) = \int dy f(y)\, \delta(x-y),$$

denn wenn wir setzen $x = a\xi$ und $y = a\eta$, so wird daraus

$$f(a\xi) = |a| \int d\eta f(a\eta)\, \delta[a(\xi-\eta)].$$

Andererseits ist

$$f(a\xi) = \int d\eta f(a\eta)\, \delta(\xi-\eta),$$

und damit ist obige Aussage bewiesen.

[1]) Die Theorie der Distributionen wurde vom Mathematiker Laurent Schwartz entwickelt. Eine einführende Behandlung ist zu finden in M. J. Lighthill, ***Introduction to Fourier Analysis and Generalized Functions***, Cambridge University Press (1958).

(ii) Eine aus (A-16) folgende Beziehung ist

(A-18) $$\delta(x^2 - a^2) = \frac{1}{2|a|}[\delta(x-a) + \delta(x+a)].$$

Dies folgt aus der Tatsache, daß das Argument der Deltafunktion an den Stellen $x = a$ und $x = -a$ verschwindet. Es gibt also zwei Beiträge

$$\begin{aligned}\delta(x^2 - a^2) &= \delta[(x-a)(x+a)] \\ &= \frac{1}{|x+a|}\delta(x-a) + \frac{1}{|x-a|}\delta(x+a) \\ &= \frac{1}{2|a|}[\delta(x-a) + \delta(x+a)].\end{aligned}$$

Eine allgemeinere Beziehung ist

(A-19) $$\delta[f(x)] = \sum_i \frac{\delta(x - x_i)}{|df/dx|_{x=x_i}},$$

wobei die x_i die Wurzeln von $f(x) = 0$ innerhalb des Integrationsintervalls sind.

Neben der in (A-15) gegebenen Darstellung der Deltafunktion gibt es noch andere Darstellungen, die sich als nützlich erweisen können. Wir diskutieren einige davon.

(a) Wir schreiben (A-15) in folgender Form

(A-20) $$\delta(x) = \frac{1}{2\pi} \operatorname*{Lim}_{L\to\infty} \int_{-L}^{L} dk\, e^{ikx}.$$

Das Integral kann ausgerechnet werden und so erhalten wir

(A-21) $$\begin{aligned}\delta(x) &= \operatorname*{Lim}_{L\to\infty} \frac{1}{2\pi}\frac{e^{iLx} - e^{-iLx}}{ix} \\ &= \operatorname*{Lim}_{L\to\infty} \frac{\sin Lx}{\pi x}.\end{aligned}$$

(b) Betrachten wir die Funktion $\Delta(x,a)$, welche definiert ist durch

(A-22) $$\begin{aligned}\Delta(x,a) &= 0 \quad &&\text{für} \quad x < -a \\ &= \frac{1}{2a} &&\text{für} \quad -a < x < a \\ &= 0 &&\text{für} \quad a < x.\end{aligned}$$

Dann ist

(A-23) $$\delta(x) = \operatorname*{Lim}_{a\to 0} \Delta(x,a).$$

Es ist klar, daß ein Integral über ein Produkt aus $\Delta(x,a)$ und einer Funktion $f(x)$, die in Umgebung des Ursprungs stetig ist, im Grenzübergang den Funktionswert im Ursprung darstellen wird:

$$\lim_{a\to 0} \int dx f(x)\Delta(x,a) = f(0) \lim_{a\to 0} \int dx\Delta(x,a)$$
$$= f(0).$$

(c) Auf die gleiche Weise ergibt sich, daß jede Funktion in eine Deltafunktion übergeht, wenn sie ein Maximum aufweist und so normiert ist, daß sie die Fläche 1 überdeckt, und man in einem Grenzübergang die Breite der Funktionskurve nach Null gehen läßt. Wir überlassen es dem Leser zu zeigen, daß folgende Darstellungen möglich sind:

(A-24) $$\delta(x) = \lim_{a\to 0} \frac{1}{\pi} \frac{a}{x^2 + a^2}$$

und

(A-25) $$\delta(x) = \lim_{\alpha\to \infty} \frac{\alpha}{\sqrt{\pi}} e^{-\alpha^2 x^2}.$$

(d) Gelegentlich arbeitet man mit *orthonormierten Polynomen*, welche wir allgemein mit dem Symbol $P_n(x)$ kennzeichnen. Sie haben folgende Eigenschaft

(A-26) $$\int dx P_m(x)\, P_n(x)\, w(x) = \delta_{mn}.$$

$w(x)$ nennt man die Gewichtsfunktion; sie kann 1 oder eine andere einfache Funktion sein. Wollen wir eine Funktion in eine Reihe orthonormierter Polynome entwickeln, so schreiben wir

(A-27) $$f(x) = \sum_n a_n P_n(x).$$

Multiplizieren wir beide Seiten mit $w(x)P_m(x)$ und integrieren über x, so finden wir

(A-28) $$a_m = \int dy w(y)\, f(y)\, P_m(y).$$

Gehen wir hiermit in (A-27) ein, und können wir mit den "verallgemeinerten Funktionen" umgehen, so vertauschen wir Summe und Integral und erhalten

(A-29) $$f(x) = \sum_n P_n(x) \int dy w(y)\, f(y)\, P_n(y)$$
$$= \int dy f(y) \Big(\sum_n P_n(x)\, w(y)\, P_n(y) \Big).$$

Somit haben wir wieder eine andere Darstellung der Deltafunktion gefunden. Beispiele zu P_n sind die Legendre-Polynome, die Hermite-Polynome und die Laguerre-Polynome; alle diese erscheinen in Problemen der Quantenmechanik.

Da die Deltafunktion immer multipliziert mit einer stetigen Funktion in einem Integral erscheint, können wir auch der Differentiation eine neue Bedeutung abgewinnen: z. B.

$$\begin{aligned} \int_{-\epsilon}^{\epsilon} dx f(x) \frac{d}{dx} \delta(x) &= \int_{-\epsilon}^{\epsilon} dx \frac{d}{dx} [f(x)\, \delta(x)] - \int_{-\epsilon}^{\epsilon} dx \frac{df(x)}{dx} \delta(x) \\ &= - \int_{-\epsilon}^{\epsilon} dx \frac{df(x)}{dx} \delta(x) \\ &= - \left(\frac{df}{dx}\right)_{x=0} \end{aligned} \tag{A-30}$$

usw. Die Deltafunktion ist ein außerordentlich nützliches Werkzeug und der Student wird überall in der theoretischen Physik auf sie stoßen.

Das Integral über die Deltafunktion ist

$$\begin{aligned} \int_{-\infty}^{x} dy\, \delta(y-a) &= 0 \qquad \text{für} \quad x < a \\ &= 1 \qquad \text{für} \quad x > a \\ &\equiv \theta(x-a). \end{aligned} \tag{A-31}$$

Dies ist die Standardschreibweise für die Deltafunktion. $\theta(x - a)$ nennt man die Stufenfunktion. Umgekehrt, die Ableitung der Stufenfunktion ist die Deltafunktion:

$$\frac{d}{dx} \theta(x-a) = \delta(x-a). \tag{A-32}$$

Anhang B

Operatoren

In diesem Teil des Anhangs besprechen wir einige Gesichtspunkte zu linearen Operatoren. Verwendbare Wellenfunktionen müssen quadratintegrierbar sein.

(B-1) $$\psi(x) = \alpha\psi_1(x) + \beta\psi_2(x)$$

ist quadratintegrierbar, wenn es nur $\psi_1(x)$ und $\psi_2(x)$ auch sind, und α, β beliebige komplexe Zahlen sind; man sagt deshalb, die ψ bilden einen *linearen Raum*. Ein Operator A in seiner Wirkung auf diesen Raum ist die Abbildung

(B-2) $$A\psi(x) = \phi(x),$$

wobei auch $\phi(x)$ quadratintegrierbar ist. Unter allen Operatoren gibt es eine Untergruppe, die linearen Operatoren. Diese haben die Eigenschaft

(B-3) $$A\alpha\psi(x) = \alpha A\psi(x),$$

wobei α eine beliebige komplexe Konstante sein kann, und

(B-4) $$A[\alpha\psi_1(x) + \beta\psi_2(x)] = \alpha A\psi_1(x) + \beta A\psi_2(x),$$

wobei α, β komplexe Zahlen sind. Eine weitere Untergruppe bilden die *hermitischen Operatoren*; für diese ist der Erwartungswert

(B-5) $$\langle A\rangle_\psi = \int dx\psi^*(x)\, A\psi(x)$$

für alle erlaubten $\psi(x)$ reell. Zunächst zeigen wir, daß für alle erlaubten ψ_1 und ψ_2 die Beziehung

(B-6) $$\int \psi_2^*(x)\, A\psi_1(x)\, dx = \int [A\psi_2(x)]^*\, \psi_1(x)\, dx$$

gilt.

Die Tatsache, daß $\langle A\rangle$ reell ist, bedeutet

(B-7) $$\int dx\psi^*(x)\, A\psi(x) = \int dx\, [A\psi(x)]^*\, \psi(x).$$

Nun substituieren wir für $\psi(x)$

(B-8) $$\psi(x) = \psi_1(x) + \lambda\psi_2(x).$$

Damit haben wir

(B-9) $$\int dx(\psi_1^* + \lambda^*\psi_2)\, A(\psi_1 + \lambda\psi_2) = \int dx(\psi_1 + \lambda\psi_2)\, (A\psi_1 + \lambda A\psi_2)^*.$$

Benützen wir nun die Eigenschaft von A, hermitisch zu sein, d.h. es gilt

(B-10) $$\int dx\psi_i^* A\psi_i = \int dx\psi_i(A\psi_i)^* \qquad i = 1,2 ,$$

so gelangen wir zu

(B-11) $$\lambda^* \int dx\, \psi_2^* A\psi_1 + \lambda \int dx\, \psi_1^* A\psi_2 = \lambda \int dx\, \psi_2(A\psi_1)^* + \lambda^* \int dx\, \psi_1(A\psi_2)^*.$$

Da λ eine beliebige komplexe Zahl ist, muß diese Beziehung für λ und λ^* getrennt gelten; damit ist gezeigt, daß

(B-12) $$\int dx\psi_2^* A\psi_1 = \int dx(A\psi_2)^*\, \psi_1.$$

Als nächstes wollen wir beweisen, daß *die Eigenfunktionen eines hermitischen Operators, die zu verschiedenen Eigenwerten gehören, orthogonal sind.* Betrachten wir die beiden Gleichungen

$$A\psi_1(x) = a_1\psi_1(x)$$

und

(B-13) $$[A\psi_2(x)]^* = a_2\psi_2^*(x).$$

Man beachte, daß a_2 reell ist, da die Eigenwerte eines hermitischen Operators reell sind. Multiplizieren wir nun die erste Gleichung skalar mit ψ_2^*, die zweite mit ψ_1:

(B-14) $$\int dx\psi_2^* A\psi_1(x) = a_1 \int \psi_2^*(x)\, \psi_1(x)\, dx$$
$$\int dx(A\psi_2)^*\, \psi_1(x) = a_2 \int \psi_2^*(x)\, \psi_1(x)\, dx.$$

Die Differenz aus beiden ist

(B-15) $$(a_1 - a_2) \int \psi_2^*(x)\, \psi_1(x)\, dx = \int dx\psi_2^* A\psi_1 - \int dx(A\psi_2)^*\, \psi_1 = 0.$$

Wenn also $a_1 \neq a_2$, so ist

(B-16) $$\int \psi_2^*(x)\, \psi_1(x)\, dx = 0.$$

Der zum Operator A hermitisch konjugierte Operator wird mit $A^\dagger$ bezeichnet; die Definition von $A^\dagger$ ist

(B-17) $$\int dx(A\psi_2)^*\, \psi_1 \equiv \int dx\psi_2^* A^\dagger \psi_1.$$

Für einen hermitischen Operator ist also

(B-18) $$A = A^\dagger.$$

Wir wollen nun zeigen, daß

(B-19) $$(AB)^\dagger = B^\dagger A^\dagger .$$

Hierzu stellen wir fest, daß

(B-20) $$\begin{aligned}\int \psi_2^*(AB)^\dagger \psi_1 &= \int (AB\psi_2)^* \psi_1 \\ &= \int (B\psi_2)^* (A^\dagger\psi_1) \\ &= \int \psi_2^* B^\dagger (A^\dagger \psi_1) \\ &= \int \psi_2^* B^\dagger A^\dagger \psi_1 .\end{aligned}$$

Verallgemeinert lautet dies

(B-21) $$(ABC \ldots Z)^\dagger = Z^\dagger \ldots C^\dagger B^\dagger A^\dagger .$$

Hieraus folgt, daß ein Produkt aus zwei hermitischen Operatoren nur dann hermitisch ist, wenn die beiden Operatoren kommutieren:

(B-22) $$(AB)^\dagger = B^\dagger A^\dagger = BA = AB + [B,A] .$$

Ein weiteres Ergebnis ist: Die Operatoren

(B-23) $$\begin{gathered} A + A^\dagger \\ i(A - A^\dagger) \\ AA^\dagger \end{gathered}$$

sind für jeden Operator A hermitisch.

Weiterhin wollen wir die "Unschärfebeziehungen" beweisen. Hierzu definieren wir

(B-24) $$(\Delta A)^2 = \langle A^2 \rangle - \langle A \rangle^2 = \langle (A - \langle A \rangle)^2 \rangle .$$

Nun sei

(B-25) $$\begin{aligned} U &= A - \langle A \rangle \\ V &= B - \langle B \rangle \end{aligned}$$

und wir betrachten

(B-26) $$\phi = U\psi + i\lambda V\psi .$$

Damit ist

(B-27) $$I(\lambda) = \int dx \phi^* \phi \geq 0 .$$

Sind A und B hermitisch, so sind es auch U und V. Wir können also umformen

$$
\begin{aligned}
I(\lambda) &= \int dx(U\psi + i\lambda V\psi)^* \, (U\psi + i\lambda V\psi) \\
&= \int dx(U\psi)^* \, (U\psi) + \lambda^2 \int dx(V\psi)^* \, (V\psi) \\
&\quad + i\lambda \int dx[(U\psi)^* \, (V\psi) - (V\psi)^* \, (U\psi)] \\
&= \int dx\psi^*(U^2 + \lambda^2 V^2 + i\lambda[U,V]) \, \psi \\
&= (\Delta A)^2 + \lambda^2(\Delta B)^2 + i\lambda \int dx\psi^* \, [U,V] \, \psi \geq 0 \\
&= (\Delta A)^2 + \lambda^2(\Delta B)^2 + i\lambda \, \langle [A,B] \rangle .
\end{aligned}
\tag{B-28}
$$

Das Minimum wird erreicht für (differenzieren nach λ)

$$2\lambda(\Delta B)^2 + i\langle [A,B] \rangle = 0. \tag{B-29}$$

Wird die Lösung

$$\lambda = - i \frac{\langle [A,B] \rangle}{2 \, (\Delta B)^2} \tag{B-30}$$

in $I(\lambda)$ eingesetzt, so erhalten wir

$$(\Delta A)^2 - \frac{\langle [A,B] \rangle^2}{4(\Delta B)^2} + \frac{\langle [A,B] \rangle^2}{2(\Delta B)^2} \geq 0$$

und damit

$$(\Delta A)^2 \, (\Delta B)^2 \geq \tfrac{1}{4} \, \langle i[A,B] \rangle^2. \tag{B-31}$$

Nebenbei sei bemerkt, daß das Minimum für dasjenige ψ auftritt, wofür $U\psi$ und $V\psi$ zueinander proportional sind. Mit den Operatoren x und p bedeutet dies

$$\frac{\hbar}{i} \frac{d\psi(x)}{dx} + i\beta x\psi(x) = 0 \, , \tag{B-32}$$

dessen Lösung

$$\psi(x) = C \, e^{-\beta(x^2/2\hbar)} \tag{B-33}$$

die Grundzustandseigenfunktion des harmonischen Oszillators ist. Eine wichtige Feststellung ist, daß die Unschärfebeziehung

$$(\Delta A)^2 \, (\Delta B)^2 \geq \tfrac{1}{4} \, (\langle i[A,B] \rangle)^2 \tag{B-34}$$

ohne jegliche Anwendung des Wellenkonzepts oder der Reziprozität zwischen einer Welle und ihrer Fouriertransformierten abgeleitet wurde. Das Ergebnis kommt nur aus den Operatoreigenschaften der Observablen A und B.

Wir beschließen dieses Anhangkapitel mit einer Liste der Eigenschaften von Kommutatoren (eckige Klammern)

(i)

(B-35) $$[A,B] = -[B,A].$$

(ii)

(B-36) $$\begin{aligned}[A,B]^\dagger &= (AB)^\dagger - (BA)^\dagger \\ &= B^\dagger A^\dagger - A^\dagger B^\dagger \\ &= [B^\dagger,A^\dagger].\end{aligned}$$

(iii) Wenn A und B hermitisch sind, so ist es auch $i[A,B]$. Dies folgt direkt aus den vorher gegebenen Eigenschaften.

(iv)

(B-37) $$\begin{aligned}[AB,C] &= ABC - CAB \\ &= ABC - ACB + ACB - CAB \\ &= A[B,C] + [A,C]\,B.\end{aligned}$$

(v) Es kann gezeigt werden, daß

(B-38) $$e^A B e^{-A} = B + [A,B] + \frac{1}{2!}[A,[A,B]] + \frac{1}{3!}\big[A,[A,[A,B]]\big] + \dots .$$

Dies ist das sog. Baker-Hausdorffsche Lemma; es ist zu rechnerischen Manipulationen mit Operatoren ziemlich nützlich.

(vi) Es kann leicht gezeigt werden, daß

(B-39) $$[A,[B,C]] + [B,[C,A]] + [C,[A,B]] = 0.$$

Dies ist die sog. Jacobische Identität.

Eine ausführlichere Diskussion von Operatoren und den dazu definierten linearen Räumen ist zu finden in J.D. Jackson "Mathematics for Quantum Mechanics" W.A. Benjamin, Inc. New York (1962).

Literatur [1)]

G. Baym "Lectures on Quantum Mechanics" W.A. Benjamin, Inc. New York, 1969

Dies ist ein sehr ansprechendes Buch, gerade die rechte Mischung zwischen Formalismus, intuitiven Argumenten und Anwendungen. Es sollte als Buch für Fortgeschrittene betrachtet werden, und ist für einen Studenten, welcher den Stoff dieses Buches durchgearbeitet hat, zugänglich.

D.B. Beard and G.B. Beard "Quantum Mechanics with Applications" Allyn and Bacon, Inc., Boston, 1970

Hier werden eine Reihe von Themen aus der Quantenmechanik aus speziellen Anwendungen heraus entwickelt. Das Buch allein ist vielleicht für das Selbststudium nicht sehr nützlich, aber wegen der Vielzahl der Anwendungen ist es ein brauchbares Nachschlagwerk. Es hat ungefähr den gleichen Schwierigkeitsgrad wie dieses Buch.

R. Becker "Electromagnetic Fields and Interactions" Blaisdell Publishing Co., New York, 1964

Dies ist nicht direkt ein Lehrbuch zur Quantenmechanik, aber etwa die Hälfte des 2. Bandes ist der Beschreibung der Materieeigenschaften mit Hilfe der Quantenmechanik gewidmet. Gewisse Anwendungen werden diskutiert, und für den Studenten könnte es ein nützliches Zusatzbuch sein; der Schwierigkeitsgrad ist wie in diesem Buch.

H.A. Bethe and R.W. Jackiw "Intermediate Quantum Mechanics" (second edition), W.A. Benjamin, Inc., New York, 1968

Dieses Buch enthält detaillierte Diskussionen von Berechnungsmethoden, wie sie in der Theorie der atomaren Struktur, Multiplettaufspaltung, Photoeffekt und atomaren Stoßprozesse anzuwenden sind. Vieles davon ist in keinem der anderen Lehrbücher zu finden. Es ist auf hohem Niveau und auch ein schöpferisches Nachschlagbuch.

H.A. Bethe and E.E. Salpeter "Quantum Mechanics of One- and Two-Electron Atoms" Springer Verlag, 1957

Dieser Artikel aus dem Handbuch der Physik ist eine sehr gut ausgearbeite-

1) Über Quantenmechanik wurden viele Bücher geschrieben. Der Autor hat aus manchen davon gelernt, andere gelesen, durchgeblättert und wahrscheinlich auch einige übersehen. Die hier gegebene Liste soll nicht als vollständig betrachtet werden, und kein nichtaufgeführtes Buch soll dadurch kritisiert sein. Speziell über Quantenchemie ist kein Buch aufgeführt.

te detaillierte und klare Behandlung des Themas. Es ist eine Arbeit über Atome, nicht über Quantenmechanik; hohes Niveau, ausgezeichnet zum Nachschlagen.

D. Bohm "Quantum Theory" Prentice-Hall, Inc., 1951
Ein sehr ausführlich geschriebenes Buch, mit vergleichbarem Niveau zu diesem Buch. Der Autor widmet den Prinzipien der Quantentheorie hohe Aufmerksamkeit, und er gibt eine ausgezeichnete Diskussion über die Quantentheorie des Meßprozesses. Wenige Anwendungen und nicht viele Aufgaben.

S. Borowitz "Fundamentals of Quantum Mechanics" W.A. Benjamin, Inc., New York, 1967
Ein gut geschriebenes Buch, wovon etwa die Hälfte auf Wellentheorie und klassische Mechanik entfällt. Im Niveau vergleichbar mit vorliegendem.

E.U. Condon and G.H. Shortley "The Theory of Atomic Spectra" Cambridge University Press, Cambridge, 1959
Ein sehr detailliertes Nachschlagewerk für alle Aspekte zu Atomspektren, obwohl es keinen Gebrauch macht von den neuesten Anwendungen aus der Gruppentheorie. Es bewegt sich auf sehr fortgeschrittenem Niveau, und so sind die obengenannten Mängel für niemanden als den Spezialisten bedeutend. Für Studenten sehr nützlich.

A.S. Davydov "Quantum Mechanics" Addison-Wesley Publishing Co., Inc., 1965
Ein fortgeschrittenes, sehr umfassendes Lehrbuch. Es ist ein wenig schwach in Grundsätzlichem, aber es behandelt viele physikalische Systeme. Ausgezeichnete Diskussionen von relativistischen Gleichungen, Gruppentheorie, zweiter Quantisierung und einiger Aspekte aus der Festkörpertheorie.

R.H. Dicke and J.P. Wittke "Introduction to Quantum Mechanics" Addison-Wesley Publishing Co., Inc., 1960
Ich habe dieses Buch sehr genossen. Es ist im Niveau vergleichbar mit diesem, und es diskutiert einige Themen, besonders zur Quantenstatistik, die hier nicht behandelt wurde. Die Aufgaben sind hervorragend.

P.A.M. Dirac "The Principles of Quantum Mechanics" (fourth edition), Oxford, Clarendon Press, 1958
Ein großartiges Buch von einem der wesentlichen Schöpfer der Quantenmechanik. Der Student, welcher das Material in diesem Buch studiert hat, wird mit Diracs Buch keine Sorgen haben; wer sich ernstlich die Bewältigung der Quantenmechanik vorgenommen hat, sollte es früher oder später durcharbeiten.

R.P. Feynman and A.R. Hibbs "Quantum Mechanics and Path Integrals" McGraw-Hill Book Co., 1965
1948 schlug R.P. Feynman eine andere Formulierung der Quantenmechanik vor. In seinem Buch demonstriert er die Äquivalenz dieser neuen Formulie-

rung und der Standardtheorie, und die "Wegintegral"-Darstellung für die allgemeine Amplitude wird zu einer Reihe von Berechnungen herangezogen. Die Stoffauswahl ist sehr interessant, und der Gesichtswinkel dabei ist anders als hier. Es ist ein wohl ziemlich fortgeschrittenes Buch und bildet eine ausgezeichnete Ergänzung zum vorliegenden.

R.P. Feynman, R.B. Leighton, and M. Sands "Feynman Vorlesungen über Physik", Bd. III, Quantenmechanik, R. Oldenbourg and Addison-Wesley, 1971

In dieser Einführung in die Quantenmechanik verwendet Feynman das Wegintegral nicht, und entwickelt das Gebiet über die Zustandsvektoren. Eine große Zahl faszinierender Beispiele wird mit einem Minimum an Formalismus diskutiert. Ein großartiges Zusatzbuch, dessen einziger Mangel das Fehlen von Aufgaben ist.

K. Gottfried "Quantum Mechanics", Vol. 1, Fundamentals, W.A. Benjamin, Inc., 1966

Ein Buch für sehr Fortgeschrittene, welches sich durch die Sorgfalt, mit der die verschiedenen Themen diskutiert werden, auszeichnet. Die Behandlung des Meßvorgangs und der Invarianzprinzipien ist ausgezeichnet. Der Student, welcher das vorliegende Buch bewältigt hat, sollte auch das Gottfriedsche lesen können, vorausgesetzt er hat sich die nötigen mathematischen Fertigkeiten angeeignet.

W. Heisenberg "The Physical Principles of the Quantum Theory" Dover Publications, Inc., 1930

Diese Niederschrift einiger Vorträge von Heisenberg 1930 über die physikalische Bedeutung der Quantentheorie ist immer noch guter Lesestoff. Besonders nützlich ist die Diskussion zum Unschärfeprinzip.

F.A. Kaempffer "Concepts in Quantum Mechanics" Academic Press, 1965

Dies ist in keinem Sinn ein Lehrbuch. Eine Reihe von Themen werden diskutiert, deren Auswahl mit viel Vorstellungsvermögen getroffen wurde. Das Niveau liegt ein wenig oberhalb des vorliegenden Buches.

H.A. Kramers "Quantum Mechanics" Interscience Publishers, Inc., 1957

Dieses Buch, von einem der Begründer des Gebietes ist bestenfalls eine Diskussion des Spins und eine Einführung in die relativistische Quantentheorie, beides Objekte für ziemlich Fortgeschrittene. Der Student, der sich in der Quantenmechanik schon zuhause fühlt, wird ein Durchstöbern dieses Buches genießen und als nützlich empfinden.

L.D. Landau and E.M. Lifshitz "Quantum Mechanics (Nonrelativistic Theory)" (second edition), Addison-Wesley Publishing Co., Inc. 1965

Dieses Buch ist eines aus einer hervorragenden Bücherreihe, welche die gesamte Theoretische Physik überdeckt. Man kann sich kaum vorstellen, daß dies ein Lehrbuch ist für nicht besonders gute Studenten. Es wird jedoch jeder Student viel Nützliches in diesem Buch finden, wenn er einmal dieses fortgeschrittene Niveau erreicht hat. Eine gewisse mathematische Gewandtheit wird vom Leser verlangt. (Liegt auch in deutscher Kurzfassung vor, Verlag Hanser.)

F. Mandl "Quantum Mechanics" Butterworths Scientific Publications, London, 1957
Enthält eine gute Diskussion der Grundlagen der Wellenmechanik auf einem zum vorliegenden Buch vergleichbaren Niveau.

A. Messiah "Quantum Mechanics" (in 2 volumes), John Wiley and Sons, Inc., 1968
Dieses Buch überdeckt das ganze Gebiet der Quantenmechanik von der Behandlung eindimensionaler Potentiale über die Quantisierung des elektromagnetischen Feldes bis zur relativistischen Wellengleichung von Dirac. Ein Buch für Fortgeschrittene; es erfordert mathematische Vorbildung, die nur wenig Studenten in mittleren Semestern haben. Ein außerordentlich lohnendes Buch.

E. Merzbacher "Quantum Mechanics" (second edition), John Wiley and Sons, Inc., 1970
Zusammen mit dem Buch von Schiff ist dies nicht unbegründet das Standardlehrbuch für mittlere Semester. Der gesamte Bereich der Begriffe und Phänomene wird überlegt und geschmackvoll behandelt. Der Student, der sich durch unser Buch durchgearbeitet hat, sollte dieses auch zur Hand haben.

D. Park "Introduction to the Quantum Theory" McGraw-Hill Co., 1964
Dieses attraktive Buch arbeitet auf dem gleichen Niveau wie das vorliegende. Zu den von Park diskutierten, bei uns aber fehlenden Themen gehört die Quantenstatistik, welche sehr klar behandelt wird.

W. Pauli "Die Allgemeinen Prinzipien der Wellenmechanik, Handbuch der Physik" Bd. 5/1, Springer Verlag, 1958
Diese deutschsprachige Arbeit, ein Artikel von Pauli aus dem Jahr 1930, bietet für fortgeschrittene Studenten eine knappe und präzise Diskussion der Quantenmechanik. Es werden keine Anwendungen behandelt, aber der gesamte wichtige Stoff liegt vor.

J.L. Powell and B. Crasemann "Quantum Mechanics" Addison-Wesley Publishing Co., Inc., 1961
Die Stärke dieses Buches liegt in der unverdrossenen Ausarbeitung aller mathematischen Details der Wellenmechanik und Matrizenmechanik. Wahrscheinlich alle mathematischen Aspekte dieser Themenkreise, welche in unserem Buch übergangen wurden, sind dort zu finden. Es bietet eine gute Diskussion der WKB-Näherung und der allgemeinen Eigenschaften der Differentialgleichungen zweiter Ordnung, hat aber ziemlich wenig Anwendungen, und mehr Übungen als Aufgabenprobleme.

M.E. Rose "Elementary Theory of Angular Momentum" John Wiley & Sons, Inc., 1937
Eine fortgeschrittene Behandlung des Drehimpulses und der vielen Anwendungen auf Atom- und Kernphysik.

J.J. Sakurai "Advanced Quantum Mechanics" Addison-Wesley, Inc., 1967
Ein hervorragendes Buch, gerade oberhalb des Niveaus von Merzbacher und Schiff. Für den fortgeschrittenen Studenten.

D.S. Saxon "Elementary Quantum Mechanics" Holden-Day, San Francisco, 1968
Bewegt sich auf dem gleichen Niveau wie das vorliegende Buch, und stellt eine nützliche Zusatzlektüre dar, denn die Auswahl der Themen ist nur wenig anders, wie auch die Gewichtung und die Auswahl der Anwendungen. Enthält eine hervorragende Reihe von Aufgabenproblemen.

L.I. Schiff "Quantum Mechanics" (third edition), McGraw-Hill Book Co., 1968
Eines der Standardlehrbücher für mittlere Semester. Es ist vielleicht ein wenig zu sehr zusammengedrängt, und deshalb besonders für den gut vorbereiteten Studenten geeignet. Das vorausgesetzte Niveau an mathematischer Bildung liegt über dem unseres Buches.

D. ter Haar "Selected Problems in Quantum Mechanics" Academic Press, Inc., New York, 1964
Sowohl der Student als auch der Lehrer wird diesen Band sehr nützlich finden. Die meisten der Aufgabenprobleme liegen auf dem Niveau unseres Buches.

Es gibt noch einige andere Bücher, die noch in dieser allgemeinen Literaturliste aufgeführt werden können. Es sind Bücher, die einige der bei uns illustrativ eingestreuten Beispiele detailliert behandeln.

B.L. Cohen "Concepts of Nuclear Physics" McGraw-Hill Book Co., 1972 (für Kernphysik)

C. Kittel "Einführung in die Festkörperphysik" 4. Aufl., R. Oldenbourg, München Wien, 1976

E. Segre "Nuclei and Particles" W.A. Benjamin, Inc., New York, 1964 (für experimentelle Aspekte der Kern- und Teilchenphysik)

D.H. Perkins "Introduction to High Energy Physics" Addison-Wesley Publishing Co., 1972

M. Abramowitz and I.A. Stegun (Eds.) "Handbook of Mathematical Functions, National Bureau of Standards, 1964

W. Magnus and F. Oberhettinger "Formulas and Theorems for the Special Functions of Mathematical Physics" Chelsea Publishing Co., New York, 1949

A. Erdelyi, W. Magnus, F. Oberhettinger, and F.G. Tricomi (Eds.), "Higher Transcendental Functions" (The Bateman Project), Volumes 1, 2, and 3, McGraw-Hill Book Co., New York, 1953

I.S. Gradshteyn and I.M. Ryzhik "Tables of Integrals, Series and Products" Academic Press, New York, 1965

Physikalische Konstanten[1])

N_0 (Avogadro-Zahl) *)	$= 6{,}022169(40) \times 10^{23}$ Mol^{-1}
c (Lichtgeschwindigkeit)	$= 2{,}9979250(10) \times 10^{10}$ cm s^{-1}
e (Elektronenladung)	$= 4{,}803250(21) \times 10^{-10}$ esu
	$= 1{,}6021917(70) \times 10^{-19}$ Coulomb
1 MeV	$= 1{,}6021917(70) \times 10^{-6}$ erg
$\hbar$ (Plancksches Wirkungsquantum/2π)	$= 6{,}582183(22) \times 10^{-22}$ MeV s
	$= 1{,}0545919(80) \times 10^{-27}$ erg s
α (Feinstrukturkonstante $e^2/\hbar c$)	$= 1/137{,}03602(21)$
k (Boltzmannkonstante)	$= 1{,}380622(59) \times 10^{-16}$ erg K^{-1}
m_e (Elektronenmasse)	$= 9{,}109558(54) \times 10^{-28}$ g
	$= 0{,}5110041(16)$ MeV/c^2
m_p (Protonenmasse)	$= 938{,}2592(52)$ MeV/c^2
m_p/m_e	$= 1836{,}109(11)$
1 *amu* ($1/12 \times m_{C^{12}}$) **)	$= 931{,}4812(52)$ MeV/c^2
$a_0 = (\hbar/m_e c\alpha)$	$= 0{,}52917715(81) \times 10^{-8}$ cm
R_∞ ($= m_e c^2 \alpha^2/2$)	$= 13{,}605826(45)$ eV = 1 Rydberg
G (Gravitationskonstante)	$= 6{,}6732(31) \times 10^{-8}$ cm^3 g^{-1} s^{-2}
μ_{Bohr} (Bohrsches Magneton) $= \dfrac{e\hbar}{2m_e c}$	$= 0{,}5788381(18) \times 10^{-14}$ MeV Gauß$^{-1}$

[1]) Zusammengestellt von Stanley J. Brodsky, nach *Reviews of Modern Physics*. 45 (2), Part II. Die Zahlen in Klammern geben den statistischen Fehler an (eine Standardabweichung), der in den letzten angegebenen Ziffern jeder Konstante steckt.

*) wird auch noch als Loschmidtsche Zahl bezeichnet.

**) atomare Masseneinheit

Sachregister